Ferdinand Cap

Lehrbuch der Plasmaphysik und Magnetohydrodynamik

Springer-Verlag Wien GmbH

emer. Univ.-Prof. Dr. Ferdinand Cap
Innsbruck, Österreich

Gedruckt auf säurefreiem, chlorfrei gebleichtem Papier – TCF

Mit 76 Abbildungen

Die Deutsche Bibliothek - CIP-Einheitsaufnahme

Cap, Ferdinand:
Lehrbuch der Plasmaphysik und Magnetohydrodynamik /
Ferdinand Cap. - Wien ; New York : Springer, 1994
   ISBN 978-3-211-82570-9   ISBN 978-3-7091-6622-2 (eBook)
   DOI 10.1007/978-3-7091-6622-2

ISBN 978-3-211-82570-9

Vorwort

Über Plasmaphysik gibt es in der deutschsprachigen Literatur nur sehr wenig
und über Magnetohydrodynamik kein einziges Lehrbuch. Der Verfasser, der
sich seit 1958 in Forschung und Lehre intensiv mit beiden Gebieten befaßt hat,
ist daher gerne der Einladung des Springer Verlages Wien gefolgt, ein
umfassendes Lehrbuch über diese Gebiete zu schreiben. Wurden doch die
nach der Anzahl der Publikationen lange Zeit führenden Gebiete der Physik,
nämlich Elementarteilchenphysik und Festkörperphysik, in den letzten
Jahren von der Plasmaphysik eingeholt. Der Grund für diese Entwicklung
dürfte in den bereits vorliegenden und den enorm zukunftsträchtigen
praktischen Anwendungen der Plasmaphysik liegen — reichen diese doch von
der Energieerzeugung (Fusionsenergie, magnetohydrodynamische Generatoren, thermionische Konverter u. a.), der Halbleiterphysik, der Weltraumfor-
schung und Geophysik, der Werkstoffveredelung, der Herstellung von Com-
puter-Chips, neuartigen Raketenantriebssystemen, neuen Beschleunigern für
die Elementarteilchenphysik, der Plasmachemie, neuen Lichtquellen, der Erzeugung von Laserstrahlen, der Konstruktion von neuartigen Wellenleitern,
Kondensatoren und Schaltern für große elektrische Leistungen bis hin zur
Beseitigung des Mülls der Großstädte durch plasmathermische Verfahren.
Die Grundkonzeption des Buches geht in ihrer Struktur auf Vorlesungen
zurück, die der Verfasser 1967 in New York gehalten hat. Der Verfasser hat
sich bemüht, durch Verwendung geeigneter Kennziffern in die für den
Anfänger verwirrende Vielfalt von Plasmazuständen eine gewisse Systematik
zu bringen — bestehen doch mehr als 99% der im ganzen Weltall vorhandenen
Materie aus Plasmen mit extrem weit auseinander liegenden Werten der
Zustandsvariablen. Aufbauend auf dieser Klassifikation werden dann die drei
wichtigsten Plasmatheorien eingehend besprochen: Theorie der Bewegung
geladener Einzelteilchen, statistische Theorie, Magnetohydrodynamik. Später wird die Theorie ausgebaut und auf einige einfache physikalische Probleme
angewendet. Mit Hinblick auf die Fusion als Energiequelle der Zukunft
werden der Einschluß von Plasmen in Gefäßen sowie Wellen und Instabilitäten in Plasmen eingehend behandelt. Das Lehrbuch schließt mit mehreren
Abschnitten über Magnetohydrodynamik, der Strömungslehre elektrisch
leitender Medien und ihrer Anwendungen. Hierbei werden sonst nur schwer
in der Fachliteratur auffindbare Veröffentlichungen und auch neue Ergeb-

nisse der Innsbrucker Gruppe behandelt. Die wichtigsten Fortschritte der Plasmaphysik wurden größtenteils bis Ende 1993, in Einzelfällen bis Sommer 1994 berücksichtigt.

Da in der Literatur teils das cgs-System, teils das internationale SI-System der physikalischen Einheiten verwendet wird, wurden zur Bequemlichkeit des Lesers gelegentlich beide Systeme nebeneinander verwendet bzw. wurde gewechselt. Entsprechend der russischen Literatur wurde auch die magnetische Feldstärke gelegentlich mit H statt mit dem in der Plasmaphysik sonst üblichen B (magnetische Flußdichte in Tesla) und ebenso wurde die Permittivität ε als Dielektrizitätskonstante bezeichnet.

Dem Springer Verlag Wien und seinen Mitarbeitern, insbes. Frau Naschenweng, Herrn Petri und Herrn Mag. Schaffer, danke ich für die flexible und gute Zusammenarbeit, die ein relativ rasches Erscheinen des Werkes ermöglichte.

Innsbruck, im Juli 1994   *Ferdinand Cap*

Inhaltsverzeichnis

§ 1 Plasma und seine Anwendungen

1.1 Was ist ein Plasma?

Ein *Plasma* ist eine Flüssigkeit oder ein Gas, in dem freie Ladungsträger (Ionen, ungebundene Elektronen) in einer solchen Anzahl vorkommen, daß sie die physikalischen Eigenschaften des Mediums wesentlich beeinflussen. Aber auch ein metallischer Festkörper, der aus örtlich fixierten Gitterionen und freien Elektronen besteht, kann Plasmaeigenschaften aufweisen (*Festkörperplasma*). Eine stark konzentrierte Kochsalzlösung, die aus Wassermolekülen, positiven Natriumionen und negativen Chlorionen besteht, bildet ebenfalls ein Plasma, während eine in einem großen Beschleuniger erzeugte Protonenwolke, selbst wenn sie Elektronen enthält, kein Plasma bildet. Auch ein Halbleiter zeigt gewisse Plasmaeigenschaften.

Um von einem Plasma sprechen zu können, muß die Materie zwei Voraussetzungen erfüllen:

a) es muß zu elektromagnetischen Wechselwirkungen zwischen den geladenen Teilchen kommen,

b) die Anzahlen der positiven und negativen Ladungsträger pro Volumeneinheit können zwar beliebig klein oder beliebig groß sein, doch müssen beide Zahlen annähernd gleich groß sein. (In letzter Zeit sprechen manche Autoren aber auch von einem „Überschußplasma".) Die Anzahl der vorhandenen neutralen Teilchen (Atome, Moleküle) ist für die Definition eines Plasmas gleichgültig.

Da ein Plasma freie Ladungsträger enthält, ist ein Plasma ein Stromleiter. Da elektrische Ströme Magnetfelder erzeugen und da elektrisch geladene Teilchen von elektrischen und magnetischen Feldern beeinflußt werden, wird ein Plasma von äußeren elektrischen und magnetischen Feldern beeinflußt, erzeugt selbst solche Felder und kann daher auch mit sich selbst in Wechselwirkung treten. In der Elektrodynamik ist ein Plasma im allgemeinen ein anisotroper nichtlinearer dispersiver Leiter.

In einem Plasma können viele Arten von mechanischen, thermischen und elektrischen Teilchenschwingungen und von Wellen elektromagnetischer und mechanischer Natur auftreten. Strömungslehre, Elastizitätstheorie, Thermodynamik und Statistik, die Theorie des Elektromagnetismus und schließlich auch die Quantentheorie müssen zur Beschreibung der Vorgänge in einem Plasma herangezogen werden.

Da das interstellare Gas und alle Sterne aus ionisierten Gasen bestehen, befinden sich 99% der gesamten Materie im Weltall im Plasmazustand. Auch der VAN-ALLEN-Strahlungsgürtel und die Ionosphäre der Erde sowie der Erdkern bestehen aus Plasma. Neben diesen natürlichen Plasmen gibt es künstlich hergestellte — in Gasentladungen, in Elektrolyten, in technischen Anwendungen werden Plasmen durch verschiedene thermische, mechanische und elektrische Methoden erzeugt.

1.2 Quasineutralität

Man darf nicht glauben, daß ein Plasma deshalb, weil es freie Ladungsträger enthält, elektrisch geladen sei. Ein Plasma ist vielmehr nach außen *elektrisch neutral,* da im Mittel die Anzahlen der positiven und der negativen Ladungen pro Volumeneinheit gleich groß sind. Starke elektrische Felder sorgen dafür, daß dieses *elektrische Gleichgewicht,* die *Quasineutralität,* aufrecht erhalten wird.

Wenn im Kubikzentimeter n_E Elektronen enthalten sind, dann ist $Q = -\dfrac{4\pi}{3} r^3 n_E e$ die in einer Kugel vom Radius r enthaltene Gesamtladung.

$-e$ ist die MILLIKANsche Elementarladung des Elektrons, $e = 4{,}8 \cdot 10^{-10}$ elektrostatische Einheiten der Ladung. Nimmt man zentralsymmetrische Verteilung der Elektronen an, dann kann man sich die ganze Ladung Q im Mittelpunkt der Kugel zusammengezogen denken. Im Abstand r vom Mittelpunkt der Kugel erzeugt diese Ladung ein elektrisches Feld der Stärke $E = \dfrac{Q}{r^2}$. Wählt man $r = 1$ cm, $n_E = 10^{15}$, so erhält man $E = -6 \cdot 10^8$ Volt/cm.

Im Zustand der Quasineutralität sind jedoch die positiven und negativen Ladungen pro Volumeneinheit gleich groß. Es sei n_I die Anzahl und $+Ze$ die Einzelladung der Z-fach positiv geladenen Ionen, dann lautet die *Bedingung der Quasineutralität*

$$n_E = Zn_I$$
oder
$$|n_E - Zn_I| \ll n_E. \tag{1.1}$$

Da die Ionen ein Feld $+6 \cdot 10^8$ Volt/cm erzeugen, ist im Zustand der Quasineutralität die gesamte elektrische Feldstärke Null. Kommt es jedoch — z. B. durch statistische Dichteschwankungen — nur im Verhältnis $1:10^{-6}$ zu einer Abweichung von (1.1), so tritt eine das elektrische Gleichgewicht wieder herstellende elektrische Feldstärke im Betrag von $10^{-6} \cdot 6 \cdot 10^8$ $= 600$ Volt/cm auf! Dieses starke Feld stellt die Quasineutralität sofort wieder her. Wir können also damit rechnen, daß im allgemeinen Plasmen quasineutral sind. Nur beim Auftreten von sehr hochfrequenten Schwingungen (z. B. Verschiebungsströmen) können die Ionen mit ihrer großen Masse nicht mehr folgen, und es kommt zu einer räumlichen Trennung der Schwerpunkte der positiven und negativen Ladungswolke.

Die Schwingungsfrequenz, bis zu welcher der Verschiebungsstrom vernachlässigt werden kann, liegt sehr hoch.

Es kommt offenbar auf das Verhältnis

$$\frac{\text{Verschiebungsstrom}}{\text{Leitungsstrom}} = \frac{\varepsilon_0 \dfrac{\partial E}{\partial t}}{j} \sim \frac{\varepsilon_0 \omega_0}{\sigma} < 1 \tag{1.2}$$

an. Bei einer elektrischen Plasmaleitfähigkeit σ von 100 Siemens/m erhält man $\omega_0 > 10^{13}(\lambda = 3\cdot 10^{-2}\,\text{mm})$. Auch am Rand einer Plasmawolke treten infolge Ausbildung einer an Elektronen reichen Schicht Abweichungen von der Quasineutralität auf.

Da der Plasmazustand einen außerordentlich weiten Bereich an Dichte, Temperatur, Magnetfeldstärke usw. umfaßt, und da demnach völlig verschiedene Theorien für die Beschreibung der Vorgänge in einem Plasma herangezogen werden müssen, ergibt sich die Notwendigkeit, die verschiedenen Plasmazustände durch Kennziffern zu charakterisieren. Man kann zwischen *mikroskopischen Kennziffern* (die Vorgänge, die sich an einzelnen Teilchen abspielen, erfassen) und *makroskopischen Kennziffern* unterscheiden. Letztere beziehen sich auf spezielle Eigenschaften des Plasmas als kontinuierliches Medium.

Wir wollen nun die wichtigsten Anwendungen von Plasmen besprechen.

1.3 Thermonukleare Fusion

Eine der wichtigsten Anwendungen der Plasmaphysik stellt die Energiegewinnung mittels thermonuklearer Fusion dar.

Die spezifische Bindungsenergie der Atomkerne besitzt bei mittleren Massenzahlen ein Maximum; man kann daher sowohl durch *Spaltung* schwerer Kerne als auch durch *Fusion* leichter Kerne Energie gewinnen. Infolge der COULOMB-Abstoßung der Atomkerne kann man bei sehr hohen Kerngeschwindigkeiten, also bei extrem hohen Temperaturen ($> 10^6\,^\circ\text{K}$) einzelne Fusionsreaktionen erzielen. Genaue Messungen der Wirkungsquerschnitte haben gezeigt, daß Protonen (oder Neutronen) als Reaktionspartner nicht in Frage kommen — die Wirkungsquerschnitte sind viel zu klein. Erfolgversprechend dürften folgende Reaktionen sein:

$$D + D \quad\begin{cases} \nearrow\ {}^3\text{He}\ (0{,}817\ \text{MeV}) + \text{n}\ (2{,}450\ \text{MeV}) \\ \searrow\ {}^3\text{H}\ (1{,}008\ \text{MeV}) + \text{p}\ (3{,}024\ \text{MeV}) \end{cases} \tag{1.3}$$

$$D + {}^3\text{H} \ \rightarrow\ {}^4\text{He}\ (3{,}52\ \text{MeV}) + \text{n}\ (14{,}06\ \text{MeV}) \tag{1.4}$$

$$D + {}^3He \rightarrow {}^4He \ (3{,}67 \ MeV) + p \ (14{,}67 \ MeV) \tag{1.5}$$

$${}^6Li + D \rightarrow {}^3H + {}^5Li \ (\text{Wasserstoffbombe?}) \tag{1.6}$$

Das Wasserstoffisotop ^3H wird auch als Tritium, Symbol T, bezeichnet. Während bei der Spaltung des Urans Neutronen die Reaktion auslösen und auch Neutronen (die ihrerseits neue Spaltprozesse hervorrufen [1.1]) entstehen, werden bei der Fusion andere Teilchen erzeugt als jene, die die Fusionsreaktion auslösen. Damit diese jedoch *stationär* verläuft und Energie liefert, ist es notwendig, daß die Energieverluste durch Teilchen-Wandstöße, durch Bremsstrahlung usw. gleich groß oder kleiner sind als die Energieproduktion. Aus den bekannten Formeln für die Verluste und die Wirkungsquerschnitte kann man für die D−D-Reaktion zwei wichtige Bedingungen für das Auftreten einer (geringen) Energieproduktion ableiten:

1. die Plasmatemperatur muß $\approx 10^8 \ °K$ sein,
2. die Teilchenlebensdauer (und damit die Lebensdauer τ des erzeugten Plasmas) muß bei der günstigsten Fusionstemperatur T

$$B^2\tau > 5 \cdot 10^9 \quad \text{oder} \quad n\tau > 10^{15} \ [\text{s cm}^{-3}] \tag{1.7}$$

genügen ($B^2 \sim nT$). B ist das das Plasma einschließende Magnetfeld, n die Teilchendichte. Die Energieausbeute ist proportional n^2 oder B^4, $n\tau \sim T^{5/2} \exp(aT^{-1/3})$.
Eingehende Überlegungen zeigen jedoch [1.2], daß die D−T-Reaktion (1.4) die weitaus größte Energieausbeute liefert und von allen Reaktionen technisch am leichtesten zu realisieren ist, da eine Temperatur von nur etwa 15 keV (ca. 15 Millionen Grad, 1 keV $= 1{,}16 \cdot 10^7 \ °K$) notwendig ist. Damit die Energieverluste gerade durch die Produktion an Fusionsenergie und die Energiezufuhr von außen gedeckt werden können, muß für eine 50% D − 50% T Reaktion das Lawson-Kriterium [1.3]

$$n\tau > 5 \cdot 10^{19} \ [\text{m}^{-3}\text{s}] \tag{1.8}$$

erfüllt werden ($n_D = n_T = n/2$). Mit dessen Erfüllung kann jedoch noch nicht Energie gewonnen werden. Es zeigt sich auch, daß zur Beschreibung der Vorgänge eine Energieeinschlußzeit τ_E besser geeignet ist als die Teilcheneinschlußzeit τ.
Eine thermonukleare Plasmaapparatur bezeichnet man als „gezündet", wenn die durch die α-Teilchen ^4He nach (1.4) dem Plasma zugeführte Energie im Gleichgewicht mit den gesamten Energieverlusten des Plasmas steht *(Zündkriterium)*. Je nach den die Bremsstrahlungsverluste bedingenden Verunreinigungen des Plasmas gilt

$$n\tau_E \approx (1{,}5 - 5) \cdot 10^{20} \ [\text{m}^{-3}\text{s}], \tag{1.9}$$

so daß mit einer typischen Dichte von $n = 10^{20} \ [\text{m}^{-3}]$ und einer Brenndauer von $1-2$ sec thermonukleare Energiegewinnung möglich ist. Mit $\tau_E \approx 1[\text{s}]$, $n \approx 10^{19} \ [\text{m}^{-3}]$ und $T = 15$ keV kam man 1992 experimentell auf etwa 1/8 der Zündbedingung heran. Natürlich wird auch unterhalb dieser Grenze etwas Fusionsenergie freigesetzt. Im November 1991 wurde am

JET, dem Joint European Torus, in England erstmals mit D + T Brennstoff gearbeitet, wobei während zwei Sekunden eine Leistung von 1,7 MW und eine Fusionsenergie von 2 MJ (ca. 15% der aufgewendeten Energie) erreicht wurden[1]. Um die Leistung verschiedener Fusionsgeräte miteinander besser vergleichen zu können, hat man das Dreifachprodukt $n_I \tau_E T_I$ eingeführt, das auch *Zündparameter* genannt wird. Hier ist n_I die Ionendichte [Teilchen m^{-3}] und T_I ist die Ionentemperatur. Die Zündbedingung kann man dann in der Form

$$T_I \approx 10 - 20 \text{ keV}, \quad \tau_E \approx 1 - 2 \text{ s}, \quad n_I = 2 \cdot 10^{20} \text{ m}^{-3}$$

oder   (1.10)

$$n_I \tau_E T_I \geqq 5 \cdot 10^{21} \text{ m}^{-3} \text{ s keV}$$

schreiben. 1992 wurden experimentell folgende maximale Werte erreicht [1.4]: $T_I \approx 380 \cdot 10^6 \,°K$, $n_I \approx 4 \cdot 10^{20}$ m^{-3} und $\tau_E = 2$ s. Allerdings gelang es nicht, alle diese Werte gemeinsam im gleichen Experiment zu erreichen. Es wurde lediglich bei einem anderen Experiment nur

$$n_I \tau_E T_I = 9 \cdot 10^{20} \text{ m}^{-3} \text{ s keV}$$ (1.11)

gemessen [1.5]. Allerdings darf man nicht glauben, daß man einfach die Ionentemperatur möglichst hoch treiben sollte. Bei sehr hohen Temperaturen können ja die Strahlungsverluste so groß werden, daß Zündung nicht mehr möglich ist.

Um ein Fusionsplasma auf die Zündtemperatur zu bringen, muß es geheizt werden. Derzeit werden folgende Heizmethoden verwendet [1.2]:

1. Heizung durch die Joulesche Wärme der im Plasma fließenden elektrischen Ströme. Infolge des Sinkens des elektrischen Widerstandes mit steigender Temperatur ist diese Methode nur bis etwa $10^7 \,°K$ wirksam.
2. Einschießen von neutralen Teilchen, meist Wasserstoffatomen, die im Plasma ionisiert werden und seine Temperatur und Dichte erhöhen [1.6].
3. Absorption elektromagnetischer Wellen durch das Plasma. Auch an Laserstrahlen wurde gedacht [1.7], [1.8].

Angesichts der experimentellen Schwierigkeiten, die Zündbedingung zu erreichen, hat man sich außer mit dem magnetischen Einschluß des Fusionsplasmas (vgl. § 8) auch mit anderen Methoden befaßt. So kann man durch sehr raschen Beschuß von Deuterium-Tritium-Eiskügelchen (Durchmesser etwa 6 mm) mittels Laserstrahlen energieliefernde Mikroexplosionen erzeugen (sogenannter *Trägheitseinschluß* [1.12]). Der Laserstrahl komprimiert das Kügelchen und heizt es auf. Bei 600facher Kompression konnten 10^{13} Fusionsreaktionen erzielt werden. Etwa 10^{19} Reaktionen wären für Energiegewinnung notwendig. Leider reicht die heute verfügbare Laserenergie ($\approx 10 - 40$ kJ) noch nicht aus, um die für die Zündung notwendigen 10^3 kJ (oder 300 TW) beizustellen. Mit 100 kJ könnte ein Gleichgewicht Laserenergie = Fusionsenergie erreicht werden. Mittels Teilchenstrahlen (relativisti-

---

[1] Mai 1994, in Princeton 9 MW erreicht.

sche Elektronen, leichte Ionen, insbesondere aber schwere Ionen [1.13])
könnte man mit weniger Energie die Aufheizung erzielen [1.11]. Auch die
Kombination von Reaktoren, in denen sowohl Uran-Spaltprozesse als auch
Fusionsreaktionen stattfinden *(Fusion-Fission-Hybride)*, wurde erwogen
[1.9]. Mit solchen Systemen könnten auch die radioaktiven Abfälle der
Uranspaltungsreaktoren unschädlich gemacht werden [1.9], [1.10].

1.4 Plasma im Weltraum

Im Weltraum hat die Plasmaphysik ein weites Betätigungsfeld [1.14−1.16]:

a) die Physik des Sterninneren,
b) die Physik des Sonnenwindes und der Plasmaströme im All,
c) die Bremsung der Sternrotation durch kosmische Magnetfelder,
d) die Physik der Ionosphäre und des Polarlichtes,
e) die Erzeugung von Plasmaröhren in der Erdatmosphäre durch Blitze,
f) die Physik der Magnetosphären der Planeten,
g) die Theorie der Teilchenbeschleunigung im Weltall und der kosmischen
   Strahlung,
h) die Strahlungsemissionen von Planeten, Pulsaren, Quasaren und Radio-
   galaxien,
i) die Physik des interplanetaren, interstellaren und intergalaktischen Plasmas,
j) die Bildung organischer Moleküle durch plasmachemische Vorgänge im
   Weltall,
k) die Entstehung lunarer [15.45] und planetarer Magnetfelder durch Plasmaströmungen (MHD-Dynamo [15.41])

sind nur einige der zahlreichen Anwendungsgebiete.
Aber auch in der Technik der Eroberung des Weltalls spielt die Plasmaphysik
eine Rolle:

a) Plasmaraketen [1.17] werden zur Lagestabilisierung von künstlichen
   Erdsatelliten verwendet,
b) die MHD-Energiegewinnung und
c) die thermionische Direktumwandlung von Wärme in elektrische Energie
   und schließlich
d) das Problem des Wiedereintritts von Weltraumschiffen in die Erdatmosphäre (wobei ein Plasmamantel um das Schiff entsteht)

sind von Bedeutung.
Das Wiedereintrittsproblem ist ein spezielles Gebiet der Flugmagnetohydro-
dynamik. Es entstehen hierbei bei der

	Wärmeflüsse von [kW/m²]	während [sec]
Orbitalgeschwindigkeit (8 km/sec)	8 000	350
Fluchtgeschwindigkeit (11 km/sec)	12 000	250

Durch die großen Wärmeflüsse kommt es zur Erhitzung der Wand des Weltraumschiffs und dadurch zur Ionisation der umgebenden Luft (so daß Radiowellen das Weltraumschiff in dieser Phase der Rückkehr nicht erreichen können: sogenanntes „black out"). Abgesehen von der *Flug*-MHD (Auftrieb, Widerstand im Plasma) kann man auch an eine MHD-*Bremsung von Raketen durch Magnetfelder* denken.

Bei der noch utopischen Idee von thermonuklear betriebenen Weltraumschiffen entsteht das Problem der Wärmeabfuhr. Da bei den meisten thermonuklearen Reaktionen ein hoher Prozentsatz (z. B. 60% bei der $D-T$-Reaktion) der frei werdenden Energie ungeladenen Teilchen (Neutronen, γ) zugeteilt wird, wird eine Abschirmung benötigt, in der für den elektrischen Antrieb kaum nutzbare Verlustwärme entsteht (bis zu 80% und mehr). Von der Fusion ist daher für den elektrischen Raketenantrieb nicht viel zu hoffen.

1.5 Technische Anwendungen

Die Anwendungen der Plasmaphysik sind im starken Vordringen [1.18]. Wir können daher nur einen gedrängten Überblick über die wichtigsten Anwendungen geben.

Plasmachemie: Im Plasmazustand reagiert die Materie anders oder leichter. Dieser Umstand wurde u. a. schon für die *Synthese* von Stickstoffdünger, von Cyangas (z. B. durch Verbrennung von Kohlenstaub in einem Stickstofflichtbogenplasma) etc. nutzbar gemacht. Die Kongreßberichte verschiedener Tagungen über Plasmachemie geben darüber nähere Auskunft. Da im Plasma Elemente als Ionen vorliegen, kommt es zu Ionenreaktionen, z. B. einem HORNBECK-MOLNAR-*Prozeß* $Ne^* + Ne \rightarrow Ne_2^+ + e^-$ (* bedeutet ein angeregtes Atom) oder zu einem PENNING-*Prozeß* $A^* + B = C \rightarrow A + B^+ + e^-$. Ionenimplantierung mittels Plasmastrahlen dient auch zur Erzeugung von Mikrochips für Computer.

Plasmatechnik: In Industrie und Technik werden heute die wesentlichen Eigenschaften des Plasmas, nämlich elektrische Leitfähigkeit und Beeinflußbarkeit durch elektromagnetische Felder, weitgehend verwendet, z. B. für das Mischen und Rühren von Metallen und anderen elektrisch leitenden Stoffen, für das *Schneiden* und *Schweißen elektrisch leitender Stoffe mittels Plasmabrenner,* die Verbesserung der Eigenschaften und die *Bearbeitung und Reinigung metallischer Werkstoffe* mit der *Plasmapistole* [15.43]; auch in der Elektrotechnik wird Plasma für Schalter, Transformatoren, Gleichrichter, *Laserlampen, Wellenleiter* sowie für *thermionische Energiewandler* und *Festkörperplasma* (in Halbleitern) zur *Schwingungserzeugung* verwendet. Es gibt Plasmagaslaser und Plasmakondensatoren.

Die Nichtlinearität der MAXWELL-Gleichungen in einem Plasma erlaubt durch Superposition der Trägerwelle und der Sprachschwingung (Kreuzmodulation, LUXEMBURG-*Effekt*) eine Modulation der Radiowellen.

Teilchenbeschleuniger: Auch die Elementarteilchenphysik kann von der Plasmaphysik Nutzen ziehen: liefert ihr doch diese neue Teilchenbeschleuniger. So würde das geplante *Plasmabetatron* zur Erzeugung von schnellen Elektronen verwendet werden. Eine andere, auf VEKSLER zurückgehende Beschleunigungsmethode ist der *kollektive Ionenbeschleuniger (Elektronenringbeschleuniger, Smokatron* [15.44]). Wenn man einen relativistisch schnellen Elektronenring, der sich selbst fokussiert, erzeugt und in ihn Ionen injiziert, so werden die Ionen vom elektrischen Feld der Elektronen gefangen und auf die Geschwindigkeit des Elektronenrings mitbeschleunigt. Infolge ihrer größeren Masse ist jedoch ihre kinetische Energie höher. Man hofft, mit einer 1,5 km langen Maschine 10^{12} Protonen von 1 000 GeV erzeugen zu können. Als *Schwerstionenbeschleuniger* hat das Smokatron gute Aussichten.

Plasmamüllverbrennungsanlagen sind schließlich schon derzeit in verschiedenen Formen in praktischer Erprobung.

An anderen möglichen Anwendungen, wie etwa die Erhöhung der Ausbeute von Kunstlicht (Leuchtstoffröhren [15.43]), wird noch gearbeitet, und manche andere Vorschläge, wie etwa UF_6-Plasma-Kernspaltungswechselstromgeneratoren (periodische Verdichtungsstöße in UF_6), kamen bisher über die reine Idee noch nicht hinaus.

1.6 Magnetohydrodynamische Anwendungen

Magnetohydrodynamische Energieerzeugung und Energiegewinnung durch thermonukleare Fusionsprozesse sind derzeit technische Ziele der Plasmaphysik. Der Energiebedarf der Menschheit, der derzeit etwa 10 TWJahre pro Jahr beträgt, wächst pro Jahr etwa um 3 − 5% und verdoppelt sich etwa alle 13 Jahre. Diese Erhöhung kann jedoch nicht unbegrenzt weitergehen. Da die Wasserkraft mit 1,5% des Gesamtverbrauches nicht ins Gewicht fällt, begrenzen unsere Vorräte an Kohle, Erdöl, Erdgas und an spaltbaren Elementen (im wesentlichen Uran und Thorium [1.1]) den derzeitigen und den zukünftigen Energieverbrauch. Die bekannten und geschätzten Reserven nicht-nuklearer Brennstoffe sind etwa 150 Q, auf der ganzen Erde stehen etwa 5 000 Q an Spaltmaterial zur Verfügung — genug für einige hundert Jahre ($1 \, Q \approx 10^{21}$ Joule). Man muß jedoch bedenken, daß bei Spaltungsprozessen (nicht bei der Fusion, s. dort!) radioaktive Abfälle in der Größenordnung von 10^{13} Curie pro Jahr entstehen. Da die Realisierung der Energieproduktion durch thermonukleare Fusion infolge des Problems der Instabilitäten noch mindestens 15$\cdots$20 Jahre auf sich warten lassen dürfte, ist es wichtig, auch mögliche Verbesserungen der konventionellen Energieerzeugungsmethoden zu untersuchen.

Der übliche kalorische Energieerzeugungsprozeß ist lang und verlustreich:

Wärmequelle (Kohle, Atomreaktor)
↓
Wärmeübertragungssysteme (Rohre, Wärmeaustauscher)
↓
Expansion heißer Gase (Kolben, Turbinen)
↓
mechanische Energie (Rotationsbewegung)
↓
elektromagnetische Induktion (Dynamo, Generator).

Dabei wird der theoretisch größtmögliche Wirkungsgrad der Umwandlung von Wärmeenergie in mechanische Energie nach CARNOT durch die Temperatur des Arbeitsgases bestimmt. Die Erweichungstemperatur des Materials der Turbinenschaufeln begrenzt damit ihrerseits den theoretischen Wirkungsgrad. Könnte man für das Arbeitsgas höhere Temperaturen zulassen und seine thermisch-kinetische Energie direkt — also ohne den Umweg über die mechanische Energie rotierender Maschinen — in elektrische Energie verwandeln, dann könnte man den Wirkungsgrad der kalorischen Energieerzeugung steigern. (Schon 1% Steigerung des Wirkungsgrades würde in Europa pro Jahr viele Millionen $ Ersparnis bringen!)
Die magnetohydrodynamische Stromerzeugung ist ein Versuch, den angedeuteten Weg im großen zu realisieren.
Bewegt man einen elektrischen Leiter in einem Magnetfeld so, daß er die Feldlinien schneidet, dann wird in ihm nach dem FARADAYschen Induktionsgesetz eine der zeitlichen Änderung des magnetischen Flusses im Leiter proportionale elektrische Spannung induziert. Im Dynamo ist der elektrische Leiter ein Draht, dessen Bewegung nach der LENZschen Regel durch die Induktionsspannung gehemmt wird. Um die Induktionsspannung dauernd zu erzeugen, ist es notwendig, dem Draht dauernd mechanische Energie zuzuführen.
Im MHD-Generator nach FARADAY (FARADAY-*Generator*) haben wir statt des bewegten Drahtes schnell strömendes Plasma. Durch das angelegte Magnetfeld wird das Plasma gebremst, wobei sich seine kinetische Energie in elektrische Energie verwandelt. An seitlich angebrachten Elektroden E kann die erzeugte Induktionsspannung U abgenommen werden (vgl. Abb. 1). Diese FARADAY-*Spannung U* erzeugt einen FARADAY-*Strom*.
Wenn sich elektrische Ladungen in einem im Magnetfeld befindlichen Leiter bewegen, kommt es infolge des HALL-Effektes zur Ausbildung einer HALL-*Spannung* und damit zum Fließen eines HALL-*Stromes*. Der HALL-Strom ist parallel zur x-Richtung. Da die Elektroden ebenfalls in der x-Richtung liegen, nehmen sie starke HALL-Ströme auf, und es kommt so zu großen Verlusten durch Stromwärme. Es ist daher notwendig, die Ausbildung des HALL-Stromes zu unterdrücken. Dies kann durch in der x-Richtung *segmentierte*

Elektroden (oder solche mit örtlich variabler Leitfähigkeit) geschehen: Wenn die einzelnen Segmente gegeneinander isoliert sind, so werden die HALL-Ströme unterdrückt. Da jedoch die Segmente nicht unendlich dünn gemacht werden können, hat diese Maßnahme nur teilweisen Erfolg.

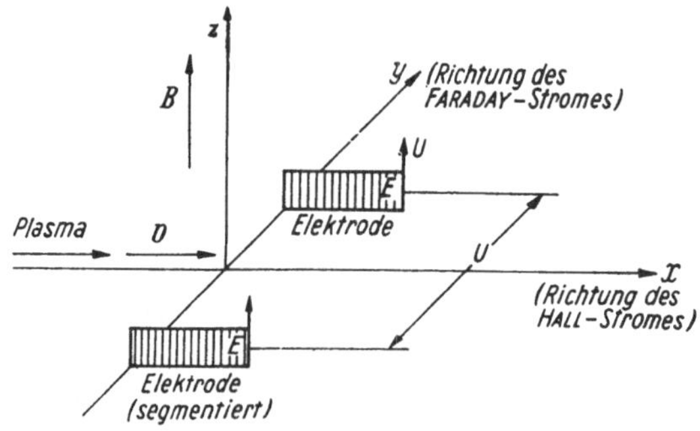

Abb. 1. FARADAY-Generator

Im MHD-Generator nach HALL (HALL-*Generator*) wird daher der HALL-Strom ausgenutzt und der FARADAY-Strom kurzgeschlossen (vgl. Abb. 2).

Sowohl in FARADAY- als auch in HALL-Generatoren treten Instabilitäten auf, deren theoretisches Verständnis und praktische Beherrschung (neben anderen noch ungelösten Problemen) eine Voraussetzung für die großtechnische MHD-Stromerzeugung ist.

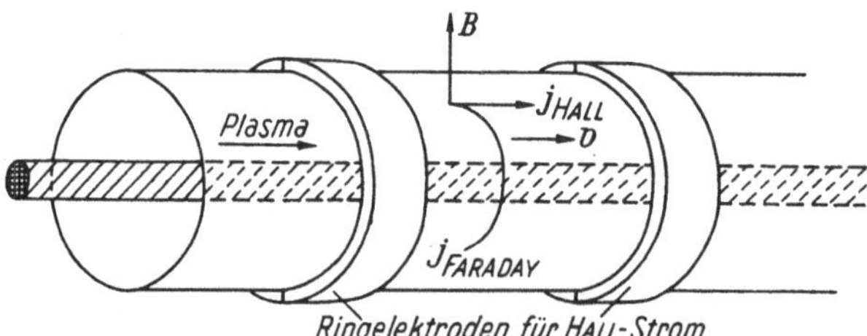

Abb. 2. Koaxialer HALL-Generator

Da sich infolge der Plasmaströmung und des HALL-Effektes auf den Elektroden stromabwärts die elektrischen Stromlinien zusammendrängen, so daß auch Joulesche Wärme dort das Elektrodenmaterial stark korrodiert, wurde untersucht [1.19], ob durch örtlich variable elektrische Leitfähigkeit bei FARADAY-Generatoren diese Korrosion vermieden werden kann.

Durch Umdrehung des Induktionsprinzips (Motor, Pumpe) kann auch ein koaxialer HALL-Beschleuniger gebaut werden [1.20]. Auf weitere Probleme der Magnetohydrodynamik gehen wir in den §§ 13–16 ein.

§ 2 Kennziffern und Klassifikation von Plasmen

2.1 Die Plasmafrequenz

Wir haben schon im § 1.2 gesehen, daß ein Elektron, das ein quasineutrales Volumelement verlassen will, von einem elektrischen Feld zurückgeholt wird. Gleiches gilt natürlich auch für Ionen. Bezeichnet man mit $v_s(x, t)$ die am Ort x zur Zeit t herrschende lokale Geschwindigkeit der Teilchen der Art s ($s = \mathrm{E}$ für Elektronen, $s = \mathrm{I}$ für Ionen), dann gelten bei Vernachlässigung der kleinen quadratischen Glieder die zwei Bewegungsgleichungen

$$m_\mathrm{E} \frac{dv_\mathrm{E}}{dt} \approx m_\mathrm{E} \frac{\partial v_\mathrm{E}}{\partial t} = -eE, \tag{2.1}$$

$$m_\mathrm{I} \frac{dv_\mathrm{I}}{dt} \approx m_\mathrm{I} \frac{\partial v_\mathrm{I}}{\partial t} = +ZeE, \tag{2.2}$$

wobei eine Z-fache Ladung der Ionen angenommen wurde. Aus (2.1) und (2.2) erhält man durch Addition

$$\frac{\partial}{\partial t} (v_\mathrm{I} - v_\mathrm{E}) = eE \left(\frac{Z}{m_\mathrm{I}} + \frac{1}{m_\mathrm{E}} \right). \tag{2.3}$$

Da die elektrische Stromdichte $\mathbf{j}$ durch

$$j = eZn_\mathrm{I}v_\mathrm{I} - en_\mathrm{E}v_\mathrm{E} \tag{2.4}$$

und die Ladungsdichte ϱ durch

$$\varrho = eZn_\mathrm{I} - en_\mathrm{E} \tag{2.5}$$

gegeben ist, folgt aus dem Erhaltungssatz für die elektrische Ladung

$$\frac{\partial \varrho}{\partial t} + \mathrm{div}\, j = 0 \tag{2.6}$$

die Aussage

$$\frac{\partial}{\partial t} (Zn_\mathrm{I} - n_\mathrm{E}) = -\nabla(Zn_\mathrm{I}v_\mathrm{I} - n_\mathrm{E}v_\mathrm{E}). \tag{2.7}$$

Im Ruhezustand ($v_\mathrm{I} = v_\mathrm{E} = 0$, $E = 0$) sei die Teilchendichte n_{s0}. Durch die Störung der Quasineutralität ($n_{\mathrm{E}0} = Zn_{\mathrm{I}0}$) tritt ein kleines Störglied n_{s1} auf. Setzt man $n_s = n_{s0} + n_{s1}$ in (2.7) ein, so erhält man unter Berücksichtigung der Quasineutralitätsbedingung (1.1) den Ausdruck

$$\frac{\partial}{\partial t}(Zn_{\mathrm{I}1} - n_{\mathrm{E}1}) = -n_{\mathrm{E}0}\,\nabla(v_{\mathrm{I}1} - v_{\mathrm{E}1}). \tag{2.8}$$

Quadratische Glieder wie $n_{\mathrm{I}1}v_{\mathrm{I}1}$ wurden hierbei wieder vernachlässigt. Wendet man nun auf (2.3) den Operator ∇ und auf (2.8) den Operator $\partial/\partial t$ an, so erhält man unter Berücksichtigung der MAXWELL-Gleichung

$$\operatorname{div} D = \varepsilon_0\,\nabla E = \varrho = e(Zn_{\mathrm{I}1} - n_{\mathrm{E}1}) \tag{2.9}$$

für die räumliche Dichteschwankung $Zn_{\mathrm{I}1} - n_{\mathrm{E}1}$ eine Schwingungsgleichung

$$\frac{\partial^2}{\partial t^2}(Zn_{\mathrm{I}1} - n_{\mathrm{E}1}) = -n_{\mathrm{E}0}\,\nabla\frac{\partial}{\partial t}(v_{\mathrm{I}1} - v_{\mathrm{E}1}) = -n_{\mathrm{E}0}e\,\nabla E\left(\frac{Z}{m_\mathrm{I}} + \frac{1}{m_\mathrm{E}}\right)$$

$$= -n_{\mathrm{E}0}\left(\frac{Z}{m_\mathrm{I}} + \frac{1}{m_\mathrm{E}}\right)\frac{1}{\varepsilon_0}\,e^2(Zn_{\mathrm{I}1} - n_{\mathrm{E}1}). \tag{2.10}$$

Die hier auftretende Frequenz

$$\omega_\mathrm{P} = \sqrt{\frac{n_{\mathrm{E}0}e^2}{\varepsilon_0}\left(\frac{Z}{m_\mathrm{I}} + \frac{1}{m_\mathrm{E}}\right)} \tag{2.11}$$

nennt man *Plasmafrequenz*. Sie wird meist durch $\omega_\mathrm{P}^2 = \omega_{\mathrm{PI}}^2 + \omega_{\mathrm{PE}}^2$ aufgespalten, wobei

$$\omega_{\mathrm{P}s}^2 = \frac{e^2 Z_s n_{\mathrm{E}0}}{\varepsilon_0 m_s}, \quad Z_s = 1 \quad \text{für} \quad s = \mathrm{E},$$

also

$$\omega_{\mathrm{PE}} = \sqrt{\frac{n_0}{10^{13}\,[\mathrm{cm}^{-3}]}}\;1{,}8\cdot10^{11}\quad [\mathrm{rad\ s}^{-1}] \tag{2.12}$$

verwendet wird. Wegen der zur Elektronenmasse m_E relativ sehr großen Ionenmasse m_I gilt $\omega_{\mathrm{PE}} \ll \omega_{\mathrm{PI}}$. Diese Rechnungen wurden für kalte Teilchen vorgenommen. Kommt eine thermische Bewegung hinzu, so gelten zwar noch die Definitionen (2.11), (2.12), doch die physikalischen Verhältnisse der Schwingungen der Ladungswolken werden komplizierter.

2.2 Die Abschirmlänge

Damit typische Plasmaeigenschaften auftreten, müssen die elektrischen Raumladungseffekte die Effekte der Wärmebewegung überwiegen bzw. müssen sie mindestens gleich groß sein. Nur dann nämlich können sich die weitreichenden elektrischen Kräfte eines Einzelteilchens auf die Nachbarteilchen auswirken. Es kommt so zu kollektiven, durch die elektrischen Kräfte bedingten Reaktionen, die eben ein Plasma von einem gewöhnlichen Gas oder von einer Wolke negativ und positiv geladener Einzelteilchen unterscheiden.

Die POISSONsche Differentialgleichung für das elektrostatische Potential φ in Kugelkoordinaten lautet bei zentrischer Symmetrie

$$\Delta\varphi = \frac{1}{r^2}\frac{\mathrm{d}}{\mathrm{d}r}\,r^2\,\frac{\mathrm{d}\varphi}{\mathrm{d}r} = -\frac{\varrho_{\mathrm{el}}}{\varepsilon_0}, \tag{2.13}$$

wobei sich die elektrische Ladungsdichte ϱ_{el} aus Elektronen und Ionen zusammensetzt:

$$\varrho_{\mathrm{el}} = en_{\mathrm{E}} - Zen_{\mathrm{I}}. \tag{2.14}$$

Nach der klassischen *Statistik von* BOLTZMANN ist die Anzahl $n_{\mathrm{E}}(x, y, z)$ der Elektronen, die sich an der Stelle x, y, z in einem Potentialfeld $\varphi(x, y, z)$ aufhalten, durch

$$n_{\mathrm{E}}(x, y, z) = n_{\mathrm{E0}} \exp\left(+e\varphi(x, y, z)/kT\right) \tag{2.15}$$

gegeben. Hier ist $k = 1{,}38 \cdot 10^{-16}$ erg/$^\circ$K die BOLTZMANN-*Konstante.* n_{E0} ist eine beliebige Konstante, die proportional der Gesamtzahl ist. Analog gilt für Z-fach positiv geladene Ionen

$$n_{\mathrm{I}}(x, y, z) = n_{\mathrm{I0}} \exp\left(-Ze\varphi(x, y, z)/kT\right). \tag{2.16}$$

Die Erfahrung zeigt, daß das Argument der Exponentialfunktion in (2.16) meist kleiner als Eins ist. Wir entwickeln daher die e-Potenzen nach einer Reihe und brechen nach dem zweiten Glied ab:

$$\varrho_{\mathrm{el}} = -en_{\mathrm{E0}}(1 + e\varphi/kT) + Zen_{\mathrm{I0}}(1 - Ze\varphi/kT).$$

Mit der Quasineutralitätsbedingung (1.1) (für die hier mit 0 bezeichneten Größen!) folgt für $\varphi(r)$

$$\frac{1}{r^2}\frac{\mathrm{d}}{\mathrm{d}r}\,r^2\,\frac{\mathrm{d}\varphi}{\mathrm{d}r} = +\frac{e^2}{\varepsilon_0}\,n_{\mathrm{E0}}\,\frac{1+Z}{kT}\,\varphi.$$

Löst man diese gewöhnliche lineare Differentialgleichung zweiter Ordnung mit Hilfe des Ansatzes $\varphi(r) = \frac{1}{r}\,g(r)$, so erhält man

$$\varphi(r) = \frac{1}{r}\,\mathrm{e}^{-r/\lambda_{\mathrm{D}}};$$

λ_{D} ist also jene Entfernung von einer Einzelladung, innerhalb der das Potential φ dieser Ladung infolge der Raumladungseffekte der benachbarten Ladungen auf ein e-tel sinkt. Man nennt daher λ_{D} auch die *Reichweite* (oder DEBYEsche *Abschirmlänge*) des Potentials.

Für λ_D ergibt diese Rechnung

$$\lambda_D = \sqrt{\frac{kT}{4\pi e^2 n_{E0}(Z+1)}} = 7{,}4 \cdot 10^{12}\, T^{1/2}\,[\text{eV}]\, n^{-1/2}\,[\text{cm}]$$

in GAUSSschen Einheiten, $\hspace{6cm}$ (2.17)

$$\lambda_D = \sqrt{\frac{\varepsilon_0 kT}{e^2 n_{E0}(Z+1)}}$$

in praktischen Einheiten.

Bei dieser Rechnung wurde angenommen, daß Elektronen und Ionen dieselbe Temperatur besitzen, was keineswegs in allen Plasmen der Fall ist. Der Fehler, den man dann bei Berechnung von λ_D macht, ist allerdings klein.

2.3 Der Plasmaparameter

Jene Entfernung von einer Ladung, in der die elektrostatische Energie im Vakuum gleich ist der kinetischen Energie kT, heißt *kritische Entfernung* oder LANDAU-*Länge*:

$$l_L = \frac{Ze^2}{kT} = \frac{2e^2 Z}{mu^2} = 1{,}67 \cdot 10^{-3}\, T^{-1}, \quad 1{,}4 \cdot 10^{-7}\, T^{-1}\,[\text{eV}]\,[\text{cm}]$$

$$\hspace{12cm}(2.18)$$

bzw. im SI-System $Ze^2/4\pi\varepsilon_0 kT$.

Damit es nicht zu einer *Rekombination* von Elektronen und Ionen kommt, muß der *mittlere Abstand a* zwischen den Plasmateilchen größer sein als die LANDAU-Länge:

$$a > l_L. \hspace{10cm} (2.19)$$

Da die Reichweite der elektrostatischen Wechselwirkung von Plasmateilchen durch λ_D gegeben ist, bedeutet

$$a > \lambda_D, \hspace{10cm} (2.20)$$

daß es zu *keiner Wechselwirkung* zwischen den Plasmateilchen kommt: Wir haben es also mit einem Schwarm voneinander unabhängiger, nicht in Wechselwirkung stehender Teilchen, also mit keinem Plasma zu tun.

In § 2.2 über die DEBYE-Länge haben wir mit einer kontinuierlichen Ladungsverteilung ϱ gerechnet. Dies ist natürlich nur dann zulässig, wenn im betrachteten Volumenbereich sehr viele Elektronen enthalten sind. (Um die Ionen brauchen wir uns wegen der praktisch immer hinreichend genau erfüllten Quasineutralitätsbedingung nicht zu kümmern.)

Da wir Kugelkoordinaten einführten, war der von uns betrachtete Volumenbereich $\frac{4\pi}{3}\lambda_D^3$, *die sogenannte* DEBYE-*Kugel.* In ihr sind $\frac{4\pi}{3}\lambda_D^3 n_E$ Elektronen enthalten. Damit wir unsere kontinuierliche Betrachtungsweise anwenden dürfen, muß $\dfrac{4\pi}{3}\,\lambda_{\mathrm{D}}^3 n_{\mathrm{E}} \gg 1$ sein oder

$$\Lambda = \frac{4\pi}{3n_{\mathrm{E}}\lambda_{\mathrm{D}}^3} = \frac{1{,}38 \cdot 10^6\ T^{3/2}\ [^\circ\mathrm{K}]}{n^{1/2}} \ll 1 \quad \text{oder} \quad n_{\mathrm{E}}^{-1/3} \ll \lambda_{\mathrm{D}}. \qquad (2.21)$$

Wenn der *Plasmaparameter* Λ klein gegen Eins ist, *sprechen wir von einem Plasma.*

Da der mittlere Abstand $a = n_{\mathrm{E}}^{-1/3}$ ist, kann man (2.20) auch in der Form $n_{\mathrm{E}}^{-1/3} > \lambda_{\mathrm{D}}$ schreiben. Gilt jedoch $n_{\mathrm{E}}^{-1/3} < \lambda_{\mathrm{D}}$, so haben wir es nach (2.20) mit einem Plasma zu tun. Diese Forderung stimmt mit (2.21) genau überein.

2.4 Stoßweglänge und Stoßfrequenz

In elektrisch neutralen Gasen spielen praktisch nur die eine sehr kurze Reichweite besitzenden intramolekularen bzw. intraatomaren Kräfte eine Rolle (VAN-DER-WAALS-Kräfte u. a.); Stoßvorgänge zwischen mehr als zwei Teilchen können daher in der Regel vernachlässigt werden. In einem Plasma treten jedoch elektrische Kräfte relativ großer Reichweite ($\sim \lambda_{\mathrm{D}}$) auf, so daß jedes geladene Teilchen dauernd mit einer ganzen Wolke (DEBYE-Kugel) umgebender geladener Teilchen in Wechselwirkung steht. Trotzdem kann man bei Vorhandensein vieler Teilchen ein *mittleres („ausgeschmiertes") elektrisches Feld* annehmen und so rechnen, als ob das betrachtete Teilchen nur an diesem mittleren Feld (dessen Träger gewissermaßen ein gedachtes effektives Teilchen sei) gestreut würde. Beachtet man die endliche Reichweite dieses mittleren Feldes, so kann man alle elastischen Stöße eines Teilchens als *binären Stoß* (Zweierstoß) nur zwischen zwei Teilchen behandeln.

Wenn F Teilchen pro cm^2 und pro s auf Materie einfallen, in der sich pro cm^3 n streuende Teilchen befinden, dann ist die Anzahl der Stoßprozesse, die pro cm^3 und s stattfinden, durch $\sigma n F$ gegeben. σ ist der *Wirkungsquerschnitt* des *betreffenden Stoßprozesses;* er kann klassisch oder mit der Quantentheorie berechnet werden. Die *mittlere freie Weglänge* λ ist jene Strecke, die ein Teilchen zwischen zwei Stoßprozessen zurücklegt *(Stoßweglänge)*. Wie man in der Gaskinetik zeigt, ist λ gegeben durch $\lambda = 1/n\sigma$ (bei genauerer Rechnung — Berücksichtigung der Geschwindigkeitsverteilung — gilt $1/\sqrt{2}\,n\sigma$).

Für elastische Stöße, die durch COULOMB-Kräfte bedingt werden, gilt die RUTHERFORD*sche Streuformel*. Hier ist $\sigma(\chi, u_0)$, d. h., der Wirkungsquerschnitt hängt von der Relativgeschwindigkeit u_0 der Teilchen und vom Streuwinkel χ ab *(energieabhängiger differentieller Wirkungsquerschnitt)*. Integriert man über alle möglichen Streuwinkel, so erhält man ein divergentes Integral. Eine genauere Rechnung zeigt jedoch, daß bei beschränkter Reichweite der Kraft ein gewisser kleinster Streuwinkel nicht unterschritten werden kann. Da die Divergenz des Integrals vom Streuwinkel 0 herrührt, kann man in einem Plasma, in dem die COULOMB-Kräfte eine durch λ_D begrenzte Reichweite haben, die Divergenz abschneiden.

Wir wollen nun die Ableitung des RUTHERFORDschen Wirkungsquerschnittes bringen und stellen zunächst die Grundgesetze für den elastischen Stoß zusammen. Wenn zwei Teilchen mit den Massen m_1 und m_2 mit den Geschwindigkeiten $\boldsymbol{u}_1^*$ bzw. $\boldsymbol{u}_2^*$ vor dem Stoß miteinander kollidieren und die Geschwindigkeiten $\boldsymbol{u}_1$ bzw. $\boldsymbol{u}_2$ erhalten, dann gilt für den elastischen Stoß als Folge der Erhaltung von Impuls und Energie im Schwerpunktsystem (Geschwindigkeit $\boldsymbol{u}_s = \boldsymbol{u}_s^*$)

$$\boldsymbol{u}_1 - \boldsymbol{u}_s = -\frac{\mu}{m_1}(\boldsymbol{u}_2 - \boldsymbol{u}_1), \quad \mu = \frac{m_1 m_2}{m_1 + m_2}, \tag{2.22}$$

$$|\boldsymbol{u}_2^* - \boldsymbol{u}_1^*| = |\boldsymbol{u}_2 - \boldsymbol{u}_1| = \boldsymbol{u}_0. \tag{2.23}$$

Die Relativgeschwindigkeit der Teilchen im Laborsystem ändert also durch den Stoß nur die Richtung, nicht aber den Betrag. Im Schwerpunktsystem gilt

$$|\boldsymbol{u}_1^* - \boldsymbol{u}_s| = |\boldsymbol{u}_1 - \boldsymbol{u}_s|. \tag{2.24}$$

Den Winkel zwischen $\boldsymbol{u}_1^*$ und $\boldsymbol{u}_1$ nennt man Streuwinkel χ. Für den Geschwindigkeitsverlust des Teilchens 1 ergibt sich dann

$$|\boldsymbol{u}_1^* - \boldsymbol{u}_1|^2 = u_1^{*2} + u_1^2 - 2u_1 u_1^* \cos \chi. \tag{2.25}$$

Bei Einführung von räumlichen Polarkoordinaten r, φ, ψ mit dem Kraftzentrum (streuendes Teilchen) als Mittelpunkt lautet der Energiesatz des Zweikörperproblems für $\dfrac{\partial}{\partial \psi} = 0$

$$\frac{\mu}{2}(\dot{r}^2 + r^2 \dot{\varphi}^2) + V(r) = \frac{1}{2} mu_0^2, \tag{2.26}$$

während die Drehimpulserhaltung (Flächensatz)

$$\mu r^2 \dot{\varphi} = mu_0 b \tag{2.27}$$

liefert. b ist der Stoßparameter, vgl. Abb. 3. r_0 ist der kleinste Teilchenabstand, φ_0 der dazugehörige Polarwinkel. Einsetzen von $\dot{\varphi}$ aus (2.27) in (2.26), Ersatz von $\dot{r}$ durch $\mathrm{d}r/\mathrm{d}t = \dot{\varphi}\,\mathrm{d}r/\mathrm{d}\varphi$, Trennung der Variablen r und t sowie Integration liefern

$$\varphi = \int\limits_{r_0}^{\infty} \frac{\dfrac{b}{r^2}}{\sqrt{1 - \dfrac{2}{\mu u_0^2} - \dfrac{b^2}{r^2}}}\,\mathrm{d}r,$$

so daß wegen $\dot{r} = 0$ für $r = r_0, \varphi = \varphi_0$, für ein COULOMB-Potential $V = -\dfrac{Ze^2}{4\pi\varepsilon_0 r}$ mit $\chi = \pi - 2\varphi_0, \alpha = e^2 Z/4\pi\varepsilon_0$,

$$b = \frac{\alpha}{\mu u_0^2} \tan\varphi_0 = \frac{\alpha}{\mu u_0^2} \cot\frac{\chi}{2} \tag{2.28}$$

für den Stoßparameter b folgt. Wegen der großen Reichweite des COULOMB-Potentials beginnt die Streuung schon bei großen Stoßparametern, so daß nach (2.28) vorwiegend kleine Streuwinkel auftreten.

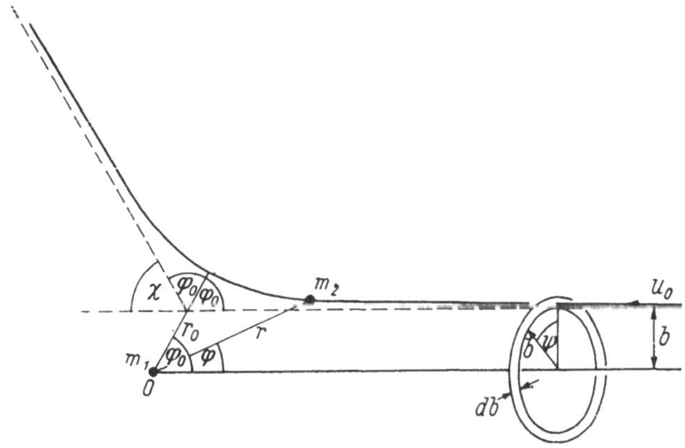

Abb. 3. Streuung im Zentralfeld

Der Wirkungsquerschnitt σ drückt aus, daß σF Teilchen aus einem Strom von F Teilchen durch ein Streuzentrum ($n = 1$) gestreut werden. Diese Definition berücksichtigt nicht die Abhängigkeit vom Streuwinkel. Wir definieren daher einen *differentiellen Streuwirkungsquerschnitt* σ_D (ω Raumwinkel)

$$\sigma_\mathrm{D}(\chi, u_0) = \frac{1}{F}\frac{\mathrm{d}F}{\mathrm{d}\omega}, \quad \sigma = 2\pi \int \sigma_\mathrm{D}(\chi) \sin\chi \, \mathrm{d}\chi, \tag{2.29}$$

wobei $\mathrm{d}F$, die Anzahl der pro cm^2 einfallenden Teilchen, durch $\mathrm{d}F = 2\pi b \cdot F$ (Kreisring der Dicke $\mathrm{d}z$, Radius b) gegeben ist und $\mathrm{d}\omega = 2\pi \sin\chi \, \mathrm{d}\chi$, $2\pi = \int_0^{2\pi} \mathrm{d}\psi$ gilt, so daß

$$\sigma_\mathrm{D} = \frac{1}{F} \cdot \frac{2\pi b \, \mathrm{d}bF}{2\pi \sin\chi \, \mathrm{d}\chi} = \frac{b}{\sin\chi} \cdot \frac{\mathrm{d}b}{\mathrm{d}\chi} \tag{2.30}$$

wird. Der RUTHERFORD*sche Streuquerschnitt* lautet daher

$$\sigma_\mathrm{D} = \left(\frac{Ze^2}{4\pi\varepsilon_0\mu}\right)^2 \frac{1}{u_0^4 \sin^4\dfrac{\chi}{2}}. \tag{2.31}$$

Will man nun durch $\lambda = 1/n\sigma$ die freie Weglänge berechnen, so folgt mit (2.29), (2.31) ein divergentes Integral

$$\sim \int_0^\pi \frac{\sin\chi \cdot d\chi}{\sin^4\frac{\chi}{2}}.$$ Meist ist jedoch ein anderes Integral zu berechnen, da man die

freie Weglänge oft durch den *Impulsübertragungsquerschnitt*

$$\sigma_{\mathrm{I}} = \int_0^\pi \sigma_{\mathrm{D}}(u_0, \chi)\,(1 - \cos\chi)\,2\pi\sin\chi\,dx \tag{2.32}$$

definiert. Setzt man (2.31) ein und führt die Integration aus, so erhält man wieder ein divergentes Integral. Da $\sin 0 = 0$, $\ln\sigma = -\infty$ ist, rührt die Singularität von kleinen Streuwinkeln her. Da kleine Streuwinkel nach (2.28) großen Werten des Stoßparameters entsprechen, in einem Plasma aber nach (2.17) die praktische Reichweite der COULOMB-Kraft durch λ_{D} gegeben ist, kann man die COULOMB-Kraftreichweite bei $b_{\max} = \lambda_{\mathrm{D}}$ abschneiden. Es folgt aus (2.28) für den kleinsten Streuwinkel $\chi_{\min}$

$$\chi_{\min} = 2\operatorname{arccot}\frac{\lambda_{\mathrm{D}}\mu u_0^2 4\pi\varepsilon_0}{Ze^2} = 2\arctan\frac{e^2 Z}{\lambda_{\mathrm{D}} 4\pi\varepsilon_0\mu u_0^2}. \tag{2.33}$$

Das Integral (2.32)

$$\int_{\chi_{\min}}^\pi \frac{1}{\sin^4\frac{\chi}{2}}\sin\chi\,(1 - \cos\chi)\,d\chi = 4\int_{\chi_{\min}}^\pi \cot\frac{\chi}{2}\,d\chi = 4\ln\sin\frac{\chi}{2}\Big|_{\chi_{\min}}^\pi = -4\ln\sin\frac{\chi_{\min}}{2}$$

liefert dann bei Ersatz des sin arctan durch sein Argument

$$\sigma_{\mathrm{I}} \approx \frac{e^4 Z^2}{\mu^2\varepsilon_0 u_0^4}\ln\lambda_{\mathrm{D}}\frac{\mu u_0^2 4\pi\varepsilon_0}{e^2 Z}. \tag{2.34}$$

Verwendet man nun die Bezeichnungen $\mu u_0^2 \approx kT$ und die Definition (2.18) der LANDAU-Länge, so kann man (2.34) in der Form

$$\sigma_{\mathrm{I}} \approx \frac{e^4 Z^2}{\mu^2\varepsilon_0 u_0^4}\ln\frac{\lambda_{\mathrm{D}}}{l_{\mathrm{L}}} \tag{2.35}$$

schreiben. Der Ausdruck $\ln(\lambda_{\mathrm{D}}/l_{\mathrm{L}})$ wird als COULOMB-*Logarithmus* Λ_{C} bezeichnet. Er ändert sich wenig und liegt für Plasmen mit Dichten $n_{\mathrm{E}} = 10^8\ldots10^{20}$ [cm^{-3}] und Temperaturen $10^2\cdots10^6$ °K im Bereich $18\cdots30$. Für die *freie Weglänge* λ erhält man nun aus $\lambda = 1/n\sigma_{\mathrm{I}}$ den Ausdruck

$$\lambda = \frac{\mu^2\varepsilon_0 u_0^4}{e^4 Z^2 n\Lambda_{\mathrm{C}}} \approx \frac{e_0 k^2}{e^4 Z^2 \Lambda_{\mathrm{C}}}\frac{T^2}{n} \tag{2.36}$$

oder im cgs-System

$$\lambda \approx \frac{0{,}257 \cdot 10^6 T^2 \ [^\circ\mathrm{K}]}{Z^2 n \ln \Lambda_\mathrm{C}} \ [\mathrm{cm}]. \tag{2.37}$$

Der Einfluß von im Plasma vorhandenen Magnetfeldern auf den Streuprozeß ist minimal und kann immer vernachlässigt werden [2.2].

Die im Mittel zwischen zwei Stößen liegende Zeit τ *(Stoßzeit)* erhält man dann durch

$$\tau = \frac{\lambda}{u_0} = \frac{\varepsilon_0 \mu^{1/2}(kT)^{2/3}}{e^4 Z^2 \mu \Lambda_\mathrm{C}}. \tag{2.38}$$

Bei genauer Rechnung müßte man statt $\mu u_0^2 \approx kT$ und statt der Geschwindigkeit u_0 die Geschwindigkeitsverteilungsfunktionen der zusammenstoßenden Teilchen berücksichtigen. Auch müßte der *Energietransfer* statt dem *Impulstransfer* berücksichtigt werden. Man erhält so, je nach dem ob es sich z. B. um Elektron-Elektron oder Elektron-Ion-Stöße handelt, verschiedene spezialisierte Formeln [1.3], [2.1] für τ_EE, τ_EI etc.

Damit nun ein Plasma als kontinuierliches Medium (Flüssigkeit oder Gas) angesehen werden kann, muß neben (2.21) noch eine weitere Bedingung erfüllt sein. Damit alle statistischen Unterschiede ausgeglichen werden und sich die Maxwell*sche Gleichgewichtsverteilung* der Teilchengeschwindigkeiten einstellen kann, müßten die Teilchen oft zusammenstoßen. Wenn die *charakteristische Abmessung* der betrachteten Plasmawolke l ist, dann muß ein Teilchen beim Durchqueren der Wolke (Apparatur, usw.) viele Zusammenstöße erleiden, damit das Plasma als kontinuierliches Medium angesehen werden kann, d. h., die Stoßweglänge λ muß klein sein gegenüber der charakteristischen Abmessung:

$$\lambda \ll l. \tag{2.39}$$

Nicht jedes Plasma erfüllt diese zusätzliche Bedingung! Allerdings wird wegen der Kleinheit von λ_D in jedem Plasma die Bedingung $\lambda_\mathrm{D} \ll l$ erfüllt sein.

Bekanntlich haben nicht alle Teilchen eines Gases die gleiche Geschwindigkeit; man kann vielmehr eine Geschwindigkeitsverteilung berechnen, d. h. angeben, wie viele Teilchen eine in einem bestimmten Intervall liegende Geschwindigkeit besitzen. Mittelt man die Verteilung über alle Moleküle, so erhält man eine mittlere Geschwindigkeit. Liegt die sich im thermodynamischen Gleichgewicht von selbst einstellende Maxwellsche Geschwindigkeitsverteilung vor, dann erhält man durch Mittelung eine Definition der thermodynamischen Temperatur vgl. (4.76).

Wenn keine starken, von außen angelegten elektromagnetischen Felder vorhanden sind, bewegt sich ein Plasmateilchen zwischen zwei Zusammenstößen kräftefrei, also mit konstanter mittlerer Geschwindigkeit $\bar{u}$. Für die *Stoßzeit* (*Relaxationszeit*) τ zwischen zwei Stößen gilt dann (2.38) und für die *Stoßfrequenz* v gilt

$$v = \frac{1}{\tau}.$$

Je nachdem, ob man Elektron-Elektron-, Elektron-Ion- oder Elektron-Ion- bzw. Neutralteilchen-Stöße betrachtet, erhält man verschiedene Zahlenfaktoren.

Man kann auch verschiedene charakteristische Zeiten definieren. Setzt man z. B. für λ den Ionisierungswirkungsquerschnitt ein, so erhält man die *mittlere Lebensdauer* eines neutralen Teilchens (Molekül oder Atom).

2.5 Klassifikation von Plasmen

Wenn die Wechselwirkung zwischen den Plasmateilchen vernachlässigbar ist, wenn also $l_L \ll \lambda_D$ nicht erfüllt ist ($\Lambda > 1$), liegt kein Plasma vor: Wir haben es mit voneinander unabhängigen Einzelteilchen zu tun. Kathodenstrahlen oder die Protonenwolke in einem Teilchenbeschleuniger sind Beispiele hierfür (Teilchendichten $n < 10^8$, $\lambda > 1$ cm). Da jedoch gewisse Gesetzmäßigkeiten der *Bewegung von geladenen Einzelteilchen* für die Plasmaphysik von Interesse sind, werden wir diese in § 3 kurz behandeln.

Für die Bahntheorie (Einzelteilchen) gilt also

$$a > l_L \qquad\qquad - \text{ keine Rekombination} \qquad\qquad (2.19)$$

$$a > \lambda_D, \quad \Lambda > 1,$$

$$\text{also } \lambda > \lambda_D, \quad l_L > \lambda_D \quad - \text{ keine Wechselwirkung.} \qquad (2.20)$$

Außerdem gilt $l < \lambda_D$.

Wenn mit der Veränderung von Temperatur und Teilchendichte, die die charakteristischen Kennziffern festlegen, der Plasmaparameter $\Lambda \approx \dfrac{l_L}{\lambda_D}$ immer kleiner wird, kann man ab etwa $\Lambda < 1$ von einem Plasma sprechen. Da in der Plasmaphysik mit Rechen- und Meßgenauigkeiten von höchstens 1% gearbeitet wird, kann man bei Betrachtung der Kennziffern jede Zahl, die kleiner als 0,01 ist, praktisch Null setzen. Die Forderung $\ll$ bedeutet also „kleiner als ein Hundertstel". Es gibt nun Plasmen, bei denen (2.39) nicht erfüllt ist, bei denen man also nicht von einem kontinuierlichen Medium sprechen kann. Da für Laborgeräte etwa $l \approx 100$ cm angenommen werden kann, kann kein Plasma mit einer Stoßweglänge $\lambda > 1$ cm als Flüssigkeit oder Gas bezeichnet werden. Für derartige Plasmen ist daher die Gaskinetik (statistische Theorie) zuständig.

Gilt sogar $\lambda > l$, so kann es bei der Durchquerung der Plasmawolke zu keinem Zusammenstoß kommen. Solche Plasmen nennt man *stoßfreie Plasmen* oder *Plasmen geringer Dichte* oder auch VLASOV-*Plasmen* (da für ihre theoretische Beschreibung die VLASOV-*Gleichung*, vgl. § 4, zuständig ist).

Der Dichtebereich derartiger Plasmen liegt etwa zwischen $10^8 - 10^{12}$ Teilchen pro cm^3, d. h. $10^{14} - 10^{18}$ m^{-3}.

Mit dem Ansteigen der Teilchendichte wird nach (2.36) die Stoßweglänge immer kleiner. Wenn $\lambda \approx l$ ist, kommt man langsam in das Gebiet der *Plasmen mittlerer Dichte*. Es hängt dann ganz von den speziellen Umständen ab, ob man die Stöße vernachlässigt oder durch kleine Korrekturen zu berücksichtigen sucht. Solange (2.39) nicht erfüllt ist, kann man ein Plasma nicht als ein kontinuierliches Medium ansehen; für seine theoretische Beschreibung ist die volle statistische Theorie zuständig (BOLTZMANN-*Gleichung,* FOKKER-PLANCK-*Gleichung,* vgl. § 4).

Ob man Plasmen mittlerer Dichte als kontinuierliches Medium ansehen kann, hängt aber nicht nur von der Erfüllung der Bedingung (2.39), sondern auch von der Stärke des Magnetfeldes ab.

Bekanntlich beschreiben elektrische Ladungen in homogenen statischen Magnetfeldern Kreisbahnen um die Feldlinien. Der Radius der Kreisbahn heißt LARMOR-*Radius (Gyrationsradius)* und ist im cgs-System durch

$$r_{\mathrm{L}} = \frac{mu_{\perp}c}{eB} \approx \frac{c\sqrt{8kTm}}{eB\sqrt{\pi}} \tag{2.40}$$

gegeben. $u_{\perp}$ ist die Kreisbahngeschwindigkeit (senkrecht zu $\boldsymbol{B}$, $u_{\perp} = \omega_{\mathrm{L}} r_{\mathrm{L}}$), c ist die Lichtgeschwindigkeit, B der Betrag des Magnetfeldes, m die Teilchenmasse und ω_{L} ist durch (2.45) definiert. Setzt man die Elektronenmasse ein, so erhält man die praktisch wichtige Formel

$$r_{\mathrm{LE}}\,[\mathrm{cm}] = 2{,}38\,\frac{\sqrt{T\,[\mathrm{eV}]}}{B[\varGamma]}. \tag{2.41}$$

Für Protonen erhält man

$$r_{\mathrm{LProt}} = 1{,}64\,\frac{\sqrt{T\,[^{\circ}\mathrm{K}]}}{B}, \tag{2.42}$$

und allgemein gilt bei der Annahme $T_{\mathrm{E}} = T_{\mathrm{I}}$ die Umrechnungsformel

$$r_{\mathrm{LI}} = r_{\mathrm{LE}} \cdot \sqrt{\frac{m_{\mathrm{I}}}{m_{\mathrm{E}}}}. \tag{2.43}$$

Es gilt also immer

$$r_{\mathrm{LI}} > r_{\mathrm{LE}}. \tag{2.44}$$

Die Umlauffrequenz (LARMOR-*Frequenz*[1]), *Zyklotronfrequenz, Gyrationsfrequenz*) ist durch

$$\omega_{\mathrm{L}} = \frac{eB}{mc}, \quad \omega_{\mathrm{LE}}\,[\mathrm{s}^{-1}] = 1{,}76 \cdot 10^{7}\,B[\varGamma], \tag{2.45}$$

gegeben, vgl. § 3.

---

[1] Die eigentliche LARMOR-Frequenz (ZEEMAN-Effekt!) ist halb so groß!

Haben wir es nun mit einem *Plasma geringer Dichte* zu tun, so gilt

$$\lambda_D \ll \lambda \quad \text{oder} \quad l_L \ll \lambda_D \quad \text{(Plasmabedingung)}, \quad \Big\}$$
$$l \ll \lambda \quad \text{(niedere Dichte)}. \qquad (2.46)$$

Bei schwachen Magnetfeldern (und nur solche können, wie wir später zeigen werden, in Plasmen geringer Dichte auftreten), sind die LARMOR-Radien relativ groß, aber wegen $l \ll \lambda$ noch immer klein gegenüber λ. Bei starken Feldern wird r_L klein, und die Bedingung

$$r_L \ll \lambda \qquad (2.47)$$

ist noch eher erfüllt. Mit Hilfe von (2.40) kann man auch

$$v \ll \omega_L, \quad \frac{v}{\omega_L} \ll 1, \quad \omega_L \tau \gg 1 \qquad (2.48)$$

schreiben.

Die Beziehung (2.47) bedeutet, daß ein geladenes Teilchen viele LARMOR-Umläufe zurücklegen wird, bevor es durch einen Stoß aus seiner Umlaufbahn geworfen wird. Stöße haben also wenig Einfluß. In Ebenen senkrecht zu den Magnetfeldlinien ist das Magnetfeld der physikalisch bestimmende Faktor. Ein Plasma im Magnetfeld ist also ein *anisotropes* Medium.

Ein *Plasma mittlerer Dichte* ist charakterisiert durch

$$\lambda_D \ll \lambda, \quad l_L \ll \lambda_D \quad \text{(Plasmabedingung)},$$
$$l \gg \lambda \quad \text{(mittlere Dichte)}.$$

Je nach der Stärke des Magnetfeldes unterteilt man nun die Plasmen mittlerer Dichte in vier verschiedene Typen:

a) *Elektrisches Plasma* (E-Bereich)
Bei schwachen magnetischen Feldern, charakterisiert durch

$$l < r_{LE} \quad \text{(und } l < r_{LI}), \qquad (2.49)$$

wird das Plasma im wesentlichen durch das elektrische Feld bestimmt. Obwohl $l \gg \lambda$ ist, kann man doch nicht von einem „Medium" sprechen, da die LARMOR-Kreise sehr groß sind. Solche Plasmen, deren Teilchendichten meist kleiner als etwa $10^{18} \, \text{m}^{-3}$ sind, werden durch die Gaskinetik beschrieben.

b) *Elektromagnetische Plasmen* (EM-Bereich)
Hier gilt

$$l > r_{LE}, \quad \text{aber} \quad l < r_{LI}, \qquad (2.50)$$

so daß die Elektronen und die durch sie bestimmten Eigenschaften (z. B. elektrische Leitfähigkeit) durch das Magnetfeld, die Ionen aber und die durch sie bestimmten Eigenschaften (z. B. Zähigkeit, Wärmeleitfähigkeit) durch das elektrische Feld beeinflußt werden. In einem solchen Plasma (Dichten

$10^{18} - 10^{20}\,\mathrm{m}^{-3}$) ist die elektrische Leitfähigkeit ein Tensor, Zähigkeit und Wärmeleitfähigkeit sind skalare Größen. Auch hier kann man (wegen $l < r_{\mathrm{LI}}$) noch nicht von einem kontinuierlichen isotropen Medium sprechen.

c) *Magnetisches Plasma* (M-Bereich)

Hier gilt neben

$$l > r_{\mathrm{LE}}, \qquad l > r_{\mathrm{LI}} \tag{2.51}$$

auch

$$\lambda_{\mathrm{E}} > r_{\mathrm{LE}}, \qquad \lambda_{\mathrm{I}} > r_{\mathrm{LI}}, \tag{2.52}$$

d. h., daß die Stöße nach wie vor ohne Einfluß bleiben. Bei Elektronen und Ionen ist somit das Magnetfeld das bestimmende Element: Elektrische Leitfähigkeit, Zähigkeit und Wärmeleitfähigkeit sind Tensoren. Die Dichten solcher Plasmen sind meist größer als etwa $10^{20}\,\mathrm{m}^{-3}$.

Zu diesen magnetischen Plasmen gehören auch die in der Fusionsphysik verwendeten Plasmen.

Da nun l groß gegenüber allen anderen Längenkennziffern ist, kann man von einem kontinuierlichen Medium sprechen und unter Bedachtnahme auf den stark anisotropen Charakter eine Art Strömungslehre betreiben.

d) *Tensorplasma* (T-Bereich)

Neben (2.51) gilt nun

$$\lambda_{\mathrm{E}} \gg r_{\mathrm{LE}}, \quad \text{aber} \quad \lambda_{\mathrm{I}} < r_{\mathrm{LI}}. \tag{2.53}$$

Die elektrische Leitfähigkeit ist wegen der starken Magnetfelder nach wie vor ein Tensor, doch da nun während eines LARMOR-Umlaufes der Ionen mehrere Zusammenstöße stattfinden können, wird die Anisotropie bezüglich der Ionen zerstört: Zähigkeit und Wärmeleitfähigkeit sind Skalare.

Auch für diese Plasmen ist eine Art „anisotrope Strömungslehre" (vgl. § 7) möglich. Plasmen mit Dichten $> 10^{21}\,\mathrm{m}^{-3}$, die in MHD-Generatoren auftreten, gehören zu diesem Typ.

Wird die Dichte so hoch, daß

$$\lambda_{\mathrm{E}} \ll r_{\mathrm{LE}}, \quad \lambda_{\mathrm{I}} \ll r_{\mathrm{LI}} \tag{2.54}$$

gilt, dann überwiegen die Stöße alle Anisotropieeffekte, und alle Eigenschaften des Plasmas werden Skalare. Man spricht daher auch (ab $\lambda_{\mathrm{E}} \approx r_{\mathrm{LE}}$) von einem skalaren Plasma oder dem S-Bereich. Ein solches Plasma kann wegen (2.48) auch durch

$$\omega_{\mathrm{L}}\tau \ll 1 \tag{2.55}$$

charakterisiert werden. Es stellt ein kontinuierliches Medium dar, auf das die Strömungslehre angewendet werden kann.

Für die kritische Stoßfrequenz, ab welcher bei gegebenem Magnetfeld $\omega_{\mathrm{L}}\tau \leqq 1$ gilt, vgl. Tabelle 1.

Tabelle 1. Kritische Stoßfrequenz $\nu_{\text{Stoß}}$ für die Abgrenzung zwischen Plasma hoher und mittlerer Dichte

B [Gauß]	0,4	40	4 000	40 000
$\tau^{-1} = \nu_{\text{Stoß}} \, [\text{s}^{-1}]$	$0,7 \cdot 10^7$	$0,7 \cdot 10^9$	$0,7 \cdot 10^{11}$	$0,7 \cdot 10^{12}$

Allerdings muß nun auch der Ionisierungsgrad in Betracht gezogen werden. Wir sahen schon beim magnetischen Plasma, aber auch beim Tensorplasma, daß Elektronen, Ionen und Neutralteilchen wegen ihrer verschiedenen Masse und Ladung verschieden reagieren. Einen Rest dieses Verhaltens finden wir auch noch beim skalaren Plasma. Es ist daher manchmal zweckmäßig, ein Plasma als Mischung von zwei oder drei „Flüssigkeiten" (Medien) anzusehen. Man spricht dann von der *Zweiflüssigkeitstheorie* (Elektronen und Ionen, insbesondere bei hohem Ionisationsgrad) und von der *Mehrflüssigkeitstheorie* (Elektronen, Ionen, Neutralteilchen, insbesondere bei kleinem Ionisationsgrad). Solche Mehrflüssigkeitstheorien gibt es sowohl im Rahmen der Gaskinetik als auch im Rahmen der Strömungslehre (vgl. § 6).
Eine andere wichtige Größe ist bei skalaren Plasmen die elektrische Leitfähigkeit. Ist diese sehr groß, dann kann man sie gleich ∞ setzen. Da dann der elektrische Widerstand Null ist, gibt es keine Verluste durch JOULEsche Stromwärme. Unterdrückt man durch Nullsetzen der Wärmeleitfähigkeit und der Viskosität alle Dissipationsvorgänge, dann gilt ein Energiesatz im engeren Sinn, und man spricht von der *idealen Magnetohydrodynamik*. Ist $\sigma \neq \infty$, hat man es also mit einem realen Plasma zu tun, so spricht man von *Magneto-hydrodynamik* schlechthin.
Im *Plasma höchster Dichte* kommt es entweder infolge des Zusammenrückens der Ladungen zur *Rekombination,* also zur Bildung neutralen Gases oder zur *Kondensation,* also zur Bildung eines *Festkörperplasmas*.
Wir haben gesehen, daß man ein Plasma nach den Werten der Kennziffern klassifizieren kann.
In Tabelle 2 haben wir nun einige charakteristische Kennziffern zusammengestellt.
Unsere Klassifizierung der Plasmen erfolgt nach theoretischen Gesichtspunkten. Man teilt Plasmen üblicherweise auch nach experimentellen Gesichtspunkten ein, z. B. nach der Art ihrer Erzeugung.
Zwei Gesichtspunkte haben wir bisher außer acht gelassen: Relativitätstheorie und Quantentheorie. Es stellt sich natürlich die Frage, ob in einem sehr heißen Plasma die Teilchen relativistische Geschwindigkeiten ($> 0{,}10c$) erreichen (c Lichtgeschwindigkeit). Durch eine kurze Überschlagsrechnung kann man zeigen, daß für Temperaturen kleiner als $10^9 \, {}^\circ$K relativistische Effekte vernachlässigt werden können. Quanteneffekte werden dann zu berücksichtigen sein, wenn die DE-BROGLIE-Wellenlänge der Elektronen $h/2\pi \sqrt{m_{\text{E}} k T_{\text{E}}} = 2{,}76 \cdot 10^{-8} \cdot T_{\text{E}}^{-1/2}$ [eV] [cm], h PLANCK-Konstante, oder Ionen in die Größenordnung der Teilchenabstände kommt. Dies ist nicht der Fall, solange die Teilchentemperaturen die folgenden Bedingungen er-

Tabelle 2. Charakteristische Kennziffern (ungefähre Größenordnungen)
1 Tesla = 10^4 Gauß, 1 keV = $1{,}16 \cdot 10^7\,°\text{K}$

Art des Plasmas	$n\,[\text{m}^{-3}]$	$T\,[°\text{K}]$	$B\,[\text{Tesla}]$	$\lambda_\text{D}\,[\text{m}]$	$\lambda_\text{E}\,[\text{m}]$	$\omega_\text{P}\,[\text{s}^{-1}]$	$l\,[\text{m}]$	r_L
Interstellares Gas	10^6	10^4	10^{-9}	10	10^{10}	10^4	$10^8–10^{12}$	10…
Interplanetares Gas	10^8	10^5	10^{-8}	1	10^{10}	10^5	10^{11}	10…
Ionosphäre	10^{10}	10^3	10^{-5}	10^{-3}	10^2	10^7	10^4	10…
Sonnenkorona	10^{12}	10^6	10^{-8}	10^{-1}	10^8	10^7	$10^6–10^8$	10…
Verdünntes heißes Plasma	10^{18}	10^6	10^{-1}	10^{-4}	$10^2–10^4$	10^{10}	1	10…
Gasentladung	$10^{16}–10^{20}$	10^4	10^{-2}	10^{-6}	10^{-3}	10^{11}	10^{-1}	10…
Dichtes heißes Plasma	10^{19}	10^7	1	10^{-4}	10^3	10^{12}	1	10…
Fusionsplasma	10^{21}	10^8	10	10^{-5}	10^4	10^{12}	10	10…
Sterninneres	10^{33}	10^7	10^4	10^{-8}	10^{-4}	10^{16}	10^9	10…
Metalle	10^{29}	$5\cdot 10^2$	10^{-1}	10^{-12}	10^{-17}	10^{16}	10^{-1}	10…
Luft	10^{25}	$3\cdot 10^2$	$-$	$-$	10^{-8}	$-$	10	$-$

füllen:

$$T_\text{E} > 5{,}6 \cdot 10^{-11} n^{2/3},$$

$$T_\text{I(Wasserstoff)} > 3{,}0 \cdot 10^{-14} n^{2/3}.$$

Eine Übersicht über die möglichen Zustände eines Plasmas gibt uns auch Abb. 4.

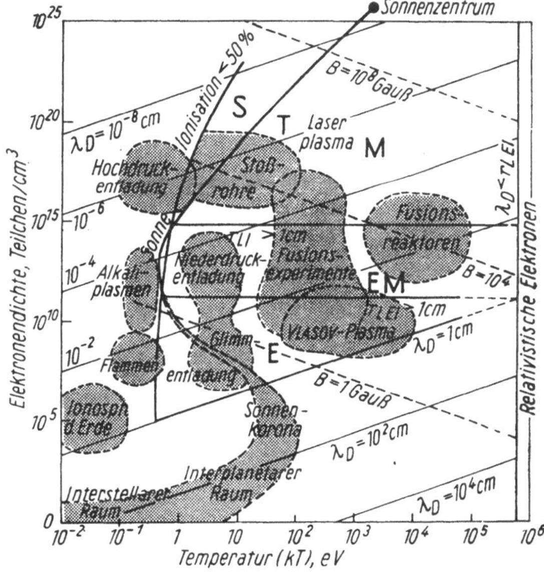

Abb. 4. Zustände eines Plasmas (Gasdruck = magnetischer Druck, Werte für Deuterium) (nach G. W. SUTTON, A. SHERMAN: Engineering Magnetohydrodynamics, McGraw-Hill Book Comp., New York 1965, und W. B. KUNKEL: Plasma Physics in Theory and Application, McGraw-Hill Book Comp., New York 1966)

Schließlich muß noch auf das *Quark-Gluon-Plasma* hingewiesen werden. Man versteht darunter Materie, die zu heiß ist, als daß sich die Quarks dank der von den Gluonen ausgeübten Kräfte in Partikel zu kondensieren vermöchten. Ein solches Quark-Gluon-Plasma dürfte bei Energiedichten von einigen GeV/fm^3 existieren können. Es spielt bei den Kern- und Elementarteilchen-Theorien und den Hypothesen über die ersten Augenblicke nach dem *Urknall (Big Bang)* eine Rolle. Auch Hypothesen über die Existenz von *Quarksternen,* komprimierten *Neutronensternen* aus Quark-Gluon-Plasma wurden in Kongressen der letzten Jahre diskutiert.

§ 3 Die Bewegung geladener Teilchen in elektromagnetischen Feldern

3.1 Die Gyrationsbewegung

Da in einem echten Plasma kollektive Effekte vorwiegen, ist die Betrachtung der Bewegung geladener Einzelteilchen nur eine sehr grobe Näherung. Da jedoch viele zu Instabilitäten führende Mechanismen auf das Verhalten der Einzelteilchen in elektrischen und magnetischen Feldern zurückgeführt werden können, ist es notwendig, die Bewegung einzelner geladener Teilchen zu untersuchen. Da wir die Erzeugung elektromagnetischer Felder durch die Bewegung der Plasmateilchen später noch getrennt untersuchen, wollen wir zunächst annehmen, daß sich die Teilchen so langsam bewegen, daß die hierdurch erzeugten (im wesentlichen der Teilchengeschwindigkeit proportionalen) Felder so schwach sind, daß sie neben den von außen (Elektroden, Magnetpole) vorgegebenen Feldern vernachlässigt werden können.

Für die Bewegung elektrisch geladener Massenpunkte m_i in beliebigen Feldern gilt bekanntlich (in cgs-Einheiten)

$$m_i \ddot{\boldsymbol{r}}_i = e_i \left(\boldsymbol{E} + \frac{1}{c}\, [\dot{\boldsymbol{r}}_i \times \boldsymbol{B}] \right). \tag{3.1}$$

Ist kein Magnetfeld vorhanden ($\boldsymbol{B} = 0$) und das elektrostatische Feld $\boldsymbol{E}(x, y, z)$ eine gegebene Ortsfunktion, dann ist die Integration der Bewegungsgleichung mit Hilfe des Energiesatzes leicht durchzuführen; dieser Fall ist für die Plasmaphysik von geringem Interesse. Verschwindet $\boldsymbol{E}$ und ist $\boldsymbol{B}$ konstant (homogenes Feld), dann beschreiben die Teilchen Kreisbahnen (wenn die Anfangsgeschwindigkeit keine Komponente in der Feldrichtung hat) oder Kreisspiralen um die $\boldsymbol{B}$-Linien (LARMOR-Bewegung, Gyrationsbewegung). Zerlegen wir den Geschwindigkeitsvektor $\dot{\boldsymbol{r}} = \boldsymbol{u}$ in Teilvektoren parallel bzw. senkrecht zu den Feldlinien, also

$$\boldsymbol{u} = \boldsymbol{u}_{\parallel} + \boldsymbol{u}_{\perp}, \tag{3.2}$$

so erhält man aus (3.1) wegen $[\boldsymbol{u}_{\parallel} \times \boldsymbol{B}] = 0$ (das äußere Produkt paralleler

Vektoren verschwindet!) nach Zerlegung ($E = 0$ laut Voraussetzung)

$$\frac{d\boldsymbol{u}_\parallel}{dt} = 0, \quad \boldsymbol{u}_\parallel = \text{const}, \tag{3.3}$$

$$\frac{d\boldsymbol{u}_\perp}{dt} = \frac{e_s}{m_s c}\,[\boldsymbol{u}_\perp \times \boldsymbol{B}]. \tag{3.4}$$

Da demnach die Kraft $e_s[\boldsymbol{u}_\perp \times \boldsymbol{B}]/c$ auf $\boldsymbol{u}_\perp$ senkrecht steht, ist der Betrag von $\boldsymbol{u}_\perp$ konstant: Es liegt eine Kreisbahn vor, auf welcher das Teilchen mit der Geschwindigkeit

$$\boldsymbol{u}_\perp = [\omega_L \times \boldsymbol{r}_L] \tag{3.5}$$

umläuft. Setzt man (3.5) in (3.4) ein, so erhält man mit $\omega_L = \text{const}$, $\frac{d\boldsymbol{r}}{dt} = \boldsymbol{u}_\perp$, $[\boldsymbol{u}_\perp \times \boldsymbol{B}] = -[\boldsymbol{B} \times \boldsymbol{u}_\perp]$, für den Winkelgeschwindigkeitsvektor

$$\omega_L = -\frac{e_s \boldsymbol{B}}{m_s c}, \tag{3.6}$$

dessen Betrag mit der LARMOR-*Frequenz* (2.45), S. 21 übereinstimmt. Für ein Elektron ($e_s < 0$) gilt also die in Abb. 5 gezeigte Situation.

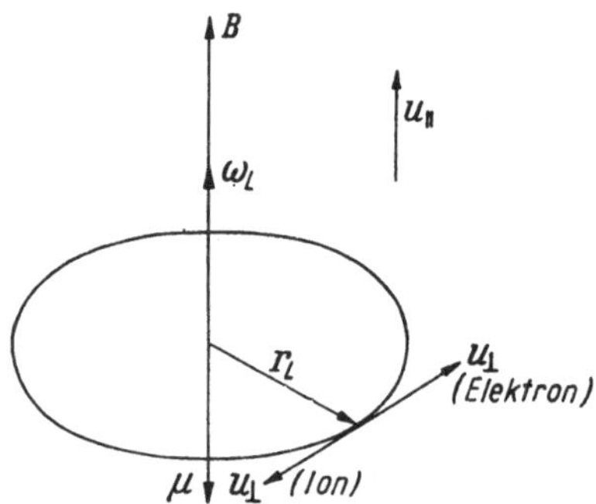

Abb. 5. Gyrations-Bewegung

Für den Gyrations-*Radius* $|\boldsymbol{r}_L| = |\boldsymbol{r}|$ erhält man aus (3.5) die schon bekannte Formel (2.40).
Durchläuft die Ladung e in der Umlaufzeit $\tau_L = \dfrac{1}{v_L} = \dfrac{2\pi}{\omega_L}$ den Umfang des Gyrations-Kreises mit dem Radius r_L, so entsteht ein Kreisstrom der Stärke

$$\frac{e}{\tau_L} = \frac{e\omega_L}{2\pi} = \frac{e^2 B}{2\pi mc}.$$

Da jeder Kreisstrom ein *magnetisches Moment* μ der Größe Stromstärke · Fläche der Stromschleife · $\dfrac{1}{c}$ besitzt, entsteht

$$\mu = \frac{e^2 B}{2\pi mc} \cdot r_{\mathrm{L}}^2 \pi \cdot \frac{1}{c} = \frac{mu_\perp^2}{2} \cdot \frac{1}{B} = \frac{E_{\mathrm{kin}\perp}}{B}. \tag{3.7}$$

Die Richtung des magnetischen Momentes ist durch die Richtung des Kreisstromes durch

$$\boldsymbol{\mu} = \frac{1}{2} e[\boldsymbol{r}_{\mathrm{L}} \times \boldsymbol{u}_\perp] = -\frac{mu_\perp^2}{2} \frac{\boldsymbol{B}}{B^2} \tag{3.8}$$

gegeben und somit unabhängig von der Ladung, und das von ihm erzeugte (schwache) Magnetfeld ist dem äußeren Feld stets entgegengesetzt gerichtet. Man sagt daher auch manchmal, daß ein Plasma *„diamagnetisch"* sei.

Da $|\boldsymbol{u}_\perp|$ konstant ist, ist bei konstantem Magnetfeld $\boldsymbol{B}$ das magnetische Moment eine *invariante Größe* (*Invariante*). Bei Abwesenheit elektrischer und anderer äußerer Felder ist auch die *gesamte kinetische Energie* des Teilchens, $E_{\mathrm{kin}} = E_{\mathrm{kin}\perp} + E_{\mathrm{kin}\,\|}$, ebenfalls invariant. Da μ und E_{kin} auch bei (zeitlich oder räumlich) langsam („*adiabatisch*") veränderlichen Feldern in erster Näherung konstant bleiben, heißen sie auch *adiabatische Invariante*.

3.2 *Driftbewegung*

Ist sowohl ein elektrisches als auch ein magnetisches homogenes statisches Feld vorhanden, so kommt es zu einer eigentümlichen Bewegungsform, der *Driftbewegung*. Der Vollständigkeit wegen wollen wir zusätzlich noch eine Volumenkraft $\boldsymbol{F}$ (Schwerkraft, Zentrifugalkraft u. ä.) betrachten.

In *praktischen* Einheiten lautet dann die Bewegungsgleichung

$$m \frac{\mathrm{d}\boldsymbol{u}}{\mathrm{d}t} = e\boldsymbol{E} + e[\boldsymbol{u} \times \boldsymbol{B}] + \boldsymbol{F}. \tag{3.9}$$

Die Bewegungsgleichung ist bekanntlich gegenüber einer Transformation auf ein neues, zum alten mit konstanter Geschwindigkeit sich bewegendes Koordinatensystem invariant (GALILEI-*Invarianz*). Wir transformieren durch

$$\boldsymbol{u} = \boldsymbol{u}' + \boldsymbol{u}_D \tag{3.10}$$

auf ein solches (mit der *Driftgeschwindigkeit* $\boldsymbol{u}_D$) bewegtes Koordinatensystem, so daß die Bewegung $\boldsymbol{u}'$ oder $\boldsymbol{u}'_\perp$ in diesem Koordinatensystem eine reine LARMOR-Bewegung (*Gyrationsbewegung*) ist.

Die Bewegungsgleichung (3.9) muß natürlich auch durch eine konstante Geschwindigkeit, z. B. $\boldsymbol{u}_D$, erfüllt werden. Wegen $\dfrac{\mathrm{d}\boldsymbol{u}_D}{\mathrm{d}t} = 0$ folgt senkrecht zu $\boldsymbol{B}$

$$0 = e\boldsymbol{E}_\perp + e[\boldsymbol{u}_D \times \boldsymbol{B}]_\perp + \boldsymbol{F}_\perp \quad | \times \boldsymbol{B}.$$

Multipliziert man von rechts vektoriell mit $\boldsymbol{B}$, so erhält man mit der bekannten Vektoridentität $[[\boldsymbol{u}_D \times \boldsymbol{B}] \times \boldsymbol{B}] = -\boldsymbol{u}_D(\boldsymbol{B} \cdot \boldsymbol{B}) + \boldsymbol{B}(\boldsymbol{B} \cdot \boldsymbol{u}_D)$ den Ausdruck $(\boldsymbol{F}_\perp + e\boldsymbol{E}_\perp) \times \boldsymbol{B} = e(\boldsymbol{u}_D(\boldsymbol{B} \cdot \boldsymbol{B}) - \boldsymbol{B}(\boldsymbol{B} \cdot \boldsymbol{u}_D))$. Aus der Definition des neuen Koordinatensystems folgt $\boldsymbol{u}_D \perp \boldsymbol{B}$, dann ist $\boldsymbol{B} \cdot \boldsymbol{u}_D = 0$, und man erhält

$$\boldsymbol{u}_D = \frac{(\boldsymbol{F}_\perp + e\boldsymbol{E}_\perp) \times \boldsymbol{B}}{eB^2} \tag{3.11}$$

als Formel für die *Driftgeschwindigkeit* $\boldsymbol{u}_D$. (In cgs-Einheiten c mal so groß.) Ist $\boldsymbol{F}_\perp = 0$, so spricht man von der elektrischen $\boldsymbol{E} \times \boldsymbol{B}$-Drift.

Setzen wir nun (3.11) und (3.10) in die Bewegungsgleichung (3.9) ein, so erhalten wir unter Verwendung der schon oben erwähnten Formel für das dreifache vektorielle Produkt schließlich

$$m \frac{\mathrm{d}\boldsymbol{u}'}{\mathrm{d}t} = e[\boldsymbol{u}' \times \boldsymbol{B}] + \frac{(e\boldsymbol{E} + \boldsymbol{F}) \cdot \boldsymbol{B}}{B^2} \cdot \boldsymbol{B}.$$

Zerlegt man nach den Richtungen $\parallel$ und $\perp$ zu $\boldsymbol{B}$, so ergibt sich wegen $[\boldsymbol{u}'_\parallel \times \boldsymbol{B}] = 0$, $[\boldsymbol{E}_\parallel \times \boldsymbol{B}] = 0$, $[\boldsymbol{F}_\parallel \times \boldsymbol{B}] = 0$, $(\boldsymbol{u}'_\perp \cdot \boldsymbol{B}) = 0$, $\boldsymbol{E}_\perp \cdot \boldsymbol{B} = 0$ schließlich

$$m \frac{\mathrm{d}\boldsymbol{u}'_\parallel}{\mathrm{d}t} = e\boldsymbol{E}_\parallel + \boldsymbol{F}_\parallel, \tag{3.12}$$

$$m \frac{\mathrm{d}\boldsymbol{u}'_\perp}{\mathrm{d}t} = e[\boldsymbol{u}'_\perp \times \boldsymbol{B}]. \tag{3.13}$$

Die Gleichung (3.12) kann man für konstante $\boldsymbol{E}$ und $\boldsymbol{F}$ sofort integrieren und erhält für die *Längsbewegung*

$$\boldsymbol{u}'_\parallel = \frac{1}{m}(e\boldsymbol{E}_\parallel + \boldsymbol{F}_\parallel)\, t + \mathrm{const}. \tag{3.14}$$

Die Gleichung (3.13) ist tatsächlich mit (3.4) identisch. Die Integration ist leicht durchzuführen. Wegen (3.5) und $\omega_\mathrm{L} = \mathrm{const}$ erhält man mit $\dot{\boldsymbol{r}}_\perp = \boldsymbol{u}'_\perp$ zunächst $m[\omega_\mathrm{L} \times \boldsymbol{u}'_\perp] = e[\boldsymbol{u}'_\perp \times \boldsymbol{B}]$. Setzt man hier aus (3.5) links ein, so ergibt sich wegen $\omega_\mathrm{L} \perp \boldsymbol{r}'_\perp$ der Ausdruck

$$\boldsymbol{r}'_\perp = \frac{e}{m\omega_\mathrm{L}^2}[\boldsymbol{u}'_\perp \times \boldsymbol{B}], \qquad |\boldsymbol{r}'_\perp| = r_\mathrm{L} = \frac{e}{m\omega_\mathrm{L}^2}\, u_\perp B. \tag{3.15}$$

Zu beachten ist, daß die nach (3.11) auf $\boldsymbol{E}$ und $\boldsymbol{B}$ senkrecht stehende Driftbewegung für $\boldsymbol{F} = 0$ vom Ladungsvorzeichen unabhängig wird.

Der Mittelpunkt des Gyrationskreises, der sich mit der Driftgeschwindigkeit $\boldsymbol{u}_D$ senkrecht zu $\boldsymbol{E}$ und $\boldsymbol{B}$ und mit $\boldsymbol{u}'_\parallel$ parallel zu $\boldsymbol{B}$ (längs $\boldsymbol{B}$) bewegt, heißt auch *Führungszentrum* — es „führt" den Mittelpunkt des Gyrationskreises mit der *Führungsgeschwindigkeit* $\boldsymbol{u}_D + \boldsymbol{u}'_\parallel$ durch das Feld. (Manchmal wird auch $\boldsymbol{u}_D + \boldsymbol{u}'_\parallel$ als Driftgeschwindigkeit bezeichnet.)

Sind die Felder „schwach" zeitlich variabel und „schwach" inhomogen, so werden für die Bewegung der Teilchen im wesentlichen die gleichen Gesetzmäßigkeiten gelten; die Abweichungen wird man durch kleine Korrekturglieder erfassen können.

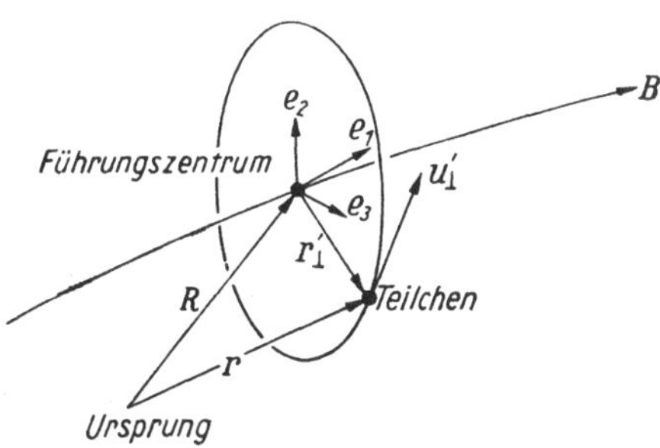

Abb. 6. Teilchen und Führungszentrum

Es sei wieder r der Ortsvektor des Teilchens, und bezeichnen wir mit R den Ortsvektor des Führungszentrums (siehe Abb. 6), dann gilt für den Ortsvektor $r'_\perp$ der LARMOR-*Bewegung*

$$r'_\perp = r - R, \quad |r'_\perp| = r_L, \quad u'_\perp = \dot{r}'_\perp. \tag{3.16}$$

Führt man in der lokalen Ebene senkrecht zu B zwei Einheitsvektoren e_2 und e_3 ein ($e_2 \perp e_3$), so gilt für die *Gyrations-Bewegung*:

$$r'_\perp = r_L(e_2 \sin \omega_L t + e_3 \cos \omega_L t). \tag{3.17}$$

Der dritte Einheitsvektor e_1 habe die Richtung von B.
Schwach inhomogene Magnetfelder kann man am Ort des Führungszentrums in eine TAYLOR-Reihe entwickeln:

$$B(r) = B(R) + (r'_\perp \nabla) B \quad + \text{ Glieder höherer Ordnung in } r_L. \tag{3.18}$$

Damit man die Glieder höherer Ordnung vernachlässigen kann, muß als Bedingung

$$r_L|\nabla B| \ll B \quad \text{oder} \quad \frac{1}{B} |\nabla B| \ll \frac{1}{r_L}$$

gelten, d. h., über den Durchmesser eines Gyrationskreises hinweg ist die relative Änderung des Magnetfeldes klein. Betrachtet man statt ∇ nur $\dfrac{\partial}{\partial x}$ und führt man durch $\dfrac{x}{l} = \xi$ dimensionslose Koordinaten ein, so gilt (l charakteristische Abmessung, vgl. S. 19)

$$\frac{1}{B} \frac{\partial B}{\partial \xi} \ll \frac{l}{r_L}. \tag{3.19}$$

Für schwache Felder wird nach (3.10), (3.11) näherungsweise

$$u = u' + \frac{[(F + eE) \times B]}{eB^2} c + u'' \tag{3.20}$$

gelten, wobei dann u'' alle von der Feldinhomogenität herrührenden neuen Effekte enthalten muß und $u'_\parallel$ durch (3.14) bzw. (3.12) und $u'_\perp$ durch (3.13) definiert sind. Natürlich ist u_D nun nicht mehr konstant; auch ist das Koordinatensystem des Führungszentrums kein Inertialsystem mehr; wegen der Krümmung der Feldlinien, der das Koordinatensystem folgt, tritt eine Zentrifugalkraft auf.

Wir wollen jedoch vorerst (3.20) nicht benutzen, sondern setzen (3.16), (3.18) in die Bewegungsgleichung ein, die wir nun wieder in cgs-Einheiten schreiben, vgl. (3.1). Man erhält

$$\frac{m}{e}\,(\ddot{r}'_\perp + \ddot{R}) = \frac{1}{e}\,F + E(R) + (r'_\perp \nabla)\,E(R) + \frac{1}{c}\,[\dot{r}'_\perp \times B(R)]$$

$$+ \frac{1}{c}\,[\dot{r}'_\perp \times (r'_\perp \nabla)\,B(R)] + \frac{1}{c}\,[\dot{R} \times B(R)]$$

$$+ \frac{1}{c}\,[\dot{R} \times (r'_\perp \nabla)B(R)] + \text{höhere Glieder in } r_L\,.$$

Betrachten wir nun (3.17), so sehen wir, daß eine Mittelung $\dfrac{1}{\tau_L}\displaystyle\int_0^{\tau_L} r'_\perp\,dt$ bzw. über $\dot{r}'_\perp$, $\ddot{r}'_\perp$, genommen über einen Gyrationsumlauf, den Wert Null gibt, sofern man $r_L\,\dfrac{de_i}{dt}$, $i = 2, 3$, als von der Ordnung r_L^2 vernachlässigt. Diese zeitliche Mittelung ist natürlich nur für solche Felder gerechtfertigt, die sich innerhalb einer Umlaufperiode nur wenig ändern. Es muß daher gelten:

$$\frac{1}{B}\,\frac{\partial B}{\partial t} \ll \omega_L, \quad \text{d. h.} \quad \omega_L \gg \omega_{\text{Feld}}. \tag{3.21}$$

Die Bedingungen (3.19) und (3.21) werden manchmal *Bedingungen für adiabatische Teilchenbewegung* genannt.

Man erhält so die *Bewegungsgleichung für das Führungszentrum* in cgs-Einheiten:

$$\frac{m}{e}\,\ddot{R} = \frac{1}{e}\,F + E(R) + \frac{1}{c}\,[\dot{R} \times B(R)] + \frac{1}{c}\,[\dot{r}'_\perp \times (r'_\perp \nabla)\,B(R)].$$

Der letzte Term rechts enthält alle von den Feldinhomogenitäten herrührenden Effekte erster Ordnung in r_L. Wir bilden nun durch die Operation, $\dfrac{1}{\tau_L}\displaystyle\int \ldots dt$ den zeitlichen Mittelwert dieser Bewegungsgleichung. Während die Mittelwerte von $r'_\perp$, $\dot{r}'_\perp$ und $\ddot{r}'_\perp$ verschwinden, so daß die mit diesen Größen multiplizierten Terme weggestrichen werden konnten, muß der Term $[\dot{r}'_\perp \times (r'_\perp \nabla)\,B]$ eigens untersucht werden. Setzt man für $r'_\perp$ und $\dot{r}'_\perp$ aus (3.17) ein und berücksichtigt man

$$r_\mathrm{L}\,\frac{\mathrm{d}e_i}{\mathrm{d}t} \sim r_\mathrm{L}^2 \quad (\text{vernachlässigbar!}),$$

$$[e_2 \times e_2] = [e_3 \times e_3] = 0$$

und

$$\omega_\mathrm{L} \int \cos^2 \omega_\mathrm{L} t \;\mathrm{d}t = \frac{1}{2},$$

so erhält man für diesen Term

$$\frac{r_\mathrm{L}^2 \omega_\mathrm{L}}{2}\left\{[e_2 \times (e_3 \nabla)\, \boldsymbol{B}] - [e_3 \times (e_2 \nabla)\, \boldsymbol{B}]\right\}.$$

Dieser Term ist nicht von der Größenordnung r_L^2, sondern von der Ordnung r_L und darf daher nicht vernachlässigt werden. Nach (3.7) gilt $\dfrac{r_\mathrm{L}^2 \omega_\mathrm{L}}{2} = \dfrac{\mu c}{2e}$, so daß $r_\mathrm{L}^2 \omega_\mathrm{L} \sim$ const ist.

Diese Aussage kann man nicht nur durch Einsetzen von $\omega_\mathrm{L} = \dfrac{eB}{mc}$ in $r_\mathrm{L}^2 \omega_\mathrm{L}$ beweisen, sondern auch, indem man $m\ddot{\boldsymbol{r}} = \dfrac{e}{c}\,[\dot{\boldsymbol{r}} \times \boldsymbol{B}]$ durch Einführung von $\boldsymbol{B}^* = \boldsymbol{B}/B_0$, $\boldsymbol{r}^* = \boldsymbol{r}/l$, $t^* = u_\perp t/l$ dimensionslos macht. l ist die charakteristische Abmessung. Man erhält $\dfrac{mcu_\perp}{eB_0 l}\,\ddot{\boldsymbol{r}}^* = [\ddot{\boldsymbol{r}}^* \times \boldsymbol{B}^*]$. Durch Einsetzen für B_0 aus $r_\mathrm{L} = mu_\perp c/eB_0$ erhält man für den die Größenordnung bestimmenden Faktor $\dfrac{r_\mathrm{L}}{l} \approx \dfrac{m}{e}$. Die Terme $\dfrac{m}{e}\,\ddot{\boldsymbol{r}}$, $\dfrac{1}{c}\,[\dot{\boldsymbol{R}} \times \boldsymbol{B}(\boldsymbol{R})]$ und $r_\mathrm{L}^2 \omega_\mathrm{L} \nabla B = r_\mathrm{L}\,\dfrac{mu_\perp c}{eB}$ $\cdot \dfrac{eB}{me}\cdot\dfrac{1}{l} \approx \dfrac{r_\mathrm{L}}{l}$ sind also alle von der gleichen Größenordnung. Man kann nun den Term $[e_2 \times (e_3\nabla)\,\boldsymbol{B}] - [e_3 \times (e_2\nabla)\,\boldsymbol{B}]$ umformen:

$$[e_2 \times (e_3\nabla)\,\boldsymbol{B}] = [[e_3 \times e_1] \times (e_3\nabla)\,\boldsymbol{B}]$$
$$= e_1(e_3(e_3\nabla)\,\boldsymbol{B}) - e_3(e_1(e_3\nabla)\,\boldsymbol{B}).$$

Nun ist

$$e_1(e_3\nabla)\,\boldsymbol{B} = e_1(e_3\nabla)\,(e_1 B) = \frac{B}{2}\,(e_3\nabla)\,e_1^2 + e_3\nabla B = e_3\nabla B,$$

so daß

$$[e_2 \times (e_3\nabla)\,\boldsymbol{B}] = e_1(e_3(e_3\nabla)\,\boldsymbol{B}) - e_3(e_3\nabla)\,B$$

und analog

$$[e_3 \times (e_2\nabla)\,\boldsymbol{B}] = -e_1(e_2(e_2\nabla)\,\boldsymbol{B}) + e_2(e_2\nabla)\,B$$

gilt. Schreibt man nun

$$\nabla = e_1(e_1\nabla) + e_2(e_2\nabla) + e_3(e_3\nabla),$$

so gibt die MAXWELL-Gleichung $\nabla \cdot \boldsymbol{B} = 0$ die Beziehung

$$e_1(e_1\nabla)\,\boldsymbol{B} + e_2(e_2\nabla)\,\boldsymbol{B} + e_3(e_3\nabla)\,\boldsymbol{B} = 0.$$

Da nun

$$e_1(e_1\nabla)\,\boldsymbol{B} = e_1\frac{\partial \boldsymbol{B}}{\partial s} = \frac{\partial B}{\partial s}$$

ist, wobei s die Bogenlänge auf der Feldlinie ist, folgt

$$[e_2 \times (e_3\nabla)\,\boldsymbol{B}] - [e_3 \times (e_2\nabla)\,\boldsymbol{B}]$$

$$= -e_1\frac{\partial B}{\partial s} - e_2(e_2\nabla)\,\boldsymbol{B} - e_3(e_3\nabla)\,\boldsymbol{B} = -\nabla B.$$

Für die Bewegungsgleichung des Führungszentrums ergibt sich somit

$$\ddot{\boldsymbol{R}} = \frac{\boldsymbol{F}}{m} + \frac{e}{m}\,(\boldsymbol{E}(\boldsymbol{R})) + \frac{e}{mc}\,[\dot{\boldsymbol{R}} \times \boldsymbol{B}(\boldsymbol{R})] - \frac{\mu}{m}\,\nabla B(\boldsymbol{R}). \tag{3.22}$$

Das ist die Bewegungsgleichung eines elektrisch geladenen magnetischen Dipols. Indem wir (3.22) mit $\boldsymbol{B}$ von rechts vektoriell bzw. skalar mit e_1 multiplizieren, erhalten wir für die Bewegung $\perp$ bzw. $\parallel$ zu $\boldsymbol{B}$ ($\boldsymbol{B} = Be_1$):

$$\frac{1}{c}\,\dot{\boldsymbol{R}}_\perp \equiv \frac{1}{c}\,(\boldsymbol{u}_D + \boldsymbol{u}'_\perp) = \frac{[(\boldsymbol{F} + e\boldsymbol{E}) \times \boldsymbol{B}]}{eB^2} + \mu\,\frac{[\boldsymbol{B} \times \nabla B]}{eB^2} - \frac{[m\ddot{\boldsymbol{R}} \times \boldsymbol{B}]}{eB^2}. \tag{3.23}$$

Der erste Term ist die schon bekannte $\boldsymbol{E} \times \boldsymbol{B}$-Drift (*elektrische Drift*), vgl. (3.20), der zweite Term heißt *Gradient-B-Drift,* und der dritte Term enthält alle Trägheits- und Feldlinienkrümmungseffekte. $\dot{\boldsymbol{R}}_\perp$ nennen wir *Driftgeschwindigkeit.* Die letzten zwei Terme sind um eine Größenordnung kleiner als $\boldsymbol{u}_D$. Parallel zu $\boldsymbol{B}$ ergibt sich mit $\boldsymbol{E}e_1 = E_\parallel$, $\boldsymbol{F}e_1 = F_\parallel$

$$m\ddot{\boldsymbol{R}}e_1 = F_\parallel + eE_\parallel - \mu\,\frac{\partial B}{\partial s}. \tag{3.24}$$

Die ersten beiden Terme sind uns schon aus (3.12) bekannt; $m\ddot{\boldsymbol{R}}$ enthält drei Terme; der letzte Term rechts beschreibt, wie ein magnetischer Dipol in die Richtung sinkender Feldstärke getrieben wird, und heißt *Spiegelterm.* Um (3.23) und (3.24) auswerten zu können, benötigt man $\ddot{\boldsymbol{R}}$ in erster Ordnung.

3.3 Das Führungszentrum

Da wir mit $\boldsymbol{R}(t)$ den Ort des Führungszentrums bezeichnet haben, stellt $\dot{\boldsymbol{R}}$ die Geschwindigkeit des Führungszentrums dar. Den Vektor $\dot{\boldsymbol{R}}$ kann man in Komponenten $\parallel$ und $\perp$ zu $\boldsymbol{B}$ zerlegen:

$$\dot{\boldsymbol{R}} = \dot{\boldsymbol{R}}_\perp + (\dot{\boldsymbol{R}}\boldsymbol{e}_1)\,\boldsymbol{e}_1 = \dot{\boldsymbol{R}}_\perp + \dot{R}_\parallel \boldsymbol{e}_1 = (\boldsymbol{u}_D + \boldsymbol{u}_\perp'') + (\boldsymbol{u}_\parallel' + \boldsymbol{u}_\parallel'').$$

Für die Beschleunigung ergibt sich dann

$$\ddot{\boldsymbol{R}} = \frac{\mathrm{d}\dot{\boldsymbol{R}}}{\mathrm{d}t} = \frac{\mathrm{d}\dot{\boldsymbol{R}}_\perp}{\mathrm{d}t} + \frac{\mathrm{d}}{\mathrm{d}t}\,(\dot{R}_\parallel \boldsymbol{e}_1).$$

Setzt man für $\dot{\boldsymbol{R}}_\perp$ aus (3.23) ein und vernachlässigt Terme von höherer Ordnung $\left(\dfrac{\mathrm{d}\boldsymbol{u}_\perp''}{\mathrm{d}t} \sim 0\right)$, dann erhält man $(\dot{\boldsymbol{R}}_\parallel = \boldsymbol{u}_\parallel' + \boldsymbol{u}_\parallel'')$

$$\ddot{\boldsymbol{R}} = \frac{\mathrm{d}\boldsymbol{u}_D}{\mathrm{d}t} + \frac{\mathrm{d}\dot{R}_\parallel}{\mathrm{d}t}\,\boldsymbol{e}_1 + \dot{R}_\parallel\,\frac{\mathrm{d}\boldsymbol{e}_1}{\mathrm{d}t}.$$

Setzt man dies in (3.23) ein, so erhält man für die durch die Feldinhomogenität verursachten Zusatzterme ($\perp$ zu $\boldsymbol{B}$)

$$\frac{1}{c}\,\boldsymbol{u}_\perp'' = \left[\frac{\boldsymbol{B}}{eB^2} \times (\mu\nabla B + m)\left(\frac{\mathrm{d}\boldsymbol{u}_D}{\mathrm{d}t} + \frac{\mathrm{d}\dot{R}_\parallel}{\mathrm{d}t}\,\boldsymbol{e}_1 + \dot{R}_\parallel\,\frac{\mathrm{d}\boldsymbol{e}_1}{\mathrm{d}t}\right)\right].$$

Da nun

$$\frac{\mathrm{d}}{\mathrm{d}t} = \frac{\partial}{\partial t} + (\boldsymbol{u}_D + \dot{R}_\parallel)\,\nabla \tag{3.25}$$

ist, gilt bei Vernachlässigung von Termen zweiter Ordnung $(\dot{R}_\parallel \nabla \dot{R}_\parallel,\ \dfrac{\partial \dot{R}_\parallel}{\partial t}$ usw.)

$$\frac{1}{c}\,\boldsymbol{u}_\perp'' = \left[\frac{\boldsymbol{B}}{eB^2} \times \left(\mu\nabla B + m\left(\frac{\partial \boldsymbol{u}_D}{\partial t} + (\boldsymbol{u}_D\nabla)\,\boldsymbol{u}_D + (\dot{R}_\parallel\nabla)\,\boldsymbol{u}_D \right.\right.\right.$$
$$\left.\left.\left. + \dot{R}_\parallel\,\frac{\partial \boldsymbol{e}_1}{\partial t} + \dot{R}_\parallel(\boldsymbol{u}_D\nabla)\,\boldsymbol{e}_1 + \dot{R}_\parallel^2(\boldsymbol{e}_1(\nabla\boldsymbol{e}_1))\right)\right)\right]. \tag{3.26}$$

Die Bedeutung dieser sieben neuen Driftterme wird später besprochen; sie rühren alle bis auf den ersten von der Feldlinienkrümmung her. Der Term $\left[\dfrac{\boldsymbol{B}}{eB^2} \times m\,\dfrac{\mathrm{d}\boldsymbol{u}_D}{\mathrm{d}t}\right]$ heißt *Trägheitsdrift*. Er enthält auch die Zentrifugalkraft. Der Term $[\mu\boldsymbol{B} \times \nabla B]/eB^2$ heißt *Gradientdrift*.

Um die Gleichung für die Bewegung $\parallel$ zu $\boldsymbol{B}$ zu erhalten, betrachten wir zunächst [vgl. (3.24)!]

$$\ddot{\boldsymbol{R}}\boldsymbol{e}_1 \equiv \frac{\mathrm{d}}{\mathrm{d}t}\,(\dot{\boldsymbol{R}}\boldsymbol{e}_1) - \dot{\boldsymbol{R}}\dot{\boldsymbol{e}}_1.$$

Nun ist

$$\dot{R}e_1 = \dot{R}_\| , \quad \text{weil} \quad \dot{R}_\perp e_1 = 0, \quad \dot{R}_\| e_1 e_1 = \dot{R}_\| , \quad \text{da} \quad e_1 e_1 = 1,$$

so daß

$$\ddot{R}e_1 = \frac{d\dot{R}_\|}{dt} - \dot{R}\dot{e}_1$$

gilt. Setzt man hierfür $\dot{R}$ ein und vernachlässigt Glieder höherer Ordnung, so erhält man mit (3.25)

$$\ddot{R}e_1 = \frac{d\dot{R}_\|}{dt} - u_D\dot{e}_1 = \frac{d\dot{R}_\|}{dt} - u_D\,\frac{\partial e_1}{\partial t} - u_D(u_D\nabla)\,e_1 - u_D(\dot{R}_\|\nabla)\,e_1 .$$

Einsetzen in (3.24) liefert für die Richtung parallel zu B

$$m\,\frac{d\dot{R}_\|}{dt} \equiv m(u'_\| + u''_\|) = m\left(u_D\,\frac{\partial e_1}{\partial t} + u_D(u_D\nabla)\,e_1 + u_D(\dot{R}_\|\nabla)\,e_1 \right)$$

$$+ F_\| + eE_\| - \mu\,\frac{\partial B}{\partial s}.$$

Wegen $\dot{R}_\| = u'_\| + u''_\|$, $\ddot{R}_\| = \dot{u}'_\| = u''_\|$ ergibt sich mit (3.12)

$$m\,\frac{du''_\|}{dt} = m\left(u_D\,\frac{\partial e_1}{\partial t} + u_D(u_D\nabla)\,e_1 + u_D(\dot{R}_\|\nabla)\,e_1 \right) - \mu\,\frac{\partial B}{\partial s}. \quad (3.27)$$

Um zu einem Verständnis der Inhomogenitätseffekte, die in (3.18) alle in $(r'_\perp\nabla)\,B$ enthalten sind, zu gelangen, betrachten[1] wir das Tensorprodukt $= \nabla\, ; B$

$$\nabla\, ; B = \begin{bmatrix} \dfrac{\partial B_x}{\partial x} & \text{(d)}\ \dfrac{\partial B_x}{\partial y} & \dfrac{\partial B_x}{\partial z} \\[2ex] \dfrac{\partial B_y}{\partial x} & \dfrac{\partial B_y}{\partial y} & \text{(a)}\ \dfrac{\partial B_y}{\partial z} \\[2ex] \dfrac{\partial B_z}{\partial x}\ \text{(c)} & \dfrac{\partial B_z}{\partial y} & \text{(b)}\ \dfrac{\partial B_z}{\partial z} \end{bmatrix}$$

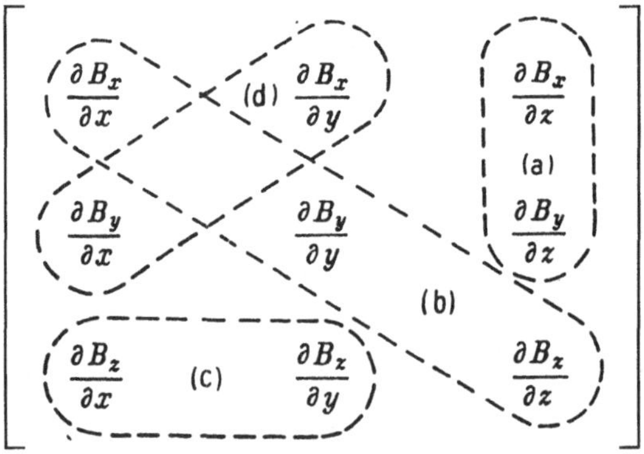

Der Tensor besteht aus vier Teilen, die wir bei Bevorzugung der z-Richtung mit (a), (b), (c), (d) bezeichnen. Diese Teile beschreiben verschiedene geometrische Eigenschaften des B-Feldes und bedingen verschiedene Drift- und Beschleunigungseffekte.

---

[1] Es wird $B = B_0 + (dr\nabla)\,B_0$, B_0 in der z-Richtung angenommen.

(a) $\dfrac{\partial B_x}{\partial z}, \dfrac{\partial B_y}{\partial z}$ beschreiben, wie B_x bzw. B_y mit z wächst. Da Feldlinien nach ihrer Definition in jedem Raumpunkt zum örtlichen Feld tangential liegen, gilt für eine Verschiebung $\mathrm{d}\boldsymbol{r}$ längs einer Feldlinie $[\mathrm{d}\boldsymbol{r} \times \boldsymbol{B}] = 0$, d. h., die *Differentialgleichung der Feldlinien* lautet

$$\frac{\mathrm{d}x}{B_x} = \frac{\mathrm{d}y}{B_y} = \frac{\mathrm{d}z}{B_z} \quad \text{oder} \quad \frac{\mathrm{d}x}{\mathrm{d}z} = \frac{B_x}{B_z}, \quad \frac{\mathrm{d}y}{\mathrm{d}z} = \frac{B_y}{B_z}. \tag{3.28}$$

Betrachtet man nun $\dfrac{\partial B_x}{\partial z}$ allein, so ergibt sich mit $B_x \approx \dfrac{\partial B_x}{\partial z}\, z$

$$\frac{\mathrm{d}x}{\mathrm{d}z} = \frac{1}{B_z}\frac{\partial B_x}{\partial z}\, z \quad \text{oder} \quad x = x_0 + \frac{1}{B_z}\frac{\partial B_x}{\partial z}\frac{z^2}{2},$$

d. h., die Feldlinien $x(z)$ sind gekrümmte parabelartige Kurven. Die Teile (a) des Tensors beschreiben also die *Feldlinienkrümmung* (vgl. Abb. 7). Da sich das Führungszentrum längs der Feldlinien bewegt, erfährt es eine Zentrifugalkraft von der Größe $\dfrac{m\dot{R}_{\|}^{2}}{\varrho}$ in Richtung des Krümmungsradius ϱ. Da $\boldsymbol{B}$ tangential zu den Feldlinien liegt, gilt $\boldsymbol{B} = B\boldsymbol{e}_1$, wobei $\boldsymbol{e}_1$ der Tangenteneinheitsvektor ist. Weiter ist $\nabla; \boldsymbol{B} = (\nabla; B)\,\boldsymbol{e}_1 + B(\nabla; \boldsymbol{e}_1)$; multipliziert man mit $\boldsymbol{B}$ von links, so ergibt sich $(\boldsymbol{B}\nabla)\,\boldsymbol{B} = \{(\boldsymbol{B}\nabla)\,B\}\dfrac{\boldsymbol{B}}{B} + B^2\dfrac{\mathrm{d}\boldsymbol{e}_1}{\mathrm{d}s}$, da der Einheitsvektor $\dfrac{\boldsymbol{B}}{B}$ dieselbe Richtung und Länge wie $\boldsymbol{e}_1$ hat, $\boldsymbol{e}_1(\nabla\boldsymbol{e}_1) = \dfrac{\mathrm{d}\boldsymbol{e}_1}{\mathrm{d}s}\,B$. Aus der FRENETschen Formel $\dfrac{\mathrm{d}\boldsymbol{e}_1}{\mathrm{d}s} = \dfrac{\varrho}{\varrho^2}$ folgt dann $(\boldsymbol{B}\nabla)\,\boldsymbol{B} = \{(\boldsymbol{B}\nabla)\}\dfrac{\boldsymbol{B}}{B} + \dfrac{B^2}{\varrho^2}\,\varrho$ und für die Zentrifugalkraft mit $m\dot{R}_{\|}^{2} \approx 2E_{\mathrm{kin}\,\|}$

$$\boldsymbol{F}_c = \frac{2E_{\mathrm{kin}\,\|}}{B}\,(\boldsymbol{B}\nabla)\,\frac{\boldsymbol{B}}{B}.$$

Da nach (3.11) eine „äußere" Kraft $\boldsymbol{F}$ eine Drift $(\boldsymbol{F}\times\boldsymbol{B})/eB^2$ erzeugt, folgt für die durch die Feldlinienkrümmung erzeugte Drift (*Zentrifugaldrift*)

$$\boldsymbol{u}_{DZ} = \frac{2E_{\mathrm{kin}\,\|}}{B}\,(\boldsymbol{B}\nabla)\,\frac{\boldsymbol{B}}{B}\times\frac{\boldsymbol{B}}{eB^2}. \tag{3.29}$$

(Umgekehrt kann man durch eine ad hoc geeignet eingeführte äußere Kraft Wirkungen des Magnetfeldes *simulieren*.) Multipliziert man den Term $-m\dot{R}_{\|}^{2}(\nabla\boldsymbol{e}_1)\times\dfrac{\boldsymbol{B}}{eB^2}$ von (3.26) mit $\boldsymbol{e}_1$, so erhält man mit $\boldsymbol{e}_1 = \boldsymbol{B}/B$ sofort (3.29). Diese beiden Terme sind also identisch. (3.29) heißt auch *Azimutdrift* (in Spiegelmaschinen). Ist $(\boldsymbol{B}\nabla)\,\boldsymbol{B} = 0$, d. h., die Änderung des Feldes in der Richtung von $\boldsymbol{B}$ verschwindet, so daß die Feldlinien gerade sind, dann verschwindet die Zentrifugaldrift.

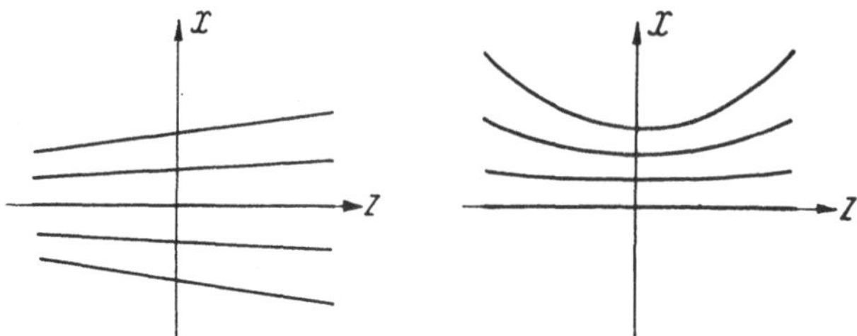

Abb. 7. Winkeldivergenz und Krümmung der Feldlinien

Auch die restlichen fünf mit m multiplizierten Terme von (3.26) gehen auf die Feldlinienkrümmung zurück. Wir besprechen sie am Ende dieses Abschnitts.

(b) $\dfrac{\partial B_x}{\partial x}, \dfrac{\partial B_y}{\partial y}, \dfrac{\partial B_z}{\partial z}$ beschreiben die *Winkeldivergenz* der Feldlinien. In der x, z-Ebene gilt nach (3.28)

$$\frac{\mathrm{d}x}{\mathrm{d}z} = \frac{1}{B_z} \frac{\partial B_x}{\partial x} x_0, \quad \text{also} \quad x = x_0 + \frac{1}{B_z} \frac{\partial B_x}{\partial x} x_0 z.$$

Je nach dem Vorzeichen von $\dfrac{\partial B_x}{\partial x}$ divergieren die (nicht gekrümmten) Feldlinien, vgl. Abb. 7. Da die Feldlinien nicht gekrümmt sind, gilt $\nabla; e_1 = 0$ und $\nabla; B = \nabla; (B e_1) = \operatorname{grad} B \cdot e_1 = \dfrac{\partial B}{\partial s}$. Das ist somit der einzige bei geradlinigen Feldlinien nicht verschwindende Anteil des Tensors $\nabla; B$. Die Diagonalterme (b) sind somit für den *Spiegeleffekt* verantwortlich (vgl. § 3.4).

(c) $\dfrac{\partial B_z}{\partial x}, \dfrac{\partial B_z}{\partial y}$ sind die Gradienten senkrecht zur Feldstärkenrichtung e_1 (die wir mit der z-Achse identifizieren). Betrachtet man nur die Wirkung dieser Terme, so ist $B_x = B_y = 0$, $B_z = B$ zu setzen. In der x, z-Ebene beschreibt $\dfrac{\partial B}{\partial x}$ das Anwachsen der Feldstärke in der x-Richtung:

$$B(z) = B(0) + \frac{\partial B}{\partial x} x, \quad \text{vgl. Abb. 8.}$$

Die Feldlinien bleiben gerade, rücken aber mit wachsendem x näher zusammen $\left(\dfrac{\partial B}{\partial x} > 0\right)$ vgl. Abb. 8. Die (c)-Terme sind also für den Driftterm $\left[\dfrac{B}{eB^2} \times \mu \nabla B\right]$, die sogenannte *Gradientendrift,* verantwortlich. Dieser Term liefert ebenfalls einen Beitrag zur Azimutdrift in den Spiegelmaschinen.

(d) $\dfrac{\partial B_y}{\partial x}, \dfrac{\partial B_z}{\partial y}$ treten nur in $\nabla \times \boldsymbol{B}$ auf. Bei geraden Feldlinien stellen diese Terme die relative *Verdrillung* (*Scherung*) der Feldlinien dar, vgl. Abb. 9. Da der Term $\nabla \times \boldsymbol{B}$ in der Bewegungsgleichung nicht vorkommt, ist er für die Einzelteilchen in erster Ordnung bedeutungslos. In der Theorie der Instabilitäten werden jedoch gescherte Magnetfelder wichtig werden.

Die restlichen Terme in den Gleichungen (3.26) und (3.27) sind von geringem Interesse. Eine Analyse ergibt [3.1]:

$m\boldsymbol{u}_D \dfrac{d\boldsymbol{e}_1}{dt}$: Änderung der Richtung von $\boldsymbol{e}_1$ als Folge der Mitbewegung des Koordinatensystems, bei schwachen elektrischen Feldern wegen $\boldsymbol{u}_D \sim \boldsymbol{E}$ vernachlässigbar.

$m\boldsymbol{u}_D \dfrac{\partial \boldsymbol{e}_1}{\partial t}$: Folge der Zentrifugalbeschleunigung infolge der Rotation von $\boldsymbol{u}_D$ um die z-Achse, proportional Ω^2 ($\Omega =$ Winkelgeschwindigkeit von $\boldsymbol{u}_D$).

$m\boldsymbol{u}_D(\boldsymbol{u}_D\nabla)\,\boldsymbol{e}_1 \sim \dfrac{m}{e}\dfrac{d}{dt}\left(\dfrac{\Omega^2 r^2}{2}\right)$, wobei Ω wieder die Winkelgeschwindigkeit von $\boldsymbol{u}_D$ um die z-Achse ist.

$\left[\dfrac{\boldsymbol{B}}{eB^2} \times m\dfrac{d\boldsymbol{u}_D}{dt}\right]$: transversale Trägheitsdrift.

$\left[\dfrac{\boldsymbol{B}}{eB^2} \times m\dfrac{\partial \boldsymbol{u}_D}{\partial t}\right] = \dfrac{[\boldsymbol{F} \times \boldsymbol{B}]}{B^2} + \dfrac{m}{eB^2}\dfrac{\partial \boldsymbol{E}}{\partial t}$: der zweite bei zeitlich veränderlichem elektrischen Feld auftretende Term heißt *Polarisationsdrift*.

$\left[\dfrac{\boldsymbol{B}}{eB^2} \times m(\boldsymbol{u}_D\nabla)\,\boldsymbol{u}_D\right]$: vermag eine Erklärung der Helmholtz-Instabilität vom Teilchenstandpunkt zu geben.

$\left[\dfrac{\boldsymbol{B}}{eB^2} \times m\dot{R}_{\parallel}\dfrac{\partial \boldsymbol{e}_1}{\partial t}\right]$: die zeitliche Änderung der Richtung von $\boldsymbol{B}$ bewirkt ein $\dfrac{\partial \boldsymbol{e}_1}{\partial t}$, also $\dfrac{\partial \boldsymbol{B}}{\partial t}$, was nach den Maxwell-Gleichungen ein $\boldsymbol{E}$ erzeugt. Es entsteht eine mit ω_L periodische Änderung der Krümmung der Teilchenbahn.

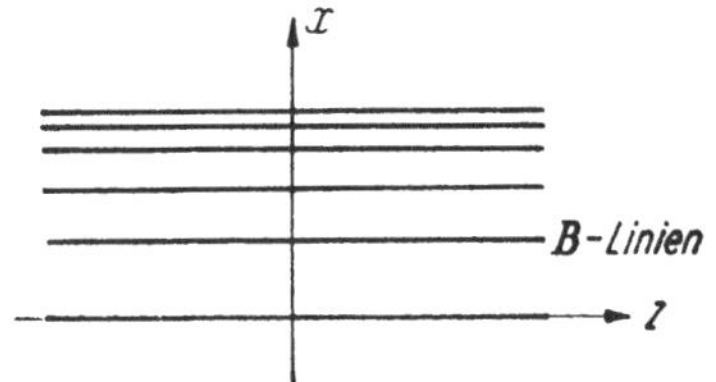

Abb. 8. Gradient des Feldstärkenbetrages

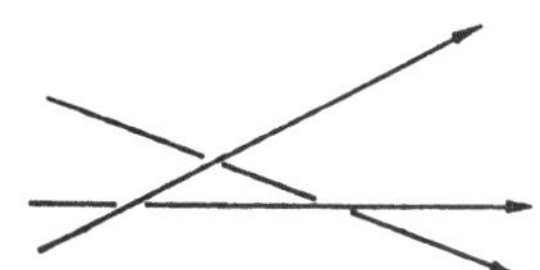

Abb. 9. Scherung von Feldlinien

Aus der Bewegungsgleichung (3.27) erhält man in Abwesenheit von $\boldsymbol{E}$ und $\boldsymbol{F}$

$(\boldsymbol{u}_D = 0,\ u'_\| = 0,\ u''_\| = \dot{R}_\|)$ nach Integration längs der Feldlinie $\displaystyle\int_1^2 \frac{d\dot{R}_\|}{dt}\,ds$

$= -\dfrac{\mu}{m}\displaystyle\int_1^2 \frac{\partial B}{\partial s}\,ds$ und somit, wenn[2] $B(1) = B(2)$, die sogenannte *longitudinale Invariante*

$$\int_1^2 \dot{R}_\|\,ds = \text{const.}$$

Die Existenz der longitudinalen Invarianten hängt mit dem LIOUVILLE-Theorem der statistischen Mechanik zusammen, vgl. § 4. Die genaue Theorie der adiabatischen Invarianten ist nur im Rahmen der analytischen Mechanik möglich [3.2].

3.4 Der Spiegeleffekt

Der *Spiegelterm* $-\mu\dfrac{\partial B}{\partial s}$ in (3.24), (3.27) verwandelt *Driftenergie* (kinetische Energie des Führungszentrums) in *Gyrations-Energie des Teilchens:* Die Longitudinalgeschwindigkeit des Teilchens (parallel zu $\boldsymbol{B}$) nimmt also bei wachsender Feldstärke $\left(\dfrac{\partial B}{\partial s} > 0\right)$ ab, und die Gyrations-Frequenz ω_L nimmt zu. Um dies einzusehen, leiten wir zunächst den *Energiesatz für das Führungszentrum* ab. Nach (3.22) ist die Bewegungsgleichung in cgs-Einheiten gegeben durch

$$m\ddot{\boldsymbol{R}} = \boldsymbol{F} + e\boldsymbol{E} + \frac{e}{c}[\dot{\boldsymbol{R}} \times \boldsymbol{B}] - \mu\nabla B. \tag{3.30}$$

Zur Ableitung des Energiesatzes multiplizieren wir skalar mit der Geschwindigkeit $\dot{\boldsymbol{R}}$ des Führungszentrums:

$$\frac{d}{dt}E_{\text{kinFZ}} = \frac{1}{2}m\frac{d}{dt}(\dot{\boldsymbol{R}}^2) = \boldsymbol{F}\cdot\dot{\boldsymbol{R}} + e\boldsymbol{E}\dot{\boldsymbol{R}} - \mu\dot{\boldsymbol{R}}\nabla B. \tag{3.31}$$

Aus der Bewegungsgleichung des Teilchens (3.9) (geschrieben in cgs-Einheiten) erhalten wir analog den *gesamten-Energiesatz:*

$$\frac{d}{dt}E_{\text{kin}} \equiv \frac{1}{2}m\frac{d}{dt}(\boldsymbol{u}^2) = \boldsymbol{u}(e\boldsymbol{E} + \boldsymbol{F}). \tag{3.32}$$

---

[2] Bei Symmetrie des Spiegelfeldes.

Nimmt man an, daß die Volumenkraft $\boldsymbol{F}$ ein Potential ψ besitzt, so folgt mit $\boldsymbol{E} = -\nabla\varphi - \dfrac{\partial \boldsymbol{A}}{\partial t}$, wobei $\boldsymbol{A}$ das magnetische Potential ist, $\boldsymbol{u} = \boldsymbol{u}'_\perp + \dot{\boldsymbol{R}}$,

$$\frac{1}{2} m \frac{\mathrm{d}}{\mathrm{d}t} (\boldsymbol{u}'^2_\perp + \dot{\boldsymbol{R}}^2 + 2\boldsymbol{u}'_\perp \dot{\boldsymbol{R}})$$

$$= \left(-e\nabla\varphi - \frac{e}{c}\frac{\partial \boldsymbol{A}}{\partial t} - \nabla\psi \right)(\boldsymbol{u}'_\perp + \dot{\boldsymbol{R}}).$$

Subtrahiert man hiervon die kinetische Energie $\dfrac{1}{2} m\dot{R}^2$ des Führungszentrums, so erhält man für die *Energie* $E_{\mathrm{kin}\perp}$ der *Gyrations-Bewegung* wegen $\boldsymbol{u}'_\perp \cdot \dot{\boldsymbol{R}} = 0$ nach zeitlicher Integration über eine Gyrations-Periode τ_L (innerhalb der $\boldsymbol{u}'_\perp$ als konstant angesehen werden kann) und mit $\boldsymbol{u}'_\perp\, \mathrm{d}t = \mathrm{d}\boldsymbol{r}'_\perp$

$$\frac{1}{2} m\tau_\mathrm{L} \frac{\mathrm{d}}{\mathrm{d}t} (\boldsymbol{u}'_\perp)^2$$

$$= -e \int\limits_0^{\tau_\mathrm{L}} \nabla\left(\psi + \frac{\varphi}{e} \right) \mathrm{d}\boldsymbol{r}'_\perp - \frac{e}{c} \int\limits_0^{\tau_\mathrm{L}} \frac{\partial \boldsymbol{A}}{\partial t} \mathrm{d}\boldsymbol{r}'_\perp + \mu\dot{R}\nabla B\tau_\mathrm{L}.$$

Das erste Integral verschwindet, da in erster Näherung $\boldsymbol{r}'_\perp$ während eines vollen Umlaufs in sich zurückkehrt; der Gyrationskreis ist fast geschlossen, und das Integral längs eines geschlossenen Weges, genommen über den Gradienten einer skalaren Funktion, verschwindet. Das zweite Integral liefert mit Hilfe des STOKESschen Satzes ($\oint \boldsymbol{A}\, \mathrm{d}\boldsymbol{r} = \int \mathrm{rot}\, \boldsymbol{A}\, \mathrm{d}\boldsymbol{f}$) wegen $\mathrm{rot}\, \boldsymbol{A} = \boldsymbol{B}$

$$-\frac{e}{c} \oint \frac{\partial \boldsymbol{A}}{\partial t} \mathrm{d}\boldsymbol{r}'_\perp = \frac{+|e|}{c} \int \frac{\partial \boldsymbol{B}}{\partial t} \mathrm{d}\boldsymbol{f} \approx \frac{+|e|\, r_\mathrm{L}^2 \pi}{c} \frac{\partial B}{\partial t}.$$

(Das Pluszeichen rührt daher, daß die Normale der Fläche $\mathrm{d}f$ so orientiert wurde, daß der richtige Umlaufsinn, Elektronen in der positiven Richtung um $\boldsymbol{B}$ heraus kommt.) Insgesamt ist dann $\left(\dfrac{r_\mathrm{L}^2 \pi e}{\tau_\mathrm{L} c} = \mu \right)$ (cgs Einheiten)

$$\frac{\mathrm{d}E_{\mathrm{kin}\perp}}{\mathrm{d}t} = \frac{1}{2} m \frac{\mathrm{d}}{\mathrm{d}t} (\boldsymbol{u}'_\perp)^2 = \mu\left(\frac{\partial B}{\partial t} + \dot{R}\nabla B \right) = \left(\mu\frac{\mathrm{d}B}{\mathrm{d}t} \right)_{FZ}. \qquad (3.33)$$

Eine zeitliche Änderung von $\boldsymbol{B}$ und eine räumliche Änderung von B rufen demnach eine Erhöhung der kinetischen Energie der Gyrations-Bewegung hervor. Der erste Term heißt auch *Betatronbeschleunigung*, der zweite Term ist der *Spiegelterm*. Vom Standpunkt des Führungszentrums FZ gilt somit, da μ nach (3.7) definiert ist,

$$\frac{\mathrm{d}}{\mathrm{d}t}\left(\frac{1}{2} m u'^2_\perp \right) = \frac{\mathrm{d}}{\mathrm{d}t} (\mu B) = \mu \frac{\mathrm{d}B}{\mathrm{d}t} + B\frac{\mathrm{d}\mu}{\mathrm{d}t} = \mu \frac{\mathrm{d}B}{\mathrm{d}t},$$

das heißt

$$\frac{\mathrm{d}\mu}{\mathrm{d}t} = 0, \quad \mu = \text{const.} \tag{3.34}$$

Insgesamt ergibt sich somit die folgende Energiebilanz:

kinetische Energie Führungszentrum:

$$E_{\mathrm{kin}FZ} = \frac{1}{2}\,m\dot{R}^2 \begin{cases} \dfrac{1}{2}\,m\dot{R}_\parallel^2 = E_{\mathrm{kin}\parallel}, \\[2mm] \dfrac{1}{2}\,m\dot{R}_\perp^2 = E_{\mathrm{kin}FZ\perp}, \end{cases}$$

kinetische Energie Gyrations-Bewegung:

$$E_{\mathrm{kin}\perp} = \frac{1}{2}\,m u_\perp'^2 = \mu B \qquad \text{nach (3.33)}$$

kinetische Energie des Teilchens:

$$\frac{1}{2}\,m u^2 = \frac{1}{2}\,m\dot{R}_\parallel^2 + \frac{1}{2}\,m\dot{R}_\perp^2 + \mu B,$$

$$E_{\mathrm{kin}} = E_{\mathrm{kin}\parallel} + E_{\mathrm{kin}FZ\perp} + E_{\mathrm{kin}\perp},$$

$$E_{\mathrm{kin}} = E_{\mathrm{kin}FZ} + E_{\mathrm{kin}\perp}.$$

Differentiation ergibt

$$\frac{\mathrm{d}E_{\mathrm{kin}}}{\mathrm{d}t} = \frac{\mathrm{d}E_{\mathrm{kin}FZ}}{\mathrm{d}t} + \frac{\mathrm{d}E_{\mathrm{kin}\perp}}{\mathrm{d}t}.$$

Setzt man aus (3.31), (3.33), (3.26), (3.25) ein, so erhält man

$$\frac{\mathrm{d}E_{\mathrm{kin}}}{\mathrm{d}t} = \underbrace{\dot{R}_\parallel(F_\parallel + eE_\parallel)}_{\text{äuß. Feld + elektr. Feld}} + \underbrace{m\dot{R}_\parallel\,\frac{\mathrm{d}e_1}{\mathrm{d}t}\,u_D + m u_D\,\frac{\mathrm{d}u_D}{\mathrm{d}t}}_{\text{Fermi-Beschleunig. Typ b)}}$$

$$+ \underbrace{\mu\,\frac{\partial B}{\partial t}}_{\text{Betatronbeschl.}} + \underbrace{\mu u_D \nabla B}_{\text{Fermi-Beschl. Typ a)}}$$

$$+ \underbrace{\mu\dot{R}_\parallel \nabla B - \mu\dot{R}_\parallel \nabla B}_{\text{Spiegeleffekte}}. \tag{3.35}$$

Die als Fermi-Beschleunigung bezeichneten Glieder spielen in der Theorie der kosmischen Strahlung eine Rolle. Typ a) tritt bei geraden, Typ b) bei gekrümmten Feldlinien auf [3.3].

Zur Vereinfachung wollen wir nun $E = F = 0$ annehmen. Für die longitudinale Bewegung des Führungszentrums gilt dann nach (3.27) in eindimensionaler Betrachtungsweise ($e_1 \approx z$-Achse, vgl. Abb. 10) und für geradlinige

Feldlinien ($e_1 = \text{const}$), $u''_\| = \dfrac{\mathrm{d}z}{\mathrm{d}t}$,

$$m\,\frac{\mathrm{d}u''_\|}{\mathrm{d}t} = -\mu\,\frac{\mathrm{d}B(z)}{\mathrm{d}z} \;\to\; \frac{m}{2}\,(u''^2_\|(z) - u''^2_\|(z_0)) \approx -\mu(B(z) - B(z_0)),$$

z_0 ist eine Anfangslage. An der Stelle z^*, charakterisiert durch $B(z^*) - B(z_0) = \dfrac{m}{2}\,u''^2_\|(z_0)$, ist $u''_\|(z^*) = 0$, das Führungszentrum wurde durch den Spiegelterm abgebremst und kehrt für $\dfrac{\partial B_z}{\partial z} > 0$ um (*Spiegelung*): Bei dieser Spiegelung wird longitudinale Driftenergie $E_{\text{kin}\,\|}$ in Energie der Gyrations-Bewegung $E_{\text{kin}\perp}$ umgewandelt. Bei welchem Feld $B^* = B(z^*)$ ein Teilchen bzw. ein Führungszentrum umkehrt, hängt demnach von seiner Anfangsenergie $\dfrac{m}{2}\,(u''_\|)^2$ ab. Wir schreiben nun $u_\perp, u_\|$ statt $u''_\perp, u''_\|$. Für ein statisches Magnetfeld (und $E = F = 0$) gilt nach (3.32) die Konstanz der kinetischen Energie, so daß nach Kürzung durch $\dfrac{m}{2}$

$$u^2_\perp(z_0) + u^2_\|(z_0) = u^2_\perp(z^*) + u^2_\|(z^*)$$

folgt. Da im Umkehrpunkt z^* natürlich $u_\|(z^*) = 0$ ist, folgt aus (3.7), (3.34) die Beziehung

$$u^2_\perp(z_0) + u^2_\|(z_0) = u^2_\perp(z^*) = \frac{B(z^*)}{B(z_0)}\,u^2_\perp(z_0).$$

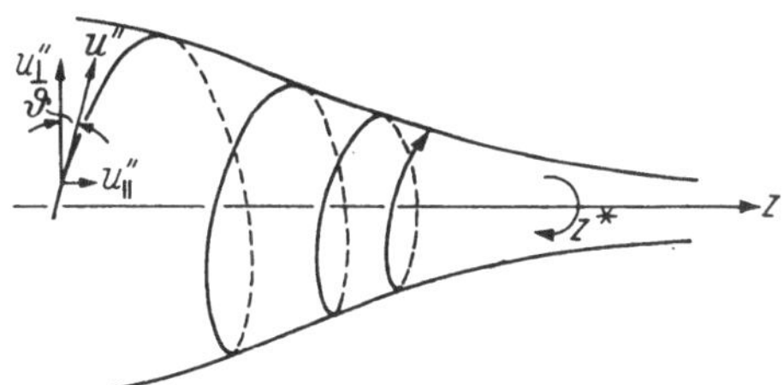

Abb. 10. Der Spiegeleffekt (Führungszentrum läuft auf der z-Achse)

Führt man nun den Steigungswinkel ϑ (auch *pitch-Winkel* genannt) der Schraubenlinie ein (vgl. Abb. 10), $\tan\vartheta = u_\|/u_\perp$, so ergibt sich

$$1 + \frac{u^2_\|(z_0)}{u^2_\perp(z_0)} = \frac{B(z^*)}{B(z_0)} = \frac{1}{\cos^2\vartheta}$$

oder als *Bedingung* dafür, daß *ein Teilchen reflektiert wird*,

$$\cos^2\vartheta \leqq \frac{B(z_0)}{B_{\text{max}}}.$$

Teilchen mit größerem ϑ können längs der Achse dem Spiegelfeld nach rechts entweichen. B_{max} ist das größte $B(z^*)$. Zwischen zwei Spiegeln kommt es zu einem periodischen Schwingen der Teilchen mit der „bounce-frequency".

3.5 Zeitlich rasch veränderliche Felder

Zeitlich veränderliche elektrische Felder müssen nach den MAXWELL-Gleichungen berücksichtigt werden, sobald rot B wesentlich von Null verschieden ist. Mit der durch zeitlich veränderliche elektrische Felder erzeugten *Polarisationsdrift* haben wir uns schon auf S. 39 beschäftigt. Da jedoch die Theorie der Driftbewegung in homogenen und inhomogenen Feldern nur unter der Voraussetzung (3.21) gilt, müssen wir für $\omega_{\text{Feld}} \geqq \omega_{\text{L}}$ eine eigene Untersuchung anstellen. Wir nehmen zunächst $B = $ const an und gehen aus von der Bewegungsgleichung für das geladene Teilchen ($\omega = \omega_{\text{Feld}}$, cgs-System):

$$m \frac{du}{dt} = \frac{e}{c} [u \times B] + eE_0 \exp(i\omega t). \tag{3.36}$$

Ist E_0 konstant, so erhält man als Lösung[3] ($\omega \neq \omega_{\text{L}}$)

$$u = u'_{\perp} + \frac{e}{i\omega m} E_{0\parallel} \exp(i\omega t) + \frac{ei\omega E_{0\perp}}{m(\omega_{\text{L}}^2 - \omega^2)} \exp(i\omega t)$$

$$+ \frac{e^2 i}{cm^2(\omega_{\text{L}}^2 - \omega^2)} \exp(i\omega t) [E_{0\perp} \times B]. \tag{3.37}$$

Dies ist im allgemeinen eine elliptische Schwingung senkrecht zu B, überlagert durch die Gyrations-Bewegung; parallel zu B ergibt sich ebenfalls eine Oszillation. Für $\omega = \omega_{\text{L}}$ ergibt sich die sogenannte *Zyklotron-Resonanz,* und die Koeffizienten erhalten andere Werte (Lösung der Bewegungsgleichung mit der Methode der Variation der Konstanten im partikulären Integral):

$$u = u'_{\perp} + \frac{e}{i\omega m} E_{0\parallel} \exp(i\omega t)$$

$$+ \left(\frac{e(\omega t - i) E_{0\perp}}{2m\omega} - \frac{ie^2 t}{2m^2 \omega c} [E_{0\perp} \times B] \right) \exp(i\omega t). \tag{3.38}$$

Da jedoch ein zeitlich veränderliches elektrisches Feld nach den MAXWELL-Gleichungen ein räumlich veränderliches Magnetfeld erzeugt, werden die obigen Aussagen nur roh gelten.

In einem elektromagnetischen Hochfrequenzfeld lautet die Bewegungsgleichung für das Teilchen nach (3.1)

$$\ddot{r} = \frac{e}{m} \left(E(r) + \frac{1}{c} [\dot{r} \times B(r)] \right) \exp(i\omega t). \tag{3.39}$$

---

[3] Lösung der inhomogenen Gleichung = Lösung der homogenen Gleichung (e-Potenzansatz) plus partikuläre Lösung der inhomogenen Gleichung; Abspaltung der Gyrations-Bewegung $u'_{\perp}$.

Für schwach inhomogene Felder kann man nun wieder in der Nähe des *Schwingungszentrums* (Ortsvektor r_0) eine TAYLOR-Entwicklung machen ($r_1 = r - r_0$):

$$E(r) = E(r_0) + (r_1 \nabla_0)\, E(r_0),$$

$$B(r) = B(r_0) + (r_1 \nabla_0)\, B(r_0).$$

Der zweite Term in (3.39) ist von der Größenordnung $\dfrac{eB}{mc} = \omega_L \ll \omega_{Feld}$, also um den Faktor $\dfrac{\omega_L}{\omega}$ kleiner als der erste Term. Setzt man die TAYLOR-Entwicklung und $r = r_0 + r_1$ in (3.39) ein, so erhält man bei Vernachlässigung der Terme zweiter Ordnung $[\dot{r} \times r_1 (\nabla_0 B(r_0))]$ den Ausdruck

$$\ddot{r}_1 + \ddot{r}_0 = \frac{e}{m}\, E(r_0) \exp(i\omega t) + \frac{e}{m}\, (r_1 \nabla_0)\, E(r_0) \exp(i\omega t)$$

$$+ \frac{e}{mc} \{[\dot{r}_0 \times B(r_0)] + [\dot{r}_1 \times B(r_0)]\} \exp(i\omega t).$$

Vernachlässigt man zunächst auch die Glieder erster Ordnung, so erhält man $\ddot{r}_1 = \dfrac{e}{m}\, E(r_0) \exp(i\omega t)$ mit der Lösung $r_1 = -\dfrac{e}{m\omega^2}\, E(r_0) \exp(i\omega t)$. r_1, die relative Lage des Teilchens zum Schwingungszentrum, stellt also eine mit der Feldfrequenz periodische Bewegung dar. Mittelt man nun die Gleichung mit den Gliedern nullter und erster Ordnung über eine Schwingungsperiode des Feldes, so erhält man, da die Mittelwerte der periodischen Funktionen r_1, $E(r_0) \exp(i\omega t)$ verschwinden und da $\dot{r}_0$ sich nur langsam ändert ($\dot{r}_0$ ist ja von erster Ordnung), so daß $\dot{r}_0 \times$ (Mittelwert von $B \exp(i\omega t)$) von zweiter Ordnung ist,

$$\langle \ddot{r}_0 \rangle = \frac{e}{m}\, \langle (r_1 \nabla_0)\, E(r_0) \exp(i\omega t) \rangle + \frac{e}{mc}\, \langle [\dot{r}_1 \times B(r_0)] \exp(i\omega t) \rangle.$$

Setzt man für r_1 ein und formt den ersten Term rechts mit der bekannten Identität

$$(A\nabla)\, A = \nabla \frac{A^2}{2} - A \times [\nabla \times A] \tag{3.40}$$

um, so erhält man mit rot $E = -\dfrac{1}{c}\, \dot{B}$, $E = E(r_0) \exp(i\omega t)$, B analog,

$$\langle \ddot{r}_0 \rangle = -\frac{e^2}{m\omega^2} \left\{ \left\langle \nabla \frac{(E)^2}{2} \right\rangle + \frac{\partial}{\partial t} \langle [E \times B] \rangle \right\}.$$

Da nun im POYNTINGschen Energieflußvektor $[E \times B]$ die Energie periodisch pendelt, verschwindet der Mittelwert, und man erhält (MILLER-Kraft, ponderomotorische Kraft, wenn man mit der Masse multipliziert)

$$\langle \ddot{\boldsymbol{r}}_0 \rangle = -\nabla \Psi, \qquad \Psi = \frac{e^2}{m\omega^2} \left\langle \frac{\boldsymbol{E}^2}{2} \right\rangle. \tag{3.41}$$

Das Schwingungszentrum bewegt sich also, als ob es sich unter dem Einfluß eines effektiven Potentials Ψ bewegen würde. Die antreibende Kraft weist in Richtung fallender elektrischer Feldstärke. Multipliziert man obige Bewegungsgleichung mit $\dot{\boldsymbol{r}}_0$, so erhält man durch Ersetzen von $\boldsymbol{E}(\boldsymbol{r}_0)\exp(i\omega t)$ durch $\dot{\boldsymbol{r}}_1$ nach Integration

$$\frac{1}{2}\left(\langle \dot{\boldsymbol{r}}_0^2 \rangle + \langle \dot{\boldsymbol{r}}_1^2 \rangle\right) = \mathrm{const} = \frac{E_{\mathrm{kin}}}{m}, \tag{3.42}$$

d. h., im Zeitmittel wird vom elektromagnetischen Hochfrequenzfeld *keine* Energie auf das geladene Teilchen übertragen. Das Feld bewirkt lediglich eine Umwandlung von Schwingungsenergie und Translationsenergie. Stehende Wellen in Hohlräumen vermögen Teilchen einzuschließen (festzuhalten). Wegen e^2 ist dies unbhängig vom Ladungsvorzeichen. Den zu den Schwingungen zugeordneten *Leitfähigkeitstensor* werden wir in § 3.6, Formel (3.49), kennenlernen. Die Theorie des Schwingungszentrums gilt nur angenähert. Sie ist z. B. für $\omega = 2\omega_{\mathrm{L}}$ nicht richtig. Man erhält eine instabile durch eine MATHIEU-Gleichung beschriebene Bewegung.
Zu Beginn von § 3.1 wurde erwähnt, daß bei langsam bewegten Teilchen die durch die Teilchenbewegung erzeugten elektromagnetischen Felder vernachlässigt werden können. Es gelten folgende Aussagen:

Eine mit der Geschwindigkeit $\boldsymbol{u}$ sich in der z-Richtung langsam ($|u| \ll$ Lichtgeschwindigkeit c) bewegende elektrische Punktladung Ze erzeugt ein zu $\dfrac{|u|}{c}$ proportionales, also schwaches Feld. Ein beschleunigt, nämlich verzögert bewegtes Elektron erzeugt elektromagnetische Strahlung proportional $|\dot{\boldsymbol{u}}|^2/c^3$.
In der Plasmaphysik spielen eine Rolle:

1. *Bremsstrahlung*

Läßt sich im Fall thermodynamischen Gleichgewichts die Elektronengeschwindigkeit durch die Elektronentemperatur ausdrücken, dann gilt [1.2] für die Strahlungsleistung [2.1]

$$P_B = 1{,}5 \cdot 10^{-38} n_{\mathrm{I}} n_{\mathrm{E}} Z^2 \sqrt{T_{\mathrm{E}}} \quad [\mathrm{Watt/m^3}]. \tag{3.43}$$

T_{E} wird in eV gemessen, die Dichten in m^{-3}. Wichtig ist die Z^2-Abhängigkeit: *schon geringe Verunreinigungen durch schwere Elemente kühlen* ein Plasma stark ab.

2. ČERENKOV-*Strahlung* in Plasmen größerer Dichte [3.4]

Während Brems- und ČERENKOV-Strahlung durch eine Stoßwechselwirkung mit einem bzw. mit vielen anderen geladenen Teilchen zustandekommen, rührt die *Zyklotronstrahlung* von der Gyrations-Bewegung her.
Die ČERENKOV-Strahlung ist eine Folge der Abbremsung geladener Teilchen in einem Medium mit dem Brechungsindex n. Sei u die Teilchengeschwindigkeit, h die PLANCKsche Konstante $h = 6,63 \cdot 10^{-34}$ Joule sec, c die Lichtgeschwindigkeit, dann gilt für die Anzahl $N(x)$ von Photonen, die pro cm emittiert werden,

$$\frac{\mathrm{d}N}{\mathrm{d}x} = 2\pi \frac{e^2}{hc} \left(\frac{1}{\lambda_2} - \frac{1}{\lambda_1} \right) \left(1 - \frac{c^2}{u^2 n^2} \right) \tag{3.44}$$

für eine Ausstrahlung zwischen den Wellenlängen λ_1 und λ_2 [cm]. Das Spektrum ist kontinuierlich.

3. *Zyklotronstrahlung*

Für die Strahlungsleistung erhält man [3.4] im mks-System, T_E in keV

$$P_{ZE} = 6,2 \cdot 10^{-17} n_E B^2 T_E (1 + 4,9 \cdot 10^{-3} T_E) \quad [\text{Watt/m}^3]. \tag{3.45}$$

Ab etwa 30 keV überwiegt die Zyklotronstrahlung die Bremsstrahlung.
Schließlich müßten noch die *Linien-* und die *Rekombinationsstrahlung* erwähnt werden.
Der Einfluß all dieser Abstrahlungen auf die Driftbewegung ist nur in sehr starken magnetischen Feldern merkbar. Auch der Einfluß von äußeren elektromagnetischen Störungen ist gering, in der Astrophysik allerdings von Bedeutung.
Bei relativistischen Geschwindigkeiten, bei denen natürlich auch die ganze Drifttheorie abgeändert werden muß [6.2], spielen Strahlungseffekte eine wesentlich größere Rolle.

3.6 Elektrische Ströme im Plasma

Zusammenstöße und Wechselwirkung zwischen den einzelnen Teilchen haben wir bisher vernachlässigt. Im Bild der Bewegung vieler Einzelteilchen können Stoßprozesse nur durch kleine Korrekturen erfaßt werden; werden die Stöße wichtiger, dann muß man statistische Methoden heranziehen.
Beim Zusammenstoß von Teilchen wirken vorwiegend die COULOMB-Kräfte, die ja eine lange Reichweite haben. Die Aufstellung der Bewegungsgleichung von zwei zusammenstoßenden Teilchen führte zum RUTHERFORDschen Streuquerschnitt. Erfolgen mehrere Zusammenstöße, so findet im wesentlichen ein Impulstausch zwischen den Stoßpartnern statt, der makroskopisch wie eine innere Reibung wirkt. In der Mehrflüssigkeitstheorie (vgl. § 6) wird sich

zeigen, daß man die Wirkung mehrerer Zusammenstöße auf ein Teilchen durch einen Zusatzterm mvu (LANGEVIN-Term) beschreiben kann, wobei v eine der *Stoßzahl* (Anzahl der Zusammenstöße pro Sekunde) proportionale Konstante ist:

$$m \frac{du}{dt} = eE + \frac{e}{c} [u \times B] - vmu. \tag{3.46}$$

Zwecks Vereinfachung der Rechnung nehmen wir zunächst an:

1. statisches Magnetfeld $B = B_0$ in der z-Richtung,
2. homogenes elektrisches Feld $E = E_0 \exp(-i\omega t)$.

Untersucht man die partikuläre Lösung $u \sim \exp(-i\omega t)$ (Schwingung, vgl. S. 44), so erhält man für (3.46) die Lösung

$$u_x = \frac{e}{m} \frac{E_{0x}(v - i\omega) + E_{0y}\omega_L}{(v - i\omega)^2 + \omega_L^2} \exp(-i\omega t),$$

$$u_y = \frac{e}{m} \frac{E_{0x}(-\omega_L) + E_{0y}(v - i\omega)}{(v - i\omega)^2 + \omega_L^2} \exp(-i\omega t), \tag{3.47}$$

$$u_z = \frac{eE_{0z}}{m(v - i\omega)} \exp(-i\omega t),$$

wobei (2.45) verwendet wurde. $m = m_E$ oder m_I, $e \to Z_I |e|$.
Sind im cm^3 insgesamt n_I Ionen und n_E Elektronen vorhanden, dann ist der durch die Eigenbewegung der geladenen Teilchen erzeugte elektrische Strom j gegeben durch

$$j = Z_I |e|\, n_I u_I - |e|\, n_E u_E. \tag{3.48}$$

Setzt man nun aus (3.47) ein, so erhält man in Tensorschreibweise (I für Ion, E für Elektron)

$$\begin{pmatrix} j_x \\ j_y \\ j_z \end{pmatrix} = \frac{Z_I^2 e^2 n_I}{m_I} \begin{pmatrix} \dfrac{v_I - i\omega}{(v_I - i\omega)^2 + \omega_{LI}^2} & \dfrac{\omega_{LI}}{(v_I - i\omega)^2 + \omega_{LI}^2} & 0 \\[2mm] \dfrac{-\omega_{LI}}{(v_I - i\omega)^2 + \omega_{LI}^2} & \dfrac{v_I - i\omega}{(v_I - i\omega)^2 + \omega_{LI}^2} & 0 \\[2mm] 0 & 0 & \dfrac{1}{v_I - i\omega} \end{pmatrix}$$

$$\cdot \begin{pmatrix} E_{0x} \exp(-i\omega t) \\ E_{0y} \exp(-i\omega t) \\ E_{0z} \exp(-i\omega t) \end{pmatrix} + \frac{e^2 n_E}{m_E}$$

$$\cdot \begin{pmatrix} \dfrac{v_E - i\omega}{(v_E - i\omega)^2 + \omega_{LE}^2} & \dfrac{\omega_{LE}}{(v_E - i\omega)^2 + \omega_{LE}^2} & 0 \\[3mm] \dfrac{-\omega_{LE}}{(v_E - i\omega)^2 + \omega_{LE}^2} & \dfrac{v_E - i\omega}{(v_E - i\omega)^2 + \omega_{LE}^2} & 0 \\[3mm] 0 & 0 & \dfrac{1}{v_E - i\omega} \end{pmatrix} \cdot$$

$$\cdot \begin{pmatrix} E_{0x} \exp(-i\omega t) \\ E_{0y} \exp(-i\omega t) \\ E_{0z} \exp(-i\omega t) \end{pmatrix}, \tag{3.49}$$

so daß also z. B. die erste Gleichung wie folgt lautet:

$$j_x = \frac{Z^2 e^2 n_I}{m_I} \left\{ \frac{v_I - i\omega}{(v_I - i\omega)^2 + \omega_{LI}^2} E_{0x} \exp(-i\omega t) \right.$$

$$\left. + \frac{\omega_{LI} E_{0y} \exp(-i\omega t)}{(v_I - i\omega)^2 + \omega_{LI}^2} \right\} + E,$$

wobei E einen analogen Elektronenterm bedeutet. (In diesen Formeln kann man auch mit Hilfe von (2.12) ω_P^2 einführen.) (3.49) kann nun auch in der Form des OHM*schen Gesetzes*

$$\boldsymbol{j} = (\boldsymbol{\sigma})\, \boldsymbol{E} \tag{3.50}$$

geschrieben werden, wobei allerdings $(\boldsymbol{\sigma})$ nicht die gewöhnliche Leitfähigkeit, sondern der *Leitfähigkeitstensor* $(\boldsymbol{\sigma})$ des Plasmas ist. Ein Plasma ist also im allgemeinen ein anisotroper Stoff: elektrische Leitfähigkeit und Widerstand hängen von der Richtung ab.
In Spezialfällen ergibt sich:

a) *Kein Magnetfeld, (*$\omega_L = 0$*), statisches elektrisches Feld* $(\omega = 0)$

$$\boldsymbol{u} = \frac{e\boldsymbol{E}}{mv}, \qquad \boldsymbol{j} = \left(\frac{n_I Z^2 e^2}{m_I v_I} + \frac{n_E e^2}{m_E v_E} \right) \boldsymbol{E} = \sigma \boldsymbol{E}.$$

Die Leitfähigkeit ist ein Skalar (gewöhnliche OHMsche Leitfähigkeit, vgl. auch § 6.3).

b) *Statisches elektrisches und magnetisches Feld, keine Stöße* $(v = 0)$
Aus (3.47) folgt mit $E_{0z} = 0$

$$\boldsymbol{u}_\perp = c\, \frac{[\boldsymbol{E} \times \boldsymbol{B}]}{B^2} = \boldsymbol{u}_D, \qquad \text{vgl. (3.11),}$$

$\boldsymbol{j}_D = 0$ wegen $\boldsymbol{u}_{E\perp} = \boldsymbol{u}_{I\perp}$ und (3.48), (1.1).
Für ein quasineutrales Plasma ist der gewöhnliche $[\boldsymbol{E} \times \boldsymbol{B}]$-Driftstrom Null.

(Die thermische Diffusion, die $u_E \neq u_I$ hervorruft, kann allerdings einen Driftstrom erzeugen!)

c) *Statische Felder* ($\omega = 0$) *mit Stößen*

$$u_x = \frac{Ze}{m_I} \left\{ \frac{v_I}{v_I^2 + \omega_{LI}^2} E_x + \frac{\omega_{LI}}{v_I^2 + \omega_{LI}^2} E_y \right\} + E,$$

$$u_y = \frac{Ze}{m_I} \left\{ \frac{-\omega_{LI}}{v_I^2 + \omega_{LI}^2} E_x + \frac{v_I}{v_I^2 + \omega_{LI}^2} E_y \right\} + E,$$

$$u_z = \frac{Ze}{m_I v_I} E_z + E.$$

Wenn nun die Stoßzahl v im Vergleich zu ω_L sehr groß wird, wenn also während eines Gyrations-Umlaufes viele Zusammenstöße erfolgen, wenn also (2.55) gilt, dann erhält man wieder a) — das Magnetfeld hat keine Wirkung mehr. Für $v \ll \omega_L$ erhält man wieder b).

d) *Langsam veränderliches Feld, keine Stöße*
Mit $v = 0$, $\omega \ll \omega_L$ folgt

$$u_\perp = \pm \frac{i\omega m E_\perp c^2}{Z |e| B^2} + c \frac{E_\perp \times B}{B^2} \qquad (\pm \text{ je nach der Ladung}).$$

Da $\dfrac{\partial E_\perp}{\partial t} = \pm i\omega E_\perp$ ist, sieht man, daß der erste Term die *Polarisationsdrift* und der zweite Term die *elektrische Drift* darstellt. Man erhält mit (3.48) für den *Polarisationsstrom*

$$j_P = \pm c^2 \frac{n_I m_I + n_E m_E}{B^2} \frac{\partial E_\perp}{\partial t}.$$

Der Polarisationsstrom ist nicht der elektrischen Feldstärke, sondern ihrer zeitlichen Ableitung proportional. Betrachtet man die MAXWELL-Gleichung

$$\text{rot } H = \frac{1}{c} \frac{\partial D}{\partial t} + \frac{4\pi}{c} j = \frac{\varepsilon}{c} \frac{\partial E}{\partial t} + \frac{4\pi}{c} j \tag{3.51}$$

und setzt man für $D = \varepsilon E = E + 4\pi P$ (cgs-Einheiten, $\varepsilon_0 = 1$) ein, wobei P der *Polarisationsvektor* $P = \dfrac{\varepsilon - 1}{4\pi} E$ ist (div $P = \varrho_{\text{Polaris.}}$, div $D = 4\pi(\varrho_{\text{frei}}$ $+ \varrho_{\text{Polaris.}})$). Bildet man die Divergenz, so ergibt sich wegen div rot $H = 0$ und div $E = 4\pi\varrho_{\text{frei}}$ die *Erhaltungsgleichung für die freie elektrische Ladung* ϱ_{frei}:

$$\frac{\partial \varrho_{\text{frei}}}{\partial t} + \text{div} \left(j + \frac{\partial P}{\partial t} \right) = 0.$$

Da j in der MAXWELL-Gleichung den gesamten der Feldstärke proportionalen Strom (der also einem OHMschen Gesetz (3.50) gehorcht) bezeichnet, muß $\dfrac{\partial \boldsymbol{P}}{\partial t}$ der Polarisationsstrom $j_P = \dfrac{\varepsilon - 1}{4\pi} \dfrac{\partial \boldsymbol{E}}{\partial t}$ sein. Vergleicht man mit dem obigen Ausdruck, so erhält man als Grenzwert der effektiven Dielektrizitätskonstanten für niedrige Frequenzen $(\omega \ll \omega_L)$

$$\varepsilon_\perp = 1 + \frac{4\pi c^2 (n_I m_I + n_E m_E)}{B^2}. \tag{3.52}$$

Mit (2.11) und (2.45) wird daraus

$$\varepsilon_{\mathrm{eff}\perp} = 1 + \frac{\omega_{PI}^2}{\omega_{LI}^2} + \frac{\omega_{PE}^2}{\omega_{LE}^2}. \tag{3.53}$$

Da die Dielektrizitätskonstante eines Plasmas vom Magnetfeld abhängig ist, kann man in manchen Magnetfeldern hohe Werte für ε erreichen; für ein Deuteriumplasma $n = 10^{15}$, $B = 10^4$ Gauß erhält man $\omega_L = 5 \cdot 10^7 \, \mathrm{s}^{-1}$, $\varepsilon = 3{,}7 \cdot 10^5$. Für so große Werte von ε kann man die 1 vernachlässigen. Der zugehörige *Brechungsindex für elektromagnetische Wellen* wird dann $n \approx \dfrac{c \sqrt{4\pi\varrho}}{B}$, wobei ϱ die Massendichte $n_I m_I + n_E m_E$ ist. Die zugehörige Phasengeschwindigkeit

$$c_A = \frac{B}{\sqrt{4\pi\varrho}} \approx 2{,}18 \cdot 16^6 B \, [\varGamma] \, n_I^{-1/2}, \quad \text{oder} \quad \frac{B}{\sqrt{\mu_0\varrho}} \tag{3.54}$$

heißt ALFVÉN-*Geschwindigkeit*.

In allen besprochenen Fällen ist es leicht, den Leitfähigkeitstensor abzulesen.

Für inhomogene Felder findet man ebenfalls alle schon früher besprochenen Terme wieder; der Leitfähigkeitstensor wird entsprechend komplizierter.

Mit Hinblick auf Plasmainstabilitäten ist es zweckmäßig, noch ein Wort über die verschiedenen Ströme zu sagen. Der Gesamtstrom setzt sich, gemäß der Zusammensetzung von $\boldsymbol{u}$, aus dem durch die Bewegung des Führungszentrums erzeugten Strom $\sim \dot{\boldsymbol{R}}$ und dem *Gyrations-Strom* (*Magnetisierungsstrom*) zusammen. (Den Polarisationsstrom können wir formal in den Strom des Führungszentrums stecken.)

Der *Gyrations-Strom* gibt in homogenen Magnetfeldern keinen Beitrag. Wohl ist der Strom der negativen und der positiven Ladungsträger nach (3.48) gleichgerichtet, da die Richtung von $\boldsymbol{u}_I$ und $\boldsymbol{u}_E$ bei der Gyrations-Bewegung entgegengesetzt gerichtet ist, doch heben sich die Ströme benachbarter Gyrations-Kreise auf (Abb. 11 a).

Wächst jedoch das Magnetfeld nach oben an (Abb. 11 b), so werden die Gyrations-Radien nach (2.40) kleiner, und die Teilchendichte wird größer

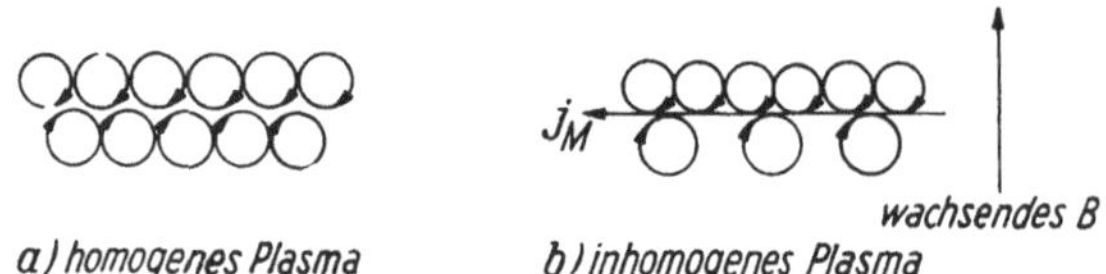

Abb. 11. Gyrations-Strom (Magnetfeld zum Leser gerichtet)

[vgl. (3.76)]. Es kommt dadurch zu einem *Nettostrom* (Magnetisierungsstrom) nach links.

In der MAXWELLschen Theorie besteht die folgende Beziehung:

$$B = H + 4\pi M = \mu M; \quad M = \frac{\mu - 1}{4\pi} H \tag{3.55}$$

(μ Permeabilitätskonstante).

Bildet man die Rotation, so erhält man mit (3.51)

$$\text{rot } B = \frac{1}{c} \frac{\partial D}{\partial t} + 4\pi \left(\frac{1}{c} j + \text{rot } M \right). \tag{3.56}$$

Es muß also offenbar rot M ein *Magnetisierungsstrom* sein:

$$j = c \text{ rot } M. \tag{3.57}$$

Bildet man die Divergenz, so erhält man wieder (3.52), wegen $\text{div} j_M = 0$ liefert der Magnetisierungsstrom keinen Beitrag zur Erhaltungsgleichung. Für die Magnetisierung M gilt nach der MAXWELLschen Theorie, daß sie gleich ist dem magnetischen Dipolmoment pro Volumeneinheit; somit ist nach (3.8) (k bezieht sich auf die verschiedenen Einzelteilchen) und mit (3.66)

$$M = -\sum_k n_k \frac{m_k u_{k\perp}^2}{2B^2} B; \quad j_M = -c \text{ rot} \sum_k n_k \frac{m_k u_{k\perp}^2}{2B^2} B$$

$$= -c \text{ rot } Bp_\perp/B^2. \tag{3.58}$$

[Eigentlich müßte man hier H statt B schreiben, doch kann man sonst in der Plasmaphysik praktisch immer $B = H$ setzen ($\mu_0 = 1$ im cgs-System), da die Permeabilität $\mu = 1$ ist. Den Magnetisierungsstrom faßt man gewissermaßen als äußeren Strom auf, den man in j steckt.]

Aus (3.57) sieht man nun, daß ein Magnetisierungsstrom in homogenen oder schwach inhomogenen Feldern, in denen nach (3.34) das magnetische Moment konstant ist, nicht auftritt. j_M ist jedoch proportional rot B (Verdrillung der Feldlinien, vgl. S. 39).

Da die *elektrische Drift* keinen Strom liefert, da sich Ionen und Elektronen nach derselben Richtung bewegen, behandeln wir gleich die *Gravitationsdrift*. Während die elektrische Drift ladungsunabhängig ist, führt eine äußere nicht elektrische Kraft F (z. B. Gravitation) nach (3.11) zu einer ladungsabhängigen

Drift. Für den Strom erhält man

$$j_F = \left[c \, \frac{\sum\limits_k n_k F_k}{B^2} \times B \right]. \tag{3.59}$$

Die *Gradientendrift* ist ladungsabhängig (vgl. S. 38) und führt zum Strom

$$j_{DG} = c \sum_k n_k \, \frac{m_k u_{k\perp}^2}{2B^3} \, [B \times \nabla B]. \tag{3.60}$$

Dieser Strom entsteht also durch eine Inhomogenität des Magnetfeldes und führt zu einer *Ladungstrennung*.

Die ebenfalls ladungsabhängige *Zentrifugaldrift* (vgl. S. 37) erzeugt einen Driftstrom

$$j_{DZ} = c \sum_k \frac{n_k m_k u_{k\parallel}^2}{B^4} \, B \times (B\nabla) \, B. \tag{3.61}$$

Die longitudinalen Geschwindigkeitskomponenten des Führungszentrums $u'_\parallel$ und $u''_\parallel$, also $\dot R_\parallel$, ergeben einen *Leitungs-(Konvektions-)Strom*

$$j_\parallel = Z \, |e| \, n_{\mathrm{I}} \dot R_{\mathrm{I}\parallel} - |e| \, n_{\mathrm{E}} \dot R_{\mathrm{E}\parallel}. \tag{3.62}$$

Für ein rein elektrisches Feld erhält man mit (3.14), wenn man für $t = \tau = \dfrac{1}{v}$

(Stoßzeit) setzt, da diese Formel nur bis zum nächsten Stoß gilt, hieraus genau den Fall a) von Seite 37 und damit die *skalare Leitfähigkeit*

$$\sigma = \sum_k \frac{n_k Z_k^2 e^2}{m_k v_k}. \tag{3.63}$$

3.7 Makroskopische Wirkungen der Teilchenbewegung

Obwohl die besprochene Bewegung der Teilchen bzw. des Führungszentrums mikroskopischer Natur ist, hat sie doch beobachtbare makroskopische Wirkungen — von Leitfähigkeitstensor und Dielektrizitätskonstante sprachen wir ja schon im vorangehenden Abschnitt.

In der elementaren Gaskinetik wird gezeigt, daß der Gasdruck p durch

$$p = \frac{mn\overline{u^2}}{3}$$

gegeben ist (n Gasteilchen der Masse m in cm^3; $\overline{u^2}$ ist das mittlere Geschwindigkeitsquadrat der Teilchen). Da für ein Plasma $u = u'_\perp + u''_\perp + u_D + u'_\parallel + u''_\parallel$ ist, $u'_\perp, u''_\perp, u_D$ senkrecht auf $u'_\parallel + u''_\parallel = \dot R_\perp$, folgt mit (3.33) und der Näherung $\overline{u^2} \approx u^2$ (Geschwindigkeitsverteilungen besprechen wir erst in § 4)

$$p = nm\dot{R}_{\|}^2 + n\,\frac{mu_{\perp}^2}{2} = n(2E_{\mathrm{kin}\,\|} + E_{\mathrm{kin}\perp}). \tag{3.64}$$

Hier wurde beachtet, daß ein Plasmateilchen in der Längsrichtung einen, in der Querrichtung zwei Freiheitsgrade hat. Die Form von (3.64) legt die Aufspaltung in einen *longitudinalen Druck*

$$p_{\|} = nmu_{\|}^2 = n\,2E_{\mathrm{kin}\,\|} \quad \text{bzw.} \quad \sum_k n_k m_k u_{k\,\|}^2 \tag{3.65}$$

und einen *transversalen Druck*

$$p_{\perp} = n\,\frac{mu_{\perp}^2}{2} = nE_{\mathrm{kin}\perp} \quad \text{bzw.} \quad \sum_k n_k\,\frac{m_k u_{k\perp}^2}{2} \tag{3.66}$$

nahe. Als Folge des Magnetfeldes herrscht demnach in einem Plasma, in dem die Stöße nur eine geringe Rolle spielen (E-, EM- und M-Bereich) ein *anisotroper Druck (Drucktensor)*. Nur wenn (2.55) erfüllt ist, herrscht ein isotroper Druck, und man kann von einem isotropen Medium sprechen.

Wir betrachten nun einen stationären $\left(\dfrac{\partial}{\partial t} = 0\right)$ schwerefreien Zustand mit einem statischen inhomogenen Magnetfeld der Form $\boldsymbol{B} = B\boldsymbol{e}_1$, $\boldsymbol{e}_1 = \boldsymbol{e}_z$ (Einheitsvektor in der z-Richtung), wobei $B = B(x, y)$ ist. Nach (3.56) gilt dann

$$\mathrm{rot}\,\boldsymbol{B} = \frac{4\pi}{c}\,\boldsymbol{j} + 4\pi\,\mathrm{rot}\,\boldsymbol{M}, \tag{3.67}$$

wobei der Strom $\boldsymbol{j}$ wegen $\boldsymbol{j}_P = 0$, vgl. (3.48), wegen $\boldsymbol{j}_F = 0$, vgl. (3.59), und wegen $(\boldsymbol{B}\nabla)\,\boldsymbol{B} = 0$ mit $\boldsymbol{j}_{DZ} = 0$, vgl. (3.61), nur durch

$$\boldsymbol{j}_{DG} = cp_{\perp}\,\frac{1}{B^3}\,[\boldsymbol{B} \times \nabla B] \quad \text{bzw.} \quad cnE_{\mathrm{kin}\perp}\,\frac{1}{B^3}\,[\boldsymbol{B} \times \nabla B] \tag{3.68}$$

nach (3.60), (3.66) gegeben ist. Für rot $\boldsymbol{M}$ folgt aus (3.57), (3.58)

$$c\,\mathrm{rot}\,\boldsymbol{M} = \boldsymbol{j}_M = -c\,\mathrm{rot}\left(\frac{p_{\perp}\boldsymbol{B}}{B^2}\right) = -c\,\mathrm{rot}\left(\frac{nE_{\mathrm{kin}\perp}\boldsymbol{B}}{B^2}\right). \tag{3.69}$$

$\boldsymbol{j}_{\|}$ nach (3.62) spielt keine Rolle, da $\boldsymbol{j}_{\|}$ zu $\boldsymbol{B}$ parallel, rot $\boldsymbol{B}$ nach (3.67) aber auf $\boldsymbol{B}$ senkrecht steht.
Unter Beachtung der Formel

$$\mathrm{rot}\left(\frac{p_{\perp}}{B}\,\frac{\boldsymbol{B}}{B}\right) = \left[\nabla\frac{p_{\perp}}{B} \times \frac{\boldsymbol{B}}{B}\right] + \frac{p_{\perp}}{B}\,\mathrm{rot}\,\frac{\boldsymbol{B}}{B}$$

und der Tatsache, daß $\boldsymbol{B}/B$ ein Einheitsvektor ist, dessen Rotation verschwindet, kann man (3.69) in die Form

$$j_M = c\left[\frac{\boldsymbol{B}}{B^2} \times \nabla p_\perp\right] + c\left[\frac{\boldsymbol{B}}{B} \times p_\perp\left(-\frac{1}{B^2}\right)\nabla B\right]$$

bringen. Andererseits kann man für (3.68) auch schreiben

$$j_{DG} = c\left[\frac{\boldsymbol{B}}{B} \times p_\perp\left(\frac{1}{B^2}\right)\nabla B\right],$$

so daß sich für rot $\boldsymbol{B} = 4\pi(j_M + j_{DG})/c$ der Ausdruck

$$\text{rot } \boldsymbol{B} = -\left[\frac{\boldsymbol{B}}{B} \times \nabla B\right] = 4\pi\left[\frac{\boldsymbol{B}}{B^2} \times \nabla p_\perp\right]$$

ergibt. Bezeichnet man $e_x(\partial/\partial x) + e_y(\partial/\partial y)$ mit $\nabla_\perp$ (was senkrecht auf $\boldsymbol{B}$ steht), so folgt daraus $-\nabla_\perp B = 4\pi\nabla p_\perp/B$ oder $-B\nabla_\perp B = 4\pi\nabla_\perp p$, was man auch in die Form

$$\nabla_\perp\left(\frac{B^2}{8\pi} + p_\perp\right) = 0, \qquad \frac{B^2}{8\pi} + p_\perp = \text{const} \tag{3.70}$$

oder

$$\frac{B^2}{8\pi} + nE_{\text{kin}\perp} = \text{const}.$$

bringen kann.

Diese nur für gerade Kraftlinien gültige Gleichung kann als *Druckgleichung* (BERNOULLI-*Gleichung*) angesprochen werden. Tatsächlich haben $\frac{B^2}{8\pi} = \frac{H^2}{8\pi}$ bzw. $\frac{B^2}{2\mu_0}$ die Dimension eines Druckes[4]. Dieser Aussage, daß die Summe aus *magnetischem Druck* und hydraulischem Druck senkrecht zu den Kraftlinien konstant ist, wenn die Kraftlinien Geraden sind, werden wir in der Magnetohydrodynamik wieder begegnen.

Eine andere wichtige, ebenfalls in der Magnetohydrodynamik auftretende Beziehung ist die zwischen Magnetfeld und Dichte (vgl. Abb. 11). Wir betrachten folgendes Feld:

$$\boldsymbol{B} = (B_{\text{statisch}} + B(y, t))\,e_z, \qquad \boldsymbol{E} = E_x(y, t)\,e_x,$$
$$E_y = E_z = B_x = B_y = 0.$$

Sind nun n_I Ionen pro cm^3 vorhanden (für Elektronen gilt genau dieselbe Überlegung), dann muß die zeitliche Änderung der Ionenzahl im cm^3 gleich dem Fluß der Ionen aus der Oberfläche des cm^3 sein:

$$\frac{\partial n_s}{\partial t} + \text{div}\,(n_s u_s) = 0, \qquad s = \text{I oder E}. \tag{3.71}$$

---

[4] Etwa 5000 Gauß entsprechen 1 at.

Diese als *Kontinuitätsgleichung* bezeichnete Beziehung drückt die Erhaltung der gesamten Ionen-(Elektronen-)Masse aus; wir werden sie später (§ 5) ableiten. div bedeutet die Divergenz eines Vektors, also z. B.

$$\operatorname{div} A = \frac{\partial A_x}{\partial x} + \frac{\partial A_y}{\partial y} + \frac{\partial A_z}{\partial z}. \tag{3.72}$$

Da wir nur eine y-Abhängigkeit annahmen, tritt somit in (3.71) nur die elektrische Drift $\mathbf{u}_D$ nach (3.11) ein (cgs-System),

$$\mathbf{u}_D = c\,\frac{\mathbf{E} \times \mathbf{B}}{B^2} = \frac{-cE_x(y, t)}{B_{\text{statisch}} + B}\,\mathbf{e}_y, \tag{3.73}$$

während die zu $\mathbf{e}_x$ parallele Polarisationsdrift, nach x differenziert, keinen Beitrag liefert. Für die Gradientdrift gilt die gleiche Aussage, und die Krümmungsdrift verschwindet wegen der Geradlinigkeit der Feldlinien $((\mathbf{B}\nabla)\,\mathbf{B} = 0)$. Es verbleibt somit

$$\frac{\partial n_s}{\partial t} + \operatorname{div}\,(n_s \mathbf{u}_{sD}) = 0. \tag{3.74}$$

Multipliziert man (3.73) von rechts vektoriell mit $\mathbf{B}$, so erhält man wegen $\mathbf{E} \perp \mathbf{B}$ nach Entwicklung des dreifachen Vektorproduktes (vgl. S. 45)

$$\mathbf{E}^* = \mathbf{E} + \frac{1}{c}\,[\mathbf{u}_{sD} \times \mathbf{B}] = 0. \tag{3.75}$$

In der Magnetohydrodynamik (§ 5) wird diese aus der *Driftnäherung* (Einzelteilchen-Theorie) stammende Gleichung unendliche elektrische Leitfähigkeit anzeigen[5].
Setzt man $\mathbf{E} = -\dfrac{1}{c}\,[\mathbf{u} \times \mathbf{B}]$ in die MAXWELL-Gleichung $c\operatorname{rot}\mathbf{E} = -\partial\mathbf{B}/\partial t$ ein,

so erhält man mit $\operatorname{div}\mathbf{B} = 0$ den Ausdruck

$$-(\mathbf{u}_{sD}\nabla)\,\mathbf{B} - \mathbf{B}(\nabla\mathbf{u}_{sD}) = -\frac{\mathbf{B}}{B}\,\nabla\,(\mathbf{u}_{sD}\cdot\mathbf{B}) = \frac{\partial\mathbf{B}}{\partial t}.$$

$\mathbf{B}/B$ ist der Einheitsvektor $\mathbf{e}_z$, $\mathbf{B} = B\mathbf{e}_z$, so daß

$$\frac{\partial B}{\partial t} + \operatorname{div}\,(\mathbf{u}_{sD}B) = 0 \qquad \text{oder} \qquad \frac{\partial B}{\partial t} + \mathbf{u}_{sD}\nabla B + B\nabla\mathbf{u}_{sD} = 0$$

gilt. Da nun in unserem Fall $\dfrac{\partial B}{\partial t} + \dfrac{\partial B}{\partial y}\dfrac{dy}{dt} = \dfrac{dB}{dt}$, $\left(u_{sD} = \dfrac{dy}{dt}\right)$ ist, folgt

$\dfrac{1}{B}\dfrac{dB}{dt} + \dfrac{\partial u_{sD}}{\partial y} = 0$. Aus (3.74), (3.73) folgt analog $\dfrac{1}{n_s}\dfrac{dn_s}{dt} + \dfrac{\partial u_{sD}}{\partial y} = 0$. Eliminiert

---

[5] Die Gleichung (3.75) besagt, daß das elektrische Feld vom Standpunkt eines mitbewegten Beobachters verschwindet, d. h., daß der elektrische Widerstand verschwindet.

man aus den letzten beiden Gleichungen die Ableitung der Driftgeschwindigkeit, so erhält man $\dfrac{1}{B}\dfrac{dB}{dt} = \dfrac{1}{n_s}\dfrac{dn_s}{dt}$ und nach Integration (die für $(B\nabla)\,B = 0$ gültige Gleichung)

$$\frac{B}{n_s} = \text{const}, \qquad s = \text{I, E}. \tag{3.76}$$

Aus (3.7), (3.34) und (3.66) folgt $p_\perp = \text{const} \cdot nB$, und mit (3.76) ergibt sich damit die folgende *Adiabatengleichung für die Kompression senkrecht zum Magnetfeld*:

$$p_\perp = \text{const} \cdot n^2. \tag{3.77}$$

Der Adiabatenexponent $\varkappa$ ist gleich 2 für den Druck senkrecht zum Magnetfeld. Tatsächlich wird bei rascher adiabatischer Kompression senkrecht zum Magnetfeld das Verhältnis $\varkappa$ der spezifischen Wärme n zu rund 2 gemessen. Durch ähnliche Überlegungen kann man mit Hilfe der *longitudinalen Invariante* (vgl. S. 40 $u_\parallel \sim B$)

$$p_\parallel = \text{const} \cdot n^3 \tag{3.78}$$

ableiten [3.5]. Bei langsamer Kompression (Kompressionszeit groß gegenüber Stoßzeit) ist dies annähernd erfüllt.

Auch auf makroskopische elektromagnetische Eigenschaften hat die Teilchenbewegung einen Einfluß. Setzt man ebene elektromagnetische Wellen $\sim \text{const} \cdot \exp\,(-i\omega t + ikr)$ in die MAXWELL-Gleichungen ein, so erhält man mit (3.50) und $D = \varepsilon_0 E$, $B = \mu_0 H$ die Ausdrücke

$$i\varepsilon_0 kE_0 = \varrho_{\text{el}}\,, \qquad [k \times E_0] = \mu_0 \omega H_0\,,$$

$$i[k \times H_0] = j - i\varepsilon_0\omega E_0 = ((\sigma) - i\varepsilon_0\omega)\,E_0 = -i\omega(\varepsilon)\,E_0\,,$$

$$\mu_0 kH_0 = 0.$$

(ε) ist der *Dielektrizitätstensor,* der somit auf den *Leitfähigkeitstensor* (σ) zurückgeführt werden kann: $(\varepsilon) = \varepsilon_0\left((I) - \dfrac{(\sigma)}{i\varepsilon_0\omega}\right)$, (I) ist der *Einheitstensor* (Diagonaltensor mit Einselementen). Da nun $k[k \times H] = 0$ ist (k steht senkrecht auf $[k \times H]$), erhält man $0 = kj - i\varepsilon_0\omega kE$. Ersetzt man kE durch $\dfrac{\varrho_{\text{el}}}{i\varepsilon_0}$ und führt $j = (\sigma)\,E$ nach (3.50) ein, so erhält man $k(\sigma)\,E = \omega\varrho_{\text{el}}$ und damit die *Dispersionsrelation* für transversale Wellen

$$k(\sigma)\,E - i\varepsilon_0\omega kE = k(\varepsilon)\,E = 0, \tag{3.79}$$

die für $\omega_{\text{L}} = 0$ ($H_{\text{statisch}} = 0$) und keine Stöße ($v = 0$) in $kE_0(1 - \omega_{\text{P}}^2/\omega^2)$ übergeht. Eine Dispersionsrelation liefert ω als Funktion des Wellenausbreitungsvektors k, so daß dann die *Phasengeschwindigkeit* $\dfrac{\omega}{k}$, $k = |k|$ und die *Gruppengeschwindigkeit* $\dfrac{\partial \omega}{\partial k}$ berechnet werden können.

Von Wichtigkeit sind noch die drei folgenden Fälle:

a) $k \perp H_{\text{statisch}}$, $E \parallel H_{\text{statisch}}$, $v = 0$:

Man erhält die Aussage, daß für ein elektrisches Feld, das parallel zum magnetostatischen Feld ist, die elektromagnetischen Wellen sich so ausbreiten, als ob das statische Magnetfeld nicht vorhanden wäre.

b) $k \parallel H_{\text{statisch}}$, $E \perp H_{\text{statisch}}$, $v = 0$:

In diesem Fall kann ein ε_{eff} nicht mehr definiert werden; es ist dann nämlich (3.47) nicht mehr erfüllt, da ja (3.47) nur für ein magnetostatisches Feld gilt, während nun auch ein magnetisches Wechselfeld auftritt. Man muß alle vier MAXWELL-Gleichungen simultan lösen. Nach längerer Zwischenrechnung [3.5] erhält man für Ausbreitung in die z-Richtung die Dispersionsrelation

$$k_z^2 = \omega^2 \mu_0 \varepsilon_0 \left[1 - \frac{\omega_{\text{PE}}^2}{\omega(\omega \pm \omega_{\text{LE}})} - \frac{\omega_{\text{PI}}^2}{\omega(\omega \pm \omega_{\text{LI}})} \right]. \tag{3.80}$$

Dies bedeutet das Auftreten von links- bzw. rechtszirkular polarisierten Wellen im Plasma. Für $\omega = \omega_{\text{L}}$ gibt es eine Resonanz, vgl. S. 44. Wichtig ist weiter, daß bei reellem k auch ω reell bleibt: die elektromagnetischen Wellen werden bei Abwesenheit von Stößen in einem Plasma nach der Bahntheorie nicht gedämpft.

c) Für $H_{\text{statisch}} = 0$, $v \neq 0$ liefert die Lösung der vier MAXWELL-Gleichungen

$$\varepsilon_{\text{eff}} = \varepsilon_0 \left(1 - \frac{\omega_{\text{PI}}^2}{i\omega} \frac{1}{v_{\text{I}} - i\omega} - \frac{\omega_{\text{P}}^2}{i\omega} \frac{1}{v_{\text{E}} - i\omega} \right)$$

und

$$k^2 = \omega^2 \mu_0 \varepsilon_0$$
$$\cdot \left[1 - \frac{\omega_{\text{PI}}^2}{v_{\text{I}}^2 + \omega^2} - \frac{\omega_{\text{PE}}^2}{v_{\text{E}}^2 + \omega^2} + \frac{iv_{\text{I}}\omega_{\text{PI}}^2}{\omega(v_{\text{I}}^2 + \omega^2)} + \frac{iv_{\text{E}}\omega_{\text{PE}}^2}{\omega(v_{\text{E}}^2 + \omega^2)} \right]. \tag{3.81}$$

Hieraus ersieht man, daß k oder ω komplex wird, d. h., elektromagnetische Wellen in einem Plasma werden durch die Zusammenstöße zwischen den Plasmateilchen gedämpft.

3.8 Plasmaaufheizung im Teilchenbild

Da für die Zündung einer thermonuklearen Reaktion extrem hohe Temperaturen erforderlich sind (vgl. S. 3), ist es notwendig, Plasmen aufzuheizen. Je nach den bereits erreichten Temperaturen sind verschiedene Methoden einzusetzen. Einige dieser Methoden verwenden makroskopische Eigenschaften des Plasmas und können besser im Rahmen der makroskopischen Theorien verstanden werden (OHMsche Heizung, Turbulenz mit Stoßwellenheizung, Kompressionsheizung). Die restlichen Methoden verwenden Eigenschaften der Einzelteilchen. Abgesehen von der Plasmaerhitzung durch Zusammenstöße der Plasmateilchen mit den Reaktionsprodukten der thermonuklearen Reaktion handelt es sich um die Wirkung äußerer elektromagnetischer Felder und der Stöße (*„magnetisches Pumpen"*, abwechselndes magnetisches Komprimieren und Expandieren). Es sei τ die *Stoßzeit,* vgl. (2.38), τ_F die Periode des angelegten elektromagnetischen Feldes, τ_L die Gyrations-Umlaufzeit und τ_T die *Transitzeit,* die ein Teilchen benötigt, die betreffende Apparatur zu durchqueren, dann kann man wie folgt etwa klassifizieren [3.6]:

1. $\tau_T \gg \tau_L,\ \tau_T \gg \tau_F,\ \tau_T \gg \tau$,
   Stoßheizung oder *Gyrorelaxationsheizung* nach SCHLÜTER, $\sim T^{-1/2}$.

2. $\tau \gg \tau_T,\ \tau \gg \tau_F,\ \tau_F \approx \tau_T$,
   Transitzeitheizung, $\sim T^{3/2}$.

3. $\tau_L \ll \tau_T,\ \tau_L \ll \tau$,
   Ionenresonanzheizung, Zyklotronheizung, $\sim T^{1/2}$.

4. $\tau_T \approx \tau_F,\ \tau_F \gg \tau,\ \tau_T \gg \tau$,
   akustische Heizung, $\sim T^{3/2}$.

5. $\tau_F \gg \tau_T,\ \tau \ll \tau_T$,
   Spiegelkompression beruht auf der longitudinalen Invariante.

6. $\tau_F = \infty$ (stationär),
   ALFVÉN*sche $E \times B$-Heizung: $E \perp B$*, Beschleunigung durch E.

Einige Fälle wollen wir nun untersuchen.

1. G y r o r e l a x a t i o n s h e i z u n g : Während des Transits finden viele Stöße und viele volle Schwingungen des (harmonisch oder nicht harmonisch) zeitlich veränderlichen äußeren Hochfrequenzfeldes statt. Ebenso finden aber viele LARMOR-Umläufe zwischen zwei Stößen und in einer Schwingungsperiode des Feldes statt. Beim Anwachsen des Magnetfeldes bleibt die Längsdrift unverändert, ω_L nimmt zu. Bei rascher Schwächung des Magnetfeldes auf den alten Wert wird ω_L wieder langsamer. Da jedoch $\tau_F \approx \tau$ ist, finden bei erhöhtem B Stöße statt, die in Richtung einer Gleichverteilung der Energie wirken: Die Gyrations-Bewegung gibt Energie ab an die Längsbewegung, so daß sich das Plasma erhitzt. Dieser Heizungsmechanismus bewährt sich im Bereich niedriger Temperaturen, die Heizleistung fällt mit $T^{-1/2}$. Infolge der (makroskopischen) Plasmaviskosität kommt es zu elastischen Relaxationserscheinungen, die den

Heizeffekt begünstigen. Die genauere Theorie nimmt an, daß sich durch Stöße das Gleichgewicht $E_{\text{kin}\perp} \approx 2E_{\text{kin}\parallel}$ mit einer Exponentialfunktion der Zeit einstellt, deren Zeitkonstante („Relaxationskonstante") $\approx$ Stoßzeit ist. Für $E_{\text{kin}}(t)$ erhält man eine MATHIEUsche Differentialgleichung. Es ergibt sich, daß während einer Schwingung maximal etwa 10% der magnetischen Wechselfeldenergie übertragen werden können.

2. Transitzeitheizung: In diesem Fall erleiden die Ionen während des Transits keine Zusammenstöße, gewinnen aber Energie durch die radiale Kompression durch das Hochfrequenzfeld. Für diesen mit $T^{3/2}$ gehenden, somit für hohe Temperaturen günstigen Heizmechanismus gibt es für jede Temperatur eine optimale Feldfrequenz (50 − 100 kHz).

3. Zyklotronresonanzheizung: Es kommt erst nach vielen Gyrations-Umläufen zu einem Stoßprozeß; die Leistung ändert sich $\sim T^{+1/2}$. Die Aufheizung kann makroskopisch auch durch die Dämpfung der Ionen-zyklotronwellen erklärt werden. Der Heizprozeß kann auch als Resonanz-absorption von Zyklotronstrahlung angesehen werden, vgl. § 10.7.

4. Akustische Heizung: Während des Transits kommt es zu vielen Stößen; die Feldschwankungen erzeugen Dichteschwankungen im Plasma (Schallwellen). Diese mit $T^{3/2}$ gehende Heizmethode ist für hohe Dichten und tiefe Temperaturen geeignet.

§ 4 Statistische Theorie

4.1 Verteilungsfunktion und Phasenraum

Da es nicht möglich ist, die Bewegungsgleichungen aller in einem Plasma vorhandenen Einzelteilchen auf Grund ihrer großen Anzahl und wegen der Unkenntnis der Anfangslagen und Anfangsgeschwindigkeiten zu lösen, müssen wir statistische Methoden zur Beschreibung vieler Teilchen heranziehen. Überschreitet die Dichte des Plasmas einen gewissen Wert (vgl. S. 21), so muß man die Wechselwirkungen zwischen den einzelnen Teilchen berücksichtigen. Selbst bevor die Dichte so groß wird, daß Stöße nicht mehr vernachlässigt werden können, müssen die durch die von den elektrischen und magnetischen Feldern der anderen Teilchen ausgehenden Kraftwirkungen berücksichtigt werden. Ein wichtiges Kriterium, wann dies zu geschehen hat, haben wir bereits, vgl. S. 14, kennengelernt. Solange die kinetische Energie des Einzelteilchens die elektrische potentielle Energie des von den anderen Teilchen erzeugten Feldes beträchtlich übersteigt, kann man demnach das Teilchen als frei ansehen. Berücksichtigt man noch die von den Teilchenströmen erzeugten inneren Magnetfelder, so wird man offenbar so lange von freien Einzelteilchen sprechen können, solange die Energie des äußeren von der Apparatur erzeugten Magnetfeldes die Energie der inneren Magnetfelder beträchtlich übersteigt. Nach (3.51) gilt bei Vernachlässigung des Verschiebungsstromes (Erfüllung der Quasineutralität, vgl. S. 2) größenordnungsmäßig $B/l \approx 4\pi\, neu/c$; für nicht zu stark inhomogene Felder kann man die für

die räumliche Änderung (rot B) charakteristische Größe $l \approx r_{\mathrm{L}} = \dfrac{muc}{eB}$ setzen. Man erhält mit $\dfrac{nmu^2}{3} = p$ den Ausdruck

$$\frac{B^2}{8\pi} = \frac{2}{3}\, p\, ;$$

es kommt also auf das Verhältnis von magnetischem Druck zu hydraulischem Druck an:

$$\beta = \frac{p}{B^2/8\pi}\, ; \tag{4.1}$$

manchmal

$$\beta = \frac{p}{B^2/8\pi + p}.\tag{4.1}$$

Das *Druckverhältnis* β deutet an, ob das Plasma als eine Ansammlung unabhängiger Einzelteilchen angesehen werden kann. Dies ist demnach nur für kleine β zulässig (*Spiegelmaschinen, Stellaratormaschinen*). Für große β (Pinch) liegt ein echtes Plasma vor. Dies bedeutet aber nicht, daß alle in § 3 gewonnenen Aussagen völlig ungültig werden; man hat sich ja nur ein *ausgeschmiertes* von den anderen Teilchen erzeugtes inneres elektromagnetisches Feld zu den äußeren Feldern E, B hinzuzudenken; man bezeichnet dann einfach das gesamte Feld mit E bzw. B (was wir im folgenden immer tun werden). Das nach den Methoden von § 3 betrachtete Einzelteilchen ist dann gewissermaßen als Repräsentant für die Mehrheit anzusehen, da sich die überwiegende Mehrheit der Teilchen ähnlich verhalten wird — es sind eben nur die in die Bewegungsgleichung (3.1) einzusetzenden Felder für jedes Teilchen etwas verschieden.

Da wir mangels der Kenntnis des lokalen Feldes über das einzelne Teilchen keine sicheren Aussagen machen können, definieren wir eine *Verteilungsfunktion* (*N-Teilchenfunktion*, LIOUVILLEsche *Verteilungsfunktion*)

$$F(x_1, y_1, z_1, x_2, y_2, z_2, \ldots x_N, y_N, z_N, u_{1x}, u_{1y}, u_{1z}, \ldots, u_{Nx}, u_{Ny}, u_{Nz}, t),$$

die uns für N (gleichartige oder verschiedenartige) Teilchen die Wahrscheinlichkeit angibt, daß zur Zeit t das Teilchen 1 den Ort x_1, y_1, z_1 und die Geschwindigkeit u_{1x}, u_{1y}, u_{1z}, das Teilchen 2 den Ort x_2, y_2, z_2 und die Geschwindigkeit u_{2x}, u_{2y}, u_{2z} usw. und das N-te Teilchen den Ort x_N, y_N, z_N und die Geschwindigkeit u_{Nx}, u_{Ny}, u_{Nz} besitzt.[1] Haben (z. B. zusammengesetzte) Teilchen auch Freiheitsgrade der inneren Bewegung, so treten auch diese Variablen in F ein. Hat das einzelne Teilchen f Freiheitsgrade, so sind bei N Teilchen insgesamt $2Nf$ Freiheitsgrade (Orts- und Geschwindigkeitskoordinaten) vorhanden. Diesen $2Nf$-dimensionalen Raum der Orts- und Impulskoordinaten nennt man Γ-*Phasenraum*. Ein Punkt in ihm beschreibt mit seinen $2Nf$-Koordinaten den Zustand aller N Teilchen, also den Zustand der ganzen Plasmamasse. Das Wandern des Phasenpunktes im Γ-Raum beschreibt die zeitliche Veränderung der Zustände aller Teilchen. Mehrere verschiedene Phasenpunkte beschreiben verschiedene mögliche Zustände des Systems.

Integriert man die N-Teilchenfunktion über alle Orts- und Geschwindigkeitsvariablen mit Ausnahme des i-ten Teilchens, so erhält man eine *Einteilchenfunktion* $F_{(1)}$, die nur von den sieben Koordinaten $x_i, y_i, z_i, u_{ix}, u_{ij}, u_{iz}, t$ abhängt. Sie beschreibt die Wahrscheinlichkeit, zur Zeit t das Teilchen an der Stelle x_i, y_i, z_i mit der Geschwindigkeit u_{ix}, u_{iy}, u_{iz} anzutreffen. Der sechs-

---

[1] Strenggenommen kann nur dafür eine Wahrscheinlichkeit angegeben werden, ein Teilchen innerhalb eines Intervalles, z. B. zwischen x_1 und $x_1 + \mathrm{d}x_1$ anzutreffen.

(bzw. $2f$-) dimensionale Phasenraum $(x_i, y_i, z_i, u_{ix}, u_{iy}, u_{iz})$ heißt *μ-Phasenraum*. Ein Punkt in ihm beschreibt mit seinen $2f$-Koordinaten den Zustand des i-ten Teilchens, das Wandern des Phasenpunktes im μ-Raum beschreibt die zeitliche Veränderung der Zustände des i-ten Teilchens. Mehrere verschiedene Phasenpunkte, z. B. $x_i, y_i, z_i, u_{ix}, u_{iy}, u_{iz}$ und $x_k, y_k, z_k, u_{kx}, u_{ky}, u_{kz}$, beschreiben verschiedene mögliche Zustände des i-ten Teilchens. Die Koordinaten mit den Indizes i und k sind völlig unabhängig voneinander. Wenn − z. B. in einem stoßfreien, verdünnten Plasma (kleines β) − zwischen den einzelnen Teilchen keine Wechselwirkung auftritt, dann kann man den Phasenpunkt $x_k, y_k, z_k, u_{kx}, u_{ky}, u_{kz}$ statt einem anderen Zustand des i-ten Teilchens auch dem k-ten Teilchen zuordnen. Man läßt dann die Indizes überhaupt weg und deutet die *Verteilungsfunktion im μ-Raum* (BOLTZMANN-*Verteilungsfunktion*) wie folgt:

$$f(x, y, z, u_x, u_y, u_z, t)\, \mathrm{d}x\, \mathrm{d}y\, \mathrm{d}z\, \mathrm{d}u_x\, \mathrm{d}u_y\, \mathrm{d}u_z \tag{4.2}$$

ist die Anzahl der Teilchen, die man zur Zeit t im Raumintervall zwischen x und $x + \mathrm{d}x$, y und $y + \mathrm{d}y$, z und $z + \mathrm{d}z$ mit einer Geschwindigkeit zwischen u_x und $u_x + \mathrm{d}u_x$, u_y und $u_y + \mathrm{d}u_y$, u_z und $u_z + \mathrm{d}u_z$ antrifft. Integriert man f über alle zulässigen Orte und Geschwindigkeiten, so muß natürlich die Gesamtanzahl N der überhaupt vorhandenen Teilchen herauskommen, da ja jedes der N Teilchen innerhalb der zulässigen Orte und Geschwindigkeiten einen Zustand besetzt:

$$N = \int\limits_{-\infty}^{\infty}\!\!\int\!\int\!\int\!\int\!\int f(x, y, z, u_x, u_y, u_z, t)\, \mathrm{d}x\, \mathrm{d}y\, \mathrm{d}z\, \mathrm{d}u_x\, \mathrm{d}u_y\, \mathrm{d}u_z. \tag{4.3}$$

Diese Gleichung *normiert* die Verteilungsfunktion des μ-Raumes. Sieht man f in (4.2) als Wahrscheinlichkeit an, dann ist in (4.3) $N = 1$ (Summe aller Wahrscheinlichkeiten ist 1), und die BOLTZMANN Verteilungsfunktion wird mit der LIOUVILLEschen Einteilchenfunktion identisch. Die N-Teilchenfunktion F des Γ-Raumes ist als Wahrscheinlichkeit natürlich immer auf 1 normiert.

4.2 LIOUVILLE-*Theorem und* VLASOV-*Gleichung*

Wir wollen nun Differentialgleichungen für die Verteilungsfunktionen ableiten. Wie üblich, wollen wir zunächst an Stelle der Geschwindigkeitskomponenten die Impulskomponenten

$$p_x = mu_x, \qquad p_y = mu_y, \qquad p_z = mu_z \tag{4.4}$$

bzw.

$$p_i = mu_i, \qquad u_i \doteq u_{1x}, u_{1y}, u_{1z}, \dots, u_{Nz}$$

einführen. Die Bewegungsgleichung kann man dann mit Hilfe der HAMILTON-Funktion

$$H = T_{\mathrm{kin}}(p_i) + U_{\mathrm{pot}}\ (\text{Ortskoordinaten}), \tag{4.5}$$

die von allen $2Nf$ Variablen abhängt, in der *kanonischen* (HAMILTON*schen*) *Form* schreiben ($q_1 = x_1, y_1, z_1, x_2, y_2, z_2, ..., z_N$):

$$\frac{dq_i}{dt} = \frac{\partial H}{\partial p_i}\left(= \frac{\partial T_{\text{kin}}}{\partial p_i} = \frac{\partial}{\partial p_i}\left(\frac{p_i^2}{2m}\right) = \frac{p_i}{m} = u_i\right),$$

$$\frac{dp_i}{dt} = -\frac{\partial H}{\partial q_i}\left(= -\frac{\partial U_{\text{pot}}}{\partial p_i} = \text{Kräfte} = m\frac{du_i}{dt}\right). \tag{4.6}$$

Wir betrachten nun das Volumenelement Δ des Γ-Raumes:

$$\Delta = \prod_{i=1}^{Nf} dq_i\, dp_i. \tag{4.7}$$

Differenziert man Δ nach der Zeit, so ergibt sich

$$\frac{d\Delta}{dt} = \left(\frac{d\, dq_1}{dt}\, dp_1 + dq_1 \frac{d\, dp_1}{dt}\right) dq_2 \cdots dp_{Nf} + \cdots.$$

Nun gilt

$$\frac{d}{dt} dq_i = d\frac{dq_i}{dt} = d\dot{q}_i = d\left(\frac{\partial H}{\partial p_i}\right) = \frac{\partial}{\partial q_i}\left(\frac{\partial H}{\partial p_i}\right) dq_i,$$

da ganz allgemein $dy = \dfrac{\partial y}{\partial x} dx$ gilt, und $dp_i = -d\left(\dfrac{\partial H}{\partial q_i}\right) = -\dfrac{\partial}{\partial p_i}\left(\dfrac{\partial H}{\partial q_i} dp_i\right)$,

ebenso gilt $\dfrac{\partial^2 H}{\partial q_i\, \partial p_i} = \dfrac{\partial^2 H}{\partial p_i\, \partial q_i}$.

Da nämlich H nach (4.5) von allen q_i, p_i abhängt, gilt für das totale Differential

$$dH = +\sum_k \frac{\partial H}{\partial q_k} dq_k + \sum_k \frac{\partial H}{\partial p_k} dp_k$$

$$= -\sum_k \dot{p}_k\, dq_k + \sum_k \dot{q}_k\, dp_k = 0.$$

Setzt man alles ein, so erhält man das LIOUVILLEsche Theorem

$$\frac{d\Delta}{dt} = 0, \quad \Delta = \text{const}, \tag{4.8}$$

das heißt, das Volumenelement im Γ-Phasenraum bleibt während der Bewegung von Teilchen, die die Bewegungsgleichungen (4.6) erfüllen, konstant.
Nun ist $w = F(q_i, p_i, t)\, \Delta$, $i = 1, ..., fN$, die Wahrscheinlichkeit dafür, die Teilchen an den Stellen q_i bis $q_i + dq_i$ mit den Impulsen p_i bis $p_i + dp_i$ anzutreffen. Integriert man über den ganzen Γ-Phasenraum, dann muß die Gesamtwahrscheinlichkeit gleich 1 sein. (Die Summe der Wahrscheinlich-

keiten aller möglichen physikalischen, voneinander verschiedenen, sich gegenseitig ausschließenden Zustände muß genauso 1 ergeben wie die Summe der Teilwahrscheinlichkeiten, von den Ziffern 1 bis 6 eines Würfels eine bestimmt zu würfeln, gleich 1 ist.) Aus $\int F\Delta = 1$ folgt zunächst $\int \dfrac{\mathrm{d}(F\Delta)}{\mathrm{d}t} = 0$ und damit

$$\frac{\mathrm{d}F}{\mathrm{d}t} \equiv \frac{\partial F}{\partial t} + \sum_{i=1}^{Nf} \left(\frac{\partial F}{\partial q_i} \frac{\partial H}{\partial p_i} - \frac{\partial F}{\partial p_i} \frac{\partial H}{\partial q_i} \right) = 0$$

oder

$$\frac{\partial F}{\partial t} + \sum_{i=1}^{Nf} \left(\frac{\partial F}{\partial q_i} \dot{q}_i + \frac{\partial F}{\partial p_i} \dot{p}_i \right) = 0. \tag{4.9}$$

Die letzte Aussage kann man auch als $2Nf$-dimensionale Kontinuitätsgleichung für n schreiben. Da $n = F\Delta$ und $\Delta = $ const, folgt (4.9).
Diese Gleichung heißt LIOUVILLE-*Gleichung*; aus ihr könnte $F(q_i, p_i, t)$, $i = 1, ..., fN$, berechnet werden, doch ist die Gleichung wegen der großen Zahl ihrer Variablen unlösbar. Allerdings ist jede beliebige Funktion von H eine Gleichgewichtslösung. Die BOLTZMANN-Lösung (4.69), d. h. $F \sim \exp\left[-H/kT\right]$ besitzt außerdem ein Entropiemaximum, vgl. S. 89. (Der Summenausdruck wird auch $[H, F]$ geschrieben und heißt POISSON*sche Klammer*.)
Wenn man mit zwei Würfeln gleichzeitig würfelt, dann ist die Wahrscheinlichkeit, daß der eine eine 3, der andere eine 5 zeigt, $\dfrac{1}{6} \cdot \dfrac{1}{6} = \dfrac{1}{36}$. Sind also zwei physikalische Vorgänge voneinander völlig unabhängig, dann ist die Wahrscheinlichkeit dafür, daß sie zugleich eintreffen, das Produkt der Teilwahrscheinlichkeiten.
Herrscht also zwischen den Teilchen keine Wechselwirkung, dann muß die LIOUVILLE*sche Verteilungsfunktion* $F(q_i, p_i, t)$ als Produkt von *Einteilchenfunktionen* $f_i(q, p, t)$ geschrieben werden können: Der $2Nf$-dimensionale Γ-Raum zerfällt in N getrennte $2f$-dimensionale μ-Räume ($i = 1, ..., fN$)

$$F(q_i, p_i, t) = \prod_{i=1}^{N} f_i(q, p, t) = (f(q, p, t))^N. \tag{4.10}$$

Setzt man dies in (4.9) ein und beschränkt sich zur Übersichtlichkeit der Rechnung auf $f = 1$, $N = 2$, so erhält man nach Division durch $F(q_1, q_2, p_1, p_2, t) = f_1(q_1, p_1, t) \cdot f_2(q_2, p_2, t)$ wegen $\dfrac{\partial f_1}{\partial q_2} = \dfrac{\partial f_2}{\partial q_1} = \dfrac{\partial f_1}{\partial p_2} = \dfrac{\partial f_2}{\partial p_1} = 0$

$$\frac{1}{f_1} \left(\frac{\partial f_1}{\partial t} + \dot{q}_1 \frac{\partial f_1}{\partial q_1} + \dot{p}_1 \frac{\partial f_1}{\partial p_1} \right) + \frac{1}{f_2} \left(\frac{\partial f_2}{\partial t} + \dot{q}_2 \frac{\partial f_2}{\partial q_2} + \dot{p}_2 \frac{\partial f_2}{\partial p_2} \right) = 0.$$

Der erste Term hängt nur von q_1, p_1, t, der zweite Term nur von q_2, p_2, t ab. Nach dem üblichen Separationsansatz kann man dann schließen, daß jeder der beiden Terme gleich $\pm \alpha$ ist. α ist eine willkürlich wählbare *Separationskonstante*. Setzen wir $\alpha = 0$, so erhalten wir für jedes einzelne der N Teilchen für dessen *Einteilchenfunktion* die VLASOV-*Gleichung*

$$\frac{\mathrm{d}f}{\mathrm{d}t} \equiv \frac{\partial f}{\partial t} + \sum_{i=1}^{f} \dot{q}_i \frac{\partial f}{\partial q_i} + \sum_{i=1}^{f} \dot{p}_i \frac{\partial f}{\partial p_i} = 0. \tag{4.11}$$

Meistens faßt man jedoch $f(q_i, p_i, t)$, $i = 1, \ldots, f$, als BOLTZMANN*sche Verteilungsfunktion* im μ-Raum auf.

Die VLASOV-Gleichung werden wir in vektorieller Form verwenden:

$$\frac{\mathrm{d}f}{\mathrm{d}t} \equiv \frac{\partial f}{\partial t} + \boldsymbol{u}\nabla f + \frac{e}{m}\left(\boldsymbol{E} + \frac{1}{c}[\boldsymbol{u} \times \boldsymbol{B}]\right)\nabla_u f = 0. \tag{4.12}$$

∇_u bedeutet den Differentiationsvektor im Geschwindigkeitsraum (u_x, u_y, u_z), für $\dot{p}$ wurde aus der Bewegungsgleichung (4.6) die Beschleunigung eingesetzt. Sind die Teilchen verschiedenartig (z. B. Elektronen, Ionen), so gilt für jede Teilchenart eine eigene VLASOV-Gleichung.

Die VLASOV-Gleichung beschreibt ein stoßfreies Plasma; strenggenommen ist jedoch nicht jede Wechselwirkung der Teilchen vernachlässigt. Da nämlich $\boldsymbol{E}$ und $\boldsymbol{B}$ von der Verteilung der Teilchen im Raum abhängen, ist $\boldsymbol{E}$ von f abhängig: Die VLASOV-Gleichung ist nichtlinear. Es sei etwa $\boldsymbol{B} = 0$, dann ist (4.12) durch

$$\operatorname{div} \boldsymbol{E} = 4\pi\varrho_{\mathrm{el}} \tag{4.13}$$

zu ergänzen, wobei die elektrische Ladungsdichte ϱ_{el} durch

$$\varrho_{\mathrm{el}}(x, y, z) = e \iiint f(x, y, z, u_x, u_y, u_z, t)\, \mathrm{d}u_x\, \mathrm{d}u_y\, \mathrm{d}u_z \tag{4.14}$$

gegeben ist. (Je nach der Normierung von f gelten auch andere Formeln.) Findet man eine Teilchenverteilung, die ein elektromagnetisches Kraftfeld erzeugt, das seinerseits diese Verteilung aufrechterhält, so nennt man ein solches Feld ein *selbstkonsistentes Feld*. Da bei Wechselwirkungen kleiner Reichweite die örtlichen Fluktuationen der Teilchenverteilung wesentlich werden, ist jedoch die Methode des selbstkonsistenten Feldes nur auf Kraftfelder großer Reichweite (elektromagnetische Felder) anwendbar. In diesem Sinne heißt (4.12) die VLASOV-*Gleichung mit selbstkonsistentem Feld*. Die VLASOV-Gleichung wurde aus den Bewegungsgleichungen stoßfreier Teilchen abgeleitet, sie enthält daher genau dieselbe Information wie die Bewegungsgleichungen — nicht mehr und nicht weniger. Für die Beschreibung vieler Teilchen ist jedoch die VLASOV-Gleichung besser geeignet.

4.3 Stöße in der statistischen Theorie

Wenn das Plasma höhere Dichten hat, so daß Stöße nicht mehr vernachlässigt werden können, dann muß man zur statistischen Beschreibung von der LIOUVILLE-Gleichung (4.9) ausgehen.

Es gilt nun, verschiedene Stoßprozesse zu unterscheiden:

a) Zusammenstöße zwischen nur zwei Teilchen (*binäre Stöße*) bei relativ geringer Dichte und Wechselwirkungskräften kurzer Reichweite (z. B. intramolekulare Kräfte). Dies ist die Situation in einem verdünnten, neutralen Gas, für welches schon BOLTZMANN einen *Stoßterm* abgeleitet hat, der von LANDAU für ein Plasma verbessert wurde.

b) Da jedoch in einem Plasma COULOMB-Kräfte mit großer Reichweite eine wesentliche Rolle spielen, werden Mehrfachstöße auftreten. Die große Reichweite der COULOMB-Kräfte bewirkt, daß es zu Stößen mit kleinen Streuwinkeln kommt. Für viele Stöße mit kleinen Winkeln wurde die FOKKER-PLANCK*sche Stoßgleichung* abgeleitet.

Alle diese Gleichungen müssen natürlich aus der LIOUVILLE-*Gleichung* ableitbar sein. Es stehen heute im wesentlichen drei Methoden für die Ableitung von Stoßgleichungen im μ-Raum zur Verfügung:

1. das Verfahren von BORN-GREEN-KIRKWOOD-BOGOLJUBOV-YVON (BGKBY-Gleichungen) durch schrittweise Integration der LIOUVILLE-Gleichung über die Lage- und Impulskoordinaten des zweiten, dritten usw. Teilchens, das zur BOLTZMANN-LANDAU-*Gleichung* führt;

2. das Verfahren von KLIMONTOVITSCH und DUPREE, das mit der Einteilchen-funktion und der Bewegungsgleichung des Einzelteilchens beginnt, zu Mehrteilchenfunktionen aufsteigt [4.1] und zur FOKKER-PLANCK-*Glei-chung* bzw. auch zur BOLTZMANN-LANDAU-*Gleichung* führt;

3. das Verfahren der Lösung der LIOUVILLE-Gleichung mit Hilfe der GREEN-*schen Funktion* nach BALESCU [4.2]. Dieses Verfahren führt zur LENARD-BALESCU-*Gleichung,* die der BOLTZMANN-LANDAU-*Gleichung* sehr ähnelt (vgl. Abb. 12). Auch die FOKKER-PLANCK-*Gleichung* kann durch Nähe-rungsverfahren aus der LENARD-BALESCU-*Gleichung* abgeleitet werden.

Wir wollen zunächst nach dem BGKBY-Verfahren die BOLTZMANN*sche Stoßgleichung* und das BOLTZMANN*sche Stoßintegral* aus der LIOUVILLE-*Gleichung* ableiten.

Die BOLTZMANN*sche Verteilungsfunktion* $f(\boldsymbol{x}, \boldsymbol{u}, t)$ im μ-Raum ist nach (4.3) auf die Teilchenzahl N normiert. Die LIOUVILLE*sche Verteilungsfunktion* $F(q_i, p_i, t)$ ist nach den Erläuterungen vor (4.9) auf 1 normiert. Integriert man sie über alle Orts- und Impulskoordinaten aller Teilchen bis auf ein Teilchen, so erhält man die nur von den Koordinaten eines Teilchens abhängige LIOUVILLE*sche Einteilchenfunktion* $F_{(1)}(q_1, p_1, t)$. Sie beschreibt die Wahr-scheinlichkeit, an der Stelle q_1, p_1 das Teilchen Nr 1 anzutreffen. Abgesehen von der verschiedenen Normierung, beschreiben somit die LIOUVILLEsche

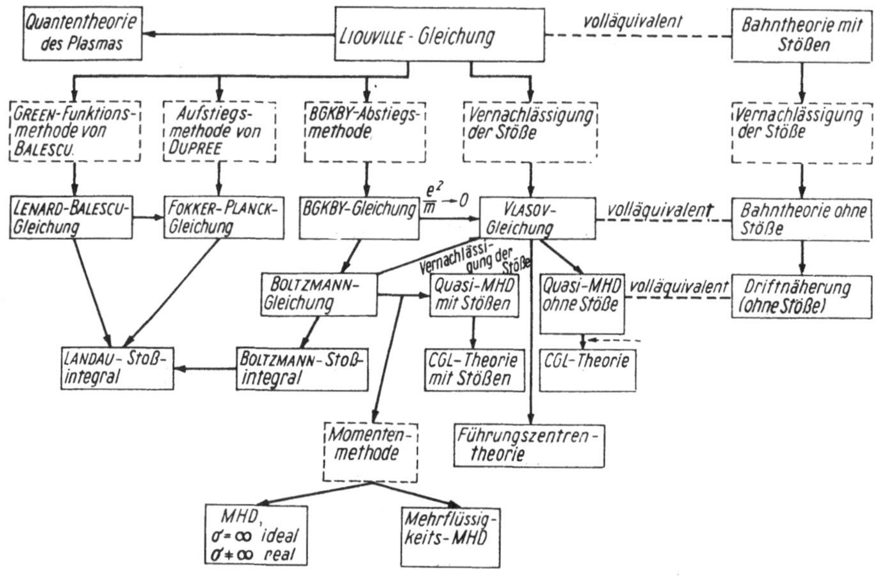

Abb. 12. Der Zusammenhang zwischen den Plasmatheorien

Einteilchenfunktion $F_{(1)}$ und die BOLTZMANNsche Verteilungsfunktion f denselben Sachverhalt. Wir setzen daher, abgesehen von einem Normierungsfaktor,

$$f(\boldsymbol{x}, \boldsymbol{u}, t) \approx f(\boldsymbol{q}, \boldsymbol{p}_1, t) = F_{(1)} = \int \mathrm{d}\boldsymbol{q}_2 \, d\boldsymbol{p}_2 \cdots \mathrm{d}\boldsymbol{q}_N \, \mathrm{d}\boldsymbol{p}_N$$

$$\cdot F(\boldsymbol{q}_1, \boldsymbol{q}_N, \boldsymbol{p}_1, \boldsymbol{p}_N, t).$$

Wenn nun das i-te und das j-te Teilchen durch ein Wechselwirkungspotential $\Phi(\boldsymbol{x}_i, \boldsymbol{x}_j)$ aufeinander Kräfte ausüben, dann ist in der LIOUVILLE-Gleichung (4.9) die Beschleunigung $\frac{1}{m} \dot{\boldsymbol{p}} =$ durch $-\sum_j \frac{1}{m_i} \frac{\partial \Phi}{\partial \boldsymbol{x}_i} + \boldsymbol{b}$ zu ersetzen; die Beschleunigung durch äußere Kräfte bezeichnen wir mit $\boldsymbol{b}$. (Wir schreiben nun statt $q_1, q_2, q_3 \to \boldsymbol{q}_1$ für das erste Teilchen und verwenden $\boldsymbol{x}_1, \boldsymbol{u}_1$ statt $\boldsymbol{q}_1$ und $\boldsymbol{p}_1$.) Eine $(N-1)$-fache Integration der LIOUVILLE-Gleichung ergibt nun in BOLTZMANNscher Schreibweise $(F_{(1)} \to f_{(1)}(\boldsymbol{x}, \boldsymbol{u}, t))$ für $i = 1, j = 2$

$$\frac{\mathrm{d}f_{(1)}}{\mathrm{d}t} \equiv \frac{\partial f_{(1)}(\boldsymbol{x}_1, \boldsymbol{u}_1, t)}{\partial t} + \boldsymbol{u}_1 \frac{\partial f_{(1)}(\boldsymbol{x}_1, \boldsymbol{u}_1, t)}{\partial \boldsymbol{x}_1} + \boldsymbol{b}_1 \frac{\partial f_{(1)}(\boldsymbol{x}_1 \, \boldsymbol{u}_1, t)}{\partial \boldsymbol{u}_1}$$

$$= \frac{1}{m_1} \int \frac{\partial \Phi(\boldsymbol{x}_1, \boldsymbol{x}_2)}{\partial \boldsymbol{x}_1} \frac{\partial}{\partial \boldsymbol{u}_1} f_2(\boldsymbol{x}_1, \boldsymbol{x}_2, \boldsymbol{u}_1, \boldsymbol{u}_2, t) \, \mathrm{d}\boldsymbol{x}_2 \, \mathrm{d}\boldsymbol{u}_2. \qquad (4.15)$$

Der Integralterm beschreibt die Wechselwirkung zwischen zwei Teilchen, wobei jedes der restlichen $N-1$ Teilchen das zweite Teilchen sein kann, also

$\sum\limits_{j}$ weggelassen wurde. Die neu auftretende Funktion $f_{(2)}$ heißt, je nachdem, ob der LIOUVILLEsche oder BOLTZMANNsche Standpunkt eingenommen wird,

$$f_{(2)}(x, x_2, u, u_2, t) \approx F_{(2)}(x_1, x_2, u_1, u_2, t), \qquad Zweiteilchenfunktion$$

(und gibt die Wahrscheinlichkeit dafür an, ein Teilchen im Γ-Raum am Ort x_1, u_1 und ein zweites gleichzeitig am Ort x_2, u_2 zu finden) oder

$$f_{(2)}(x, x_2, u, u_2, t) = f_{(2)}(x_1, x_2, u_1, u_2, t),$$

$$zweifache\ Korrelationsfunktion\ (Paarkorrelationsfunktion)$$

(und gibt an, wie viele Teilchen zur gleichen Zeit an den Orten x_1, u_1 und x_2, u_2 im μ-Raum zu finden sind).

Abgesehen vom Normierungsfaktor, ist die Funktion (als Folge der $(N-1)$-fachen Integration der LIOUVILLE-Gleichung) durch

$$f_{(2)}(x_1, x_2, u_1, u_2, t) = \int F(x_1, x_2, x_3, ..., x_N, u_1, u_2, u_3, ..., u_N, t)$$
$$\cdot\, \mathrm{d}x_3\, \mathrm{d}x_4 \cdots \mathrm{d}x_N\, \mathrm{d}u_3\, \mathrm{d}u_4 \cdots \mathrm{d}u_N \qquad (4.16)$$

gegeben. Um aus (4.15) $f(x, u, t) = f_{(1)}$ berechnen zu können, ist die Kenntnis von $f_{(2)}$ nötig. Um $f_{(2)}$ zu erhalten, müssen wir die $(N-2)$-fach integrierte LIOUVILLE-Gleichung

$$\frac{\partial f_{(2)}(1, 2, t)}{\partial t} + u_1 \frac{\partial f_{(2)}(1, 2, t)}{\partial x_1} + u_2 \frac{\partial f_{(2)}(1, 2, t)}{\partial x_2}$$

$$+ b_1 \frac{\partial f_{(2)}(1, 2, t)}{\partial u_1} + b_2 \frac{\partial f_{(2)}(1, 2, t)}{\partial u_2}$$

$$\equiv \frac{\mathrm{d}f_{(2)}}{\mathrm{d}t} - \int \left[\frac{1}{m_1} \frac{\partial \Phi(x_1, x_3, t)}{\partial x_1} \frac{\partial}{\partial u_1} + \frac{1}{m_2} \frac{\partial \Phi(x_2, x_3, t)}{\partial x_2} \frac{\partial}{\partial u_2} \right]$$

$$\cdot f_{(3)}(1, 2, 3, t)\, \mathrm{d}x_3\, \mathrm{d}u_3 = 0 \qquad (4.17)$$

lösen, wobei wieder $f_{(3)}$ unbekannt ist und durch die $(N-3)$-fach integrierte LIOUVILLE-Gleichung bestimmt wird. Der Integralterm beschreibt die Wechselwirkung zwischen drei Teilchen (Dreierstöße). Man erhält so das nach *BGKBY* benannte *System hierarchisch geordneter Gleichungen,* das der LIOUVILLE-Gleichung völlig äquivalent ist. Das System ist geschlossen nicht lösbar; man muß mit Näherungsverfahren ein Abbrechen der Hierarchie erzwingen. Wenn man in (4.15), (4.17) $\dfrac{1}{m} \dfrac{\partial \Phi}{\partial x} \approx \dfrac{e^2}{m} \approx \dfrac{el}{r_{\mathrm{L}}} \to 0$ gehen läßt, dann erhält man VLASOV-Gleichungen für $f_{(1)}$, $f_{(2)}$ usw.

Beschränkt man sich bei geringer Dichte auf binäre Stöße (Zweierstöße) und vernachlässigt man unter der Annahme von Wechselwirkungskräften kurzer Reichweite Dreierstöße usw., so erhält man aus (4.17) eine VLASOV-Gleichung, während sich (4.15) nicht ändert. Werden Dreierstöße vernachlässigt, dann ist ein drittes Teilchen unabhängig vom Geschehen[2] zwischen den Teilchen 1 und 2:

$$F_{(3)}(1, 2, 3) = f_{(2)}(1, 2) \cdot f_{(1)}(3).$$

Wir erhalten damit für die Dreistoßterme von (4.17) (wobei wir in Φ die Variable x_3 durch x_2 ersetzten, da eine Kraft nur zwischen 1 und 2 auftritt)

$$\int \frac{1}{m_1} \frac{\partial \Phi(x_1, x_2)}{\partial x_1} \frac{\partial f_{(2)}(1, 2)}{\partial u_1} f_{(1)}(3) \, \mathrm{d}x_3 \, \mathrm{d}u_3$$

$$= \frac{1}{m_1} \frac{\partial \Phi(x_1, x_2)}{\partial x_1} \frac{\partial f_{(2)}(1, 2)}{\partial u_1}, \tag{4.18}$$

wobei $\int f_{(1)}(3) \, \mathrm{d}x_3 \, \mathrm{d}u_3 = 1$ normiert wurde.

Für den zweiten Term ergibt sich ein analoger Ausdruck, so daß (4.17) übergeht in die VLASOV-LIOUVILLE-*Gleichung für die Zweiteilchenfunktion*

$$\frac{\mathrm{d}f_{(2)}}{\mathrm{d}t} \equiv \frac{\partial f_{(2)}}{\partial t} + u_1 \frac{\partial f_{(2)}}{\partial x_1} + u_2 \frac{\partial f_{(2)}}{\partial x_2} + b_1 \frac{\partial f_{(2)}}{\partial u_1} + b_2 \frac{\partial f_{(2)}}{\partial u_2}$$

$$- \frac{1}{m_1} \frac{\partial \Phi}{\partial x_1} \frac{\partial f_{(2)}}{\partial u_1} - \frac{1}{m_2} \frac{\partial \Phi}{\partial x_2} \frac{\partial f_{(2)}}{\partial u_2} = 0. \tag{4.19}$$

Schreibt man mit geeigneter Umordnung der Teilchenbezeichnung und mit Verwendung von $\sum\limits_{j=2}^{N}$ die Gleichungen (4.15) und (4.19) um, so erhält man

$$\frac{\mathrm{d}f_{(1)}(x_1, u_1, t)}{\mathrm{d}t} = \frac{1}{m_1} \sum_{j=2}^{N} \int \frac{\partial \Phi(x_1, x_j)}{\partial x_1} \frac{\partial}{\partial u_1} f_{(2)}(x_1, x_j, u_1, u_j, t) \, \mathrm{d}x_j \, \mathrm{d}u_j \tag{4.20}$$

und

$$\sum_{j=2}^{N} \frac{\mathrm{d}f_{(2)}(x_1, u_1, x_j, u_j, t)}{\mathrm{d}t} = \frac{1}{m_1} \sum_{j=2}^{N} \frac{\partial \Phi(x_1, x_j)}{\partial x_1} \frac{\partial f_{(2)}(x_1, x_j, u_1, u_j, t)}{\partial u_1}.$$

Hieraus ergibt sich sofort

$$\frac{\mathrm{d}f_{(1)}(x_1, u_1, t)}{\mathrm{d}t} = \int \sum_{j=2}^{N} \frac{\mathrm{d}f_{(2)}(x_1, u_1, x_j, u_j, t)}{\mathrm{d}t} \, \mathrm{d}x_j \, \mathrm{d}u_j. \tag{4.21}$$

Der Stoßterm wirkt nur während der Dauer T eines Stoßes. In dieser kurzen Zeit bleibt $f_{(1)}$ konstant. Wir definieren nun als BOLTZMANN*sche Verteilungsfunktion* im μ-Raum:

$$f(x, u, t) = \frac{1}{T} \int\limits_{0}^{t=T} f_{(1)}(x, u, t) \, \mathrm{d}t \,;$$

---

[2] Wir beachten vorübergehend Zeitabhängigkeiten nicht.

$$x_1 \to x, \quad t = 0 \quad \text{vor dem Stoß,}$$
$$u_1 \to u, \quad t = T \quad \text{nach dem Stoß}$$

und erhalten durch zeitliche Integration von (4.21)

$$\frac{\mathrm{d}f}{\mathrm{d}t} = \frac{1}{T} \int \sum_{j=2}^{N} [f_{(2)}(x_1, u_1, x_j, u_j, t = T)$$
$$- f_{(2)}(x_1, u_1, x_j, u_j, t = 0)] \, \mathrm{d}x_j \, \mathrm{d}u_j. \tag{4.22}$$

Da nun $\int f_{(2)}(x_1, u_1, x_j, u_j, t) \, \mathrm{d}x_j \, \mathrm{d}u_j = f_{(1)}(x_1, u_1, t)$ ist, folgt daraus mit Hilfe der Definition

$$\lim_{T \to 0} \frac{1}{T} \sum_{j=2}^{N} (f_{(1)}(t = T) - f_{(1)}(t = 0)) = \left(\frac{\delta f}{\delta t} \right)_{\text{Stoß}}$$

die BOLTZMANNsche Stoßgleichung für $f(x, u, t)$:

$$\frac{\mathrm{d}f}{\mathrm{d}t} \equiv \frac{\partial f}{\partial t} + u \nabla f + \frac{e}{m} \left(E + \frac{1}{c} [u \times B] \right) \nabla_u f = \left(\frac{\delta f}{\delta t} \right)_{\text{Stoß}}, \tag{4.23}$$

die bei Vernachlässigung der Stöße sofort in die VLASOV-Gleichung (4.12) übergeht.

Je nach den über die Stöße gemachten Annahmen erhält man für $\left(\dfrac{\delta f}{\delta t} \right)_{\text{Stoß}}$ verschiedene *Stoßterme* (*Stoßintegrale*), z. B. die von BOLTZMANN, LANDAU, FOKKER-PLANCK oder LENARD-BALESCU.

4.4 Stoßintegrale

Wir wollen nun aus den BGKBY-Gleichungen das BOLTZMANNsche Stoßintegral ableiten. Zunächst müssen wir einige Annahmen machen, die somit Voraussetzungen für die Gültigkeit des Stoßintegrals sind:

A) Es gibt nur binäre Stöße, es gelten also (4.19), (4.20).

B) Die Wechselwirkungskräfte haben kurze Reichweiten, d. h. sie verschwinden für Entfernungen größer als x_c. Das Integral in (4.20) braucht daher nur im Intervall $[0, x_c]$ berechnet zu werden und ergibt einen sehr kleinen Wert.

C) Sobald ein Teilchen in die Stoßsphäre (Radius $|x_c|$) des anderen eindringt, besteht zwischen ihren Bewegungen keine Korrelation mehr (BOLTZMANNsche *Hypothese vom molekularen Chaos*), d. h., dann gilt

$$f_{(2)}(1, 2) = f_{(1)}(1) \cdot f_{(1)}(2). \tag{4.24}$$

D) Die Kräfte zwischen den zusammenstoßenden Plasmateilchen sind unabhängig von den Teilchengeschwindigkeiten und hängen nur vom Abstand $x = x_2 - x_1$ zwischen den Teilchen ab.

E) Die äußeren Kräfte können während der nur in kurzer Zeit in kleinen Raumbereichen vor sich gehenden Stoßprozesse vernachlässigt werden ($b_1 = b_2 = 0$).

F) Es bleibe f_1 während des Stoßes konstant, so daß die Ableitung verschwindet.

Wir führen nun zunächst den Teilchenabstand $x = x_2 - x_1$ als neue Variable in (4.19) ein. Mit Hypothese E erhält man

$$\frac{\partial f_{(2)}}{\partial t} + u_1 \frac{\partial f_{(2)}}{\partial x_1} + (u_2 - u_1) \frac{\partial f_{(2)}}{\partial x} + b_1 \frac{\partial f_{(2)}}{\partial u_1} = \frac{1}{m_1} \frac{\partial \Phi}{\partial x} \frac{\partial f_{(2)}}{\partial u_1}.$$

Integriert man dies über $dx\, du_2$, so erhält man wegen E

$$\left(\frac{\partial}{\partial t} + u_1 \frac{\partial}{\partial x_1} + b_1 \frac{\partial\cdot}{\partial u_1} \right) \int \int_0^{x_c} f_{(2)}(1, 2)\, dx\, du_2$$

$$+ \iint (u_2 - u_1) \frac{\partial f_{(2)}}{\partial x}\, dx\, du_2 = \frac{1}{m_1} \frac{\partial}{\partial u_1} \iint \frac{\partial \Phi}{\partial x} f_{(2)}\, dx\, du_2.$$

Der erste Term stellt die totale Ableitung $\dfrac{d}{dt}$ des sehr kleinen Integrals dar und verschwindet nach den Annahmen B und F. Der Term auf der rechten Seite ist, wie man aus (4.20), (4.23) ersieht, nur ein anderer Ausdruck für den Stoßterm, so daß

$$\left(\frac{\delta f}{\delta t} \right)_{\text{Stoß}} = \iint (u_2 - u_1) \frac{\partial f_{(2)}}{\partial x}\, dx\, du_2$$

ist. Die räumliche Integration über $dx = dx\, dy\, dz$ führen wir in Kugelkoordinaten durch, wobei wir den Gausssschen Satz verwenden:

$$\int \frac{\partial}{\partial x} f\, dx = \int \nabla f\, d\tau = \int f n\, d\sigma,$$

wobei n der radial nach außen gerichtete Einheitsvektor und $d\sigma$ das Oberflächenelement auf der Kugel mit dem Radius x_c sind (Stoßsphäre). Dann ist nach Annahme C mit (4.24)

$$\left(\frac{\delta f}{\delta t} \right)_{\text{Stoß}} = \iint (u_2 - u_1)\, n f_{(1)}(1) \cdot f_{(1)}(2)\, d\sigma\, du_2.$$

Bei einem Stoß gibt es nun zwei Arten von Teilchen: solche, die noch nicht zusammengestoßen sind (*) und sich daher einander nähern, und solche, die bereits zusammengestoßen sind und sich voneinander entfernen, d. h., die Relativgeschwindigkeit $g = (u_2 - u_1)$ der Teilchen der zweiten Art ist entgegengesetzt gleich der Relativgeschwindigkeit $-g$ der Teilchen erster Art

(*„inverser Stoß"*). Man erhält mit[3] $g \cdot n = g = |u_2 - u_1|$

$$\iint g[f(x_1, u_1^*, t^*)\, f(x_2, u_2^*, t^*)$$
$$- f(x_1, u_1, t)\, f(x_2, u_2, t)]\, d\sigma\, du_2 .$$

Berücksichtigt man, daß sich f während der Dauer $T = t - t^*$ kaum ändert, so kann man im Argument von f die Variable t^* durch t ersetzen. Das BOLTZMANN*sche Stoßintegral (Stoßzahlansatz von* BOLTZMANN) lautet dann

$$\left(\frac{\delta f}{\delta t}\right)_{\text{Stoß B}} = \int |u_2 - u_1|\, \{f(x_1, u_1^*, t)\, f(x_1, u_2^*, t)$$
$$- f(x_1, u_1, t)\, f(x_1, u_2, t)\}\,\sigma\, du_2; \tag{4.25}$$

σ ist die „Berührungsoberfläche" der Stoßsphäre; man sagt meist *Stoß-wirkungsquerschnitt* für diese Größe. Multipliziert man das Stoßintegral mit der Teilchenanzahl n pro cm^3, so daß $|u_2 - u_1|\, nf$ den relativen Teilchenfluß darstellt, dann gibt bei zunächst festgehaltenem $|u_2|$ der Ausdruck $|u_2 - u_1|\, nf_{(1)}^* f_{(2)}^* \sigma$ an, wieviele Teilchen, die vor dem Stoß die Geschwindig-keiten u_1^* bzw. u_2^* hatten, pro cm^3 und pro Sekunde durch Stoßprozesse auf die Geschwindigkeit u_1 bzw. u_2 gebracht werden: $|u_2 - u_1|\, nf_{(1)}f_{(2)}\sigma$ gibt an, wieviele Teilchen mit den Geschwindigkeiten u_1, u_2 vor dem Stoß durch den Stoß auf andere Geschwindigkeiten gestreut werden. Die Integration über u_2 liefert alle möglichen Stöße, da u_1^* und u_2^* nach den Gesetzen des elastischen Stoßes durch u_1 und u_2 ausgedrückt werden können. Das *Stoßintegral* gibt also an, wie viele Teilchen durch Stöße die Geschwindigkeit u_1 erhalten und wieviele diesen Geschwindigkeitswert u_1 verlassen müssen. Die Nettodiffe-renz ergibt die totale Änderung $\dfrac{df}{dt}$ der Verteilungsfunktion. Der Wirkungs-querschnitt σ ist von der Relativgeschwindigkeit $u_2 - u_1$ abhängig; er muß zur Auswertung von (4.25) bekannt sein. Da $\int |u_2 - u_1|\,\sigma f_{(1)}f_{(2)}\, du_2$ angibt, wie oft ein Teilchen ($n = 1$) pro Sekunde gestoßen wird, wenn es die Geschwindigkeit u_1 besitzt, muß die *Stoßzahl* (vgl. S. 19) durch

$$v = \int |u_2 - u_1|\,\sigma f_{(2)}\, du_2$$

gegeben sein.

LANDAU hat das Stoßintegral von BOLTZMANN für die im Plasma stattfinden-den Stoßprozesse mit kleinen Streuwinkeln modifiziert. Das LANDAU*sche Stoßintegral* kann sowohl aus dem BOLTZMANN*schen Stoßintegral* als auch aus den FOKKER-PLANCK*schen Gleichungen* oder aus der LENARD-BALESCU-*Gleichung* abgeleitet werden. Dies zeigt, daß im Rahmen der betrachteten Näherungen alle diese Gleichungen in gewissem Maße äquivalent sind. In der Plasmaphysik wird jedoch vorwiegend die FOKKER-PLANCK-Gleichung ver-wendet.

---

[3] Nach Hypothese B ist $x_1 = x_1^*$, $x_2 = x_2^*$.

Wenn man sich im BOLTZMANNschen Stoßintegral auf kleine Geschwindigkeits(Impuls)änderungen $u_1^* - u_1 = -\dfrac{1}{2}\,\varDelta g$, $u_2^* - u_2 = \dfrac{1}{2}\,\varDelta g$ beschränkt[4], was bei COULOMB-Kräften zulässig ist, dann kann man die Verteilungsfunktionen in TAYLOR-Reihen entwickeln, wobei nun für die Einteilchenfunktionen $f(x_1, u_1, t) = f(1)$ usw. geschrieben wird:

$$f\left(x, u_1 - \frac{1}{2}\,\varDelta g, t\right) f\left(x_2, u_2 + \frac{1}{2}\,\varDelta g, t\right)$$

$$= f(x_1, u_1, t)\, f(x_2, u_2, t) + \left\{ f(1)\,\frac{\partial f(2)}{\partial u_{i2}} - f_{(2)}\,\frac{\partial f(1)}{\partial u_{i1}} \right\} \frac{1}{2}\,\varDelta g$$

$$+ \frac{1}{2}\left\{ f(1)\,\frac{\partial^2 f(2)}{\partial u_{i1}\,\partial u_{j2}} + f_{(2)}\,\frac{\partial^2 f(1)}{\partial u_{i1}\,\partial u_{j1}} - 2\,\frac{\partial f(2)}{\partial u_{i2}}\,\frac{\partial f(1)}{\partial u_{j1}} \right\} \frac{1}{2}\,\varDelta g_i\,\frac{1}{2}\,\varDelta g_j.$$

Die Multiplikation $\varDelta g_i\,\varDelta g_j$ ist tensoriell; g_i, $i = 1, 2, 3$, sind die Komponenten des Vektors g, ebenso die g_j. Setzt man dies und den RUTHERFORDschen Wirkungsquerschnitt für COULOMB-Stöße in das Stoßintegral (4.25) ein[5], so erhält man bei Einführung von Kugelkoordinaten $u_2 = |u_2|$, $\dfrac{2\chi}{2}$, φ im u_2-Raum nach Ausführung der Integration $\int\limits_0^{2\pi} \mathrm{d}\varphi$

$$\int\limits_0^{2\pi} \sin^2 \varphi\, \mathrm{d}\varphi = \int\limits_0^{2\pi} \cos^2 \varphi\, \mathrm{d}\varphi, \quad g = |g|,$$

$$\left(\frac{\delta f}{\delta t}\right)_{\text{Stoß}} = 8\pi\,\frac{e^4}{m^2} \int \mathrm{d}u_2 \int\limits_0^{2\pi} \mathrm{d}\,\frac{\chi}{2}\,\cos\frac{\chi}{2}$$

$$\cdot \left\{ \frac{-g_i}{g^3 \sin\dfrac{\chi}{2}} \left(f(1)\,\frac{\partial f(2)}{\partial u_{i2}} - f(2)\,\frac{\partial f(1)}{\partial u_{i1}} \right) \right.$$

$$+ \frac{1}{2}\left(f(1)\,\frac{\partial^2 f(2)}{\partial u_{i2}\,\partial u_{j2}} + f(2)\,\frac{\partial^2 f(1)}{\partial u_{i1}\,\partial u_{j1}} - 2\,\frac{\partial f(2)}{\partial u_{i2}}\,\frac{\partial f(1)}{\partial u_{j1}} \right)$$

$$\left. \cdot \frac{1}{2}\left(\frac{g_i g_j}{g^2}\sin\frac{\chi}{2} + \frac{1}{2}\,(i_i i_j + j_i j_j) \right)\left(\frac{1}{\sin\dfrac{\chi}{2}} - \sin\frac{\chi}{2} \right) \right\}.$$

---

[4] Es ist $g = u_2 - u_1$, $g^* = u_2^* - u_1^*$, $\varDelta g = g - g^*$.

[5] μ ist die reduzierte Masse $= \dfrac{1}{2}\,m$ bei gleichschweren Stoßpartnern; χ ist der Streuwinkel im Schwerpunktssystem.

Hierbei wurde folgende Komponentenzerlegung verwendet:

$$g = g(i \sin \chi \cos \varphi + j \sin \chi \sin \varphi + k \cos \chi),$$

$$\begin{aligned}
\varDelta g = g - g^* \\
= g(i \sin \chi \cos \varphi + j \sin \chi \sin \varphi + k(\cos \chi - 1)) \\
= g\, 2 \sin \frac{\chi}{2} \left(i \cos \frac{\chi}{2} \cos \varphi + j \cos \frac{\chi}{2} \sin \varphi - k \sin \frac{\chi}{2} \right);
\end{aligned}$$

i, j, k sind kartesische Einheitsvektoren.

Der Tensor $(i_i i_j + j_i j_j)$ kommt vom tensoriellen Produkt $\varDelta g_i\, \varDelta g_j$ und enthält Elemente nur in der Hauptdiagonale. In unserem speziellen Koordinatensystem, in dem g parallel zu k ist, kann der (symmetrische) Tensor auch wie folgt geschrieben werden:

$$\delta_{ij} - \frac{g_i g_j}{g^2} = g w_{ij} = g \frac{\partial}{\partial g_i} \frac{\partial}{\partial g_j} g.$$

Da nun, wie man durch elementares, aber langwieriges Nachrechnen zeigen kann [7.4]

$$\frac{\partial w_{ji}}{\partial g_j} = -2 \frac{g_i}{g^3} = -\frac{\partial w_{ji}}{\partial u_j}$$

ist, kann man das Stoßintegral umformen. Im Integral verschwindet der Term $\int\limits_0^{2\pi} \mathrm{d}\frac{\chi}{2} \cos \frac{\chi}{2} \sin \frac{\chi}{2}$, und der Term $\int \mathrm{d}\frac{\chi}{2} \cos \frac{\chi}{2} \dfrac{1}{\sin \frac{\chi}{2}} = -\ln \sin \frac{\chi}{2}$ divergiert für $\chi = 0$.

Die Divergenz des Integrals für den Streuwinkel $\chi = 0$ ist eine Folge der unendlich großen Reichweite der COULOMB-Kraft; zur Ableitung des RUTHERFORDschen Wirkungsquerschnittes wurde ja ein Potential $\sim \dfrac{1}{r}$ angenommen. Da jedoch in einem Plasma die Reichweite der COULOMB-Kräfte durch die DEBYE-*Länge* (2.17) gegeben ist, kann die Divergenz bei $\chi_{\min}$ abgeschnitten werden:

$$-\ln \sin \frac{\chi_{\min}}{2} = \varLambda_C,$$ wobei $\varLambda_C$ COULOMB-*Logarithmus* heißt und in etwa durch den Kehrwert des Plasmaparameters gegeben ist: $\varLambda_C = \ln (\lambda_D/l_L) \approx \ln \varLambda^{-1}$. Mit allen diesen Umformungen erhält man schließlich das LANDAU*sche Stoßintegral*

$$\begin{aligned}
\left(\frac{\delta f}{\delta t} \right)_{\text{Stoß L}} = 2\pi \frac{e^2}{m^2} \ln \varLambda_C \frac{\partial}{\partial u_{1i}} \\
\cdot \int \mathrm{d}^3 u_2 \left(f(u_2) \frac{\partial f(u_1)}{\partial u_{1j}} - f(u_1) \frac{\partial f(u_1)}{\partial u_{2j}} \right) w_{ij}.
\end{aligned} \tag{4.26}$$

Die Ableitung ist anfechtbar, da sie vom BOLTZMANN-Integral, das Kräfte kurzer Reichweite voraussetzt, ausgeht. (4.26) kann aber auch aus den FOKKER-PLANCK*schen Gleichungen* abgeleitet werden.

4.5 Die Gleichungen von FOKKER-PLANCK und LENARD-BALESCU[6]

Das Verfahren von KLIMONTOVITSCH und DUPREE führt von der LIOUVILLE-Gleichung (4.9) zu den Gleichungen von FOKKER-PLANCK, die viele Autoren ad hoc ableiten. Wir folgen der *Aufstiegsmethode von* KLIMONTOVITSCH *und* DUPREE.

Um ein Teilchen aus der LIOUVILLE-Gleichung herauszugreifen, schreiben wir für seine Verteilungsfunktion

$$F_{(1)}(x, u, t) = \delta(x - x_1(t))\, \delta(u - u_1(t)). \tag{4.27}$$

Die δ bezeichnen DIRAC*sche Deltafunktionen*, die bekanntlich überall verschwinden außer beim Argument 0. An der Stelle 0 befindet sich eine Singularität von einer solchen Art, daß das Integral über das Produkt einer δ-Funktion mit einer anderen Funktion g den Wert der Funktion g an der Stelle 0 ergibt:

$$\int_{-\infty}^{\infty} \delta(x)\, \mathrm{d}x = 1, \qquad \int_{-\infty}^{\infty} \delta(x)\, g(x)\, \mathrm{d}x = g(0),$$

$$\int_{-\infty}^{\infty} \delta(x - x_0)\, g(x)\, \mathrm{d}x = g(x_0).$$

Die Größen $x_1(t)$ und $u_1(t)$ sind die wirklichen Orts- und Geschwindigkeitsvariablen des Teilchens 1 und genügen der Bewegungsgleichung (K ist die Gesamtkraft)

$$\dot{x}_1 = u_1,\, \dot{u}_1 = \frac{K(x_1, u_1, t)}{m_1}, \qquad x_1(t) = x_1(0) + \int u_1(t')\, \mathrm{d}t',$$

$$u_1(t) = u_1(0) + \frac{1}{m} \int K(x_1(t'), u_1(t'), t')\, \mathrm{d}t'.$$

$F_{(1)}$ genügt der LIOUVILLE-Gleichung bzw. der VLASOV-Gleichung. Wir steigen nun durch Produktbildung zu mehr Teilchen auf:

$$F_{(N)} = \prod_{i-1}^{N} \delta(x - x_i(t))\, \delta(u - u_i(t)).$$

---

[6] Dieser Abschnitt kann beim ersten Studium ohne weiteres ausgelassen werden.

Integrieren wir nun über $N - 1$ Teilchen und über die Zeit während des Stoßprozesses, so erhalten wir mit $f = \dfrac{1}{T} \displaystyle\int_0^T F_{(1)}(x, u, t)\, dt$ und ähnlichen Annahmen wie beim Übergang zur BOLTZMANNschen Verteilungsfunktion aus der LIOUVILLE-Gleichung

$$\frac{\partial f}{\partial t} + u\,\frac{\partial f}{\partial x} + \frac{1}{m}\,\frac{\partial}{\partial u}\,\frac{1}{T}\int_0^T dt'\, K(x, u, t')\, F_{(1)}(x, u, t') = 0$$

mit

$$\int_0^T = \int_0^T dt'\, dx_2\, dx_3 \cdots dx_N\, du_2\, du_3 \cdots du_N \sum_i K(x, x_i, u, u_i, t')$$

$$\cdot F_{(N)}(x_1, \ldots, u_1, \ldots, t - T) \cdot \delta(x - x_1)\, \delta(u - u_1).$$

Spaltet man nun das Kraftfeld in einen von den Teilchenbewegungen unabhängigen (z. B. äußeren) Teil K_0 und einen von den Teilchen abhängigen Teil K_1 auf, so erhält man eine mit (4.15) übereinstimmende Gleichung

$$\frac{\partial f}{\partial t} + u\,\frac{\partial f}{\partial x} + \frac{K_0}{m}\,\frac{\partial f}{\partial u} + \frac{1}{m}\,\frac{\partial}{\partial u}\,\frac{1}{T}\int_0^T dt'\, K_1(x, u, t')\, F_{(1)}(x, u, t') = 0.$$

Setzt man nun aus der Bewegungsgleichung ein, so erhält man bei geschwindigkeitsunabhängiger Kraft

$$\delta(x - x_i(t'))\, \delta(u - u_i(t'))$$

$$= \delta(x - x_0 - u_0 t')\, \delta(u - u_0) - \delta(x - x_0 - u_0 t')\,\frac{\partial}{\partial u}\,\delta(u - u_0 t')$$

$$\cdot \frac{1}{m}\int^{t'} K_1(x_0 + u_0 t'', t'')\, dt'' - \delta(u - u_0)$$

$$\cdot \frac{\partial}{\partial x}\,\delta(x - x_0 - u_0 t')\,\frac{1}{m}\int^{t'} dt'' \int^{t''} K_1(x_0 + u_0 t''', t''')\, dt'''.$$

Partielle Integration und die Annahme langsam veränderlichen $F(t - T) = f(t)$ gibt die FOKKER-PLANCK-*Gleichungen* für $K = eE$:

$$\frac{\partial f}{\partial t} + u\,\frac{\partial f}{\partial x} + b_0\,\frac{\partial f}{\partial u} = -\frac{\partial}{\partial u}\left(f\,\frac{\Delta u}{T}\right) + \frac{\partial^2}{\partial u_i\,\partial u_j}\left(\frac{1}{2}\, f\,\frac{\Delta u_i \Delta u_j}{T}\right) + \cdots,$$

$$\tag{4.28}$$

wobei die drei *Koeffizienten der dynamischen Reibung* durch

$$\frac{\partial}{\partial \boldsymbol{u}}\left(f\,\frac{\Delta \boldsymbol{u}}{T}\right) = \frac{e}{m}\,\frac{\partial}{\partial \boldsymbol{u}}\,(\boldsymbol{E}f) + \frac{e^2}{m}\,\frac{\partial}{\partial u_i}\left\langle \frac{1}{T}\int_0^T \mathrm{d}t'\,\frac{\partial}{\partial x_j}\right.$$

$$\left. \cdot\, E_i(\boldsymbol{x}_0 + \boldsymbol{u}_0 t', t')\int_0^T \mathrm{d}t''\int_0^T \mathrm{d}t'''\,E_j(\boldsymbol{x}_0 + \boldsymbol{u}_0 t''', t''')\right\rangle f(\boldsymbol{u}) \tag{4.29}$$

und die sechs *dynamischen Diffusionskoeffizienten* durch

$$\frac{\partial^2}{\partial u_i\,\partial u_j}\left(\frac{1}{2}\,f\,\frac{\Delta u_i\,\Delta u_j}{T}\right)$$

$$= \frac{e^2}{m}\,\frac{\partial}{\partial u_i}\,\frac{\partial}{\partial u_j}\left\langle \frac{1}{T}\int_0^T \mathrm{d}t'\,E_i(\boldsymbol{x}_0 + \boldsymbol{u}_0 t', t')\cdot\int_0^T \mathrm{d}t''\,E_j(\boldsymbol{x}_0 + \boldsymbol{u}_0 t'', t'')\right\rangle f(\boldsymbol{u}) \tag{4.30}$$

gegeben sind. Die $\langle\,\rangle$ bedeuten Mittelung (Integration) über alle restlichen $N - 1$ Teilchen, z. B.

$$\langle E_i E_j\rangle = \int \mathrm{d}\boldsymbol{x}_2\,\mathrm{d}\boldsymbol{x}_3\cdots \mathrm{d}\boldsymbol{x}_N\,\mathrm{d}\boldsymbol{u}_2\,\mathrm{d}\boldsymbol{u}_3\cdots \mathrm{d}\boldsymbol{u}_N$$

$$\cdot \sum_{i,j}\frac{\partial \Phi(\boldsymbol{x}_i \boldsymbol{x}_j)}{\partial \boldsymbol{x}_i}\int_0^T \mathrm{d}t'\,\frac{\partial \Phi(\boldsymbol{x}_i, \boldsymbol{x}_j)}{\partial \boldsymbol{x}_i}\,F_{(N-1)},$$

wobei Φ das elektrostatische Potential $\dfrac{e}{|\boldsymbol{x}_i - \boldsymbol{x}_j|}$ ist.

Die genannten Koeffizienten können — nach einer anderen Ableitung — auch noch anders interpretiert und vereinfacht werden. Es sei $P(\boldsymbol{v}, \Delta \boldsymbol{v})$ die Wahrscheinlichkeit dafür, daß ein Teilchen durch viele Stöße mit kleinen Streuwinkeln während des Zeitintervalles Δt von $\boldsymbol{v}$ auf $\boldsymbol{v} + \Delta \boldsymbol{v}$ gebracht wird und es gelte die Normierung $\int P(\boldsymbol{v}, \Delta \boldsymbol{v})\,\mathrm{d}^3\Delta \boldsymbol{v} = 1$. Sind keine äußeren Felder vorhanden und ist der Raum homogen, so ist $\delta f(\boldsymbol{v}, t)$ eine Folge von vorher innerhalb des Zeitraumes Δt stattgefundenen Stößen, d. h. es gilt

$$\delta f(\boldsymbol{v}, t) = \int f(\boldsymbol{v} - \Delta \boldsymbol{v}, t' - t)\,P(\boldsymbol{v} - \Delta \boldsymbol{v}, \Delta \boldsymbol{v})\,\mathrm{d}^3\Delta \boldsymbol{v}. \tag{4.31}$$

Da es sich um Kleinwinkelstreuung handelt und Δt als klein angenommen wird, kann eine TAYLOR-Reihenentwicklung angenommen werden:

$$\delta f(\boldsymbol{v}, t) = \int\left\{f(\boldsymbol{v}, t)\cdot P(\boldsymbol{v}, \Delta \boldsymbol{v}) - \Delta t\,\frac{\partial f}{\partial t}\,P(\boldsymbol{v}, \Delta \boldsymbol{v})\right.$$

$$- \Delta v \, \frac{\partial}{\partial v} \left[f(v, t) \cdot P(v, \Delta v) \right]$$

$$+ \left. \frac{1}{2} \, \Delta v_i \Delta v_k \, \frac{\partial^2}{\partial v_i \, \partial v_k} \left[f(v, t) \, P(v, \Delta v) \right] \right\} \mathrm{d}^3 v; \quad (\Delta t)^2 \to 0.$$

$$(4.32)$$

Mit der Definition

$$\langle \Delta v \rangle = \frac{1}{\Delta t} \int P(v, \Delta v) \, \Delta v \, \mathrm{d}^3 \Delta v \tag{4.33}$$

(mittlere Änderung von v während Δt) und

$$\langle \Delta v_i \Delta v_k \rangle = \frac{1}{\Delta t} \int P(v, \Delta v) \, \Delta v_i \Delta v_k \, \mathrm{d}^3 \Delta v \tag{4.34}$$

erhält man dann den Stoßterm $\delta f/\delta t$ und damit (4.28). Da nun die Wahrscheinlichkeit P dafür, daß ein Teilchen mit der Relativgeschwindigkeit u_0 zur umgebenden Teilchenmenge $f(v) \, \mathrm{d}^3 v$ durch COULOMB-Stöße innerhalb des Zeitintervalls Δt in den Raumwinkelbereich $\mathrm{d}\Omega$ gestreut wird, durch

$$P = u_0 \sigma_D f \, \mathrm{d}^3 v \, \mathrm{d}\Omega \, \Delta t \tag{4.35}$$

gegeben ist, können nun die Ausdrücke (4.33) und (4.34) ausgewertet werden. σ_D ist der durch (2.31) gegebene RUTHERFORDsche Streuquerschnitt. Denkt man sich in Abb. 3 Seite 17 u_0 in die x-Achse gelegt, dann erhält man, wenn u' die Geschwindigkeit nach dem Stoß sei, also

$$(\Delta v)_x \equiv (\Delta u)_x = -(u_0 - u') = -(u_0 - u_0 \cos \chi) = -u_0 \, 2\sin^2 \frac{\chi}{2},$$

$$(4.36)$$

den Ausdruck (4.33) mit (4.35) in der Form

$$\langle \Delta v \rangle_x \equiv \langle \Delta u_x \rangle = - \int \Delta u_x u_0 \sigma_D f(v, t) \, \Omega \mathrm{d}^3 v$$

$$= - \iint_\Omega 2 u_0 \sin^2 \frac{\chi}{2} \cdot u_0 \cdot \frac{e^4 Z^2}{\mu^2 u_0^4} \cdot \frac{\Delta u_x}{4} \cdot \frac{f(v, t)}{\sin^4 (\chi/2)} \cdot \sin \chi \mathrm{d}\chi \cdot \mathrm{d}\varphi \mathrm{d}^3 v,$$

$$(4.37)$$

wobei zu beachten ist, daß hier im cgs-System gerechnet wurde ($4\pi\varepsilon_0 \to 1$) und daß $\langle \Delta u_y \rangle = \langle \Delta u_z \rangle = 0$ die proportional zu $\cos \varphi$ bzw. $\sin \varphi$ sind, wegen $\int_0^{2\pi} \cos \varphi \, \mathrm{d}\varphi = 0$, wegfallen. Die Integration über χ und φ in (4.37) ergibt

$$\langle \Delta u_x \rangle = - \frac{e^4 Z^2 4\pi}{m^2 u_0^2} \int \ln \sin \frac{\chi}{2} \bigg|_{\chi_{\min}}^{\chi_{\max}} f(v, t) \, \Delta u_x \, \mathrm{d}^3 v. \tag{4.38}$$

Da es sich um Zusammenstöße von gleichartigen Teilchen handelt, verwendeten wir nun m statt μ für die Masse. Es sind nun noch die Grenzen $\chi_{\min}$ und $\chi_{\max}$

für die Integration über χ anzugeben. Da $\chi_{max} = \pi$, $\sin(\pi/2) = 1$, $\ln 1 = 0$ ist, benötigen wir nur χ_{min}. Da χ_{min} sehr klein ist, gilt $\sin(\chi_{min}/2) \approx (\chi_{min}/2)$. Da ferner für kleinere Argumente x der Ausdruck arccot x durch $1/x$ ersetzt werden kann, folgt aus (2.33), (2.18)

$$\chi_{min} \approx \frac{2e^2 Z}{\chi_D m u_0^2} = \frac{l_L}{\lambda_D}. \tag{4.39}$$

Damit folgt aus (4.38)

$$\langle \Delta u_x \rangle \equiv \langle \Delta u \rangle = \frac{e^4 Z^2 4\pi}{m^2 u_0^2} \int f(v, t)\, \Delta u_x \ln \frac{\lambda_D}{l_L}\, d^3 v. \tag{4.40}$$

Die Größe $u_0 = u$ bezeichnen wir als Relativgeschwindigkeit zwischen dem gestoßenen Teilchen und der es umgebenden Teilchenwolke. Wenn nun ein Teilchen der Masse m_a und der Geschwindigkeit v_a, z. B. ein Elektron, mit einem Teilchen der Masse m_b und der Geschwindigkeit v_b, z. B. ein Ion, miteinander zusammenstoßen, dann gilt für die reduzierte Masse nach (2.22)

$$\mu = \frac{m_a m_b}{m_a + m_b}, \tag{4.41}$$

und nach dem Gesetz von der Impulserhaltung gilt

$$v_a = V + \frac{m_b}{m_a + m_b} u \quad \text{oder} \quad \Delta v_a = \frac{m_b}{m_a + m_b} \Delta u, \tag{4.42}$$

wobei V die Schwerpunktsgeschwindigkeit ist.
Führt man nun, da jetzt zwei Teilchen verschiedener Masse betrachtet werden, in (4.40) statt m wieder μ ein, so erhält man mit $u = v_a - v_b$

$$\langle \Delta v_a \rangle = \frac{e^4 Z^2 4\pi}{\mu m_a} \Lambda_C \int f(v_b) \frac{v_a - v_b}{|v_a - v_b|}\, d^3 v_b, \tag{4.43}$$

wobei wieder der COULOMB-Logarithmus, vgl. Seite 18, verwendet wurde. Führt man nun das ROSENBLUTH-*Potential h* für die dynamische Reibung

$$h(v_a) = \frac{m_a}{\mu} \int \frac{f(v_b)}{|v_a - v_b|}\, d^3 v_b \tag{4.44}$$

und die Abkürzung

$$\Gamma_a = \frac{e^4 Z^2 4\pi}{m_a^2} \Lambda_C \tag{4.45}$$

ein, so nimmt (4.43) die Form

$$\langle \Delta v_a \rangle = \Gamma_a \frac{\partial h}{\partial v_a} \tag{4.46}$$

an. In ganz analoger Weise erhält man das ROSENBLUTH-Potential der dynamischen Diffusion

$$g(\boldsymbol{v}_a) = \int f(\boldsymbol{v}_b)\, |\boldsymbol{v}_a - \boldsymbol{v}_b|\, \mathrm{d}^3 \boldsymbol{v}_b \tag{4.47}$$

sowie den Ausdruck

$$\langle \varDelta v_i \varDelta v_k \rangle = \Gamma_a \frac{\partial^2 g}{\partial v_i\, \partial v_k} \tag{4.48}$$

und

$$\frac{m_a}{\mu}\, \nabla_v^2 g = 2h. \tag{4.49}$$

Damit erhält man dann die ROSENBLUTH-Form der FOKKER-PLANCK Gleichung (4.28) mit $\boldsymbol{b}_0 = \boldsymbol{K}_0/m$

$$\frac{\partial f}{\partial t} + \boldsymbol{u}\, \frac{\partial f}{\partial \boldsymbol{x}} + \boldsymbol{b}_0\, \frac{\partial f}{\partial \boldsymbol{u}} = \left(\frac{\delta f}{\delta t}\right)_{\text{Stoß}}$$

$$= \Gamma_a \left\{ -\frac{\partial}{\partial v_i}\left[f\, \frac{\partial h}{\partial v_i}\right] + \frac{1}{2}\, \frac{\partial^2}{\partial v_i\, \partial v_k}\left[f\, \frac{\partial^2 g}{\partial v_i\, \partial v_k}\right]\right\}. \tag{4.50}$$

Die Gleichungen (4.44), (4.47), (4.50) stellen drei nichtlineare Integrodifferentialgleichungen für die Funktionen f, g und h dar. Hierbei ist $\boldsymbol{u} = \boldsymbol{v}_a - \boldsymbol{v}_b$. Durch Näherungen, z. B. $|\boldsymbol{v}_a| \gg |\boldsymbol{v}_b|$, kann man Näherungsausdrücke für g und h finden. Setzt man näherungsweise

$$\frac{\partial h}{\partial v_i} = -vv, \qquad \frac{\partial^2 g}{\partial v_i\, \partial v_k} = v\, \frac{kT}{m}, \tag{4.51}$$

wo v die Stoßfrequenz, so erhält man den Stoßterm von CHANDRASEKHAR [4.3]

$$\left(\frac{\delta f}{\delta t}\right)_{\text{Stoß}} = v\, \frac{\partial}{\partial v}\, (vf(v)) + v\, \frac{kT}{m}\, \frac{\partial^2 f}{\partial v^2}, \tag{4.52}$$

den wir für ein eindimensionales Problem angeschrieben haben.
Für die Anfangsbedingung eines monoenergetischen Teilchenstrahls der Geschwindigkeit v_0

$$f(v, t = 0) = \delta(v - v_0), \tag{4.53}$$

wo δ die DIRAC δ-Funktion ist, erhält man die physikalisch interessante Lösung

$$f(v, t; v_0) = \sqrt{\frac{m}{2\pi kT(1 - \exp[-2vt])}} \cdot \exp\left[-\frac{m(v - v_0 \exp(-vt))^2}{2kT(1 - \exp(-2vt))}\right]. \tag{4.54}$$

Für $t \to \infty$ geht diese Lösung in die MAXWELL-Verteilung (4.70) über; sie beschreibt also die Thermalisierung eines Teilchenstrahls.

Eine noch stärkere Vereinfachung von (4.50) liefert der KROOK-*Ansatz*

$$\left(\frac{\delta f}{\delta t}\right)_{\text{Stoß}} = -v(f - f_0).\qquad(4.55)$$

Um schließlich die LENARD-BALESCU-*Gleichung* abzuleiten, könnten wir das Verfahren von BALESCU-PRIGOGINE verwenden [4.2]; da jedoch die LENARD-BALESCU-Gleichung in der Plasmaphysik nur in der Form der LANDAU-Gleichung (4.26) verwendet wird, wollen wir den Leser mit der langwierigen Ableitung nicht belasten und übernehmen die Gleichung aus der Literatur [4.4]. Die LENARD-BALESCU-*Gleichung* lautet

$$\left(\frac{\delta f}{\delta t}\right)_{\text{Stoß LB}} = -\frac{2e^4}{m^2}\, n\, \frac{\partial}{\partial u_{1j}} \int \mathrm{d}^3 u_2 Q_{ij} \left(f(u_2)\frac{\partial f(u_1)}{\partial u_{1i}} - f(u_1)\frac{\partial f(u_2)}{\partial u_{2j}} \right),$$

$$(4.56)$$

wobei aber nun der Tensor Q_{ij} durch ein Integral definiert ist:

$$Q_{ij}(u_1, u_2) = \int \frac{k_i k_j \delta(ku_1 - ku_2)\,\mathrm{d}k}{|\varepsilon(k, ku_1/k)|^2\, k^4};\qquad(4.57)$$

n ist die mittlere Teilchendichte, δ ist die DIRAC-Funktion, ε ist die Dielektrizitätskonstante des Plasmas und k eine Integrationsvariable (Wellenzahlvektor). Während im LANDAU-Integral entsprechend seiner Herleitung nur Zweiteilchenwechselwirkungen enthalten sind, enthält (4.57), wie schon das Auftreten der Dielektrizitätskonstanten zeigt, *kollektive Effekte.* Diese, nämlich ε^2 im Nenner, eliminieren die Divergenz des Integrals, die von der großen COULOMB-Reichweite herrührt. Für $\varepsilon \to 1$ geht $k \to \infty$, was kurze Kraftreichweite bedeutet; für $k = \infty$ divergiert das Integral, so daß man bei $k_{\max} = \dfrac{3}{l_{\mathrm{L}}}$ (bei Wellenlängen $\approx l_{\mathrm{L}}$) abschneidet. Ersetzt man $\varepsilon(k, \omega)$ durch den statischen Wert $\varepsilon(k, 0)$, so erhält man nach einigen Umformungen wieder das LANDAU-Integral. Obwohl der Weg der Ableitung der LENARD-BALESCU-*Gleichung* physikalisch völlig anders verläuft, denn $\left(\dfrac{\delta f}{\delta t}\right)_{\text{Stoß}}$ wird aus einer Summierung über alle im Plasma möglichen Wellen gewonnen, kommen wir doch wieder zum LANDAU-BOLTZMANN-*Integral,* das damit — neben der VLASOV-Gleichung — als die *grundlegende Gleichung der statistischen Plasmaphysik* angesehen werden muß.

Die LENARD-BALESCU-*Gleichung* besitzt einige wertvolle Eigenschaften: f ist immer positiv-definit, die Anzahl der Teilchen bleibt erhalten, und die Lösungen f streben der *Gleichgewichtsverteilung* (MAXWELL-*Verteilung*) zu.

4.6 Lösungen der Vlasov-Gleichung

Während in der *Magnetohydrodynamik* (§ 5) angenommen wird, daß Teilchenzusammenstöße sehr häufig sind, werden mit der Vlasov-Gleichung so verdünnte und so heiße Plasmen beschrieben, daß die Wirkungen der Teilchenzusammenstöße vernachlässigt werden können. Da die Vlasov-Gleichung (4.12) das elektromagnetische Feld enthält, muß sie zur Bestimmung ihrer Lösung durch die Maxwell-Gleichungen ergänzt werden. Das zu lösende System von Differentialgleichungen lautet daher für ein Elektronengas ($e \rightarrow -e$)

$$\frac{\partial f}{\partial t} + \boldsymbol{u}\nabla f - \frac{e}{m}\left(\boldsymbol{E} + \frac{1}{c}\,[\boldsymbol{u} \times \boldsymbol{B}]\right)\nabla_{\boldsymbol{u}} f = 0, \tag{4.58}$$

$$\left.\begin{aligned}
\frac{1}{c}\,\frac{\partial \boldsymbol{B}}{\partial t} &= -\operatorname{rot}\boldsymbol{E}, \quad \operatorname{div}\boldsymbol{E} = -4\pi e(n - n_0), \\[2ex]
\frac{1}{c}\,\frac{\partial \boldsymbol{E}}{\partial t} &= \operatorname{rot}\boldsymbol{H} - \frac{4\pi}{c}\,\boldsymbol{j}, \quad \operatorname{div}\boldsymbol{B} = 0,
\end{aligned}\right\} \tag{4.59}$$

$$n(\boldsymbol{x}, t) = \int f(\boldsymbol{x}, \boldsymbol{u}, t)\,\mathrm{d}\boldsymbol{u}, \quad \boldsymbol{j}(\boldsymbol{x}, t) = -e\int \boldsymbol{u} f(\boldsymbol{x}, \boldsymbol{u}, t)\,\mathrm{d}\boldsymbol{u}.$$

Ein Plasma hoher Temperatur ist voll ionisiert und besteht daher aus Elektronen, Ionen und einigen wenigen neutralen Teilchen. Für jede der zwei (drei) Teilchenarten müßte eine Verteilungsfunktion f definiert und eine Vlasov-Gleichung aufgeschrieben werden. Da wir uns jedoch mit den *Mehrflüssigkeitstheorien* erst in § 6 beschäftigen werden, behandeln wir hier ein Elektronengas mit der Verteilungsfunktion f, der Ladungsdichte *-en* auf einem *positiv geladenen „Hintergrund"* der Ladungsdichte $+n_0 e$, dessen Verteilungsfunktion als konstant angenommen wird.

Die Funktion $f(\boldsymbol{x}, \boldsymbol{u}, t)$ ist die Boltzmannsche Verteilungsfunktion der Elektronen im sechsdimensionalen μ-Raum; jeder Phasenpunkt in diesem Raum beschreibt die Bewegung eines Elektrons. Die Lösung von (4.58) bei vorgegebenen äußeren Feldern $\boldsymbol{E}$ und $\boldsymbol{B}$ muß mit den Lösungen der Bewegungsgleichungen von Einzelteilchen (3.1) übereinstimmen, da ja (4.58) nur mit Benutzung der Bewegungsgleichungen abgeleitet wurde. Bei gegebenen Anfangsbedingungen $\boldsymbol{x}_0$, $\boldsymbol{u}_0$ hat die Lösung der Bewegungsgleichung (3.1) die Form

$$\left.\begin{aligned}
\boldsymbol{u} &= \boldsymbol{u}(t, \boldsymbol{E}, \boldsymbol{B}, \boldsymbol{x}_0, \boldsymbol{u}_0), \\
\boldsymbol{x} &= \boldsymbol{x}(t, \boldsymbol{E}, \boldsymbol{B}, \boldsymbol{x}_0, \boldsymbol{u}_0) \\
\text{und aufgelöst} & \\
\boldsymbol{u}_0 &= \boldsymbol{u}_0(\boldsymbol{x}, \boldsymbol{u}, t, \boldsymbol{E}, \boldsymbol{B}), \\
\boldsymbol{x}_0 &= \boldsymbol{x}_0(\boldsymbol{x}, \boldsymbol{u}, t, \boldsymbol{E}, \boldsymbol{B}).
\end{aligned}\right\} \tag{4.60}$$

Die Lösung der VLASOV-Gleichung bei einer Anfangsbedingung $f_0(x_0, u_0, 0)$ wird beschreiben, daß ein Elektron, das sich zur Zeit $t = 0$ in x_0, u_0 im μ-Raum befand, zur Zeit t im Phasenpunkt x, u angetroffen wird:

$$f(x, u, t) = f_0(x_0(x, u, t), u_0(x, u, t, E, B)). \tag{4.61}$$

Die Lösung der VLASOV-Gleichung kann also mit Hilfe der Lösungen der Bewegungsgleichungen der Einzelteilchen dargestellt werden (JEANS-*Theorem*).

Sind jedoch Stöße zwischen den Teilchen zu berücksichtigen, so versagt diese Methode, die die Existenz einer analytischen Lösung der Bewegungsgleichung voraussetzt. Stöße erzeugen Singularitäten in den Teilchenbahnen, und eine analoge Lösung etwa der BOLTZMANN-Gleichung ist nicht möglich.

Die Methode der Lösung der VLASOV-Gleichung mit Hilfe der Teilchenbahnen (Bahnmethode) ist analog der *Charakteristikenmethode* zur Lösung partieller Differentialgleichungen. Diese Methode besteht darin, daß eine beliebige Funktion einer bestimmten Kombination der unabhängigen Variablen x, u, t eine allgemeine Lösung der partiellen Differentialgleichung darstellt. Die Teilchenbahnen (4.60) stellen die Charakteristiken der VLASOV-Gleichung dar, und (4.61) ist eine allgemeine Lösung von (4.58). BERNSTEIN, GREENE und KRUSKAL verwenden dieses Verfahren zur Lösung (BGK-*Wellen*) der *eindimensionalen* magnetfeldfreien Gleichung

$$\frac{\partial f}{\partial t} + u \frac{\partial f}{\partial x} - \frac{e}{m} E \frac{\partial f}{\partial u} = 0. \tag{4.62}$$

Sei v eine konstante Geschwindigkeit (z. B. einer Welle). Die Transformation auf das mit der Geschwindigkeit v bewegte Koordinatensystem $x_0 = x - vt$ liefert mit $\dfrac{\mathrm{d}x_0}{\mathrm{d}t} = v_0 = u - v$ die zeitunabhängige Gleichung

$$v_0 \frac{\partial f}{\partial x_0} - \frac{e}{m} E \frac{\partial f}{\partial v_0} = 0. \tag{4.63}$$

Die Lösung von (4.63) hat die Form

$$f(x_0, v_0) = f_0 \left(\frac{v_0^2}{2} + \frac{e}{m} \int E(x_0)\, \mathrm{d}x \right), \tag{4.64}$$

wobei f_0 eine beliebige Funktion der Kombination $\dfrac{mv_0^2}{2} - e\Phi = \text{const}$ ist (*Energiesatz!*). Die Gleichung (4.64) besagt, daß f in der x_0, v_0-Ebene (*Phasenebene*) längs Kurven gleicher Energie konstant ist.

Die zu (4.62) gehörenden Charakteristiken gehorchen nach LAGRANGE den Differentialgleichungen (s Parameter, z. B. Bogenlänge)

$$\frac{\mathrm{d}u}{\mathrm{d}s} = -\frac{e}{m} E, \quad \frac{\mathrm{d}x}{\mathrm{d}s} = u, \quad \frac{\mathrm{d}t}{\mathrm{d}s} = 1. \tag{4.65}$$

Mit $\Phi = -\int E\,\mathrm{d}x$ liefern die beiden ersten Gleichungen durch Elimination von $\mathrm{d}s$ und Integration $\dfrac{u^2}{2} - \dfrac{e\Phi}{m} = \dfrac{u_0^2}{2} = \text{const}$, so daß aus den letzten beiden Gleichungen

$$\frac{\mathrm{d}x}{\mathrm{d}t} = u = \sqrt{u_0^2 + \frac{2e\Phi(x)}{m}} \quad \text{oder} \quad \int \frac{\mathrm{d}x}{\sqrt{u_0^2 + \dfrac{2e\Phi}{m}}} = t - \text{const}$$

folgt. Die allgemeine Lösung von (4.62) hat dann die Form

$$f(x, u, t) = f\left(t - \int \frac{\mathrm{d}x}{\sqrt{u_0^2 + \dfrac{2e\Phi}{m}}}, \frac{u^2}{2} - \frac{e\Phi}{m}\right). \tag{4.66}$$

Die Charakteristiken genügen demnach der Bewegungsgleichung des Einzelteilchens.

Die natürliche Verallgemeinerung dieser Methode ist die Methode der *Vorintegrale* (*Bewegungsintegrale*). Wenn es gelingt, die Verteilungsfunktion f so zu transformieren, daß sich ihre Variablen bei der Teilchenbewegung nicht ändern, dann wird sie selbst eine Konstante der Bewegung. Im sechsdimensionalen μ-Raum wird die Bewegung durch sechs Konstante $c_1, \ldots, c_6$ völlig bestimmt. Die allgemeinste Lösung der VLASOV-Gleichung hat daher die Form

$$f(\boldsymbol{x}, \boldsymbol{u}, t) = f(c_1, c_2, c_3, c_4, c_5, c_6).$$

Das System (4.12)–(4.14) ist gegen Zeitumkehr, d. h. gegenüber der Transformation

$$\boldsymbol{u} \to -\boldsymbol{u},\, \boldsymbol{E} \to \boldsymbol{E},\, \boldsymbol{B} \to -\boldsymbol{B},\, t \to -t$$

invariant [4.4], es ist *reversibel*, und die Entropie bleibt konstant. Dies bedeutet, daß es unmöglich ist, daß alle seine Lösungen einen Gleichgewichtszustand zustreben (wie dies bei der BOLTZMANN-Gleichung der Fall ist). Würde nämlich eine Lösung einem Gleichgewichtszustand zustreben, so würde die zeitumgekehrte Lösung hierzu vom Gleichgewicht wegstreben, so daß die Lösung nach der Zeitumkehrtransformation ein anderes Verhalten zeigt als vorher. Gerade dies verbietet aber die Invarianz.

Die Konstanz der Entropie S ist leicht beweisbar. In der Statistik wird ja die Entropie aus der Verteilungsfunktion f berechnet, vgl. S. 88. Es gilt

$$S = -\frac{1}{k}\,\mathscr{H} = -\frac{1}{k}\int f \ln f \,\mathrm{d}\boldsymbol{c},$$

wobei $\mathscr{H}$ die BOLTZMANNsche Funktion und k die BOLTZMANN-Konstante ist.

Daraus erhält man

$$\frac{dS}{dt} = -\frac{1}{k} \int \left(\frac{df}{dt} \ln f + \frac{df}{dt} \right) dc = 0,$$

da $df/dt = 0$ nach (4.12) ja die VLASOV-Gleichung ist.
Zur Gleichung (4.55) von KROOK gehören die LAGRANGE-Charakteristiken-gleichungen

$$dt = \frac{dx}{u} = \frac{du}{(e/m)\,E} = \frac{df}{-vf},$$

die nicht der LANGEVIN-Gleichung (3.46) entsprechen. Als Lösung der KROOK-Stoßgleichung erhält man $f(x, u, t) = g(x, u)\exp(-vt)$. Um die LANGEVIN-Bewegungsgleichung als Charakteristik zu erhalten, müßte man von einer Stoßgleichung

$$\frac{\partial f}{\partial t} + u\,\frac{\partial f}{\partial x} - \left(\frac{e}{m}\,E(x) + vu \right) \frac{\partial f}{\partial u} = vf$$

ausgehen.
Ein für die Praxis (Q-*Maschine*) wichtiges Problem ist das Einströmen eines stoßfreien Plasmas ($x < 0$) durch ein kleines Loch (KNUDSEN-*Diffusion*) oder durch ein großes Loch (weggezogene Trennwand) in ein Vakuum ($x > 0$). Beim Diffundieren längs der x-Richtung durch ein Loch gibt es keine Teilchen mit Geschwindigkeiten $u_x = u$ im Bereich 0 bis $-\infty$, da kein Teilchen aus dem Vakuum zurückkehrt. Für die mittlere Diffusionsgeschwindigkeit folgt daher

$$u_{Dx} = \frac{1}{n} \int\limits_{0}^{\infty} du_x \int\limits_{-\infty}^{\infty} du_y \int\limits_{-\infty}^{\infty} du_z f(\mathbf{u})\,u_x.$$

Für eine MAXWELL-Verteilung erhält man dann

$$u_{Dx} = \frac{1}{4} \sqrt{\frac{8kT}{\pi m}} = \sqrt{\frac{kT}{2\pi m}}.$$

Die KNUDSEN-Geschwindigkeit ist also ein Viertel der mittleren Teilchen-geschwindigkeit.
Ist das Loch größer, so muß an der Grenzfläche zum Zeitpunkt $t = 0$ für das Wegziehen der Trennwand eine Anfangsbedingung gegeben werden:

Gas: $x \leqq 0,\ f = f_0 = $ MAXWELL-Verteilung, $t = 0$,

Vakuum: $x \geqq 0,\ f = 0$ (kein Gas vorhanden), $t = 0$.

Sind keine äußeren Kräfte vorhanden ($\Phi = 0$), so ist die Gleichung

$$\frac{\partial f}{\partial t} + u\,\frac{\partial f}{\partial x} = 0$$

zu lösen. Nach (4.66) ist die allgemeine Lösung $f\left(x - ut, \dfrac{u^2}{2}\right)$. Aus der Anfangsbedingung folgt

$$f\left(x, \frac{u^2}{2}\right) = f_0 \quad \text{für} \quad x \leq 0 \quad \text{und} \quad f\left(x, \frac{u^2}{2}\right) = 0 \quad \text{für} \quad x \geq 0.$$

Jede beliebige Funktion, die diesen Bedingungen gehorcht, ist eine Lösung. Für $t \leq 0$ soll die Teilchendichte räumlich konstant und gleich n_0 sein. Da keine Stöße und keine äußeren Kräfte auftreten, muß u konstant und gleich $\dfrac{x}{t}$ sein. Die MAXWELL-Verteilung f_0 ist unabhängig von x. Integriert man sie über u, so ergibt sich die räumlich-zeitliche Dichteverteilung

$$n(x, t) \sim \int\limits_{u = x/t}^{\infty} \exp(-\alpha^2 u^2)\, \mathrm{d}u, \quad \alpha^2 = \frac{m}{2kT}.$$

Da ein Teilchen, um zur Zeit t an der Stelle $x > 0$ im Vakuum anzukommen, mindestens die Geschwindigkeit u haben muß, ist als untere Grenze x/t zu nehmen. Teilchen, die langsamer sind, kommen nicht zur Zeit t an, und Teilchen mit Geschwindigkeiten im Bereich 0 bis $-\infty$ gelangen überhaupt nicht ins Vakuum. Die Integration liefert $n(x, t) = \dfrac{n_0}{2}\left(1 - \mathrm{Er}\left(\dfrac{x}{t}\alpha\right)\right)$, wo Er die Fehlerfunktion ist. Auch die Dichteverteilung ist, ebenso wie jede beliebige Funktion des Argumentes $\dfrac{x}{t}$, eine Lösung der kraftfreien VLASOV-Gleichung. Damit die Stöße wirklich vernachlässigt werden dürfen, muß die Stoßzeit $\tau > l\alpha = l\sqrt{\dfrac{m}{2kT}}$ sein, wobei l die charakteristische Längsausdehnung des Vakuums in der x-Richtung ist.

Weitere Lösungen der VLASOV-Gleichung sind die VAN KAMPEN-*Wellen*, [4.4] [4.5], die aus Teilchen bestehen, die sich mit der Phasengeschwindigkeit einer Welle bewegen. Abgesehen von diesen *resonanten* in der Welle *gefangenen* Teilchen treten resonante Teilchen auf, die die LANDAU-Dämpfung kompensieren. Die VAN KAMPEN-Wellen werden daher nicht gedämpft. Andere Lösungen sind die *ballistischen* Lösungen der VLASOV-Gleichung, in denen die strömenden Teilchen die Störung (Welle) mit sich tragen. Solche Lösungen existieren für $\omega > \omega_\mathrm{Pl}$ in der linearen Theorie nicht. Sie können z. B. durch Spannungsimpulse (*Ionenausbruch*) in einer Doppelschicht an einer Elektrode erzeugt werden. Wird in einer Plasmaapparatur zur Zeit $t = 0$ z. B. durch ein Gitter eine Störung $\exp(-ik_1 x)$ und nach Dämpfung dieser Schwingung zur Zeit τ die Störung $\exp(+ik_2 x)$ angeregt ($k_1 \neq k_2$), so entsteht eine *Echolösung* $\exp[i(k_2 - k_1)x + ik_1 ct - ik_2 c(t - \tau)]$, die ungedämpft noch zur Zeit $\tau k_2/(k_2 - k_1)$, also noch lange nach einer Landaudämpfungszeit nachgewiesen werden kann (z. B. Ionenschallecho). Elektronenschwingungsechos wurden auch durch gleichzeitige Anregung zweier Schwingungen an weit entfernten Punkten erzeugt.

4.7 Gleichgewichtsverteilungsfunktionen

Ist ein physikalisches System im *Gleichgewicht,* dann ändert es seinen Zustand nicht mit der Zeit. Die *Gleichgewichtsverteilung* $f_0(x, u)$ ist somit durch

$$\frac{\partial f_0}{\partial t} = 0 \tag{4.67}$$

definiert. Wenn f_0 zeitunabhängig ist, muß auch $\left(\dfrac{\delta f}{\delta t}\right)_{\text{Stoß}}$ verschwinden. Dies bedeutet aber nicht, daß keine Stöße auftreten. Offenbar ist f_0 so beschaffen, daß das Stoßintegral verschwindet. Als *Gleichgewichtsbedingung* erhalten wir dann gleichberechtigt neben (4.67) und (4.25) die Forderung

$$f_0(x_1, u_1^*)\, f_0(x_2, u_2^*) - f_0(x_1, u_1)\, f_0(x_2, u_2) = 0.$$

Physikalisch bedeutet dies, daß im Gleichgewichtszustand in die Phasenraumzelle genausoviel Teilchen durch Stoßprozesse eintreten, wie Teilchen hinausgestreut werden. Logarithmieren liefert

$$\ln f_0^*(1) + \ln f_0^*(2) = \ln f_0(1) + \ln f_0(2).$$

Bei Stoßprozessen im Gleichgewicht wird somit $\ln f$ erhalten, also auch $f \ln f$. Für die weitere Rechnung ist es nun zweckmäßig, die BOLTZMANNsche $\mathscr{H}$-*Funktion* einzuführen:

$$\mathscr{H} = \int f\, \ln f\, \mathrm{d}u.$$

Diese (der Entropie proportionale) Größe differenzieren wir unter dem Integralzeichen nach t und setzen aus (4.23), (4.25) ein:

$$\frac{\mathrm{d}\mathscr{H}}{\mathrm{d}t} = \int (1 + \ln f)\, \frac{\mathrm{d}f}{\mathrm{d}t}\, \mathrm{d}u$$

$$= \int (1 + \ln f) \int (u_2 - u_1)\, \sigma(f^*(1)\, f^*(2) - f(1)\, f(2))\, \mathrm{d}u_2\, \mathrm{d}u.$$

Offensichtlich gilt für ein Gleichgewicht $\dfrac{\mathrm{d}\mathscr{H}}{\mathrm{d}t} = 0$, während sonst, da Verteilungsfunktionen auf Grund ihrer Definition als Teilchenzahl oder als Wahrscheinlichkeit immer positiv sind, $\dfrac{\mathrm{d}\mathscr{H}}{\mathrm{d}t} < 0$ ($\mathscr{H}$-*Theorem von* BOLTZMANN). Diese Aussage ist, da $\mathscr{H} = -kS$ (k BOLTZMANN-Konstante, S Entropie), dem zweiten Hauptsatz der Thermodynamik äquivalent: In einem abgeschlossenen System bleibt die Entropie konstant oder nimmt zu.

Um die Gleichgewichtsverteilung f_0 zu finden, müssen wir nun $f_0(x, u)$ so bestimmen, daß $\dfrac{\mathrm{d}\mathscr{H}}{\mathrm{d}t} = 0$ ist. Es muß also f_0 so bestimmt werden, daß das Integral $\mathscr{H} = \int f \ln f \,\mathrm{d}u$ ein Extremum hat (und damit die Entropie ein Maximum hat). Ein solches Problem ist ein *Variationsproblem;* es verlangt, daß die *Variation* $\delta\mathscr{H} = 0$ ist. Man muß jedoch beachten, daß $\mathscr{H}$ nicht beliebig variiert werden darf: Es dürfen nur solche Verteilungsfunktionen zugelassen werden, die

a) die Teilchenzahl nicht verändern,
b) den Impulssatz nicht verletzen,
c) den Energiesatz nicht verletzen,

d. h., es müssen die folgenden Nebenbedingungen erfüllt sein:

a) $n = \int f \,\mathrm{d}u = \text{const}$,

b) $\int f\,mu \,\mathrm{d}u = \text{const}$,

c) $\displaystyle\int f \left(\frac{m}{2} u^2 + \Phi\right) \mathrm{d}u = \text{const}$ (Φ ist die potentielle Energie).

Nach dem *Verfahren von* LAGRANGE sind die Nebenbedingungen mit Faktoren zu multiplizieren und zu $\mathscr{H}$ zu addieren. Es seien λ, μ, v diese LAGRANGE*schen Faktoren* (wobei v jetzt nicht die Stoßfrequenz ist!), dann erhält man

$$\delta \int \left(f \ln f + \lambda f + \mu f m u + v\,\frac{m}{2}\,u^2 f + v\Phi f\right) \mathrm{d}u = 0.$$

Das Variationszeichen δ gehorcht denselben Regeln wie die Differentiation. Man erhält daher nach Vertauschung von Variation und Integration

$$\int \left(\delta f \ln f + f\delta \ln f + \lambda\delta f + \mu m u\delta f + v\,\frac{m}{2}\,u^2\delta f + v\Phi\delta f\right) \mathrm{d}u = 0.$$

Hierbei ist zu beachten, daß die Variation einer konstanten Größe verschwindet, $\delta\lambda = \delta\mu = \delta v = 0$, und daß u und x während der Variation festgehalten werden: Variiert wird nur die Form f der funktionellen Abhängigkeit. Da die Integrationsgrenzen beliebig sind, folgt aus dem Verschwinden des Integrals das Verschwinden des Integranden, und mit $\delta f = 0$ ergibt sich wegen

$$\delta \ln f = \frac{\partial f}{f}$$

$$\ln f + 1 + \lambda + \mu m u + v\left(\frac{m}{2}\,u^2 + \Phi\right) = 0.$$

Mit $1 + \lambda = -\ln C$ folgt daraus sofort die *Gleichgewichtsverteilung*

$$f_0 = C \exp\left[-v\left(\frac{m}{2}\,u^2 + \Phi\right) - m u\mu\right].$$

Es ist dies die *einzige* zeitunabhängige Lösung der BOLTZMANN- und der LENARD-BALESCU-Gleichung.

Spaltet man die vektorielle Konstante μ in vv auf, wobei v eine neue Konstante ist, dann erhält man mit

$C = D \exp(-vmv^2/2)$, wobei D eine weitere neue Konstante ist, die Form

$f_0 = D \exp\left[-v\dfrac{m}{2}(u-v)^2 - v\Phi\right]$. Die physikalische Bedeutung von v ergibt

sich aus der folgenden Beziehung, der v genügt:

$$v(x) = \frac{1}{n} \int uf(x, u)\, du; \qquad n = \int f\, du; \tag{4.68}$$

v ist die *mittlere Teilchengeschwindigkeit,* die wir in der Magnetohydrodynamik (§ 5) mit der *Strömungsgeschwindigkeit* des Plasmas identifizieren

werden. Für v ist $\dfrac{1}{kT}$ zu setzen, damit die bekannte kinetische Definition der

Temperatur T und die MAXWELLsche Verteilung erhalten werden. Man erhält so für $c = u - v$ (*thermische Geschwindigkeit,* d. h. die zufällige Geschwindigkeit, die der allgemeinen Strömungsgeschwindigkeit v des Mediums überlagert werden muß, um die Teilchengeschwindigkeit u zu erhalten) die *Gleichgewichtsverteilung*

$$f_0(x, c) = D \exp\left(-\frac{mc^2}{2kT} - \frac{\Phi(x, u)}{kT}\right). \tag{4.69}$$

Wir behandeln nun einige Spezialfälle.

a) *Keine äußeren Kräfte,* $\Phi = 0$, MAXWELL-*Verteilung*

$$f_0(c) = D \exp\left(-mc^2/2kT\right). \tag{4.70}$$

Diese Funktion hat die Form der GAUSSschen *Glockenkurve* (GAUSSsche *Verteilung*).

Wir stellen einige bekannte Formeln zur Erinnerung zusammen. Zunächst normieren wir die MAXWELL-Verteilung auf 1 durch Ausführung der Integration im Geschwindigkeitsraum in Kugelkoordinaten. Da keine äußeren Kräfte (bevorzugte Richtungen) vorhanden sind, ist die Verteilung isotrop, so daß $dc = 4\pi c^2\, dc$, $c = |c|$ ist:

$$1 = \int f_0(c)\, dc = \int D \exp\left(-\frac{mc^2}{2kT}\right) 4\pi c^2\, dc = 4\pi D \frac{kT}{m} \sqrt{\frac{\pi kT}{2m}},$$

$$D = \left(\frac{m}{2\pi kT}\right)^{3/2} \tag{4.71}$$

($f(c)$ ist somit die Wahrscheinlichkeit, ein Teilchen im Geschwindigkeitsbereich zwischen c und $c + dc$ anzutreffen). Damit lautet die MAXWELL-

Verteilung für die Geschwindigkeitsbeträge

$$\tilde{f}_0(c) = 4\pi c^2 \left(\frac{m}{2\pi kT}\right)^{3/2} \exp\left(-\frac{mc^2}{2kT}\right) \tag{4.72}$$

(bekannte asymmetrische Kurve). Weiter gilt für die mittlere Geschwindigkeit

$$\bar{c} = \int\limits_0^\infty c\,\tilde{f}_0(c)\,\mathrm{d}c = \sqrt{\frac{8kT}{m\pi}} = \frac{2c_0}{\sqrt{\pi}} \tag{4.73}$$

und für die

$$\text{wahrscheinlichste Geschwindigkeit } c_0 = \sqrt{\frac{2kT}{m}} \tag{4.74}$$

(wo $\tilde{f}_0$ ein Maximum hat, also aus $\dfrac{\partial \tilde{f}_0}{\partial c} = 0$ gewonnen).

Das mittlere Geschwindigkeitsquadrat ist

$$\overline{c^2} = \int\limits_0^\infty c^2\,\tilde{f}_0(c)\,\mathrm{d}c = \frac{3kT}{m} = \frac{3c_0^2}{2} \tag{4.75}$$

(es enthält die *kinetische Definition der Temperatur*),

$$\frac{m\overline{c^2}}{2} = \frac{3}{2}\,kT \tag{4.76}$$

(k BOLTZMANN-Konstante $= 1{,}38 \cdot 10^{-16}$ erg/$^\circ$K $= 1{,}38 \cdot 10^{-23}$ Joule/$^\circ$K).

b) *Im Schwerefeld.* $\Phi = mgz$ *(barometrische Höhenformel, über c integriert)*

$$n(z) = n(z = 0) \exp\left(-\frac{mgz}{kT}\right). \tag{4.77}$$

c) *Im elektrostatischen Feld* $\Phi = -Ze\varphi$ (bei Normierung auf n_0)

$$f_0 = n_0 \left(\frac{m}{2\pi kT}\right)^{3/2} \exp\left(-\frac{mc^2}{2kT} - Ze\,\frac{\varphi}{kT}\right). \tag{4.78}$$

d) Wird zusätzlich ein *magnetostatisches* Feld eingeschaltet, so ändert sich wenig an der isotropen Verteilung[7], da die LORENTZ-Kraft $[\boldsymbol{u} \times \boldsymbol{B}]$ an einer elektrischen Ladung keine Arbeit leistet, die Kraft steht ja senkrecht auf der Teilchengeschwindigkeit $\boldsymbol{u}$. Kommt es jedoch zu einer makroskopischen Strömung $\boldsymbol{v}$ von Teilchen mit der Ladung Ze, dann tritt ein Strom $Ze\boldsymbol{v}$ auf, der in einem Magnetfeld $\boldsymbol{B}$ mit dem Potential $\boldsymbol{A}$ ($\boldsymbol{B} = \operatorname{rot}\boldsymbol{A}$) die potentielle Energie $eZ(\boldsymbol{vA})$ besitzt. (Dies läßt sich auch aus der HAMILTON-Funktion H eines

---

[7] Die richtige Verteilung ist allerdings anisotrop.

geladenen Teilchens im elektromagnetischen Feld ableiten,

$$H = \frac{1}{2m}\,(p - eZA)^2 + eZ\varphi = \frac{1}{2}\,mu^2 + eZ\varphi, \tag{4.79}$$

da nach dem HAMILTON-Formalismus im Magnetfeld $p = mu$ durch
$p = mu + eZA$ zu ersetzen ist, um die richtigen Bewegungsgleichungen zu
erhalten.)
Die Gleichgewichtsverteilung eines mit der Geschwindigkeit v strömenden
Plasmas lautet daher nach Integration über c

$$n = n_0 \cdot \exp\left(-Ze\,\frac{\varphi - \varphi_0}{kT} + eZv\,\frac{A - A_0}{kT}\right), \tag{4.80}$$

wobei n_0 die Dichte an der Stelle $A = A_0$, $\varphi = \varphi_0$ ist.

4.8 Die LANDAU-*Dämpfung*

Man spricht von *kalten Elektronen* (oder Ionen), wenn die Teilchengeschwindigkeit nur durch elektromagnetische Felder erzeugt wird. In diesem Sinne
bezeichnet man die in § 3.5 behandelten longitudinalen Teilchenschwingungen
als *Schwingungen eines kalten Plasmas*. Berücksichtigt man Stöße in den
Bewegungsgleichungen, so erhält man die Formeln aus § 3.6. Bei hydrodyna-
mischer oder bei statistischer Berechnung spricht man von einem *heißen*
Plasma.
Unter *Schwingung* verstehen wir die zeitlich periodische Ortsänderung eines
Teilchens; mit *Welle* bezeichnen wir die räumlich-zeitliche Ausbreitung einer
physikalischen Größe, z. B. des Druckes, des elektromagnetischen Feldes etc.
Unter *Dämpfung* versteht man das Kleinerwerden der Schwingungsamplitude
mit wachsender Zeit. Wird die Amplitude größer, so sprechen wir von einer
Instabilität.
Auf Seite 58 sahen wir, daß in der Bahntheorie nur Stöße elektromagnetische
Wellen dämpfen. In der statistischen Theorie ist dies anders: Die VLASOV-
Gleichung besitzt eine Lösung, die eine Dämpfung der elektromagnetischen
Wellen herbeiführt. Diese Lösung heißt LANDAU-*Dämpfung*. Geht man von
der VLASOV-Gleichung zur BOLTZMANN-Gleichung über, so tritt zur LANDAU-
Dämpfung die (viel größere) Stoßdämpfung hinzu, die wir schon auf Seite 58
kennenlernten. In beiden Fällen kommt die Dämpfung u. a. durch eine
Wechselwirkung der Teilchenschwingungen mit den elektromagnetischen
Wellen zustande.
Wir untersuchen die Schwingungen von Elektronen vor einem neutralisierenden Hintergrund schwerer ruhender Ionen. Um kleine Abweichungen von der
kraftfreien Gleichgewichtsverteilung (MAXWELL-Verteilung) $f_0(c)$ zu untersuchen, machen wir den Ansatz

$$f = f_0 + f_1, \qquad f_1 \ll f_0, \tag{4.81}$$

und betrachten f_1 und das elektrische Feld $\boldsymbol{E}$ als kleine Störung. Den BOLTZMANNschen Stoßterm ersetzen wir durch den einfacheren *Stoßansatz von* KROOK,

$$\left(\frac{\delta f}{\delta t}\right)_{\text{Stoß K}} = -\frac{f - f_0}{\tau} = -v(f - f_0).$$

(4.82)

Je mehr sich f dem Gleichgewichtswert f_0 nähert, desto mehr strebt $\left(\frac{\delta f}{\delta t}\right) \to 0$, was ja nach (4.67) das Gleichgewicht definiert. Die Transformation $\boldsymbol{u} = \boldsymbol{c} + \boldsymbol{v}$, also

$$\boldsymbol{E} + \frac{1}{\tilde{c}}[\boldsymbol{u} \times \boldsymbol{B}] = \boldsymbol{E} + \frac{1}{\tilde{c}}[\boldsymbol{v} \times \boldsymbol{B}] + \frac{1}{\tilde{c}}[\boldsymbol{c} \times \boldsymbol{B}] = \boldsymbol{E}^* + \frac{1}{\tilde{c}}[\boldsymbol{c} \times \boldsymbol{B}],$$

(4.83)

wobei $\tilde{c}$ die Lichtgeschwindigkeit ist, führt für ein ruhendes Plasma ($\boldsymbol{v} = 0$) mit (4.82) zur KROOK-Gleichung

$$\frac{\partial f}{\partial t} + (\boldsymbol{c}\nabla) f - \frac{e}{m}\left(\boldsymbol{E} + \frac{1}{\tilde{c}}[\boldsymbol{c} \times \boldsymbol{B}]\right)\nabla_c f = -v(f - f_0).$$

Da wir nur die Wechselwirkung zwischen den longitudinalen Teilchenschwingungen und dem longitudinalen elektrischen Feld untersuchen wollen, setzen wir $\boldsymbol{E} = E_x(x, t)$, $E_y = E_z = 0$. Ein longitudinales elektrisches Feld ist wirbelfrei, rot $\boldsymbol{E} = 0$. Setzen wir, da uns nur die elektrische Wechselwirkung interessiert, das magnetostatische Feld $\boldsymbol{B}_{\text{statisch}} = 0$, so gilt wegen rot $\boldsymbol{E} = 0$ überhaupt $\boldsymbol{B} = 0$ und damit

$$\frac{\partial f}{\partial t} + c_x\frac{\partial f}{\partial x} - \frac{eE_x}{m}\frac{\partial f}{\partial c_x} = -v(f - f_0).$$

(4.84)

Setzt man (4.81) ein, so ergibt sich mit $\frac{\partial f_0}{\partial t} = 0$ bei Trennung der Glieder nullter und erster Ordnung

$$c_x\frac{\partial f_0}{\partial x} = 0,$$

was offensichtlich nicht nur durch die Gleichgewichtsverteilung $f_0(c_x)$, sondern durch jede beliebige Funktion von c_x erfüllt wird, und

$$\frac{\partial f_1}{\partial t} + vf_1 + c_x\frac{\partial f_1}{\partial x} = \frac{eE_x}{m}\frac{\partial f_0}{\partial c_x};$$

(4.85)

$\dfrac{eE_x}{m}\dfrac{\partial f_1}{\partial c_x}$ ist von zweiter Ordnung und kann daher vernachlässigt werden.

Der Ansatz für eine ebene longitudinale Welle $E_x = E_0 \exp(i\omega t - ikx)$ legt $f_1(x, c_x, t) = f_1(c_x) \exp(i\omega t - ikx)$ nahe[8]. Einsetzen in (4.85) liefert

$$f_1(c_x) = \frac{eE_0}{im} \frac{\partial f_0(c_x)}{\partial c_x} \frac{1}{\omega - kc_x - iv}.$$

Es sei n_I die (konstante) Ladungsdichte der Ionen und n_E die Ladungsdichte der Elektronen, dann ist die gesamte Ladungsdichte wegen (1.1) gegeben durch

$$e(Zn_I - n_E) = eZn_I - e \iiint f \, dc$$
$$= eZn_I - e \iiint f_0 \, dc - e \iiint f_1 \, dc = -e \iiint f_1 \, dc,$$

so daß die POISSONsche Gleichung die Form

$$\text{div } \boldsymbol{E} = -ikE_0 \exp(i\omega t - ikx) = -4\pi e \iiint f_1 \, dc$$
$$= -4\pi e \exp(i\omega t - ikx) \iiint f_1(c_x) \, dc$$

annimmt. Setzt man für $f_1(c_x)$ ein, so erhält man die *Dispersionsrelation*

$$k^2 = -\frac{\omega_{PE}^2}{n_E} \int\limits_{-\infty}^{\infty}\!\!\int\!\!\int \frac{\partial f_0}{\partial c_x} \frac{1}{\dfrac{\omega}{k} - c_x - \dfrac{iv}{k}} \, dc. \qquad (4.86)$$

Diese mit der Annahme einer Verteilung der Elektronengeschwindigkeiten gewonnene Dispersionsrelation stimmt offensichtlich nicht mit der Form der in der Bahntheorie gefundenen Relation überein, vgl. S. 57. Da die Verteilungsfunktion an den Integrationsgrenzen verschwindet, liefert eine partielle Integration

$$k^2 = \frac{\omega_{PE}^2}{n_E} \int\limits_{-\infty}^{\infty}\!\!\int\!\!\int \frac{f_0}{\left(c_x + \dfrac{iv}{k} - \dfrac{\omega}{k}\right)^2} \, dc. \qquad (4.87)$$

Entwickelt man den Integrand für $v = 0$ und für kleines k, also für große Wellenlängen, und integriert gliedweise, so erhält man (vgl. S. 96) $\omega^2 = \omega_{PE}^2 + 3k^2\overline{c^2}$ oder $\omega \approx +\omega_{PE} + \dfrac{3k^2\overline{c^2}}{2}$, also ein reelles ω bei reellem k, d. h. keine Dämpfung. Um die LANDAU-Dämpfung zu erhalten, muß also das Integral exakt ausgewertet werden. Offenbar ist die Singularität im Nenner wesentlich. Für $v = 0$ liegt diese bei $\dfrac{\omega}{k} = c_x$, d. h., die Phasengeschwindigkeit

---

[8] Macht man diesen Ansatz für f_1 nicht, so erhält man für f_1 eine lineare Integrodifferentialgleichung, die von VAN KAMPEN mit einem Exponentialansatz und von LANDAU mit Hilfe der LAPLACE-Transformation gelöst wurde.

der longitudinalen Welle ist gleich der Teilchengeschwindigkeit. Man kann sogar (für $v = 0$) ganz allgemein zeigen, daß die mittlere Teilchengeschwindig-keit $\int c \dfrac{\partial f_0}{\partial c_x} \dfrac{\mathrm{d}c}{c - \dfrac{\omega}{k}}$ bei beliebiger Gleichgewichtsverteilungsfunktion $f_0(c)$ gleich der Phasengeschwindigkeit $\dfrac{\omega}{k}$ ist. Nimmt man z. B. an, daß n_E Elektronen anfangs in der x-Richtung genau die konstante Geschwindigkeit c_{xi} haben (physikalisch realisierbar durch das Einschießen von Elektronen-strahlen), so daß $f_0(c_x) = \sum\limits_i n_{E_i} \delta(c_x - c_{xi})$ ist, wobei δ die Deltafunktion bezeichnet, dann liefert (4.87) für $v = 0$ die *Dispersionsrelation*

$$k^2 = \frac{\omega_{PE}^2}{n_E} \sum_i \frac{n_{E_i}}{\left(c_{xi} - \dfrac{\omega}{k}\right)^2}. \tag{4.88}$$

Diese Funktion hat an den Stellen kc_{xi} Resonanzstellen. Geht man zu einer kontinuierlichen Verteilungsfunktion über, so ist für jedes k jedes beliebige ω möglich. Allerdings sind nicht alle diese Frequenzen physikalisch inter-essant; die wichtigste Schwingung ist sicher $\omega = \omega_{PE}$. Diese folgt aus (4.88) für $i = 1$, $c_{xi} = 0$.
Wir kehren nun zur Dispersionsrelation (4.86) zurück und setzen für $f_0(c)$ die auf n_E normierte MAXWELL-Verteilung (4.70) ein. Integrieren wir (4.86) über c_y, c_z, beachten wir $c^2 = c_x^2 + c_y^2 + c_z^2$ und setzen $a^2 = \dfrac{kT}{m_E} = \dfrac{\overline{c^2}}{3}$, $\xi = \dfrac{c_x}{a}$, so erhalten wir

$$1 = \frac{\omega_{PE}^2}{\sqrt{2\pi}\, k^2 a^2} \int_{-\infty}^{\infty} \frac{\xi \exp\left(-\xi^2/2\right)\,\mathrm{d}\xi}{\dfrac{\omega}{ka} - \dfrac{iv}{ka} - \xi}$$

$$= \frac{\omega_{PE}^2}{\sqrt{2\pi}\, k^2 a^2} \frac{1}{\omega - iv} \int_{-\infty}^{+\infty} \frac{\xi \exp\left(-\xi^2/2\right)\,\mathrm{d}\xi}{1 - \xi ka(\omega - iv)^{-1}}. \tag{4.89}$$

Entwickeln wir nun mit $v \neq 0$ für kleine k, so erhalten wir nach längerer Rechnung

$$\omega \approx \pm\, \omega_{PE} + \frac{3k^2\overline{c^2}}{2\omega_P} + iv,$$

also nur Stoßdämpfung. Für große Wellenlängen (kleine k) überwiegt demnach die Stoßdämpfung. Die LANDAU-Dämpfung ist daher nur für große k (kleine Wellenlängen) wesentlich. Man berechnet sie wie folgt. Das Integral

(4.89) ist wegen der im Zähler stehenden Exponentialfunktion nur in zwei Bereichen merklich von Null verschieden:

a) bei kleinen ξ, d. h. bei kleinen Elektronengeschwindigkeiten, und
b) in der Umgebung des singulären Punktes.

Um zu zeigen, daß auch in einem stoßfreien Plasma die LANDAU-Dämpfung auftritt, setzen wir $v = 0$. Wenn wir den Nenner von (4.89) mit k multiplizieren, erkennen wir, daß die Integration für kleine ξ genau der Integration für kleine k entspricht. Für a) ergibt sich daher der schon bekannte Beitrag[9] $\omega^2 = \omega_{PE}^2 + 3k^2\overline{c^2}$.

Für die Berechnung des Integrals im Bereich b) gehen wir von der Form (4.86) aus. Bei normierter Verteilungsfunktion erhält man, da wir bei praktisch konstantem $c_x = c \approx \omega/k$ in der Nähe des Pols integrieren,

$$k^2 \approx \left(\frac{\partial f_0}{\partial c}\right)_{c=\frac{\omega}{k}} \omega_{PE}^2 \int\limits_{\frac{\omega}{k}-\varepsilon_1}^{\frac{\omega}{k}+\varepsilon_2} \frac{dc}{c-\frac{\omega}{k}} = \left(\frac{\partial f_0}{\partial c}\right)_{c=\frac{\omega}{k}} \omega_P^2 \ln\frac{\varepsilon_2}{\varepsilon_1}.$$

Dieses uneigentliche Integral hängt von der Wahl von ε_1 und ε_2, der „Polumgebung" ab und strebt, wenn ε_1 und ε_2 unabhängig voneinander gegen Null gehen, gegen keinen bestimmten Wert. Im Fall $\varepsilon_1 = \varepsilon_2$ nimmt das Integral einen bestimmten Wert, den *Hauptwert,* an. In unserem Fall verschwindet er, da $\ln 1 = 0$ ist. Hätten wir die Integration von $-\infty$ bis ∞ erstreckt (reelle Achse), so würde der Hauptwert, für kleine k ausgewertet, gerade den in der Fußnote berechneten Beitrag liefern. Der Logarithmus ist eine mehrdeutige Funktion, die auch bei reellem Argument einen imaginären Wert liefern kann. Zur Bestimmung dieses die LANDAU-Dämpfung liefernden Imaginärteiles integrieren wir in der komplexen Ebene auf einem Halbkreis mit Radius ε um die Singularität ($=$ Ursprung des Halbkreises). Auf dem Halbkreis gilt (vgl. Abb. 13) bei Umlauf im Uhrzeigersinne

$$c - \frac{\omega}{k} = \varepsilon \exp(-i\varphi), \qquad dc = i\varepsilon \exp(-i\varphi)\, d\varphi.$$

---

[9] Bei der Berechnung geht man am besten mit $v = 0$ von (4.87) aus. Division durch k^2/ω^2 und Einsetzen einer auf n_0 normierten Verteilung liefert

$$\omega^2 = \omega_{PE}^2 \int\limits_{-\infty}^{\infty} \frac{f_0(c)}{\left(1-\frac{kc_x}{\omega}\right)^2}\, dc = \omega_{PE}^2 \left(1 + 3\left(\frac{k}{\omega}\right)^2 \int\limits_{-\infty}^{+\infty} c^2 f_0(c)\, dc + \sim k^4 + \cdots\right)$$

$$= \omega_{PE}^2 \left(1 + \frac{3k^2\overline{c^2}}{\omega^2}\right),$$

so daß mit $\omega_{PE} \approx \omega$ (was für $k \approx 0$ gilt) sofort die obige Beziehung folgt.

Abb. 13. Integration um eine Singularität

Damit erhält man unabhängig vom Wert von ε, also auch für $\varepsilon \to 0$,

$$k^2 \approx \left(\frac{\partial f_0}{\partial c}\right)_{c=\frac{\omega}{k}} \omega_{PE}^2 \int_0^\pi \frac{i\varepsilon \exp(-i\varphi)\,\mathrm{d}\varphi}{\varepsilon \exp(-i\varphi)} = -\omega_{PE}^2 \left(\frac{\partial f_0}{\partial c}\right)_{c=\frac{\omega}{k}} i\pi \frac{1}{n_E}.$$

Im Detail geht die Rechnung wie folgt vor sich. Das Integral in (4.89) schreibt man für $v = 0$ in der Form

$$\int_{-\infty}^{+\infty} \frac{\xi \exp(-\xi^2/2)}{\omega/ka - \xi}\,\mathrm{d}\xi = \int_{-\infty}^{\omega/ka-\varepsilon} + \int_{\omega/ka-\varepsilon}^{\omega/ka+\varepsilon} + \int_{\omega/ka+\varepsilon}^{+\infty}$$

und erhält mit $\omega/ka - \xi = \varepsilon \exp(-i\varphi)$

$$\xi \exp(-\xi^2/2) \int_{\omega/ka-\varepsilon}^{\omega/ka+\varepsilon} \frac{\mathrm{d}\xi}{\omega/ka - \xi} = \mathrm{const}\, \frac{\partial f_0}{\partial c_x} \int_0^\pi \frac{-i\varepsilon \exp(-i\varphi)}{\varepsilon \exp(-i\varphi)}\,\mathrm{d}\varphi.$$

Dieses Ergebnis ist auch mit dem Residuensatz erhältlich, wobei man statt $2\pi i$ nur πi nehmen muß, da nur ein Halbkreis durchlaufen wird. Das Residuum ist der Zähler an der Stelle $c = \dfrac{\omega}{k}$. Insgesamt erhält man so

$$\omega^2 = \omega_{PE}^2 + 3k^2\overline{c^2} - \left(\frac{\omega}{k}\right)^2 \omega_{PE}^2 \left(\frac{\partial f_0}{\partial c}\right)_{c=\frac{\omega}{k}=c_{Ph}} i\pi \tag{4.90}$$

oder

$$\omega \approx \omega_{PE}\left(1 + \frac{(6\pi)^2}{2}\left(\frac{\lambda_D}{\lambda}\right)^2 \frac{1}{2}\left(\frac{\partial f_0}{\partial c}\right)_{c=\frac{\omega}{k}} i\pi c_{Ph}^2\right),$$

wobei der letzte Term die LANDAU-Dämpfung darstellt, vgl. auch (16.51). c_{Ph} ist die Phasengeschwindigkeit der elektrostatischen Welle. Hierbei wurde von (4.75), (2.17), (2.12) und $k = \dfrac{2\pi}{\lambda}$ Gebrauch gemacht. Wie man sich leicht überzeugt, erzeugt eine mit wachsender Geschwindigkeit abnehmende Verteilungsfunktion eine Dämpfung der elektrostatischen Wellen proportional $\exp\left[+\dfrac{1}{2}\cdot\omega_{PE}\pi\left(\dfrac{\partial f_0}{\partial c}\right)_{c=\frac{\omega}{k}} c_{Ph}^2 t\right]$. Bei der eindimensionalen MAXWELL-Verteilung fällt f mit wachsendem c monoton ab. Für $\lambda < \lambda_D$ wächst der

Dämpfungsfaktor stark an: In einem Plasma sind daher kollektive Teilchenschwingungen mit Wellenlängen $\lambda < \lambda_D$ nicht möglich. Für sehr lange Wellen verschwindet die LANDAU-Dämpfung.

Zur Dämpfung kommt es dadurch, daß sich Teilchen mit einer Geschwindigkeit nahe der Phasengeschwindigkeit der Welle bewegen. Auf solche Teilchen wirkt das elektrische Wellenfeld in der Weise, daß Teilchen, die sich schneller als die Welle bewegen, gebremst werden und Energie an das Wellenfeld abgeben, während Teilchen, die sich langsamer bewegen, beschleunigt werden. Wenn die langsameren Teilchen in der Überzahl sind (f ist bei kleinem c größer), kommt es zur Dämpfung. Die gleichen Überlegungen gelten bei dreidimensionaler Rechnung; man hat dann nur unter c die Geschwindigkeitskomponente in Richtung der Wellenausbreitung zu verstehen. Sind jedoch in einem Geschwindigkeitsbereich die schnellen Teilchen in der Überzahl (f wächst mit wachsendem c), dann geben die Teilchen Energie an die Welle ab, diese schaukelt sich auf, kommt zu einer (*exponentiell anwachsenden*) *Instabilität*. Offenbar muß die *Dispersionsrelation* (4.86) ein Stabilitätskriterium liefern. Wir wollen hier nur bemerken, daß eine Verteilungsfunktion, die zu einer Instabilität führt, ein Minimum besitzen muß. Die MAXWELL-Verteilung ist daher stabil; die Überlagerung der MAXWELL-Verteilung durch einen monochromatischen Elektronenstrahl ruft in der gesamten Verteilungsfunktion ein Minimum hervor und erzeugt eine Instabilität (*Zweistrominstabilität*).

Bei derartigen Rechnungen wird öfters die FRIED-CONTE-*Funktion* (*Plasma-Dispersionsfunktion*)

$$Z(\xi) = \frac{1}{\sqrt{\pi}} \int\limits_{-\infty}^{+\infty} \frac{\exp(-x^2)}{x - \xi}\, dx,$$

$$\frac{dZ}{d\xi} = -2 - 2\xi Z(\xi) \tag{4.91}$$

verwendet, wobei $\xi = (\omega_r - \boldsymbol{k}\boldsymbol{u} + i\gamma)/ku_{th}$ gilt. Das ω ist komplex $\omega = \omega_r + i\gamma$, und $u_{th} = c_0$ ist durch (4.75) gegeben.

§ 5 Magnetohydrodynamik

5.1 Die grundlegenden Gleichungen und ihre Randbedingungen

Strömungslehre oder *Hydrodynamik* (bei einem kompressiblen Medium auch *Gasdynamik* genannt) kann man dann treiben, wenn man das mikroskopische Verhalten der Einzelteilchen vernachlässigen darf und es mit einem makroskopischen, *kontinuierlichen Medium* zu tun hat. HILBERT wies 1912 als erster darauf hin, daß man dann hydrodynamisches Verhalten eines Gases erwarten könnte, wenn die mittlere freie Weglänge zwischen zwei Stößen klein ist gegenüber jener charakteristischen Länge l, über welche sich die Verteilungsfunktion wesentlich ändert. HILBERT machte daher den Ansatz

$$f = f_0 + \frac{\lambda}{l}\, f_1 + \left(\frac{\lambda}{l}\right)^2 f_2 + \cdots, \tag{5.1}$$

wobei für f_0 die Gleichgewichtsverteilungsfunktion einzusetzen ist. Diese enthält fünf vom Ort und der Zeit abhängige Funktionen: die Teilchen- (oder Massen-)dichte $n(x, t)$ bzw. $\varrho(x, t)$, die Temperatur $T(x, t)$ und die makroskopische Strömungsgeschwindigkeit $v(x, t)$. Für die höheren Verteilungsfunktionen f_1, f_2 erhält man aus der BOLTZMANN-Gleichung Integralgleichungen, die nur dann lösbar sind, wenn die fünf Kombinationen m, mu, $\frac{1}{2}\, mu^2$ (Masse, Impuls, Energie) aus den oben erwähnten fünf Funktionen fünf Integrabilitätsbedingungen erfüllen. Diese Integrabilitätsbedingungen sind genau die *hydrodynamischen Grundgleichungen.* Man erhält auf diesem Wege eine spezielle Klasse von Lösungen der BOLTZMANN-Gleichungen, die sogenannten *Normallösungen.* Auch auf ein elektrisch leitendes Gas kann das Verfahren von HILBERT angewendet werden. Andere ähnliche Verfahren stammen von ENSKOG und CHAPMAN [5.1], von GRAD (Entwicklung nach HERMITESCHEN Polynomen) usw. Allerdings erhält man, je nachdem, wie weit die Entwicklungen getrieben werden, verschiedene hydrodynamische Gleichungen. So liefert die nullte ENSKOG-CHAPMAN-*Näherung* die EULER-*Gleichung,* die erste Näherung die NAVIER-STOKES-*Gleichung* [4.2]. Diese Methoden versuchen, die Verteilungsfunktion f selbst aufzufinden.

Ein anderer Weg wird durch die *Momentenmethode* eingeschlagen; diese macht es sich zur Aufgabe, für physikalische Mittelwerte, sogenannte *Momente,* in erster Linie für die fünf *hydrodynamischen Funktionen* v, T, ϱ Differentialgleichungen abzuleiten und zu lösen. Es ist hierbei gleichgültig, ob wir vom BOLTZMANN-Stoßintegral, vom LANDAU-Stoßintegral, von den FOKKER-PLANCK-Gleichungen oder von der LENARD-BALESCU-Gleichung ausgehen. Wenn wir nämlich die allgemeine Stoßgleichung (4.23) zwecks Bildung des Momentes r-ter Ordnung mit $\Theta = mu^r$ multiplizieren (Θ ist eine einen Erhaltungssatz erfüllende physikalische Größe), so erhalten wir nach Integration über alle möglichen Geschwindigkeiten

$$\int \Theta \left[\frac{\partial f}{\partial t} + \boldsymbol{u}\nabla f + \frac{e}{m}\left(\boldsymbol{E} + \frac{1}{c}\,[\boldsymbol{u} \times \boldsymbol{B}]\right) \nabla_u f \right] \mathrm{d}\boldsymbol{u} = \int \Theta \left(\frac{\partial f}{\partial t} \right)_{\text{Stoß}} \mathrm{d}\boldsymbol{u}.$$

Da weder die Teilchenmasse m noch die Teilchengeschwindigkeit $\boldsymbol{u}$ (in der statistischen Theorie eine mit der Zeit oder dem Ort gleichberechtigte unabhängige Variable!) explizit weder von t noch von x abhängen, kann man umformen (wobei wir $\boldsymbol{F}$ für alle Kräfte schreiben):

$$\frac{\partial}{\partial t} \int mu^r f \, \mathrm{d}\boldsymbol{u} + \nabla \int mu^r \boldsymbol{u} f \, \mathrm{d}\boldsymbol{u} + \frac{1}{m} \int \boldsymbol{F} mu^r \nabla_u f \, \mathrm{d}\boldsymbol{u} = \frac{\partial}{\partial t_{\text{Stoß}}} \int mu^r f \, \mathrm{d}\boldsymbol{u}.$$

Die rechte Seite beschreibt für

$r = 0$ (Moment nullter Ordnung) die Änderung der gesamten Masse,

$r = 1$ (Moment erster Ordnung) die Änderung des gesamten Impulses,

$r = 2$ (Moment zweiter Ordnung) die Änderung der gesamten kinetischen Energie, die infolge der Wechselwirkung zwischen zwei Teilchen bei einem Stoß eintritt.

Da diese drei Größen bei elastischen Stößen erhalten bleiben, sich also nicht ändern, verschwindet die rechte Seite überhaupt. Auf der linken Seite beachten wir, daß in der Gleichung für das r-te Moment auch das $(r + 1)$-te Moment auftritt. Der Term $\boldsymbol{u}\nabla f$ erzeugt nämlich ein solches Moment. Die (unendlich vielen) Momentengleichungen sind also hierarchisch geschachtelt — wir erhalten keinen geschlossenen Satz von Gleichungen. Das höchste (hier dritte) Moment muß daher aus anderen Überlegungen gewonnen werden.

Der dritte Term auf der linken Seite wird partiell integriert und liefert, da es keine Teilchen mit unendlich großen Geschwindigkeiten gibt ($f(\infty) = f(-\infty) = 0$),

$$-\frac{1}{m} \int f \nabla_u (\boldsymbol{F} u^r) \, \mathrm{d}\boldsymbol{u} = -\frac{1}{m} \int f \boldsymbol{F}(\nabla_u u^r) \, \mathrm{d}\boldsymbol{u},$$

da $\nabla_u \boldsymbol{F}$ für elektrische und magnetische Kräfte verschwindet ($\boldsymbol{F}$ ist unabhängig von der zu $\boldsymbol{F}$ parallelen Geschwindigkeit).

Das r-te Moment ist nun als der Mittelwert

$$\langle mu^r \rangle = \frac{\int mu^r f \, \mathrm{d}\boldsymbol{u}}{\int f \, \mathrm{d}\boldsymbol{u}} \tag{5.2}$$

oder

$$\int f \, d\boldsymbol{u} = n, \quad n\langle m\boldsymbol{u}^r\rangle = \int m\boldsymbol{u}^r f \, d\boldsymbol{u}, \quad n\langle\Theta\rangle = \int \Theta f \, d\boldsymbol{u},$$

definiert. Damit erhält man für beliebiges r die MAXWELL-BOLTZMANN-*Transportgleichung*

$$\frac{\partial}{\partial t}(n\langle m\boldsymbol{u}^r\rangle) + \nabla(n\langle m\boldsymbol{u}^{r+1}\rangle) - \frac{n}{m}\langle m\boldsymbol{F}\nabla_u\boldsymbol{u}^r\rangle = \int m\boldsymbol{u}^r\left(\frac{\partial f}{\partial t}\right)_{\text{Stoß}} d\boldsymbol{u} \quad (5.3)$$

oder allgemeiner

$$\frac{\partial}{\partial t}(n\langle\Theta\rangle) + \nabla(n\langle\Theta\boldsymbol{u}\rangle) - \frac{n}{m}\langle\boldsymbol{F}\nabla_u\Theta\rangle = \int \Theta\left(\frac{\partial f}{\partial t}\right)_{\text{Stoß}} d\boldsymbol{u}.$$

Für die Momente $r = 0, 1, 2$ erhalten wir hieraus die hydrodynamischen Grundgleichungen. Die Momente nullter, erster und zweiter Ordnung haben ja die folgende physikalische Bedeutung:

$\underline{r = 0}$

Teilchendichte   (wenn $m = 1$)

$$n(x, t) = \int f(\boldsymbol{x}, \boldsymbol{u}, t) \, d\boldsymbol{u},$$

Massendichte

$$n\langle m\rangle = \varrho(\boldsymbol{x}, t) = mn(\boldsymbol{x}, t) = m\int f(\boldsymbol{x}, \boldsymbol{u}, t) \, d\boldsymbol{u}, \qquad (5.4)$$

elektrische Ladungsdichte $(m \to e)$

$$\varrho_{\text{el}}(\boldsymbol{x}, t) = e\int f(\boldsymbol{x}, \boldsymbol{u}, t) \, d\boldsymbol{u} = en.$$

$\underline{r = 1}$

Teilchenfluß   (wenn $m = 1$)

$$n\boldsymbol{v} = \int \boldsymbol{u}f(\boldsymbol{x}, \boldsymbol{u}, t) \, d\boldsymbol{u},$$

Massenfluß

$$n\langle m\boldsymbol{u}\rangle = \varrho\boldsymbol{v} = m\int \boldsymbol{u}f(\boldsymbol{x}, \boldsymbol{u}, t) \, d\boldsymbol{u},$$

Strömungsgeschwindigkeit $(m = 1)$

$$\boldsymbol{v} = \frac{1}{n}\int \boldsymbol{u}f(\boldsymbol{x}, \boldsymbol{u}, t) \, d\boldsymbol{u} = \langle\boldsymbol{v}\rangle, \qquad (5.5)$$

elektrischer Strom

$$\boldsymbol{j} = e\int \boldsymbol{u}f(\boldsymbol{x}, \boldsymbol{u}, t) \, d\boldsymbol{u} = en\boldsymbol{v}.$$

$\underline{r = 2}$

Impulsfluß $n\langle m\boldsymbol{u}, \boldsymbol{u}\rangle = \varrho\langle\boldsymbol{u}, \boldsymbol{u}\rangle = \int m\boldsymbol{u}; \boldsymbol{u}f \, d\boldsymbol{u}.$

Der Fluß der *Energiedichte* $\Theta = \tilde{U} + \frac{1}{2} mu^2$, $\tilde{U}$ innere Teilchenenergie (Schwingungen u. ä.), ergibt

$$u\tilde{U}\boldsymbol{v} = \frac{m}{2} \int u^2 \boldsymbol{u} f \, \mathrm{d}\boldsymbol{u}. \tag{5.6}$$

Man erhält so aus (5.3)

für $\underline{r = 0}$ die *Kontinuitätsgleichung* (Massenerhaltung)

$$\frac{\partial \varrho}{\partial t} + \nabla(\varrho \boldsymbol{v}) = \frac{\partial \varrho}{\partial t} + \mathrm{div} \, (\varrho \boldsymbol{v}) = \frac{\mathrm{d}\varrho}{\mathrm{d}t} + \varrho \, \mathrm{div} \, \boldsymbol{v} = 0, \tag{5.7}$$

da $\nabla_u \boldsymbol{u}^0 = 0$ ist. Wenn allerdings z. B. durch Ionisierung oder durch chemische Prozesse D Gramm Teilchen pro cm^3 und pro Sekunde neu gebildet werden, dann steht rechts der *Quellterm D* statt der Null.
Für $\underline{r = 1}$ erhält man aus (5.3) die Impulserhaltung

$$\frac{\partial}{\partial t} (\varrho \boldsymbol{v}) + \nabla(\varrho \langle \boldsymbol{u}; \boldsymbol{u} \rangle) - n \langle \boldsymbol{F} \rangle = 0, \tag{5.8}$$

da $\boldsymbol{F} \nabla_u \boldsymbol{u} = \boldsymbol{F}$ ist.
Wir berechnen nun $\langle \boldsymbol{u}; \boldsymbol{u} \rangle$. Das Produkt zwischen $\boldsymbol{u}$ und $\boldsymbol{u}$ ist zunächst nicht definiert, es ist ein allgemeines (tensorielles) Produkt. Im Term $\boldsymbol{u}\nabla f = \sum_i u_i \dfrac{\partial f}{\partial x_i}$ bewirkt ja die Multiplikation mit u_k den Ausdruck $\sum_i u_k u_i \dfrac{\partial f}{\partial x_i}$. Mit $\boldsymbol{u} = \boldsymbol{c} + \boldsymbol{v}$ erhält man

$$\langle \boldsymbol{u}; \boldsymbol{u} \rangle = \langle \boldsymbol{c}; \boldsymbol{c} \rangle + \langle \boldsymbol{v}; \boldsymbol{c} \rangle + \langle \boldsymbol{c}; \boldsymbol{v} \rangle + \langle \boldsymbol{v}; \boldsymbol{v} \rangle.$$

Da $\boldsymbol{v}$ bereits ein Mittelwert ist, gilt $\langle \boldsymbol{v}; \boldsymbol{v} \rangle = \boldsymbol{v} \cdot \boldsymbol{v}$, $\langle \boldsymbol{v} \rangle = \boldsymbol{v}$ und

$$\langle \boldsymbol{u}; \boldsymbol{u} \rangle = \langle \boldsymbol{c}; \boldsymbol{c} \rangle + \boldsymbol{v}\langle \boldsymbol{c} \rangle + \langle \boldsymbol{c} \rangle \boldsymbol{v} + \boldsymbol{v} \cdot \boldsymbol{v}.$$

Wir berechnen nun $\langle \boldsymbol{c} \rangle$ (was nicht mit $\bar{c}$ nach (4.73) verwechselt werden darf: c ist ein Beitrag, $\boldsymbol{c}$ ist ein Vektor).
Nach (5.2) folgt mit $\boldsymbol{c} = \boldsymbol{u} - \boldsymbol{v}$

$$\langle \boldsymbol{c} \rangle = \frac{\int \boldsymbol{c} f \, \mathrm{d}\boldsymbol{u}}{\int f \, \mathrm{d}\boldsymbol{u}} = \frac{\int \boldsymbol{u} f \, \mathrm{d}\boldsymbol{u} - \int \boldsymbol{v} f \, \mathrm{d}\boldsymbol{u}}{\int f \, \mathrm{d}\boldsymbol{u}} = \frac{(\boldsymbol{v} - \boldsymbol{v}) \int f \, \mathrm{d}\boldsymbol{u}}{\int f \, \mathrm{d}\boldsymbol{u}} = 0. \tag{5.9}$$

Damit folgt, da $\boldsymbol{v}$ als Mittelwert richtungsunabhängig ist,

$$\langle \boldsymbol{u}; \boldsymbol{u} \rangle = \langle \boldsymbol{c}; \boldsymbol{c} \rangle + \langle \boldsymbol{v}; \boldsymbol{v} \rangle = \langle \boldsymbol{c}; \boldsymbol{c} \rangle + v^2. \tag{5.10}$$

Setzt man für $\boldsymbol{F}$ ein, so erhält man aus (5.8)

$$\frac{\partial}{\partial t} (\varrho \boldsymbol{v}) + \nabla(\varrho v^2) + \nabla(\varrho \langle \boldsymbol{c}; \boldsymbol{c} \rangle) - ne\left(\boldsymbol{E} + \frac{1}{c} \langle [\boldsymbol{u} \times \boldsymbol{B}] \rangle \right) = 0.$$

Da $\boldsymbol{B}$ von $\boldsymbol{u}$ unabhängig ist, folgt mit der Definition von $\boldsymbol{j}$ und ϱ_{el} (elektrische Ladungsdichte)

$$\frac{\partial \varrho}{\partial t}\, \boldsymbol{v} + \varrho\, \frac{\partial \boldsymbol{v}}{\partial t} + \nabla(\varrho\boldsymbol{v})\,\boldsymbol{v} + \varrho\boldsymbol{v}\nabla\boldsymbol{v} + \nabla(\varrho\langle\boldsymbol{c};\boldsymbol{c}\rangle) = \varrho_{\mathrm{el}}\boldsymbol{E} + \frac{1}{c}\,[\boldsymbol{j}\times\boldsymbol{B}].$$

Mit (5.7) erhält man dann die Impulserhaltung in der Form

$$\varrho\left(\frac{\partial \boldsymbol{v}}{\partial t} + (\boldsymbol{v}\nabla)\,\boldsymbol{v}\right) + \nabla(\varrho\langle\boldsymbol{c};\boldsymbol{c}\rangle) = \varrho_{\mathrm{el}}\boldsymbol{E} + \frac{1}{c}\,[\boldsymbol{j}\times\boldsymbol{B}]. \tag{5.11}$$

Der letzte Term auf der rechten Seite ist die Lorentz-*Kraft* auf einen Strom, $\varrho\langle\boldsymbol{c};\boldsymbol{c}\rangle$ ist der *Spannungstensor* $(\boldsymbol{\Pi})_{ki} = \varrho\langle c_k c_i\rangle$ oder

$$(\boldsymbol{\Pi}) = \varrho\begin{pmatrix} \langle c_x c_x\rangle & \langle c_x c_y\rangle & \langle c_x c_z\rangle \\ \langle c_y c_x\rangle & \langle c_y c_y\rangle & \langle c_y c_z\rangle \\ \langle c_z c_x\rangle & \langle c_z c_y\rangle & \langle c_z c_z\rangle \end{pmatrix}.$$

Wir wollen nun annehmen, daß die Verteilungsfunktion *isotrop* ist, also nur vom Betrag der Geschwindigkeit abhängt. Damit vernachlässigen wir die Verhältnisse am Rand, in der Nähe von Löchern (wo ja die Geschwindigkeitsverteilung notwendigerweise anisotrop ist) und berücksichtigen nicht die Zähigkeitsspannungen oder Diffusionserscheinungen. Wir führen im c-Raum Kugelkoordinaten ein, so daß $\mathrm{d}c = c^2 \sin\vartheta\, \mathrm{d}\vartheta\, \mathrm{d}\varphi$ ist. Bei Wahl der z-Achse als Polarachse gilt

$$c_x = c \sin\vartheta \cos\varphi, \qquad c_y = c \sin\vartheta \sin\varphi, \qquad c_z = c \cos\vartheta,$$

so daß mit (4.75)

$$n\langle c_x c_x\rangle = \int\limits_0^\infty f(c)\, c^4\, \mathrm{d}c \cdot \int\limits_0^\pi \sin^3\vartheta\, \mathrm{d}\vartheta \int\limits_0^{2\pi} \cos^2\varphi\, \mathrm{d}\varphi = n\,\frac{\overline{c^2}}{3} \tag{5.12}$$

ist. Für $\langle c_y c_y\rangle$ und $\langle c_z c_z\rangle$ erhält man dasselbe Ergebnis, $\langle c_x c_y\rangle$, $\langle c_x c_z\rangle$, $\langle c_y c_z\rangle$ usw. verschwinden bei einer isotropen (von ϑ und φ unabhängigen) Verteilungsfunktion. Mit der *gaskinetischen Definition des Gasdruckes*

$$p = \varrho\,\frac{\overline{c^2}}{3} = \varrho\,\frac{kT}{m} = \varrho\,\frac{RT}{M} = nkT \tag{5.13}$$

($M = mN_L$, $R = kN_L$, N_L Loschmidt-Zahl)

und mit (4.75) erhält man aus (5.11) die Eulersche *Strömungsgleichung* für eine leitende reibungsfreie Flüssigkeit, wobei für ein Plasma $\varrho_{\mathrm{el}} = 0$ wegen (1.1)

$$\varrho\,\frac{\mathrm{d}\boldsymbol{v}}{\mathrm{d}t} \equiv \varrho\left(\frac{\partial \boldsymbol{v}}{\partial t} + (\boldsymbol{v}\nabla)\,\boldsymbol{v}\right) = \frac{1}{c}\,[\boldsymbol{j}\times\boldsymbol{B}] - \nabla p \tag{5.14}$$

ist. Da $\boldsymbol{v} = \boldsymbol{v}(x, y, z, t)$ ist, können wegen $\dfrac{d}{dt} = \dfrac{\partial}{\partial t} + \sum\limits_{i=1}^{3} \dfrac{\partial}{\partial x_i} \dfrac{dx_i}{dt}, \dfrac{dx_i}{dt} = v_i$, die

ersten beiden Terme auch in der Form $\varrho \dfrac{d\boldsymbol{v}}{dt}$ geschrieben werden.

Unter *Magnetohydrodynamik* (MHD) versteht man nun jenes Teilgebiet der Plasmaphysik, in dem man das Plasma als kontinuierliches Medium ansehen kann, auf das die Strömungslehre anwendbar ist. Die Voraussetzungen, die ein Plasma erfüllen muß, damit man die MHD anwenden kann, werden in § 5.4 besprochen.

Die aus der statistischen Theorie abgeleiteten MHD-Grundgleichungen können auch ad hoc aus geeigneten Ansätzen und Bilanzüberlegungen (Massenerhaltung, Impulserhaltung) abgeleitet werden. Wir betrachten nun den Spannungstensor.

Wenn zwei Gasschichten mit verschiedenen Geschwindigkeiten aneinander vorbeigleiten, kommt es infolge von Stößen zu einem Impulsaustausch zwischen den beiden Schichten. Die schnellere Schicht wird hierbei gebremst. Die die Bremsung besorgende *Schubkraft* ist pro cm² gemeinsamer Fläche zwischen den Schichten durch den NEWTON*schen Ansatz*

$$\eta \frac{\partial v}{\partial n}, \quad \text{z. B.} \quad \Pi_{xy} = \eta \frac{\partial v_x}{\partial y},$$

gegeben, wobei $\dfrac{\partial v}{\partial n}$ der Geschwindigkeitsgradient senkrecht zur Strömungsrichtung und η der *Koeffizient der inneren Reibung* (*Viskosität, Schichtreibung*, gemessen in Poise) sind. Elementare gaskinetische Überlegungen führen zu der Formel

$$\eta = \varrho \bar{c} \frac{\lambda}{3} \tag{5.15}$$

(λ freie Weglänge). Für ein hochionisiertes Gas gilt $\eta \sim T^{5/2}$, während für ein schwachionisiertes $\eta \sim T^{1/2}$. Neuere Forschungen zeigten, daß es noch einen *zweiten Viskositätskoeffizienten* η' gibt.

Der allgemeinste, mit den Ergebnissen der statistischen Rechnung übereinstimmende Ansatz für den *Spannungstensor* lautet

$$\Pi_{ik} = p\delta_{ik} - \eta \left(\frac{\partial v_i}{\partial x_k} + \frac{\partial v_k}{\partial x_i} - \frac{2}{3} \delta_{ik} \sum_{l=1}^{3} \frac{\partial v_l}{\partial x_l} \right) - \eta'\delta_{ik} \sum_{l=1}^{3} \frac{\partial v_l}{\partial x_l}. \tag{5.16}$$

Um die Gültigkeit des Satzes von der Erhaltung des Drehimpulses zu gewährleisten, muß der Spannungstensor symmetrisch sein:

$$\Pi_{ik} = \Pi_{ki}.$$

Die in der Tensordiagonale stehenden Terme liefern nur dann den hydrodynamischen Druck p, wenn [4.6]

$$\eta' \sum_{l=1}^{3} \frac{\partial v_l}{\partial x_l} = \eta' \operatorname{div} \boldsymbol{v}$$

verschwindet. Dies tritt in zwei Fällen ein:

a) $\operatorname{div} \boldsymbol{v} = 0$. Nach (5.4) gilt dann $\varrho = \text{const}$, d. h., das Strömungsmedium ist *inkompressibel*.

b) STOKES*sche Hypothese*: $\eta' = Volumenviskosität = 0$.

Nach statistischen Rechnungen von ENSKOG ist dies für einatomige Gase richtig. Dies kann jedoch nicht auf mehratomige Gase erweitert werden, wie KNESER experimentell gezeigt hat. Allerdings ist auch dort die Volumenviskosität klein und kann, abgesehen bei Ultraschallwellen, meist vernachlässigt werden. Obwohl η von der Temperatur und vom Druck abhängt und daher örtlich variieren kann, wird meist (abgesehen von gewissen Instabilitätsuntersuchungen) angenommen, daß $\eta = \text{const}$, $\eta' = \text{const}$ ist, (was nur bei idealen Gasen berechtigt ist). Man kann dann η in $\nabla \Pi_{ik} = \sum_k \frac{\partial \Pi_{ik}}{\partial x_k}$ vor den Nablaoperator stellen und erhält durch Ersatz von ∇p in (5.14) durch $\nabla \Pi_{ik}$ die STOKES-NAVIER*sche Strömungsgleichung* für ein leitendes Gas ($i = 1, 2, 3$):

$$\varrho \frac{dv_i}{dt} = -\frac{\partial p}{\partial x_i} + \frac{1}{c} [\boldsymbol{j} \times \boldsymbol{B}]_i + \sum_k \frac{\partial}{\partial x_k} \left\{ \eta \left(\frac{\partial v_i}{\partial x_k} + \frac{\partial v_k}{\partial x_i} - \frac{2}{3} \delta_{ik} \operatorname{div} \boldsymbol{v} \right) \right\}$$

$$+ \frac{\partial}{\partial x_i} (\eta' \operatorname{div} \boldsymbol{v}). \tag{5.17}$$

Sind beide Viskositätskoeffizienten konstant, so gilt ($\Delta = \sum_k \frac{\partial^2}{\partial x_k^2}$, LAPLACE-Operator)

$$\varrho \frac{d\boldsymbol{v}}{dt} = -\nabla p + \frac{1}{c} [\boldsymbol{j} \times \boldsymbol{B}] + \eta \Delta \boldsymbol{v} + \left(\eta' + \frac{\eta}{3} \right) \operatorname{grad} \operatorname{div} \boldsymbol{v}. \tag{5.18}$$

Für einatomige Gase hat der letzte Term die Form $\eta \operatorname{grad} \operatorname{div} \boldsymbol{v}$. Für inkompressible Medien, d. h. für Flüssigkeiten oder relativ langsam strömende Gase ($v < 50$ m/s, oder, falls $\eta' + \frac{\eta}{3} = 0$ ist) hat die STOKES-NAVIER-*Gleichung* die Form

$$\varrho \frac{d\boldsymbol{v}}{dt} = -\nabla p + \frac{1}{c} [\boldsymbol{j} \times \boldsymbol{B}] + \eta \Delta \boldsymbol{v}. \tag{5.19}$$

Da in dieser Gleichung ϱ konstant ist, führt man oft die *kinematische Zähigkeit* $\frac{\eta}{\varrho}$ als neue Größe ein (η heißt auch *dynamische Zähigkeit*). Der Ansatz (4.82) führt zu einem Reibungsterm $\nu \boldsymbol{v}$, wobei ν die Stoßzahl ist.

Führt man dimensionslose Größen ein, so erhält man

$$\frac{\partial \bar{\varrho}}{\partial t} + \bar{\nabla}(\bar{\varrho}\bar{v}) = 0, \tag{5.20}$$

$$\bar{\varrho}\frac{d\bar{v}}{dt} = -\frac{1}{\gamma_0 M_0^2}\bar{\nabla}\bar{p} + \frac{1}{Re}\bar{\Delta}\bar{v} + A_0^2[\overline{\mathrm{rot}}\,\bar{\boldsymbol{B}} \times \bar{\boldsymbol{B}}], \tag{5.21}$$

wobei $\bar{\varrho} = \varrho/\varrho_0$, $\bar{p} = p/p_0$, $\bar{\nabla} = \partial/\partial\bar{x}_k$, $\bar{x}_k = x_k/l$; die mit dem Index 0 versehenen Größen sind geeignet gewählte Bezugswerte, z. B. Anfangswerte. l ist eine charakteristische Länge, z. B. eine Kanallänge.
Weiter gilt

$$\gamma_0 = \frac{c_{p_0}}{c_{v_0}}, \qquad a_0^2 = \frac{\gamma_0 p_0}{\varrho_0} \quad \text{(Schallgeschwindigkeit).} \tag{5.22}$$

Die MACH-*Zahl* ist durch

$$M_0 = \frac{v_0}{a_0}, \tag{5.23}$$

die ALFVÉN-*Zahl* durch

$$A_0 = \frac{B_0}{v_0}\sqrt{\frac{1}{\mu_0\varrho_0}} = \frac{c_A}{v_0} \tag{5.24}$$

und die REYNOLDS-*Zahl* durch

$$Re = \frac{\varrho_0 v_0 l}{\eta} \tag{5.25}$$

gegeben. μ_0 ist die magnetische Feldkonstante $4\pi \cdot 10^{-7}$ Vs/Am. (Manchmal wird $\frac{v_0}{c_A}$ als ALFVÉN-Zahl (oder ALFVÉNsche MACH-Zahl) definiert, dann ist in den Gleichungen A durch A^{-1} zu ersetzen). j wurde mit Hilfe der MAXWELL-*Gleichungen* durch $\boldsymbol{B}$ ausgedrückt. Bei endlicher elektrischer Leitfähigkeit σ (*reale* MHD) ist es jedoch manchmal besser, j nicht zu eliminieren und j und E als eigene Variable beizubehalten. Man spricht dann auch manchmal von *Elektromagnetohydrodynamik.*
Der Name „*Hydrodynamik*" (oder *Aerodynamik*) ist eigentlich nur für inkompressible Medien üblich. Wenn div $v \neq 0$, wenn also Kompressibilitätseffekte eine Rolle spielen (bei Luft für $v > 50$ m/sec), sollte man daher besser von *Magnetogasdynamik* bzw. *Elektromagnetogasdynamik* sprechen.
Durch den die LORENTZ-*Kraft* beschreibenden Term $[j \times \boldsymbol{B}]$ sind die elektromagnetischen Gleichungen (MAXWELL-*Gleichungen*) mit den Gleichungen der Strömungslehre gekoppelt. Umgekehrt tritt auch die Strömungsgeschwindigkeit v in den elektromagnetischen Gleichungen auf. So zeigten wir in (3.75),

daß das OHM*sche Gesetz* in der MHD in der Form

$$j = \sigma E^* = \sigma(E + [v \times B]) \tag{5.26}$$

geschrieben wird. Die Stromdichte j tritt auch in den MAXWELL-*Gleichungen* auf:

$$\text{rot}\, E = -\frac{\partial B}{\partial t}, \tag{5.27}$$

$$\text{div}\, B = 0, \tag{5.28}$$

$$\text{rot}\, B = \mu_0 j, \tag{5.29}$$

$$\text{div}\, E = 0. \tag{5.30}$$

Der Verschiebungsstrom wurde hierbei aus den bei (1.2) genannten Gründen vernachlässigt. (Dies gilt auch für die Elektromagnetogasdynamik!) Eliminiert man E und j aus den elektromagnetischen Gleichungen, so erhält man die *Induktionsgleichung*

$$-\frac{\partial B}{\partial t} = \frac{1}{\mu_0}\,\text{rot}\,\frac{1}{\sigma}\,\text{rot}\, B - \text{rot}\,[v \times B] + \frac{e\tau}{m\mu_0}\,\text{rot}\,\frac{1}{\sigma}\,[\text{rot}\, B \times B], \tag{5.31}$$

die für konstantes σ und $\omega_L\tau \approx 0$ in

$$\frac{\partial B}{\partial t} = \text{rot}\,[v \times B] + \frac{1}{\mu_0\sigma}\,\Delta B \tag{5.32}$$

oder $\dfrac{\partial B}{\partial t} + (v\nabla)\,B + B\,\text{div}\,v - (B\nabla)\,v = \dfrac{1}{\mu_0\sigma}\,\Delta B$ übergeht. Für $\sigma = \infty$ (ideale MHD) folgt schließlich

$$\frac{\partial B}{\partial t} = \text{rot}\,[v \times B]. \tag{5.33}$$

Führt man wieder dimensionslose Größen ein, so erhält man für konstantes σ

$$\frac{\partial \bar{B}}{\partial t} = \overline{\text{rot}}\,[\bar{v} \times \bar{B}] - \frac{1}{Rm}\,(\overline{\text{rot}}\,\overline{\text{rot}}\,\bar{B} - \omega\tau\,\overline{\text{rot}}\,[\overline{\text{rot}}\,\bar{B} \times \bar{B}]), \tag{5.34}$$

wobei die *magnetische* REYNOLDS-*Zahl* (auch LUNDQUIST-*Zahl* genannt) durch

$$Rm = \mu_0\sigma v_0 l \tag{5.35}$$

gegeben ist. $\bar{B} = B/B_0$.
Damit die MHD-Gleichungen gelöst werden können, müssen *Randbedingungen,* z. B. an der Grenzfläche des Plasmas zum Vakuum, angegeben werden. Für die elektromagnetischen Größen sind die bekannten Bedingungen der MAXWELL-*Theorie* zu verwenden:

Stetigkeit der Tangentialkomponenten

$$E_{t1} = E_{t2},$$

wobei sich die Indizes 1 und 2 auf die beiden Seiten der Grenzfläche beziehen. Für ein bewegtes Medium ist das elektrische Feld E^* nach (3.75) (5.26) durch

$$E^* = E + [v \times B]$$

gegeben. Es gilt daher als Randbedingung

$$(E + [v \times B])_{t1} = (E + [v \times B])_{t2}.$$

Für die Stromdichte folgt aus der Erhaltung der elektrischen Ladung die Bedingung

$$j_{n1} = j_{n2}.$$

Stetigkeit der Normalkomponente

$$B_{n1} = B_{n2}.$$

Für die hydrodynamischen Größen sind die Randbedingungen der Strömungslehre zu nehmen:

Wandbedingung

$$v_n = 0$$

(da in eine feste Wand ein strömendes Medium nicht eindringen kann). Ist das Medium viskos, so kommt es an einer festen Wand zur Adhäsion (Ausbildung einer Grenzschicht), und es gilt die

Haftbedingung

$$v_t = 0.$$

Für *freie Oberflächen* muß gelten, daß der Druck in der Flüssigkeitsoberfläche gleich dem Umgebungsdruck ist:

$$p_{\text{Obfl.}} = p_{\text{Umgebung}}.$$

Aus den Grundgleichungen folgen daraus Bedingungen für ϱ bzw. v. Bisher haben wir die Variablen ϱ, v, B, p, also 8 skalare Größen, eingeführt. Es stehen uns jedoch nur die Gleichungen (5.7), (5.14), (5.31), also 7 skalare Gleichungen, zur Verfügung. Zustandsgleichung oder Energiesatz liefern die noch fehlende Gleichung.

5.2 Energiesatz und Zustandsgleichung

Die letzte unsere Variablen verknüpfende Gleichung könnte z. B. die *Zustandsgleichung* eines idealen Gases sein:

$$p = nkT = \varrho\,\frac{RT}{M} \quad \text{oder} \quad \bar{p} = \bar{\varrho}\bar{T}. \tag{5.36}$$

Mit dieser Gleichung führt man jedoch die Temperatur T als zusätzliche Variable ein, so daß man eine weitere Gleichung benötigt. (5.36) wird man also nur dann verwenden, wenn man sowieso eine weitere Gleichung benötigt. Dies ist bei realen Plasmen, die Viskosität, elektrischen Widerstand und Wärmeleitung zeigen, der Fall.

Wir gehen nun mit dem Moment zweiter Ordnung in die Transportgleichung (5.3) ein. Setzt man Θ gleich der Energiedichte (Energie pro cm^3), so erhält man zunächst wegen $\boldsymbol{u} = \boldsymbol{c} + \boldsymbol{v}$ mit (5.10), (5.13) für den ersten Term (zeitliche Änderung der *Energiedichte*)

$$\frac{\partial}{\partial t}(n\langle\Theta\rangle) = \frac{\partial}{\partial t}\left(n\tilde{U} + \frac{nm}{2}\sum_k \langle(c_k + v_k)^2\rangle\right)$$

$$= \frac{\partial}{\partial t}\left(n\tilde{U} + \frac{\varrho v^2}{2} + \frac{nm}{2}\langle c^2\rangle\right). \tag{5.37}$$

Der zweite Term von (5.3) beschreibt den *Energiefluß*. Mit $\boldsymbol{u} = \boldsymbol{v} + \boldsymbol{c}$ und (5.5), (5.9) erhält man

$$\nabla(n\langle\Theta\boldsymbol{u}\rangle) = \sum_i \frac{\partial}{\partial x_i}\left(n\tilde{U}\langle u_i\rangle + \frac{nm}{2}\sum_k \langle u_k^2 u_i\rangle\right) = \sum_i \frac{\partial}{\partial x_i} n\tilde{U} v_i$$

$$+ \sum_i \frac{\partial}{\partial x_i}\frac{\varrho}{2}\left(v^2 v_i + \langle c^2\rangle v_i + 2\sum_k v_k\langle c_k c_i\rangle + \langle c^2 c_i\rangle\right). \tag{5.38}$$

In der statistischen Thermodynamik ist die innere Energie eines Gases (gerechnet pro Gramm) als die Summe aus innerer molekularer Energie $\tilde{U}$ plus der mittleren kinetischen Energie der Wärmebewegung definiert, d. h. $U^* = U\varrho$ [cal/cm^3], wenn wir definieren

$$U^* = n\tilde{U} + \frac{nm}{2}\langle c^2\rangle = n\left(\tilde{U} + \frac{3}{2}kT\right) \tag{5.39}$$

in erg oder cal pro cm^3.

Aus der Thermodynamik ist für ein Grammol ($n = N_L$)

$$U_M = C_v T \tag{5.40}$$

bekannt, woraus mit $N_L k = R$ (Gaskonstante, 8,31 J/°K mol) für ein Gas ohne innere molekulare Freiheitsgrade ($\tilde{U} = 0$) sofort für die molare spezifische Wärme bei konstantem Volumen

$$C_v = \frac{3}{2}R \approx 3\ \text{cal/Mol} \tag{5.41}$$

folgt.

Sammelt man nun alle Terme und definiert man den *Wärmeflußvektor* $\boldsymbol{q}$

(Transport der Wärmeenergie $\frac{\varrho}{2}\langle c^2\rangle$ durch die Wärmebewegung $\boldsymbol{c}$, bei anisotroper Verteilungsfunktion ein Tensor dritter Stufe $\sim \langle c_i c_j c_k \rangle$),

$$q = \frac{\varrho}{2} \langle c^2 c \rangle, \tag{5.42}$$

so erhält man mit (5.37), (5.39), (5.38), (5.42) aus (5.3) den *Energiesatz* (auf cm^3 bezogen):

$$\frac{\partial}{\partial t} \left(\varrho U + \frac{\varrho v^2}{2} \right) + \nabla \left(\varrho U v + \varrho \frac{v^2}{2} v \right) + \nabla(v\Pi) + \nabla q = jE. \tag{5.43}$$

Der Stoßterm verschwindet ($r = 2$, Energieerhaltung), $\varrho_{\text{el}} = 0$, $[u \times B]\, u = 0$, $\nabla_u \frac{1}{2} m u^2 = mu$, $ne\langle u \rangle = j$. Bei isotroper Verteilung ist Π durch den hydrodynamischen Druck p zu ersetzen.

Die gesamte Änderung der Energiedichte, die sich aus der lokalen zeitlichen Änderung und der Energieflußdichte zusammensetzt, wird somit durch die *Wärmestromdichte* ∇q, die JOULEsche *Wärme jE* und die *Arbeitsleistung des Druckes* hervorgerufen:

$$\frac{\partial}{\partial t} \left(\varrho U + \frac{\varrho v^2}{2} \right) + \nabla v \left(\varrho U + \frac{\varrho v^2}{2} \right) = -\nabla q + jE - \nabla(v\Pi). \tag{5.44}$$

Der Spannungstensor Π kann nur bei Kenntnis der anisotropen Verteilungsfunktion berechnet werden, doch ist die Momentenmethode nicht in der Lage, die Verteilungsfunktion f zu liefern. Man müßte z. B. auf die erste Näherung der CHAPMAN-ENSKOG-*Methode* zurückgreifen. Ebenso kann der *Wärmefluß* q, der ein Moment dritter Ordnung ist, nicht mit Methoden, die nur bis $r = 2$ gehen, berechnet werden. Man muß daher für beide Größen (oder für f) ad-hoc-Ansätze machen (die mit den Ergebnissen einer genaueren statistischen Rechnung übereinstimmen). Die Schwierigkeiten der Rechnung rühren daher, daß nun (für $r > 2$) die Stoßintegrale auf der rechten Seite von (5.3) nicht mehr verschwinden, da für die Momente dritter Ordnung keine Erhaltungssätze beim Stoß gelten. Ein Vorteil der statistischen Berechnung von q und Π ist es jedoch, daß die *Koeffizienten der Zähigkeit* und der *Wärmeleitfähigkeit* berechnet werden können, die wir aus dem Experiment beziehen oder auf anderem Weg berechnen müssen.

Für den *Wärmefluß* q macht man den phänomenologischen Ansatz

$$q = -\varkappa \nabla T. \tag{5.45}$$

Der Koeffizient $\varkappa$ heißt *Wärmeleitfähigkeit*. Die elementare Gaskinetik liefert hierfür

$$\varkappa = \frac{c \lambda \varrho c_v}{3} = \eta c_v \tag{5.46}$$

(c_v bezieht sich hier auf 1 Gramm).

Die statistische Theorie liefert hingegen

$$\varkappa = \frac{5}{2}\,\eta c_v. \tag{5.47}$$

Zur Berechnung der von der Reibung geleisteten Arbeit betrachten wir

$$\nabla(\boldsymbol{v}\boldsymbol{\Pi}) = \frac{\partial}{\partial x_i}\left(\sum_k v_k\,\Pi_{ik}\right)$$

und erhalten für die

Druckarbeit:

$$p\,\mathrm{div}\,\boldsymbol{v} + (\boldsymbol{v}\nabla)\,p; \quad \text{inkompressibel: } (\boldsymbol{v}\nabla)\,p;$$

Reibungsarbeit:

$$R = \left(\frac{2}{3}\,\eta - \eta'\right)(\mathrm{div}\,\boldsymbol{v})^2 - \eta'(\boldsymbol{v}\nabla)\,\mathrm{div}\,\boldsymbol{v}$$

$$+\,\eta\left\{-\sum_{i,k}\left(\frac{\partial v_i}{\partial x_k} + \frac{\partial v_k}{\partial x_i}\right)\left(\frac{\partial v_k}{\partial x_i}\right) - \frac{1}{3}\,(\boldsymbol{v}\nabla)\,\mathrm{div}\,\boldsymbol{v} - \boldsymbol{v}\Delta\boldsymbol{v}\right\}. \tag{5.48}$$

Ist $\eta' = 0$, aber η variabel, so gilt für die Reibungsarbeit

$$\eta\sum_i v_i\Delta v_i + \frac{\eta}{3}\sum_i v_i\frac{\partial}{\partial x_i}\left(\sum_j \frac{\partial v_j}{\partial x_j}\right) + \sum_{i,j} v_i\frac{\partial\eta}{\partial x_j}\left(\frac{\partial v_i}{\partial x_j} + \frac{\partial v_j}{\partial x_i}\right)$$

$$-\,\frac{2}{3}\sum_i v_i\frac{\partial\eta}{\partial x_i}\left(\sum_j \frac{\partial v_j}{\partial x_j}\right) + \eta\sum_{i,j}\frac{\partial v_i}{\partial x_j}\left(\frac{\partial v_i}{\partial x_j} + \frac{\partial v_j}{\partial x_j}\right) - \frac{2}{3}\,\eta\sum_j\left(\frac{\partial v_j}{\partial x_j}\right)^2. \tag{5.49}$$

Für $\eta' = 0$ und $\varkappa = \mathrm{const}$, $\eta = \mathrm{const}$ lautet damit der *Energiesatz*

$$\frac{\partial}{\partial t}\left(\varrho U + \frac{\varrho v^2}{2}\right) + \nabla\left[\left(\varrho U + \frac{\varrho v^2}{2}\right)\boldsymbol{v}\right]$$

$$= \varkappa\Delta T + \boldsymbol{j}\boldsymbol{E} - p\,\mathrm{div}\,\boldsymbol{v} - (\boldsymbol{v}\nabla)\,p + \frac{2}{3}\,\eta(\mathrm{div}\,\boldsymbol{v})^2$$

$$+\,\eta\left\{\sum_{i,k}\left(\frac{\partial v_i}{\partial x_k} + \frac{\partial v_k}{\partial x_i}\right)\left(\frac{\partial v_i}{\partial x_k}\right) - \frac{1}{3}\,(\boldsymbol{v}\nabla)\,\mathrm{div}\,\boldsymbol{v} - \boldsymbol{v}\Delta\boldsymbol{v}\right\}. \tag{5.50}$$

Die mechanische Leistung erhält man bekanntlich, indem man die Bewegungsgleichung skalar mit $\boldsymbol{v}$ multipliziert: substrahiert man vom Energiesatz (5.50) die mechanische Leistung, so erhält man mit (5.7) den *ersten Hauptsatz der Wärmelehre*:

$$\frac{\mathrm{d}U}{\mathrm{d}t} + p\,\frac{\mathrm{d}\dfrac{1}{\varrho}}{\mathrm{d}t} = \frac{\delta Q}{\delta t} = \frac{T\,\mathrm{d}S}{\mathrm{d}t}, \tag{5.51}$$

wobei $\dfrac{\delta Q}{\delta t} = \dfrac{1}{\varrho}\,(\varkappa\varDelta T + jE^* + \varPhi)$ die pro Gramm und pro Sekunde im Plasma erzeugte Wärmemenge ist. Hierbei gilt $E^* = E + [v \times B]$ und $jE^* = jE + v[j \times B]$, vgl. § 13. Man beachte, daß $\dfrac{1}{\varrho}$ das spezifische Volumen ist. S ist die *Entropie*, $\varPhi$ ist die Dissipationsfunktion,

$$
\begin{aligned}
\varPhi &= \eta \sum_{i,k}\left(\frac{\partial v_i}{\partial x_k} + \frac{\partial v_k}{\partial x_i}\right)\left(\frac{\partial v_i}{\partial x_k}\right) - \frac{2}{3}\,\eta\,(\mathrm{div}\,v)^2 \\
&= \frac{\eta}{2}\sum_{i,k,l}\left(\frac{\partial v_i}{\partial x_k} + \frac{\partial v_k}{\partial x_i} - \frac{2}{3}\,\delta_{ik}\,\frac{\partial v_l}{\partial x_l}\right)^2,
\end{aligned}
\tag{5.52}
$$

die angibt, wieviel Wärme pro cm^3 und pro Sekunde durch die Reibungskräfte erzeugt wird. Ist $\eta' \neq 0$, so tritt zu obigem $\varPhi$ noch der Term $\eta'\,(\mathrm{div}\,v)^2$ hinzu. Für ein reibungsfreies elektrisch nicht leitendes inkompressibles Medium erhalten wir mit $U = c_v T$

$$
\frac{\mathrm{d}T}{\mathrm{d}t} \equiv \frac{\partial T}{\partial t} + (v\nabla)\,T = \frac{\varkappa}{\varrho c_v}\,\varDelta T.
\tag{5.53}
$$

Für ein ruhendes Medium ($v = 0$) ergibt sich die bekannte *Wärmeleitungsgleichung von* FOURIER,

$$
\frac{\partial T}{\partial t} = \frac{\varkappa}{\varrho c_v}\,\varDelta T,
\tag{5.54}
$$

als Spezialfall.

Es stehen nun 10 skalare Gleichungen für die 10 Variablen ϱ, v, B, p, U, T zur Verfügung. Das *Grundproblem der Magnetogasdynamik realer Plasmen* ist die Lösung dieser 10 zum Teil nichtlinearen partiellen Differentialgleichungen. In dimensionsloser Form lautet der Energiesatz, vgl. (5.71)

$$
\begin{aligned}
\varrho \bar{c}_v \frac{\mathrm{d}\bar{T}}{\mathrm{d}\bar{t}} = &-(\gamma_0 - 1)\,\bar{p}\,\bar{\nabla}\bar{v} - \frac{\gamma_0(\gamma_0 - 1)}{Re}\,M_0^2\bar{\varPhi} + \frac{\gamma_0\bar{\varkappa}}{Pe}\,\varDelta\bar{T} \\
&+ \frac{\gamma_0(\gamma_0 - 1)}{Rm}\,A_0^2 M_0^2(\overline{\mathrm{rot}}\,\bar{B})^2.
\end{aligned}
\tag{5.55}
$$

$\bar{\varPhi}$ ist die *Dissipationsfunktion*, die angibt, wieviel Wärme pro cm^3 und pro Sekunde durch die Reibungskräfte erzeugt wird. In der Form (5.55) wurde die mechanische Energie abgezogen.

Pe heißt PÉCLET-*Zahl* und ist durch

$$
Pe = Re \cdot Pr = \frac{\varrho_0 v_0 l}{\eta_0} \cdot \frac{c_{p0}\eta_0}{\varkappa_0}
\tag{5.56}
$$

gegeben. Pr heißt PRANDTL-*Zahl*. Gilt $\varkappa = \eta c_v$, so kann man die Grundgleichungen völlig frei von Kennzahlen schreiben.

Für ein *ideales Plasma* lassen sich die Gleichungen vereinfachen. Für $\sigma = \infty$ gilt $\boldsymbol{j} \cdot \boldsymbol{E} = 0$, und mit $\varkappa = 0$ (keine Wärmeleitung) und mit $\eta = 0$ (keine Viskosität) erhält man nämlich eine einzige Gleichung, nämlich die *Adiabatengleichung*

$$p\varrho^{-(c_p/c_v)} = p_0\varrho_0^{-(c_p/c_v)} = \text{const}; \quad \bar{p}\bar{\varrho} = p_0\varrho_0^{-(c_p/c_v)} = \overline{\text{const}};$$

$$\gamma = \frac{c_p}{c_v}. \tag{5.57}$$

(Der Index 0 bezeichnet einen beliebigen Bezugszustand, z. B. den *Anfangs*- oder den *Ruhzustand*.)

Die Variablen T und U tauchen nicht mehr auf und es sind nur 8 Gleichungen zu lösen.

Die Gleichungen (5.7), (5.14), (5.33) und (5.57) beschreiben die MHD eines idealen Plasmas (*ideale MHD*); man nennt sie auch die LUNDQUIST-*Gleichungen*.

Wenn der Lichtdruck (*Strahlungsdruck*) nicht vernachlässigt werden darf, treten in Energiesatz und Strömungsgleichung noch zusätzliche Terme auf.

5.3 Ideale und reale Magnetohydrodynamik

Ein reibungsfreies Plasma ohne JOULEsche Wärme und ohne Wärmeleitung heißt *ideales Plasma*. Aus (5.51) erhält man dann

$$c_v\,\mathrm{d}T + p\,\mathrm{d}\,\frac{1}{\varrho} = 0 = T\,\mathrm{d}S. \tag{5.58}$$

Wir sehen, daß ein solches Plasma *konstante Entropie S* besitzt. Alle in ihm verlaufenden Vorgänge (*ideale Magnetohydrodynamik*) sind *reversibel*. Mit (5.13) und $C_v = c_v M$ (Molwärme) erhält man, wenn man für T einsetzt,

$$-(C_v + R)\,\frac{\mathrm{d}\varrho}{\varrho} + C_v\,\frac{\mathrm{d}p}{p} = 0.$$

Integriert man und beachtet man, daß $R = C_p - C_v$ ist, so erhält man die *Adiabatengleichung* (5.57) (an Stelle des Energiesatzes).

Beziehen wir uns auf ein mit dem strömenden Medium mitbewegtes Koordinatensystem, so erhält man die Lösungen der Gleichungen (5.27) bis (5.30) für den mitbewegten Beobachter durch eine LORENTZ-*Transformation,* also z. B.

$$E_z^* = \frac{E_z + vB_y}{\sqrt{1 - \dfrac{v^2}{c^2}}}, \tag{5.59}$$

wobei v die Strömungsgeschwindigkeit in der x-Richtung ($v_y = v_z = 0$) und c die Lichtgeschwindigkeit ist. Da wir uns in der MHD fast immer im nichtrelativistischen Bereich $(c \gg v)$ bewegen, folgt (nun dreidimensional richtig)

$$E^* = E + [v \times B], \quad B = B^*, \tag{5.60}$$

$$j^* = j + \varrho_{\mathrm{el}} v = j, \quad \text{da} \quad \varrho_{\mathrm{el}} = 0 \quad \text{ist}.$$

Der mitbewegte Beobachter mißt also zwar dasselbe Magnetfeld wie der ruhende Beobachter, aber als Folge des Induktionsgesetzes (5.27) ein anderes elektrisches Feld. Schreibt man die Gleichungen im cgs-System, so erhält man für die LORENTZ-Kraft

$$E^* = E + \frac{1}{c}\,[v \times B] \tag{5.61}$$

bzw. im praktischen System $E + [v \times B]$.

Zu den obigen Gleichungen tritt nun noch das OHMsche Gesetz (5.26). Die Form des *Leitfähigkeitstensors (σ)* können wir erst in § 6 besprechen. In der MHD kann jedoch (σ) oft als Skalar angesehen werden, da die Gültigkeitsgrenzen der MHD-Theorie fast immer erzwingen, daß man sich im skalaren Bereich befindet. Wir werden jedoch später sehen, daß man auch bei größerem $\omega_{\mathrm{L}}\tau$ ($\omega_{\mathrm{L}}\tau \sim 1$ oder ~ 10) noch MHD-Theorie mit gewissen Einschränkungen betreiben kann. Das hierzu passende OHMsche Gesetz lautet dann statt (5.26)

$$j = \sigma(E + [v \times B]) - \frac{\omega_{\mathrm{L}}\tau}{B}\,[j \times B]. \tag{5.62}$$

Hier ist σ ein Skalar.

Man erhält dann die sogenannte *Induktionsgleichung der realen MHD*, die für $\sigma = \text{const}$ mit Hilfe der bekannten Vektoridentität

$$\text{rot rot} = \text{grad div} - \Delta$$

und mit div $B = 0$ übergeht in

$$\frac{\partial B}{\partial t} = \text{rot}\,[v \times B] + \frac{1}{\mu_0\sigma}\,\Delta B + \text{Glieder proportional } \omega_{\mathrm{L}}\tau. \tag{5.63}$$

Diese Gleichung enthält die gesamten elektromagnetischen Aussagen. Zu beachten ist aber, daß für ein ideales strömendes Plasma keine JOULEsche Wärme

$$jE^* = \frac{j^2}{\sigma} + \frac{\omega_{\mathrm{L}}\tau}{B\sigma}\,[j \times B]\,j = \frac{(\text{rot }B)^2}{\mu_0^2\sigma} + \frac{\omega_{\mathrm{L}}\tau}{\mu_0^2 B\sigma}\,[\text{rot }B \times B]\,\text{rot }B \tag{5.64}$$

auftreten darf, da sonst (5.57) nicht gilt. Es muß daher für ein ideales (verlustfreies) Plasma $\sigma = \infty$ sein, so daß (5.64) übergeht in die *Induktionsgleichung der idealen MHD* (5.33). Außerdem ist $E^* = 0$ erfüllt. Für $\sigma = \infty$ folgt ja aus (5.26), daß $E = -[v \times B]$ ist, da sonst j nicht endlich bleibt.

Da wir nun j und E sowie q mit (5.44) ganz eliminieren können, haben wir für die reale MHD die neun Unbekannten ϱ, v, p, B, T und acht Gleichungen (5.7), (5.17), (5.51), (5.63), für die ideale MHD die acht Unbekannten ϱ, v, p, B und acht Gleichungen (5.7), (5.14), (5.57), (5.33). Es fehlt uns nun für die reale MHD noch eine Beziehung. (5.57) können wir nicht verwenden, statt dessen wird (5.51) verwendet. Wir können aber, da ein Plasma meist ein Gas bei geringer Dichte und hoher Temperatur ist, die *Zustandsgleichung des idealen Gases* in der Form (5.13) verwenden (die in (5.57) bereits drinsteckt):

$$p = nkT = \varrho\,\frac{RT}{M}. \tag{5.65}$$

Es ist allerdings die Frage, ob die elektrischen Kräfte zwischen den Plasmateilchen die Verwendung dieser Gleichung gestatten. Beim Modell des idealen Gases nimmt man ja an, daß zwischen den Gasteilchen keine Kräfte herrschen. Die Frage der Korrektur der idealen Gasgleichung durch die COULOMB-Kräfte läßt sich mit den Methoden der statistischen Mechanik untersuchen. Man erhält bei der Annahme eines nach DEBYE abgeschirmten COULOMB-Potentials die folgende *Zustandsgleichung für ein Plasma:*

$$p = nkT\left(1 - \frac{\sqrt{2}}{24\pi n\lambda_\mathrm{D}^3}\right), \tag{5.66}$$

wobei $n = n_\mathrm{E} + n_\mathrm{I}$, $n_\mathrm{E} \approx n_\mathrm{I}$ ist.
Man sieht leicht ein, daß unter der Annahme (2.21) — Vorliegen eines Plasmas — die COULOMB-Korrektur vernachlässigbar ist.

5.4 Die Gültigkeitsgrenzen der Magnetohydrodynamik

Wenn man vom Gültigkeitsbereich der Magnetohydrodynamik (MHD) spricht, so ist es zweckmäßig, zunächst das Problem zu untersuchen, wann ein Plasma überhaupt als einheitliches Medium angesehen werden kann, und erst dann zu überlegen, unter welchen Bedingungen einzelne Glieder der MHD-Gleichungen vernachlässigt werden können.
Das erste Problem haben wir bereits früher gelöst. Wir stellen zur Bequemlichkeit des Lesers die Bedingungen zusammen, denen eine Ansammlung geladener und neutraler Teilchen gehorchen muß, um als *isotropes (skalares) Plasmamedium* aufgefaßt werden zu können.

Plasma:
$$\Lambda = \frac{1}{n\lambda_\mathrm{D}^3} \ll 1,$$

isotropes Plasma:
$$\omega_\mathrm{L}\tau \ll 1.$$

Interessant ist, daß auch dann, wenn letztere Gleichung nicht erfüllt ist (z. B. M- oder T-Bereich), eine Art Magnetohydrodynamik getrieben werden kann.

Weiter muß aber gelten (l ist eine charakteristische Länge)

Quasineutralität

$$\frac{\varepsilon_0 \omega}{\sigma} < 1 \tag{5.67}$$

(Vernachlässigung des Verschiebungsstromes),

kein Konvektionsstrom $\varrho_{\mathrm{el}} v$:

$$\frac{\varrho_{\mathrm{el}} v}{\sigma E} \approx \frac{\varepsilon_0 v}{l\sigma} < 1 \tag{5.68}$$

(Vernachlässigung gegenüber dem Leitungsstrom),

kein Einfluß des elektrischen Feldes:

$$\frac{\varrho_{\mathrm{el}} E}{B\sigma(E + vB)} \approx \frac{\varepsilon_0 v}{l\sigma} < 1 \tag{5.69}$$

(Vernachlässigung gegenüber der LORENTZ-Kraft).

Sind die obigen fünf Bedingungen erfüllt, so spricht man von der *magneto-hydrodynamischen Näherung*.

Um das zweite Problem zu untersuchen, machen wir unsere MHD-Gleichungen durch die Transformation

$$\bar{x} = \frac{x}{l}, \quad \bar{t} = \frac{tv_0}{l}, \quad \bar{\varrho} = \frac{\varrho}{\delta_0}, \quad \bar{p} = \frac{p}{p_0}, \quad \bar{T} = \frac{T}{T_0},$$

$$\bar{c}_v = \frac{c_v}{c_{v_0}}, \quad \gamma_0 = \frac{c_{p_0}}{c_{v_0}} \quad \text{usw.,} \tag{5.70}$$

also durch Division durch bekannte charakteristische Werte (z. B. Anfangswerte), dimensionslos. Nach elementarer Rechnung erhält man

$$\frac{\partial \bar{\varrho}}{\partial t} + \bar{\nabla}(\bar{\varrho}\bar{v}) = 0,$$

$$\varrho \frac{d\bar{v}}{d\bar{t}} = -\frac{1}{\gamma_0 M_0^2} \bar{\nabla}\bar{p} + \frac{1}{Re} \Delta \bar{v} + A_0^2 [\overline{\mathrm{rot}\, \bar{B}} \times \bar{B}],$$

$$\bar{\varrho}\bar{c}_v \frac{d\bar{T}}{d\bar{t}} = -(\gamma_0 - 1)\, \bar{p}\bar{\nabla}\bar{v} - \frac{\gamma_0(\gamma_0 - 1)}{Re} M_0^2 \bar{\Phi}$$

$$+ \frac{\gamma_0}{Pe} \bar{\nabla}(\bar{\varkappa}\bar{\nabla}\bar{T}) + \frac{\gamma_0(\gamma_0 - 1)}{Rm} A_0^2 M_0^2 (\overline{\mathrm{rot}\, \bar{B}})^2,$$

$$p = \frac{R}{M} \varrho T, \quad \frac{R}{M} = c_p - c_v, \quad \bar{p} = \bar{\varrho}\bar{T},$$

$$\frac{\partial \bar{B}}{\partial t} = \overline{\mathrm{rot}}\, (\bar{v} \times \bar{B}) - \frac{1}{Rm} (\overline{\mathrm{rot\, rot}\, \bar{B}} - \omega_{\mathrm{L}}\tau\, \overline{\mathrm{rot}} [\overline{\mathrm{rot}\, \bar{B}} \times \bar{B}]), \tag{5.71}$$

wobei die bekannte Formel für die Schallgeschwindigkeit

$$a_0^2 = \frac{\gamma_0 p_0}{\varrho_0} \tag{5.72}$$

verwendet wurde und Φ durch (5.52) gegeben ist. Es treten hier sieben *dimensionslose Kennziffern* auf (vgl. Tabelle 3).

Sind in zwei Plasmaströmungen alle sieben Kennziffern gleich groß, dann heißen die Strömungen *ähnlich*. Bei gleichen Rand- und Anfangsbedingungen liegen dann genau dieselben Lösungen von (5.71) vor. Durch Umrechnung auf die speziellen Verhältnisse (bei gleicher REYNOLDS-Zahl können z. B. Geschwindigkeit und Zähigkeit der zweiten Strömung doppelt so groß sein wie bei der ersten Strömung) ergeben sich dann zwei verschiedene, aber ähnliche Lösungen.

Für ein *skalares Plasma* ($\omega_L \tau = 0$) kann man nun, wenn eine Rechengenauigkeit von 1% verlangt wird, leicht angeben, wann einzelne Glieder der MHD-Gleichungen vernachlässigt werden dürfen.

Vernachlässigung der Zähigkeit ist gestattet, wenn

a) $\dfrac{1}{Re} < 0{,}01$

und

b) $\dfrac{1}{Re} < A_0^2$ oder $\dfrac{1}{Re\,A_0^2} < 0{,}01,$

Tabelle 3. Kennziffern

Benennung	Formel		Bedeutung
MACHsche Zahl	$M_0 = \dfrac{v_0}{a_0}$	(5.73)	mißt Kompressibilität ($M = 0$ bedeutet inkompressibel)
Verhältnis der spezifischen Wärmen	$\gamma_0 = \dfrac{c_{p_0}}{c_{v_0}}$	(5.74)	beschreibt thermodynamisches Verhalten
REYNOLDS-Zahl	$Re = \dfrac{\varrho_0 v_0 l}{\eta}$	(5.75)	Verhältnis Trägheitskraft: Zähigkeit
ALFVÉN-Zahl	$A_0 = \dfrac{B_0}{v_0}\sqrt{\dfrac{1}{\mu_0 \varrho_0}}$	(5.76)	Verhältnis magnetische Kraft: Trägheit
magnetische REYNOLDS-Zahl	$Rm = \mu_0 \sigma v_0 l$	(5.77)	beschreibt Diffusion des Magnetfeldes, im TOKAMAK $10^7 - 10^9$
HALL-*Parameter*	$\omega_L \tau = \dfrac{e\tau B_0}{m}$	(5.78)	Verhältnis von LARMORfrequenz zu Stoßfrequenz
PÉCLET-*Zahl*	$Pe = \dfrac{\varrho_0 v_0 l c_{p_0}}{\varkappa_0}$	(5.79)	Verhältnis Konvektionswärmetransport: Wärmeleitung

d. h., wenn

$$\frac{\varrho_0 l}{\eta}\,\frac{B_0}{\sqrt{\mu_0\varrho_0}} > 0{,}01 \tag{5.80}$$

ist. Hierbei wurde $B_0 \approx v_0\sqrt{\mu_0\varrho_0}$, d. h. $A_0 \approx 1$, angenommen, weil dann magnetische Kraft und Trägheitskraft von gleicher Größenordnung sind. Die Kennziffer $\dfrac{\varrho_0 l B_0}{\eta\sqrt{\mu_0\varrho_0}}$ heißt LEHNERT-*Zahl erster Art*.

Trägheitsglied, magnetische Kraft und Druckglied können nie allgemein, sondern nur bei ganz speziellen Bedingungen vernachlässigt werden. Vernachlässigung der Wärmeleitung ist gestattet, wenn bei $A_0 \approx 1$ die LEHNERT-*Zahl zweiter Art*

$$\frac{\varrho_0 l c_p B_0}{\varkappa_0\sqrt{\mu_0\varrho_0}} > 0{,}01 \tag{5.81}$$

ist. Dies folgt aus den Forderungen $\dfrac{1}{Pe} \ll 0{,}01$, $\dfrac{1}{Pe} < A_0^2$.

Vernachlässigung des elektrischen Widerstandes heißt, die elektrische Leitfähigkeit σ kann ∞ gesetzt werden, wenn $Rm > 100$ ist. Mit $A_0 \approx 1$ folgt

$$\frac{\mu_0\sigma l B_0}{\sqrt{\mu_0\varrho_0}} = \text{LUNDQUIST-}Zahl \gg 1. \tag{5.82}$$

Man kann sich somit bei gegebener Rechengenauigkeit leicht ausrechnen, bei welchen Verhältnissen *ideale MHD* ($\sigma = \infty$, $\eta = 0$, $\varkappa = 0$) betrieben werden kann (vgl. auch Tabelle 4).

Vom experimentellen Standpunkt werden manchmal die zwei Bedingungen

$$n > 10^{17}\sqrt{T}, \quad n > 10^{12}BT^{3/2}$$

angegeben.

Tabelle 4. Einige typische Plasmagrößen

Stoff	B [Gauß]	ϱ [g cm^{-3}]	σ [s^{-1}]	T [°K]	Rm	l
Quecksilber	$10^3\cdots10^4$	$13{,}5$	10^{16}	$3\cdot10^2$	$0{,}1$	10 m
Erdkern	1	12	10^{15}	?	10^2	10^3 km
Fusionsplasma	$10^3\cdots10^5$	$10^{-9}-10^{-6}$	10^{13}	10^8	10^4	1 m
MHD-Generatorplasma	10^4	$3\cdot10^{-3}$	$10\,\Omega^{-1}\,\mathrm{m}^{-1*}$	$2\,500$	$-$	10 m
Sonnenatmosphäre	10^2	10^{-8}	10^{13}	10^4	10^6	10^4 km
interstellares Gas	$10^{-5}\cdots10^{-6}$	10^{-24}	10^{13}	10^4	10^{15}	1 Lichtjahr
Ionosphäre der Erde	$0{,}2$	10^{-8}	10^{11}	10^3	10	10^2 km

* $10\,[\Omega^{-1}\,\mathrm{m}^{-1}] \approx 10^{11}\,[\mathrm{s}^{-1}]$, weil $\sigma\,[\Omega^{-1}\,\mathrm{m}^{-1}]\cdot 9\cdot10^9 = \sigma\,[\mathrm{s}^{-1}]$.

§ 6 Mehrflüssigkeitstheorie

6.1 Statistische Theorie

In einem voll ionisierten Plasma sind zwei Teilchenarten, Elektronen und Ionen, und in einem schwach ionisierten Plasma sind drei Teilchenarten, Elektronen, Ionen und neutrale Teilchen, vorhanden. Man muß daher *Zweiflüssigkeitstheorie* bzw. *Dreiflüssigkeitstheorie* betreiben. Für jede Teilchenart führen wir in der statistischen Theorie eine Verteilungsfunktion $f_s(r, u, t)$ ein ($s = 1, 2$ bzw. $s = 1, 2, 3$). Die Verteilungsfunktion genügt nach (4.23) einer BOLTZMANN-Gleichung, die wir mit Rücksicht auf die Neutralteilchen, auf die elektromagnetische Kräfte nicht wirken, wie folgt schreiben (F_s Kraft auf die Teilchen der Art s):

$$\frac{\partial f_s}{\partial t} + u\nabla f_s + \frac{F_s}{m_s}\,\nabla_u f_s = \left(\frac{\partial f_s}{\partial t}\right)_{\text{Stoß}}. \tag{6.1}$$

Wenn wir nun mit der in § 5 besprochenen *Momentenmethode* von der statistischen Theorie zu einer magnetohydrodynamischen Theorie übergehen, müssen wir beachten, daß nun für die einzelne Teilchenart allein die Erhaltung von Masse, Impuls und kinetischer Energie im Stoßprozeß nicht gilt — es können ja z. B. durch Stöße Ionisationsprozesse eingeleitet werden: $\left(\frac{\partial f_s}{\partial t}\right)_{\text{Stoß}} \approx v_\mathrm{I} n_s$, wobei v_I die *Ionisationshäufigkeit* (pro Sekunde) ist. Ist wieder Θ ein Moment, so gilt zwar (5.3), aber im einzelnen folgt z. B. statt der *Kontinuitätsgleichung* (5.7) jetzt die *Kontinuitätsgleichung für die Teilchenart s*:

$$\frac{\partial \varrho_s}{\partial t} + \nabla(\varrho_s v_s) = \int m_s \left(\frac{\partial f_s}{\partial t}\right)_{\text{Stoß}} \mathrm{d}u_s, \tag{6.2}$$

wobei natürlich nach (5.5)

$$v_s = \frac{1}{n_s} \int u_s f_s \,\mathrm{d}u = \langle u_s \rangle \tag{6.3}$$

ist. Bleibt die Teilchenart beim Stoß erhalten, dann verschwindet die rechte Seite von (6.2). v_s ist somit die Strömungsgeschwindigkeit der Teilchenart s.

Da diese mit der Strömungsgeschwindigkeit v des Plasmas nicht zusammenfällt, kann man die *Diffusionsgeschwindigkeit* w_s *der Teilchenart* s definieren:

$$w_s = \langle u_s - v \rangle = v_s - v. \tag{6.4}$$

Damit kann man (6.2) auch in der Form

$$\frac{\partial \varrho_s}{\partial t} + (v\nabla)\,\varrho_s + \varrho_s\,\mathrm{div}\,v + \nabla(\varrho_s w_s) = m_s \int \left(\frac{\partial f_s}{\partial t}\right)_{\mathrm{Stoß}} \mathrm{d}u_s \tag{6.5}$$

schreiben. Summiert man über s, so folgt wegen

$$\varrho = \sum_s \varrho_s, \qquad \varrho v = \sum_s \varrho_s v_s, \qquad \int \sum_s \left(\frac{\partial f_s}{\partial t}\right)_{\mathrm{Stoß}} \mathrm{d}u_s = 0 \tag{6.6}$$

sofort wieder (5.7).

Um die *Bewegungsgleichung* (*Strömungsgleichung*) abzuleiten, betrachten wir mit (6.3) zunächst den *Spannungstensor der Teilchenart* s[1]

$$\left.\begin{aligned} (\boldsymbol{\Pi}_s) &= \varrho_s(\langle c_s; c_s \rangle) = \varrho_s \langle (u_s - v_s); (u_s - v_s)\rangle, \\ p_s &= \frac{1}{3}\,\varrho_s\,\mathrm{Sp}\,\langle c_s; c_s\rangle = \frac{1}{3}\,\varrho_s\{\langle u_s; u_s\rangle - v_s^2\} = n_s k T_s. \end{aligned}\right\} \tag{6.7}$$

Nach (5.10), (6.4) gilt für isotrope Geschwindigkeitsverteilung

$$\begin{aligned} \langle u_s; u_s \rangle &= \langle c_s; c_s \rangle + v_s^2 = \langle c_s; c_s \rangle + v^2 + v w_s \\ &\quad + w_s v + w_s^2. \end{aligned} \tag{6.8}$$

Damit erhält man aus (5.3) (mit $r = 1$, $f \to f_s$ etc.) als *Strömungsgleichung*

$$\begin{aligned} &\frac{\partial}{\partial t}(\varrho_s v_s) + \nabla(\varrho_s v_s^2) + \nabla p_s \\ &= n_s e Z_s \left(E^* + \frac{1}{c}\,[w_s \times B]\right) + \int m_s u_s \left(\frac{\partial f_s}{\partial t}\right)_{\mathrm{Stoß}} \mathrm{d}u_s. \end{aligned} \tag{6.9}$$

Hierbei wurde (3.75) verwendet und beachtet, daß nach (6.3) und (6.4) $\langle u_s \rangle = v_s = v + w_s$ ist. Mit (6.2) und der Definition

$$\frac{\mathrm{d}}{\mathrm{d}t_s} = \frac{\partial}{\partial t} + v_s \nabla \tag{6.10}$$

erhält man

$$\begin{aligned} &\varrho_s \frac{\mathrm{d}v_s}{\mathrm{d}t_s} + v_s \left(\frac{\delta \varrho_s}{\delta t}\right)_{\mathrm{Stoß}} + \nabla p_s \\ &= n_s e Z_s \left(E + \frac{1}{c}\,[v_s \times B]\right) + \int m_s u_s \left(\frac{\partial f_s}{\partial t}\right)_{\mathrm{Stoß}} \mathrm{d}u_s. \end{aligned} \tag{6.11}$$

---

[1] Hierin bezeichnet ; das dyadische (tensorielle) Produkt und Sp ist die Spur des Tensors.

Summiert man wieder über s, so folgt mit (6.6) wegen der Erhaltung der Teilchenzahl und des Impulses im elastischen Stoß bei Quasineutralität $\left(\sum\limits_s n_s e Z_s = \varrho_{el} = 0 \right)$

$$\varrho \frac{dv}{dt} + \nabla \sum_s p_s = \frac{1}{c} \left[\sum_s n_s e Z_s w_s \times B \right]. \tag{6.12}$$

Der *Gesamtstrom* $j + \varrho_{el} v$ ist nach (5.5) durch $\langle u_s \rangle = v + w_s$ bestimmt. $\varrho_{el} v$ ist der *Konvektionsstrom* infolge der Bewegung eines geladenen Mediums — dieser Strom verschwindet wegen der Quasineutralität. Es verbleibt daher nur der *Leitungsstrom*

$$j = \sum_s n_s e Z_s w_s = \sum_s j_s. \tag{6.13}$$

Eine Schwierigkeit tritt nun mit $\sum\limits_s p_s \neq p$ auf. Zunächst gilt wegen (5.13) und (5.10) bzw. (6.7)

$$p = \frac{\varrho}{3} \langle u; u \rangle - \frac{\varrho}{3} v^2, \qquad p_s = \frac{\varrho_s}{3} \langle u_s; u_s \rangle - \frac{\varrho_s}{3} v_s^2. \tag{6.14}$$

Addiert und subtrahiert man zur linken Gleichung den Betrag $\dfrac{1}{3} \sum\limits_s \varrho_s v_s^2$, so erhält man unter Berücksichtigung von

$$\varrho \langle u; u \rangle = m_s \int f u; u \, du = \sum_s m_s \int f_s u_s; u_s \, du_s = \sum \varrho_s \langle u_s; u_s \rangle \tag{6.15}$$

mit (6.6) und (6.4)

$$p = \sum_s p_s - \frac{1}{3} \sum_s \varrho_s w_s^2. \tag{6.16}$$

Da w_s klein ist, kann man w_s^2 vernachlässigen und erhält dann

$$p = \sum_s p_s. \tag{6.17}$$

Damit folgt aus (6.12) mit (6.13) wieder (5.14). Will man die Viskosität berücksichtigen, so muß ein zu (5.16) analoger Ansatz gemacht werden. Die Ableitung des Energiesatzes für die Teilchen der Art s folgt den Rechnungen in § 5. Für die Energiedichte setzen wir analog zu (5.6)

$$\Theta_s = \tilde{U}_s + \frac{1}{2} m_s u_s^2, \tag{6.18}$$

und der Energiefluß ist nach (5.38) $\Theta_s u_s$. Setzt man in die Transportgleichung der Art s ein, so erhält man die zu (5.43) analoge Gleichung (*Energiesatz für die Teilchenart s*)

$$\frac{\partial}{\partial t}\left(\varrho_s U_s + \frac{\varrho_s v_s^2}{2}\right) + \nabla\left(\varrho_s U_s v_s + \varrho_s \frac{v_s^2}{2}\, v_s\right)$$

$$+ \nabla(v_s p_s) + \nabla q_s = j_s E + \int \Theta_s \left(\frac{\partial f}{\partial t}\right)_{\text{Stoß}} \mathrm{d}u_s, \tag{6.19}$$

wobei folgende analoge Bezeichnungen gelten:

$$\varrho_s U_s = n_s \tilde{U}_s + \frac{n_s m_s}{2}\, \langle c_s^2\rangle \tag{6.20} \text{ analog zu (5.39),}$$

$$q_s = \frac{\varrho^2}{2}\, \langle c_s^2 c_s\rangle \tag{6.21} \text{ analog zu (5.42),}$$

$$j_s = n_s e Z_s c_s = n_s e Z_s w_s + n_s e Z_s v \tag{6.22} \text{ analog zu (5.5).}$$

Beachtet man (6.6), (6.13) und

$$\varrho U = \sum_s \varrho_s U_s, \qquad \sum_s \int \Theta_s \left(\frac{\partial f}{\partial t}\right)_{\text{Stoß}} \mathrm{d}u_s = 0, \tag{6.23}$$

so erhält man bei Quasineutralität $\left(\sum\limits_s n_s e Z_s = 0\right)$ wieder (5.43). Allerdings muß man wieder w_s^2 vernachlässigen, da neben (6.16) wegen (6.4) folgende Beziehungen gelten:

$$\sum_s \varrho_s w_s = 0, \tag{6.24}$$

$$\sum_s \frac{\varrho_s v_s^2}{2} = \sum_s \frac{\varrho_s}{2}\,(v^2 + w_s^2 + 2v w_s) = \frac{\varrho v^2}{2}, \tag{6.25}$$

$$\sum_s \varrho_s U_s v_s = \sum_s \varrho_s U_s(v + w_s) = \varrho U v, \tag{6.26}$$

$$\sum_s \varrho_s \frac{v_s^2}{2}\, v_s = \sum_s \varrho_s \frac{1}{2}\, v^2 v = \varrho \frac{1}{2}\, v^2 v, \tag{6.27}$$

$$\sum_s v_s p_s = \sum_s v p_s = v p, \tag{6.28}$$

$$q = \sum_s q_s + \sum_s \frac{2}{3}\, p_s w_s + \sum_s \sum_k \Pi_{ik} w_s w_k - \varrho_s w_s^2 w_s. \tag{6.29}$$

Drückt man U durch c_v aus, so gilt

$$U = \int_{T_0}^{T} \overline{c_v}\, \mathrm{d}T, \qquad \overline{c_v} = \sum_s \frac{\varrho_s}{\varrho}\, c_{vs}. \tag{6.30}$$

Den Wärmefluß kann man wieder nur mit höheren Näherungen berechnen. Unter Vernachlässigung der *Thermodiffusion* ergibt sich [3.5] in Analogie zu (5.45)

$$q = -\varkappa \nabla T + \sum_s w_s \varrho_s h_s, \qquad (6.31)$$

wobei die *Enthalpie* h_s gegeben ist durch

$$h_s = U_s + \frac{p_s}{\varrho_s}. \qquad (6.32)$$

Für Elektronen z. B. ist $h_s = \dfrac{5}{2} kT_{\mathrm{E}}/m_{\mathrm{E}}$ und $w_{\mathrm{E}} = -j_{\mathrm{E}}/n_{\mathrm{E}} e$, so daß

$$w_{\mathrm{E}} \varrho_{\mathrm{E}} h_{\mathrm{E}} = -\frac{5kT_{\mathrm{E}} j_{\mathrm{E}}}{e} \qquad (6.33)$$

ist.

6.2 Die SCHLÜTERschen Gleichungen

Im vorangegangenen Abschnitt haben wir die Gleichungen der Mehrflüssigkeitstheorie aufgestellt und gezeigt, daß man unter der Annahme elastischer Stöße (Erhaltung von Teilchenzahl, Impuls und Energie) bei Summierung $\sum\limits_s$ über die einzelnen Komponenten wieder zu den MHD-Gleichungen zurückkommt. In diesem Abschnitt wollen wir die Gleichungen der Mehrflüssigkeitstheorie genauer analysieren. Die Voraussetzungen für ihre Gültigkeit sind, zusammengefaßt:

1. Neutrales isotropes Plasma, $w_s^2 \approx 0$.
2. Gültigkeit der MAXWELL-Verteilung für jede Komponente.

Zu diesen Annahmen treten nun zwei weitere:

3. Keine Änderung der Teilchenzahl beim elastischen Stoß, d. h. $\int m_s \left(\dfrac{\partial f_s}{\partial t}\right)_{\mathrm{Stoß}} \mathrm{d}\boldsymbol{u}_s = 0$, so daß statt (6.2) nun

$$\frac{\partial \varrho_s}{\partial t} + \nabla(\varrho_s \boldsymbol{v}_s) = 0 \qquad (6.34)$$

gilt.

4. Spezielle Annahmen über die Impulsübertragung und Energieübertragung beim Stoß, d. h. Annahmen über $\int m_s \boldsymbol{u}_s \left(\dfrac{\partial f_s}{\partial t}\right)_{\mathrm{Stoß}} \mathrm{d}\boldsymbol{u}_s$ in (6.11) und über $\int \left(\tilde{U}_s + \dfrac{1}{2} m_s u_s{}^2\right) \cdot \left(\dfrac{\partial f_s}{\partial t}\right)_{\mathrm{Stoß}} \mathrm{d}\boldsymbol{u}_s$ in (6.19).

Die in 4. angeführten Terme enthalten offenbar die Wirkung des Impuls- und Energieaustausches. Da Stöße zwischen Teilchen der gleichen Art s vom Standpunkt eines kontinuierlichen Mediums keine Impulsänderung hervorrufen (ohne äußere Kraftwirkung bleibt der Gesamtimpuls eines Systems konstant), genügt es, Stöße zwischen Teilchen der Art s und der Art $r \neq s$ zu untersuchen. Vernachlässigt man inelastische Stöße und verwendet (4.25), so erhält man, da $\int \Theta_r^* f_s^* f_r^* \, d\boldsymbol{u}_s \, d\boldsymbol{u}_r = \int \Theta_r^* f_r f_s \, d\boldsymbol{u}_s \, d\boldsymbol{u}_r$ ist,

$$\int m_s \boldsymbol{u}_s \left(\frac{\partial f_s}{\partial t}\right)_{\text{StoßB}} d\boldsymbol{u}_s = \sum_r \int d\boldsymbol{u}_s \int d\boldsymbol{u}_r m_s(\boldsymbol{u}_s^* - \boldsymbol{u}_s)\,(|\boldsymbol{u}_s - \boldsymbol{u}_r|)\, f_s(\boldsymbol{u}_s)\, f_r(\boldsymbol{u}_r)\, \sigma.$$

Nach den Gesetzen für den elastischen Stoß gilt (* vor dem Stoß, S Schwerpunktsgeschwindigkeit)

$$\frac{m_s \boldsymbol{u}_s^* + m_r \boldsymbol{u}_r^*}{m_r + m_s} = \frac{m_s \boldsymbol{u}_s + m_r \boldsymbol{u}_r}{m_r + m_s} = \boldsymbol{S} = \text{const}, \tag{6.35}$$

Relativgeschwindigkeiten (Definition)

$$\boldsymbol{g}^* = \boldsymbol{u}_s^* - \boldsymbol{u}_r^*, \qquad \boldsymbol{g} = \boldsymbol{u}_s - \boldsymbol{u}_r, \tag{6.36}$$

woraus

$$\boldsymbol{u}_s^* = \boldsymbol{S} + \frac{m_r}{m_r + m_s}\, \boldsymbol{g}^*, \qquad \boldsymbol{u}_s = \boldsymbol{S} + \frac{m_r}{m_r + m_s}\, \boldsymbol{g} \tag{6.37}$$

folgt, so daß

$$\boldsymbol{u}_s^* - \boldsymbol{u}_s = \frac{m_r}{m_r + m_s}\,(\boldsymbol{g}^* - \boldsymbol{g}) = \frac{m_r}{m_r + m_s}\, \boldsymbol{g}^*\,(1 - \cos \chi) \tag{6.38}$$

gilt, da durch den Stoß $\boldsymbol{g}^* \to \boldsymbol{g} = \boldsymbol{g}^* \cos \chi$ übergeht (χ Streuwinkel). Mit $|\boldsymbol{g}^*| = |\boldsymbol{g}| = |\boldsymbol{u}_s - \boldsymbol{u}_r| = g$ (elastischer Stoß) und $\boldsymbol{g}^* = g\boldsymbol{k}$ ($\boldsymbol{k}$ Einheitsvektor in der Richtung von $\boldsymbol{g}$) wird

$$m_s(\boldsymbol{u}_s^* - \boldsymbol{u}_s)\,(|\boldsymbol{u}_s - \boldsymbol{u}_r|) = \frac{m_s m_r}{m_r + m_s}\, g^2 \boldsymbol{k}\,(1 - \cos \chi). \tag{6.39}$$

Die *Stoßfrequenz* v_{sr}, d. h. die Anzahl der Zusammenstöße, die ein Teilchen der Art s mit Teilchen der Art r pro Sekunde erleidet, wurde auf S. 19 unter der Voraussetzung, daß alle n Teilchen die gleiche Geschwindigkeit haben, durch σn gegeben ($F = 1$). Hier betrachten wir die Häufigkeit der Stöße, bei denen sich die Geschwindigkeit von $\boldsymbol{u}_s^*$ auf $\boldsymbol{u}_s$ ändert. Nach (6.38) definieren wir daher als *Stoßfrequenz* pro Teilchen

$$v_{rs}(\boldsymbol{u}_s) = \int d\boldsymbol{u}_r f_r(\boldsymbol{u}_r)\, g\,(1 - \cos \chi)\, \sigma(g, \chi). \tag{6.40}$$

Damit erhalten wir für den *Impulsübertragungsterm*

$$\int m_s \boldsymbol{u}_s \left(\frac{\partial f_s}{\partial t}\right)_{\text{Stoß}} d\boldsymbol{u}_s = \sum_r \int d\boldsymbol{u}_s \frac{m_s m_r}{m_r + m_s}\,(\boldsymbol{u}_s - \boldsymbol{v}_r)\, v_{rs}(\boldsymbol{u}_s)\, f_s(\boldsymbol{u}_s). \tag{6.41}$$

Hierbei haben wir angenommen, daß die r-Teilchen schwer sind (Ionen, neutrale Moleküle), so daß $u_r \approx v_r$ ist. Eine exaktere Rechnung ist sehr kompliziert [3.5], führt aber zum gleichen Resultat

$$\int m_s u_s \left(\frac{\partial f_s}{\partial t}\right)_{\text{Stoß}} \mathrm{d}u_s = \sum_r \frac{m_s m_r}{m_r + m_s} \, v_{rs} n_s (v_s - v_r). \tag{6.42}$$

Dieser Ausdruck erinnert an den Stoßterm in (3.46). Der Stoßterm (6.42) wird von vielen Autoren ad hoc angesetzt.

In analoger, aber noch komplizierterer Weise erhält man für den *Energieübertragungsterm* [3.5]

$$\int \left(\tilde{U}_s + \frac{1}{2} m_s u_s{}^2\right) \left(\frac{\partial f_s}{\partial t}\right)_{\text{Stoß}} \mathrm{d}u_s = \sum_r \frac{n_s m_s m_r}{m_r + m_s} \, v_{rs} (v_s - v_r) \, v_s + A,$$

wobei $v_{rs}^* \approx v_{sr}^*$ ist. Der erste Term rechts stellt die von der „Reibungskraft" (6.32) geleistete Arbeit dar; A enthält Ionisierungsarbeiten und Terme, die von der Temperaturdifferenz zwischen den Teilchenarten abhängen.

Damit erhält man die Schlüter*schen Gleichungen für ein Mehrflüssigkeitsplasma:*

Kontinuitätsgleichung

$$\frac{\partial \varrho_s}{\partial t} + \nabla(\varrho_s v_s) = 0, \tag{6.34}$$

Bewegungsgleichung

$$\varrho_s \frac{\mathrm{d}v_s}{\mathrm{d}t} = -\nabla p_s + n_s e Z_s \left(E + \frac{1}{c}\,[v_s \times B]\right) + \sum_r \frac{m_s m_r}{m_r + m_s} \, v_{rs} n_s (v_s - v_r), \tag{6.43}$$

Energiesatz

$$\frac{\mathrm{d}}{\mathrm{d}t}\left(\varrho_s U_s + \frac{\varrho_s v_s{}^2}{2}\right) + \left(\varrho_s U_s + \frac{\varrho_s v_s{}^2}{2}\right) \operatorname{div} v_s$$

$$= -\nabla(v_s p_s) - \nabla q_s + j_s E + \sum_r \frac{n_s m_s m_r}{m_r + m_s} \, v_{rs} (v_s - v_r) \, v_s + A. \tag{6.44}$$

Diese Gleichungen lassen sich auch aus der Bahntheorie ableiten [6.1], [1.17], [6.2]. r bezeichnet das schwerere Teilchen.

6.3 Ohm*sches Gesetz*

Der Zusammenhang zwischen elektrischem Feld E und Stromdichte j, meist Ohmsches Gesetz genannt, ist im Plasma sehr verwickelt. Einige solche Ohmsche Gesetze haben wir bereits kennengelernt: (3.50), S. 49 (5.62). In einem Plasma treten eben, je nach der verwendeten Näherung und Betrachtungsweise, verschiedene Ströme auf: Neben dem *Konvektionsstrom durch Teilchenbewegung* (S. 48) bzw. durch *Bewegung eines geladenen Mediums* (S. 121) gibt es den *Polarisationsstrom* (S. 50), den *Magnetisierungsstrom* (S. 52) sowie *Leitungsströme durch Teilchenbewegung parallel E* (S. 49) bzw. durch *Teilchendiffusion* (S. 120). Weitere Stromarten werden wir hier kennenlernen.

Die Mehrflüssigkeitstheorie gestattet es nämlich, ein recht allgemeines OHMsches Gesetz abzuleiten. Da die neutralen Teilchen keinen Strom transportieren, gehen wir zunächst von der Zweiflüssigkeitstheorie aus ($s = \mathrm{E} = $ Elektron, $\mathrm{I} = $ Ion).

Wir schreiben die Bewegungsgleichung (6.43) für Ionen auf und multiplizieren mit m_E, die Bewegungsgleichung für Elektronen multiplizieren wir mit $-m_\mathrm{I}$. Addition ergibt im technischen Maßsystem mit $n_\mathrm{E} = n_\mathrm{I}$ (Quasineutralität!) und $\varrho_\mathrm{E} = n_\mathrm{E} m_\mathrm{E}$, $\varrho_\mathrm{I} = n_\mathrm{I} m_\mathrm{I}$, $\beta = \dfrac{m_\mathrm{E} + m_\mathrm{I}}{m_\mathrm{E} m_\mathrm{I}} \cdot v_\mathrm{EI} n_\mathrm{E}$, $Z_\mathrm{I} = 1$

$$n_\mathrm{E} m_\mathrm{I} m_\mathrm{E} \left(\frac{\mathrm{d}v_\mathrm{I}}{\mathrm{d}t_\mathrm{I}} - \frac{\mathrm{d}v_\mathrm{E}}{\mathrm{d}t_\mathrm{E}} \right) = -m_\mathrm{E} \nabla p_\mathrm{I} + m_\mathrm{I} \nabla p_\mathrm{E} + e n_\mathrm{E} E$$

$$\cdot (m_\mathrm{I} + m_\mathrm{E}) + e n_\mathrm{E} [(m_\mathrm{E} v_\mathrm{I} + m_\mathrm{I} v_\mathrm{E}) \times B] - \frac{\beta}{e n_\mathrm{E}} j (m_\mathrm{I} + m_\mathrm{E}). \qquad (6.45)$$

Hierbei wurde analog zu (6.22)

$$j = n_\mathrm{E} e (v_\mathrm{I} - v_\mathrm{E}) \quad \text{oder} \quad v_\mathrm{E} = -\frac{j}{e n_\mathrm{E}} + v_\mathrm{I}, \quad v_\mathrm{I} = \frac{j}{e n_\mathrm{E}} + v_\mathrm{E} \qquad (6.46)$$

verwendet. Da wir nur kleine Abweichungen von der MHD untersuchen wollen, können wir $\dfrac{\mathrm{d}}{\mathrm{d}t}$ durch $\dfrac{\partial}{\partial t}$ ersetzen (Vernachlässigung des quadratischen Terms $(v\nabla)\,v$). Indem wir aus (6.46) für v_I und v_E einsetzen und v durch $(m_\mathrm{I} + m_\mathrm{E})\,v = m_\mathrm{I} v_\mathrm{I} + m_\mathrm{E} v_\mathrm{E}$ definieren, erhalten wir mit $m_\mathrm{E}/m_\mathrm{I} \approx 0$ das *verallgemeinerte* OHM*sche Gesetz*

$$\frac{m_\mathrm{I} m_\mathrm{E}}{e} \frac{\partial j}{\partial t} = -m_\mathrm{E} \nabla p_\mathrm{I} + m_\mathrm{I} \nabla p_\mathrm{E} + e n_\mathrm{E} (m_\mathrm{I} + m_\mathrm{E})\,E$$

$$+ e n_\mathrm{E} (m_\mathrm{I} + m_\mathrm{E})\,[v \times B]$$

$$+ (m_\mathrm{E} - m_\mathrm{I})\,[j \times B] - \frac{\beta}{e n_\mathrm{E}} j (m_\mathrm{I} + m_\mathrm{E}); \qquad (6.47)$$

$\dfrac{\partial j}{\partial t}$ rührt von der Beschleunigung der Ladungsträger beim Anlegen eines elektrischen Feldes her. Für nicht zu hochfrequente Schwingungen (vgl. S. 3) und in der MHD kann man diesen Term vernachlässigen. Meist gilt $m_\mathrm{I} \gg m_\mathrm{E}$;

es folgt dann bei Vernachlässigung von m_E/m_I gegenüber 1

$$\beta \approx m_E n_E v_{EI},$$

und aus (6.47) folgt

$$j = \frac{e m_I}{(m_I + m_E)\, v_{EI}} \, \nabla \left(\frac{-p_I}{m_I} + \frac{p_E}{m_E} \right)$$
$$+ \frac{e^2 n_E}{m_E v_{EI}} \left(E + [v \times B] \right) - \frac{e^2 n_E}{m_E v_{EI}} \cdot \frac{1}{e n_E} \, [j \times B]. \tag{6.48}$$

Der erste Term stellt einen durch Diffusion erzeugten Strom dar; er kann meist vernachlässigt werden. Mit der *skalaren (longitudinalen) Leitfähigkeit*, die man aus (3.49), S. 49 für $\omega = 0$, $\omega_L = 0$ erhält,

$$\sigma_0 = \frac{e^2 n_E}{m_E v_{EI}} \quad \text{(auch mit } \sigma_\parallel \text{ bezeichnet)}, \tag{6.49}$$

nimmt (6.48) die Form (5.62), S. 114 an, wobei (2.45) und $\tau_{EI} = 1/v_{EI}$ verwendet wurde:

$$\frac{\omega_{LE}\tau_{EI}}{B} = \frac{e}{m_E v} = \frac{\sigma_0}{e n_E}. \tag{6.50}$$

Der Faktor $\omega_{LE}\tau/B$ heißt Hall-*Term* (Hall-Parameter), der letzte Term auf der rechten Seite in (6.48) heißt Hall-*Strom*. Er kommt durch die zu $[j \times B]$ proportionale Hall-*Spannung* (Hall-*Effekt!*) zustande.

Um das Ohmsche Gesetz (5.62) auf die Form (3.50), S. 49 zu bringen, betrachten wir von

$$j = \sigma_0(E + [v \times B]) - \frac{\omega_{LE}\tau_{EI}}{B} \, [j \times B] \tag{6.51}$$

die beiden Fälle:

a) $E^* = E + [v \times B]$ parallel B, d. h. $E^* \times B = 0$, $j \parallel E^*$, $j \parallel E$. Multiplizieren wir (6.51) von rechts mit B/B und entwickeln wir das Vektorprodukt, so folgt

$$j_\parallel = \sigma_0 E_\parallel. \tag{6.52}$$

In der Zweiflüssigkeitstheorie wird demnach die elektrische Leitfähigkeit parallel zu B vom Magnetfeld nicht beeinflußt. (*Satz von* Tonks).

b) E^* senkrecht B. Wir legen B in die z-Richtung und erhalten aus (6.51)

$$j_x + \omega_{LE}\tau_{EI} j_y = \sigma_0 E_x^*, \tag{6.53}$$

$$j_y - \omega_{LE}\tau_{EI} j_x = \sigma_0 E_y^*. \tag{6.54}$$

Wenn wir eine dieser Gleichungen mit $\omega_{LE}\tau_{EI}$ multiplizieren und zur anderen addieren bzw. subtrahieren, erhalten wir

$$j_x(1 + \omega_{LE}^2\tau_{EI}^2) = \sigma_0(E_x^* - \omega_{LE}\tau_{EI}E_y^*),$$
$$j_y(1 + \omega_{LE}^2\tau_{EI}^2) = \sigma_0(\omega_{LE}\tau_{EI}E_x^* + E_y^*), \tag{6.55}$$

woraus wir den *Leitfähigkeitstensor* (σ) ablesen:

$$(\sigma) = \sigma_0 \begin{pmatrix} \dfrac{1}{1 + \omega_{LE}^2\tau_{EI}^2} & -\dfrac{\omega_{LE}\tau_{EI}}{1 + \omega_{EL}^2\tau_{EI}^2} & 0 \\[2ex] \dfrac{\omega_{LE}\tau_{EI}}{1 + \omega_{LE}^2\tau_{EI}^2} & \dfrac{1}{1 + \omega_{LE}^2\tau_{EI}^2} & 0 \\[2ex] 0 & 0 & 1 \end{pmatrix}. \tag{6.56}$$

Man kann nun das OHMsche Gesetz entweder in der Form (3.50) oder wie folgt schreiben:

$$j_x = \frac{\sigma_0}{1 + \omega_{EL}^2\tau_{EI}^2} E_x^* - \frac{\omega_{LE}\tau_{EI}\sigma_0}{1 + \omega_{LE}^2\tau_{EI}^2} E_y^*,$$
$$j_\perp = \sigma_\perp E^* - \sigma_H[E^* \times B]/B, \tag{6.57}$$
$$j_y = \frac{\sigma_0}{1 + \omega_{LE}^2\tau_{EI}^2} E_y^* + \frac{\omega_{LE}\tau_{EI}\sigma_0}{1 + \omega_{LE}^2\tau_{EI}^2} E_x^*$$

(j_z nach (6.52)). $\sigma_\perp$ heißt *transversale Leitfähigkeit* (auch PEDERSEN-*Leitfähigkeit*), σ_H HALL-*Leitfähigkeit*.

6.4 *Ionenschlupf und* LORENTZ-*Gas*

Obwohl die neutralen Teilchen keinen Strom transportieren, erhält man doch in der Dreiflüssigkeitstheorie ein anderes OHMsches Gesetz. Mit der gleichen mathematischen Methode erhält man aus der Dreiflüssigkeitstheorie [6.1], [3.5] (bei Quasineutralität, Vernachlässigung quadratischer Glieder und für $\dfrac{m_E}{m_I} \ll 1$, Vernachlässigung der Druckdiffusionsterme)

$$j = \sigma_1 E^* - \omega_{LE}\tau_E[j \times B]/B$$
$$+ \left(\frac{n_n m_n}{m_I n_I + m_n n_n}\right)^2 \omega_{LE}\tau_E\omega_{LI}\tau_{In}\left[\frac{B}{B}\left(\frac{B}{B}j\right) - j\right]. \tag{6.58}$$

Hierbei bezieht sich der Index n auf die neutralen Teilchen, und es ist

$$\sigma_1 = \frac{n_E e^2}{m_E(\nu_{En} + \nu_{EI})}, \qquad \tau_E = (\nu_{En} + \nu_{EI})^{-1}. \tag{6.59}$$

Für leicht ionisierte Gase ist $()^2 \approx 1$. Den restlichen Faktor vor der zweiten eckigen Klammer in (6.58) nennt man auch COWLING-*Leitfähigkeit*. Analoge Umformungen ergeben analog zu (6.56)

$$(\sigma) = \frac{\sigma_1}{1 + \omega_{LE}\tau_E\omega_{LI}\tau_{In}} \begin{pmatrix} \dfrac{1}{1+\beta^2} & -\dfrac{\beta}{1+\beta^2} & 0 \\[2mm] \dfrac{\beta}{1+\beta^2} & \dfrac{1}{1+\beta^2} & 0 \\[2mm] 0 & 0 & 1 \end{pmatrix}, \qquad (6.60)$$

wobei

$$\beta = \frac{\omega_{LE}\tau_E}{1 + \omega_{LE}\tau_E\omega_{LI}\tau_{In}} \quad \text{(HALL- und Ionenschlupfparameter)} \qquad (6.61)$$

ist. Durch die Berücksichtigung der neutralen Komponente wird also die Leitfähigkeit verringert. Dies rührt, wie eine genauere Analyse zeigt, von der Relativbewegung zwischen den neutralen Teilchen und den Ionen, dem sogenannten *Ionenschlupf,* her. Für $\tau_{In} = 0$ (keine neutralen Teilchen vorhanden, volle Ionisierung) erhält man wieder die alten Formeln.

Für schwache Ionisierung und schwere Ionen kann man die Stöße zwischen den Elektronen untereinander vernachlässigen und die schweren Teilchen als ruhend ansehen. Man erhält dann nur für die Elektronen eine BOLTZMANN-Gleichung der Form (6.1), die nur Zusammenstöße zwischen Elektronen und ruhenden schweren Teilchen (leichte Ionen, neutrale Teilchen) enthält; dieses Modell nennt man das LORENTZ-*Gas* [3.5], [5.1]. Löst man die BOLTZMANN-Gleichung für die Elektronen durch einen Reihenansatz (MAXWELL-Verteilung + Störung der Verteilungsfunktion durch E und B), so erhält man nach umfangreichen Rechnungen, in denen das Stoßintegral mit Hilfe des RUTHERFORD*schen Streuquerschnittes* berechnet werden muß, umfangreiche Ausdrücke für die Verteilungsfunktion der Elektronen. Mit Hilfe der Verteilungsfunktion kann man dann, meist mit weiteren Vernachlässigungen oder Annahmen, verschiedene physikalisch interessante Aussagen gewinnen.

Ist $E^* = 0$, dann haben Elektronen und Ionen die gleiche Temperatur. Bei $E^* \neq 0$ werden jedoch die Elektronen beschleunigt (die schweren Ionen werden laut Annahme nicht bzw. nur wenig beschleunigt), so daß $T_E \neq T_I$ ist. So haben die Ionen in einer Leuchtstoffröhre $T_I \approx 300°K$ (man kann die Röhre anfassen — „kaltes Licht"), während $T_E \approx 10^4\,°K$ sein kann. Vergleicht man die erhaltene LORENTZ-*Verteilung* mit der MAXWELL-Verteilung, so erhält man für $v_{En} = \text{const}$, $\omega_{LE} \gg v_{En}$, und für nicht zu starke E^*

$$T_E = T_I + \frac{m_n}{3k}\left(\frac{eE^*}{m_E}\right)^2 \frac{1}{\omega_{LE}^2 + v_{En}^2}. \qquad (6.62)$$

Über w_E, berechnet mit der LORENTZ-Verteilung und (6.13), erhält man für den Elektronenstrom analog zu (6.57)

$$j_E = \sigma_1 E_\perp^* + \sigma_3 B E_\parallel^*/B - \sigma_2 [E_\perp^* \times B]/B, \tag{6.63}$$

wobei (nach Integration über den Raumwinkel $d\Omega$)

$$\sigma_1 = \frac{4\pi}{3}\frac{e^2}{m_E}\int f_L(c_E)\frac{d}{dc_E}\frac{c_E^3 \tau_{En}}{1 + \omega_{LE}^2 \tau_{En}^2}\,dc_E, \tag{6.64}$$

$$\sigma_2 = \frac{4\pi}{3}\frac{e^2}{m_E}\omega_{LE}\int f_L(c_E)\frac{d}{dc_E}\frac{c_E^3 \tau_{En}^2}{1 + \omega_{LE}^2 \tau_{En}^2}\,dc_E, \tag{6.65}$$

$$\sigma_3 = \frac{e^2}{3k}\int \frac{c_E^2 f_L(c_E)}{v_{En} T_E^*}\,dc_E \tag{6.66}$$

ist, wobei T_E^* eine ähnliche Form wie T_E in (6.62) hat.
Die LORENTZ-*Verteilung* f_L lautet

$$f_L(c_E) = n_E \left(\frac{m_E}{2\pi k T_E}\right)^{3/2}$$
$$\cdot \exp\left[-\frac{m_E c_E^2}{2k\left(T_I + \dfrac{m_n}{3k}\left(\dfrac{eE^*}{m_E}\right)^2 \dfrac{1}{\omega_{LE}^2 + v_{En}^2}\right)}\right]. \tag{6.67}$$

Sie ist keine Gleichgewichtsverteilung. Für $T_I = 0$, $\omega_{LE} = 0$, $v_{En} = $ const erhält man die DRUYVESTEYN-*Verteilung*, die die Bewegung von Elektronen in einem Gas unter dem Einfluß eines elektrischen Feldes beschreibt.
Die Integrale (6.64)–(6.66) kann man nur berechnen, wenn man $\tau_{En} = \dfrac{1}{v_{En}}$ als Funktion von c_E kennt. Um $v_{En}(c_E)$ zu erhalten, muß man nach (6.40) den Stoßquerschnitt σ kennen, den man nur berechnen kann, wenn man das Kraftgesetz zwischen den Stoßpartnern kennt. Für dieses Kraftgesetz macht man meist den Ansatz

$$|K_{En}| = \alpha_{En} r^{-s} \tag{6.68}$$

($s = 2$ COULOMB-*Kraft*, n = I; $s = 5$ MAXWELL-*Kraft* zwischen Elektron und polarisierbarem neutralen Teilchen).
Für $s = 5$ erhält man einfache Ausdrücke, es wird z. B. $\sigma \sim \dfrac{1}{c_E} = \dfrac{1}{g}$, so daß v_{En} konstant wird. Man kommt dann genau zu (6.56) zurück. Löst man die BOLTZMANN-Gleichung für Elektronen mit der CHAPMAN-ENSKOG-*Methode*, so kommt man zu anderen Ausdrücken als beim LORENTZ-*Modell* [3.5], [5.1].

6.5 Die SAHA-*Gleichung*

Das LORENTZ-*Modell* kann bei gewissen Voraussetzungen auch auf ein vollionisiertes Plasma angewendet werden. So haben SPITZER und HAERM [6.5] die Formel

$$\sigma_1 = \frac{1,5085 \cdot 10^{-2} T_E^{3/2}}{Z_I \Lambda_C} \; \Omega^{-1} \, m^{-1}$$

$$= \frac{2,37 \cdot 10^8 \, T_E^{3/2}}{Z_I \Lambda_C} \approx 0,9 \cdot 10^7 \frac{T_E^{3/2}}{Z_I} \quad \text{e.s.E.} \tag{6.69}$$

abgeleitet. Es wird auch die *Resistivität* (der spezifische Widerstand) η in Ωm angegeben $\eta = 1,65 \cdot 10^{-9} \, Z\Lambda_C T_E^{-3/2}$ [2.1]. Λ_C ist der COULOMB-*Logarithmus*. Zu (6.69) gelangt man, indem man in (6.59) für

$$\frac{n_E}{v_{En} + v_{EI}} = \frac{n_E}{v_{Eeff}} = \frac{1}{\sqrt{\overline{c_E^2}} \, \sigma} = \frac{1}{\sqrt{\overline{c_E^2}} \cdot 0,3 \Lambda_C \, 10^{-5} \, T_E^{-2}} \tag{6.70}$$

einsetzt. Es ist $v_{eff} \approx \bar{c}\sigma n$, vgl. (6.40), für $\overline{c_E^2}$ vgl. (4.75). Für die neutralen Moleküle ist $\sigma \approx 10^{-15} \, cm^2$, für die Ionen ist σ mindestens 10^3mal so groß. *Elektronen-Ionen-Stöße sind daher wesentlich häufiger als Elektronen-Molekül-Stöße.* Man kann daher Plasmen mit einem *Ionisationsgrad* größer als 1% oft schon als *vollionisiert* ansehen. (Nur dort gilt sicher eine MAXWELL-Verteilung.) σ_1 liegt zwischen 10^{10} (Wasser) bis 10^{18} (Kupfer) elst. Einheiten und höher.

Der *Ionisationsgrad* folgt im thermischen Gleichgewicht aus der Reaktionsformel (*Massenwirkungsgesetz*) von GULDBERG und WAAGE [6.3]. Wendet man dieses auf die Ionisierung Molekül $\rightleftharpoons$ Ion + Elektron an, so erhält man [6.4], [3.5] nach Einsetzen für die Gleichgewichtskonstante die SAHA-*Gleichung*.

$$\frac{n_E n_I}{n_n} = 3 \cdot 10^{21} \, T^{3/2} \, e^{-\frac{\varepsilon_i}{T}}, \tag{6.71}$$

wobei T in [eV] und ε_i die *Ionisierungsenergie* des neutralen Moleküls des betreffenden Gases in eV sind (13,6 eV für Wasserstoff). Bei mehrstufigen Ionisierungsprozessen gelten kompliziertere Formeln [6.4]. Zu beachten ist, daß die DEBYE-Abschirmlänge einen Einfluß auf den Ionisierungsgrad hat.

Neben der thermischen Ionisation gibt es *Nichtgleichgewichtsionisation* durch elektrische Felder (Beschleunigung der geladenen Teilchen), *Photoionisation, Kontaktionisation* (z. B. an festen heißen Oberflächen) u. a. Diese Prozesse können zu größeren Ionisationsgraden führen als die Gleichgewichtsionisation [3.5]. Insbesondere für MHD-Generatoren spielt die durch elektrische Felder erzeugte Ionisation eine gewisse Rolle (KERREBROCK-*Effekt*).

In voll ionisierten Gasen, in denen große elektrische Felder herrschen, reichen die durch die Zusammenstöße von Elektronen mit Ionen und anderen

Elektronen hervorgerufenen Reibungskräfte nicht aus, ein Elektron auf eine Gleichgewichtsdriftgeschwindigkeit abzubremsen: das *„Davonlaufelektron"* *(runaway electron)* wird dauernd beschleunigt. Diese Elektronen können verschiedene Effekte hervorrufen und treten z. B. im LORENTZ-Gas auf. Das kritische elektrische Feld ist durch das DREICER-Feld

$$E_C = \frac{m_E}{e} v_{E\,therm} v_{EI} \approx 2 \cdot 10^{-12} n_E T_E^{-1} \ [\text{V cm}^{-1}]$$

gegeben.

6.6 Transportvorgänge

Wenn eine an den Teilchen eines Gases haftende Eigenschaft (z. B. die Temperatur) durch die Bewegung des Teilchens auf einen anderen Ort übertragen wird, spricht man von einem *Transportvorgang*. Diffusion (Transport der Dichte der Teilchen einer bestimmten Energie), Wärmeleitung (Transport der mittleren kinetischen Energie) oder Stromleitung (Transport von elektrischen Potentialdifferenzen) sind solche Erscheinungen. Diese treten auch dann auf, wenn z. B. die Teilchendichte zeitunabhängig oder zeitunabhängig und örtlich konstant ist: die schnelleren Teilchen bewegen sich rascher fort und diffundieren daher aus einem Raumbereich rascher weg als die langsameren Teilchen.

Alle diese Überlegungen sollen hier nur für schwach ionisierte Plasmen ($v_{Stoß}$ ortsunabhängig, da die Dichte der neutralen Teilchen konstant ist) und in der Nähe des Gleichgewichtes behandelt werden. Mit $\frac{\partial}{\partial t} = 0$, $F_s = 0$ folgt aus der *allgemeinen Transportgleichung* (5.3) mit (4.82) die *spezielle Transportgleichung*

$$\nabla G \equiv \nabla(n_s \langle \Theta_s u_s \rangle) = \int \Theta_s v_{Stoß}(f_0 - f)\, \mathrm{d}u_s = G. \tag{6.72}$$

Der Vektorfluß G (z. B. Wärmeflußdichte) ist proportional dem Gradienten einer skalaren Größe (z. B. Temperatur).

Diffusion

Setzt man $\Theta_s = 1$, so erhält man aus (6.72)

$$\nabla(n_s v_s) = \nabla \int n u_s f_0\, \mathrm{d}u_s = \int v_{Stoß}(f_0 - f)\, \mathrm{d}u_s. \tag{6.73}$$

Wenn man aus der BOLTZMANN-Gleichung mit (4.82) und $f = f_0 + f_1$ unter Vernachlässigung von $u\nabla f_1$, $F\nabla_u f_1$ die Verteilungsfunktion berechnet, dann erhält man

$$f = f_0 - \frac{1}{v_{Stoß}}\left(u\nabla f_0 + \frac{E}{m}\nabla_u f_0 \right).$$

Setzt man dies in (6.73) ein, so erhält man mit $\boldsymbol{E} = 0$, $\int n\boldsymbol{u}_s f_0 \, d\boldsymbol{u}_s = 0$ sofort[2]

$$\nabla(n_s\boldsymbol{v}_s) = -\nabla\nabla \frac{n\overline{u_s^2}}{3\nu_{\mathrm{Stoß}}} = -\nabla\nabla(D_s n_s)$$

oder nach Integration

$$n\boldsymbol{v}_s = -\nabla(Dn), \tag{6.74}$$

wobei der *Diffusionskoeffizient* D_s gegeben ist durch

$$D_s = \frac{\overline{u_s^2}}{3\nu_{\mathrm{Stoß}}} = \frac{kT}{m}, \tag{6.75}$$

wobei (4.76) verwendet wurde. Dasselbe Ergebnis erhält man aus der Bahntheorie oder aus der Magnetohydrodynamik. Aus

$$\frac{\mathrm{d}\boldsymbol{v}}{\mathrm{d}t} = -\frac{\nabla p}{nm} + \frac{e}{m}(\boldsymbol{E} + [\boldsymbol{v} \times \boldsymbol{B}]) - v\boldsymbol{v} \tag{6.76}$$

folgt für $\dfrac{\partial}{\partial t} = 0$, $(\boldsymbol{v}\nabla)\,\boldsymbol{v} = 0$, sowie mit (5.13) für $\boldsymbol{B} = 0$

$$n\boldsymbol{v} = -\nabla\left(\frac{\overline{c^2}n}{3v}\right) + \frac{ne\boldsymbol{E}}{mv}. \tag{6.77}$$

Den Ausdruck $\mu = \dfrac{e}{mv}$ (Geschwindigkeit bei der Feldstärke 1) nennt man *Beweglichkeit,* sie ist nach (6.49) der skalaren Leitfähigkeit proportional. Durch Division erhält man die Einstein-*Gleichung*

$$\frac{D}{\mu} = \frac{kT}{e}. \tag{6.78}$$

Auch die Mehrflüssigkeitstheorie liefert ähnliche Resultate [6.4]. Sind Temperaturgradienten vorhanden, so treten zusätzlich Thermodiffusionserscheinungen auf [6.4]. Ist einMagnetfeld vorhanden, so wird D ein Tensor. Für ein Lorentz-*Gas* (S. 130) folgt [3.5] für die *binäre Diffusion* (Elektronen gegen Neutralteilchen)

$$D_{ij} = \frac{u_s kT}{ne}\,\mu_{ij}, \tag{6.79}$$

---

[2] Es ist

$$\int u_x^2 f_0 \, d\boldsymbol{u} = \int u_y^2 f_0 \, d\boldsymbol{u} = \int u_z^2 f_0 \, d\boldsymbol{u}, \qquad u^2 = u_x^2 + u_y^2 + u_z^2,$$

daher

$$\int u^2 f_0 \, d\boldsymbol{u} = 3 \int u_x^2 f_0 \, d\boldsymbol{u}.$$

wobei der *Beweglichkeitstensor* durch

$$(\boldsymbol{\mu})_{ij} = \frac{(\sigma_{ij})}{n_E e} \tag{6.80}$$

gegeben ist. (σ) ist der elektrische Leitfähigkeitstensor. Kennt man die binären Diffusionskoeffizienten D_{EN}, D_{IN}, so kann man nach

$$D_A = \frac{2 D_{EN} D_{IN}}{D_{EN} + D_{IN}} \tag{6.81}$$

den *ambipolaren Diffusionskoeffizienten* (Elektronendiffusion relativ zu den Ionen durch ein ∇p_E) berechnen [3.5], [6.4].
Der Strom nv genügt einer Kontinuitätsgleichung (Massenerhaltung), so daß als *Diffusionsgleichung*

$$\frac{\partial n}{\partial t} - \Delta(Dn) + \nabla(n\mu E) = 0 \tag{6.82}$$

folgt.
Parallel zu einemMagnetfeld gilt (6.75); für die Diffusion senkrecht zum Magnetfeld sind nicht nur die Stöße, sondern Sprünge von einer Gyrations-Bahn zur anderen maßgeblich, so daß [6.4], [6.7] für $\omega_L \gg v$

$$D_\perp = \frac{kT v r_L^2}{m u_\perp^2} = \frac{1}{2} v r_L^2 \approx r_L^2 v \approx \frac{\overline{u^2} v}{\omega_L^2} \quad \text{oder} \quad \sim \frac{n}{B^2 \sqrt{T}} \tag{6.83}$$

gilt, vgl. (12.41). Die *(klassische) Diffusion* geht also $\sim 1/B^2$. Durch Turbulenz und Instabilitäten gilt im Experiment $\sim kT/B$ (BOHM*sche Diffusion*).

Wärmeleitung

Für $\Theta = \dfrac{1}{2} m u^2$ erhält man aus (6.72) nach längerer Zwischenrechnung in Analogie zu (5.45)

$$q = -\nabla\left(\frac{mn\overline{u^4}}{18 v_{St.}}\right) + \frac{nv + \nabla(Dn)}{n\mu v_{St.}}\frac{5}{18}\overline{u^2}. \tag{6.84}$$

Hierbei wurde E durch nv ausgedrückt und eliminiert. Für das LORENTZ-Gas ergeben sich komplizierte Ausdrücke [3.5] und schließlich die Gültigkeit des WIEDEMANN-FRANZ*schen Gesetzes* für hochionisierte Plasmen. Man erkennt auch bei genauerer Rechnung, daß Temperaturgradienten Diffusion erzeugen und daß die Diffusion zur Wärmeleitung beiträgt, vgl. (6.84).
Die hier gebrachten Ausführungen über Transportvorgänge in einem Plasma geben nur eine erste rohe Übersicht. In Wirklichkeit sind die Verhältnisse wesentlich komplizierter. Während für Kupfer die Wärmeleitfähigkeit

$\varkappa_{Cu} \approx 10$ Joule/cm$\,^\circ$K sec ist, wurde für ein Plasma mit $T = 1$ keV, $n = 10^{20}$ m^{-3}, $B = 50$ kG $= 5$ Tesla für die Ionen senkrecht zum Magnetfeld eine Wärmeleitfähigkeit $\varkappa_{\perp\mathrm{I}} \approx 10^{-6}$, für Elektronen parallel zum Feld aber $\varkappa_{\|\mathrm{E}} \approx 10^4$ gemessen. An sich könnte man mit Hilfe von (5.42) in der Form

$$q_s = \int \frac{m_0}{2} \, c_s^2 c_s f(c_s) \, dc_s = -\varkappa \nabla T \tag{6.85}$$

für jede Verteilungsfunktion f und für jede Teilchenart den Wärmeflußvektor ausrechnen. Man könnte die LORENTZ-Verteilung oder die MAXWELL-Verteilung f_0 einsetzen. So erhält man z. B. für den *Wärmeleitfähigkeitstensor* der Elektronen [3.5]

$$\varkappa_{ij} = \frac{mE}{6T} \int \left(\frac{m_\mathrm{E} c_\mathrm{E}^2}{2kT} - \frac{5}{2} \right) f_0(c_\mathrm{E}) \, c_\mathrm{E}^4 \Omega_{ij} \, dc_\mathrm{E}, \tag{6.86}$$

wobei der *collision frequency tensor* Ω_{ij} durch

$$\Omega_{ij} = \begin{bmatrix} \dfrac{\nu_{\mathrm{E}s}}{\omega_{\mathrm{LE}}^2 + \nu_{\mathrm{E}s}^2} & -\dfrac{\omega_{\mathrm{LE}}}{\omega_{\mathrm{LE}}^2 + \nu_{\mathrm{E}s}^2} & 0 \\[3mm] \dfrac{\omega_{\mathrm{LE}}}{\omega_{\mathrm{LE}}^2 + \nu_{\mathrm{E}s}^2} & \dfrac{\nu_{\mathrm{E}s}}{\omega_{\mathrm{LE}}^2 + \nu_{\mathrm{E}s}^2} & 0 \\[3mm] 0 & 0 & \dfrac{1}{\nu_{\mathrm{E}s}} \end{bmatrix} \tag{6.87}$$

gegeben ist (für ein Magnetfeld parallel zur z-Achse). Die außerhalb der Hauptdiagonale des Tensors stehenden Glieder beschreiben den HALL-*Wärmestrom* in der $\nabla T \times B$-Richtung. Aus dem Gebiet höherer Temperatur kommende Teilchen tragen einen Nettowärmestrom mit sich. Mit Hilfe von (6.87) kann auch der Tensor der elektrischen Leitfähigkeit (6.56) in der Form

$$\sigma_{ij} = \frac{e^2}{3k} \int \frac{\Omega_{ij} c_\mathrm{E}^2 f_0(c_\mathrm{E})}{T^*} \, dc_\mathrm{E} \tag{6.88}$$

mit $T^* = T_\mathrm{E}$ nach (6.62) angeschrieben werden. In einem nicht voll ionisierten Plasma sind die Verhältnisse noch komplizierter, da nun auch Stöße mit Neutralteilchen auftreten.

Experimente haben jedoch gezeigt, daß auch die geometrische Form des das Plasma einschließenden Gefäßes und Instabilitäten bei Transporterscheinungen eine große Rolle spielen, so daß wir erst später (§§ 8, 12) darauf zurückkommen.

Ausgehend von etwas modifizierten SCHLÜTERschen Mehrflüssigkeitsgleichungen (6.34), (6.43), (6.44) hat BRAGINSKII [6.6] leicht modifizierte Formeln für die Transportkoeffizienten abgeleitet (BRAGINSKII-*Gleichungen*). Er erhält so die folgenden Ausdrücke: elektrische Leitfähigkeit, vgl. (6.69)

$$\sigma_\perp = \frac{e^2 n_E \tau_E}{m_E} = \frac{0{,}9 \cdot 10^{12}\, T_E^{3/2}}{Z_I \Lambda_C} \quad [\text{sec}^{-1}], \tag{6.89}$$

$$\sigma_\| = 1{,}96\, \sigma_\| \quad [\text{sec}^{-1}], \tag{6.90}$$

wobei τ_E, τ_I die für Elektronen bzw. Ionen spezifizierten *Stoßzeiten* (2.38) sind und $\perp$ bzw. $\|$ senkrecht bzw. parallel zum Magnetfeld bedeutet. Für die Wärmeleitfähigkeit der Elektronen ergibt sich

$$\varkappa_{E\|} = 3{,}16\, \frac{n_E T_E \tau_E}{m_E}, \tag{6.91}$$

$$\varkappa_{E\perp} = 4{,}66\, \frac{n_E T_E}{m_E \omega_{PE}^2 \tau_E}, \tag{6.92}$$

wobei

$$\tau_E = \frac{3\sqrt{m_E}\, T_E^{3/2}}{4\sqrt{2\pi}\, \Lambda_C e^4 Z_I^2 n_I} = \frac{3{,}5 \cdot 10^3}{\Lambda_C}\, \frac{T_E^{3/2}}{Z n_I}. \tag{6.93}$$

Im Experiment wurde $\varkappa_{E\perp} \approx 3{,}5\ \mathrm{m^2\, s^{-1}}$ gemessen [10.27]. Für Ionen gilt

$$\varkappa_{I\|} = 3{,}9\, \frac{n_I T_I \tau_I}{m_I}, \tag{6.94}$$

$$\varkappa_{I\perp} = 2\, \frac{n_I T_I}{m_I \omega_{PI}^2 \tau_I}, \tag{6.95}$$

wobei

$$\tau_I = \frac{3\sqrt{m_I}\, T_I^{3/2}}{4\sqrt{2\pi}\, \Lambda_C e^4 Z_I^4 n_I} \approx \frac{3{,}10 \cdot 10^5}{\Lambda_C}\, \frac{T_I^{3/2}}{Z^3 n_I}. \tag{6.96}$$

Aber auch in diesen Formeln wurden geometrische Effekte wie etwa die durch toroidalen Einfluß hervorgerufenen Bananenbahnen (vgl. S. 174) oder der Einfluß von Mikroinstabilitäten auf die Transportkoeffizienten (vgl. § 12.3) nicht erfaßt. Eine auf Fluktuationen und der statistischen Theorie basierende Transporttheorie wurde von STRINGER gegeben [9.3], [10.21]. Mit dieser Theorie kann z. B. die durch Driftwellen verursachte Diffusion berechnet werden.

§ 7 Spezielle Plasmatheorien

7.1 Die Driftnäherung

Nach der Besprechung der Driftbewegung der Teilchen in homogenen Feldern (§ 3.2) behandelten wir auf S. 31 inhomogene Felder, wobei wir schwache räumliche und zeitliche Inhomogenität annahmen, vgl. (3.19), (3.21). Bei diesen Rechnungen verwendeten wir als den die Größenordnung der einzelnen Terme bestimmenden Faktor $\dfrac{r_{\mathrm{L}}}{l} \approx \dfrac{m}{l} = \varepsilon$. Terme $\sim \varepsilon^2$ wurden vernachlässigt. Man kann jedoch die Entwicklung nach ε weiterführen und z. B. zur Lösung der Bewegungsgleichung (3.1) den Ansatz [3.3]

$$r = \sum_{n=-\infty}^{\infty} \varepsilon^{|n|} R_n(t) \exp\left[nC(t)/\varepsilon\right] \tag{7.1}$$

machen. $C(t)$ ist eine charakteristische Funktion zunächst beliebiger Art. BERKOWITZ und GARDNER bewiesen, daß man so tatsächlich zu einer Reihendarstellung der exakten Lösung der Bewegungsgleichung gelangt. Diese *Driftnäherung* (auch *adiabatische Bahntheorie* oder *Bahntheorie kleiner* oder *verschwindender* LARMOR-*Radien* genannt) stimmt mit den entsprechenden näherungsweisen Lösungen der VLASOV-Gleichung (Abbrechen bei derselben Potenz von ε) voll überein, da ja auch die exakte Lösung der Bewegungsgleichung genau dieselben physikalischen Aussagen liefert wie die VLASOV-Theorie.

Betrachtet man lediglich die über eine Gyrationsperiode τ_{L} gemittelte Bewegung des Führungszentrums, so kann man in den kinetischen Gleichungen des § 4, beispielsweise in der VLASOV-Gleichung (4.12), bei Vernachlässigung eines äußeren elektrischen Feldes E die Teilchenkoordinaten x, u durch die Koordinaten des Führungszentrums $R, \dot{R}$ und die Driftgeschwindigkeit u_D nach (3.11) ersetzen. Man erhält so die *driftkinetische Gleichung* in der Form [7.1]

$$\frac{\partial f}{\partial t} + \dot{R}\nabla f + \frac{\dot{u}_{\parallel}}{m}\frac{\partial f}{\partial u_{\parallel}} + \frac{\dot{u}_{\perp}}{m}\frac{\partial f}{\partial u_{\perp}} = 0. \tag{7.2}$$

Hier ist natürlich $f = f(R, u_{\parallel}, u_{\perp}, t)$. Da man annehmen kann, daß das magnetische Moment μ (3.7) näherungsweise als invariant angesehen werden kann, kann man wegen

$$u_\perp = \sqrt{\frac{2B\mu}{m}} = \text{const} \tag{7.3}$$

den Term mit $\dot{u}_\perp$ meist vernachlässigen.

7.2 Die Quasimagnetohydrodynamik

Für nichtdissipative, stoßfreie Plasmen haben KRUSKAL und OBERMAN sowie ROSENBLUTH und ROSTOKER [7.2], [6.2] für kleine ε Lösungen des VLASOV-MAXWELL-Gleichungssystems abgeleitet, die mit den entsprechenden Driftnäherungen übereinstimmen. Die Ausgangsgleichungen dieser Theorie sind somit genau die Gleichungen (4.58), (4.59), zu denen noch die Definition eines Spannungstensors tritt. Allerdings tritt zur gewöhnlichen Magnetohydrodynamik ein wesentlicher Unterschied auf: In einem skalaren Plasma (vgl. (2.55), S. 23), in dem die vom Magnetfeld erzeugten Anisotropien durch die Stöße infolge der thermischen Bewegung[1] zerstört werden, sind die Stöße Ursache der Druckübertragung. Ist jedoch der thermische Druck klein (kleines β nach (4.1), VLASOV-Plasma), sind also die Stöße vernachlässigbar, dann übernimmt gewissermaßen das Magnetfeld die Rolle der Stöße, und die Druckübertragung wird durch die Magnetisierungs- und Driftströme bewirkt. Der Druck muß dann durch (3.66) bzw. (3.65), also mit Hilfe der Gyrations-*Geschwindigkeit* bzw. der *Geschwindigkeit des Führungszentrums* definiert werden. Da nun eine Geschwindigkeitsverteilung vorliegt, sind die Geschwindigkeitsquadrate durch geeignete Mittelwerte (Integrale über f) zu ersetzen. Man kann jedoch $p_\perp$ und $p_\parallel$ als echte Drucke ansehen und spricht daher von *quasimagnetohydrodynamischer Näherung*.
In der Driftnäherung wird die Bewegung eines Teilchens durch fünf Variable charakterisiert: durch den Ort R des Führungszentrums sowie durch das magnetische Moment μ (oder $p_\perp$ oder $u_\perp$) und durch die Longitudinalgeschwindigkeit $\dot{R}_\parallel$ des Führungszentrums (bzw. durch $p_\parallel$). Für die Lösung der VLASOV-*Gleichung* in *Driftnäherung* nach Potenzen von ε führt man anstelle der sechs Variablen x, v jene fünf Variablen in die Verteilungsfunktion ein [3.3], [6.2], [7.3]. Nach kurzer Rechnung erhält man dann in nullter Näherung ($\varepsilon \approx 0$) die folgenden Aussagen (wobei unter $\langle \rangle$ nach (5.2) wieder die Mittelung mit Hilfe der Verteilungsfunktion verstanden wird und wobei (3.10), (3.11), (3.20), (5.5) verwendet wurden ($E = 0$)):

1. Der Mittelwert der Gyrations-Geschwindigkeit ist Null,

$$\langle u'_\perp \rangle = 0. \tag{7.4}$$

---

[1] Daher Definition des Druckes mit Hilfe der thermischen Geschwindigkeit c, vgl. (5.13), S. 103.

2. Die Strömungsgeschwindigkeit der Quasimagnetohydrodynamik (der Driftnäherung) ist gleich der elektrischen Driftgeschwindigkeit,

$$v \equiv \langle u \rangle = u_D = \frac{E \times B}{B^2}.$$ (7.5)

Dies gilt für $E_\| = 0$. Ist $E_\| \neq 0$, so überlagert sich noch $u_\|$ zu u_D. Ferner gilt (3.75).

3. Der Drucktensor wird durch die Gyrations-Bewegung bzw. durch die Bewegung des Führungszentrums erzeugt,

$$p_{ik} = mn(\langle u'_{\perp i}; u'_{\perp k}\rangle = \langle u'_{\| i}; u'_{\| k}\rangle),$$ (7.6)

und ist somit durch Integrale über die Verteilungsfunktion definiert, die für konstantes f in (3.65), (3.66) übergehen. Liegt das Magnetfeld B in der z-Achse und ist $\varphi(t)$ der Winkel zwischen der x-Achse und der (sich drehenden) Richtung von $u_\perp$, dann gilt

$$p_{xx} = nm\langle u_\perp^2 \cos^2 \varphi \rangle = \frac{1}{2} nmu_\perp^2 = p_\perp = \int f u_\perp^2 \cos^2 \varphi \, \mathrm{d}u,$$ (7.7)

$$p_{yy} = nm\langle u_\perp^2 \sin^2 \varphi \rangle = \frac{1}{2} nmu_\perp^2 = p_{zz} = p_\perp,$$ (7.8)

$$p_{xy} = p_{yx} = nm\langle u_\perp^2 \sin \varphi \cos \varphi \rangle = 0,$$
$$p_{xz} = nm\langle u_\perp u_\| \cos \varphi \rangle = 0,$$ (7.9)

$$p_{zz} = nmu_\|^2 = p_\| = m \int f u_\|^2 \cdot \mathrm{d}u,$$ (7.10)

$$p_{ik} = p_\perp \delta_{ik} + (p_\| - p_\perp) \frac{B; B}{B^2}.$$ (7.11)

Entwicklungen der Verteilungsfunktion

$$f(R, \dot{R}_\|, u_\perp, t) = \sum_\nu \varepsilon^\nu f^{(\nu)}$$ (7.12)

führen dann zu höheren Näherungen [6.2].
Es gibt auch Theorien, die Stoßterme in der Quasi-MHD berücksichtigen [7.4].

7.3 Die doppelt adiabatische Magnetohydrodynamik

Legt man die VLASOV-*Gleichung in Driftnäherung* (7.2) der *Momentenmethode* zugrunde und definiert man eine thermische Geschwindigkeit

$$c_\perp + c_\| \equiv c = u - u_D = u - v,$$ (7.13)

so erhält man nach CHEW, GOLDBERGER und LOW [7.4] bzw. nach ROSEN-BLUTH und ROSTOKER [7.5] für das nullte Moment ($\Theta = m$) die Kontinuitäts-gleichung (5.7), wobei $v = u_D$ ist.
Das erste Moment ($\Theta = mc_{\parallel}$) liefert

$$\varrho \left(\frac{\mathrm{d}v}{\mathrm{d}t}\right)_{\parallel} + \frac{\partial p_{\parallel}}{\partial x_{\parallel}} + \frac{1}{B}\frac{\partial B}{\partial x_{\parallel}}(p_{\perp} - p_{\parallel}) = 0, \tag{7.14}$$

während das Moment $\Theta = mc_{\perp}$ verschwindet.

Das zweite Moment ($\Theta = \frac{1}{2}mc_{\perp}^2$ bzw. $mc_{\parallel}^2$) liefert den Energiesatz in der Form

$$\frac{\mathrm{d}p_{\perp}}{\mathrm{d}t} + \frac{\partial}{\partial x_{\parallel}}q_{\perp}^{\parallel} - \frac{2}{B}\frac{\partial B}{\partial x_{\parallel}}\,q_{\perp}^{\parallel} + p_{\perp}(2\,\mathrm{div}\,v_{\perp} + \mathrm{div}\,v_{\parallel}) = 0, \tag{7.15}$$

$$\frac{\mathrm{d}p_{\parallel}}{\mathrm{d}t} + \frac{\partial}{\partial x_{\parallel}}q_{\parallel}^{\parallel} + \frac{1}{B}\frac{\partial B}{\partial x_{\parallel}}(2q_{\parallel}^{\perp} - q_{\parallel}^{\parallel}) + p_{\parallel}(\mathrm{div}\,v_{\perp} + 3\,\mathrm{div}\,v_{\parallel}) = 0, \tag{7.16}$$

wobei die *Wärmeflüsse* in Analogie zu (5.42) gegeben sind durch

$$q_{\perp}^{\parallel} = \int f\,\frac{1}{2}mc_{\perp}^2 c_{\parallel}\,\mathrm{d}c = \left\langle n\,\frac{1}{2}mc_{\perp}^2 c_{\parallel}\right\rangle;$$

$$q_{\parallel}^{\parallel} = \left\langle n\,\frac{1}{2}mc_{\parallel}^2 c_{\parallel}\right\rangle \tag{7.17}$$

($q_{\perp}^{\perp}$ und $q_{\parallel}^{\perp}$ treten erst in höheren Näherungen auf [7.4]). Wenn die Flüsse $c_{\perp}^2$, $c_{\parallel}^2$, also z. B. die Wärmeflüsse $q_{\parallel}^{\perp}$ senkrecht bzw. $q_{\parallel}^{\parallel}$ parallel zu den Magnetfeldlinien verschwinden, dann nennt man die Theorie *doppelt adia-batisch* (auch *CGL-Theorie*). Integration von (7.15) und (7.16) mit Hilfe von (3.76), (5.7) liefert für die Kompression senkrecht zu B

$$p_{\perp} = \mathrm{const}\cdot\varrho^2, \qquad p_{\parallel} = \mathrm{const}\cdot\varrho \tag{7.18}$$

(während für die Kompression parallel zu B Gleichung (3.78) und $p_{\perp} = \mathrm{const}\cdot\varrho$ gilt [7.4]). Ein Ansatz für den $[j \times B]$-Term liefert schließlich die Gleichung für $\left(\frac{\mathrm{d}v}{\mathrm{d}t}\right)_{\perp}$ und nach Addition zu (7.14) die MHD-Bewegungs-gleichung

$$\varrho\,\frac{\mathrm{d}v}{\mathrm{d}t} = -\nabla(p) + [j \times B], \tag{7.19}$$

wobei

$$j = ne(\langle c_{\perp}^{(+)}\rangle + \langle c_{\perp}^{(-)}\rangle) \tag{7.20}$$

bei Quasineutralität gilt. Da (p) ein Tensor ist, können wir auch von *anisotroper MHD* sprechen.

In (5.17) sahen wir, daß ein Term von der Art

$$\eta\left(\frac{\partial v_i}{\partial x_k} + \frac{\partial v_k}{\partial x_i}\right)$$

Anlaß zu Reibungskräften gibt. Dies war eine Folge des Tensorcharakters von $\boldsymbol{\Pi}$ nach (5.16), d. h. einer Anisotropie im Medium durch Geschwindigkeitsgradienten. In der *CGL*-Theorie tritt nun ein durch das Magnetfeld bedingter Spannungstensor auf. Da der Gyrationsradius r_{LE} der Elektronen wegen $m_{\mathrm{E}} \ll m_{\mathrm{I}}$ nach (2.40) klein ist gegenüber r_{LI}, kann die Wirkung der Elektronen vernachlässigt werden. Für den Ionenspannungstensor $\tilde{\boldsymbol{\Pi}}$ ergibt sich dann mit (7.6)

$$\tilde{\Pi}_{xy} = \varrho_{\mathrm{I}}\langle c; c\rangle, \qquad \tilde{\Pi}_{xx} - \tilde{\Pi}_{yy} = \varrho_{\mathrm{I}}(\langle c_x^2\rangle - \langle c_y^2\rangle). \tag{7.21}$$

Setzt man $\boldsymbol{q} = 0$ und verwendet (7.7), so erhält man

$$\tilde{\Pi}_{xx} - \tilde{\Pi}_{yy} = -\frac{p_{\perp\mathrm{I}}}{\omega_{\mathrm{LI}}}\left(\frac{\partial v_x}{\partial y} + \frac{\partial v_y}{\partial x}\right), \qquad \tilde{\Pi}_{xy} = -\frac{p_{\perp\mathrm{I}}}{2\omega_{\mathrm{LI}}}\left(\frac{\partial v_x}{\partial x} - \frac{\partial v_y}{\partial y}\right).$$

$$\tag{7.22}$$

Der vor den Klammern stehende Ausdruck $\sim r_{\mathrm{LI}}$ wird als *magnetische Viskosität* bezeichnet. Da sie auf einen endlichen Gyrationsradius r_{L} (früher auch LARMOR-Radius genannt) zurückgeht, spricht man von einem *finite-Larmor-radius-Effekt*.
Feinere Untersuchungen gestatten es, auch den Geschwindigkeitsunterschied zwischen der Driftgeschwindigkeit $\boldsymbol{u}_{\mathrm{D}}$ der Führungszentren und der makroskopischen Strömungsgeschwindigkeit $\boldsymbol{v}$ zu erfassen [6.2]. Auch die Berechnung der Geschwindigkeit, mit der sich Flächen konstanter Werte der Verteilungsfunktion bewegen, ist von Interesse [6.2]. Man kann auch eine Verteilungsfunktion für die Führungszentren angeben [7.6].
Eine weitere Gruppe von Theorien umfaßt die *Quantentheorie des Plasmas* [7.6], die u. a. auch eine Theorie der Wechselwirkung von Plasmawellen (*Plasmon-Plasmon-Wechselwirkung*) enthält. In diesem der ersten Einführung in die Plasmaphysik dienenden Werk können wir jedoch diese Theorie nicht behandeln.

§ 8 Der Plasmaeinschluß

8.1 Plasmabehälter

Um mit heißen Plasmen arbeiten zu können, muß man sie in Behälter einschließen, die dem Plasmadruck standhalten und die das Plasma von der Umgebung thermisch isolieren. Für die magnetohydrodynamische Stromerzeugung, bei der Plasmatemperaturen von nur ca. $2500 - 3000\,°K$ auftreten, verwendet man als Behälterwand meistens verschiedene Keramikmaterialien.

Fusionsplasmen, die Temperaturen von Millionen Grad haben, können jedoch nicht in materielle Behälter eingeschlossen werden. Materie in Berührung mit einem derart heißen Plasma verdampft, verschmutzt daher das Plasma mit Fremdatomen und kühlt das Plasma stark ab. Ein Fusionsplasma kann daher nur durch Kraftfelder eingeschlossen werden.

Für die Lösung dieses *Einschlußproblems* bieten sich die folgenden Möglichkeiten:

1. *Schwerkraft* (ausreichend nur bei Massen von der Größenordnung von Sternmassen).
2. *Trägheitskräfte* wie Zentrifugalkraft oder Massenträgheit. Arbeitet man mit der Massenträgheit, so muß man mit hohen Dichten und rasch arbeiten (Wasserstoffbombe, Trägheitseinschluß bei der Laserfusion). Driftbewegungen in rotierenden Plasmen [3.6], [6.2] werden durch die Zentrifugalkraft unterdrückt, doch sind auch Magnetfelder nötig; auch treten störende Instabilitäten auf.
3. *Elektrostatische Felder* sind wenig wirksam, da ein Plasma elektrische Felder durch eine elektrische Doppelschicht abschirmt. Auch können die notwendigen Dichten nicht erreicht werden. Für ein Plasma mit $n = 10^{15}$, $T = 100\,\text{keV}$ wäre ein elektrostatisches Einschlußfeld von $3 \cdot 10^7$ Volt/cm nötig [3.6]. (Nach dem *Theorem von* EARNSHAW existiert außerdem kein elektrostatisches Feld, in dem geladene Teilchen eine stabile Gleichgewichtslage finden können.)
4. *Hochfrequenzfelder* sind brauchbar, benötigen aber wegen der Verluste (Skineffekt, Bremsstrahlung, Zyklotronstrahlung der Plasmateilchen) große Energien.

5. *Magnetfelder,* und zwar äußere oder innere (durch das Plasma erzeugte), stellen die heute am häufigsten verwendete Einschlußmethode dar. Man spricht daher von einer *magnetischen Flasche.*

Da sich heute die magnetische Einschließung weitgehend durchgesetzt hat, werden wir uns im wesentlichen nur mit ihr beschäftigen.

Da bei großen Temperaturen die Stoß- und Reaktionswirkungsquerschnitte sehr klein sind, kommt es zu einer geringen Wechselwirkung zwischen den Teilchen. Es wäre daher für das Einschlußproblem die VLASOV-*Gleichung* oder die Theorie der Bewegung geladener Einzelteilchen (§ 3) zuständig. Nach dieser Theorie sind die geladenen Teilchen durch die LORENTZ-*Kraft* an eine magnetische Feldlinie „gebunden"; nur durch Stöße[1] können die Teilchen ihre Feldlinie „verlassen". Sind die magnetischen Feldlinien in sich geschlossen, so spricht man von einem *geschlossenen System*: die Teilchen können den Behälter nur durch Stöße verlassen. Die Felder heißen *toroidal*. Gehen die magnetischen Kraftlinien jedoch ins Unendliche, so spricht man von einem *offenen System*. Nur der *Spiegeleffekt* (§ 3.4), der wie ein *magnetischer Pfropfen* die *magnetische Flasche* verschließt, verhindert (bzw. verringert!) das Entweichen der Plasmateilchen.

Aus der statistischen Theorie ergibt sich eine andere wichtige Aussage für das Einschlußproblem (die wegen der Äquivalenz von VLASOV-*Gleichung* und stoßfreier Einzelteilchentheorie auch in der Teilchentheorie gilt): Auf S. 91 wiesen wir nach, daß in einer Gleichgewichtsverteilung das Magnetfeld *nicht* auftritt. *Ein durch Magnetfelder eingeschlossenes Plasma kann daher nicht im thermischen Gleichgewicht stehen.* Die durch das einschließende Magnetfeld hergestellte Konfiguration wird daher durch Stoßprozesse zwischen den Teilchen zerstört. Schließlich wird sich eine thermische Gleichgewichtskonfiguration herstellen, so als ob das Magnetfeld nicht vorhanden wäre („*kraftfreier Einschluß*"). Da die thermische Gleichgewichtsverteilung isotrop ist, können keine elektrischen Ströme und damit kein inneres (durch das im thermischen Gleichgewicht befindliche Plasma erzeugtes) Magnetfeld auftreten. *Ein Plasma im thermischen Gleichgewicht erzeugt also kein inneres Magnetfeld.*

Zur Klassifikation von Plasmamaschinen stehen verschiedene Kriterien zur Verfügung:

a) *geschlossenes* oder *offenes* System, d. h., ob die Kraftlinien in sich zurücklaufen bzw. geschlossene Flächen bilden oder erst im Unendlichen enden,

b) die *Rolle der Leitungsströme* im Plasma — spielen diese beim Einschluß eine große Rolle (*Pinch-Effekt*), oder ist ihr Einfluß vernachlässigbar klein, so daß der Einschluß praktisch *nur* von einem äußeren Magnetfeld erzielt wird (*magnetische Fallen*),

---

[1] In der *Magnetohydrodynamik* führen endliche Leitfähigkeit und HALL-*Effekt* zur Ablösung der geladenen Teilchen von den Feldlinien.

c) Größe des *Einschlußparameters* (Druckverhältnis)

$$\beta = \frac{8\pi p}{B^2} = \frac{8\pi n k T}{B^2} = \frac{\text{thermische Energiedichte}}{\text{magnetische Energiedichte}}. \tag{8.1}$$

Für $\beta > 0{,}1$ spricht man von einem *Hochbetaplasma* (typische Dichten $10^{19} - 10^{22}$ m^{-3}). Der größtmögliche Wert $\beta = 1$ charakterisiert ein *magnetfeldfreies Plasma*; B in (8.1) ist dann gleich dem Außenfeld. Ein solches Plasma besitzt eine scharf ausgeprägte *Grenzfläche zum umgebenden Vakuum*. Der Grenzfall $\beta = 0$ bedeutet, daß kein Plasma vorhanden ist; sehr niedrige β-Werte sind für hochverdünnte Plasmen charakteristisch. β mißt die Wirksamkeit des einschließenden Magnetfeldes und bestimmt daher auch die *Kosten* eines Gerätes.

d) *Geometrische Faktoren*: lineare oder toroidale Plasmasäule.

In der Praxis werden meist mehrere Klassifikationsmerkmale gleichzeitig verwendet, so daß meist die folgende Einteilung verwendet wird:

I. Pinch-Maschinen

a) *linearer Pinch* (vgl. § 8.5) (*offene Systeme*)

   1. *z-Pinch,* vgl. Abb. 14

   2. *ϑ-Pinch,* vgl. Abb. 15 (ein toroidaler ϑ-Pinch ist allerdings nicht im Gleichgewicht)

   3. *Spezialformen* wie z. B. *Antipinch* (Kompression von innen nach außen), *Hohlpinch* (innerhalb des Plasmas liegender Stromleiter, wie beim Antipinch, aber Kompression von außen nach innen), *Kombinationspinch* $(z + \vartheta)$

b) *toroidaler Pinch* (vgl. § 8.7) (*geschlossene Systeme*)

   1. *z-Pinch,* vgl. Abb. 16, mit durch äußere Leiter erzeugtem B_z; *Zeta, Tokamak* (hat „kleines" β und schwaches B_ϑ, Heizung erfolgt durch den Strom)

   2. *ϑ-Pinch,* vgl. Abb. 17 ($B_\vartheta \approx 0$), *Scylla, Alcator*

   3. *Spezialformen, Levitron-Pinch* (toroidaler Hohlpinch mit frei schwebendem Innenleiter und Scherfeld zur Stabilisierung), *Schraubenpinch (Isar IV) (Screwpinch), Spherator-Tokamak* (Tokamak mit Spheratorfeld), *Pinch mit Metallwand* (zur Stabilisierung)

II. Fallen

a) *geschlossene toroidale Fallen*

   1. Erzeugung eines *Ringstromes* durch *Induktion* von einem äußeren Stromkreis, Einschluß des Plasmas durch äußere Magnetfelder

   2. Erzeugung des *Ringstromes* durch *Induktion,* Einschluß des Plasmas durch FOUCAULT-*Ströme,* die in einer *Metallumhüllung* entstehen; *Levitron* (mit frei schwebendem Innenleiter), *Wendelstein V*

   3. Erzeugung des *Ringstromes* durch *Injektion* relativistischer Elektronen senkrecht zu B; *Astron,* vgl. Abb. 18

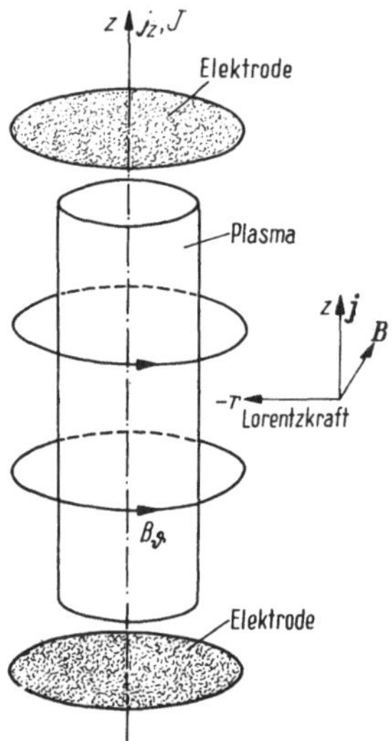

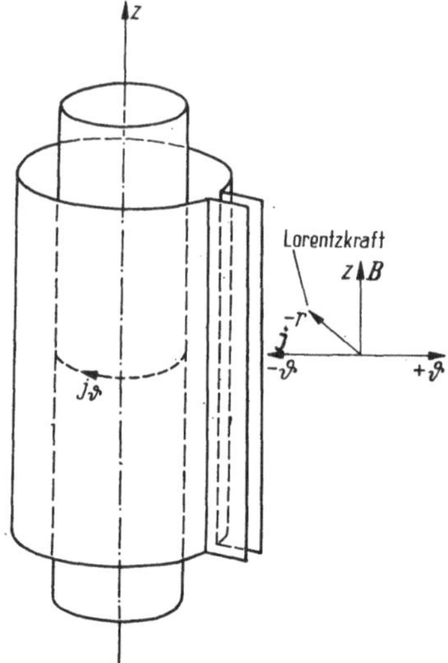

Abb. 14. z-Pinch
Die LORENTZ-*Kraft* hat die Richtung
$[j \times B]$

Abb. 15. ϑ-Pinch
Das Magnetfeld ist meridional beim
ϑ-Pinch, ϑ = Azimut

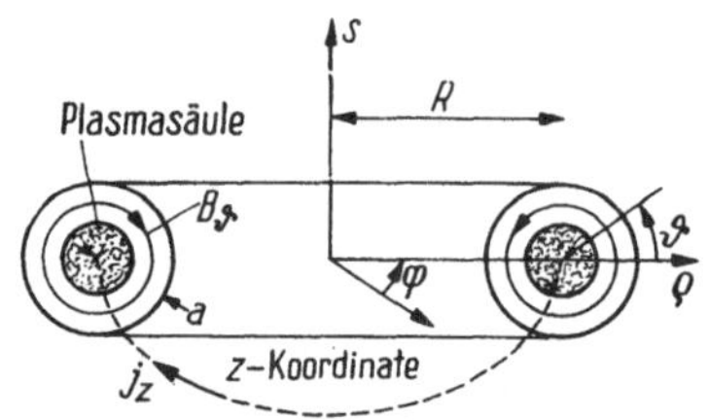

Abb. 16. Toroidaler z-Pinch.
R großer Torusradius, B_ϑ meridional,
a kleiner Torusradius resp. Plasmaradius

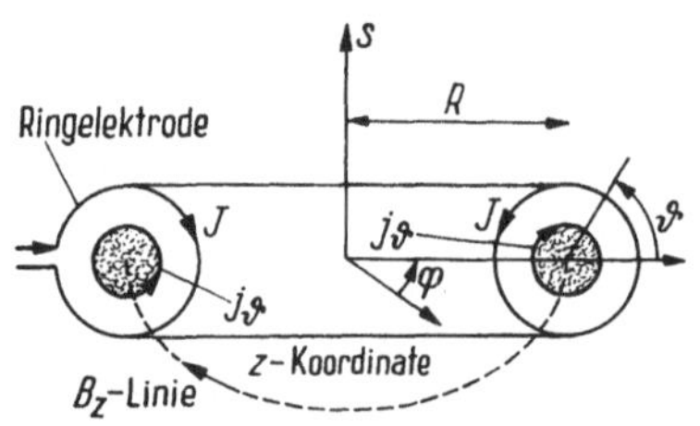

Abb. 17. Toroidaler ϑ-Pinch. B_z fällt wie $\dfrac{1}{R}$,
es ist toroidal (azimutal),
φ = Azimut

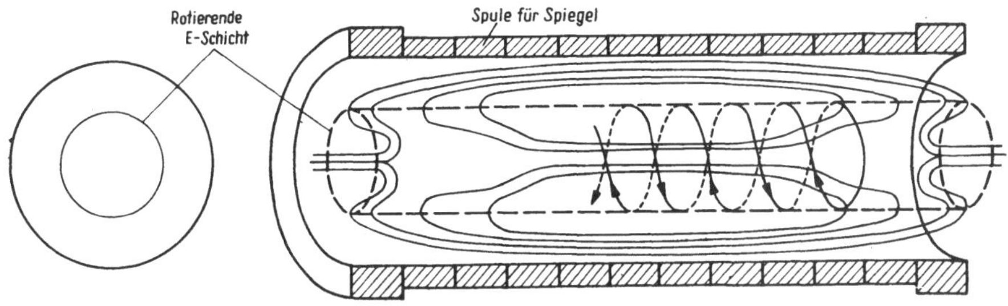

Abb. 18. Astron

4. Magnetische Konfigurationen vom Typ des verdrehten Torus, vgl. Abb. 19 (Konzept der *Rotationstransformation* der magnetischen Kraftlinien, vgl. Abb. 20, Spiralfelder); *Achter-Stellarator, Stellarator mit Zusatzwicklung, Torsatron*, kleines β

5. *Moduliertes toroidales Magnetfeld*

   α) *Runzeltorus* („bumpy torus") (vgl. Abb. 21), geschlossene gewellte Feldlinien (keine Rotationstransformation!) als Falle und als toroidaler ϑ-Pinch: *MS-Torus* (MEYER-SCHMIDT- oder MOROSOW-SOLOWJEW-*Torus*) (Feld erzeugt durch die − außerhalb des Plasmas liegende − „*Kronentorusentwicklung*"). Großes β, asymmetrisches Feld

   β) mit *hyperbolischem Zusatzfeld*; *Heliotron* (Abb. 25), *Polytron* (gepulstes Zusatzfeld)

   γ) *Multipolfelder* (vgl. Abb. 28), erzeugt durch torusförmige Ringleiter innerhalb des Plasmas; *toroidaler Oktopol*

   δ) Feldlinien schließen sich nicht: Rotationstransformation (toroidales + poloidales Feld); *Stellarator, Hochbetastellarator*

b) *Fallen mit magnetischem Pfropfen* (*Spiegelmaschinen*), in denen das Plasma zwischen zwei magnetischen Spiegeln eingeschlossen wird, vgl. Abb. 22

   1. Plasmaerzeugung durch *Injektion* von außen (von Ionen oder von Neutralteilchen, die im Inneren ionisiert werden, z. B. LORENTZ-*Ionisierung*[2]), Einschuß bei konstantem oder bei zeitlich variablem Spiegelfeld

   2. Plasmaerzeugung im Falleninneren

      α) durch *Magnetfeldkompression*; *Scylla, Toy Top*

      β) *Dissoziation* (durch Bogenentladung oder durch Stöße) molekularer Ionen; *Ogra, DCX* (Direct Current Experiment)

      γ) durch das *Ionenmagnetron* (Extraktion von Ionen aus einer Plasmasäule); *Ixion* (rotierendes Plasma!)

      δ) durch *Laserstrahlen*; *Hot Ice*

      ε) durch ϑ-*Pinch*

---

[2] Injektion neutraler schneller Atome in starke Magnetfelder, die vom rasch bewegten Atom als (ionisierendes) elektrisches Feld erscheinen.

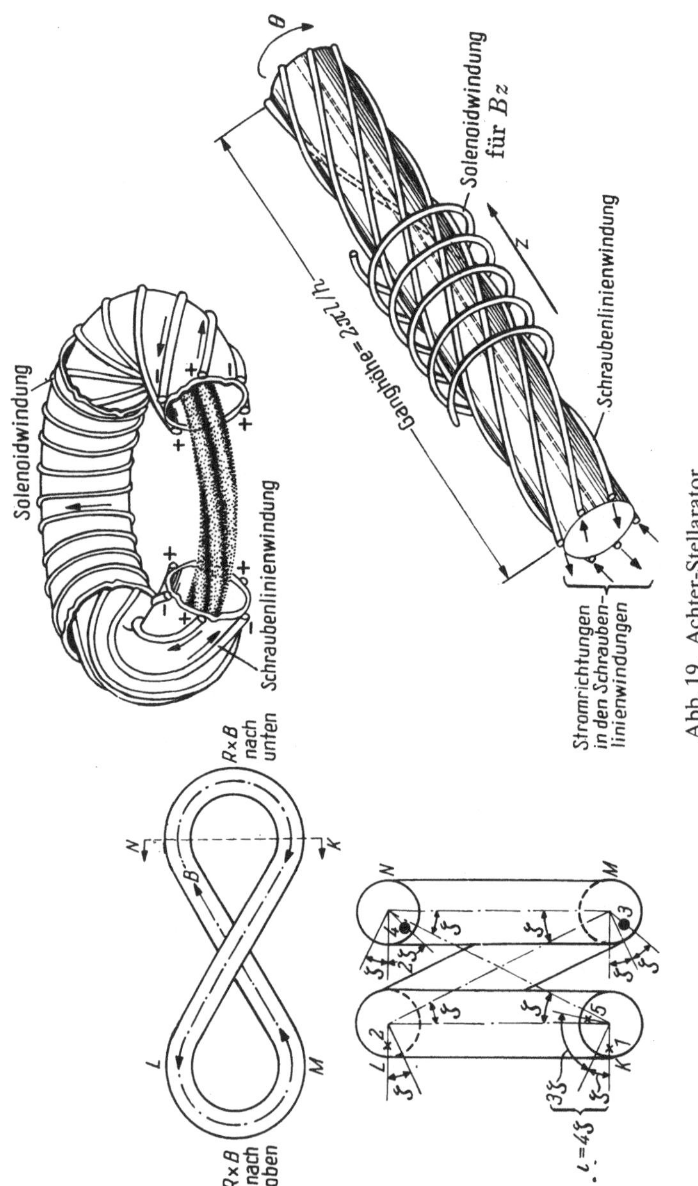

Abb. 19. Achter-Stellarator

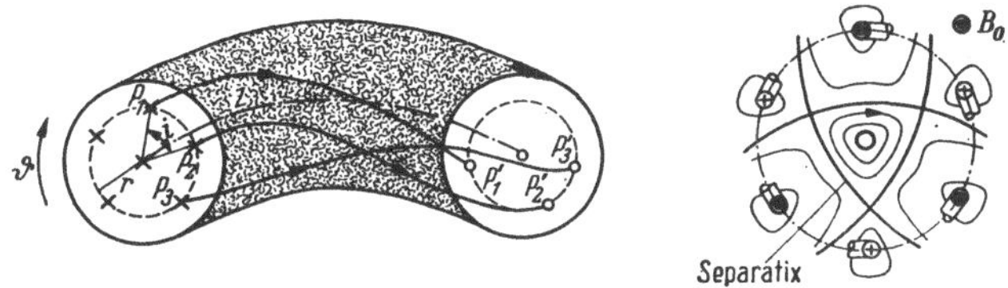

Abb. 20. Rotationstransformation und Spiralfeldwicklung

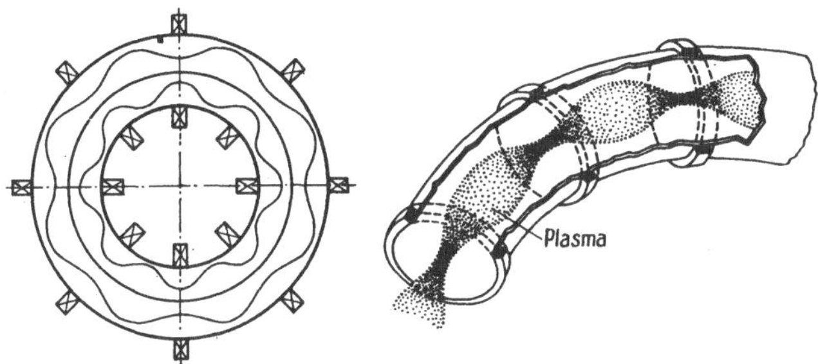

Abb. 21. Runzeltorus

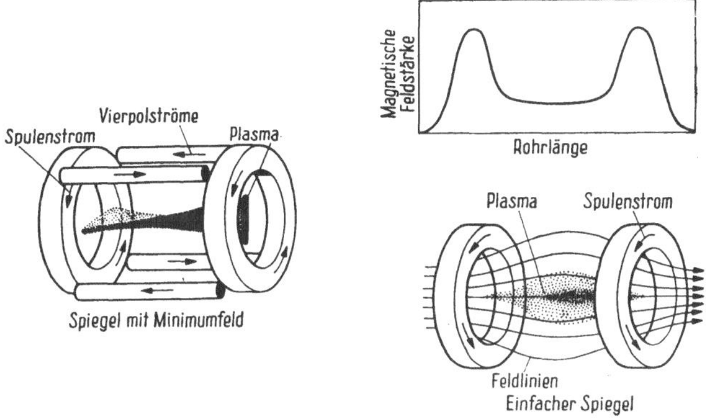

Abb. 22. Spiegelmaschine

c) *offene magnetische Fallen*

   1. Flaschen mit *Gegenfeldern, hyperbolische Flasche, Cusp,* vgl. Abb. 23;

   2. *lineare Fallen* (longitudinales Magnetfeld): vgl. Abb. 24, Erzeugung eines Alkaliplasmas durch Kontaktionisation, *Q-Maschine*

d) *Hybridfallen* (*kombinierte Magnetfelder*); auch modulierte toroidale Magnetfelder und modulierte Spiegelmaschinen können hier erfaßt werden

   1. Feld eines geraden oder toroidalen Leiters mit hyperbolischem Zusatzfeld; *Heliotron* (Abb. 25)

   2. gerader Leiter oder Spiegelmaschine mit Multipolhilfsfeld (JOFFE-*Stab*), vgl. Abb. 27; *Alice* (*Tennisballnahtdrahtwindung,* vgl. Abb. 26)

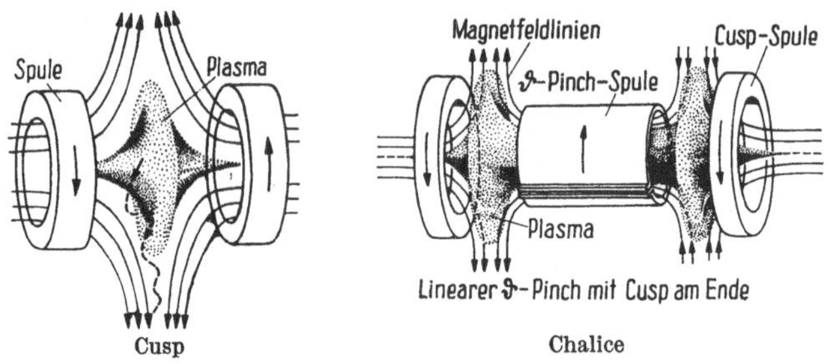

Abb. 23. Magnetfelder vom hyperbolischen Typ

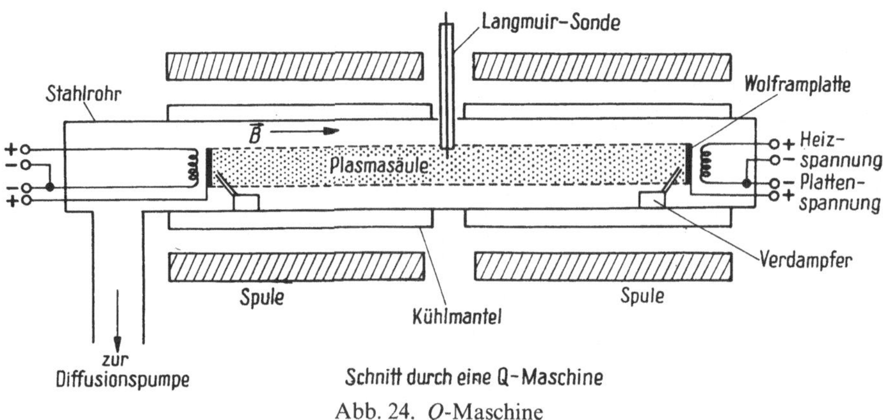

Abb. 24. Q-Maschine

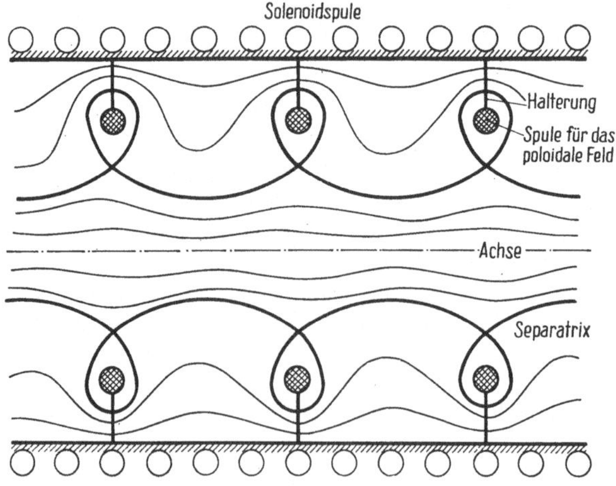

Abb. 25. Poloidales Heliotron-Feld

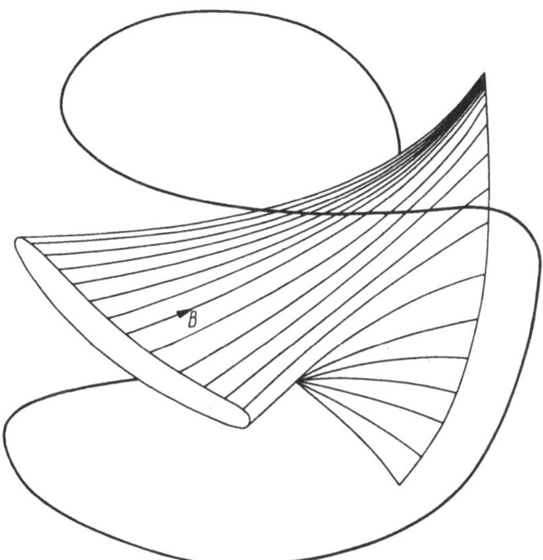

Abb. 26. Tennisballnahtdrahtwindung

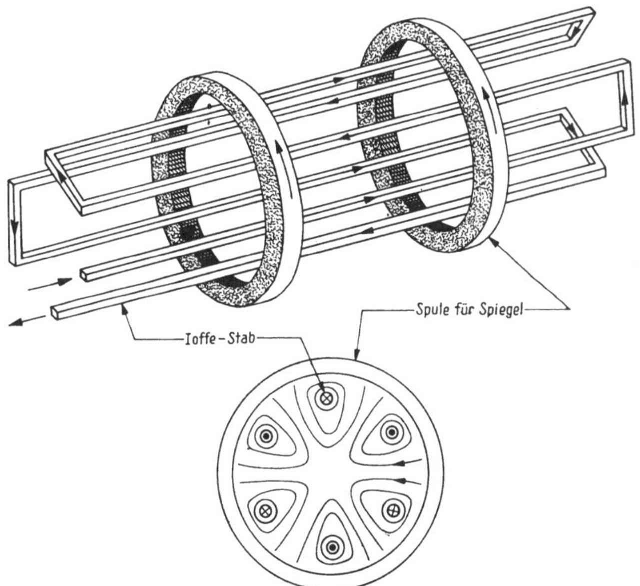

Abb. 27. Spiegelmaschine mit Ioffe-Stab

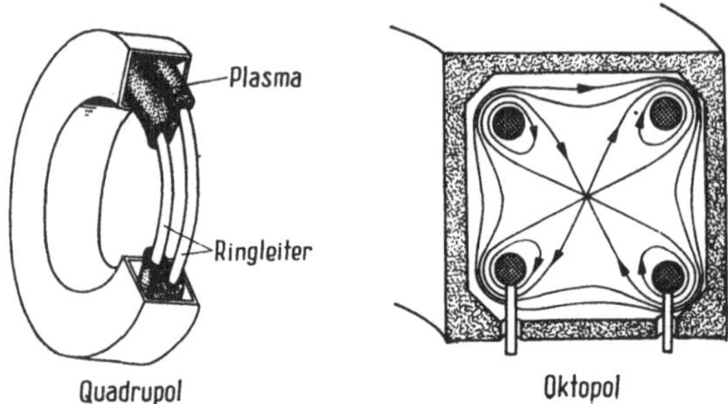

Abb. 28. Multipol-Torus

3. Spiegelmaschine mit Torusfeld oder linearem Pinch; *Maximum-B-Stellarator, Stator B* (toroidaler z-Pinch), *Bille en Tête* (Spiegel mit linearem ϑ-Pinch)

III. Andere als wesentlich magnetische Einschlußsysteme

a) *Hochfrequenzeinschluß* (ohne oder mit zusätzlichem Magnetfeld)
b) *rotierende Plasmen*; *Ixion, Homöopolar-Maschine, Extrap*
c) *Strahlungsdruck und Magnetfeld*
d) *elektrostatische Einschlußsysteme*
e) *Inertialsysteme*
f) *Stoßrohre*

Von diesen Anordnungen sind keineswegs alle im Gleichgewicht. Durch Zusatzfelder, wie sie z. B. die *Stellaratoren* haben, kann jedoch ein echtes magnetohydrostatisches Gleichgewicht erzeugt werden. Aber auch Gleichgewichtskonfigurationen wie z. B. der lineare z- oder ϑ-*Pinch* können im Experiment nicht verwirklicht werden, da ja ein *Gleichgewichtszustand* nicht unbedingt *stabil* sein muß. Tatsächlich werden viele instabile oder indifferente Gleichgewichtskonfigurationen durch *Instabilitäten* (Plasmaschwingungen) zerstört.

8.2 Magnetohydrostatik

Nach (3.70) ergibt sich für g e r a d e und p a r a l l e l e Feldlinien für den zu den Feldlinien senkrechten Plasmadruck $p_\perp$ bei Vernachlässigung von Volumkräften (Schwere etc.)

$$\frac{B^2}{8\pi} + p_\perp = \text{const} = \frac{B_0^2}{8\pi}. \tag{8.2}$$

Im Plasma ($p \neq 0$) wird also das Vakuummagnetfeld B_0 geschwächt („*Diamagnetismus*").

Ist das Magnetfeld am Rand des Plasmas B_0, dann gilt für den Druck p_{max} des eingeschlossenen Plasmas (im technischen Maßsystem)

$$p_{max} = \frac{B_0^2}{2\mu_0}. \tag{8.3}$$

Um auch allgemeinere Magnetfelder behandeln zu können, müssen wir von den vollen magnetohydrodynamischen Gleichungen ausgehen. Im Falle der *Magnetohydrostatik* herrscht Strömungsruhe ($v = 0$), und alle Größen hängen von der Zeit nicht ab $\left(\frac{\partial}{\partial t} = 0\right)$. Nach § 5 haben dann die Grundgleichungen für ein *ideales* (nicht viskoses, nicht wärmeleitendes, elektrisch unendlich leitendes) Plasma die folgende Form:

Bewegungsgleichung, vgl. (5.14) im SI-System

$$\nabla p = [j \times B] \tag{8.4}$$

(Vernachlässigung der Schwere).
MAXWELL-*Gleichungen*, vgl. (5.29), (5.28), im SI-System

$$\text{rot } B = \mu_0 j, \tag{8.5}$$

$$\text{div } B = 0. \tag{8.6}$$

Eliminiert man mit (8.5) die Stromdichte j, so erhält man aus (8.4)

$$\nabla p = \frac{1}{\mu_0} [(\text{rot } B) \times B]. \tag{8.7}$$

Mit Hilfe der Identität

$$\text{rot } B \times B = -\nabla \frac{B^2}{2} + (B\nabla) B \tag{8.8}$$

ergibt sich die *Druckgleichung der Magnetohydrostatik*

$$\nabla \left(p + \frac{B^2}{2\mu_0} \right) = \frac{1}{\mu_0} (B\nabla) B, \tag{8.9}$$

was für gerade parallele Feldlinien ($(B\nabla) B = 0$) in (8.2) übergeht. Multipliziert man (8.4) skalar mit j, so ergibt sich (da j auf dem Vektor $j \times B$ senkrecht steht)

$$j \cdot \nabla p = 0. \tag{8.10}$$

Analog erhält man durch Multiplikation mit B

$$B \cdot \nabla p = 0, \tag{8.11}$$

und durch Rotorbildung von (8.9) bzw. (8.7) erhält man (wegen $\nabla \times \nabla = 0$)

$$\text{rot } (B\nabla) B = 0 \quad \text{oder} \quad \text{rot } [\text{rot } B \times B] = 0 \tag{8.12}$$

(*Gleichung von* FERRARO). Aus ihr folgt, daß rot $B \times B = \nabla\Omega$.

Divergenzbildung von (8.5) liefert (wegen div rot = 0)

$$\operatorname{div} \boldsymbol{j} = 0. \tag{8.13}$$

Die Gleichungen (8.10) − (8.13) sind die *Grundgleichungen der Magnetohydrostatik.*

Aus der Quellenfreiheit von $\boldsymbol{B}$ und $\boldsymbol{j}$ folgt aus (8.6) und (8.13) die Aussage, daß Stromlinien und Magnetfeldlinien sich entweder ins Unendliche erstrecken (*offenes System*) oder in sich zurücklaufen bzw. auf einer geschlossenen Fläche bleiben[3] (*geschlossenes System*). Die *Flächen konstanten Druckes* (*Isobarenflächen*) stehen auf ∇p senkrecht und sind daher nach (8.11) gleichzeitig *Flächen konstanten Magnetfeldes* (*magnetische Fläche*) und nach (8.10) *Flächen konstanter Stromdichte;* ∇p ist jedoch auf diesen Flächen nicht konstant! Diese Flächen können nach einem topologischen Theorem nur *Toroidflächen* sein [8.2]. Der Winkel zwischen $\boldsymbol{B}$ und $\boldsymbol{j}$ ist im allgemeinen beliebig.

Um die Grundgleichungen der Magnetohydrostatik lösen zu können, benötigen wir noch Randbedingungen für die zu bestimmenden Funktionen.

Aus der MAXWELL-*Theorie* übernehmen wir die bekannten Bedingungen für die Stetigkeit der Normalkomponente des Magnetfeldes. An der *Grenzfläche Plasma-Vakuum* gilt daher $B_{n1} = B_{n2}$, wobei n die Komponente normal zur Grenzfläche anzeigt. (Es sei daran erinnert, daß dies eine Folge von (8.6) ist.) 1 und 2 beziehen sich auf die beiden Seiten der Grenzfläche. Fließen in der Grenzfläche *Flächenströme j**, dann folgt aus (8.5) ein Sprung der Tangentialkomponente

$$B_{t1} - B_{t2} = \frac{4\pi}{c} j_t^* \text{ oder } \mu_0 j_t^*. \tag{8.14}$$

Damit bei $j^* \neq 0$ keine unendlich großen Kräfte auftreten, muß $B_{n1} = B_{n2} = 0$ sein.

Für das elektrische Feld in einem Plasma unendlicher Leitfähigkeit folgt aus (3.75) nach vektorieller Multiplikation mit dem Normalenvektor $\boldsymbol{n}$ der Grenzfläche

$$\boldsymbol{n} \times (\boldsymbol{E}_1 - \boldsymbol{E}_2) = E_{t1} - E_{t2} = \boldsymbol{n} \cdot v(\boldsymbol{B}_1 - \boldsymbol{B}_2). \tag{8.15}$$

Dies drückt für den mit v mitbewegten Beobachter die Stetigkeit der Tangentialkomponente des gesamten elektrischen Feldes $\boldsymbol{E}^*$ aus.

Aus (8.9) bzw. (8.2) folgt für ebene Flächen

$$p_1 + \frac{B_1^2}{8\pi} = p_2 + \frac{B_2^2}{8\pi} \text{ bzw. } \frac{B^2}{2\mu_0}. \tag{8.16}$$

Aus der Strömungslehre folgt für die Grenzfläche zwischen zwei Gasen

$$(\boldsymbol{nv})_1 = v_{n1} = v_{n2} \tag{8.17}$$

und an einer festen Wand folgt die Wandbedingung (vgl. S. 108).

---

[3] Wenn Feldlinien *in sich* geschlossen sind, so ist dies nur eine hinreichende, aber noch keine notwendige Bedingung für div $\boldsymbol{B} = 0$, d. h., diese Gleichung ist auch dann erfüllt, wenn die Feldlinien nicht geschlossen sind.

Wenn dies gilt, so folgt aus (8.15) die Stetigkeit der elektrischen Tangential-komponente.

Für einen starren Leiter erhält man aus (8.15) und der MAXWELL-*Gleichung* für rot E die Randbedingung

$$n\,\frac{\partial B}{\partial t} = 0. \tag{8.18}$$

Betrachtet man die Strömungsgleichung (EULER-*Gleichung*) für die stationäre Strömung eines Gases (G bezieht sich auf Gas)

$$\varrho_G(v_G\nabla)\,v_G = -\nabla p_G,$$

so bemerkt man eine formale Analogie zu (8.9). Daraus läßt sich sofort das *Äquivalenztheorem von* SCHLÜTER *und* GRAD gewinnen:

Jede Lösung eines stationären inkompressiblen Strömungsproblems der ge-wöhnlichen Aerodynamik liefert durch den Ersatz

$$p_G \to p + \frac{B^2}{8\pi} \quad \text{oder} \quad p + \frac{B^2}{2\mu_0},$$

$$\sqrt{\varrho_G}\cdot v_G \to \frac{1}{\sqrt{4\pi}}\,B \quad \text{oder} \quad \frac{B}{\sqrt{\mu_0}} \tag{8.19}$$

eine Lösung eines magnetohydrostatischen *Problems mit entsprechenden Randbedingungen.*

Auf Grund der geringen Dichte eines Plasmas haben wir bisher Schwerefelder und andere Volumkräfte (Zentrifugalkraft, Corioliskraft etc.) vernachlässigt. Wir wollen nun überlegen, welche Änderungen durch Hinzunahme eines Schwerepotentials Φ auftreten. Anstelle von (8.7) lautet die Bewegungsglei-chung

$$\nabla p = \frac{1}{\mu_0}\,[(\text{rot }B)\times B] - \varrho\nabla\Phi. \tag{8.20}$$

Wie man leicht einsieht, gelten nun weder (8.9) noch (8.10), (8.11) oder (8.12). Bilden wir die Rotation von (8.20), so ergibt sich

$$\text{rot}\,[(\text{rot }B)\times B] \equiv \text{rot}\,(B\nabla B) = [\nabla\varrho\times\nabla\Phi]\,\mu_0. \tag{8.21}$$

Wenn $\nabla\varrho \parallel \nabla\Phi$, so gilt wieder die FERRARO-*Gleichung* (8.12).

Wenn man andererseits vor der Rotorbildung von (8.20) durch die Gasdichte ϱ dividiert, so erhält man

$$\mu_0\,\text{rot}\,\frac{\nabla p}{\varrho} = \text{rot}\left(\frac{1}{\varrho}\,[(\text{rot }B)\times B]\right). \tag{8.22}$$

Für *polytrope* (z. B. *adiabatische* oder *isotherme*) Vorgänge wird nun in der Thermodynamik gezeigt, daß p eine eindeutige, differenzierbare Funktion von ϱ ist

$$p = f(\varrho) = \varrho^n \, \text{const} \tag{8.23}$$

(für adiabatische Vorgänge ist $n = C_p/C_v$, für isotherme gilt $n = 1$). Für polytrope Vorgänge ist es dann möglich, so wie in der Gasdynamik eine *Druckfunktion P* zu definieren:

$$P = \int \frac{\mathrm{d}p}{\varrho(p)} = \text{const} \, \frac{n}{n-1} \, \varrho^{n-1} = \frac{n}{n-1} \, \frac{p}{\varrho} \tag{8.24}$$

(für adiabatische Prozesse ist P die *Enthalpie,* für isotherme Prozesse das GIBBS*sche Potential*). Dann gilt

$$\frac{\nabla p}{\varrho} = \nabla P \tag{8.25}$$

und $\text{rot} \, \dfrac{\nabla p}{\varrho} = \text{rot} \, \nabla P = 0$. Es folgt dann aus (8.22) die *Gleichung von* KAPLAN

$$\text{rot} \left(\frac{1}{\varrho} \, [(\text{rot} \, \boldsymbol{B}) \times \boldsymbol{B}] \right) = 0. \tag{8.26}$$

Daraus folgt, daß das Vektorfeld $\dfrac{1}{\varrho} \, [\text{rot} \, \boldsymbol{B} \times \boldsymbol{B}]$ durch ein Potential Ω darstellbar ist; d. h.

$$[(\text{rot} \, \boldsymbol{B}) \times \boldsymbol{B}] = -\mu_0 \varrho \nabla \Omega, \tag{8.27}$$

eine Beziehung, die auch für $\varrho = \text{const}$ und für $\Phi = 0$ gilt. In der polytropen Magnetohydrostatik besitzt also die LORENTZ-*Kraft bei konstanter Dichte ϱ ein Potential Ω.* Setzt man (8.27) in (8.20) ein, so ergibt sich mit (8.25) die volle *Druckgleichung der Magnetohydrostatik*

$$\nabla(P + \Phi + \Omega) = 0, \quad \text{also} \quad P + \Phi = -\Omega, \tag{8.28}$$

wenn die Integrationskonstante Null gesetzt wurde. Für ein ideales, sich isotherm verhaltendes Gas gilt

$$p = \frac{RT}{M} \, \varrho = \frac{kT}{m} \, \varrho, \quad T = \text{const.} \tag{8.29}$$

Für die Druckfunktion folgt dann mit (8.24)

$$\varrho = \text{const} \, \exp\left(mP/kT\right) = \exp\left(\frac{m}{kT}(-\Omega - \Phi)\right). \tag{8.30}$$

Für $\boldsymbol{B} = 0$, $\Omega = 0$ folgt die barometrische Höhenformel; für $\boldsymbol{B} \neq 0$ drückt das magnetische Feld das Plasma zusammen. So ist z. B. für $\Phi = gz$, $B_x = Bz$, $B_y = 0$, $B_z = 0$

$$(\text{rot} \, \boldsymbol{B}) \times \boldsymbol{B} = [(\text{rot} \, \boldsymbol{B}) \times \boldsymbol{B}]_z = -B^2 z.$$

Um weiterrechnen zu können, führen wir durch

$$\frac{kT}{m} \ln \frac{m\Psi}{kT} = -\Omega, \quad \text{also} \quad \frac{kT}{m} \exp\left(-m\Omega/kT\right) = \Psi,$$

$$-\exp\left(m\Omega/kT\right) \nabla\Omega = \nabla\Psi \tag{8.31}$$

die Hilfsgröße Ψ ein. (8.27) bzw. (8.30) werden dann im cgs-System

$$(\text{rot } \boldsymbol{B}) \times \boldsymbol{B} = 4\pi \exp\left(-m\Phi/kT\right) \nabla\Psi, \tag{8.32}$$

$$\varrho = \frac{m\Psi}{kT} \exp\left(-m\Phi/kT\right). \tag{8.33}$$

Damit erhält man

$$\Psi = \frac{B^2 kT}{4\pi mg}\left(\frac{kT}{mg} - z\right) \exp\left(mgz/kT\right),$$

$$\varrho = \frac{B^2}{4\pi}\left(\frac{kT}{mg^2} - \frac{z}{g}\right),$$

also einen linearen Dichteanstieg.

8.3 Kraftfreie Magnetfelder

Sogenannte *kraftfreie* Magnetfelder, die durch das Verschwinden der LORENTZ-*Kraft*

$$[(\text{rot } \boldsymbol{B}) \times \boldsymbol{B}] = 0 \tag{8.34}$$

definiert sind, führen zu einer speziellen Klasse von Lösungen des magneto-hydrostatischen Grundproblems. Die Gleichung von FERRARO wird natürlich von kraftfreien Magnetfeldern auch erfüllt, doch ist deren Lösungsmannigfaltigkeit größer. Aus (8.34) folgt, daß rot $\boldsymbol{B}$ und $\boldsymbol{B}$ zueinander *parallel* sind (BELTRAMI-*Feld*), d. h., daß

$$\text{rot } \boldsymbol{B} = \alpha\boldsymbol{B}, \tag{8.35}$$

wo α ein vom Ort (und außerhalb der Magnetohydro*statik* auch von der Zeit) abhängiger Skalar (oder eine Konstante) ist, der durch

$$\boldsymbol{B} \text{ grad } \alpha = 0 \tag{8.36}$$

bestimmt wird. Diese Bedingung erhält man durch Anwenden der Operation div auf (8.35) und mit (8.6).

Für zeitabhängige Probleme hat LUNDQUIST [8.3] gezeigt, daß bei endlicher elektrischer Leitfähigkeit ($\sigma \neq \infty$) ein anfangs kräftefreies Feld immer kraftfrei bleibt, sofern $\alpha = $ const, vgl. auch ROBERTS [8.4].

Die allgemeine rotationssymmetrische Lösung von (8.35) gaben LÜST und SCHLÜTER für $\alpha = $ const an [8.5]. SCHLÜTER gelang auch die allgemeine Lösung für Zylindersymmetrie bei *nicht* konstantem α. WOLTJER zeigte, daß kraftfreie Felder mit konstantem α in einem geschlossenen System zu einem Minimum der magnetischen Energie führen und daß ein magnetohydrostatisches Gleichgewicht im kraftfreien Fall **nur** mit $\alpha = $ const möglich ist.
Wendet man rot auf (8.35) an, so erhält man mit (8.6) und (8.36) sowie (8.35)

$$\Delta \boldsymbol{B} + \alpha^2 \boldsymbol{B} = 0. \tag{8.37}$$

Die allgemeine Lösung dieser durch Differenzieren von (8.35) gewonnenen Differentialgleichung *zweiter* Ordnung hat eine größere Mannigfaltigkeit als die Lösungen der Differentialgleichung (8.35), die von *erster* Ordnung ist: Jede Lösung von (8.35) löst (8.37), aber nicht jede Lösung von (8.37) löst (8.35).
Die Vektorgleichung (8.37) besitzt für $\alpha = $ const wegen der Identität

$$\Delta \boldsymbol{B} = \operatorname{grad} \operatorname{div} \boldsymbol{B} - \operatorname{rot} \operatorname{rot} \boldsymbol{B} \tag{8.38}$$

mit div $\boldsymbol{B} = 0$ die Form

$$\alpha \operatorname{rot} \boldsymbol{B} = \alpha^2 \boldsymbol{B} = \operatorname{rot} \operatorname{rot} \boldsymbol{B} \tag{8.39}$$

und die allgemeine Lösung

$$\boldsymbol{B} = \boldsymbol{B}_p + \boldsymbol{B}_t, \tag{8.40}$$

wo *p poloidal* und *t toroidal* bedeutet. Beispielsweise in Zylinderkoordinaten heißt jener Anteil des Magnetfeldes, der *senkrecht* auf den Ebenen durch die Zylinderachse (den *Meridionalebenen*) steht, *toroidal,* während der Anteil, dessen Feldlinien *in* Meridionalebenen liegen, *poloidal (meridional)* genannt wird. Poloidales sowie toroidales Feld heißen auch *solenoidal* (quellenfrei); neben diesen zwei Lösungen für $\alpha \neq 0$ existiert für den Fall $\alpha = 0$ noch eine *nichtsolenoidale* Lösung $\boldsymbol{B}_e$. Alle drei (voneinander unabhängigen) Lösungen lassen sich mit Hilfe einer skalaren Hilfsfunktion Ψ darstellen.
Wir setzen an

$$\boldsymbol{B}_e = \operatorname{grad} \Psi, \quad \boldsymbol{B}_t = \operatorname{rot}(\boldsymbol{a}\Psi), \quad \boldsymbol{B}_p = \frac{1}{\alpha} \operatorname{rot} \boldsymbol{B}_t: \tag{8.41}$$

$\boldsymbol{a}$ sei ein konstanter Einheitsvektor.
Daraus folgt mit Hilfe der Wellengleichung (8.39)

$$\operatorname{rot} \boldsymbol{B}_p = \frac{1}{\alpha} \operatorname{rot} \operatorname{rot} \boldsymbol{B}_t = \alpha \boldsymbol{B}_t.$$

Aus (8.41) folgt nun rot $\boldsymbol{B}_t = \alpha \boldsymbol{B}_p$; addiert man dies dazu, so ergibt sich mit (8.40)

$$\operatorname{rot}(\boldsymbol{B}_p + \boldsymbol{B}_t) = \operatorname{rot} \boldsymbol{B} = \alpha(\boldsymbol{B}_t + \boldsymbol{B}_p) = \alpha \boldsymbol{B},$$

also (8.35). Es läßt sich also immer eine *kraftfreie* Überlagerung eines toroidalen und eines poloidalen Feldes erzielen — zu jedem beliebigen toroidalen Feld kann stets ein geeignetes poloidales Feld angegeben werden und umgekehrt [8.4]. Man überzeugt sich leicht durch Einsetzen, daß B_p für $\alpha = 0$ eine Lösung von (8.35) und von (8.37) ist. Durch Einsetzen von $B_t + B_p$ in (8.35) erhält man, da für Magnetfelder rot rot $= -\Delta$, sofort

$$\text{rot}\,[a(\Delta\Psi + \alpha^2\Psi)] = 0,$$

was durch die skalare HELMHOLTZ-*Gleichung*

$$\Delta\Psi + \alpha^2\Psi = 0 \tag{8.42}$$

erfüllt wird. Damit ist auch Ψ bestimmt.

Die Untersuchung der durch (8.34) definierten kraftfreien Magnetfelder ist deshalb wichtig, da für kleinen Druck ($\nabla p = 0$) — eine bei sehr verdünnten Plasmen zulässige Näherung — nach (8.7) ebenfalls die Bedingung (8.34) der Kraftfreiheit erfüllt ist. Dies gilt jedoch nicht, wenn ein Schwerefeld berücksichtigt werden muß.

Weiters sind kraftfreie Felder deshalb von Bedeutung, da TAYLOR gezeigt hat [8.6], daß turbulente Plasmen unter der Bedingung konstanter *magnetischer Helizität* $K = \int A \cdot B \, d\tau$, wo A das magnetische Vektorpotential ist, einem kraftfreien Zustand zustreben („*relaxieren*"). Der durch die Randbedingung für B bestimmte Eigenwert α hängt dann in toroidalen Plasmen von den Abmessungen und von der Form des Torusquerschnittes ab [8.7]. Dreidimensionale Lösungen von (8.35) findet man mehrfach in der Literatur [8.14], [8.15].

8.4 Ist Selbsteinschluß möglich?

Wir wollen nun die Frage klären, ob es möglich ist, daß ein Plasma sich durch *sein eigenes Magnetfeld einschließt*. Mit anderen Worten: ist es möglich, eine solche Konfiguration anzugeben, daß das Plasma ohne ein von äußeren Strömen erzeugtes Magnetfeld im *statischen Gleichgewicht* bleibt? (Man verwechsle das *statische* Gleichgewicht nicht mit dem *thermodynamischen* Gleichgewicht; ein Plasma im statischen Gleichgewicht kann *nicht* im thermodynamischen Gleichgewicht sein!).

Wenn man die Bewegungsgleichung (eines oder mehrerer Massenpunkte oder eines Mediums) mit dem Ortsvektor skalar multipliziert und (über die Massenpunkte summiert bzw.) über das Volumen integriert, so erhält man den *Virialsatz*. Die Bewegungsgleichung (5.14) schreiben wir unter Berücksichtigung der Schwerkraft $\varrho\nabla\Phi$ und nach Elimination von j mittels (8.5) in der Form

$$\varrho\,\frac{dv}{dt} = -\nabla p + \frac{1}{\mu_0}\,[\text{rot}\,B \times B] - \varrho\nabla\Phi. \tag{8.43}$$

Mit der Identität (8.8) erhalten wir

$$\varrho \, \frac{d\boldsymbol{v}}{dt} = -\nabla \left(p + \frac{1}{2\mu_0} B^2 \right) + \frac{1}{\mu_0} (\boldsymbol{B}\nabla) \, \boldsymbol{B} - \varrho \nabla \Phi.$$

Den letzten Term können wir wegen (8.6) in die Form

$$(\boldsymbol{B}\nabla) \, \boldsymbol{B} \equiv \sum_k \left(B_k \frac{\partial}{\partial x_k} \right) B_i = \sum_k \frac{\partial}{\partial x_k} B_k B_i \tag{8.44}$$

bringen (da $\sum_k \frac{\partial B_k}{\partial x_k} = \mathrm{div}\, \boldsymbol{B} = 0$). Multiplizieren wir nun die Bewegungs-gleichung skalar mit dem Ortsvektor x_i, so erhält man nach räumlicher Integration (nun wieder im cgs-System)

$$\int_V \sum_i x_i \varrho \, \frac{dv_i}{dt} \, d\tau = -\int_V \sum_i x_i \frac{\partial}{\partial x_i} \left(p + \frac{B^2}{8\pi} \right) d\tau - \int_V \sum_i x_i \varrho \, \frac{\partial \Phi}{\partial x_i} \, d\tau$$

$$+ \frac{1}{4\pi} \int_V \sum_{i,k} x_i \frac{\partial}{\partial x_k} B_k B_i \, d\tau.$$

Auf Grund der Identitäten $x_i \dfrac{\partial U}{\partial x_i} = \dfrac{\partial}{\partial x_i} (x_i U) - U\delta_{ii}$ und analog für $B_k B_i$ statt U formen wir um in

$$\int \left\{ \sum_i x_i \frac{d^2 x_i}{dt^2} \varrho - 3 \left(p + \frac{B^2}{8\pi} \right) - 3\Phi\varrho + \frac{1}{4\pi} B^2 \right\} d\tau$$

$$+ \sum_i \int_V \left\{ \frac{\partial}{\partial x_i} x_i \left(p + \frac{B^2}{8\pi} \right) + \varrho \frac{\partial}{\partial x_i} (x_i \Phi) - \sum_k \frac{1}{4\pi} \frac{\partial}{\partial x_k} x_i B_i B_k \right\} d\tau = 0.$$

Das zweite Integral kann man mit Hilfe des GAUSSschen Satzes in ein Oberflächenintegral verwandeln, das verschwindet, wenn man das Volum-integral über das gesamte endliche Plasma und das ganze Feld erstreckt. (B geht wie $\dfrac{1}{r^3}$, während df nur wie r^2 wächst, so daß für $r \to \infty$ das Oberflächenintegral verschwindet). Mit Hilfe der Identität

$$\frac{1}{2} \frac{d^2}{dt^2} x_i^2 = x_i \frac{d^2 x_i}{dt^2} + \left(\frac{dx_i}{dt} \right)^2$$

erhält man dann den *Virialsatz* in der Form

$$\int_V \left\{ \varrho v^2 + 3p + \frac{B^2}{8\pi} + \Phi\varrho \right\} d\tau = \frac{1}{2} \frac{d^2}{dt^2} \int \sum_i x_i^2 \varrho \, d\tau. \tag{8.45}$$

Ist keine Schwerkraft vorhanden ($\Phi = 0$), so gilt im statischen Fall $\int \left\{ 3p + \dfrac{B^2}{8\pi} \right\} d\tau = 0$. Dies ist unmöglich, da jedes Glied im Integral positiv ist. *Es ist also beim Fehlen der Schwerkraft unmöglich, ein endliches Plasma allein durch sein eigenes Magnetfeld (B nach (8.5) durch die Ströme j im Plasma erzeugt) einzuschließen.* Da das Integral positiv ist, ist auch das in (8.45) rechts stehende Integral positiv: die x_i wachsen mit der Zeit, das *Plasma dehnt sich aus*. Ist jedoch *Schwerkraft* vorhanden (oder wird ein *äußeres* Magnetfeld durch außerhalb des Plasmas befindliche starre Leiter erzeugt), so ist der *Einschluß möglich*. (Sind äußere Leiter vorhanden, so verschwinden die über die Oberfläche der Leiter erstreckten Oberflächenintegrale nicht.)

8.5 Der Pinch-Effekt

Für eine unendlich lange Plasmasäule verschwindet das erwähnte Oberflächenintegral nicht, so daß das Theorem von der Unmöglichkeit des Selbsteinschlusses *nicht* gilt. Eine Anordnung, bei der das von im Inneren des Plasmas fließenden Strömen erzeugte Magnetfeld den Gasdruck kompensiert und so das Plasma einschließt, nennt man *Pinch*.
Man unterscheidet nämlich je nach der *Richtung des Magnetfeldes*

a) *z-Pinch* (*longitudinaler Pinch*), vgl. Abb. 14. Die in der z-Richtung fließenden (von außen, z. B. durch Induktion (Impulsbetrieb) oder Elektroden (Dauerbetrieb) erzeugten) Ströme verursachen ringförmige Magnetfeldlinien B_ϑ, die das Plasma komprimieren und einschließen.
b) *ϑ-Pinch* (*azimutaler Pinch*), vgl. Abb. 15. Entlädt man eine Kondensatorbatterie über eine Ringelektrode, so erzeugt das rasch ansteigende Magnetfeld B_z ein azimutales elektrisches Feld, das im Plasma einen azimutalen Strom induziert (Impulsbetrieb). Die Kontraktion wird durch das **äußere** Magnetfeld B_z erzeugt.

Wir behandeln nun den z-Pinch. Da wir nicht den Kontraktionsvorgang (*dynamischer Pinch*) sondern den statischen Endzustand (*statischer Pinch*) betrachten wollen, setzen wir $\dfrac{\partial}{\partial t} = 0$ und erhalten aus rot $E = 0$ in Zylinderkoordinaten (r, z, ϑ) für $(\mathrm{rot})_r$ bzw. $(\mathrm{rot})_\vartheta$

$$\frac{1}{r}\left(\frac{\partial E_z}{\partial \vartheta} - \frac{\partial}{\partial z}(rE_\vartheta) \right) = 0; \qquad \left(\frac{\partial E_r}{\partial z} - \frac{\partial E_z}{\partial r} \right) = 0.$$

Da wegen der unendlichen Länge $\dfrac{\partial}{\partial z} = 0$, folgt

$$\frac{\partial E_z}{\partial \vartheta} = \frac{\partial E_z}{\partial r} = 0, \quad \text{also} \quad E_z = \text{const.}$$

(Für einen experimentell erzeugten Pinch muß die Länge sehr groß gegenüber dem Durchmesser sein, damit $\dfrac{\partial}{\partial z} = 0$ gilt.) Es ist also auch möglich, Axialsymmetrie anzunehmen $\left(\dfrac{\partial}{\partial \vartheta} = 0\right)$. Aus $(\operatorname{rot} \boldsymbol{E})_z = \dfrac{1}{r}\left(\dfrac{\partial}{\partial r}(rE_\vartheta) - \dfrac{\partial}{\partial \vartheta} E_z\right) = 0$ folgt $E_\vartheta = \dfrac{\text{const}}{r} = 0$ (da bei $r = 0$ keine Singularität auftreten darf). Da der Strom j nur in der z-Richtung fließt, folgt aus (8.5), (8.6), daß das Magnetfeld nur eine ϑ-Komponente B_ϑ hat. (Von einem allenfalls überlagerten $B_z = \text{const}$ wurde abgesehen.) Aus (8.5) folgt dann für $(\operatorname{rot})_z$

$$\frac{1}{r}\frac{\mathrm{d}}{\mathrm{d}r}(rB_\vartheta) = \mu_0 j_z.$$

Aus der Bewegungsgleichung (8.4) folgt (im praktischen Maßsystem)

$$B_\vartheta = -\frac{1}{j_z}\frac{\mathrm{d}p}{\mathrm{d}r}.$$

Eliminiert man damit B_ϑ, so erhält man, da $j_z = \text{const}$ (folgt aus (8.13)), sofort

$$\frac{1}{r}\frac{\mathrm{d}}{\mathrm{d}r}\left(r\frac{\mathrm{d}p}{\mathrm{d}r}\right) = -\mu_0 j_z^2.$$

Einmalige Integration nach r liefert für den radialen Druckgradienten

$$\frac{\mathrm{d}p}{\mathrm{d}r} = -\frac{\mu_0 j_z^2}{r}\left(\frac{r^2}{2} + C_1\right), \tag{8.46}$$

wobei zwecks Vermeidung einer Singularität bei $r = 0$ C_1 gleich Null sein muß. Eine zweite Integration liefert

$$p(r) = -\mu_0 j_z^2\left(\frac{r^2}{4} + \text{const}\right).$$

Als Randbedingung wollen wir nun $p(r_0) = 0$ annehmen, dann folgt

$$p(r) = \frac{\mu_0 j_z^2}{4}(r_0^2 - r^2). \tag{8.47}$$

Für $r = r_0$ erhält man dann die druckfreie Fläche $p = 0$, für $r > r_0$ wird der Druck negativ, d. h., es beginnt bei $r = r_0$ das Vakuum. r_0 ist der Radius der Plasmasäule. Für $r = 0$ (Achse) erhält man

$$p_0 = \frac{\mu_0 j_z^2}{4}\, r_0^2. \tag{8.48}$$

Gilt für das Plasma die ideale Gasgleichung (5.13), also

$$n = \frac{p}{kT} \quad [\text{Teilchen/m}^3],$$

so folgt für die Teilchenzahl $\bar{n}$ pro Längeneinheit des Plasmazylinders

$$\bar{n} = \int\limits_0^{r_0} 2\pi r n \, \mathrm{d}r = \frac{2\pi}{kT} \int\limits_0^{r_0} r \, \frac{\mu_0 j_z^2}{4} \, (r_0^2 - r^2) \, \mathrm{d}r \, .$$

Da der Gesamtstrom $J = r_0^2 \pi j_z$ ist, folgt schließlich

$$J^2 = \frac{8\pi k T \bar{n}}{\mu_0} \tag{8.49}$$

(*Gleichung von* BENNETT). (In der Zweiflüssigkeitstheorie ist $T_\mathrm{I} \neq T_\mathrm{E}$, so daß $2T$ durch $T_\mathrm{I} + T_\mathrm{E}$ zu ersetzen ist.)

Die durch den Pinch-Effekt erzielbaren Temperaturen („Heizung durch schnelle magnetische Kompression") sind recht hoch: bei $n = 2 \cdot 10^{21}$, $1\,000\,\mathrm{cm}^2$ Querschnittsfläche und $J = 8 \cdot 10^6$ A erhält man $T = 100\,\mathrm{keV}$. B ist r proportional und erreicht an der Plasmaoberfläche seinen Höchstwert. (Im dynamischen Pinch treten Stromstärkenänderungen bis zu 10^{14} A sec^{-1} auf.) Setzt man aus (5.13) für p in (8.47) ein, so erhält man nach elementaren Umformungen die parabolische Dichteverteilung

$$n(r) = \frac{\mu_0 J^2}{4kT r_0^4 \pi^2} \, (r_0^2 - r^2) \, . \tag{8.50}$$

Unter anderen Voraussetzungen ($j_z \neq \mathrm{const}, j_z = en(r) \cdot (u_\mathrm{I} - u_\mathrm{E}), u_\mathrm{E} \approx \mathrm{const}, u_\mathrm{I} \approx 0$) wurde die Verteilung

$$n(r) = \frac{n_0}{(1 + n_0 \alpha r^2)^2}; \quad \alpha = \frac{\mu e^2 u_\mathrm{E}^2}{16 \, kT}; \quad n_0 = n(0) \tag{8.51}$$

(BENNETT-*Verteilung*) abgeleitet. Beide Verteilungen sind um $r = 0$ symmetrisch, d. h. $\dfrac{\mathrm{d}n}{\mathrm{d}r} = 0$, für $r = 0$.

Es lassen sich auch andere Modelle $n(r)$ bzw. $p(r)$ ersinnen.
Ähnliche Rechnungen gelten für den linearen ϑ-Pinch.
Derartige lineare z- und ϑ-Pinchs wurden experimentell hergestellt, doch zeigte es sich, daß sich das Plasma in einem *instabilen* Gleichgewicht (z-Pinch) bzw. in einem *indifferenten* Gleichgewicht (ϑ-Pinch mit geraden Feldlinien) befindet und der Pinch durch *Instabilitäten* zerstört wird. Durch Überlagerung von Stabilisierungsfeldern, die von außerhalb des Plasmas liegenden Stromleitern erzeugt werden, ist jedoch eine *Stabilisierung* möglich.
Das Einschlußproblem besteht demnach aus zwei Teilen:

a) der *Erzeugung eines Gleichgewichtes* (magnetohydrostatische Lösung)
b) der Erzeugung eines *stabilen* Gleichgewichts (*Stabilisierungsproblem*).

8.6 Die SCHAFRANOV-GRAD-SCHLÜTER-*Gleichung*

Für zweidimensionale magnetohydrostatische Gleichgewichte haben SCHAF-
RANOV, SCHLÜTER und GRAD etwa zur gleichen Zeit eine wichtige Gleichung
abgeleitet. Ist nämlich das Magnetfeld von einer Raumkoordinate unabhängig, so kann ein erstes Integral der magnetostatischen Gleichungen gefunden
werden, und eine partielle Differentialgleichung kann für den magnetischen
Fluß abgeleitet werden. Wir betrachten zunächst Zylinderkoordinaten r, z, ϑ,
vgl. Abb. 29.
Mit Axialsymmetrie $\partial/\partial\vartheta = 0$ folgt aus $\boldsymbol{B} = \mathrm{rot}\,\boldsymbol{A}$ das Gleichungssystem

$$B_r = -\frac{\partial A_\vartheta}{\partial z}, \qquad B_z = \frac{1}{r}\frac{\partial(A_\vartheta r)}{\partial r}, \tag{8.52}$$

und aus div $\boldsymbol{A}$ ergibt sich

$$\frac{\partial A_z}{\partial z} + \frac{1}{r}\frac{\partial(rA_r)}{\partial r} = 0. \tag{8.53}$$

Sowohl $\boldsymbol{A}$, $\boldsymbol{B}$ als auch $\boldsymbol{j}$ sowie die hieraus abgeleiteten Größen sind nun nur
von r und z abhängig.
Laut Definition sind Feldlinien immer tangential zu einem Feld. Daher lauten
z. B. in cartesischen Koordinaten die *Differentialgleichungen für die Feldlinien*

$$\frac{\mathrm{d}x}{\mathrm{d}z} = \frac{B_x}{B_z}, \quad \frac{\mathrm{d}y}{\mathrm{d}z} = \frac{B_y}{B_z} \quad \text{oder} \quad \frac{\mathrm{d}x}{B_x} = \frac{\mathrm{d}y}{B_y} = \frac{\mathrm{d}z}{B_z}, \tag{8.54}$$

und in Zylinderkoordinaten erhält man mit $\partial/\partial\vartheta = 0$ für die Feldlinien $r(z)$

$$\frac{\mathrm{d}r}{\mathrm{d}z} = \frac{B_r}{B_z} = \frac{-\partial A_\vartheta}{\partial z}\bigg/\frac{1}{r}\frac{\partial(A_\vartheta r)}{\partial r} \quad \text{oder} \quad \mathrm{d}(A_\vartheta r) = 0. \tag{8.55}$$

Andererseits erhält man aus $\mathrm{rot}\,\boldsymbol{B} = \mu_0\boldsymbol{j}$ und den Feldliniengleichungen für
die Stromdichtelinien $\mathrm{d}r/\mathrm{d}z = j_r/j_z$ in der vorliegenden Geometrie durch

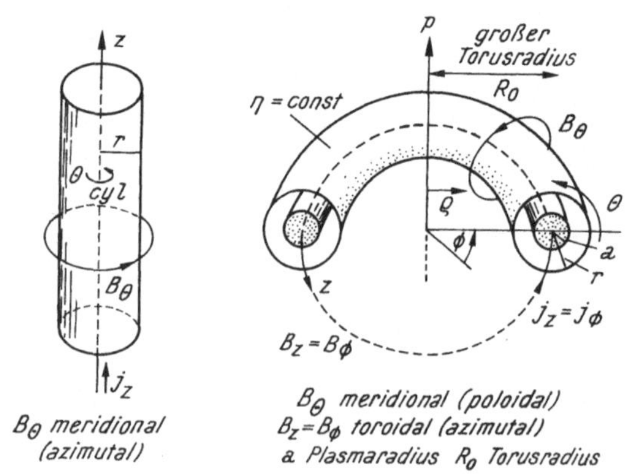

Abb. 29. Zylindrische und toroidale Geometrie

Integration

$$d(B_\vartheta r) = 0, \qquad B_\vartheta r = \text{const}. \tag{8.56}$$

Man definiert nun den *longitudinalen magnetischen Fluß* ψ durch den Zylinder mittels (8.52) als

$$\psi = \int_0^{2\pi} \int_0^r B_z r \, dr \, d\vartheta = 2\pi A_\vartheta r. \tag{8.57}$$

Da nun (8.10) und (8.11) bedeuten, daß das magnetische Feld $\boldsymbol{B}$ und der Stromdichtevektor $\boldsymbol{j}$ auf den *Isobarenflächen* $p = \text{const}$ senkrecht stehen, werden weder magnetische Feldlinien noch Stromdichtelinien die Isobarenflächen kreuzen, d. h. magnetische Feldlinien und Stromdichtelinien liegen auf den Isobarenflächen, die damit gleichzeitig *magnetische* Flächen $\psi = \text{const}$ sind.

Der gesamte durch den Zylinder längs der Achse fließende elektrische Strom J ist nun durch

$$J = \int_0^{2\pi} \int_0^r j_z r \, dr \, d\vartheta = \frac{2\pi}{\mu_0} B_\vartheta r \tag{8.58}$$

gegeben, da ja $rj_z = \partial(B_\vartheta r)/\mu_0 \partial r$ gilt. (In Torusgeometrie heißt J der *poloidale Strom*). Einsetzen von $\boldsymbol{B} = \text{rot } \boldsymbol{A}$ in (5.29) liefert mit der Identität rot rot = grad div $- \Delta$ und mit div $\boldsymbol{A} = 0$

$$\Delta \boldsymbol{A} = -\mu_0 \boldsymbol{j},$$
$$j_\vartheta = -\frac{1}{\mu_0} (\Delta \boldsymbol{A})_\vartheta = -\frac{1}{\mu_0} \left(\frac{\partial^2 A_\vartheta}{\partial r^2} + \frac{1}{r} \frac{\partial A_\vartheta}{\partial r} + \frac{\partial^2 A_\vartheta}{\partial z^2} - \frac{A_\vartheta}{r^2} \right). \tag{8.59}$$

Nun sind wir in der Lage, alle Größen durch ψ und J auszudrücken. Aus (8.52) und (8.57), (8.58) folgt

$$B_r = -\frac{1}{2\pi r} \frac{\partial \psi}{\partial z}, \qquad B_z = \frac{1}{2\pi r} \frac{\partial \psi}{\partial r}, \qquad B_\vartheta = \frac{\mu_0}{2\pi r} J, \tag{8.60}$$

und mit $\mu_0 \boldsymbol{j} = \text{rot } \boldsymbol{B}$ folgt aus (8.58)

$$j_r = -\frac{1}{2\pi r} \frac{\partial J}{\partial z}, \qquad j_z = \frac{1}{2\pi r} \frac{\partial J}{\partial r}. \tag{8.61}$$

Mittels (8.60) und (8.61) kann man nun die Grundgleichung (8.4) der Magnetostatik mit (8.58) in der Form

$$\frac{\partial p}{\partial z} = \frac{1}{2\pi r} \left(j_\vartheta \frac{\partial \psi}{\partial z} - \frac{\mu_0}{4\pi r} \frac{\partial J^2}{\partial z} \right). \tag{8.62}$$

$$\frac{\partial p}{\partial r} = \frac{1}{2\pi r} \left(j_\vartheta \frac{\partial \psi}{\partial r} - \frac{\mu_0}{4\pi r} \frac{\partial J^2}{\partial r} \right) \tag{8.63}$$

schreiben, wobei $2J\partial J/\partial z = \partial J^2/\partial z$ verwendet wurde. Multiplikation von (8.62) mit $\mathrm{d}z$ und von (8.63) mit $\mathrm{d}r$ gibt nach Addition

$$\mathrm{d}p = \frac{1}{2\pi r}\, j_\vartheta\, \mathrm{d}\psi - \frac{\mu_0}{8\pi^2 r^2}\, \mathrm{d}J^2. \tag{8.64}$$

Berechnet man nun j_ϑ aus (8.64) und auch aus (8.59) und setzt die Ergebnisse einander gleich, so erhält man die SCHAFRANOV-*Gleichung*

$$\frac{\partial^2\psi}{\partial z^2} + \frac{\partial^2\psi}{\partial r^2} - \frac{1}{r}\frac{\partial\psi}{\partial r} = -4\pi^2\mu_0 r^2\frac{\mathrm{d}p}{\mathrm{d}\psi} - \frac{\mu_0^2}{2}\frac{\mathrm{d}J^2}{\mathrm{d}\psi}. \tag{8.65}$$

Im cgs-Maßsystem lautet sie

$$\frac{\partial^2\psi}{\partial z^2} + \frac{\partial^2\psi}{\partial r^2} - \frac{1}{r}\frac{\partial\psi}{\partial r} = -\frac{8\pi^2}{c}\left(2\pi c r^2\frac{\mathrm{d}p}{\mathrm{d}\psi} + \frac{1}{c}\frac{\mathrm{d}J^2}{\mathrm{d}\psi}\right). \tag{8.66}$$

Ein zweites Koordinatensystem, in dem eine SCHAFRANOV-Gleichung ableitbar ist, sind *helische Koordinaten* ξ, r, wobei

$$\xi = l\vartheta - hz. \tag{8.67}$$

Hierin sind l und h ganze Zahlen. Die Ganghöhe $2\pi l/h$ mißt längs der z-Achse den Abstand zwischen zwei analogen Punkten, vgl. Abb. 19, und $2\pi/h$ ist die helische Periode. In diesem Koordinatensystem hat die SCHAFRANOV-Gleichung die Form [8.8]

$$\frac{1}{r^2}\frac{\partial^2\psi}{\partial\xi^2} + \frac{1}{r}\frac{\partial}{\partial r}\left[\frac{r}{l^2 + h^2 r^2}\frac{\partial\psi}{\partial r}\right]$$
$$= \frac{8\pi h l J}{c(l^2 + h^2 r^2)^2} - 4\pi\frac{\mathrm{d}p}{\mathrm{d}\psi} - \frac{2\pi}{(l^2 + h^2 r^2)\, c}\frac{\mathrm{d}J^2}{\mathrm{d}\psi}, \tag{8.68}$$

und das Magnetfeld ist nun durch

$$B_\vartheta = \frac{4\pi}{c}\frac{hr}{l^2 + h^2 r^2}\, J - \frac{l}{l^2 + h^2 r^2}\frac{\partial\psi}{\partial r}$$

$$B_z = \frac{4\pi}{c}\frac{l}{l^2 + h^2 r^2}\, J + \frac{hr}{l^2 + h^2 r^2}\frac{\partial\psi}{\partial r} \tag{8.69}$$

$$B_r = \frac{1}{r}\frac{\partial\psi}{\partial\xi}$$

gegeben.

In der Praxis hat man es sehr oft mit toroidalen Einschlußgefäßen zu tun. Es liegt daher nahe, die Schafranov-Gleichung auch für Kreis-Toruskoordinaten abzuleiten. Diese werden meist mit η, ϑ, φ bezeichnet ($0 \leq \eta < +\infty$, $-\pi < \vartheta \leq \pi, 0 \leq \varphi \leq 2\pi$) und können durch Zylinderkoordinaten $r, \vartheta_{\mathrm{cyl}}, z$

berechnet werden, vgl. Abb. 29 [8.9]

$$r = \frac{R_0 \sinh \eta}{\cosh \eta - \cos \vartheta}, \qquad \theta_{\mathrm{cyl}} = \phi$$

$$z = \frac{R_0 \sin \vartheta}{\cosh \eta - \cos \vartheta}. \tag{8.70}$$

Die Gleichung $\eta = $ const beschreibt die Kreistorusoberfläche. Andere toroidale Koordinaten sind die *quasitoroidalen Koordinaten* ϱ, θ, φ, vgl. Abb. 29. Es gilt

$$x = R_0 \eta \cos \varphi, \quad y = R_0 \eta \sin \varphi, \quad z = \varrho \sin \theta, \quad \eta = 1 - \frac{\varrho}{R_0} \cos \theta. \tag{8.71}$$

Leider ist jedoch weder die SCHAFRANOV-Gleichung noch die HELMHOLTZ-Gleichung (8.59) in beiden Koordinatensystemen auch bei Axialsymmetrie nicht separierbar [8.10]. Die SCHAFRANOV-Gleichung hat in quasitoroidalen Koordinaten die Form [8.10]

$$\frac{\eta}{\tilde{\varrho}} \left[\frac{\partial}{\partial \tilde{\varrho}} \left(\frac{\tilde{\varrho}}{\eta} \frac{\partial \psi}{\partial \tilde{\varrho}} \right) + \frac{\partial}{\partial \theta} \left(\frac{1}{\eta \tilde{\varrho}} \frac{\partial \psi}{\partial \theta} \right) \right] = -4\pi \eta^2 \frac{dp}{d\psi} - \frac{d}{d\psi} \left(\frac{B_\varphi^2 \eta^2}{2} \right), \tag{8.72}$$

wobei nun $\tilde{\varrho} = \varrho / R_0$. Auch diese Gleichung ist nicht separierbar, so daß Methoden zur Lösung unseparierbarer partieller Differentialgleichungen herangezogen werden müssen [8.11, 8.12].
In allen SCHAFRANOV-Gleichungen können die Funktionen $p(\psi)$, $J(\psi)$ bzw. $B_\varphi(\psi)$ frei gewählt werden. Meist wird ein linearisierender Ansatz der Art

$$p = \frac{a}{2} \psi^2, \quad J^2 = \frac{b}{2} \psi^2 \tag{8.73}$$

gemacht, der es gestattet, toroidale Einschlußprobleme mit beliebigem Torusquerschnitt zu lösen [8.13]. SOLOVEV und SCHAFRANOV [8.27] haben den Ansatz

$$\frac{\mu_0^2}{2} \frac{dJ^2}{d\psi} = 2a^2 \psi_1, \quad 4\pi\mu_0 \frac{dp}{d\psi} = 2(4\alpha - 1)\, \psi_1 \tag{8.74}$$

und

$$\psi = \psi_0 + \psi_1 (r^2 - a^2 z^2 - \alpha(1 - r^2)^2) + \psi_1 r^4 / 4 \tag{8.75}$$

gemacht (SOLOVEV-Gleichgewicht). Spezielle Lösungen sind [8.17]

a) kein poloidaler Strom: $dJ^2/d\psi = 0$, $B_\vartheta \sim 1/r$ ist ein Vakuumfeld, das den Druck kompensiert,
b) kraftfrei $\boldsymbol{j} \| \boldsymbol{B}$, $dp/d\psi = 0$,
c) Einschluß fast nur durch den poloidalen Strom
　　$dJ^2/d\psi \gg |j_\vartheta|$: Pinch, Hochbetatokamak.

Trotz aller Bemühungen gelang es bisher nicht, dreidimensionale exakte analytische Lösungen des toroidalen Einschlußproblems (8.5) zu finden. Die Existenz einer solchen Lösung kann mathematisch nicht bewiesen werden (Theorem von GRAD).

Numerische Methoden zur Lösung der zweidimensionalen SCHAFRANOV-Gleichung findet man in [8.28]. Diese liefern ein komplettes Gleichgewicht. Wir wollen uns jedoch kurz überlegen, welche Kräfte dieses Gleichgewicht erzeugen. Würde man ein toroidales Plasma sich selbst überlassen, so würde es sich in radialer Richtung ausdehnen, da das den Gasdruck kompensierende Magnetfeld nach außen abnimmt. Man muß daher in einer Tokamakanordnung ein Vertikalfeld B_z vorsehen, um eine nach innen gerichtete Kraft zu erreichen. Dies kann beispielsweise durch eine das Plasma umgebende metallische Wand erfolgen. Bewegt sich das Plasma zu dieser Wand, dann entstehen nach der *Methode der elektrischen Bilder* Bildströme in der Wand, die das notwendige Vertikalfeld erzeugen. Andererseits kann dieses auch durch poloidale Feldspulen hervorgerufen werden. Verwendet man Zylinderkoordinaten r, z, φ und quasitoroidale Koordinaten $\varrho, \vartheta, \varphi$, also $r = R + \varrho \cdot \cos \vartheta, z = \varrho \sin \vartheta$, dann kann ein Tokamak durch sein toroidales Feld $B_\varphi = \mu_0 I/2\pi r \approx \mu_0 I(1 - (\varrho/R) \cos \vartheta)/2\pi R$ (R großer Radius im Zylinderkoordinatensystem), I der äußere Strom in der z-Richtung, und durch das poloidale Feld $B_\vartheta = \mu_0 I \varrho (1 + (a/R) N \cos \vartheta)/2\pi a$ beschrieben werden, a ist der kleine Torusradius im quasitoroidalen System und $N = \beta_\vartheta + \pi a \bar{B}_\vartheta^2/\mu_0 I \varrho - 1$, β_ϑ ist auf Seite 172 definiert. Das zur Stabilisierung des Gleichgewichts notwendige Vertikalfeld $B_V = B_0 e_z$ ist dann durch $B_0 = (I\mu_0/4\pi R) \cdot (\ln (8R/a) - 1)$ gegeben [3.2, 8.8]. Dreidimensionale Gleichgewichtsprobleme, wie sie z. B. bei Stellaratoren auftreten, konnten bisher nur numerisch behandelt werden (Plasmainstitute in Garching, Princeton, Japan; vgl. die Übersicht in Plasma Phys. Contr. Fusion **35**, Suppl. Nr. 12 B, Dezember 1993, p B115 – B128).

8.7 Das Plasma im Torus

Will man unendliche Plasmasäulen (die praktisch ja nicht herstellbar sind) und das Plasma begrenzende Elektroden (die von heißen Plasmen geschmolzen werden bzw. die das Plasma abkühlen) vermeiden, so müssen *geschlossene Systeme* für den Einschluß verwendet werden. Geschlossene Isobarenflächen haben die topologische Struktur von Torusflächen [8.2]. Geschlossene Systeme sind daher immer toroidale Systeme. Es ist daher von Interesse, den Plasmaeinschluß im einfachsten Torus, dem Kreistorus, zu untersuchen.

Beim toroidalen z-Pinch wird der azimutale Strom j_z im Plasma durch einen Transformator, dessen Sekundärwicklung das Plasma darstellt, induziert; beim toroidalen ϑ-Pinch wird das Plasma von einer Ringelektrode umschlossen, die ein komprimierendes B-Feld in der z-Richtung erzeugt.

Da ein toroidaler Pinch eine endliche Plasmamenge enthält, ist ein Selbsteinschluß nicht möglich. Nur mit Hilfe äußerer oder innerer Zusatzmagnetfelder ist es möglich, eine statische Gleichgewichtskonfiguration zu erzeugen.

Es ist leicht einzusehen, daß *ein Plasma im Kreistorus nicht im Gleichgewicht ist*; dies gilt sowohl für den z- als auch für den ein äußeres Magnetfeld besitzenden ϑ-Pinch. In beiden Fällen ist nämlich das Magnetfeld an der Torusinnenseite höher als an der Außenseite, so daß das Plasma zur äußeren Wand getrieben wird (z. B. gilt für den ϑ-Pinch $B_z \sim \dfrac{1}{R}$, wo R der Abstand von der Torusachse ist). Im Teilchenbild erhält man zunächst eine Driftbewegung senkrecht zu $\boldsymbol{B}$ und senkrecht zu ∇B. Diese $\boldsymbol{B} \times \nabla B$-*Drift* hängt vom Ladungsvorzeichen ab, vgl. (3.26). Es kommt so zu einer *Ladungstrennung* und zu einem elektrischen Raumladungsfeld $\boldsymbol{E}$. Die so erzeugte $\boldsymbol{E} \times \boldsymbol{B}$-Drift, vgl. (3.11), treibt das Plasma an die Torusaußenwand.

Diese Tendenz zur Radiusvergrößerung des ringförmigen Stromleiters kann auch durch die allgemeine Eigenschaft elektrodynamischer Kräfte, stets die Selbstinduktion eines Systems vergrößern zu wollen, erklärt werden. Es sind daher auch toroidale Fallen nicht im Gleichgewicht, doch kann man durch Zusatzfelder ein stabiles Gleichgewicht herstellen.

Auch beim toroidalen Pinch ist es möglich, durch äußere oder innere poloidale Zusatzfelder ein Gleichgewicht zu erzielen. So kann man in einem toroidalen ϑ-Pinch neben dem j_ϑ noch ein axiales j_z induzieren, das ein meridionales B_ϑ erzeugt (*Screw-Pinch*).

Wie diese Zusatzfelder beschaffen sein müssen, zeigt u. a. das *Kriterium von* KADOMZEV, HAMADA *und* ROSENBLUTH.

Multipliziert man (8.4) von links vektoriell mit $\boldsymbol{B}$, so erhält man

$$[\boldsymbol{B} \times \nabla p] = \frac{1}{c} [\boldsymbol{B} \times [\boldsymbol{j} \times \boldsymbol{B}]] \equiv \frac{1}{c} \{ -\boldsymbol{B}(\boldsymbol{Bj}) + \boldsymbol{j}B^2 \}$$

oder auch

$$\boldsymbol{j} = c \frac{[\boldsymbol{B} \times \nabla p]}{B^2} + \frac{(\boldsymbol{Bj}) \, \boldsymbol{B}}{B^2}. \tag{8.76}$$

Sei nun $\mathrm{d}s$ ein Linienelement in Richtung der Feldlinien und $\mathrm{d}l$ ein Linienelement in Richtung von ∇p, dann gilt wegen $\boldsymbol{B} \perp \mathrm{d}l$

$$[\boldsymbol{B} \times \nabla p] \, [\mathrm{d}l \times \mathrm{d}s] = (\boldsymbol{B} \, \mathrm{d}l)(\nabla p \, \mathrm{d}s) - (\nabla p \, \mathrm{d}l)(\boldsymbol{B} \, \mathrm{d}s) = -(\boldsymbol{B} \, \mathrm{d}s) \cdot \mathrm{d}p.$$

Der Strom, der durch die Fläche $[\mathrm{d}l \times \mathrm{d}s]$ hindurchgeht, ist dann nach (8.76) und wegen $\boldsymbol{B} \perp \mathrm{d}l$ durch

$$\mathrm{d}I = \oint_{\text{Feldlinie}} \boldsymbol{j}[\mathrm{d}l \times \mathrm{d}s] = - \oint_{\text{Feldlinie}} \frac{c}{B^2} (\boldsymbol{B} \, \mathrm{d}s) \cdot \mathrm{d}p$$

gegeben. Sei nun $\boldsymbol{e}$ ein Einheitsvektor in der Richtung von $\boldsymbol{B}$, dann gilt $\mathrm{d}s = \boldsymbol{e} \, \mathrm{d}s$, $\boldsymbol{B} = B\boldsymbol{e}$, und da $\mathrm{d}I$ unabhängig ist von der Form der Kontur der

Feldröhre, folgt für eine magnetische Fläche

$$U = - \oint_{\text{Feldlinie}} \frac{\mathrm{d}s}{B} = \text{const} \tag{8.77}$$

(*Kriterium von* KADOMZEV, HAMADA *und* ROSENBLUTH).
Beim Torus sind die inneren Feldlinien kürzer als die weiter außen; die Gleichgewichtsbedingung (8.77) ist also nicht erfüllt. Man kann sie jedoch erfüllen, wenn man durch „Runzeln" der inneren Feldlinien (vgl. Abb. 21) den inneren Weg länger macht (*mittleres Minimumfeld*).
Da die Flächen $p = $ const und $U = $ const zusammenfallen, sind $\nabla p \, (\neq 0)$ und $\nabla U \, (\neq 0)$ parallel, oder im Gleichgewicht gilt

$$\nabla p \times \nabla U = 0. \tag{8.78}$$

Die *toroidale Drift* zur Gefäßwand kann demnach vermieden und ein Gleichgewicht kann erreicht werden durch

a) ein *meridionales* (*poloidales*) *Feld* B_ϑ: Wird dieses zwischen Plasma und Gefäßwand komprimiert, so entstehen rücktreibende Kräfte. Erzeugung des Feldes durch *Schraubenlinienwindung*, vgl. Abb. 19, *Stellarator* (β klein), *Hochbetastellarator*. Im Hochbetastellarator ist β groß; er stellt einen toroidalen ϑ-Pinch mit Schraubenlinienwindungen dar, die außen Zusatzströme abwechselnd in positiver und negativer Richtung tragen, vgl. Abb. 19.
b) Induktion *azimutaler Ströme* j_z im Plasma: Das meridionale Magnetfeld B_ϑ der azimutalen Ströme liefert das notwendige verschraubte Feld im *Screw-Pinch* (ϑ-Pinch) oder *Tokamak* (z-Pinch — achsenparalleles Feld nötig). (Große azimutale Ströme erzeugen allerdings die gefährlichen $m = 1$ Instabilitäten!)
c) das *Runzeln der Feldlinien* $= MS$-(*Runzel*)*Torus* (instabiles Gleichgewicht),
d) *Ringleiter* im Plasma $=$ *toroidale Multipole* erzeugen B_ϑ (poloidal) (rotationssymmetrische Falle).

Es ergibt sich somit folgendes Schema des toroidalen Einschlusses (im linearen Fall ziemlich analog):

Pinch	β	*Falle*
rotationssymmetrisch, azimutale Kreisströme von außen induziert, meridionales Feld im Plasma erzeugt, Impulsbetrieb (innere Rotationstransformation, erzeugt durch den Plasmastrom)	mißt Wirkung des Plasmas auf das Feld	nicht rotationssymmetrische äußere Spulen erzeugen meridionales Feld, kontinuierlicher Betrieb (äußere Rotationstransformation, erzeugt durch äußere Ströme)
Zeta, Tokamak, $\beta \approx 10^{-3}$	niedrig ($\beta < 0,1$)	Stellarator, $\beta \approx 10^{-5}$
Screwpinch, ($\beta \approx 0,3$)	hoch: $\beta > 0,1$ (Fusionsplasma)	MS-Torus ($\beta = 1$) Hochbetastellarator ($\beta \approx 0,8$)

Durch die schwebenden (meist supraleitenden) *Ringleiter* entsteht ein *poloidales* Feld, das die vorhandenen Feldlinien verschert (z. B. *Spherator*). Hierbei ändern sich die magnetischen Flächen des toroidalen (azimutalen) Feldes nicht, doch ändert das Toroidalfeld die Scherung — es erhält eine Scherung. Toroidale Einschlußsysteme werden durch zwei theoretisch wichtige Parameter beschrieben: das *Aspektverhältnis A*, welches durch $A = R/a$, d. h. das Verhältnis des großen Torusradius R zum Plasmaradius a gegeben ist, vgl. Abb. 16, S. 146 und den *Sicherheitsfaktor* definiert durch $q = h/2\pi R$, wo h die Ganghöhe der Feldlinienschraube ist, $h = 2\pi\varrho B_\varphi/B_\vartheta$. ϱ ist die radiale Toruskoordinate. Schließen sich die Feldlinien nach einem oder mehreren ganzen Umläufen, so gilt $2\pi\varrho n/2\pi Rm = B_\varphi/B_\vartheta$, d. h. $h = 2\pi Rm/n$, wo n und m ganze Zahlen sind. Man spricht dann von einer *resonanten magnetischen Fläche*. Diese zerfällt unter Bildung von *magnetischen Inseln*. Für immer wieder und wieder den Torus umrundende Feldlinien, die sich niemals schließen, definiert man den Sicherheitsfaktor $q = m/n$ besser durch $\lim_{n \to \infty} (m/n)$. Auch ist es üblich,

einen *Winkel der Rotationstransformation* (vgl. S. 177) durch $i = 2\pi n/m$ bzw. $i = \lim_{n \to \infty} (2\pi n/m)$ oder $i = i/2\pi = n/m = 1/q$ zu definieren [8.25]. Hier ist

wieder m die Anzahl der Feldlinienumläufe um die magnetische Torusachse („kurzer Weg") und n ist die Anzahl der Torusumläufe („langer Weg"). Ist das Verhältnis n/m nicht ganzzahlig, liegt also keine resonante Fläche vor, dann garantiert das KOLMOGOROFF-ARNOLD-MOSER (KAM)-Theorem die Existenz einer nicht zerfallenden magnetischen Fläche [8.26]. Der Sicherheitsfaktor ist ursprünglich als das Verhältnis der *kritischen longitudinalen Heizstromstärke* (KRUSKAL-*Grenze*) zum jeweiligen longitudinalen (azimutalen, toroidalen) Strom definiert worden. Da die kritische Stromstärke nicht überschritten werden darf, muß für Stabilität $q > 1$ gelten. Setzt man für h ein, so erhält man aus obiger Formel für q den Ausdruck $q(\varrho) = \varrho B_\varphi/RB_\vartheta$. Die Größe q kann auf verschiedene Weise experimentell gesteuert werden: im *Tokamak*, der ein toroidaler z-Pinch mit OHMscher Heizung und äußerem toroidalem B_φ ist, erzeugt der im Plasma fließende Strom ein schwaches *poloidales (meridionales)* B_ϑ; im *Screw-Pinch* (linearer bzw. toroidaler z-Pinch), der durch schnelle Kompression geheizt wird und dabei ein B_ϑ erzeugt, wird das zusätzliche Feld, (z. B. ein oszillierendes) B_z, d. h. B_φ durch zeitliche Vorausprogrammierung erzeugt (*dynamische Stabilisierung* der $m = 1$ Instabilität).

Wird das die *toroidale Drift* unterdrückende Magnetfeld im Plasma erzeugt, so ist das β aus Stabilitätsgründen (KRUSKAL-*Grenze*) begrenzt. Daraus folgt, daß ein kleines Aspektverhältnis (sogen. *kompakte Geometrie*) aus Stabilitätsgründen günstig ist. Dann ist auch das β klein und die Heizung durch schnelle Kompression (Pinch) wird schwierig. Bessere Ergebnisse sind durch OHMsche Heizung zu erreichen (*Tokamak*). Im *Screw-Pinch* fließen die Ströme zum Teil außerhalb des Plasmas, daher sind (aus Stabilitätsgründen) größere β-Werte möglich. Es muß auch darauf hingewiesen werden, daß ein ϑ-Pinch von einem kalten Plasma geringer Dichte, dem sogenannten Haloplasma umgeben ist. Dieses *Haloplasma* hat eine gute elektrische Leitfähigkeit und beeinflußt (insbesondere bei hohem β) die Stabilitätsverhältnisse. Das Magnetfeld im Haloplasma ist gleich dem Vakuumfeld.

Wenn bei hoher Temperatur die Leitfähigkeit so groß geworden ist, daß JOULEsche Verluste keine Rolle mehr spielen, dann bleiben wegen des *Einfrierens der Magnetfeldlinien* die Ganghöhe h und damit q konstant. Wird dem ϑ-Pinch ein helisches $l = 1$ Feld überlagert, so wird das Plasma aus der Pinchachse um δ_1 verschoben; der Querschnitt des Plasmas bleibt kreisförmig, doch nimmt das Plasma die Form einer *Wendel* an. δ_1 ist proportional dem Quadrat des Radius c des metallischen Pinchrohres und dem $\beta_\vartheta = 8\pi p/B_\vartheta^2(\varrho = a)$, wo $a(< c)$ der Plasmaradius ist. δ_1 ist ferner beim Torus verkehrt proportional R. Für ein $l = 2$ Feld (zwei Leiterpaare) wird der Plasmaquerschnitt elliptisch. Nach der Theorie ist dann Stabilität bei höherem β (bis $\beta \approx 1$) möglich, da die KRUSKAL-*Grenze* um so höher liegt, je exzentrischer die Ellipse ist. Ein extrem exzentrischer Screw-Pinch ist der *Belt-Pinch* (*Gürtel-Pinch*), der sehr erfolgversprechend sein dürfte (Stabilität, hohes β, gute Einschlußzeit).

Da ein Fusionsplasma ein hohes β hat und da ein hohes β einen besseren Einschluß und niedrigere Kosten bedeutet und da bei hohem β *Stoßwellenheizung* (Pinch) wirksam ist, kann man erwarten, daß die Aktivität auf dem Hochbetagebiet in den nächsten Jahren noch ansteigen wird.

Im Teilchenbild führt der toroidale Einschluß eines Plasmas zu interessanten Einsichten. Als Beispiel betrachten wir einen Tokamak, dessen toroidaler Plasmastrom j_φ durch eine Transformatorwicklung von außen induziert wird. Dieser Strom erzeugt ein poloidales Magnetfeld B_θ, in quasitoroidalen Koordinaten beschrieben, vgl. Abb. 29. In einem um den Torus gewickelten Draht fließt ein Strom j_θ, der ein toroidales Magnetfeld $B_\varphi \gg B_\theta$ erzeugt. Für sehr großes Aspektverhältnis R_0/a geht der Torus in einen Zylinder über und $B_\varphi \to B_z$, $j_\varphi \to j_z$. Durch die Gradientendrift $\boldsymbol{B} \times \mu \nabla B/eB^2$, vgl. S. 35, und die Zentrifugalkraft (3.29) wird der Plasmatorus im Inneren des Tokamak leicht nach außen verschoben (SCHAFRANOV-*Shift*). Nimmt man wegen $B_\varphi \gg B_\theta$ an, daß man zunächst $B_\theta \approx 0$ setzen kann und schreibt man näherungsweise für

$$B_\varphi \approx \frac{B_0}{R_0 + x} = \frac{B_0}{\varrho}, \tag{8.79}$$

wobei x der Abstand von der Torusachse $\varrho = R_0$ ist und $B_0 = $ const, so erhält man für die toroidale Drift des Führungszentrums in der $\pm p$-Richtung (Abb. 29) den Ausdruck

$$u_{\text{tor}} = \pm \frac{mc}{2eB_\varphi R_0}(2u_\parallel^2 + u_\perp^2) \approx \text{const}. \tag{8.80}$$

u_{tor} ist für $u_\perp \ll u_\parallel$ von der Größenordnung $u_\parallel^2/B$ und verschwindet für den Zylinder ($R_0 \to \infty$). Da diese Drift ladungsabhängig ist, führt sie zu einer Ladungstrennung, wodurch ein elektrisches Feld und eine $\boldsymbol{E} \times \boldsymbol{B}$-Drift erzeugt wird. Diese erzeugt eine Drift in radialer Richtung nach außen. Führt man mit dem Ursprung auf der Torusachse $\varrho = R_0$ ein lokales Koordinatensystem x (Richtung ϱ) und z (Richtung p), $r^2 = x^2 + z^2$, $r\,dr = x\,dx + z\,dz$ ein, so erhält man [8.8] für die radiale Drift der Führungszentren der Plasmateilchen unabhängig von ihrer Ladung

$$\frac{dx}{dt} = u_{\parallel} \frac{B_\theta}{B} \frac{z}{r}, \qquad \frac{dz}{dt} = u_{\text{tor}} - u_{\parallel} \frac{B_\theta}{B} \frac{x}{R_0},$$

wobei $B = \sqrt{B_\theta{}^2 + B_y{}^2} \approx B_\varphi$ ist. Eliminiert man die Zeit durch Berechnen aus der ersten Gleichung und nimmt man für $r/R_0 \approx 1$ an, so erhält man für die Bahn der Führungszentren als Folge der radialen Drift

$$\frac{dr}{dx} = \frac{u_{\text{tor}}B}{u_{\parallel}B_\theta} \approx \text{const} = \alpha_0. \tag{8.81}$$

Ist nun $u_\perp \ll u_\parallel$, d. h. sind die Führungszentren bzw. die Teilchen in der φ-Richtung viel schneller als ihre Bewegungen $\perp$ zu B_φ in der Meridionalebene $\varphi = \text{const}$, so gilt $u_{\text{tor}} \approx u_{\parallel}^2/B$ und $\alpha_0 \approx u_{\parallel}B_\vartheta^{-1} \ll 1$. Integration von (8.81) für konstantes $u_\parallel$, B_θ gibt

$$r = r_0 + \alpha_0 x = a + \alpha_0 x, \tag{8.82}$$

wobei wir für die Integrationskonstante r_0 den kleinen Torusradius a gesetzt haben, denn für $x = 0$ wird nach (8.82) $r = a$. Für einen Tokamak mit $a = 0.1\,\text{m}$, $R_0 = 1\,\text{m}$, $B_\varphi = 20\,\text{kG}$, $B_0 = 1\,\text{kG}$ folgt $\alpha_0 \approx 10^{-2}$, so daß $\alpha_0^2 x^2 < \alpha_0^2 a^2$ vernachlässigt werden kann. Dann aber kann mit $r^2 = x^2 + z^2$ das Quadrat von (8.82) auch in der Form

$$(x - \alpha_0 a)^2 + z^2 = a^2 \tag{8.83}$$

geschrieben werden, d. h. die Führungszentren beschreiben während ihres Umlaufs im Torus in der meridionalen Querschnittsebene in etwa einen Kreis mit dem Radius a, dessen Mittelpunkt von der Torusachse $\varrho = R_0$ um $\alpha_0 a = 1\,\text{mm}$ nach außen verschoben ist (SCHAFRANOV-*Shift*). Angesichts der Kleinheit können diese toroidalen Effekte vernachlässigt werden, d. h. der Torus kann als periodischer Zylinder $z = 2\pi\varrho$ aufgefaßt werden.
Ist jedoch $u_\perp \gg u_\parallel$, dann kann α_0 wesentlich größer sein. Diese Teilchen bzw. ihre Führungszentren werden, da $u_\parallel$ klein ist, an örtlichen Magnetfeldspiegeln an der Stelle $\pm x^*$ reflektiert, $u_\parallel$ kann also nicht mehr als konstant angesehen werden. Nach den Ausführungen von S. 43 gilt für den Spiegeleffekt in der x-Richtung der Zusammenhang

$$u_{\parallel} = u_\perp(x_0) \sqrt{\frac{B(x^*)}{B(x_0)} - 1}. \tag{8.84}$$

Wegen $B_\theta \ll B_\varphi \simeq B_0/(R_0 + x)$ nach (8.79) erhält man schließlich mit $x \ll R_0$, (8.81), $x = r_0 \cos\vartheta$, $B_\theta \approx \text{const}$, $u_{\text{tor}} \approx \text{const}$, (8.79) nach längerer Zwischenrechnung [8.8] wieder eine Differentialgleichung für $r(x)$, die nach Integration

$$r = r_0 \pm \frac{2u_{\text{tor}}B_0}{u_\perp(x_0)\,B_\theta}\sqrt{R_0(x - x^*)}\qquad(8.85)$$

als Teilchenbahn in der Meridionalebene ergibt. Diese Bahnen sind in sich geschlossen; die Teilchen sind im Bereich $-x^* \leq x \leq x^*$ gefangen und oszillieren in ihm mit der *bounce frequency* (12.27). Die Bahnen haben die Form von *Bananen* und sind infolge der Bewegung $u_\parallel \ll u_\perp$ in der toroidalen Richtung etwas ausgezogen, vgl. Abb. 30. Die Bananenbahnen beschreiben nach ihrer Herleitung die Bahnen der Führungszentren. Die Gyrationsbewegungen der Ionen und Elektronen sind als kleine „Kräuselungen" diesen Bananen noch überlagert. In nicht symmetrischen toroidalen Systemen unterliegen die Bananenbahnen selbst einer Drift und bilden *Superbananen*. Bananenbahnen sind für Transportvorgänge im Torus von großer Bedeutung.

Die bisher gebrachten Formeln für z. B. den Diffusionskoeffizienten, (6.75), (6.79), (6.83) stimmen nämlich nicht mit den Beobachtungen überein. Die *erste* Modifikation dieser klassischen Diffusionstheorie stammt von PFIRSCH und SCHLÜTER und beruht auf den toroidalen Bahnen. Finden in einem toroidalen Plasma viele Stöße statt, gilt also $\lambda \ll R$, so werden sehr viele der Teilchen von Bananenbahnen befreit und werden zu den ganzen Torus umlaufenden Teilchen. Während eines Umlaufs ist nun die toroidale Drift nach außen so groß, daß sie durch die Rotationstransformation, also durch den Umlauf weiter innen, nicht mehr voll kompensiert werden kann. Es entsteht dadurch ein toroidaler PFIRSCH-SCHLÜTER *Strom*, und die Diffusion im Torus wird wesentlich größer als der klassische Wert.

Wir leiten nun zunächst die Formel für den PFIRSCH-SCHLÜTER-Strom ab [1.3, 3.2]. Wir gehen aus von der Gleichgewichtsbedingung (8.4) im SI-System, also $\nabla p = [\boldsymbol{j} \times \boldsymbol{B}]$, der Bedingung der Quasineutralität (8.13) $\operatorname{div}\boldsymbol{j} = 0$ und dem OHMschen Gesetz, das wir wegen (3.50), (3.75) in der Form

$$\boldsymbol{E} + [\boldsymbol{u} \times \boldsymbol{B}] = \frac{1}{\sigma_\perp}j_\perp + \frac{1}{\sigma_\parallel}j_\parallel\qquad(8.86)$$

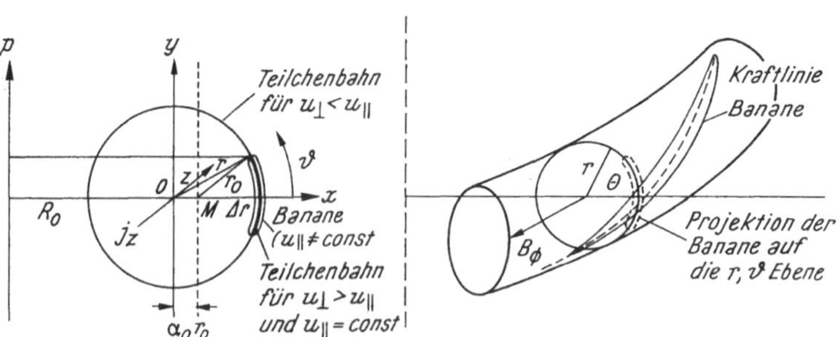

Abb. 30. Bananenbahnen

schreiben. Hier ist $\sigma_\perp$ die elektrische Leitfähigkeit senkrecht und $\sigma_\|$ parallel zum Magnetfeld. Für ein axialsymmetrisches Magnetfeld schreiben wir in quasitoroidalen Koordinaten (8.71) den Ansatz

$$B_\varrho = 0, \qquad B_\vartheta = B_\vartheta(\varrho), \qquad B_\eta \approx \frac{B_0}{1 - A^{-1}\cos\vartheta} \approx B_z = B_0. \qquad (8.87)$$

Hier ist $A = R/a$ das Aspektverhältnis, das als sehr groß angenommen wird, so daß Entwicklungen nach $\varepsilon = A^{-1}$ möglich sind. Für $\varepsilon = 0$ erhalten wir die Ergebnisse für den Zylinder. Wir schreiben daher in Hinkunft statt der Koordinate ϱ der quasitoroidalen Koordinaten die Zylinderkoordinate r. Aus der Gleichgewichtsbedingung und (8.86) erhält man für die radiale Geschwindigkeit der Teilchen

$$u_r = \frac{E_{\vartheta 1}}{B_0} - \frac{1}{\sigma_\perp B_0^2}\frac{\mathrm{d}p}{\mathrm{d}r}. \qquad (8.88)$$

Dann ist der radiale Teilchenfluß senkrecht zum Magnetfeld durch $nu_r = D(\mathrm{d}n/\mathrm{d}r)$ gegeben, wo D der Diffusionskoeffizient ist. Der erste Term in (8.88) beschreibt die elektrische Drift (3.11), wobei $E_{\vartheta 1}$ das elektrische Feld in 1. Ordnung in ε ist. Der zweite Term in (8.88) beschreibt die durch Stöße hervorgerufene klassische Diffusion im Zylinder. Man sieht dies ein, indem man den Diffusionskoeffizienten $D_\perp$ nach (6.83) mit Hilfe von (2.40) und (3.63) auf die Form

$$D_\perp = \frac{kTn}{B_0^2\sigma} \qquad (8.89)$$

bringt. Setzt man dies in den Diffusionsstrom $D_\perp\,\mathrm{d}n/\mathrm{d}r$ ein, so erhält man mit (5.13) genau den zweiten Term von (8.88), da ja nu_ϱ der Diffusionsstrom ist. Der radiale Term $\mathrm{d}p/\mathrm{d}r$ ist nun für den toroidalen PFIRSCH-SCHLÜTER-Strom verantwortlich. Um diesen Strom abzuleiten, beachten wir $E_\| = \boldsymbol{E}\cdot\boldsymbol{B}/B \approx E_{\vartheta 1}B_\vartheta/B_0$, $\nabla_\| = B_\vartheta(\partial/\partial\vartheta r B_0)$, was wegen der Kleinheit von ε aus (8.87) folgt ($B_z = B_\eta = B_0$). Aus $\mathrm{div}\,\boldsymbol{j} = 0$ folgt mit (3.68) und den Rechnungen S. 54

$$\nabla_\| j_\| = \frac{B_\vartheta}{B_0}\frac{1}{r}\frac{\partial j_\|}{\partial\vartheta} = -\nabla_\perp j_\perp = -\nabla_\perp\frac{\boldsymbol{B}\times\nabla p_\perp}{B^2} = -2\frac{[\boldsymbol{B}\times\nabla p_\perp]\cdot\nabla B}{B^3}, \qquad (8.90)$$

woraus man mit (8.87) und Reihenentwicklung nach ε den PFIRSCH-SCHLÜTER-Strom $j_\|$ abliest:

$$j_\| = -\varepsilon\frac{2}{B_\vartheta}\frac{\mathrm{d}p}{\mathrm{d}r}\cos\vartheta. \qquad (8.91)$$

Mit $E_\| \approx E_{\vartheta 1}B_\vartheta/B_0$ folgt nun aus der parallelen Komponente von (8.86)

$$E_{\vartheta 1} = \frac{B_0 j_\|}{B_\vartheta\sigma_\|} = -2\varepsilon\frac{B_0}{B_\vartheta^2\sigma_\|}\frac{\mathrm{d}p}{\mathrm{d}r}\cos\vartheta. \qquad (8.92)$$

Um nun den Diffusionskoeffizienten zu bestimmen, muß der gesamte Teilchenfluß durch die magnetische Fläche berechnet werden, d. h. man muß den Teilchenstrom nu_r nach (8.88) und (8.92) über das Flächenelement in quasitoroidalen Koordinaten $(1 - \varepsilon \cos \vartheta)\, d\varphi\, d\vartheta$ integrieren. Man erhält damit für den Gesamtstrom

$$\frac{1}{2\pi} \int_0^{2\pi} nu_r (1 - \varepsilon \cos \vartheta)\, d\vartheta = -\frac{n}{\sigma_\perp B_0^2} \frac{dp}{dr} \left(1 + \frac{\sigma_\perp}{\sigma_\parallel} q^2\right), \qquad (8.93)$$

woraus man mit (5.13) den PFIRSCH-SCHLÜTER-*Diffusionskoeffizienten*

$$D_{PS} = \frac{nkT}{\sigma_\perp B_0^2} \left(1 + \frac{\sigma_\perp}{\sigma_\parallel} q^2\right) \qquad (8.94)$$

ablesen kann. q ist hierbei nach S. 171 durch rB_0/RB_ϑ gegeben. Da in einem stark stoßbedingten Plasma $\sigma_\perp \approx \sigma_\parallel$ gilt und da $q \leq 1$ ist, folgt aus (8.94) der oft angegebene Wert

$$D_{PS} \approx 2 \frac{nkT}{\sigma B_0^2}. \qquad (8.95)$$

Ein Vergleich mit (8.89) zeigt somit, daß bei Berücksichtigung der toroidalen Geometrie die klassische Diffusion senkrecht zum Magnetfeld mindest doppelt so groß wird.

8.8 Magnetische Fallen

Während beim *Pinch* das Plasma im wesentlichen durch das Magnetfeld der *im* Plasma fließenden Ströme eingeschlossen wird, wird es in einer *Falle* praktisch nur durch äußere Felder festgehalten. Fallen werden meist folgendermaßen eingeteilt:

a) geschlossene toroidale Fallen
   1. Feldlinien schließen sich
   2. Feldlinien erzeugen magnetische Flächen (*Rotationstransformation*)
b) Spiegelmaschinen
c) offene Fallen
d) Hybridfallen

Das *Astron* (CHRISTOFILOS) besitzt eine ein Spiegelfeld (Abb. 18) erzeugende Spule und eine in Form eines Hohlzylinders ausgebildete, aus relativistischen Elektronen gebildete Schicht, die *E-Schicht*. Im Spiegelfeld bewegen sich die Elektronen auf Spiralbahnen hin und her und erzeugen so ein zusätzliches longitudinales Magnetfeld. Ab einem gewissen Wert des Elektronenstromes kehrt sich das Magnetfeld der E-Schicht um, so daß *geschlossene Kraftlinien* entstehen. Schießt man nun Neutralgas ein, so wird dieses von den schnellen Elektronen ionisiert und eingeschlossen. Driftbewegungen haben nur azimutale Komponenten; es kommt daher kaum zu Plasmaverlusten.

Das Prinzip des *Stellarators* ist aus Abb. 19 ersichtlich: durch Verdrehen eines Torus zu einer Acht erreicht man, daß nach außen driftende Plasmateilchen von einer nach innen zurückkehrenden Feldlinie wieder ins Innere zurückgeführt werden. Das Magnetfeld im Stellarator ist so ausgebildet, daß die Querdiffusion in einem Teil des Rohres durch die entgegengesetzt (nach innen) gerichtete Querdiffusion im restlichen Teil des Rohres genau kompensiert wird. Anstatt einen Torus wirklich zu verdrehen, kann man (*zusätzlich* zur Solenoidwindung) eine *Schraubenlinienwindung* (*Spiralfeldwicklung, helische Windung*) am Torus anbringen, die im wesentlichen das gleiche Feld erzeugt wie das Feld des *Achter-Stellarators*. Legt man eine Feldlinie im Torus durch die Koordinaten r, θ fest (vgl. Abb. 20), so kehrt die Feldlinie im „normalen" Torus über P_1' nach einem Umlauf nach P_1 zurück. Im verdrehten Torus oder im Torus mit zusätzlicher Schraubenlinienwindung geht die Feldlinie schon nach einem Teil des Umlaufes nicht mehr durch P_1', sondern durch P_2 und nach einem vollen Umlauf durch P_3. Durch einen Umlauf wurde gewissermaßen P_1 in P_3 „transformiert". Diese Transformation ist in den physikalisch interessanten Fällen rotationssymmetrisch um die z-Achse. Diese Transformation nennt man *Rotationstransformation des Stellarators*, und der Winkel i heißt *Rotationstransformationswinkel*. Jede Feldlinie innerhalb der *Separatrix* (vgl. Abb. 20) baut nach und nach eine geschlossene magnetische Fläche auf; nur die *magnetische Achse z* transformiert sich in sich selbst. Die *Separatrix* trennt das Gebiet „gemeinsamer Wirkung" von jenen Gebieten, in denen das Feld nur eines Leiters oder Poles wirkt.

Wenn h die durch den Steigungswinkel der Schraubenlinienwindung nach Abb. 19 definierte Größe ist und n, l ganze Zahlen, dann läßt sich das Feld durch eine FOURIER-Reihe

$$B_r = \sum_l la_l I_l' \left(l\,\frac{2\pi}{h}\,r \right) \sin l \left(\theta - \frac{2\pi}{h}\,z \right)$$

$$B_\theta = \sum_l \frac{h}{2\pi r}\,la_l I_l \left(l\,\frac{2\pi}{h}\,r \right) \cos l \left(\theta - \frac{2\pi}{h}\,z \right) \tag{8.96}$$

$$B_z = B_0 - \sum_l la_l I_l \left(l\,\frac{2\pi}{h}\,r \right) \cos l \left(\theta - \frac{2\pi}{h}\,z \right)$$

darstellen [8.18]. Die I_l ergeben sich aus div $\boldsymbol{B} = 0$, rot $\boldsymbol{B} = 0$; sie sind modifizierte Besselfunktionen. Die Feldlinien und damit auch der Winkel i ergeben sich dann durch Lösung der Differentialgleichungen der Feldlinien gemäß, also in unseren Koordinaten

$$\frac{\mathrm{d}r}{B_r} = \frac{r\,\mathrm{d}\vartheta}{B_\vartheta} = \frac{\mathrm{d}z}{B_z}. \tag{8.97}$$

Stellaratoren sind geschlossene toroidale Fallen mit kleinem β, wobei die Bedingung, daß die toroidale Verschiebung kleiner als der Plasmaradius a sein soll, zu β

$$\beta \leqq \frac{a}{R} \left(\frac{i}{2\pi} \right)^2 \tag{8.98}$$

führt [8.18].

Ganz allgemein läßt sich die *Rotationstransformation* realisieren durch

1. toroidales B_z + Feld der Plasmaströme beim Pinch: *Zeta, Tokamak, Screw-Pinch,*
2. toroidales B_z + Feld vom Strom des Ringleiters: *Levitron,*
3. toroidales B_z + Spiralfeldwicklung: *Stellarator.*

Beim *Runzeltorus* (Abb. 21) wird die Drift an die Toruswand durch eine Modulation des Torusfeldes verhindert: infolge der auftretenden drehenden Driftbewegung windet sich die Teilchenbahn um die Kammerachse: Die toroidale Drift zur Wand wird durch die longitudinale Feldinhomogenität kompensiert. Der Runzeltorus hat **nicht** die Eigenschaft der *Rotationstransformation.*

Spiegelmaschinen sind „*geschlossene*" *offene* magnetische Fallen (vgl. Abb. 22), während *offene* magnetische Fallen entweder *hyperbolische* Flaschen oder *Q-Maschinen* sind.

Hyperbolische Felder heißen Magnetfelder, deren Feldlinien Hyperbeln sind; man spricht auch von *Gegenfeldern,* da derartige Felder durch z. B. zwei Spulen mit entgegengesetzten Strömen erzeugt werden, vgl. Abb. 23. Charakteristisch für derartige Felder ist es, daß das Magnetfeld von einem Punkte mit der Feldstärke Null aus nach allen Seiten anwächst. Man spricht daher auch von *Nullminimumfeldern.* (Am Nullminimum gilt $r_L = 0$. Solche Nullminima treten auch in Kreuzungspunkten der *Separatrix* auf, vgl. Abb. 20 und 25. *Separatrix* heißt eine ausgezeichnete Feldlinie, die Feldbereiche trennt, die jeweils nur durch einen Leiter bestimmt werden.) Fallen, die mit derartigen Feldern gebaut werden, sind nicht adiabatisch, d. h., die *adiabatischen Invarianten* sind nicht mehr konstant; sie ändern sich, wenn ein Teilchen in der Nähe des Minimums vorbeiläuft[4]. Dies hat zur Folge, daß es zu relativ **großen Teilchenverlusten** durch die offenen Spitzen („*Cusp*") kommt. Obwohl Magnetfelder, deren Feldlinien vom Plasma weggekrümmt sind, gute Stabilitätseigenschaften haben, wurden daher nur wenige hyperbolische Flaschen gebaut.

Zu den offenen Fallen, die jedoch keine hyperbolischen Felder besitzen, gehören die sogenannten *Q-Maschinen*[5], vgl. Abb. 24. Von zwei heißen *Endplatten*, an denen Alkalidämpfe durch Kontakt ionisiert werden, strömt das

---

[4] SONNERUP (J. Geophys. Res. **76,** 8211) hat allerdings gezeigt, daß andere adiabatische Invariante existieren können.

[5] *Q* kommt von *quiescent*; man hoffte, in derartigen Apparaten ruhige, d. h. nicht durch Instabilitäten gestörte Plasmen zu erzeugen.

Plasma in ein Magnetfeld eines Solenoids. Untersuchungen dieser Q-Plasmen brachten in den letzten Jahren größere Fortschritte der Plasmaphysik.

Unter *Hybridfallen* versteht man Fallen mit kombinierten Magnetfeldern, die man nur schwer eindeutig einem bestimmten Typ zuordnen kann. So kann z. B. die *Heliotron*-Falle (vgl. Abb. 25) als toroidale Falle mit hyperbolischem Zusatzfeld oder als hyperbolische Falle mit toroidalem Zusatzfeld angesehen werden. Derartige Hybridfelder benötigen zu ihrer Erzeugung komplizierte Drahtwindungen, vgl. Abb. 26 und 27. Hybridfallen sollen die Nachteile (Auftreten von Instabilitäten) von geschlossenen Fallen und von Spiegelmaschinen sowie die Nachteile (große Plasmaverluste) der hyperbolischen Fallen vermeiden.

Durch *Hybridfelder* lassen sich verschiedene kombinierte Magnetfelder mit speziellen Stabilitätseigenschaften erzeugen [8.19], so z. B.

Minimumfelder (magnetische Töpfe, magnetische Mulden):

das Feld wächst vom Minimum (das **nicht** Null ist) nach allen Richtungen an: Einschlußeigenschaften der Spiegelmaschinen und Stabilität des Cusp; realisiert z. B. durch Spiegelmaschine mit JOFFE-Stab, Abb. 27, oder Cusp + Extraleiter, also offene Systeme. In *geschlossenen Systemen* kann man (Vakuum-)Minimumfelder **nicht** herstellen (*Theorem von* JUKES[6]), da im Minimumfeld sich die Feldlinien „nach außen" krümmen müssen. Im Torus ist das nicht möglich, da sonst die Feldlinien die Toruswand kreuzen müßten.

Mittleres Minimumfeld (auch *negatives V''-System* genannt):

das Feld wächst nicht in allen Richtungen, sondern nur „im Mittel"; realisiert z. B. im Stellarator oder im Multipoltorus, vgl. Abb. 28, also bei geschlossenen Systemen.

Über die Struktur von axialsymmetrischen *Gleichgewichtsmagnetfeldern* gibt es einige Übersichtsarbeiten [8.20].

Da sich beim Screw-Pinch und beim Belt-Pinch zeigt, daß ein hohes β u. U. bessere Stabilitätseigenschaften besitzt als ein niedriges β, ist es interessant, *Hochbetastellaratoren* zu untersuchen. Während beim Pinch im Plasma ein Strom fließt, ist der Stellarator ein Gleichgewicht ohne Nettostrom. Dies hat zur Folge, daß im Stellarator keine *kräftefreien Felder* auftreten können. Das für die Unterdrückung der *toroidalen Drift* notwendige meridionale Feld wird durch äußere Schraubenlinienwindungen erzeugt. Um diese Wirkung bei hohem β zu untersuchen, wurden einem toroidalen ϑ-Pinch mit kleinem Aspektverhältnis von Drahtströmen erzeugte *Stellaratorfelder* von verschiedener *Multiplizität l* und *Periodenzahl n* überlagert („*Hochbetastellarator*"). Entsprechend der Theorie [8.21] ergeben die den Plasmatorus in eine *Wendel* (*Helix*) verbiegenden $l = 1$ Stellaratorfelder kein Gleichgewicht [8.22]. Das Plasma bildet eine expandierende Wendel, die nach außen driftet. Bei großen

---

[6] Plasma Phys. **6,** 84 (1964)

Aspektverhältnissen ($A \gg 1$) sollten allerdings nach RIBE und FREIBERG gerade die $l = 1$ Hochbetastellaratoren im stabilen Gleichgewicht sein. Für einen linearen $l = 1$ Hochbetastellarator konnte dies von FÜNFER experimentell bestätigt werden [8.23]. Theoretisch sollte ein toroidaler $l = 1$ Hochbetastellarator bei einem Aspektverhältnis von etwa 1 000 die gleiche Stabilität wie ein Screw-Pinch und eine bessere Stabilität als ein **MS-Torus** erreichen. Vermutlich sind jedoch zusätzliche $l = 0$ oder $l = 2$ Felder nötig.

Bei $l = 2$ Feldern ergab sich (ebenso bei $l = 3$) eine Wendel mit elliptischem Querschnitt, die im Gleichgewicht blieb und die einen seelenparallelen Nettostrom aufwies.

Das MHD-Modell für niedriges β liefert für einen Stellarator $l > 2$ eine Stabilitätsbedingung. In diesem Modell wird angenommen, daß der ganze Strom in der Oberfläche des Plasmas fließt. Diese Annahme ist notwendig, damit man eine räumliche Trennung zwischen $B_{\text{außen}}$ und B_{innen} erhält. Ein Hochbetaplasma verändert das Magnetfeld, so daß sich andere Randbedingungen ergeben. Da es jedoch im Volumenstrommodell bisher nicht gelang, Stabilitätsbedingungen für den Hochbetastellarator abzuleiten, muß man im Oberflächenmodell Zuflucht zu verschiedenen Reihenentwicklungen, z. B. nach A^{-1} nehmen. Die Stabilitätstheorie von HAIN, LÜST und SCHLÜTER[7] ist ja nicht anwendbar, da die Form der Hochbetaplasmaoberfläche keine Koordinatenfläche, sondern eine Wendel mit kreisförmigem oder elliptischem Querschnitt bildet.

Die Theorie zeigt, daß man für den Rotationstransformationswinkel näherungsweise erhält:

$$i_{\text{außen}} = \frac{i_{\text{außen}}}{2\pi} \sim \frac{I^2_{\text{Stellarator}}}{B_0^2}, \quad \frac{i_{\text{P}}}{2\pi} \sim \frac{I_{\text{P}}}{B_0 a^2}$$

und daß $i_{\text{ges}} = i_{\text{außen}} \pm |i_{\text{P}}|$ unabhängig von der radialen Koordinate ist (d. h. das Feld ist frei von Verscherung). Experimente am Plasmainstitut in Garching zeigten weiter, daß man nur bei speziellen Anfangswerten von Dichte und Temperatur einen stationären Betrieb erhält. Ein solcher ist also nur bei spezieller Führung der Vorheizung erreichbar. Genauere Untersuchungen zeigen, daß bei *rationalen* Werten des $i_{\text{außen}}$ (bei denen sich die Magnetfeldlinien in sich schließen — resonante magnetische Flächen) bzw. bei hohem β bei rationalen Werten von i_{ges} ein stationärer Plasmaeinschluß nicht möglich ist: die sonst *klassische Diffusion* geht in konvektive Vorgänge über, die das Plasma an die Wand treiben und den Einschluß zerstören. Um die kritischen rationalen Werte von i_{ges} zu vermeiden, muß man

1. das Magnetfeld groß machen und
2. die helischen Ströme so steuern, daß man in der Vorheizphase und später nicht in die verbotenen i-Bereiche kommt.

Bisher haben wir den Plasmaeinschluß nur im Rahmen der Magnetohydrodynamik behandelt. Es gibt jedoch auch Theorien über den Einschluß von

---

[7] Z. f. Naturforsch. **12a**, 833 (1957)

VLASOV-Plasmen oder Theorien im Rahmen der FOKKER-PLANCK-Gleichung bzw. der CGL-Theorie [3.2]. Es gibt auch mehrere numerische Computer-Codes zur Berechnung von MHD-Gleichgewichten [8.24]. Schließlich werden bei verschiedenen magnetohydrodynamischen und anderen Berechnungen auch physikalische Koordinaten verwendet: man benutzt die magnetischen Feldlinien als Koordinatenlinien, z. B. HAMADA-*Koordinaten* (Stromdichte-linien sind dort gerade, Nucl. Fus. **2** (1962), 23) oder BOOZER-*Koordinaten* (Phys. Fluids **23** (1980), 902), vgl. [8.29].

§ 9 Wellen und Instabilitäten

9.1 Schwingungen und Wellen

Wenn *Einzelteilchen* periodisch ihren Ort verändern, so spricht man von *Schwingungen*; die Ortskoordinaten $x(t)$, $y(t)$, $z(t)$ des Teilchens sind dann periodische Funktionen der Zeit und gehorchen *gewöhnlichen* Differentialgleichungen. Diese Differentialgleichungen (*Schwingungsgleichungen*) sind fast immer von 2. Ordnung und oft linear. Bestehen zwischen mehreren Einzelteilchen Wechselwirkungen (elastische, elektrische und andere Kräfte), dann schwingen die Nachbarteilchen mit: es kommt zu *gekoppelten* Schwingungen. Bei insgesamt n Teilchen sind dann n gekoppelte (meist lineare) Schwingungsgleichungen zu lösen.

Wenn physikalische Größen, z. B. Druck oder Temperatur, vom Ort abhängen, so spricht man von einem *Feld*, z. B. von einem *Druckfeld* $p(x, y, z)$. Ist ein Feld auch noch von der Zeit abhängig, z. B. $T = T(x, y, z, t)$, dann spricht man von einem *Wellenfeld*. Ist die Deformation s eines elastischen Körpers (Auslenkung der örtlichen Einzelteilchen aus der Ruhelage) ortsabhängig, so spricht man von einem *Deformationsfeld* $s(x, y, z)$; ist die elastische Verschiebung auch noch zeitabhängig, so spricht man von einem *elastischen Wellenfeld*. Durch den Grenzübergang $n \to \infty$ (unendlich viele Einzelteilchen) müssen somit n gekoppelte gewöhnliche Differentialgleichungen für die $x_i(t)$, $y_i(t)$, $z_i(t)$, $i = 1 \cdots n$ in eine (oder mehrere) *partielle Differentialgleichungen* (*Wellengleichungen*) übergehen. Der Druck $p(x, y, z, t)$ ist eine skalare Größe und wird durch *eine* Wellengleichung bestimmt; ein Vektorfeld $s(x, y, z, t)$ benötigt 3 Wellengleichungen.

Im einfachsten (eindimensionalen) Fall gehorcht das Einzelteilchen der Schwingungsgleichung

$$m\ddot{x} = F(x), \tag{9.1}$$

wobei $F(x)$ die am Ort x wirkende Kraft ist. Befindet sich das Einzelteilchen zur Zeit $t = 0$ an der Stelle x_0 in *Ruhe*, d. h., x_0 muß eine *Gleichgewichtslage* sein, dann kann man $F(x)$ an der Stelle x_0 in eine TAYLOR-Reihe entwickeln und für kleine Entfernungen von der ursprünglichen Ruhelage die höheren Potenzen vernachlässigen. Man erhält

$$m\ddot{x} = F(x_0) + F'(x_0) \cdot (x - x_0). \tag{9.2}$$

Da x_0 eine Gleichgewichtslage sein soll, in x_0 also das Teilchen ruht, muß $F(x_0) = 0$ sein. Für die augenblickliche Verschiebung $\xi = x - x_0$ aus der Ruhelage erhält man dann

$$\xi = \xi_0 \exp\left(\pm \sqrt{\frac{F'(x_0)}{m}}\, t \right) = \xi_0 \exp\left(\pm i\omega t \right), \tag{9.3}$$

wobei

$$\omega^2 = -\frac{F'(x_0)}{m}. \tag{9.4}$$

Für $F'(x_0) < 0$ (in die Ruhelage zurücktreibende Kraft) ist ω *reell*, und es kommt zu einer periodischen (ungedämpften) *Schwingung*, die Gleichgewichtslage heißt *stabil*. Ist $F'(x_0) > 0$, also ω *imaginär*, so wird die Kraft mit größerem Abstand von der Ruhelage immer größer, und die Verschiebung ξ wächst mit der Zeit, das Gleichgewicht ist *instabil*. Für $F'(x_0) = 0$, $\omega = 0$ erhält man *indifferentes Gleichgewicht*. Statt mit der Kraft $F(x)$ zu arbeiten, kann man auch ihr Potential $V(x)$ verwenden: $F(x) = -V'(x)$. Geht man zum dreidimensionalen Fall über, so ist die notwendige und hinreichende *Bedingung für Stabilität*, daß *alle ω reell* sind, d. h., daß alle
$$\frac{\partial^2 V}{\partial x_i^2} > 0$$
(in der Nähe der Ruhelage $x_i = x, y, z$).
Ist eine Dämpfungskraft (z. B. $-\varrho\dot{x}$) vorhanden, dann wird ω komplex, d. h.

$$\omega = \omega_{\mathrm{r}} + i\omega_{\mathrm{i}}. \tag{9.5}$$

Man unterscheidet dann folgende Fälle:

Lösungstyp		Gleichgewicht
1. $\omega_{\mathrm{r}} \gtrless 0,\ \omega_{\mathrm{i}} > 0$, gedämpft	$\exp\left(\pm i|\omega_{\mathrm{r}}|\, t\right) \exp\left(-\omega_{\mathrm{i}} t\right)$	stabil
2. $\omega_{\mathrm{r}} \gtrless 0,\ \omega_{\mathrm{i}} < 0$, anwachsend	$\exp\left(\pm i|\omega_{\mathrm{r}}|\, t\right) \exp\left(\omega_{\mathrm{i}} t\right)$	(instabil) (*überstabil*)
3. $\omega_{\mathrm{r}} = 0,\ \omega_{\mathrm{i}} > 0$, aperiodisch, gedämpft	$\exp\left(-\omega_{\mathrm{i}} t\right)$	stabil
4. $\omega_{\mathrm{r}} = 0,\ \omega_{\mathrm{i}} < 0$, aperiodisch, anwachsend	$\exp\left(\omega_{\mathrm{i}} t\right)$	instabil
5. $\omega_{\mathrm{r}} \gtrless 0,\ \omega_{\mathrm{i}} = 0$, periodisch, ungedämpft	$\exp\left(\pm i|\omega_{\mathrm{r}}|\, t\right)$	stabil
6. $\omega_{\mathrm{r}} = 0,\ \omega_{\mathrm{i}} = 0$, keine zeitliche Veränderung	const	indifferent

Wie man sieht, gibt es nur wenig Fälle stabilen Gleichgewichts. Je mehr Einzelteilchen vorhanden sind, desto mehr sinkt die Chance, daß eine Gleichgewichtskonfiguration stabil ist.

Die eben durchgeführte Diskussion ändert sich bei Wellenfeldern $U(x, y, z, t)$ wesentlich; es kommt ja zur Zeitabhängigkeit noch die räumliche Abhängigkeit hinzu. Betrachten wir etwa die Wellengleichung

$$\frac{\partial^2 U}{\partial x^2} + \frac{\partial^2 U}{\partial y^2} + \frac{\partial^2 U}{\partial z^2} + a\,\frac{\partial U}{\partial t} + bU = \frac{1}{c^2}\,\frac{\partial^2 U}{\partial t^2} \tag{9.6}$$

mit der partikulären Lösung

$$\begin{aligned} U(x, y, z, t) &= A \exp\left(\pm i\omega t\right) \exp\left(-i(k_x + k_y y + k_z z)\right) \\ &= A \exp\left(i\omega t - i\boldsymbol{k}\boldsymbol{r}\right); \end{aligned} \tag{9.7}$$

c heißt Phasenausbreitungsgeschwindigkeit, $\boldsymbol{k} = k_x, k_y, k_z$ heißt Wellenvektor, $\boldsymbol{r}$ ist der Ortsvektor. Setzt man (9.7) in (9.6) ein, so erhält man eine Beziehung zwischen ω und $k = \sqrt{k_x{}^2 + k_y{}^2 + k_z{}^2}$:

$$\pm\, ai\omega + b + \frac{\omega^2}{c^2} = k^2. \tag{9.8}$$

Eine derartige Beziehung zwischen ω und k nennt man *Dispersionsrelation*. Da $\omega = \omega(k)$, liegt *Dispersion* vor (Frequenzdispersion). Den Fall $a = 0$, $b = 0$, der

$$\frac{\omega}{c} = k \tag{9.9}$$

liefert, nennt man *dispersionsfrei*. Man faßt dann (9.9) als Definition von c auf.

Bei den Problemen der Plasmaphysik werden wir es nur sehr selten mit so einfachen Wellengleichungen wie (9.6) zu tun haben; die Lösungen werden daher nur selten die Form (9.7) besitzen, wir werden allgemeinere Lösungen etwa der Art

$$U(x, y, z, t) = \int d\omega \int d\boldsymbol{k} \exp\left(\pm i\omega t + i\boldsymbol{k}\boldsymbol{r}\right) u(\omega, \boldsymbol{k}) \tag{9.10}$$

oder der Art

$$\int f(\omega) \exp\left(-i\boldsymbol{k}(\omega)\,\boldsymbol{r} + i\omega t\right) d\omega \quad \text{oder} \quad \int F(\boldsymbol{k}) \exp\left(i\omega(\boldsymbol{k})\,t - i\boldsymbol{k}\boldsymbol{r}\right) d\boldsymbol{k} \tag{9.11}$$

und allgemeinere Dispersionsrelationen der Form

$$D(\omega, \boldsymbol{k}) = 0 \tag{9.12}$$

mit komplexen $\boldsymbol{k}$ und ω zu betrachten haben.

Wir sehen auch ein, daß Überlegungen anhand von (9.7) zu falschen Resultaten führen können. Man würde etwa so schließen:

I. *k reell, ω komplex: „zeitlich" wachsende bzw. gedämpfte Welle, Instabilität möglich.*
   a) $\omega_i > 0$: Dämpfung,
   b) $\omega_i < 0$: anwachsende Welle, also Instabilität (Verstärkung).

II. *ω reell, k komplex: „räumlich" wachsende bzw. gedämpfte Welle,*
 a) negativer Imaginärteil von k: Dämpfung,
 b) positiver Imaginärteil von k: Instabilität (räumlich wachsende Welle).

Betrachten wir nun für $\dfrac{\partial f}{\partial c} = 0$ die Dispersionsrelation (4.90). Sie hat die Form

$$\omega^2 - \omega_P^2 = d^2 k^2. \tag{9.13}$$

Für reelles $\omega < \omega_P$ erhält man für k die zwei imaginären Wurzeln $k = \pm \dfrac{i}{d} \sqrt{\omega_P^2 - \omega^2}$. Nach II a) und b) würde dies eine Dämpfung bzw. eine Instabilität bedeuten. Diese tritt aber *nicht* auf! (Vgl. die Bemerkung bei (4.87), Seite 94.)

Da nämlich sowohl k als auch ω gleichzeitig komplex oder reell sein können, sind die Verhältnisse komplizierter und können durch die obige Tabelle nicht ausreichend beschrieben werden.

Um die Schwierigkeiten besser zu verstehen, betrachten wir (9.11) bei festgehaltenem r und setzen aus (9.5) ein. Das Wellenpaket

$$\int F(k)\, e^{i\omega_r(k)t}\, e^{-\omega_i(k)t}\, e^{-ikr}\, dk \tag{9.14}$$

strebt für $\omega_i < 0$ für $t \to \infty$ wegen des Faktors $\exp(-\omega_i t)$ gegen unendlich; wegen der periodischen Funktion $\exp(i\omega_r t)$ wird es aber nach Multiplikation mit F und Integration über k gegen Null streben. Wir haben also einen unbestimmten Ausdruck vom Typ $0 \cdot \infty$. Es genügt also *nicht* zu wissen, daß für *reelle k* aus (9.12) *komplexe ω* folgen (Fall I): dies ist nur eine *notwendige*, aber noch *keine hinreichende* Bedingung für das Auftreten einer Instabilität.

Wenn eine Instabilität an einem festgehaltenen Raumpunkt entsteht und sich dann im System, z. B. mit einer Welle oder einem Strömungsvorgang ausbreitet, am Entstehungsort damit abnimmt, nennt man sie eine *konvektive Instabilität* (oder auch eine sich *selbst verstärkende Welle*). Damit eine solche Ausbreitung erfolgt, müssen *zu einigen reellen ω*, z. B. $\omega_1 < \omega < \omega_2$, *komplexe k existieren*. Außerdem müssen komplexe ω vorhanden sein. Solche konvektiven Instabilitäten sind an lokale Plasmaeigenschaften gebunden und wandern mit ihnen mit.

Instabilitäten, die in *jedem* Raumpunkt mit der Zeit anwachsen, also nirgends zeitlich beschränkt sind, heißen *nichtkonvektiv* oder *absolut*.

Da „Instabilität" Anwachsen der Amplitude mit der Zeit bedeutet, ist aber weiter klar, *daß nur bei komplexen ω Instabilitäten auftreten können*; bei reellen ω müssen Wellen, gedämpft oder ungedämpft, vorliegen.

Es ist die Dispersionsrelation (9.12), die entscheidet, ob ω oder k komplex werden.

Nach der Erfahrung der Plasmaphysiker besitzen Dispersionsrelationen dann reelle Koeffizienten, wenn Stöße und dissipative Vorgänge vernachlässigt werden. Nach bekannten Sätzen der Algebra liefert dann eine algebraische

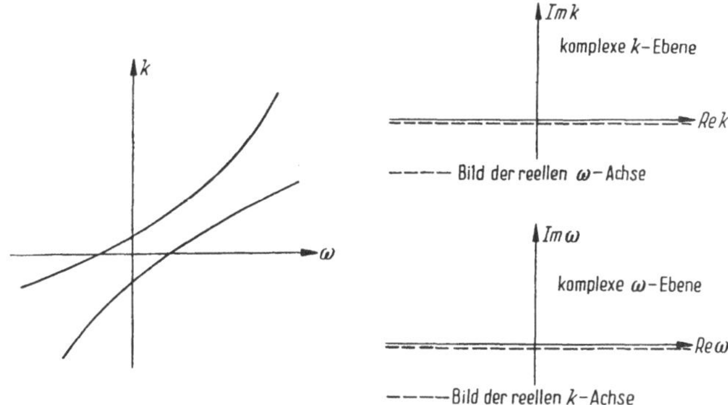

Abb. 31. Keine Instabilität, ungedämpfte Welle

Dispersionsrelation[1] zu reellen k die komplexen ω und zu reellem ω die komplexen k in zu einander konjugiert-komplexen Doppelwurzeln. Eine Instabilität entsteht also gewissermaßen durch Überlagerung von zwei Wellen.

Wir behandeln zunächst den Fall A, daß (9.12) *für alle reellen k nur reelle* ω liefert: es kann dann *keine Instabilität* geben, und es muß eine *Welle* vorliegen. Wir können zwei Fälle unterscheiden:

1. Es sind umgekehrt auch *für alle reellen ω alle k reell*; die Funktion $k(\omega)$ zeigt dann (für z. B. zweiWellen) das in Abb. 31 dargestellte Verhalten. Da alle ω und alle k reell sind, gibt es **keine** wachsende Welle (Instabilität) und **keine** gedämpfte Welle: es liegt eine *ungedämpfte* (stabile) *Welle* vor.

Da reellen k reelle ω und reellen ω reelle k entsprechen, kann die reelle k-Achse lückenlos in die reelle ω-Achse transformiert werden, so daß (9.14) auch als

$$\int F(k)\, e^{i\omega_{\mathrm{r}}(k)t}\, e^{-\omega_{\mathrm{i}}(k)t}\, e^{-ikr}\, \frac{dk(\omega)}{d\omega}\, d\omega, \tag{9.15}$$

d. h. also

$$\int f(\omega)\, e^{i\omega_{\mathrm{r}}(k)t}\, e^{-\omega_{\mathrm{i}}(k)t}\, e^{-ik(\omega)r}\, d\omega \tag{9.16}$$

geschrieben werden kann. Wenn $k(\omega)$ und $f(\omega)$ „vernünftige" Funktionen sind, so kann man durch eine partielle Integration zeigen, daß (9.16) für $t \to \pm \infty$ gegen Null strebt, wenn man bei der Integration $\int_{-\infty}^{+\infty} d\omega$ auf der reellen Achse bleibt ($\omega_i = 0$). Das Wellenpaket (9.12) *verschwindet daher für alle großen t* und ist daher *zeitlich lokalisiert,* es heißt daher auch *raumartig.* Umgekehrt heißt (9.14) *zeitartig* oder *räumlich lokalisiert, wenn es für alle großen r verschwindet.* Da die Überführung von (9.14) in (9.16) dann möglich

---

[1] Es gibt auch nichtalgebraische Dispersionsrelationen, vgl. (4.87).

ist, wenn lückenlos allen reellen k reelle ω und umgekehrt entsprechen, kann man den Sachverhalt zusammenfassend auch so aussprechen:
Wenn ein zeitartiges Wellenpaket gleichzeitig raumartig ist und allen reellen k reelle ω und allen reellen ω reelle k entsprechen (Fall A 1), *dann ist das Wellenpaket eine ungedämpfte Welle.*

2. Wenn zu *allen reellen ω* aus dem Bereich $\omega_1 < \omega < \omega_2$ *komplexe k* existieren, dann liegt das in Abb. 32 dargestellte Verhalten vor. Dort, wo k komplex ist ($k_1 < k < k_2$), ist (9.14) (bei reellem ω) eine *räumlich gedämpfte Welle.* (Räumlich wachsende Wellen behandeln wir unter B.) Die reelle k-Achse kann dann nicht auf die reelle ω-Achse abgebildet werden, *es verbleibt eine „Lücke"*, da ja für einige reelle ω (in der Lücke) die k komplex sind, also nicht zu den Werten der reellen k-Achse gehören können. Eine Vertauschung $\omega \leftrightarrow k$, $t \leftrightarrow r$ ist daher **nicht** möglich, der Übergang (9.14) zu (9.16) ist nicht durchführbar, ein *zeitartiges Wellenpaket ist nicht gleichzeitig ein raumartiges.*
Das Erscheinen dieser Lücke unterscheidet die gedämpfte Welle von der ungedämpften Welle (Fall A 1).
Da ω reell ist, kann es sich **nicht** um eine Instabilität handeln.
Nun behandeln wir den Fall B, daß (9.12) *komplexe ω* liefert: es kann dann **Instabilitäten** (*wachsende Wellen*), aber auch *gedämpfte* Wellen geben. Wir nehmen an, daß *für reelle $k_3 < k < k_4$ die ω komplex* werden und unterscheiden wieder zwei Fälle:

1. Für *alle reellen ω* aus dem Bereich $\omega_1 < \omega < \omega_2$ *gibt es komplexe k* ($k_1 < k < k_2$); vgl. Abb. 33. Es kann die *Lücke mit Hilfe der komplexen ω geschlossen* werden: Wächst das reelle k von $-\infty$ bis k_3, so wandert das reelle ω längs der reellen Achse auf einem doppelten Weg bis ω_3. (Bei $k_3 = k(\omega_3)$

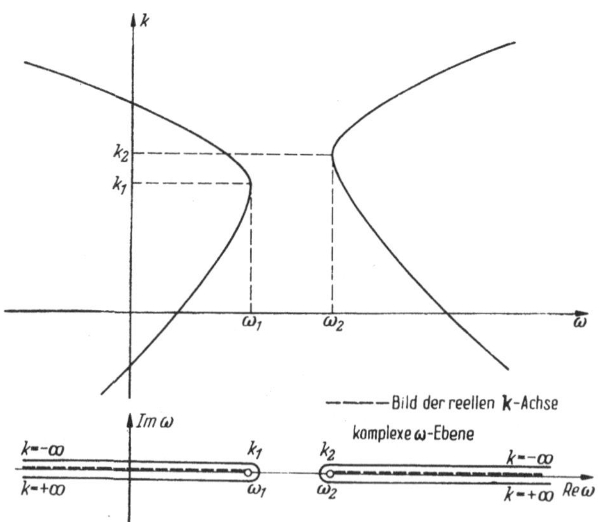

Abb. 32. Keine Instabilität, gedämpfte Welle (für $\omega_1 < \omega < \omega_2$ ist k komplex)

wird das ω komplex.) Die reelle ω-Achse hört bei ω_1 auf; der eine Weg kehrt daher um. Wenn wir auf der reellen k-Achse von k_3 nach k_4 weiterwandern, so geht das ω ins komplexe Gebiet (Kreisbogen k_3 zu k_4). Bei k_4 wird das ω wieder reell und nimmt den Wert $\omega_4 = \omega(k_4)$ an. Wächst das k weiter, so gelangt man bei k_2 zu ω_2, dann nochmals zu ω_4 etc. Wir sehen somit, daß für alle existierenden reellen ω reelle k existieren. In dem Bereich, in dem ω komplex ist ($k_3 < k < k_4$), gibt es außerdem einige reelle ω (von ω_3 bis ω_1 und von ω_2 bis ω_4), zu denen ebenfalls reelle k gehören. Zwischen ω_1 und ω_2, die zu komplexen Werten von k gehören, gibt es jedoch keine reellen, sondern nur komplexe k. Da somit zu allen erlaubten reellen ω reelle k gehören, kann die Gesamtheit der erlaubten reellen ω-Werte auf die erlaubten reellen k-Werte abgebildet werden, es gibt **keine Lücke**.
Die *komplexen k* stellen *für reelle ω* sich *räumlich verstärkende* oder gedämpfte Wellen, also *konvektive Instabilitäten* dar; das gleiche gilt für die *komplexen ω* bei *reellen k*. (Es machen nur wenige Autoren zwischen „räumlich sich verstärkenden Wellen" und konvektiven Instabilitäten einen Unterschied, da die beiden vom physikalischen Standpunkt nicht zu unterscheiden sind.)
Eine Instabilität, die gleichzeitig raumartig und zeitartig ist, ist also eine konvektive Instabilität. Eine Welle, die gleichzeitig raumartig und zeitartig ist, ist also eine räumlich sich verstärkende Welle (= konvektive Instabilität).
Bei konjugiert-komplexen Doppelwurzeln tritt neben der sich verstärkenden Welle eine gedämpfte Welle auf.

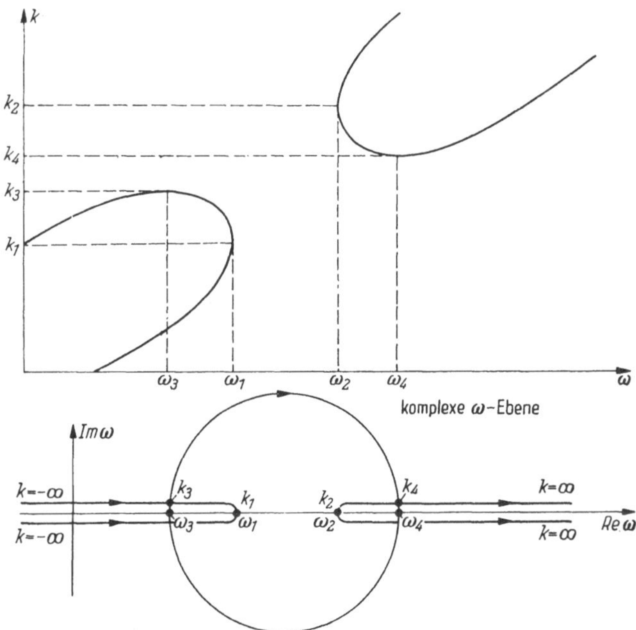

Abb. 33. Konvektive Instabilität (ω komplex für $k_3 < k < k_4$) und sich verstärkende sowie gedämpfte Welle (k komplex für $\omega_1 < \omega < \omega_2$)

2. *Für alle reellen ω sind die k reell*, vgl. Abb. 34. Könnte die „Lücke"
geschlossen werden, wäre also ein raumartiges Wellenpaket gleichzeitig
zeitartig, dann läge der Fall A 1, also eine ungedämpfte Welle vor.

Bei Instabilitäten (komplexes ω) geht man von einem Wellenpaket der Form
(9.14) aus. Um zu untersuchen, ob ein zeitartiges Wellenpaket (9.14) raumartig ist (dann liegt eine konvektive Instabilität vor!), versuchen wir, (9.14) auf
die Form (9.16) zu bringen. Es ist dazu notwendig, daß keine „Lücke"
existiert, d. h., daß lückenlos für alle erlaubten reellen k reelle ω existieren.
Da jedoch in dem jetzt untersuchten Fall B 2 *für einige reelle k* (in der Lücke
$k_3 < k < k_4$) das ω *komplex wird*, also *nicht* zu den Werten der reellen ω-
Achse gehört, ist es *nicht* möglich, die *reelle k-Achse in die reelle ω-Achse* zu
überführen: es liegt eine **Lücke** und daher eine **absolute Instabilität** vor, *das
zeitartige Wellenpaket ist nicht raumartig.*

Sind die Koeffizienten der Dispersionsrelation reell (keine Dissipation, keine
Stöße), dann liefern die reellen k für ω komplex-konjugierte Doppelwurzeln,
die daher in verschiedenen (obere bzw. untere) Hälften der komplexen
ω-Ebene bzw. k-Ebene liegen. (Meist bildet man die Kurven veränderlichen
Im ω bei konstantem *Re ω*, also die Kurven *Re $\omega = const$* in der komplexen
k-Ebene ab.) Das Auftreten derartiger Doppelwurzeln (Sattelpunkt in der
k-Ebene) ist dann für das Auftreten von absoluten Instabilitäten ebenfalls
charakteristisch.

Mit Hilfe des *$k(\omega)$-Diagrammes* (auch BRILLOUIN-*Diagramm* oder *ω-β-
Diagramm* genannt, wo $\beta = $ Realteil von k) ist es also möglich, Instabilitäten
zu erkennen. Die Tangenten an die Kurven $\omega(k)$, also $\dfrac{d\omega}{dk}$, stellen die
(frequenzabhängigen) *Gruppengeschwindigkeiten* der Wellenpakete dar.

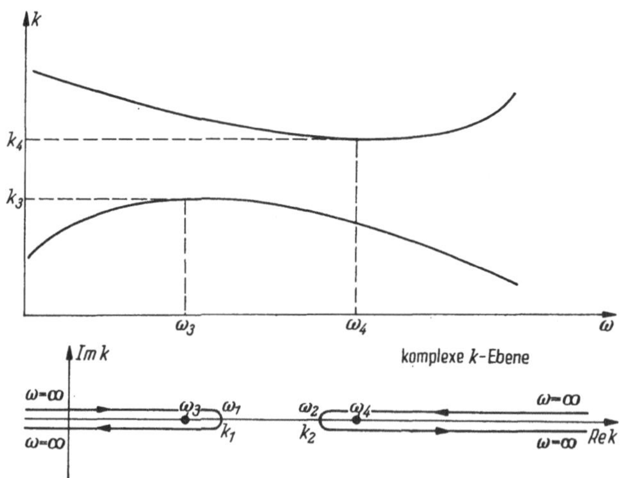

Abb. 34. Absolute Instabilität (ω komplex für $k_2 < k < k_4$, k reell für alle reellen ω)

Tabelle 5. Übersicht über Wellen und Instabilitäten

Verhalten der Dispersionsrelation	reelle k ergeben	
	nur reelle ω (Fall A): Welle	auch komplexe ω (Fall B): Instabilität
reelle ω ergeben — nur reelle k	Fall A 1, Abb. 31 ungedämpfte Welle, stabil zeitartig = raumartig: keine Lücke	Fall B, Abb. 34 absolute Instabilität; raumartig $\neq$ zeitartig: Lücke Doppelwurzel, kommt von verschiedenen Hälften (obere und untere) der komplexen k-Ebene
reelle ω ergeben — auch komplexe k	Fall A 2, Abb. 32 gedämpfte Welle, stabil zeitartig $\neq$ raumartig: Lücke	Fall B 1, Abb. 33 sich verstärkende Welle = konvektive Instabilität; raumartig = zeitartig: keine Lücke Doppelwurzel: gedämpfte Welle

Zusammenfassend ergibt sich Tabelle 5[2].
In der neueren Literatur findet man schärfere Kriterien. So besagt das Bers-Briggs-*Kriterium,* daß (im eindimensionalen Fall) nur dann eine *absolute Instabilität* vorliegt, wenn ein System, das die Fourier-transformierte Green-*Funktion* $D^{-1}(\omega, k)$ besitzt, in der „instabilen" Halbebene der *komplexen* ω-*Ebene* gleichzeitig Lösungen von $D(\omega, k) = 0$ *und* $\dfrac{\partial D(\omega, k)}{\partial k} = 0$ besitzt.

9.2 Das Nyquist-*Theorem*

Die partiellen Differentialgleichungen der Plasmaphysik sind *nichtlinear.* Da man auch heute noch nur sehr wenige Verfahren besitzt, nichtlineare Differentialgleichungen allgemein zu lösen, muß man die kinetischen Gleichungen durch einen Näherungsansatz

$$f(\mathbf{r}, t) = f_0 + f_1 \tag{9.17}$$

linearisieren, f_0 ist die durch die *Störung* $f_1 \sim \exp(i\mathbf{k}\mathbf{r} - i\omega t)$ gestörte *Grundlösung.* Vernachlässigt man Glieder der Ordnung $f_0 f_1, f_1^2$ etc., so erhält man lineare partielle Differentialgleichungen, die bei konstanten Koeffizienten durch Ansätze nach (9.7) gelöst werden können. Beim Einsetzen ergeben sich

---

[2] Es muß darauf hingewiesen werden, daß diese Klassifizierung gegenüber Transformationen *nicht invariant* ist. Auch experimentelle Mittel (Verbinden des Ausganges mit dem Eingang) können z. B. eine konvektive Instabilität in einem schwingenden Halbleiterplasma durch „Rückkopplung" absolut machen. Auch Druck- oder Temperaturänderungen können den Charakter ändern.

Beziehungen zwischen ω und k von der Art (9.8), die die Dispersionsrelation darstellen.

Etwas allgemeiner kann man diese Vorgangsweise wie folgt darstellen. Das für die Störungen $f_1(r, t)$ geltende System von linearen partiellen Differentialgleichungen habe die Form

$$L\left(\frac{\partial}{\partial t}, \nabla, f_0\right) \cdot f_1(r, t) = 0, \tag{9.18}$$

wobei L eine $n \times n$ Matrix ist, deren Elemente aus linearen Operatoren und der Grundlösung f_0 bestehen; f_0 und f_1 sind n-dimensionale Vektoren. Die Anfangsbedingung für die Störung sei

$$f_1(r, 0) = a(r). \tag{9.19}$$

Nimmt man nun an, daß $f_0 = $ const, dann führt eine räumliche FOURIER-*Transformation* und eine zeitliche LAPLACE-*Transformation* die Gleichung (9.12) über in

$$\bar{L}(p, ik, f_0)\, F(p, k) = A(k)\, (2\pi)^3, \tag{9.20}$$

wobei

$$F(p, k) = \int_0^\infty \exp(-pt)\, dt \int_{-\infty}^{+\infty} f_1(r, t) \exp(-ikr)\, dr \tag{9.21}$$

und

$$(2\pi)^3\, A(k) = \int \exp(-ikr)\, a(r)\, dr. \tag{9.22}$$

Mit $ip = \omega$, $p = -i\omega$ erhält man aus (9.20)

$$F(-i\omega, k) = \bar{L}^{-1} \cdot A(k)\, (2\pi)^3 = \frac{\bar{M}A(k)}{|\bar{L}|}\, (2\pi)^3 = \frac{1}{D}\, \bar{M}A(2\pi)^3, \tag{9.23}$$

wobei $\bar{L}^{-1}$ die inverse Matrix zu $\bar{L}$ und $D = \mathrm{Det}\ \bar{L}$ ist. Die Determinante D ist ein Polynom n-ten Grades und kann daher, wenn die $\omega_i(k, f_0)$ die Nullstellen des Polynoms sind, durch

$$D = f(\omega, k) = \prod_{i=1}^{n} (\omega - \omega_i) \tag{9.24}$$

dargestellt werden. Die ω_i sind die (einfachen) Wurzeln der *Dispersionsrelation*

$$D(\omega, k, f_0) = 0. \tag{9.25}$$

Die Umkehrtransformation liefert

$$f_1(r, t) = \frac{1}{(2\pi i)^3} \int dk \exp(ikr) \int_{\lambda-i\infty}^{\lambda+i\infty} dp\, e^{pt}\, F(p, k)$$

$$= \int_{-\infty}^{+\infty} dk \int_{\infty+i\lambda}^{-\infty+i\lambda} d\omega\, \frac{\varphi(\omega, k)}{D(\omega, k)}, \tag{9.26}$$

wobei die Quellenfunktion φ eine Abkürzung ist:

$$\varphi = \exp i(\boldsymbol{k}\boldsymbol{r} - \omega t)\, \bar{M}(\omega, \boldsymbol{k}, f_0)\, A(\boldsymbol{k}). \tag{9.27}$$

Wir führen nun die Integration über ω längs einer Geraden parallel zur reellen Achse durch. Wir wählen dabei λ so, daß alle Singularitäten des Integranden unterhalb des Integrationsweges $\mathscr{C}$ liegen, vgl. Abb. 35. Daher muß gelten $\lambda > \max_{i=1-n} \{Im\ \omega_i\}$. Wegen des im Integranden enthaltenen Faktors $\exp(-i\omega t)$ kann der Integrationsweg in der unteren ω-Halbebene geschlossen werden, da das Integral für $t > 0$ längs des Halbkreises mit dem Radius R und längs der Wegstücke A und B für $R \to \infty$ wie $\exp(-\alpha t)$ verschwindet.

Bei der Integration sollen — wie üblich — die Singularitäten links vom Weg liegen; die Integration erfolgt im Gegenuhrzeigersinn. Da das Schließen des Integrationsweges keinen zusätzlichen Beitrag liefert, ist der Wert des Integrals (9.12), genommen längs der Geraden parallel zur reellen Achse, gleich dem Wert des gleichen Integrals, genommen längs eines alle Singularitäten einschließenden Weges. Bei den Singularitäten handelt es sich nur um die (einfachen) *Nullstellen* von (9.25), also um *Pole*. Das Integral (9.26) kann daher mit Hilfe des *Residuensatzes* von CAUCHY berechnet werden. Dieser besagt für einfache Nullstellen z_l von $g(z)$

$$\oint \frac{f(z)}{g(z)}\, \mathrm{d}z = 2\pi i \sum_l \text{Residuen von } g(z_l) = \sum_l \frac{f(z_l)}{g'(z_l)}. \tag{9.28}$$

Damit erhält man aus (9.26)

$$f_1(\boldsymbol{r}, t) = \int\limits_{-\infty}^{+\infty} \mathrm{d}\boldsymbol{k} \sum_i \frac{\varphi(\omega_i, \boldsymbol{k})}{\left(\dfrac{\partial D}{\partial \omega}\right)_{\omega=\omega_i}}. \tag{9.29}$$

Eine Instabilität ($f_1 \to \infty$ für $t \to \infty$) tritt nun dann auf, wenn es für ein reelles $\boldsymbol{k}$ eine Nullstelle ω_i von $D = 0$ mit $Im\ \omega_i > 0$ gibt (Fall B). Ein System kann also demnach dann *stabil* genannt werden, wenn für reelle $\boldsymbol{k}$ und alle i der *Imaginärteil der Nullstellen* ω_i *kleiner* oder *gleicher Null ist.* (Beim Vergleich

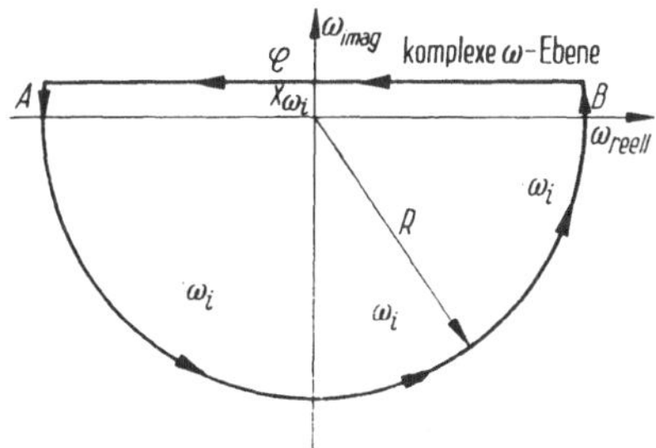

Abb. 35. Integrationsweg des Integrals (9.26) ω_1: Singularitäten

mit den Überlegungen I und II nach (9.12) beachte man, daß dort exp $(i\omega t)$ angesetzt wurde, während hier exp $(-i\omega t)$ gilt.)

Gemäß dem vorhergehenden Abschnitt sind Instabilitäten Nullstellen ω_i von $D = 0$ für reelles k und mit $Im\,\omega_i > 0$. Die Anzahl dieser Nullstellen und damit die *Anzahl* der *vorhandenen Instabilitäten* kann man nun nach einem von NYQUIST angegebenen Theorem finden.

An den Stellen in der komplexen ω-Ebene, an denen $D = 0$, besitzt $\dfrac{1}{D}$ eine Singularität (Pol). Ebenso besitzt $\dfrac{1}{D}\dfrac{\partial D}{\partial \omega}\,d\omega$ dort eine Singularität. Der Residuensatz (9.28) kann nun auch in der Form

$$\oint \frac{f(z)}{z - z_0}\,dz = 2\pi i f(z_0) \tag{9.30}$$

geschrieben werden. Dies bedeutet für $f(z) = 1$, da die Residuen aller Pole $D = 0$ nach (9.24), (9.28) gleich 1 sind, daß

$$N = \frac{1}{2\pi i}\oint \frac{1}{D}\frac{\partial D}{\partial \omega}\,d\omega = \frac{1}{2\pi i}\oint \frac{dD}{D} \tag{9.31}$$

die *Anzahl der Pole*, d. h. für einen Integrationsweg $Im\,\omega_i > 0$, die *Anzahl der Instabilitäten* angibt (NYQUIST-*Theorem*).

Der Integrationsweg $\mathscr{C}$ in der komplexen ω-Ebene verläuft dabei, wie in Abb. 36 gezeigt. Man kann nun auch $D(\omega, k)$ für reelles k als komplexe Größe auffassen. Der Halbkreis des Weges $\mathscr{C}$ bildet sich dann in den Punkt $D = 1$ ab, während die reelle ω-Achse in die Kurve $\bar{\mathscr{C}}$ abgebildet wird (Abb. 36). Diese Kurve $\bar{\mathscr{C}}$ ist meist relativ leicht zu berechnen, wir werden auf sie beim PENROSE-*Kriterium* der Mikroinstabilitäten zurückkommen.

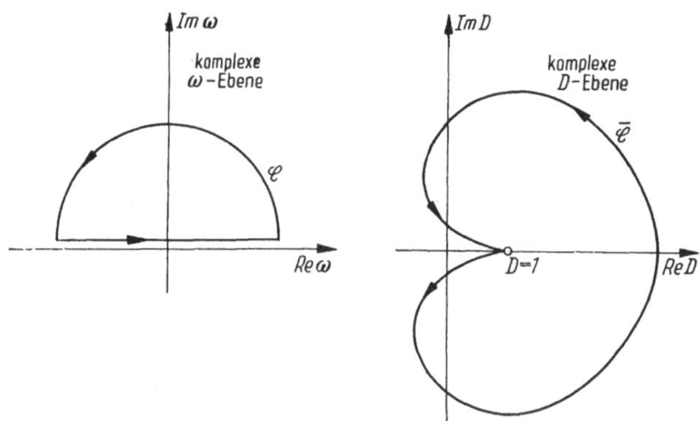

Abb. 36. Integrationsweg beim NYQUIST-Diagramm

9.3 Nichtlineare Schwingungen und Wellen

Gehorchen Schwingungen oder Wellen nichtlinearen Differentialgleichungen, dann muß man eine *linearisierte Stabilitätsanalyse* (nach NEUMANN) vornehmen. Es können hierbei *periodische Lösungen*, z. B.

$$x(t) = x(t + \tau) \tag{9.32}$$

auftreten, etwa JACOBI-*elliptische Funktion*, Lösungen der MATHIEU-*Gleichung*, oder Lösungen der VAN DER POL-*Gleichung*

$$\ddot{x} + \dot{x}(\gamma x^2 - \alpha) + \beta x = 0 \tag{9.33}$$

oder der RAYLEIGH-*Gleichung*

$$\ddot{x} + \dot{x}(\gamma \dot{x}^2 - \alpha) + f(x) = 0. \tag{9.34}$$

Ein anderer möglicher Lösungstyp sind *oszillatorische* (nichtperiodische) *Lösungen*, die Maxima und Minima verschiedener Höhe aufweisen. Schließlich gibt es auch *aperiodische* nichtoszillatorische, also monoton ansteigende (instabile) oder monoton gedämpfte Lösungen.
Eine der allgemeinsten, vermutlich alle physikalische Schwingungsprobleme umfassende Gleichung dürfte die LEVINSON-SMITH-*Gleichung*

$$\ddot{x} + g(x, \dot{x})\,\dot{x} + f(x) = 0 \tag{9.35}$$

oder eine vereinfachte Form sein, die aber nun von der unabhängigen Variablen t abhängige Koeffizienten enthält:

$$\ddot{x} + q(t)\,g(\dot{x})\,h(x) + p(t)\,f(x) = F(t). \tag{9.36}$$

Üblicherweise nennt man in beiden Gleichungen die zweiten Terme den *Dämpfungsterm*, die dritten Glieder beschreiben die innere *zurücktreibende Kraft* und $F(t)$ stellt eine *äußere Erregung* dar. $q(t)$ und $p(t)$ werden als *parametrische Effekte* bezeichnet, die in der Plasmaphysik ebenso wie (9.33) eine gewisse Rolle spielen. Werden parametrische Glieder oder eine äußere Erregung beachtet, so ist die folgende Stabilitätsanalyse jedoch nicht mehr möglich. Wir betrachten daher (9.36) mit konstanten q und p:

$$\ddot{x} + qg(\dot{x})\,h(x) + pf(x) = 0. \tag{9.37}$$

Eine derartige, die unabhängige Variable t explizit nicht enthaltende Gleichung nennt man *autonom*.
Die linearisierte Stabilitätsanalyse führen wir nun so durch, daß wir (9.37) in zwei Differentialgleichungen erster Ordnung aufspalten und die neue abhängige Variable $y = \dot{x}$, $\dot{y} = \ddot{x}$ einführen:

$$\dot{x} = y = Q(x, y), \tag{9.38}$$

$$\ddot{x} = \dot{y} = P(x, y) = -qg(y)\,h(x) - pf(x). \tag{9.39}$$

Wir nennen nun in der x, y-Ebene einen in Ruhe ($\dot{x} = y = 0$, $\ddot{x} = \dot{y} = 0$) befindlichen Punkt x_0, y_0 einen *Gleichgewichtspunkt*. Aus (9.38) und (9.39) ist unmittelbar ersichtlich, daß diese Punkte durch $Q(x, y) = 0$ und $P(x, y) = 0$ bestimmt werden können. Um nun spezielle Schwingungsgleichungen der Art (9.37) behandeln zu können, wählen wir

$$g(\dot{x}) = g(y) = y, \quad h(x) = -c_1 - c_2 x^2, \quad f(x) = -c_3 x - c_4 x^3, \quad (9.40)$$

da diese Wahl mehrere in der Plasmaphysik auftretende Gleichungen umfaßt:

$$c_1 = \alpha/q, \quad c_2 = -\gamma/q, \quad c_3 = -\beta/p, \quad c_4 = 0 \qquad \text{für} \quad (9.33)$$

$$c_1 = -1, \quad c_2 = 0, \quad p = -1 \qquad \text{für} \quad (9.41)$$

$$c_1 = -1, \quad c_2 = 0, \quad p = 1 \qquad \text{für} \quad (9.42),$$

wobei die DUFFING-*Gleichung* durch

$$\ddot{x} + q\dot{x} + c_3 x + c_4 x^3 = A \cos \omega t \quad \text{oder} = 0 \qquad (9.41)$$

und die LASHINSKY-*Gleichung* durch

$$\ddot{x} + q\dot{x} - c_3 x + c_4 x^3 = 0 \qquad (9.42)$$

gegeben sind. Mit dieser Wahl (9.40) nehmen (9.38) und (9.39) die Form an

$$Q = y, \quad P = c_1 q y + c_2 q x^2 y + p c_3 x + p c_4 x^3. \qquad (9.43)$$

Damit erhält man als Gleichgewichtspunkte

$$y_1 = 0, \quad x_1 = 0 \qquad (9.44)$$

und

$$y_2 = 0, \quad x_2 = \pm \sqrt{-c_3/c_4}. \qquad (9.45)$$

Um nun eine Lösung zu finden, die für lineare Gleichungen wieder die bisherigen Ergebnisse liefert, entwickeln wir $P(x, y)$ und $Q(x, y)$ in der Nähe von x_1, y_1 in Taylorreihen, die wir nach dem ersten Glied abbrechen. Damit erhält man aus (9.38) und (9.39)

$$\dot{x} = y = \frac{\partial Q}{\partial x} x + \frac{\partial Q}{\partial y} y = Q_x x + Q_y y,$$

$$\ddot{x} = \dot{y} = \frac{\partial P}{\partial x} x + \frac{\partial P}{\partial y} y = P_x x + P_y y. \qquad (9.46)$$

Zur Lösung des Systems (9.46) macht man nun den Ansatz

$$x = A \exp(\lambda t), \quad y = B \exp(\lambda t) \qquad (9.47)$$

und erhält durch Einsetzen

$$A\lambda - Q_x A - Q_y B = 0,$$

$$B\lambda - P_x A - P_y B = 0. \qquad (9.48)$$

Um dieses homogene lineare Gleichungssystem für die Amplituden A und B lösen zu können, muß die Koeffizientendeterminante verschwinden, d. h. es muß gelten

$$\lambda^2 - \lambda(Q_x + P_y) + Q_x P_y - P_x Q_y = 0. \tag{9.49}$$

Wir bilden nun die entsprechenden Ableitungen von (9.43)

$$Q_x = 0, \quad Q_y = 1, \quad P_x = 2c_2 qxy + pc_3 + 3pc_4 x^2, \quad P_y = c_1 q + c_2 qx^2.$$

Einsetzen in (9.49) liefert für x_1, y_1

$$\lambda^2 - \lambda c_1 q - pc_3 = 0, \tag{9.50}$$

woraus man λ und je nach den Werten für c_1, c_3, p, q genau die sechs Lösungstypen von S. 184 erhält.

Für den zweiten Gleichgewichtspunkt (9.45) erhält man jedoch neue, die Nichtlinearität von (9.37) betreffende Aussagen. Um wieder eine Taylorreihe in der Nähe des singulären Punktes x_2, y_2 machen zu können, verlegen wir ihn durch die Transformation

$$v = x \pm x_2 = x \pm \sqrt{-c_3/c_4}, \quad w = y \tag{9.51}$$

in den Ursprung und erhalten nach Einsetzen der Werte $v_2 = 0$, $w_2 = 0$ die charakteristische Gleichung (9.49) in der Form

$$\lambda^2 - \lambda q \left(c_1 - \frac{c_2 c_3}{c_4} \right) + 2pc_3 = 0,$$

so daß für $p = 1, q = 1$

$$\lambda_{1,2} = c_1/2 - c_2 c_3/2c_4 \pm \sqrt{\frac{1}{4} (c_1 - c_2 c_3/c_4)^2 - 2c_3}$$

folgt.

Wie man sieht, wird λ komplex und können periodische Lösungen (wenn der Realteil von λ verschwindet) oder oszillatorische (gedämpfte oder anwachsende) Lösungen auftreten, wenn

$$\frac{1}{4} (c_1 - c_2 c_3/c_4)^2 - 2c_3 < 0 \tag{9.52}$$

gilt.

Wir betrachten nun einen typischen Fall. Die Gleichung

$$\ddot{x} - \dot{x} + x = 0 \tag{9.53}$$

hat, wie man sich leicht an Hand von (9.51) überzeugt, eine instabile (anwachsende) oszillatorische Lösung. Fügt man jedoch zwei nichtlineare Terme hinzu, betrachtet man also mit $p = 1, q = 1$

$$\ddot{x} - \dot{x} + x - c_2 \dot{x} x - c_4 x^3 = 0, \tag{9.54}$$

so erhält man aus (9.52), daß für beispielsweise $c_2 = +1$, $c_4 = -0,5$ eine stabile nichtoszillierende Lösung auftritt. Man nennt dies *Stabilisierung durch nichtlineare Terme*. Eine ähnliche Erscheinung tritt bei (9.42) auf [9.1].
Mit der Methode der LJAPUNOV-*Funktion* kann man auch (9.35) mit (9.40) untersuchen. Man konstruiert eine LJAPUNOV-Funktion

$$V(x, y) = \frac{1}{2} y^2 + \int\limits_0^x f(x)\,\mathrm{d}x = \frac{1}{2} y^2 - c_3 \frac{x^2}{2} - c_4 \frac{x^4}{4}, \qquad (9.55)$$

die in der Nähe des singulären Punktes $x = 0$, $y = 0$ die Bedingung $xf(x) > 0$ erfüllen soll, so daß $c_3 < 0$. Man bildet nun

$$\dot{V} = \frac{\mathrm{d}V}{\mathrm{d}t} = \frac{\partial V}{\partial x} y + \frac{\partial V}{\partial y} \dot{y} = f(x)\, y + \dot{y} y = -x^2 g = c_1 \dot{x}^2 + c_2 x^2 \dot{x}^2.$$

Für $\dot{V} \leqq 0$ herrscht dann Stabilität, d. h. für $c_3 \leqq 0$, $c_1 \leqq 0$. Will man den zweiten singulären Punkt untersuchen, so muß wieder die Transformation (9.51) durchgeführt werden. Man erhält so die gleichen Ergebnisse wie bei der Stabilitätsanalyse mittels (9.47).
Für nichtlineare Wellen gibt es zwar auch Stabilitätsuntersuchungen [9.2], doch wird sich zeigen, daß in der Plasmaphysik andere Methoden vorteilhafter sind.
In der Plasmaphysik treten nichtlineare Wellen z. B. als Ionenschall auf, der die KORTEWEG-DE VRIES-Gleichung

$$\frac{\partial v}{\partial t} + v \frac{\partial v}{\partial \xi} + \frac{1}{2} \frac{\partial^3 v}{\partial \xi^3} = 0 \qquad (9.56)$$

erfüllt. Hier ist $v(x, t)$ die Geschwindigkeit der Ionen und $\xi = x - c_{Ph}t$ ist eine mit der Welle mit der Phasengeschwindigkeit c_{Ph} mitbewegtes Koordinatensystem. Als Lösung erhält man [8.11] *solitäre* Wellen (*Solitonen*)

$$v \sim \mathrm{sech}^2 \left(a(x - c_{Ph}t) \right), \qquad (9.57)$$

wobei a eine Konstante ist. Solitonenlösungen haben die Eigenschaft, während der Fortpflanzung ihre Form nicht zu verändern. Auch Elektronenplasmawellen [9.4] gehorchen nichtlinearen Differentialgleichungen, beispielsweise der *nichtlinearen* SCHRÖDINGER-*Gleichung*

$$iu_t + u_{xx} + \alpha |u|^2 u = 0, \qquad (9.58)$$

die durch elliptische JACOBI-Funktionen gelöst werden kann [8.11].
Eine exakte nichtlineare Lösung der VLASOV-Gleichung stellen die BERNSTEIN-GREENE-KRUSKAL-Wellen (BGK-Wellen) dar. Für Elektronen, die sich in einem eindimensionalen elektrischen Feld $E = \mathrm{d}\Phi/\mathrm{d}x$ bewegen, gilt die VLASOV-Gleichung im mitbewegten Koordinatensystem $\xi = x - c_{Ph}t$

in der Form

$$\frac{\partial f}{\partial t} = 0, \quad c\,\frac{\partial f}{\partial x} - \frac{e}{m}\,\frac{\mathrm{d}\Phi}{\mathrm{d}x}\,\frac{\partial f}{\partial c} = 0,$$

(9.59)

während für das Potential Φ die POISSON-*Gleichung* gilt

$$\frac{\mathrm{d}^2\Phi}{\mathrm{d}x^2} = -4\pi e n_0\big(1 - \textstyle\int f(x, c)\,\mathrm{d}c\big).$$

(9.60)

Mit Hilfe der LAGRANGE-charakteristischen Gleichungen — vgl. (4.65), S. 84 — jetzt in der Form

$$\frac{\mathrm{d}x}{\mathrm{d}t} = c, \quad \frac{\mathrm{d}c}{\mathrm{d}t} = -\frac{e}{m}\,\frac{\mathrm{d}\Phi}{\mathrm{d}x},$$

(9.61)

die ja nichts anderes als die Bewegungsgleichungen der geladenen Teilchen sind, erhält man die Bewegungskonstante $W = c^2 + 2c\Phi/m$ und die Gleichung (9.60) in der Form

$$\frac{\mathrm{d}^2\Phi}{\mathrm{d}x^2} = -4\pi e n_0 \left(1 - \int \frac{f(W)}{\sqrt{W - e\Phi/m}}\,\mathrm{d}W\right).$$

(9.62)

Lösungen dieser Gleichung beschreiben in einer fortschreitenden elektrostatischen Welle gefangene geladene Teilchen.

9.4 Ursachen und Systematik der Instabilitäten

Da ein Plasma im Einschluß nicht in dem durch ein Energieminimum ausgezeichneten thermodynamischen Gleichgewicht ist, steht Energie für das Gleichgewicht anstrebende Vorgänge zur Verfügung. Als *Energiequellen* für die im Verlauf von Prozessen im Plasma auftretenden Instabilitäten stehen u. a. zur Verfügung:

1. Arbeitsleistung bei der Gasexpansion,
2. kinetische Energie der Driftbewegungen der Einzelteilchen,
3. magnetische Feldenergie,
4. Gravitationsenergie,
5. Abweichungen von der MAXWELL-*Verteilung* ($T_E \neq T_I$; anisotrope Verteilungen; Folgen des Plasmaeinschlusses etc.): Beim Anstreben der Gleichgewichtsverteilung wird Energie frei.

Gelegentlich sind an einer bestimmten Instabilität mehrere Energiequellen beteiligt; die Systematik der Instabilitäten, gleich ob konvektiv oder absolut, geht daher von phänomenologischen Gesichtspunkten aus.
Man spricht z. B. von *makroskopischer Instabilität*, wenn es sich um eine großräumige (meist *niederfrequente*) Störung handelt, bei der meist keine

Ladungstrennung im Großen auftritt (Erhaltung der Quasineutralität im großen). Derartige Instabilitäten können durch die *Magnetohydrodynamik* oder durch die *Mehrflüssigkeitstheorie* beschrieben werden.
Mikroskopisch heißen *lokale*, meist *hochfrequente* Störungen, die mit dem Teilchencharakter des Plasmas, mit der Verteilungsfunktion, mit elektromagnetischen Wellen zusammenhängen und daher durch *statistische* Methoden (VLASOV- oder BOLTZMANN-*Gleichung*) beschrieben werden.
Weiters unterscheidet man zwischen

elektrostatischen Instabilitäten, wenn rot $E = 0$ (longitudinale Welle) und *elektromagnetischen* Instabilitäten, wenn rot $E \neq 0$.

Feinere Unterscheidungen werden nach dem Entstehungsmechanismus getroffen. Allerdings ist diese Unterscheidung mehr durch die Theorie bestimmt, da es experimentell sehr schwer, ja oft unmöglich ist, die einzelnen theoretisch vorhergesagten Instabilitäten voneinander zu unterscheiden. Es konnten daher viele durch die Theorie vorausgesagte Instabilitäten experimentell noch nicht eindeutig identifiziert werden.
Eine erste Übersicht bringen Tabelle 6 und 7; da es nur relativ wenige Arbeiten über Instabilitäten in deutscher Sprache gibt und da auch deutsche Autoren fast durchweg die englischen Bezeichnungen verwenden, bringen wir nur diese. In vielen Fällen gibt es außerdem überhaupt keine deutsche Benennung.

Tabelle 6. Systematik und *einige* Entstehungsursachen von Instabilitäten

I. *Makroskopische Instabilitäten (Makroinstabilitäten)* [3.2]

    A *Elektrostatisch*
- a) lokale Ladungstrennung durch Driftbewegung der Teilchen
- b) konvektive durch Ströme bedingte Instabilitäten
- c) in Strömungen durch Geschwindigkeitssprünge erzeugte Instabilitäten
- d) endliche Wärmeleitfähigkeit

    B *Elektromagnetisch*
- e) unendlich große elektrische Leitfähigkeit („eingefrorene" Instabilitäten)
- f) endlich große elektrische Leitfähigkeit („nicht eingefrorene" Instabilitäten)

II. *Mikroskopische Instabilitäten (Mikroinstabilitäten)* [9.3]

    A *Elektrostatisch*
- g) Abweichung von isotroper MAXWELL-Verteilung
- h) Feldinhomogenitäten (Magnetfeld)
- i) Dichte- oder Temperaturinhomogenitäten
- k) Reaktionsprodukte der Fusion
- l) Stöße

    B *Elektromagnetisch*
       siehe g), i) bis l) unter II. A oben

Tabelle 7. Die wichtigsten Instabilitäten

I Makroskopische Instabilitäten (Makro-I., hydromagnetische I., MHD-I., fluid-instabilities, position space instabilities)

A) Elektrostatische Instabilitäten (rot $E = 0$)

Hauptname	andere Namen und Unterteilung (kursiv)	Ursache (vgl. Tabelle 6)
interchange (Austauschinstabilität) (niederfrequent), $k_\parallel = 0$	RAYLEIGH-TAYLOR, KRUSKAL-SCHWARZSCHILD, *flute, rotational* i. (Theta-Pinch), *ballooning mode (pressure driven interchange)*	a
KELVIN-HELMHOLTZ	*stoßfreie* K.H., *electromechanical co-(counter) streaming*	c
neutral drag	cross(ed) field, $E \times B$	a
rippling	magnetic flutter, *resistive rippling, rippling durch* HALL-*Effekt, rippling durch Druckgradient, rippling durch Elektronenträgheit,* (inertial instability, current convective rippling) *superheating*	b (σ endlich)
srew	helical, spiral, corkscrew, positive coloumn screw, *in partiell* bzw. *voll ionisiertem Plasma*	b (σ endlich)
finite heat conduction	(vgl. drift)	d (längs B)
electroconvective	thermische Konvektion im elektrischen Feld	
ionisation	*recombination* electrothermal	Ionisierung

B) Elektromagnetische Instabilität (rot $E \neq 0$)

Hauptname	andere Namen und Unterteilung (kursiv)	Ursache
sausage	necking-off, bulge, m = 0-instability, varicose	$e, \sigma = \infty$
kink	wriggle, wriggling, m = 1-instability, sinuous, *buckling*	$e, \sigma = \infty$
surface	fluttering, SUYDAM, *slip*	$e, \sigma \neq \infty$
flip		$e, \sigma = \infty$
tearing	*tearing durch Elektronenträgheit* tearing durch Druckgradient, tearing durch HALL-*Effekt*	f, σ endlich
resistive tearing	*neutral point*	f, σ endlich
gravitational	gravitational flute, *gravitational durch Elektronenträgheit, gravitational durch Druckgradient,* pressure driven interchange, *gravitational durch* HALL-*Effekt, rotational gravitational,* JEANS	f
resistive gravitational	*resistive ballooning*	f, σ endlich
thermal convective	thermische Konvektion mit und ohne Magnetfeld	

(Fortsetzung Tabelle 7)

II **Mikroskopische Instabilitäten** (Mikro-I., kinetische I., velocity space i., phase space i.)

  A) **Elektrostatische Instabilitäten** (rot $E = 0$) (*hochfrequente I; $\omega > \omega_{LI}$)

Hauptname	andere Namen und Unterteilung (kursiv)	Ursache
twostream, electron wave	double stream, beam-plasma,* beam, electron plasma oscillation, *beam centrifugal,* PIERCE, *ion-ion i.,* ion beam, CHERENKOV; *electron-electron, electron-ion, cross stream, current chopping, space charge, plasma diode, runaway,* BUNE-MAN $(T_I \neq T_E)$	g
ion wave	*ion plasma wave, pseudosonic ion wave,* ion resonance (ion sound wave, ion acoustic wave, ion acoustic i., electron-ion i.)	g
loss cone	maser, *resonant loss cone*	g
cyclotron (die relativist. c. I. ist elektromagnetisch	synchrotron, *ion cyclotron,* HARRIS-*instability,* collisional cyclotron, cyclotron double distribution,* anisotropic temperature	g
*negative mass**	*modified negative mass**	h
drift	universal, general drift, hydro-dynamic drift, *density gradient* (drift), *temperature (gradient) (drift) instability, inertial drift, drift without longitudinal current, drift velocity space i., ion drift, drift instability in MHD-HALL-Generatoren durch Rückkopplung mit der Stromlast, drift beam*	i
current driven drift		i
ion concentration gradient driven drift	*ion convection wave,* transverse drift, *drift instability durch die Fusionsreaktionsprodukte, impurity ion instability*	i
*drift cyclotron**	drift cyclotron resonance	i
dissipative drift	resistive drift, collisional drift (ion-ion collision), *pressure driven resistive drift finite heat conductivity* (niederfrequent, $k_\parallel \neq 0$)	i; l
trapping	trapped particle, resonant particle	g
diocotron	slipping, slipping stream, electronic, electron beam, *electrostatic ion stream,* magnetron, *inverted ion magnetron*	h, g

(Fortsetzung Tabelle 7)

B) **Elektromagnetische Instabilitäten** (rot $E \neq 0$)

Hauptname	andere Namen und Unterteilung (kursiv)	Ursache
mirror		g
ALFVÉN-*wave*	*garden-hose*, fire-hose	g
*whistler**	helicon (im Festkörperplasma)	g
universal ALFVEN		i
collisionless tearing	sheet pinch i., durch HALL-*Effekt*, durch *Dichtegradient*, durch *Elektronenträgheit*	i
collisionless gravitational		$\sigma = \infty$ und σ endlich
hybrid resonance	electromagnetic wave i.	
decay	wave decay, *parametric, sideband, negative energy*	
stochastic		
electromagnetic electron-ion streaming	WEIBEL,* transverse wave	g
finite orbit		h
electron-neutral atom collision	ion-neutral atom collision	$T_E \gg T_I$

§ 10 Wellen in Plasmen

10.1 *Arten von Wellen*

Infolge der Kopplung der gasdynamischen Größen Druck, Dichte, Geschwindigkeit etc. mit den elektromagnetischen Größen kommt es in einem Plasma zu einer Vielfalt von Wellenerscheinungen. Ein Verständnis dieser Erscheinungen ist für die Besprechung der Mikroinstabilitäten von großer Bedeutung. Je nach den physikalischen Eigenschaften des betrachteten Plasmas treten allerdings nicht alle denkbaren Wellen gleichzeitig auf — je nach der für das betreffende Plasma zuständigen Theorie treten nur gewisse Formen auf. So können z. B. in einem (*skalaren*) Plasma hoher Dichte und sehr großer elektrischer Leitfähigkeit echte elektromagnetische Wellen nicht auftreten, da das elektrische Feld infolge der hohen elektrischen Leitfähigkeit zusammenbricht. Die für ein solches Plasma zuständige Theorie ist die ideale *Magnetohydrodynamik*. In einem solchen Plasma treten elastische und rein magnetische Wellen auf (*magnetoakustische Wellen*, ALFVÉN-*Wellen*). Elektromagnetische Wellen treten jedoch in einem Plasma kleiner und verschwindender elektrischer Leitfähigkeit auf. Diese Plasmen teilt man ein in

— *kalte Plasmen*, das sind Plasmen, deren *thermische Geschwindigkeit* Null ist bzw. in denen der *Druck Null ist* (hydrodynamischer Standpunkt),
— *warme Plasmen*, das sind Plasmen, in denen bei kinetischer Betrachtungsweise eine von Null verschiedene *thermische Geschwindigkeit* und demnach nach (5.13) ein *nicht verschwindender Druck* vorhanden ist. Wegen $p \neq 0$ können nun *elastische Wellen* (*Schallwellen*) auftreten.

Je nachdem, ob weiter angenommen wird, daß die Ionen ruhen und sich nur die Elektronen bewegen, oder ob Zusammenstöße vernachlässigt werden oder ein Magnetfeld vorhanden ist oder nicht, unterscheidet man verschiedene Theorien:

I. **Kaltes Plasma** (Einzelteilchentheorie oder MHD mit $p = 0$, $\sigma \neq \infty$)

1. *ohne äußeres Magnetfeld* (isotropes Plasma)
a) Ionen ruhend (nur Elektronen bewegt): Elektronenschwingung mit ω_{PE} nach (2.12)
b) Ionen mitbewegt (Neutralteilchen mitbewegt)

c) mit Berücksichtigung von Zusammenstößen
(meist: Ionen und Neutralteilchen mitbewegt)

2. *mit äußerem Magnetfeld* (anisotropes Plasma)
a) Ionen ruhend
b) Ionen mitbewegt
c) Mehrflüssigkeitstheorie (ALFVÉN-Wellen, Ionenzyklotronwelle, Whistler-welle (Helikonwelle), Elektronzyklotronwelle, hochfrequente elektromagnetische Wellen, ALFVÉNsche Kompressionswelle).

II. **Warmes Plasma** (Statistik oder MHD mit $p \neq 0$ oder Einzelteilchentheorie mit Druckterm)
Unterteilung wie unter I; Berücksichtigung von Stößen z. B. auch durch (4.82); VLASOV-Plasma: LANDAU-Dämpfung, VAN KAMPEN-Welle, Ionenschallwellen, BERNSTEIN-Wellen, Elektronenplasmawellen, etc., σ klein oder groß.

10.2 Wellen im kalten Plasma

Schwingungen von Elektronen relativ zu *ruhenden Ionen* (LANGMUIR-*Schwingungen*) haben wir bereits in § 2.1 behandelt; wir erhielten für die Schwingungen der Elektronen die *Plasmafrequenz* (2.12). Durch diese Schwingungen entsteht eine *longitudinale elektrische Welle* (*Elektronenwelle, elektrostatische Welle,* LANGMUIR-*Welle, Plasmawelle*). Neben der longitudinalen Welle wird durch die Elektronenschwingungen noch eine *transversale elektromagnetische Welle* angeregt. Um diese näher zu untersuchen, üben wir die Operation rot auf die zweite MAXWELL-Gleichung rot $E = -\dfrac{1}{c}\dfrac{\partial H}{\partial t}$ aus und erhalten mit Hilfe der Identität rot rot = grad div $- \Delta$ und der ersten MAXWELL-Gleichung die *Wellengleichung*

$$\Delta E = \frac{1}{c^2}\frac{\partial^2 E}{\partial t^2} + \frac{4\pi}{c^2}\frac{\partial j}{\partial t} + \text{grad div } E. \tag{10.1}$$

Da $E \sim \exp(ikr - i\omega t)$, folgt div $E = ikE$, was für Transversalwellen ($k \perp E$) verschwindet. Setzt man nun $j = e^2 n_E E / i\omega m_E$ in (10.1) ein, so erhält man mit (2.12) sofort die *Dispersionsrelation für transversale Wellen im kalten isotropen Elektronenplasma*

$$\omega^2 = \omega_{PE}^2 + k^2 c^2; \quad \frac{\omega}{k} \equiv c_{Ph} = c\sqrt{\frac{\omega^2}{\omega^2 - \omega_{PE}^2} + 1}. \tag{10.2}$$

(Dies stimmt für $v = 0$ mit (3.81) überein!)
Wie man leicht zeigen kann, gilt für die *Gruppengeschwindigkeit* $c_G = \partial\omega/\partial k$ die Beziehung

$$c_G \cdot c_{Ph} = c^2, \tag{10.3}$$

d. h., im Frequenzbereich $\omega > \omega_{PE}$ ist die *Phasengeschwindigkeit* c_{Ph} stets größer als die Vakuumlichtgeschwindigkeit c, und die Gruppengeschwindigkeit $c_G = \dfrac{d\omega}{dk}$ ist immer kleiner als die Lichtgeschwindigkeit. Wellen mit Frequenzen $\omega > \omega_{PE}$ können sich im Plasma ausbreiten, Wellen mit $\omega < \omega_{PE}$ werden stark gedämpft und können nicht existieren (*Bedingung von* ECCLES).

Ein Plasma mit der Eigenschaft $\omega < \omega_{PE}$, d. h. $n_E > \dfrac{\varepsilon_0 m \omega^2}{e^2}$ heißt *überdichtes* („overdense") Plasma.

Berücksichtigen wir nun noch die *Schwingungen der Ionen*, so haben wir von den Bewegungsgleichungen $m_E \dfrac{\partial \boldsymbol{u}_E}{\partial t} = -e\boldsymbol{E}, m_I \dfrac{\partial \boldsymbol{u}_I}{\partial t} = Ze\boldsymbol{E}$ auszugehen. Weiter gilt

$$\boldsymbol{j} = n_E e (Z\boldsymbol{u}_I - \boldsymbol{u}_E). \tag{10.4}$$

Die weitere Rechnung erfolgt analog und liefert die *Ionen-Plasmafrequenz* (2.12) und die *Plasmafrequenz* (für Elektronen und Ionen) für *longitudinale* Wellen

$$\omega^2 = \omega_P^2 \equiv \omega_{PE}^2 + \omega_{PI}^2 \equiv \omega_{PE}^2 \left(1 + \frac{Zm_E}{m_I} \right) \tag{10.5}$$

sowie für *transversale* Wellen

$$\omega^2 = \omega_P^2 + k^2 c^2 . \tag{10.2a}$$

Daraus erhält man dann für die Phasengeschwindigkeit

$$c_{Ph} = \omega/k = c(1 - \omega_P^2/\omega^2)^{-1/2},$$

und für die Gruppengeschwindigkeit für die transversalen Wellen folgt

$$c_G = \frac{d\omega}{dk} = c \sqrt{1 - \omega_P^2/\omega^2} = c^2/c_{Ph}.$$

Die Phasengeschwindigkeit ist also immer größer als die Lichtgeschwindigkeit c und erreicht unendlich bei der Plasmafrequenz. Die Gruppengeschwindigkeit, mit der sich die Energie fortpflanzt, ist jedoch immer kleiner als die Lichtgeschwindigkeit und wird Null bei $\omega = \omega_P$.

Berücksichtigt man ein äußeres magnetostatisches Feld $\boldsymbol{B}_0 (= \boldsymbol{H}_0)$, so wird das Plasma *anisotrop* und die Verhältnisse werden komplizierter. Das *kalte Plasma* kann nun auch durch die Forderung $\beta \ll 1$ (β nach (4.1)) beschrieben werden. Schwingungen der Elektronen, sogar mit Berücksichtigung von Stößen, haben wir bereits in § 3.5 behandelt; wir erhielten eine allgemeine Dispersionsrelation (3.79), aus der man auch spezielle Schlüsse über den Verlauf des *Brechungsindex* $n = \dfrac{ck}{\omega}$ ziehen kann. Wird die Bewegung der Ionen berücksichtigt (*magnetoionische Wellen*), so erhält man in den Gleichungen lediglich zusätzliche Terme; bei $\omega \approx \omega_{LI}$ wird sich allerdings die *Zyklotronresonanz* bemerkbar machen.

Wir wollen daher die Ausbreitung elektromagnetischer Wellen in einem anisotropen kalten Elektronen-Ionen-Plasma genauer untersuchen. Unsere Grundgleichungen sind die *Wellengleichung* (10.1) und die *Bewegungsgleichungen für Elektronen und Ionen*

$$m_E \frac{d\boldsymbol{u}_E}{dt} = -e\left(\boldsymbol{E} + \frac{1}{c}[\boldsymbol{u}_E \times \boldsymbol{H}]\right), \tag{10.6}$$

$$m_I \frac{d\boldsymbol{u}_I}{dt} = Ze\left(\boldsymbol{E} + \frac{1}{c}[\boldsymbol{u}_I \times \boldsymbol{H}]\right), \tag{10.7}$$

die für Schwingungen kleiner Amplitude $\left(\dfrac{d\boldsymbol{u}}{dt} \approx \dfrac{\partial\boldsymbol{u}}{\partial t}\right)$ und $\boldsymbol{H} \to \boldsymbol{H}_0$ (Vernachlässigung des Magnetfeldes der Welle) mit (6.6), d. h. mit

$$\boldsymbol{v} = \frac{n_E m_E \boldsymbol{u}_E + n_I m_I \boldsymbol{u}_I}{n_E m_E + n_I m_I} = \frac{n_E m_E \boldsymbol{u}_E + n_I m_I \boldsymbol{u}_I}{\varrho} \tag{10.8}$$

nach Multiplikation mit n_E bzw. n_I und Addition wegen (1.1) und (3.48), in die EULERsche *Strömungsgleichung* (5.14) für ein kaltes Plasma ($p = 0$) übergehen:

$$\varrho \frac{d\boldsymbol{v}}{dt} \approx \varrho \frac{\partial\boldsymbol{v}}{\partial t} = \frac{1}{c}[\boldsymbol{j} \times \boldsymbol{H}_0]. \tag{10.9}$$

(Die durch die Welle allenfalls erzeugte Ladungstrennung wurde hier vernachlässigt.)

Als dritte Gleichung verwenden wir das verallgemeinerte OHMsche *Gesetz* (6.47) für ein kaltes stoßfreies Plasma ($p_E = p_I = 0$, $v_E = 0$) für $m_E \ll m_I$. Wir leiten es in etwas anderer Form für $Z = 1$ aus den Bewegungsgleichungen ab. Multiplikation von (10.6) mit $-n_E e m_I$ und von (10.7) mit $n_I e m_E$ sowie Addition mit (1.1), (3.48), Ergänzung durch $+n_I m_I \boldsymbol{u}_I - n_I m_I \boldsymbol{u}_I$, mit (10.8) wegen $\boldsymbol{u}_E \approx \boldsymbol{u}_I \approx \boldsymbol{v}$ (weil $m_I \gg m_E$) liefert das OHMsche *Gesetz*

$$\frac{m_I m_E}{\varrho e^2} \frac{\partial \boldsymbol{j}}{\partial t} = \boldsymbol{E} + \frac{1}{c}[\boldsymbol{v} \times \boldsymbol{H}_0] - \frac{m_I}{\varrho e c}[\boldsymbol{j} \times \boldsymbol{H}_0]. \tag{10.10}$$

Nimmt man nun für den ungestörten Zustand $\boldsymbol{v}_0 = 0$, $\boldsymbol{E}_0 = 0$, $\boldsymbol{j}_0 = 0$ an, so erhält man für die Störungen (9.17) aus (10.9) die Bewegungsgleichung (wobei wir nun konsequent wieder $\boldsymbol{H}_0 = \boldsymbol{B}_0$ schreiben)

$$\varrho_0 \frac{\partial \boldsymbol{v}_1}{\partial t} = \frac{1}{c}[\boldsymbol{j}_1 \times \boldsymbol{B}_0]. \tag{10.11}$$

Die Wellengleichung (10.1) gilt wegen ihrer Linearität auch für $\boldsymbol{E}_1, \boldsymbol{j}_1$ und das OHMsche Gesetz (10.10) nimmt durch Differenzieren, Einsetzen für $\dfrac{\partial \boldsymbol{v}_1}{\partial t}$ aus (10.11), Multiplikation mit $\varrho_0 e^2/m_I m_E$ wegen $\varrho_0 = n_I m_I + n_E m_E$, $n_I = n_E$,

$m_E/m_I \approx 0$ die Form

$$\frac{\partial^2 j_1}{\partial t^2} = \frac{n_E e^2}{m_E} \frac{\partial E_1}{\partial t} + \frac{e^2}{m_I m_E c^2} [[j \times B_0] \times B_0] - \frac{e}{m_E c} \left[\frac{\partial j}{\partial t} \times B_0 \right] \quad (10.12)$$

an. Geht man nun mit dem Ansatz für ebene Wellen

$$j_1 = j_k e^{i(kr - \omega t)}, \qquad E_1 = E_k e^{i(kr - \omega t)} \tag{10.13}$$

(nur möglich, wenn B_0 konstant ist) in (10.1) und (10.12) ein, so erhält man mit (1.1), (2.12), (10.5), (2.45) wegen $[k \times [k \times E]] = (kE) k - k^2 E$

$$k^2 E_k - (k E_k) k = \frac{\omega^2}{c^2} E_k + \frac{4\pi\omega i}{c^2} j_k, \tag{10.14}$$

$$\omega^2 j_k = \frac{i\omega\omega_P^2}{4\pi} E_k - \omega_{LI}\omega_{LE} \left(j_k - \left(j_k \frac{B_0}{B_0} \right) \right) + \omega i \omega_{LE} \left[j_k \times \frac{B_0}{B_0} \right]. \tag{10.15}$$

Dies sind zwei lineare homogene Gleichungen für E_k und j_k; damit sie eine nichttriviale Lösung besitzen, muß ihre Koeffizientendeterminante verschwinden. Diese Forderung liefert die *Dispersionsrelation* in Form (9.25) bzw. (3.79).
Bevor wir uns mit dieser Dispersionsrelation in allgemeiner Form beschäftigen, wollen wir kurz einige Spezialfälle behandeln:

$k \cdot E = 0$, $k \perp E$ (*transversale Welle*), man erhält z. B. (10.2a),

$k \times E = 0$, $k \parallel E$ (*longitudinale Welle*), man erhält z. B. (10.5),

$k \parallel B_0$ Alfvén-*Wellen* (*Scherung*).

Wir nehmen $E \perp k$ an, da die Komponente von $E \parallel$ zu k nur zu (10.5) führt. Aus (10.14), (10.15) ergibt sich

$$\left(\omega^2 - \frac{\omega^2 \omega_P^2}{\omega^2 - k^2 c^2} + \omega_{LI}\omega_{LE} \right) j = i\omega\omega_{LE} \left[j \times \frac{B_0}{B_0} \right]. \tag{10.16}$$

Die Ausbreitungseigenschaften hängen somit davon ab, ob k, j, B_0 ein Rechts- oder Linkssystem bilden. Ein solches Medium heißt *gyrotrop* (Plasma, *Ferrite*). Für **kleine** Frequenzen $\omega \ll \omega_{LI}$ fällt die *Gyrotropie* weg; auch der Verschiebungsstrom $\left(\text{Term } \frac{\omega^2}{c^2} E_k \right)$ ist dann vernachlässigbar. Mit $m_E/m_I = 0$, (10.5), (1.1), (2.12), (2.45), (6.6) und $\frac{\omega}{k} = c_{Ph}$ erhält man (3.54) (und somit die MHD).
Für Frequenzen $\omega > \omega_{LI}$ erhält man aus (10.16) wegen $1 + c^2/c_A^2 \ll k^2 c^2/\omega^2$ mit (3.54) als *Definition* von c_A, ausgedrückt durch ω_{LE},

$$\frac{1}{c_{Ph}^2} \equiv \frac{k^2}{\omega^2} = \frac{2\omega_{LI}^2}{c_A^2(\omega_{LI}^2 - \omega^2)} = \frac{2\omega_{PI}^2}{(\omega_{LI}^2 - \omega^2) c^2} \tag{10.17}$$

somit *Resonanz*, d. h. $c_G \to 0$ für $\omega = \omega_{LI}$ (vgl. auch (3.80)). Diese Wellen heißen *Ionenzyklotronwellen*. (In ihnen entartet das allgemein elliptisch polarisierte elektrische Feld in ein um B_0 links zirkular polarisiertes Feld. Die *Zyklotronwellen* sind „transversal", d. h. $kE = 0$. Neben der ordentlichen links zirkular polarisierten Welle, die für $\omega \lesssim \omega_{LI}$ auftritt, existiert für $\omega \lesssim \omega_{LE}$ eine *außerordentliche* rechts zirkular polarisierende Welle, die auch *Whistler*- oder *Helikon*-Welle heißt.)

$k \perp B_0$ *Kompressions*-ALFVÉN-*Wellen (ϱ variabel)*

Mit $E \perp k$, vgl. oben, erhält man für **kleine** Frequenzen ($\omega \ll \omega_{LI}$)

$$\frac{1}{c_{Ph}^2} \equiv \frac{k^2}{\omega^2} = \frac{1}{c^2} + \frac{1}{c_A^2} \tag{10.18}$$

und bei Vernachlässigung des Verschiebungsstromes, d. h. $1/c^2 \approx 0$, wieder (3.54). Es handelt sich also um ALFVÉN-*Wellen* [10.4]. Diese sind *elektrodynamisch transversal*, d. h. $k \cdot E = 0$, aber während die Scherungswellen auch mechanisch transversal sind, d. h. $k \cdot v = 0$, sind die *Kompressions*-ALFVÉN-*Wellen* mechanisch longitudional, d. h. $k \times v \approx 0$. Man spricht wegen des longitudinalen Materialtransportes auch von *magneto-akustischen Wellen* (*magnetischer Schall*), doch reserviert man diese Bezeichnung besser für echte MHD-*Wellen* ($\sigma = \infty$, $p \neq 0$), also für heiße Plasmen, vgl. 10.3. Die *Kompressions*-ALFVÉN-*Wellen* sind nahezu *linear polarisiert*.
Den Schwingungsprozeß kann man als periodische Kompression und Dilatation des Plasmas gemeinsam mit den eingefrorenen Feldlinien auffassen. Setzt

man in die Formel für die Schallgeschwindigkeit $\sqrt{\dfrac{\gamma p}{\varrho}}$ für p den magnetischen

Druck, S. 55, und $\gamma = 2$, vgl. (3.77) ein, so erhält man (3.54).
Für *große* Frequenzen gibt es für die *Kompressions*-ALFVÉN-*Wellen* erst bei

$$\omega_{R1}^2 = \frac{\omega_{LI}^2\omega_{LE}^2 - \omega_{PI}^2\omega_{LI}\omega_{LE}}{\omega_{PI}^2 + \omega_{LE}^2 - 2\omega_{LI}\omega_{LE}} \approx -\omega_{LI}\omega_{LE}\frac{\omega_{PI}^2}{\omega_{PI}^2 + \omega_{LE}^2}, \tag{10.19}$$

$$\omega_{R2}^2 = \omega_{PI}^2 + \omega_{LE}^2 \tag{10.20}$$

Resonanzen ($c_{Ph} \to 0$). Es ist üblich, diese Formeln mit Hilfe der sogenannten *Hybridfrequenzen*,

niedere Hybridfrequenz $\omega_{LH} = \sqrt{\omega_{LI}\omega_{LE}}$,   (10.21)

höhere Hybridfrequenz $\omega_{UH}^2 = \omega_{R2}^2 = \omega_P^2 + \omega_{LE}^2$,   (10.22)

etwas einfacher zu schreiben.
Alle in § 10.2 besprochenen Wellen wurden experimentell nachgewiesen, vgl. die Übersicht in [10.1].
Wir wenden uns nun nach dieser ersten Übersicht der Untersuchung der allgemeinen *Dispersionsrelation* zu. Führt man die zu (10.14), (10.15) führenden

Da wir die Dämpfung durch Stöße vernachlässigen wollen, setzen wir im OHM*schen Gesetz* (6.47), das für ein vereinheitlichtes Plasma ($m_I \gg m_E$) mit Stößen in der Form

$$\frac{\partial j}{\partial t} = \frac{ne^2}{m_E}\left(E + \frac{1}{c}[v \times B]\right) - \frac{e}{mc}[j \times B] + \frac{e}{m_E}\nabla p_E - \nu j \qquad (10.68)$$

geschrieben werden kann, $\nu = 0$ und erhalten mit (6.46), (2.12) und (10.54) für eine ebene Welle

$$-i\omega^2 j = \frac{\omega_{PE}^2 \omega}{4\pi}\left(E + \frac{1}{c}[v \times B]\right) - \frac{e\omega}{mc}[j \times B]$$
$$+ iena_E^2 k(kv) - ia_E^2 k(kj). \qquad (10.69)$$

Spezialisiert man auf die Komponenten und setzt man in (10.69) für v und E aus (10.66) und (10.67) ein, so erhält man 3 lineare homogene Gleichungen für die drei Komponenten von j. Die Determinante dieses Systems liefert die *Dispersionsrelation für ein warmes anisotropes Plasma*. Bei Vernachlässigung von ω^2 und $\omega\omega_{PE}$ und Vernachlässigung des Verschiebungsstromes $\omega^2 \ll c^2 k^2$ erhalten wir die „Dispersionsrelation" der MHD-Wellen, allerdings zunächst in der Form

$$c_{Ph}^2 - a^2 = c_A^2\left(1 - \frac{a^2}{c_{Ph}^2}\cos^2\vartheta\right). \qquad (10.70)$$

Für *hohe* Frequenzen, z. B. in der Nähe der *Zyklotronfrequenz* (LARMOR-*Frequenz*[1]) wollen wir eine sich senkrecht zum Magnetfeld ausbreitende Schallwelle untersuchen. Es ergibt sich eine parallel zum Magnetfeld polarisierte Welle ($\vartheta = 0$), die im heißen Plasma in MHD-Näherung weder durch den Druck noch durch das Magnetfeld beeinflußt wird. Ihre *Dispersionsrelation* lautet nach [6.4]

$$\frac{\omega_P^2 \omega^2}{k^2 c^2 - \omega^2} - \frac{\omega_{LI}\omega_{LE}\omega^2}{\omega^2 - k^2 a^2} + \omega^2 + \frac{\omega^2 \omega_{LE}^2\left(1 + \dfrac{\omega_{LI}}{\omega_{LE}}\dfrac{k^2 a_E^2}{(\omega^2 - k^2 a^2)}\right)}{\omega_P^2 + \omega_{LI}\omega_{LE} - \omega^2 + k^2 a_E^2} = 0.$$
$$(10.71)$$

Bei Vernachlässigung des Verschiebungsstromes, für $\dfrac{\partial j}{\partial t} \approx 0$, $\dfrac{m_E}{m_I} \approx 0$ geht

dieser Ausdruck mit (2.12), (2.45), (3.54) nach etwas mühsamen Zwischenrech-

---

[1] Es muß darauf hingewiesen werden, daß sich in der Plasmaphysik leider die unpräzise Redeweise „*Gyrationsfrequenz (Zyklotronfrequenz)* gleich LARMOR-*Frequenz*" eingebürgert hat. In diesem Sinne haben auch wir die *Zyklotronfrequenz* als LARMOR-*Frequenz* bezeichnet. Streng genommen ist jedoch die wirkliche LARMOR-*Frequenz*, mit der das magnetische Moment eines Kreisstromes im Magnetfeld präzediert, halb so groß wie die *Zyklotronfrequenz* einer Einzelladung im Magnetfeld.

$$R = 1 - \sum_s \frac{\omega_{Ps}^2}{\omega^2} \left(\frac{\omega}{\omega + \omega_{Ls}} \right) = S + D$$

$$L = 1 - \sum_s \frac{\omega_{Ps}^2}{\omega^2} \left(\frac{\omega}{\omega - \omega_{Ls}} \right) = S - D \tag{10.28}$$

$$RL = S^2 - D^2$$

$$P = 1 - \sum_s \frac{\omega_{Ps}^2}{\omega^2}, \quad \text{wobei im SI-System}$$

$$S = \mu_0 \varepsilon_{11} c^2, \quad -iD = \mu_0 \varepsilon_{12} c^2, \quad P = \mu_0 \varepsilon_{33} c^2.$$

Die Werte für ε_{11}, ε_{12} erhält man nun aus der Beziehung $\varepsilon = \varepsilon_0(1 - \sigma/i\varepsilon_0\omega)$ bzw. $1 + 4\pi i\sigma/\omega$ nach S. 57, wobei man z. B. mit $v_I = 0$, $v_E = 0$ für σ aus (3.49) oder (10.24) einsetzt.

s ist der Summationsindex für Elektronen ($s = E$) und Ionen ($s = I$). Die Dispersionsrelation (10.26) stellt drei homogene lineare Gleichungen für E_{kx}, E_{ky}, E_{kz} dar. Damit diese eine nichttriviale Lösung besitzen, muß die Koeffizientendeterminante verschwinden. Nennt man den Winkel zwischen k und der z-Richtung (B_0-Richtung) ϑ und dreht man das Koordinatensystem um die z-Achse so, daß k in der (x, z)-Ebene liegt, dann erhält man als *Dispersionsrelation* für den *Brechungsindex n*

$$\tan^2 \vartheta = - \frac{P(n^2 - R)(n^2 - L)}{(Sn^2 - RL)(n^2 - P)}$$

oder

$$n^2 = \frac{k^2 c^2}{2} = \frac{RL \sin^2 \vartheta + PS(1 + \cos^2 \vartheta)}{2(S \sin^2 \vartheta + P \cos^2 \vartheta)}$$

$$\pm \frac{\sqrt{(RL - PS)^2 \sin^4 \vartheta + 4P^2 D^2 \cos^2 \vartheta}}{2(S \sin^2 \vartheta + P \cos^2 \vartheta)}. \tag{10.29}$$

In Spezialfällen erhält man (wenn man $\tan \vartheta$ als Funktion von n ausrechnet)

$$\vartheta = 0, \quad P = 0, \quad n^2 = R \ (\textit{rechtszirkulare Welle } E_z = 0, E_y = -iE_x),$$

$$n^2 = L \ (\textit{linkszirkulare Welle } E_z = 0, E_y = iE_x),$$

$$\vartheta = \frac{\pi}{2}, \quad n^2 = P \ (\textit{transversale ordentliche Welle } E_x = 0, E_y = 0, E_z \neq 0, E \perp k),$$

$$n^2 = \frac{RL}{S} \ (\textit{elliptische polarisierte außerordentliche Welle } E_y = iE_x S/D, E_z = 0).$$

Eine genauere Untersuchung, vgl. z. B. [10.2] [10.3] [10.4], zeigt, daß die rechts bzw. links zirkular polarisierten Wellen verschiedene Phasengeschwindigkeiten besitzen. Es tritt somit ein FARADAY-*Effekt* (Drehung der Polarisationsebene, wenn Licht parallel zu einem äußeren Magnetfeld Materie durchsetzt) auf, so daß aus dem Verdrehungswinkel der Polarisationsebene die Stärke des Magnetfeldes gemessen werden könnte.

Nach ALLIS [10.3] spricht man von einer *Resonanz*, wenn die Phasengeschwindigkeit c_{Ph} Null wird ($n \to \infty$, also bei einem *Pol* der Dispersionsrelation) und von einem *Abschneiden* („cut-off"), wenn die Phasengeschwindigkeit Unendlich wird ($n \to 0$, $c_{Ph} \to \infty$, also *Nullstellen* der Dispersionsrelation). Die Bedingungen hierfür lauten nach (10.29):

Resonanz	*Abschneiden*

(Hauptresonanzen)
$S \sin^2 \vartheta + P \cos^2 \vartheta = 0$ $P = 0$, Abschneiden bei Plasmafrequenz
$\vartheta = 0°$, $S \to \infty$,

    und

    a) $L \to \infty$ Ionenzyklotronresonanz $R = 0$, Abschneiden bei Elektronenzyklotronfrequenz

    b) $R \to \infty$ Elektronenzyklotronresonanz $L = 0$, Abschneiden bei Ionenzyklotronfrequenz

    c) $P \to 0$ Plasmaresonanz

$\vartheta = \dfrac{\pi}{2}$,

$S = 0$, Hybridresonanz

Bei einer *Resonanz* wird eine auf das Plasma einfallende Welle *absorbiert*, bei einem *Abschneiden reflektiert*, vgl. [10.5].

Wir betrachten zunächst die beiden sich *parallel* zum Magnetfeld ausbreitenden zirkular polarisierten Wellen für $\omega > \omega_P$

$$n^2 = \frac{c^2 k^2}{\omega^2} = R \quad \text{oder} \quad L = 1 - \frac{\omega_{PE}^2}{\omega^2}\left(1 + \frac{\omega}{\omega \pm \omega_{LE}}\right), \tag{10.30}$$

was wir schon als (3.80) im SI-System fanden. Man ersieht aus dieser Dispersionsrelation

$$\omega^2 - c^2 k^2 - \frac{\omega \omega_{PE}^2}{\omega \mp \omega_{LE}} - \frac{\omega \omega_{PI}^2}{\omega \pm \omega_{LI}} = 0, \tag{10.31}$$

daß zwei *Abschneidefrequenzen* ω_1, ω_2 existieren, bei denen $n = 0$ ($k = 0$) wird:

$$\omega_{1,2} = \pm \frac{\omega_{LE}}{2} + \sqrt{\frac{\omega_{LE}^2}{4} + \omega_{PE}^2}, \tag{10.32}$$

wobei das Minuszeichen für ω_1 gilt. Es gilt weiters die Identität

$$\omega_{PE}^2 = \omega_1^2 + \omega_1 \omega_{LE}. \tag{10.33}$$

Wie man aus (10.30) sieht, treten für $\omega < \omega_1$ bzw. $\omega < \omega_2$ keine Wellen parallel zum Magnetfeld auf, doch erscheinen die Wellen wieder für $\omega < \omega_{LE}$ ($R = \infty$)

bzw. $\omega < \omega_{\mathrm{LI}}$ $(L = \infty)$, vgl. Abb. 37, es existiert demnach ein *Stopband* $\omega_{\mathrm{LE}} \leqq \omega \leqq \omega_1$ für die rechts zirkular polarisierte Welle $\omega < \omega_{\mathrm{LE}}$ und ein Band $\omega_2 > \omega > \omega_1$ für die links zirkuläre Welle. Das Stopband existiert jedoch nur für $\omega_1 > \omega_{\mathrm{LE}}$, $\omega_{\mathrm{LE}} < \omega_{\mathrm{PE}}$, und es gilt $\omega_1 < \omega_{\mathrm{PE}}$. Wenn jedoch $\omega_1 < \omega_{\mathrm{LE}}$ ist, dann existiert kein Band, und Wellen treten auf im Bereich $\omega_{\mathrm{LE}} > \omega > \omega_1$. Die rechts zirkular polarisierte Elektronzyklotronwelle geht für kleinere k nach Abb. 37 in die *Whistlerwelle* über, deren Frequenzen im Hörbereich liegen. Treten sie in einem Festkörper auf, so spricht man von *Helikonwellen*. Für $\omega_{\mathrm{PI}} \ll \omega$, $\omega_{\mathrm{LI}} \ll \omega_{\mathrm{LE}}$, $\omega\omega_{\mathrm{LE}} \ll \omega_{\mathrm{PE}}^2$, $\omega \ll \omega_{\mathrm{LE}}$ erhält man aus $n^2 = R$ die Dispersionsrelation der Whistlerwellen

$$\frac{c^2 k^2}{\omega^2} = \frac{\omega_{\mathrm{PE}}^2}{\omega\omega_{\mathrm{LE}}} \tag{10.34}$$

und $c_{\mathrm{G}} = 2c_{\mathrm{Ph}}$. Hat man beispielsweise $B_0 = 10\,\mathrm{kG} = 1$ Tesla, $\omega = 2\pi 30$ Hz, so folgt $n = 10^9$ und eine Phasengeschwindigkeit von 30 cm/sec. Für $\omega \geqq \omega_{\mathrm{LE}}$ verschwindet die Elektronzyklotronwelle und hat bei $\omega = \omega_{\mathrm{LE}}$ $(R \to \infty)$ die Elektronzyklotronresonanz. Analoges gilt für die Ionenzyklotronwelle für $\omega \geqq \omega_{\mathrm{LI}}$ $(L \to \infty)$. Für sehr kleine Frequenzen $\omega \ll \omega_{\mathrm{LE}}$, $\omega \ll \omega_{\mathrm{LI}}$ erhält man (bei Ausbreitung parallel zu $\boldsymbol{B}_0$) aus $n^2 = L$ die links zirkular polarisierte Welle, die auch als *langsame Welle* bezeichnet wird. In ihr rotiert das elektrische Feld so wie die positiv geladenen Ionen. Für $\omega \leqq \omega_{\mathrm{LI}}$ wird die Welle elliptisch polarisiert. Man hat

$$\frac{c^2 k^2}{\omega^2} = \frac{2\omega_{\mathrm{PI}}^2}{\omega_{\mathrm{LI}}^2 - \omega^2} \tag{10.35}$$

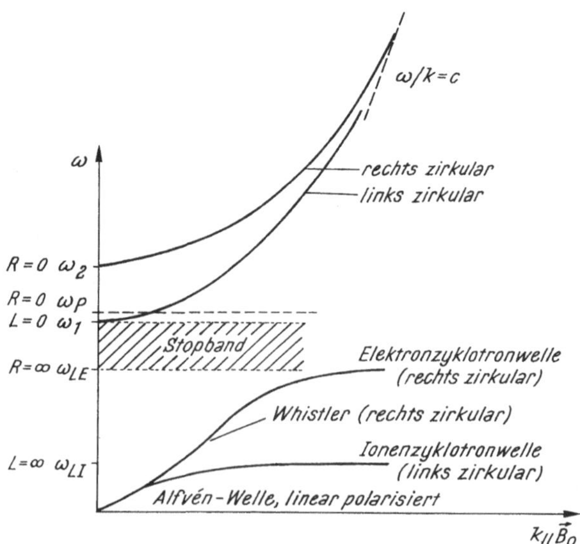

Abb. 37. Die vier Wellentypen parallel zu $\boldsymbol{B}_0$

und Resonanz bei $\omega = \omega_{\mathrm{LI}}$, also $c_{\mathrm{Ph}} = 0$. Für die Gruppengeschwindigkeit c_{G} erhält man

$$c_{\mathrm{G}} = \frac{\mathrm{d}\omega}{\mathrm{d}k} = \frac{c^2 k^2 (\omega_{\mathrm{LI}}^2 - \omega^2)^2}{2\omega_{\mathrm{PI}}^2 \omega \omega_{\mathrm{LI}}^2}, \tag{10.36}$$

so daß sich bei der Resonanz keine Energie-Ausbreitung ergibt (nur für $\omega < \omega_{\mathrm{LI}}$). Aus $n^2 = R$ erhält man die schnelle rechts zirkular polarisierte Elektronenzyklotronwelle, die eine höhere Frequenz $\omega \approx \omega_{\mathrm{LE}}$ hat und für die bei $\omega \approx \omega_{\mathrm{LE}}$

$$\frac{c^2 k^2}{\omega^2} = \frac{\omega_{\mathrm{P}}^2}{2\omega_{\mathrm{LI}}\omega_{\mathrm{LE}}} \tag{10.37}$$

oder bei $\omega_{\mathrm{PI}} \ll \omega$, $\omega_{\mathrm{PE}} \lesssim \omega$

$$\frac{c^2 k^2}{\omega^2} \approx 1 - \frac{\omega_{\mathrm{PE}}^2}{\omega(\omega - \omega_{\mathrm{E}})} \tag{10.38}$$

gilt. Für ganz kleine Frequenzen $\omega \ll \omega_{\mathrm{LI}}$ erhält man die ALFVÉN-Welle mit ihrer für $\omega_{\mathrm{PI}}^2/\omega_{\mathrm{LI}}^2 \gg 1$ geltenden Dispersionsrelation (3.54) bzw. (10.3).
Für die elektrostatischen Longitudinalwellen, die sich längs $\boldsymbol{B}_0$ ausbreiten, gilt $\boldsymbol{k} \times (\boldsymbol{k} \times \boldsymbol{E}) = 0$ und $\varepsilon_{33} = P$ oder

$$\omega^2 = \omega_{\mathrm{P}}^2. \tag{10.39}$$

Diese Longitudinalwellen werden somit vom Magnetfeld nicht berührt. (Dies gilt auch für ein warmes Plasma oder bei Berücksichtigung von Stößen, also $v_{\mathrm{I}} \neq 0$, $v_{\mathrm{E}} \neq 0$). Breitet sich die Longitudinalwelle aber *senkrecht* zu $\boldsymbol{B}_0$ aus $(\sin \vartheta = 1, \cos \vartheta = 0)$, so erhält man

$$\frac{\omega_{\mathrm{PI}}^2}{\omega^2 - \omega_{\mathrm{LI}}^2} + \frac{\omega_{\mathrm{PE}}^2}{\omega^2 - \omega_{\mathrm{LE}}^2} = 1, \tag{10.40}$$

was mit $S = 0$ identisch ist. Für beliebigen Ausbreitungswinkel ϑ erhält man $S \sin^2 \vartheta + P \cos^2 \vartheta = 0$ $(n \to \infty, c_{\mathrm{Ph}} = 0)$

$$\frac{\omega_{\mathrm{PI}}^2 \sin^2 \vartheta}{\omega^2 - \omega_{\mathrm{LI}}^2} + \frac{\omega_{\mathrm{PE}}^2 \sin^2 \vartheta}{\omega^2 - \omega_{\mathrm{LE}}^2} + \frac{\omega_{\mathrm{P}}^2}{\omega^2} \cos^2 \vartheta = 1. \tag{10.41}$$

Da nun Gyrationsfrequenzen auftreten, sieht man, daß Longitudinalwellen, die sich nicht parallel zu $\boldsymbol{B}_0$ ausbreiten, vom Magnetfeld beeinflußt werden.
Für Transversalwellen, die sich senkrecht zum Magnetfeld ausbreiten $(\vartheta = \pi/2)$, erhält man ebenfalls vier Typen, die transversalen, also linear polarisierten ordentlichen Wellen, außerordentliche Wellen und zwei Hybridwellen. Für die ordentliche Transversalwelle gilt

$$n^2 = \frac{c^2 k^2}{\omega^2} = P = 1 - \frac{\omega_{\mathrm{PE}}^2}{\omega^2} - \frac{\omega_{\mathrm{PI}}^2}{\omega^2}, \tag{10.42}$$

also (10.2), so daß keine Wellen für $\omega < \omega_P$ aufteten (ECCLES-Bedingung!),
während für die außerordentliche Welle

$$n^2 = \frac{c^2 k^2}{\omega^2} = \frac{RL}{S} = \frac{(\omega^2 - \omega_{LH}^2)(\omega^2 - \omega_{LU}^2)}{(\omega^2 - \omega_1^2)(\omega^2 - \omega_2^2)} \tag{10.43}$$

gilt und keine Wellen für $\omega < \omega_2$ auftreten, vgl. Abb. 38. Ein Stopband $\omega \leqq \omega_2$ für die außerordentliche elliptisch nach rechts polarisierte (also mit den Elektronen rotierende) Welle existiert, wenn $\omega_{LH} < \omega_1$. Das Band existiert jedoch nicht, wenn $\omega_{LH} \geqq \omega_1$. Für die für $\omega > \omega_2$ elliptisch polarisierte außerordentliche Welle kann man für $\omega \gg \omega_{LI}$, $\omega \geqq \omega_P$ die genäherte Dispersionsrelation

$$\frac{k^2 c^2}{\omega^2} \approx (\omega^2 - \omega_{PE}^2) - \frac{\omega^2 \omega_{LE}^2}{\omega^2(\omega^2 - \omega_{PE}^2 - \omega_{LE}^2)} \tag{10.44}$$

ableiten.
Für $\omega > \omega_P$ wird somit die Ausbreitung der ordentlichen Welle durch das Magnetfeld nicht beeinflußt. Die Hybridfrequenzen sind durch $S = 0$, d. h. durch

$$1 - \frac{\omega_{PI}^2}{\omega_H^2 - \omega_{LI}^2} - \frac{\omega_{PE}^2}{\omega_H^2 - \omega_{LE}^2} = 0 \tag{10.45}$$

definiert. Damit gilt

$$\omega_H^2 = \frac{\omega_P^2 + \omega_{LI}^2 + \omega_{LE}^2}{2}$$
$$\pm \sqrt{\frac{(\omega_P^2 + \omega_{LI}^2 + \omega_{LE}^2)^2}{4} - \frac{4\omega_{PI}^2\omega_{LE}^2 - 4\omega_{PE}^2\omega_{LI}^2 - 4\omega_{LI}^2\omega_{LE}^2}{4}}. \tag{10.46}$$

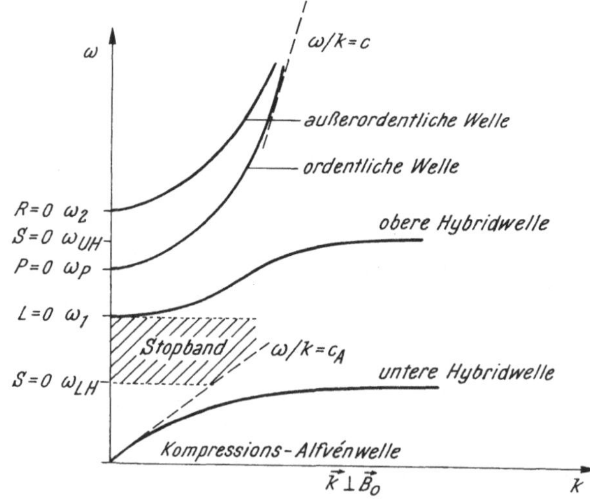

Abb. 38. Wellentypen bei Ausbreitung senkrecht zu $\boldsymbol{B}_0$

Diese Hybridfrequenzen sind damit für $\omega \gg \omega_{\mathrm{LI}}$, $\omega \gg \omega_{\mathrm{PI}}$ durch (10.22) und für $\omega \ll \omega_{\mathrm{LE}}$ durch (10.21) bzw.

$$\omega_{\mathrm{LH}}^2 = \frac{\omega_{\mathrm{PI}}^2}{1 + \omega_{\mathrm{PE}}^2/\omega_{\mathrm{LE}}^2} \approx \omega_{\mathrm{LI}}\omega_{\mathrm{LE}} \tag{10.47}$$

definiert, wenn $\omega_{\mathrm{P}} \gg \omega_{\mathrm{LE}}$, so daß $\omega_{\mathrm{LH}} < \omega_1$.

Wir ersehen aus Abb. 37, daß es sich eigentlich nicht um vier, sondern nur um zwei Wellentypen handelt: die rechts zirkular polarisierte Welle $n^2 = R$ der Abb. 37 geht nach Überspringen des Stopbandes in die ebenfalls rechts zirkular polarisierte Elektronenzyklotronwelle über, und die links zirkular polarisierte Welle $n^2 = L$ geht in die ebenfalls links zirkular polarisierte Ionenzyklotronwelle über, die für kleine Frequenzen in die fast linear polarisierte ALFVÉN-Welle übergeht. Bei Ausbreitung senkrecht zum Magnetfeld ist nach Abb. 38 die Situation etwas verwickelter, da die Hybridwellen elliptisch polarisiert sind.

Für sehr niederfrequente Wellen geht die untere Hybridwelle nach Abb. 38 in die Kompressions-ALFVÉN-Welle über. Mit $\omega \ll \omega_{\mathrm{LI}}$, $\omega \ll \omega_{\mathrm{LE}}$ erhält man (10.18).

SCHLÜTER, LÜST u. a. haben für spezielle ϑ [10.2] $n(\omega)$-Diagramme, später CLEMMOW-MULLALY-ALLIS allgemeinere Diagramme (CMA-*Diagramm*) gegeben, um diese Verhältnisse zu veranschaulichen. Im CMA-Diagramm (vgl. Abb. 39) trägt man für ein Elektron-Proton-Plasma als Abszisse $(\omega_{\mathrm{PE}}^2 + \omega_{\mathrm{PI}}^2)/\omega^2$, als Ordinate $\omega_{\mathrm{LI}}\omega_{\mathrm{LE}}/\omega^2$, also im wesentlichen die Quadrate der *Hybridfrequenzen* (10.22), (10.21) auf. (Diese Ebene wird manchmal *Parameterebene* genannt). Die Kurven, längs denen Resonanz oder Abschneiden auftritt, teilen die Ebene in 13 Gebiete, die speziellen Wellentypen zugeordnet sind (vgl. Abb. 39).

Diese Gebiete sind:

1, 3, 5, 7	hochfrequente *elektromagnetische Wellen*, $\omega > \omega_{\mathrm{PE}}$, wobei 1, 3, 5: $\omega > \omega_{\mathrm{LE}}$ (Ionen praktisch ruhend), 3: obere Hybridwelle $\omega_{\mathrm{UH}} < \omega < \omega_2$, $S = 0$, 5: $\omega_{\mathrm{P}} < \omega < \omega_{\mathrm{UH}}$, $P = 0$, $S = 0$, $R = \infty$ Gebiet 7: $\omega_{\mathrm{PE}} < \omega < \omega_{\mathrm{LE}}$, $R = \infty$, $L = 0$, $P = 0$ $3-5$ Übergang: *Hybridresonanz*.
8	*Whistler* (Richtung fast parallel zu $\boldsymbol{B}_0$), $\omega_{\mathrm{LI}} \ll \omega < \omega_{\mathrm{LE}}$, $\omega\omega_{\mathrm{LE}} < \omega_{\mathrm{PE}}^2$, höhere Frequenzen laufen rascher, linkszirkular polarisiert. Für $\omega < \omega_{\mathrm{LI}}$ sind rechtszirkular polarisierte Wellen möglich.
2	enthält *keine* Wellen (keine Wellenfortpflanzung möglich für $\omega < \omega_{\mathrm{P}}$),
4, 6	*hochfrequente elektromagnetische Wellen*, abgeschnitten bei $\omega = \omega_{\mathrm{P}}$, wenn $B_0 = 0$, sonst längs $L = 0$, $P = 0$, $R = \infty$, Whistler.
9, 10, 11, 13	*niederfrequente elektromagnetische Wellen*, $\omega_{\mathrm{P}} < \omega < \omega_1$

10—12 Übergang ($L = \infty$): *Ionenzyklotronwelle,* $\omega < \omega_{\mathrm{LH}}$, $\omega \ll \omega_{\mathrm{LI}}$, $\omega \ll \omega_{\mathrm{P}}$, 11: $\omega < \omega_{\mathrm{LH}}$
9—11 Übergang: *Hybridresonanz.*

12   ALFVÉN-*Wellen,* $\omega < \omega_{\mathrm{LI}}$, $\omega^2 < \omega_{\mathrm{PE}}^2 + \omega_{\mathrm{PI}}^2$ bei $\vartheta = 0$ schnelle Welle rechtszirkular polarisiert, langsame Welle linkszirkular polarisiert. Für $\omega_{\mathrm{PI}}^2 \gg \omega_{\mathrm{LI}}^2$ gilt $\omega^2 = k^2 c_{\mathrm{A}}^2$

Whistler ($\omega_{\mathrm{LI}} \ll \omega \lesssim \omega_{\mathrm{LE}}$, $\omega_{\mathrm{LH}} < \omega < \omega_{\mathrm{P}}$, $P = 0$, $L = 0$) entstehen übrigens durch Gewitter in der Erdatmosphäre und laufen längs der Magnetfeldlinien des Erdfeldes; sie treten daher nach einer gewissen Strecke wieder in die Erdatmosphäre ein. Whistlerwellen im Elektronengas eines Festkörpers heißen *Helikon-Wellen.* Ihr Name rührt davon her, daß die Spitze des **B**-Vektors eine Schraubenlinie beschreibt. In der Ionosphäre auftretende Wellen mit $\omega \gg \omega_{\mathrm{LI}}$ und der Dipersionsrelation

$$c^2 k^2 / \omega^2 = 1 - 2\alpha\omega^2(1 - \alpha)/(2\omega^2 - 2\omega^2\alpha - \omega_{\mathrm{LE}}^2 \sin^2 \vartheta \pm \omega_{\mathrm{LE}}\Delta),$$

wobei $\alpha = \omega_{\mathrm{PE}}^2/\omega^2$, $\Delta^2 = \omega_{\mathrm{LE}}^2 \sin^4 \vartheta + 4\omega^2(1 - \alpha)^2 \cos^2 \vartheta$, die in 1—5, 6—8 vorkommen, heißen APPLETON-HARTREE magnetoionische Wellen.
Bisher hatten wir angenommen, daß zwischen den Plasmateilchen keine *Zusammenstöße* stattfinden. Obwohl zwischen Plasmateilchen vorwiegend COULOMB-*Kräfte,* also Kräfte großer Reichweite wirken (so daß man weniger von einem scharf lokalisierbaren Zusammenstoß als eher von einer Streuung reden sollte), stellt eine Berücksichtigung der Wechselwirkungskräfte zwischen

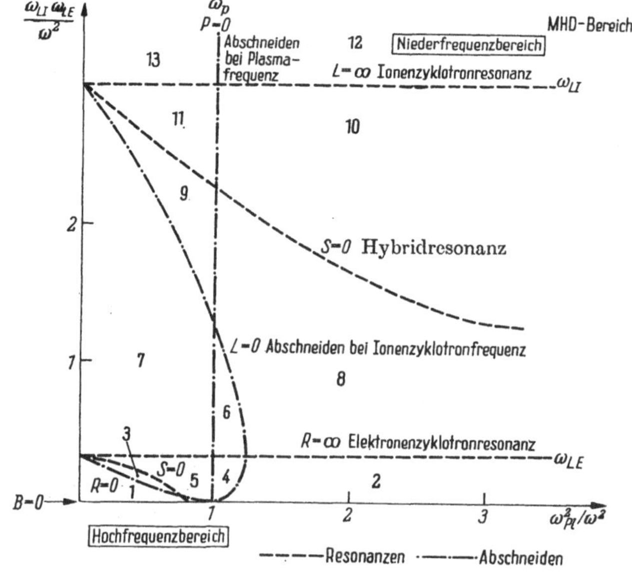

Abb. 39. CMA-Diagramm
————————— Resonanzen
——·——·——· Abschneiden

den Teilchen doch eine Verbesserung der Theorie dar. Wir haben bereits in (3.46) durch den LANGEVIN-*Term* Stöße berücksichtigt, dieser wie eine „Reibung" wirkende Term, der in der Mehrflüssigkeitstheorie zu einer *endlichen elektrischen Leitfähigkeit führt*, vgl. (6.49), wird wesentlich durch die Impulsübertragung zwischen Elektronen und Ionen bestimmt. Die damit verbundene *Dissipation* wird durch die JOULEsche *Wärme* verursacht. Alle anderen dissipativen Prozesse hängen bereits mit der ungeordneten Wärmebewegung zusammen und können daher nur im warmen Plasma besprochen werden. Aber auch in der Nähe der Frequenzen anomaler Dispersion ($c_G \to 0$; *Absorptionsresonanz*) ist streng genommen die Näherung durch die Theorie des kalten Plasmas nicht mehr brauchbar, weshalb Stöße meist im Rahmen der Theorie des warmen Plasmas behandelt werden. In der Theorie des kalten Plasmas kann man Stöße formal durch den Übergang $\omega \to \omega + i\nu$ oder $\omega \to \nu - i\omega$, vgl. (3.49), erfassen.

10.3 Wellen im warmen Plasma

Berücksichtigt man die thermischen Teilchengeschwindigkeiten, also den Druck, so können nun auch echte Schallwellen auftreten. Man kann nun entweder von den vollen MIID-Gleichungen, den statistischen Gleichungen oder von den durch ein Druckglied ergänzten Bewegungsgleichungen für Einzelteilchen ausgehen. Zu beachten ist jedoch, daß in der MHD-Näherung gewisse Effekte, z. B. die LANDAU-*Dämpfung*, nicht auftreten. Wir werden daher die Ausbreitung elektromagnetischer Wellen in einem VLASOV-Plasma getrennt behandeln. Hingegen sind MHD-Theorie und Bewegungsgleichungen in linearer Näherung $\left(\dfrac{d\boldsymbol{v}}{dt} \approx \dfrac{\partial \boldsymbol{v}_1}{\partial t} = -i\omega \boldsymbol{v}_1 \right)$ gleichwertig.

Anstelle von (10.9) haben wir zunächst für ein isotropes MHD-Plasma ($\boldsymbol{H}_0 = 0$)

$$-\frac{\partial \boldsymbol{v}_1}{\partial t} = i\omega \boldsymbol{v}_1 = \frac{1}{\varrho} \nabla p. \tag{10.48}$$

Aus der Kontinuitätsgleichung (5.7) folgt durch Einsetzen von $\boldsymbol{v}_1$ aus (10.48) in linearer Näherung $\varrho = \varrho_0 + \varrho_1$, $\varrho_0 = $ const (Akustik!) für ebene Wellen ϱ_1, $\boldsymbol{v}_1 \sim \exp(i\boldsymbol{k}\boldsymbol{r} - i\omega t)$

$$\frac{\partial \varrho_1}{\partial t} \equiv -i\omega \varrho_1 = -\varrho_0 \operatorname{div} \boldsymbol{v}_1 \equiv -\varrho_0 i(\boldsymbol{k}\boldsymbol{v}_1) = -\varrho_0 i \left(\boldsymbol{k} \, \frac{\nabla p}{\varrho i \omega} \right).$$

Auf Grund des adiabatischen Verhaltens eines idealen MHD-Plasmas gilt nach (8.23) $\dfrac{\nabla p}{p} = \gamma \dfrac{\nabla \varrho}{\varrho}$ oder $\nabla p = \gamma \dfrac{\nabla \varrho_1}{\varrho} p$, so daß $i\omega^2 = \dfrac{\varrho_0}{\varrho_1 \varrho} (\boldsymbol{k}\nabla p) = i k^2 a^2$ folgt. Hierbei wurde in $\dfrac{1}{\varrho}$ das ϱ_1 gegenüber ϱ_0 vernachlässigt und die Formel für die Schallgeschwindigkeit a_0 (5.22) verwendet. Es ergibt sich somit als *Dispersionsrelation für ein warmes isotropes feldfreies Plasma*

$$\frac{\omega^2}{k^2} = c_{\mathrm{Ph}}^2 = a^2 = \frac{\gamma p}{\varrho}. \tag{10.49}$$

Geht man statt von (10.48) von der Bewegungsgleichung für Elektronen bzw. von der Mehrflüssigkeitstheorie (6.43) aus, so hat man bei ruhenden Ionen und bei Vernachlässigung der Stöße

$$-i\omega m_{\mathrm{E}} v_1 = -e E_1 - \nabla p_{\mathrm{E}}. \tag{10.50}$$

Unter der Annahme adiabatischen Verhaltens des Elektronengases folgt in völlig analoger Rechnung zunächst die Definition einer *Schallgeschwindigkeit der Elektronen*

$$a_{\mathrm{E}}^2 = \gamma_{\mathrm{E}} \frac{p_{\mathrm{E}}}{m_{\mathrm{E}} n_{\mathrm{E}}} = \frac{\gamma_{\mathrm{E}} p_{\mathrm{E}}}{\varrho_{\mathrm{E}}} \quad \text{oder isotherm:} \quad \frac{k_{\mathrm{B}} T_{\mathrm{E}}}{m_{\mathrm{E}}} \tag{10.51}$$

und einer *Schallgeschwindigkeit der Ionen*

$$a_{\mathrm{I}}^2 = \gamma_{\mathrm{I}} \frac{p_{\mathrm{I}}}{m_{\mathrm{I}} n_{\mathrm{I}}} = \frac{\gamma_{\mathrm{I}} p_{\mathrm{I}}}{\varrho_{\mathrm{I}}} \quad \text{oder isotherm:} \quad \frac{k_{\mathrm{B}} T_{\mathrm{I}}}{m_{\mathrm{I}}} \tag{10.52}$$

(k_{B} = BOLTZMANN-Konstante) sowie für $v_{\mathrm{I}} \approx v_{\mathrm{E}} \approx v_1$ (Vernachlässigung der Ladungstrennung), $E = 0$ die *Dispersionsrelation für ein warmes isotropes feldfreies Elektronen-Ionen-Plasma*

$$c_{\mathrm{Ph}}^2 = a_{\mathrm{S}}^2 = a_{\mathrm{I}}^2 + \frac{Z m_{\mathrm{E}}}{m_{\mathrm{I}}} a_{\mathrm{E}}^2 = a_{\mathrm{I}}^2 + \frac{Z k_{\mathrm{B}} T_{\mathrm{E}}}{m_{\mathrm{I}}}, \tag{10.53}$$

a_{S} wird manchmal als *Ionenschallgeschwindigkeit* bezeichnet ($a_{\mathrm{S}} \neq a_{\mathrm{I}}$, $a_{\mathrm{E}} \gg a_{\mathrm{I}}$).
Um elektrische Felder und die Ladungstrennung berücksichtigen zu können, gehen wir von (10.50) und einer analogen Gleichung für Ionen aus. Wir formen zunächst diese Bewegungsgleichungen um. Wenn man die Kontinuitätsgleichung für die Teilchensorte s (6.34) linearisiert und für $\varrho_{\mathrm{s}1}$ und $v_{\mathrm{s}1}$ ebene Wellen ansetzt, dann erhält man analog zur obigen MHD-Rechnung $\omega \varrho_{\mathrm{s}1} = \varrho_{\mathrm{s}0}(k v_{\mathrm{s}1})$, was nach Differenzieren in $\omega \nabla \varrho_{\mathrm{s}1} = \varrho_{\mathrm{s}0} i k (k v)$ und wegen des adiabatischen Verhaltens sowie mit (10.51), (10.52) in

$$\nabla p_{\mathrm{s}} = i k p_{\mathrm{s}} = \frac{i \gamma_{\mathrm{s}} p_{\mathrm{s}}}{\omega} k(k v_{\mathrm{s}}) = \frac{i a_{\mathrm{s}}^2 \varrho_{\mathrm{s}}}{\omega} k(k v_{\mathrm{S}}) \tag{10.54}$$

übergeht. Damit lauten die Bewegungsgleichungen

$$-i\omega v_{\mathrm{E}1} = -\frac{e}{m_{\mathrm{E}}} E_1 - i\frac{a_{\mathrm{E}}^2}{\omega} k(k v_{\mathrm{E}}), \quad -i\omega v_{\mathrm{I}1} = \frac{Ze}{m_{\mathrm{I}}} E_1 - i\frac{a_{\mathrm{I}}^2}{\omega} k(k v_{\mathrm{I}}).$$
$$\tag{10.55}$$

Für Wellen, in denen die Geschwindigkeiten v_S parallel zum Wellenvektor k gerichtet sind, gilt $k(kv) = k^2 v$ und

$$\operatorname{div} E = 4\pi q = 4\pi e(Zn_I - n_E). \tag{10.56}$$

Da die ungestörten Dichten ϱ_{s0} die Quasineutralitätsbedingung (1.1) erfüllen, nimmt (10.56) wegen $n_{s1} = \dfrac{n_{s0}}{\omega}(kv_{s1})$ die Form $\operatorname{div} E_1 = -\dfrac{4\pi e k}{\omega}$ $\cdot (Zn_I v_I - n_E v_E)$ an, die nach Ausdifferenzieren und Multiplikation mit k in

$$E_1 = -\frac{4\pi i e}{\omega}(Zn_I v_I - n_E v_E)$$

übergeht. Setzt man E_1 in (10.55) ein, so erhält man für v_{E1} und v_{I1} ein System von zwei homogenen linearen Gleichungen, dessen Determinante die *Dispersionsrelation für ein warmes isotropes Elektronen-Ionen-Plasma* liefert:

$$\omega^4 - \omega^2 \left[\omega_{PE}^2 \left(1 + \frac{Zm_E}{m_I} \right) + k^2(a_E^2 + a_I^2) \right] + k^2 a_I^2 \omega_{PE}^2$$

$$+ k^2 a_E^2 \frac{Zm_E}{m_I} \omega_{PE}^2 + k^4 a_I^2 a_E^2 = 0. \tag{10.57}$$

Für $k \to 0$ ergibt sich eine longitudinale Welle $\omega \lessgtr \omega_P$.
Für ein kaltes Plasma ($a_S^2 = 0$) erhält man (10.5); (10.2) kann nicht auftreten, da wir uns zunächst auf longitudinale Wellen beschränkten.
Wir unterscheiden nun einen *Hochfrequenzbereich* (*Elektronenschall, Plasmawellen, elektrische Schallwellen, Elektronenwellen*), für den die relativ kleinen Schallgeschwindigkeiten vernachlässigt werden können,

$$\omega^2 \approx \omega_{PE}^2 + k^2(a_E{}^2 + a_I{}^2) \approx \omega_{PE}^2 + k^2 a_E{}^2, \tag{10.58}$$

(BOHM-GROSS-*Dispersionsrelation*) und einen Niederfrequenzbereich (*Ionenschall, Ionenplasmawellen, Ionenwellen*), in dem ω^4 vernachlässigt wird,

$$\omega^2 \approx \frac{k^2 a_E^2 \dfrac{Zm_E}{m_I} \omega_{PE}^2 + k^2 a_I^2 \omega_{PE}^2 + k^4 a_E^2 a_I^2}{\omega_{PE}^2 + k^2(a_E^2 + a_I^2)}, \tag{10.59}$$

vgl. Abb. 40. Da *Dispersion* vorliegt, also $\dfrac{\omega}{k} = c_{Ph}$ nicht konstant ist, sondern von ω abhängt, kann man **nicht** schließen, daß zu niedrigen Frequenzen ω lange Wellen $\lambda = \dfrac{2\pi}{\omega} c_{Ph}$ gehören. Die Näherung „lange Wellen", d. h. $k \to \infty$ muß daher unabhängig von der Größe von ω eigens vorgenommen werden. Sie liefert (Ionenschall)

$$\omega^2 \approx \omega_{PI}^2 + k^2 a_I^2 \approx k^2 a_I^2 \tag{10.60}$$

(*da* $a_E \gg a_I$). Diese *dispersionsfreien Ionenwellen* heißen auch *Pseudoschallwellen*. Für sehr hochfrequente Wellen ($k \to \infty$), $\omega^2 \gg \omega_{PE}^2$ erhält man aus (10.59) den Elektronenschall $\omega^2 = k^2 a_E^2$. Diese Verhältnisse sind in Abb. 40 dargestellt.

Bisher haben wir nur *longitudinale* Wellen behandelt. Untersucht man *transversale* Wellen ($E_1 \perp v_1$), so findet man die *gleichen* Dispersionsrelationen wie beim kalten isotropen Plasma ($\varrho_1 = 0$), also z. B. $\omega_P{}^2 + k^2 c^2 = \omega^2$, vgl. (10.2). Umgekehrt werden die *longitudinalen* Wellen ($E \parallel k$) durch Einschalten eines Magnetfeldes sowohl im kalten als auch im warmen Plasma *nicht* beeinflußt.

Leitfähigkeits- und Dielektrizitätstensor eines heißen Plasmas hängen nicht nur von ω ab (wie im Fall des kalten Plasmas, vgl. (10.28)), sondern auch von k. Diese Erscheinung nennt man *räumliche Dispersion*; sie ist eine Folge der Wärmebewegung.

Da longitudinale Wellen durch das Einschalten eines Magnetfeldes nicht beeinflußt werden, betrachten wir nun *transversale Wellen*. Wir nehmen zunächst wieder an, daß die Ionen ruhen. Aus der Bewegungsgleichung der Elektronen

$$-i\omega v_1 = -\frac{e}{m_E} E_1 - \frac{e}{m_E c}[v_1 \times B_0] - i\frac{a_E^2}{\omega} k(kv) \qquad (10.61)$$

und aus der ersten MAXWELL-Gleichung erhält man für ebene Wellen $E_1 \perp B_0$ und $B_0 \parallel z$-Achse die *Dispersionsrelation*

$$(c^2 k^2 - \omega^2 + \omega_{PE}^2)(a_E^2 k^2 - \omega^2 + \omega_{PE}^2 + \omega_{LE}^2) = \omega_{LE}^2 \omega_{PE}^2, \qquad (10.62)$$

die für $B_0 = 0$, $\omega_{LE} = 0$, in (10.58) und (10.2 a) zerfällt.

Wenn wir nun wieder die Ionenbewegung berücksichtigen, so können wir wieder von (10.6), (10.7) oder von (10.9), ergänzt durch Druck und elektrisches

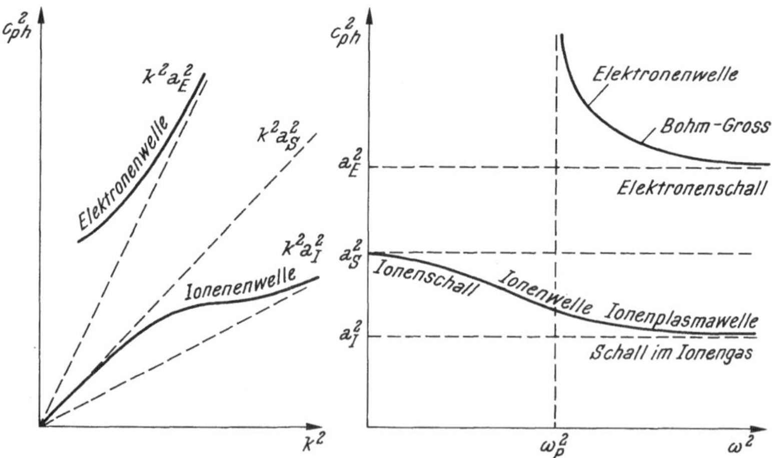

Abb. 40. Longitudinalwellen im warmen nicht magnetisierten Plasma

Feld, ausgehen und erhalten nach Linearisierung

$$-i\omega\varrho_0 v = -ikp + \frac{1}{c}[j \times B_0].$$ (10.63)

Vernachlässigt man den Verschiebungsstrom ($k^2c^2/\omega^2 \gg 1$), so bleibt von (10.1)

$$k^2 E - k(kE) = \frac{4\pi i\omega}{c^2} j.$$ (10.64)

Wenn wir zuerst *niederfrequente* Schwingungen behandeln, können wir wegen $\omega \ll \omega_{\mathrm{LI}}$ in (10.10) $\dfrac{\partial j}{\partial t}$ und den HALL-Term $[j \times B_0]$ vernachlässigen, doch müssen wir den von den Bewegungsgleichungen stammenden Druckterm ∇p hinzufügen. Nach (10.10) bzw. (6.47) erhält man dann für das OHM*sche Gesetz*

$$E + \frac{v \times B_0}{c} + \frac{im_1 kp}{2\varrho_0 e} = 0.$$ (10.65)

Nimmt man noch adiabatisches Verhalten an, so erhält man genau die *Dispersionsrelationen* (10.106) und (10.110). Wir erhalten also MHD-ALFVÉN-Wellen sowie schnelle und langsame magnetische Schallwellen in der niederfrequenten Näherung.

Für hochfrequente Schwingungen müssen wir von den vollen Gleichungen ausgehen, die nach Linearisierung für ebene Wellen $k \parallel x$-Achse, $k_y = k_z = 0$, B_0 in der x,z-Ebene, $\vartheta \nleqslant$ zwischen k und B_0, $\dfrac{\partial p}{\partial y} = \dfrac{\partial p}{\partial z} = 0$, die Form (10.66), (10.67) annehmen.

Aus (10.63), (10.49) und (10.54), angewendet auf ein einheitliches Plasma ($p_s = p$, $a_s = a$ etc.), folgen nämlich die *Bewegungsgleichungen*

$$v_x = \frac{iB_0 j_y \sin\vartheta}{c\omega\varrho_0(1 - k^2a^2/\omega^2)},$$

$$v_y = \frac{iB_0}{c\omega\varrho_0}(j_z \cos\vartheta - j_z \sin\vartheta),$$

$$v_z = \frac{-iB_0}{c\omega\varrho_0} j_y \cos\vartheta.$$ (10.66)

Aus der *Wellengleichung* (10.14) folgt

$$E_x = -\frac{4\pi i}{\omega} j_x,$$

$$E_y = \frac{4\pi i\omega}{(c^2 k^2 - \omega^2)} j_y, \qquad E_z = \frac{4\pi i\omega}{(c^2 k^2 - \omega^2)} j_z.$$ (10.67)

Da wir die Dämpfung durch Stöße vernachlässigen wollen, setzen wir im OHMschen Gesetz (6.47), das für ein vereinheitlichtes Plasma ($m_I \gg m_E$) mit Stößen in der Form

$$\frac{\partial \boldsymbol{j}}{\partial t} = \frac{ne^2}{m_E}\left(\boldsymbol{E} + \frac{1}{c}[\boldsymbol{v} \times \boldsymbol{B}]\right) - \frac{e}{mc}[\boldsymbol{j} \times \boldsymbol{B}] + \frac{e}{m_E}\nabla p_E - v\boldsymbol{j} \tag{10.68}$$

geschrieben werden kann, $v = 0$ und erhalten mit (6.46), (2.12) und (10.54) für eine ebene Welle

$$-i\omega^2\boldsymbol{j} = \frac{\omega_{PE}^2\omega}{4\pi}\left(\boldsymbol{E} + \frac{1}{c}[\boldsymbol{v} \times \boldsymbol{B}]\right) - \frac{e\omega}{mc}[\boldsymbol{j} \times \boldsymbol{B}]$$
$$+ iena_E^2\boldsymbol{k}(\boldsymbol{k}\boldsymbol{v}) - ia_E^2\boldsymbol{k}(\boldsymbol{k}\boldsymbol{j}). \tag{10.69}$$

Spezialisiert man auf die Komponenten und setzt man in (10.69) für v und E aus (10.66) und (10.67) ein, so erhält man 3 lineare homogene Gleichungen für die drei Komponenten von $\boldsymbol{j}$. Die Determinante dieses Systems liefert die *Dispersionsrelation für ein warmes anisotropes Plasma*. Bei Vernachlässigung von ω^2 und $\omega\omega_{PE}$ und Vernachlässigung des Verschiebungsstromes $\omega^2 \ll c^2k^2$ erhalten wir die „Dispersionsrelation" der MHD-Wellen, allerdings zunächst in der Form

$$c_{Ph}^2 - a^2 = c_A^2\left(1 - \frac{a^2}{c_{Ph}^2}\cos^2\vartheta\right). \tag{10.70}$$

Für *hohe* Frequenzen, z. B. in der Nähe der *Zyklotronfrequenz* (LARMOR-*Frequenz*[1]) wollen wir eine sich senkrecht zum Magnetfeld ausbreitende Schallwelle untersuchen. Es ergibt sich eine parallel zum Magnetfeld polarisierte Welle ($\vartheta = 0$), die im heißen Plasma in MHD-Näherung weder durch den Druck noch durch das Magnetfeld beeinflußt wird. Ihre *Dispersionsrelation* lautet nach [6.4]

$$\frac{\omega_P^2\omega^2}{k^2c^2 - \omega^2} - \frac{\omega_{LI}\omega_{LE}\omega^2}{\omega^2 - k^2a^2} + \omega^2 + \frac{\omega^2\omega_{LE}^2\left(1 + \dfrac{\omega_{LI}}{\omega_{LE}}\dfrac{k^2a_E^2}{(\omega^2 - k^2a^2)}\right)}{\omega_P^2 + \omega_{LI}\omega_{LE} - \omega^2 + k^2a_E^2} = 0. \tag{10.71}$$

Bei Vernachlässigung des Verschiebungsstromes, für $\dfrac{\partial \boldsymbol{j}}{\partial t} \approx 0$, $\dfrac{m_E}{m_I} \approx 0$ geht dieser Ausdruck mit (2.12), (2.45), (3.54) nach etwas mühsamen Zwischenrech-

---

[1] Es muß darauf hingewiesen werden, daß sich in der Plasmaphysik leider die unpräzise Redeweise „*Gyrationsfrequenz* (*Zyklotronfrequenz*) gleich LARMOR-*Frequenz*" eingebürgert hat. In diesem Sinne haben auch wir die *Zyklotronfrequenz* als LARMOR-*Frequenz* bezeichnet. Streng genommen ist jedoch die wirkliche LARMOR-*Frequenz*, mit der das magnetische Moment eines Kreisstromes im Magnetfeld präzediert, halb so groß wie die *Zyklotronfrequenz* einer Einzelladung im Magnetfeld.

nungen in die Form

$$\left(\frac{\omega^4}{k^4} - \frac{\omega^2}{k^2}(a^2 + c_A^2) + c_A^2 a^2\right)\left(\frac{\omega^2}{k^2} - c_A^2\right) - \frac{\omega^2 c_A^4}{\omega_{LI}^2}\left(\frac{\omega^2}{k^2} - a^2\right) = 0 \tag{10.72}$$

über. Aus (10.71) ersieht man, daß nun auch Frequenzen oberhalb der Hybridfrequenz im Plasma angeregt werden können; für sehr hohe Frequenzen strebt die Phasengeschwindigkeit $\frac{\omega}{k} \to a_I$. (10.72) geht für große ω_{LI} wieder in (10.109) und (10.110) über (für $\cos \vartheta = 1$). Eine *Resonanz* $\left(c_{Ph} \to 0,\ n = \frac{ck}{\omega} = \frac{c}{c_{Ph}} \to \infty\right)$ liegt offenbar für

$$\omega^2 = \omega_{LI}^2 \qquad \text{bzw.} \qquad = \omega_{LI}^2 \cos^2 \vartheta \tag{10.73}$$

vor (bei allgemeiner Rechnung bei $\omega^2 = \omega_{LI}^2 \cos^2 \vartheta$). Da wir die entsprechende Resonanz (10.17) im kalten Plasma (*erste*) *Ionenzyklotronresonanz* nannten, wollen wir die Resonanz (10.73), die $\cos \vartheta$ enhält, *zweite Ionenzyklotronresonanz* nennen. Die langsame magnetische Schallwelle ($\omega \ll \omega_{LI}$) geht bei steigender Frequenz in die *zweite Ionenzyklotronwelle* (10.73) über, während die *Kompressions*-ALFVÉN-*Welle* in die *erste Ionenzyklotronwelle* übergeht. Sie zeigt allerdings nur mehr eine *Pseudoresonanz*: die endliche Plasmatemperatur zerstört die wirkliche erste Zyklotronresonanz des kalten Plasmas. Die Welle bleibt auch für $\omega > \omega_{LI}$ erhalten. Die schnelle magnetische Schallwelle wird — ebenso wie im kalten Plasma — durch keine der beiden Resonanzen berührt.

Für $\omega > \omega_{LI} \cos \vartheta$ erhält man aus (10.72) für $\cos^2 \vartheta \approx 1$ die *Dispersionsrelation der Helikonwelle*

$$\frac{\omega^2}{k^2} \approx \frac{\omega}{\omega_{LI}} c_A^2 \cos \vartheta. \tag{10.74}$$

Bei steigender Frequenz ω geht somit die ALFVÉN-Welle (schiefe ALFVÉN-Welle: $\cos \vartheta \neq 1$, $\cos \vartheta \approx 1$) zuerst über die zweite Resonanz (10.73) zur Pseudoresonanz (erste Resonanz) in die Helikonwelle ($a^2 \gg c_A^2$) (oder in eine Schallwelle $c_A^2 \gg a^2$, $\cos^2 \vartheta \approx 1$) über.
Das CMA-Diagramm für ein warmes Plasma ist daher sehr kompliziert, vgl. [10.5]. Wir schließen daher an die vereinfachte Darstellung von STRINGER an, vgl. Abb. 41. Je nach den gewählten Parameterwerten ergeben sich andere Dispersionskurven, Überlappungen etc. Wir geben eine Übersicht über die 6 Moden (Wellentypen) der Abb. 41.
In der Tabelle bedeutet E = Elektron, I = Ion, HF = Hochfrequenzbereich, MF = Mittelfrequenzbereich, NF = Niederfrequenzbereich. Ändert man β oder ändert man von $\omega_{LE} < \omega_{PE}$ auf $\omega_{LE} > \omega_{PE}$ so ändert sich das Bild: es kann zu einer Überlappung der HF und NF-Bereiche und zu einem

Auseinanderrücken der Kurven kommen, z. B. zur Trennung der in Abb. 41 links oben eng beisammen liegenden Kurvenäste in eine *erste Elektronplasmafrequenzwelle* ($\omega = \omega_{\mathrm{PE}}$), eine *zweite Elektronplasmafrequenzwelle* ($\omega = \omega_{\mathrm{PE}} \cos \vartheta$) und eine elektromagnetische Welle $\left(\omega = \omega_{\mathrm{LE}} + \dfrac{\omega_{\mathrm{PE}}^2}{\omega_{\mathrm{LE}}}\right)$.

Untersucht man Wellen nach der *Zweiflüssigkeitstheorie*, geht man also von den SCHLÜTERschen Gleichungen (6.34), (6.43), (6.44) und den 4 MAXWELL-Gleichungen aus, so erhält man [10.6] nach dem üblichen Linearisierungsverfahren und e-Potenzansätzen eine Dispersionsrelation, die in ω vom 12. Grad ist. Vernachlässigt man dissipative Prozesse ($\nu = 0$), so sind die physikalischen Prozesse reversibel, und man erhält eine Gleichung sechsten Grades für ω^2. Es liegen also, da das Quadrat nur die jetzt völlig gleichberechtigte Ausbreitung nach links bzw. nach rechts bedeutet, 6 physikalisch verschiedene Äste der Dispersionskurve $\omega(k)$ vor. Die Annahme $\omega_{\mathrm{LE}} \ll \omega_{\mathrm{PE}}$ führt zu einer deutlichen Trennung in zwei Gebiete: *HF* und *NF Bereich*.

I. *Hochfrequenzbereich* $\omega > \omega_{\mathrm{LE}}$, $\omega_{\mathrm{PE}} \gg \omega_{\mathrm{LE}}$

In diesem Bereich kann die Ionenbewegung vernachlässigt werden, d. h. $m_{\mathrm{I}} = \infty$, $\boldsymbol{v}_{\mathrm{I}} = 0$.

Nach den bisher besprochenen Verfahren kann man mit $\omega_{\mathrm{LI}} \approx 0$, $\omega_{\mathrm{PI}} \approx 0$ aus der Zweiflüssigkeitstheorie eine allgemeine Dispersionsrelation 12. Grades in ω ableiten, die man jedoch kaum jemals benötigt. Sie lautet [10.6]

$$\tan^2 \vartheta = -\frac{(n^2 - R)(n^2 - L)\,[n^2\delta(P-1)+P]}{(n^2 - P)\,\{n^4\delta[S-1]+[S-\delta(RL-S)]\,n^2 - RL\}},$$

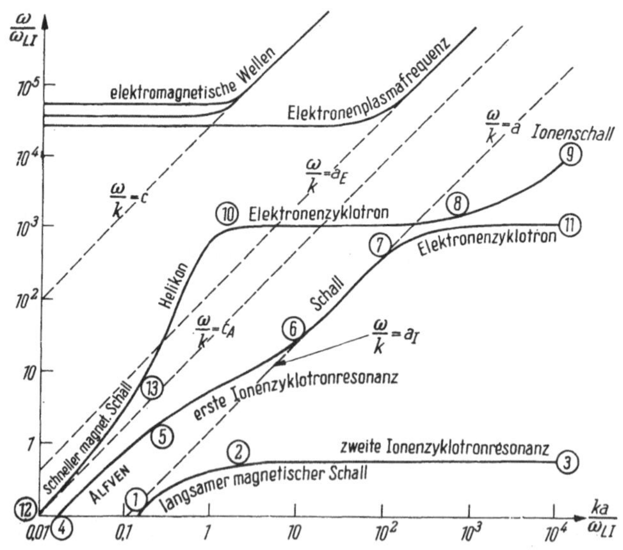

Abb. 41. Dispersionskurven für die 6 Moden in einem warmen Plasma nach STRINGER, Plasma Physics 5 (1963), 89—107

Tabelle 8. Wellentypen

Kurventeil	Wellentyp	Dispersion		Wellenart
1−2 NF	*langsame magnet. Schallwelle*	$\omega^2 = k^2 a_S^2 \cos^2 \vartheta$ $ka_S \ll \omega_{LI}$	(10.75)	E fast longitudinal E−I Kopplung
2−3 $\omega = \omega_{LI} \cos \vartheta$ NF	*zweite Ionen- zyklotronresonanz*	$\omega^2 = \omega_{LI}^2 \cos^2 \vartheta$ $ka \gg \omega_{LI}$	(10.76)	E longitudinal $E \parallel k$ Ionen in Kreisen $\perp k$
4−5 MF	ALFVÉN-*Welle* (Scherung)	$\omega = kc_A \cos \vartheta$ $\omega \ll \omega_{LI}$	(10.77)	E links elliptisch polarisiert
5−6 $\omega = \omega_{LI}$ MF	*erste Ionenzyklo- tronresonanz* $\dfrac{a\omega_{LI}}{c_A \cos \vartheta} < ka$ $\omega > \omega_{LI}$	$\omega^2 = \omega_{LI}^2 + k^2 a^2 \sin^2 \vartheta$ $- \dfrac{\omega_{LI}^2}{k^2 c_A^2} \dfrac{(1 + \cos^2 \vartheta)}{\cos^2 \vartheta}$	(10.78)	E links zirkular polarisiert
6−7 MF	*Schallwelle*	$\omega^2 = k^2 a_S^2$ $\omega_{LI} \ll ka_S < \omega_{PI}$	(10.79)	E longitudinal $E \parallel k$ E I Kopplung durch E
7−8−9 HF	*HF-Ionenschall* $ka \gg \omega_{LE} \cos \vartheta$	$\omega^2 = k^2 a^2 \dfrac{a_I^2}{a_I^2 + a_E^2}$ $\omega_{PI} \left(1 + \dfrac{T_E}{T_I}\right) < ka$ $< \omega_{LE} \cos \vartheta$	(10.80)	E longitudinal $E \parallel k$ E−I entkoppelt
10−8−11 HF MF	*Elektronzyklo- tronresonanz* $\omega_{LE} \cos \vartheta \ll ka$ (MF) $\omega_{PE} \ll kc$ (HF)	$\omega^2 = \omega_{LE}^2 \cos^2 \vartheta$ $\cdot \left(1 - \dfrac{\omega_{LE}^2 \sin^2 \vartheta}{\omega_{P1E}^2}\right)$	(10.81)	$E \perp B_0$
12−13 HF	*schnelle magnetische Schallwelle* (*Kompressions-* ALFVÉN-*Welle*) $\omega \ll \omega_{LI}$	$\omega^2 = k^2 (c_A^2 + a_S^2 \sin^2 \vartheta)$ $k \ll \dfrac{\omega_{LI}}{c_A} \sec \vartheta$	(10.82)	E rechts elliptisch polarisiert
13−10 HF	*Helikon Whistler* (*HF-*ALFVÉN-*Welle*) $\omega_{LI} \ll kc_A \cos \vartheta$ $k \ll \dfrac{\omega_{PE}}{c}$	$\omega = \dfrac{k^2 c_A^2}{\omega_{LI}} \cos \vartheta$	(10.83)	fast rechts zir- kular polarisiert

wobei $\delta = a_E^2 \omega^2 / c^2 \omega_{PE}^2$ die Temperatureffekte ausdrückt, die für $\delta \to 0$ verschwinden. Aus dieser Dispersionsrelation lassen sich nun weitere in der Tabelle 8 angeführte und andere genäherte Dispersionsrelationen wie (10.85), (10.87) etc. ableiten.

a) *kleine Wellenlängen*
definiert man durch

$$l = \frac{c}{\sqrt{\omega_{PE}\omega_{LE}}} \tag{10.84}$$

eine charakteristische Plasmaabmessung, so sind *kleine* Wellenlängen durch $\lambda \ll l$ definiert. Man erhält die Dispersionsrelationen

$$\omega^2 = \omega_{PE}^2 + k^2 a_E^2 + \omega_{LE}^2 \left(1 - \frac{\omega_{PE}^2 + k^2 a_E^2}{c^2 k^2}\right) \sin^2 \vartheta \tag{10.85}$$

für eine (*longitudinale*) *Elektronplasmawelle* und

$$\omega^2 = \omega_{PE}^2 + c^2 k^2 \pm \omega_{PE}\omega_{LE} \left(1 + \frac{c^2 k^2}{\omega_{PE}^2}\right)^{-1/2} \cos \vartheta \tag{10.86}$$

für *rechts* bzw. *links zirkular polarisierte elektromagnetische Wellen.*

b) *große Wellenlängen*
ergeben

$$\omega^2 = \omega_{PE}^2 + k^2 a_E^2 + c^2 k^2 \sin^2 \vartheta \tag{10.87}$$

für die *Elektronplasmawelle*, vgl. (10.58), und

$$\omega^2 = \omega_{PE}^2 + c^2 k^2 + \omega_{PE}\omega_{LE} \tag{10.88}$$

für die *rechts* bzw. *links zirkular polarisierte elektromagnetische Welle.*

II. *Niederfrequenzbereich* $\omega < \omega_{LI}$

In diesem Bereich gilt $\omega \ll \omega_{PE}$, $\omega \ll ck$. Die Schwingungen sind quasineutral, Raumladungseffekte und der Verschiebungsstrom können vernachlässigt werden.

Man kann drei Gruppen unterscheiden:

a) MHD-Wellen $\omega < \omega_{LI}$, vgl. den nächsten Abschnitt § 10.4,
b) erste und zweite Ionenzyklotronwellen $\omega \simeq \omega_{LI}$,
c) Elektronzyklotron- und ionenakustische Wellen $\omega > \omega_{LI}$.

Aus Bewegungsgleichung, OHMschem Gesetz, den MAXWELL-Gleichungen und dem Adiabatengesetz erhält man [10.6] die Dispersionsrelation für sich in beliebiger Richtung ϑ in einem warmen magnetisierten Plasma sich ausbreitenden Niederfrequenzwellen

$$(\omega^2 Q/k^2 - c_A^2 \cos^2 \vartheta)(c_A^2 a_0^2 \cos^2 \vartheta - \omega^2 c_A^2/k^2 - \omega^2 a_0^2 Q/k^2$$
$$+ \omega^4 Q/k^4) = (\omega^2/k^2 - a_0^2)(c_A^4 \omega^2 \cos^2 \vartheta)/\omega_{LI}^2, \tag{10.89}$$

wobei $m_E \ll m_I$ und a_0 nach (5.72), c_A nach (3.54) verwendet wurde, und wo

$$Q = 1 + c^2 k^2 / \omega_{PE}^2. \tag{10.90}$$

Aus der Dispersionsrelation (10.89) folgen dann die in der Tabelle 8 angeführten Formeln (10.77) etc. Aus (10.89) folgen für $k \parallel B_0$, $\cos \vartheta = 1$ eine Schallwelle $c_{Ph} = a_0$ und zwei zirkular polarisierte Wellen, die für $\omega \ll \omega_{LI}$, $Q = 1$ in MHD-Wellen übergehen. Für $\omega > \omega_{LI}$, $\omega_E \ll \omega_{PE}$ erhält man ionenakustische Wellen. Die Scherungs-ALFVÉN-Welle verschwindet bei $a_0 \gtrless c_A$, überlebt aber die Resonanz $\omega = \omega_{LI} \cos \vartheta$, wenn $a_0 \ll c_A$ und geht in die Whistlerwelle über, wenn $a_0 > c_A$, oder in eine Schallwelle, wenn $c_A \gg a_0$. Die alte „kalte" Resonanz $\omega = \omega_{LI}$ wird zerstört. Wellen, die sich *in* der Richtung des Magnetfeldes ausbreiten, sind *Ionenschallwellen* ($\lambda \gg \lambda_D$, Phasengeschwindigkeit a_I), für die (10.60) gilt. Für $\lambda < \lambda_D$ erhält man *Ionenwellen*:

$$\omega^2 = \pm \frac{k^2 a_S^2}{\sqrt{1 + k^2 \lambda_D{}^2}}. \tag{10.91}$$

Außerdem erhält man zwei zirkular polarisierte elektromagnetische Wellen. Ein Spezialfall ergibt die Helikon-Wellen.

a) *große Wellenlängen*

Für $ck \ll \omega_{PE}$ erhält man MHD-Wellen, die im nächsten Abschnitt besprochen werden und nach dem Ersatz $a_0 \to a_s$ (Übergang von der MHD-Einflüssigkeitstheorie zur Zweiflüssigkeitstheorie) die Näherung (10.77) (*ALFVÉN-Welle*) und (10.75), (10.82) (*langsame* bzw. *schnelle magnetoakustische Welle*).

b) *kleine Wellenlängen*

Für $ck > \omega_{PE}$ erhält man *Zyklotronwellen* mit der Dispersionsrelation (10.76) der *zweiten Ionenzyklotronresonanz* und im *schwachen Magnetfeld* $\left(\omega_{LE} < a_s k + \dfrac{a_s \omega_{PE}^2}{c^2 k} \right)$ *Schallwellen* nach (10.79) und *zirkular polarisierte **B**-Wellen* mit der Dispersionsrelation

$$\omega^2 = \frac{\omega_{LE}^2 \cos^2 \vartheta}{1 + \dfrac{\omega_{PE}^2}{c^2 k^2}}, \tag{10.92}$$

während im *starken Magnetfeld* wieder *akustische Wellen* mit (10.79) und *magnetoelektrische Schwingungen* mit (10.92) entstehen, in denen die Schwingungsenergie im Magnetfeld und in der kinetischen Energie der Elektronen konzentriert ist.

10.4 Magnetohydrodynamische Wellen

Unter einer *Welle* versteht man die sich räumlich ausbreitende (laufende) oder auch im Raum verharrende (stehende) *Störung*, d. h. eine meist kleine, oft periodische Abweichung der physikalischen Größen (in der MHD p, ϱ, v, B, T) von einem *Grundzustand* (*Anfangszustand, Gleichgewichtszustand*). Da die Störungen fast immer — zumindest zu Beginn ihres Auftretens — eine kleine Amplitude besitzen, werden sie meist in *linearisierter Behandlung* beschrieben.

Wir behandeln die Ausbreitung derartiger kleiner sehr niederfrequenter periodischer Störungen in einem kompressiblen dissipativen MHD-Plasma ($\eta \neq 0$, $\sigma \neq 0$, $\sigma \neq \infty$) verschwindender Wärmeleitfähigkeit $\varkappa$ und verschwindender Volumviskosität η'.

Wir gehen mit dem Ansatz

$$B = B_0 + B_1, \quad v = v_0 + v_1, \quad \varrho = \varrho_0 + \varrho_1, \quad p = p_0 + p_1 \qquad (10.93)$$

in die Grundgleichungen (5.7), (5.19), (5.32) ein und erhalten bei Vernachlässigung höherer Potenzen der Größen mit dem Index 1 und der Annahme eines homogenen statischen Grundzustandes (ϱ_0, p_0, $B_0 = \text{const}$, $v_0 = 0$)

Massenerhaltung:

$$\frac{\partial \varrho_1}{\partial t} + \varrho_0 \operatorname{div} v_1 = 0, \qquad (10.94)$$

Impulserhaltung:

$$\varrho_0 \frac{\partial v_1}{\partial t} + \nabla p_1 + \frac{1}{\mu_0} [B_0 \times \operatorname{rot} B_1] - \eta \Delta v_1 = 0, \qquad (10.95)$$

Erhaltung des magnetischen Flusses, Induktionsgesetz:

$$-\frac{1}{\mu_0 \sigma} \Delta B_1 + \frac{\partial B_1}{\partial t} = \operatorname{rot} [v_1 \times B_0].$$

Der Energiesatz (5.43) führt zum Ergebnis (5.57), da die Wärmeleitung q vernachlässigt wurde (Wellen sind meist rasche Vorgänge, so daß wenig Wärme während einer Schwingungsdauer abgeleitet wird) und da die Dissipation Φ (proportional v_1^2) und die JOULE-*Wärme* (proportional B_1^2) von höherer Ordnung sind und vernachlässigt werden können.

Setzt man (10.93) in (5.57) ein, so ergibt sich nach Entwicklung in eine binomische Reihe

$$\frac{p_1}{p_0} = \frac{\varrho_1}{\varrho_0} \cdot \gamma, \quad a_0^2 = \left(\frac{dp}{d\varrho}\right)_{S=\text{const}} = \frac{\gamma p_0}{\varrho_0}. \qquad (10.96)$$

Nimmt man nun ein unendlich großes Plasma an (keine Wände, keine Randbedingungen), so kann man für die Störungen ebene Wellen ansetzen.

Auch für ϱ soll nun ein solcher Ansatz gelten. Dann gilt die Korrespondenz

$$\frac{\partial f_1}{\partial t} \to -i\omega f_k, \quad f_1 \to ik f_k, \tag{10.97}$$

und man erhält aus (10.94) bis (10.96)

$$\varrho_k = \frac{\varrho_0}{\omega}(\boldsymbol{k} \cdot \boldsymbol{v}_k), \tag{10.98}$$

$$\boldsymbol{v}_k\left(\omega^2 + \frac{i\eta k^2\omega}{\varrho_0}\right) - \frac{\boldsymbol{k}p_k\omega}{\varrho_0} - \frac{\omega}{\varrho_0\mu_0}\{\boldsymbol{k}(\boldsymbol{B}_0\boldsymbol{B}_k) - \boldsymbol{B}_k(\boldsymbol{k}\boldsymbol{B}_0)\} = 0, \tag{10.99}$$

$$\boldsymbol{B}_k = \frac{i}{\dfrac{k^2}{\mu_0\sigma} - i\omega}\{\boldsymbol{v}_k(\boldsymbol{B}_0\boldsymbol{k}) - \boldsymbol{B}_0(\boldsymbol{k}\boldsymbol{v}_k)\} \tag{10.100}$$

sowie mit (10.98)

$$p_k = a_0{}^2\frac{\varrho_0}{\omega}(\boldsymbol{k}\boldsymbol{v}_k). \tag{10.101}$$

Setzt man nun aus (10.100) und (10.101) in (10.99) ein, so erhält man nach Einführung von Einheitsvektoren

$$\boldsymbol{B}_0 = B_0 \cdot \boldsymbol{b}_{\mathrm{E}}, \quad \boldsymbol{k} = k \cdot \boldsymbol{k}_{\mathrm{E}}, \quad \boldsymbol{v}_k = v_k \cdot \boldsymbol{v}_{\mathrm{E}} \tag{10.102}$$

und mit (3.54) im SI-System

$$\boldsymbol{v}_{\mathrm{E}}\left(\frac{\omega^2}{k^2}M + \frac{i\eta\omega}{\varrho_0}M + \omega(\boldsymbol{k}_{\mathrm{E}}\boldsymbol{b}_{\mathrm{E}})^2\,c_{\mathrm{A}}^2\right) - (\boldsymbol{b}_{\mathrm{E}}\boldsymbol{v}_{\mathrm{E}})\,(\boldsymbol{b}_{\mathrm{E}}\boldsymbol{k}_{\mathrm{E}})\,\omega k_{\mathrm{E}}c_{\mathrm{A}}^2$$
$$+ (\boldsymbol{k}_{\mathrm{E}}\boldsymbol{v}_{\mathrm{E}})\left(-a_0^2 M\boldsymbol{k}_{\mathrm{E}} + \omega c_{\mathrm{A}}^2\boldsymbol{k}_{\mathrm{E}} - \omega c_{\mathrm{A}}^2(\boldsymbol{k}_{\mathrm{E}}\boldsymbol{b}_{\mathrm{E}})\,\boldsymbol{b}_{\mathrm{E}}\right) = 0. \tag{10.103}$$

Dabei ist M eine Abkürzung,

$$M = -\frac{ik^2}{\mu_0\sigma} - \omega, \tag{10.104}$$

(10.103) ist die *Dispersionsrelation der magnetohydrodynamischen Wellen*. Es ist zweckmäßig, die folgenden Winkel einzuführen:

$\boldsymbol{k}_{\mathrm{E}}\boldsymbol{v}_{\mathrm{E}} = \cos\alpha$ (Wellenfortpflanzung zu Störungsgeschwindigkeit),

$\boldsymbol{k}_{\mathrm{E}}\boldsymbol{b}_{\mathrm{E}} = \cos\vartheta$ (Wellenfortpflanzung zu Ruhmagnetfeld), $\tag{10.105}$

$\boldsymbol{b}_{\mathrm{E}}\boldsymbol{v}_{\mathrm{E}} = \cos\gamma$ (Störungsgeschwindigkeit zu Ruhmagnetfeld).

Für ein dissipationsfreies Medium gilt $\sigma = \infty$, $\eta = 0$ und nach (10.104) $M = -\omega$. Mit (10.105) erhält man dann aus (10.103) die *Dispersionsrelation für MHD-Wellen für ein nichtdissipatives Plasma*

$$\boldsymbol{v}_{\mathrm{E}}(c_{\mathrm{Ph}}^2 - c_{\mathrm{A}}^2\cos^2\vartheta) + \cos\alpha\{(-c_{\mathrm{A}}^2 - a_0^2)\,\boldsymbol{k}_{\mathrm{E}}$$
$$+ c_{\mathrm{A}}^2\cos\vartheta\boldsymbol{b}_{\mathrm{E}}\} + \cos\gamma\cos\vartheta \cdot c_{\mathrm{A}}^2\boldsymbol{k}_{\mathrm{E}} = 0. \tag{10.106}$$

(Es wurde $c_{Ph} = \omega/k$ verwendet.) Da c_{Ph} von ω nicht abhängt, sind die Wellen dispersionsfrei.

Wir untersuchen nun einige spezielle Wellentypen.

Fall I: $v \perp B_0$, $\cos \gamma = 0 = b_E v_E$.

In diesem Fall steht die Störungsgeschwindigkeit v_1 senkrecht auf dem Ruhmagnetfeld B_0, die Welle ist *transversal*. Aus (10.106) folgt durch Multiplikation mit v_E

$$\frac{\omega^2}{k^2} \equiv c_{Ph}^2 = (c_A^2 + a_0^2) \cos^2 \alpha + c_A^2 \cos^2 \vartheta. \tag{10.107}$$

Für $\cos \alpha = 0$, d. h., Wellenfortpflanzung ist senkrecht zur Störungsgeschwindigkeit (Fall der Inkompressibilität), liegt eine ALFVÉN-*Welle* vor.

Fall II: $k \perp B_0$, $\cos \vartheta = 0 = k_E b_E$.

Multiplikation von (10.106) mit v_E liefert

$$c_{Ph}^2 = (a_0^2 + c_A^2) \cos^2 \alpha. \tag{10.108}$$

Wie man leicht einsieht, gibt es für den Unterfall $k_E \perp v_E$ ($\cos \alpha = 0$) keine Welle in dieser Richtung. Wenn $\cos \alpha = 1$, also $k_E \parallel v_E$, dann gilt

$$c_{Ph} = \pm \sqrt{a_0^2 + c_A^2}. \tag{10.109}$$

Da $k_E \parallel v_E$, die Fortpflanzung also in Richtung der Amplitudenänderung erfolgt, handelt es sich um eine rein *longitudinale Welle* (*magnetoakustische Welle*).

Fall III: allgemeine Lage

v liege in der durch B_0 und k bestimmten Ebene. Wir legen das Koordinatensystem so, daß B_0 und k in der x,y-Ebene liegen: $v_{1z} = B_{0z} = k_z = 0$. Dann gilt $\alpha + \gamma = \vartheta$, und der Vektor v_1 kann nach den (nicht zueinander senkrecht stehenden, sondern den Winkel ϑ einschließenden) Vektoren k_E und b_E zerlegt werden: $v_E = v_{1B} \cdot b_E + v_{1k} k_E$. Es gilt dann auch $\cos \alpha = v_{1B} \cos \vartheta + v_{1k}$, $\cos \gamma = v_{1B} + v_{1k} \cos \vartheta$. Da α, γ, ϑ zusammenhängen, muß auch zwischen v_{1B} und v_{1k} eine Beziehung bestehen. Setzt man für v_E, $\cos \gamma$ in (10.106) ein, so erhält man eine Gleichung der Form $A b_E + B k_E = 0$. Dieser Vektor verschwindet dann, wenn die Koeffizienten A und B einzeln verschwinden (weil $b_E \neq 0$, $k_E \neq 0$). Das Nullsetzen von A und B liefert

$$v_{1B} c_{Ph}^2 + v_{1k} c_A^2 \cos \vartheta = 0,$$

$$-v_{1B} \cos \vartheta \cdot a_0^2 + v_{1k}(c_{Ph}^2 - a_0^2 - c_A^2) = 0.$$

Das sind zwei lineare homogene Gleichungen für die unbekannten Komponenten v_{1B}, v_{1k} von v_E. Damit diese zwei Gleichungen eine von Null verschiedene Lösung besitzen, muß ihre Koeffizientendeterminante verschwinden, d. h.

$$c_{Ph}^4 - c_{Ph}^2(a_0^2 + c_A^2) + a_0^2 c_A^2 \cos^2 \vartheta = 0. \tag{10.110}$$

Das ist die Dispersionsrelation magnetoakustischer Wellen. Die Auflösung ergibt

$$\left(\frac{\omega}{k}\right)_{s,f} \equiv c_{s,f}$$

$$= \pm \sqrt{\frac{1}{2}(c_A^2 + a_0^2) \pm \frac{1}{2}\sqrt{(c_A^2 + a_0^2)^2 - 4a_0^2 c_A^2 \cos^2 \vartheta}}. \qquad (10.111)$$

(s bezieht sich auf „slow" — langsam, f auf „fast" — schnell; für s gilt das — Zeichen vor der inneren Wurzel; $\pm$ vor der äußeren Wurzel gilt für s *und* f, da es in jedem Fall sowohl *nach rechts* als auch *nach links* laufende Wellen gibt.)

Der Unterfall $\boldsymbol{B}_0 \perp \boldsymbol{k}$, $\cos \vartheta = 0$ liefert wieder (10.109). Trägt man $c_{\mathrm{Ph}}(\vartheta)$ nach (10.110) in einem Polardiagramm auf, so erhält man Abb. 42 (FRIEDRICHS-*Diagramm*). s bezieht sich auf die langsame, f auf die schnelle und t auf die transversale Welle, die auch aufgenommen wurde.

Die *Gruppengeschwindigkeit* (bekanntlich die Fortpflanzungsgeschwindigkeit eines Wellenpaketes) ist durch

$$c_{\mathrm{G}} = \frac{\mathrm{d}\omega}{\mathrm{d}k} \qquad (10.112)$$

definiert und fällt mit c_{Ph} zusammen. Die MHD-Wellen sind daher dispersionsfrei.

MHD-Wellen sind auch für verschiedene Spezialfälle untersucht worden, so z. B. für *nichthomogene Ruhmagnetfelder* ($\boldsymbol{B}_0 \neq$ const), die Reflexion und Brechung wurde untersucht [6.1], die Ausbreitung in geschichteten Medien, Wellen in begrenzten Bereichen, z. B. in *Wellenleitern* wurde betrachtet, wobei nicht überschreitbare *Grenzfrequenzen* auftreten. Andere Arbeiten berücksichtigen den *Einfluß des Verschiebungsstromes* [10.7]; auch der *Einfluß des*

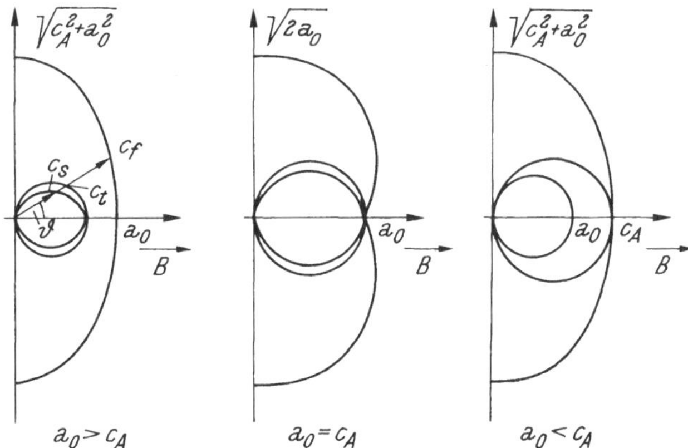

Abb. 42. FRIEDRICHS-Diagramm für MHD-Wellen

Gravitationsfeldes wurde untersucht. Auch der HALL-*Term* ist von Bedeutung [10.1].

Die wichtigsten Ursachen für die Dämpfung der MHD-Wellen sind endliche elektrische Leitfähigkeit σ und die Viskosität η, die beide bereits in (10.1) erfaßt sind. Zu berücksichtigen sind ferner die Wärmeleitung $\varkappa$ und die *Volumenviskosität η'*.

Berücksichtigt man σ, η, η' und $\varkappa$ in den MHD-Grundgleichungen, linearisiert man diese und setzt man ebene Wellen $\exp(i\omega t - i\boldsymbol{k}\boldsymbol{x})$ an, so erhält man nach längerer Rechnung eine komplizierte, unübersichtliche Dispersionsrelation, die in Spezialfällen stark vereinfacht werden kann.

Die Transversalwelle wird weder durch die Volumenviskosität η', noch durch die Wärmeleitung $\varkappa$ gedämpft.

Für die Longitudinalwelle erhält man nach längerer Rechnung

$$
\begin{aligned}
&\left\{ \varkappa\left[\frac{1}{\varrho_0} + i\,\frac{\omega}{\varrho_0 p_0}\left(\frac{4}{3}\eta + \eta'\right)\right]k^4 - \left[\frac{\omega^2\varkappa}{p_0} - i\omega c_p\right.\right.\\
&\left.+ \frac{\omega^2 c_p}{a_0^2\varrho_0}\left(\frac{4}{3}\eta + \eta'\right)\right]k^2 - \frac{i\omega^3 c_p}{a_0^2}\bigg\} \cdot \left\{\frac{\eta}{\varrho_0}\,\frac{1}{\mu_0\sigma}k^4 + \left[c_{Ax}^2\right.\right.\\
&\left.+ i\left(\eta\varrho_0 + \frac{1}{\mu_0\sigma}\right)\omega\right]k^2 - \omega^2\bigg\} - k^2 c_{Ay}^2\left(i\omega + \frac{\eta}{\varrho_0}k^2\right)\\
&\cdot\left(\frac{\omega^2 c_p}{a_0^2} - \frac{i\omega\varkappa k^2}{p_0}\right) = 0.
\end{aligned}
$$

(10.113)

Hierin bedeuten

$$
c_{Ax}^2 = \frac{B_{0x}^2}{\mu_0\varrho_0} = c_A^2\cos^2\vartheta; \qquad c_{Ay}^2 = \frac{B_{0y}^2}{\mu_0\varrho_0}.
$$

(10.114)

c_p ist die spezifische Wärme bei konstantem Druck, $\varkappa$ ist die Wärmeleitfähigkeit (beides kommt von Energiesatz und Zustandsgleichung). Da die Koeffizienten der Dispersionsrelation komplex sind, kommt es zur *Dämpfung* oder zu einer *Instabilität*. Es zeigt sich, daß der größte Dämpfungseinfluß von der endlichen elektrischen Leitfähigkeit herrührt. Weiter ist die Dämpfung bei schwachen Magnetfeldern größer und außerdem frequenzabhängig. Es gilt für die Dämpfung $\exp(-\beta x)$ (für $\eta = 0$)

$$
\beta = \frac{\omega^2\varrho_0^{3/2}\sqrt{\mu_0}}{2\sigma B_0^3}.
$$

Die Diskussion von (10.113) führt u. a. zu den uns schon bekannten Fällen (10.111), (10.103) etc. Für $B_{0x} = B_{0y} = 0$ (kein äußeres Magnetfeld) erhält man die *Dispersionsrelation für Schallwellen* in Gasen und ungekoppelt eine zweite Relation für die *Dämpfung transversaler Schallwellen* (die an den Rändern auftreten).

Bei größeren Frequenzen (z. B. 200 MHertz in Meerwasser, $\sigma = 1\ \Omega^{-1}\ \mathrm{m}^{-1}$, $\varepsilon = 80$) ist es notwendig, den *Verschiebungsstrom* $\varepsilon_0\,\dfrac{\partial \varepsilon E}{\partial t}$ zu berücksichtigen; man muß dann statt der Induktionsgleichung die vollen Maxwell-*Gleichungen* verwenden. Mit dem gleichen Rechenverfahren ergeben sich dann komplizierte Dispersionsrelationen.

Nimmt man an, daß das Plasma im ungestörten Zustand strömt ($v_0 \neq 0$), dann tritt v_0 in die Dispersionsrelation ein, es kommt zu einer *Kopplung von Strömung und Wellenausbreitung.*

Bei höheren Temperaturen muß auch der Einfluß des *Strahlungsdruckes* berücksichtigt werden [10.7]. Auch *relativistische MHD-Wellen* wurden untersucht. *Anisotropieeffekte* (insbes. Hall-*Effekt*) *bei MHD-Wellen* wurden ebenfalls untersucht [10.8].

In der *Mehrflüssigkeitstheorie der MHD* sind die Dispersionsrelationen noch komplizierter; eine ausgezeichnete Übersicht findet man in [10.2].

Sind Begrenzungen (Wände, Wellenleiter) vorhanden, so treten je nach den Eigenschaften der Wände weitere Komplikationen auf [10.9].

10.5 Wellen im Vlasov-*Plasma*

Weitere Feinheiten der Wellenausbreitung in einem warmen Plasma werden von der statistischen Theorie geliefert. Wir erhielten auf Seite 94 für *longitudinale* elektrische Wellen durch Lösung der Vlasov-Krook-*Gleichung* einen Ausdruck, der für $v = 0$ (keine Stöße, reine Vlasov-Gleichung) in

$$f_1(x, c, t) = \frac{eE_0}{im_\mathrm{E}}\,\frac{\partial f_0}{\partial c}\,\frac{1}{\omega - kc}\cdot \exp\,(i\omega t - ikx) \tag{10.115}$$

übergeht. (Der Ansatz exp (ikx) ist übrigens nur in einem räumlich homogenen Plasma zulässig.) $f_0(c)$ ist die Gleichgewichtsverteilung. Verwendet man die Definition der Stromdichte

$$j = -e \int\limits_{-\infty}^{+\infty} cf_1(x, c, t)\,\mathrm{d}c = \sigma(\omega, k)\,E_0\,\exp\,(i\omega t - ikx), \tag{10.116}$$

so kann man daraus die (skalare) Leitfähigkeit σ ablesen:

$$\sigma(\omega, k) = \frac{ie^2}{m_\mathrm{E}} \int\limits_{-\infty}^{+\infty} \frac{\partial f_0}{\partial c}\,\frac{c\,\mathrm{d}c}{\omega - kc}. \tag{10.117}$$

Wenn man andererseits die Ladungsdichte

$$\varrho = -e \int\limits_{-\infty}^{+\infty} f_1\,\mathrm{d}c = \frac{ie^2 E_0}{m_\mathrm{E}} \int\limits_{-\infty}^{+\infty} \frac{\partial f_0}{\partial c}\,\frac{1}{\omega - kc}\,\exp\,(i\omega t - ikx)\,\mathrm{d}c \tag{10.118}$$

in die Kontinuitätsgleichung

$$\frac{\partial \varrho}{\partial t} = i\omega\varrho = -\operatorname{div} \boldsymbol{j} = +ik\boldsymbol{j} \tag{10.119}$$

einsetzt, so erhält man mit (10.118), (10.116)

$$\frac{ie^2\omega}{m_{\mathrm{E}}} \int\limits_{-\infty}^{+\infty} \frac{\partial f_0}{\partial c} \frac{\mathrm{d}c}{\omega - kc} = k\boldsymbol{\sigma}. \tag{10.120}$$

Man kann sich mit diesen Formeln (für $\varepsilon_0 = 1$ wegen Wechsels des Maßsystems) leicht überzeugen, daß die Dispersionsrelationen (4.86) und (3.79) untereinander und mit

$$1 + \frac{\boldsymbol{\sigma}}{i\omega} \equiv \varepsilon = 0 \qquad \left(\varepsilon = 1 + \frac{4\pi c^2}{i\omega} \boldsymbol{\sigma} \quad \text{im cgs-System}\right) \tag{10.121}$$

übereinstimmen. (Man beachte, daß zur Ableitung von (3.79) $\exp(-i\omega t + ikx)$ genommen wurde.) Die *Dispersionsrelation für longitudinale elektrostatische Wellen ist also auch in der statistischen Theorie* ganz allgemein durch $\varepsilon(\omega, \boldsymbol{k}) = 0$ gegeben.

Unter Verwendung der *Plasmadispersionsfunktion* (4.91)

$$Z(\xi) = -\frac{\omega_{\mathrm{PE}}^2}{n_{\mathrm{E}}} \int \frac{\partial f_0}{\partial c} \frac{1}{c - \xi} \, \mathrm{d}c = \frac{\omega_{\mathrm{PE}}^2}{n_{\mathrm{E}}} \int \frac{f_0(c)}{(c - \xi)^2} \, \mathrm{d}c, \tag{10.122}$$

$\xi = \dfrac{\omega}{k}$, läßt sich die Dispersionsrelation (4.86) auch in der Form

$$k^2 = Z(\xi) \tag{10.123}$$

schreiben, die wir später verwenden werden. (10.122) gilt in der linearen Näherung. Lösungen der vollen nichtlinearen Gleichung gaben BERNSTEIN, GREENE, KRUSKAL in Phys. Rev. **108**, (1957), 546.

Wir untersuchen nun *transversale* Wellen. Da diese eine Phasengeschwindigkeit gleich oder größer als die Lichtgeschwindigkeit besitzen, müssen wir für den Fall, daß die Partikelgeschwindigkeit gleich der Phasengeschwindigkeit der Welle wird[2], für die Teilchen die *relativistische Mechanik* heranziehen. Es zeigt sich jedoch, daß die relativistische Behandlung nur im Fall $\boldsymbol{B}_0 \neq 0$ Unterschiede zur nichtrelativistischen Behandlung liefert [10.10].

Wir linearisieren die VLASOV-Gleichung (4.58) mittels des Ansatzes (4.81) und erhalten mit $f_1 \sim \exp(i\omega t - ikx)$ für $\boldsymbol{B} = \boldsymbol{B}_0 + \boldsymbol{B}_1$, $\boldsymbol{B}_0 = 0$, $\boldsymbol{E} = \boldsymbol{E}_0 + \boldsymbol{E}_1$, $\boldsymbol{E}_0 = 0$, $v = 0$ die Gleichung

$$i(\omega - kc) f_1(c) = \frac{e}{m_{\mathrm{E}}} (\boldsymbol{E}_1 + [c \times \boldsymbol{B}_1]) \frac{\partial f_0}{\partial c}. \tag{10.124}$$

---

[2] Fall der LANDAU-Dämpfung (bei longitudinalen Wellen); bei transversalen Wellen spricht man von „*Resonanzteilchen*".

Für eine isotrope Verteilung ist $\dfrac{\partial f_0}{\partial \boldsymbol{c}}$ parallel zu $\boldsymbol{c}$, so daß das letzte Glied rechts verschwindet. (Wenn es nicht verschwindet, kann es mit Hilfe der von den Induktionsgleichungen (5.33) und (5.26) herrührenden Beziehung $\omega \boldsymbol{B}_1 = [\boldsymbol{k} \times \boldsymbol{E}]$ eliminiert werden.) Gehen wir zur Komponentenschreibweise über, so erhalten wir nun aus (10.116) mit (10.124) den *Leitfähigkeitstensor*

$$\sigma_{kl} = \frac{ie^2}{m_{\mathrm{E}}\omega} \int\limits_{-\infty}^{+\infty} \frac{(\omega - \boldsymbol{kc})\,\delta_{lr} + k_r c_l}{\omega - \boldsymbol{kc}}\, c_k \frac{\partial f_0}{\partial c_r}\, \mathrm{d}\boldsymbol{c}, \tag{10.125}$$

der für eine isotrope Verteilung in

$$\sigma_{kl} = \frac{ie^2}{m_{\mathrm{E}}} \int\limits_{-\infty}^{+\infty} \frac{c_k}{\omega - \boldsymbol{kc}} \frac{\partial f_0}{\partial c_l}\, \mathrm{d}\boldsymbol{c} \tag{10.126}$$

übergeht. (Man vergleiche mit (10.117).)
Für den *Dielektrizitätstensor* ε_{kl} erhält man

$$\varepsilon_{kl} = \delta_{kl} + \frac{1}{i\omega}\, \sigma_{kl}. \tag{10.127}$$

(10.26) liefert nun für die Komponenten von $\boldsymbol{E}$ drei homogene lineare Gleichungen und damit die *Dispersionsrelation für transversale Wellen im* VLASOV-*Plasma*:

$$\left| \varepsilon_{kl} = \frac{\tilde{c}^2}{\omega^2}\,(k^2 \delta_{kl} - k_k k_l) \right| = 0. \tag{10.128}$$

Für eine isotrope Verteilung erhält man

$$\tilde{c}^2 k^2 = \omega^2 - \frac{e^2 \omega}{m_{\mathrm{E}}} \int\limits_{|c| < \tilde{c}} \frac{f_0}{\omega - \boldsymbol{kc}}\, \mathrm{d}\boldsymbol{c}, \tag{10.129}$$

was für ein kaltes Plasma in (10.2) übergeht ($\tilde{c}$ Lichtgeschwindigkeit). Da c kontinuierlich variabel ist, stellt $\boldsymbol{kc}$ ein kontinuierliches Frequenzspektrum dar. Ist jedoch ein Magnetfeld vorhanden, so haben die Wellen senkrecht zu diesem ein diskretes Spektrum $s \cdot \omega_{\mathrm{L}}$ ($s = 1, 2, 3, \ldots$). Für diese Wellen gibt es keine LANDAU-*Dämpfung*, aber eine *Zyklotrondämpfung*.
Wird die Ionenbewegung berücksichtigt, so erhält man in allen Formeln zusätzliche von den Ionen bestimmte Terme. Die Transversalwellen werden hierdurch nicht berührt, doch treten bei niedrigen Frequenzen $\omega \ll \omega_{\mathrm{PE}}$ *Ionenschallwellen* mit der Schallgeschwindigkeit (10.52) auf. Für $T_{\mathrm{E}} \gg T_{\mathrm{I}}$ und lange Wellenlängen breiten sich die Wellen nach (10.53) nach $\dfrac{\omega^2}{k^2} \approx \dfrac{ZkT_{\mathrm{E}}}{m_{\mathrm{I}}}$ aus, und die Frequenz wird $\omega \approx \omega_{\mathrm{PI}}$.

In (10.129) haben wir aus relativistischen Gründen die Teilchengeschwindigkeit c bei der Lichtgeschwindigkeit $\tilde{c}$ abgeschnitten. Bei exakter *relativistischer Behandlung* müßte man statt von (4.6) von den *relativistischen Bewegungsgleichungen* (q Lagekoordinate, p Impulskoordinate)

$$c \equiv \frac{\mathrm{d}q}{\mathrm{d}t} = \frac{p}{\sqrt{m_\mathrm{E}^2 + p^2/\tilde{c}^2}}, \quad \frac{\mathrm{d}p}{\mathrm{d}t} = -eE - \frac{e}{\tilde{c}}[c \times B] \tag{10.130}$$

und der *relativistischen* VLASOV-*Gleichung*

$$\frac{\partial f}{\partial t} + c\,\frac{\partial f}{\partial q} - \frac{e}{m_\mathrm{E}}\left(1 - \frac{c^2}{\tilde{c}^2}\right)^{1/2}\left(E + \frac{1}{\tilde{c}}[c \times B]\right)\left(\frac{\partial f}{\partial c} - \frac{c}{\tilde{c}}\left(\frac{c}{\tilde{c}}\,\frac{\partial f}{\partial c}\right)\right) = 0 \tag{10.131}$$

ausgehen. Mit den Definitionen

$$\varrho = -e \int f \,\mathrm{d}p = -e \int \frac{f\,\mathrm{d}c}{\left(1 - \dfrac{c^2}{\tilde{c}^2}\right)^{5/2}},$$

$$j = -e \int \frac{cf\,\mathrm{d}c}{\left(1 - \dfrac{c^2}{\tilde{c}^2}\right)^{5/2}} \tag{10.132}$$

erhält man dann anstatt (10.129) die *relativistische Dispersionsrelation*

$$\tilde{c}^2 k^2 = \omega^2 - \frac{e^2\omega}{m_\mathrm{E}} \int \frac{1 - (kc)^2}{k^2\tilde{c}^2\left(1 - \dfrac{c^2}{\tilde{c}^2}\right)^2}\,\frac{f_0(c)}{\omega - kc}\,\mathrm{d}c. \tag{10.133}$$

Für $k_\mathrm{B} T \ll m\tilde{c}^2$ (k_B BOLTZMANN-Konstante) geht dies wieder in (10.129) über.

Anisotropien in einem Plasma rühren entweder von einem äußeren Magnetfeld B_0 oder von einer *anisotropen Verteilungsfunktion* $f_0(c)$ her. Wie früher wollen wir annehmen, daß $B_0 =$ const und parallel zur z-Achse ist. Nimmt man an, daß die Verteilungsfunktion f_0 des ungestörten Zustands nur von c abhängt, dann folgt aus (4.58) beim Fehlen des elektrischen Feldes im ungestörten Zustand $[c \times B_0]\,\nabla_c f_0 = 0$. Dies bedeutet, daß $f_0(c)$ die Form $f_0(c_x^2 + c_y^2, c_z)$ hat und somit um die Feldrichtung *symmetrisch* ist. Die durch das Magnetfeld bedingte Anisotropie von f ist die Ursache verschiedener Mikroinstabilitäten. Setzt man den Störungsansatz

$$f = f_0 + f_1, \quad B = B_0 + B_1, \quad E = E_0 + E_1, \quad E_0 = 0,$$

$$E_1, B_1 \sim \mathrm{e}^{i(\omega t - kx)} \tag{10.134}$$

in (4.58) ein, so erhält man mit $\omega \boldsymbol{B}_1 = [\boldsymbol{k} \times \boldsymbol{E}]$ die linearisierte VLASOV-Gleichung

$$i(\omega - \boldsymbol{kc})\, f_1(\boldsymbol{c}) = \frac{e}{m}\, \boldsymbol{E}_1 \frac{\partial f_0}{\partial \boldsymbol{c}} + \frac{e}{m}\, \frac{1}{\tilde{c}\omega}\, [\boldsymbol{c} \times [\boldsymbol{k} \times \boldsymbol{E}_1]]\, \frac{\partial f_0}{\partial \boldsymbol{c}}$$

$$+ \omega_{\mathrm{LE}} \left[\boldsymbol{c} \times \frac{\boldsymbol{B}_0}{B_0} \right] \frac{\partial f_1}{\partial \boldsymbol{c}}, \tag{10.135}$$

die für $\boldsymbol{B}_0 = 0$ in (10.124) übergeht.

Wir wollen zunächst *thermisches Gleichgewicht*, also eine *isotrope Verteilung* f_0, voraussetzen. Es gilt dann $f_0(\boldsymbol{c}) = f_0(c^2)$ und $\dfrac{\partial f_0}{\partial \boldsymbol{c}} = \boldsymbol{c}\, \dfrac{\mathrm{d}f}{\mathrm{d}\left(\dfrac{c^2}{2}\right)}$, so daß

$[\boldsymbol{c} \times [\boldsymbol{k} \times \boldsymbol{E}_1]]\, \dfrac{\partial f_0}{\partial \boldsymbol{c}} = 0$, und das erste Glied auf der rechten Seite von (10.135) lautet $\dfrac{e}{m}\, (\boldsymbol{E}_1 \boldsymbol{c})\, f_0'$. Diese Näherung heißt auch *elektrostatisch*, da sie $\tilde{c} \to \infty$ entspricht.

Wir führen nun im Geschwindigkeitsraum Zylinderkoordinaten $c_\perp$, $c_\parallel$, φ,

$$c_x = c_\perp \cos \varphi, \qquad c_y = c_\perp \sin \varphi, \qquad c_z = c_\parallel, \tag{10.136}$$

ein und erhalten dann wegen $\boldsymbol{B}_0 \parallel z$, $\boldsymbol{k}$ in der x,z-Ebene, $k_y = 0$ für (10.135)

$$\frac{\partial f_1}{\partial \varphi} = i\left(\frac{k_x c_\perp}{\omega_{\mathrm{LE}}} \cos \varphi + \frac{k_z c_z - \omega}{\omega_{\mathrm{LE}}} \right) f_1 + \frac{e}{m\omega_{\mathrm{LE}}} (\boldsymbol{E}_1 \boldsymbol{c})\, f_0', \tag{10.137}$$

wobei $\boldsymbol{E}_1 \boldsymbol{c} = c_\perp(E_x \cos \varphi + E_y \sin \varphi) + E_z c_\parallel$.

Das ist eine inhomogene Differentialgleichung für $f_1(\varphi)$, die z. B. mit Hilfe der GREENschen *Funktion* [10.10] oder mit der Methode der Variation der Konstanten [6.4] gelöst werden kann. Nach längeren Zwischenrechnungen, in denen u. a. das Integral über $\exp(-iw \sin \varphi) = \sum\limits_{n=-\infty}^{+\infty} J_n(w) \exp(-in\varphi)$ durch BESSEL-Funktionen J_s ausgedrückt wird, erhält man für den *Dielektrizitätstensor*

$$\varepsilon_{ab} = \delta_{ab} - \frac{\omega_{\mathrm{PE}}^2}{\omega} \sum_{n=-\infty}^{\infty} \int \frac{f_0'}{k_z c_\parallel - \omega + n \cdot \omega_{\mathrm{LE}}}\, T_{ab}\, \mathrm{d}\boldsymbol{c}, \tag{10.138}$$

wobei der Hilfstensor T_{ab} durch

$$T_{ab} = \begin{pmatrix} \left(\dfrac{\omega_{\mathrm{LE}}}{k_x}\right)^2 n^2 J_n^2 & i\left(\dfrac{\omega_{\mathrm{LE}}}{k_x}\right) c_\perp n J_n J_n' & \left(\dfrac{\omega_{\mathrm{LE}}}{k_x}\right) c_\parallel n J_n^2 \\[2ex] -i\left(\dfrac{\omega_{\mathrm{LE}}}{k_x}\right) c_\perp n J_n J_n' & c_\perp^2 J_n'^2 & -i c_\perp c_\parallel J_n J_n' \\[2ex] \left(\dfrac{\omega_{\mathrm{LE}}}{k_x}\right) c_\parallel n J_n^2 & i c_\perp c_\parallel J_n J_n' & c_\parallel^2 J_n^2 \end{pmatrix} \tag{10.139}$$

gegeben ist. $J_n = J_n\left(\dfrac{k_x c_\perp}{\omega_{LE}}\right)$. Wie man sieht, treten bei den Frequenzen

$$\omega = k_z c_\perp + n\omega_{LE} \tag{10.140}$$

Singularitäten auf.

Wir untersuchen zunächst Wellen, die sich längs B_0 ausbreiten, so daß $k_x = 0$. Man kommt dann im wesentlichen zu den Ergebnissen des Falles $B_0 = 0$ zurück. Infolge des DOPPLER-*Effektes* ist $\omega - k_z c_\parallel$ die Frequenz der Welle in einem sich mit dem Teilchen parallel zu B_0 bewegenden Koordinatensystem.

Wellen, die sich senkrecht zu B_0 ausbreiten ($k_z = 0$) werden durch den Faktor

$\sim \displaystyle\sum_{n=-\infty}^{\infty} \dfrac{n}{\omega - n\omega_{LE}}$ bestimmt (BERNSTEIN-*Wellen*[3]). (10.138) zeigt jedoch, daß das Verhalten dieser Wellen auch von f_0' abhängt:

Ist das Plasma im thermodynamischen Gleichgewicht ($f_0' < 0$), dann führen die imaginären Glieder der Residuen der Singularitäten des Integrals (10.138) zur Dämpfung. Ist jedoch in einem singulären Punkt $f_0' > 0$, dann kommt es zu einer Instabilität (*Instabilität der* BERNSTEIN-*Wellen*, BERNSTEIN-*Instabilität, kinetische Instabilität*).

Teilchen, deren Geschwindigkeit $c_\parallel$ (10.140) erfüllt, heißen *Resonanzteilchen*. Das Glied $n = 0$, also $\omega/k_z = c_\parallel$, bewirkt eine vom Magnetfeld und von Stößen unabhängige Dämpfung (ČERENKOV-*Form* der LANDAU-*Dämpfung*); $n = \pm 1$ bewirkt, daß die Wellenfrequenz in dem mit dem Teilchen mitbewegten Koordinatensystem (DOPPLER-*Effekt!*) gleich der *Zyklotron*-(LARMOR)-*Frequenz* wird. Diese *Phasenresonanz* nennt man *Zyklotronresonanz*. $n > 1$ führt zu Resonanzen bei *Zyklotronoberschwingungen*.

Reihenentwicklungen für *kleine Wellenlängen* führen zu

$$\omega^2 = \omega_{PE}^2 + \omega_{LE}^2, \tag{10.141}$$

vgl. (10.22) (*Hybridfrequenz*).

Ist $r_L \gtrless \lambda = c_{Ph}/v$, so spricht man von *Effekten des endlichen Zyklotronradius* (LARMOR-*Radius*), bei denen starke *räumliche Dispersion* auftritt.

Wird — immer noch bei isotroper Verteilungsfunktion — die Ionenbewegung berücksichtigt ($T_I = T_E$), dann treten im allgemeinen nur kleine Korrekturen zu den obigen Formeln hinzu. Wenn jedoch die Wellen sich fast senkrecht zu B_0 ausbreiten und Frequenzen $\sim \omega_{LI} \ll \omega_{LE}$ haben, dann tritt eine neue Situation auf: es gibt keine BERNSTEIN-*Welle* mit der *Hybridfrequenz*, und es tritt keine LANDAU-Dämpfung der Ionen auf, da diese zu langsam sind und von den Elektronen abgeschirmt werden.

Anisotrope Verteilungen können auch bei $B_0 = 0$ auftreten, z. B. wenn zwei Elektronenstrahlen aufeinanderprallen. Ist das Magnetfeld B_0 an der Aniso-

---

[3] Dies sind also elektrostatische Wellen $\perp$ B_0 mit Frequenzen in der Nähe von Elektronenzyklotronwellen.

tropie schuld, dann setzt man für $f_0(c)$ oft eine doppelte Maxwell-Verteilung an:

$$f_0(c) = \left(\frac{m}{2\pi k_\mathrm{B} T_\perp}\right)\left(\frac{m}{2\pi k_\mathrm{B} T_\parallel}\right)^{1/2} \exp\left(-\frac{m(c_x^2 + c_y^2)}{2k_\mathrm{B} T_\perp} - \frac{mc_z^2}{2k_\mathrm{B} T_\parallel}\right). \tag{10.142}$$

Mit derartigen Verteilungen werden die Alfvén-*Wellen* und die *mirror-Instabilitäten* vom mikroskopischen Standpunkt untersucht. k_B ist die Boltzmann-Konstante, $T_\perp$ bzw. $T_\parallel$ sind die transversale bzw. longitudinale Temperatur. $c_x^2 + c_y^2 = c_\perp^2$, vgl. (10.136), (10.142) ist somit von φ unabhängig. Dies folgt aus dem Nichtverschwinden von $[c \times B_1]\frac{\partial f_0}{\partial c}$, vgl. (10.134). Für eine räumlich und zeitlich konstante anisotrope Verteilung f_0 folgt dann nämlich bei Abwesenheit elektrischer Felder im ungestörten Zustand aus (4.58) $[c \times B]\frac{\partial f_0}{\partial c} = 0$, wo $B = B_0 + B_1$. In Zylinderkoordinaten folgt daraus $\frac{\partial f_0}{\partial y} = 0$. Mit (10.142) lassen sich dann Leitfähigkeitstensor, Dielektrizitätstensor und Dispersionsrelation ableiten, wobei nun Integrale $\int \dots \mathrm{d}c_\perp$ und $\int \dots \mathrm{d}c_\parallel$ auftreten [10.10].
Die Rechnungen, die durchgeführt werden müssen, wenn man auf die elektrostatische Näherung (rot $E = 0, \tilde{c} \to \infty$) verzichtet, sind sehr kompliziert und umfangreich. Es kann daher in dieser Einführung nur der wesentliche Rechengang dargeboten werden. Mit der linearisierten Näherung $f_s = f_{s0} + f_{s1}$, $B = B_0 e_z + B_1$, $E = E_1$ nimmt die Vlasov-Gleichung für die Teilchenart s die Form

$$\frac{\partial f_{s1}}{\partial t} + u\,\nabla f_{s1} + \frac{e_s}{m_s} E_1\,\nabla_u f_{s0} + \frac{e_s}{m_s}[u \times B_0]\,\nabla_u f_{s1}$$

$$+ \frac{e_s}{m_s}[u \times B_1]\,\nabla_u f_{s0} = 0 \tag{10.143}$$

an, wobei für das ungestörte Gleichgewicht

$$u\,\nabla f_{s0} + \frac{e_s}{m_s}[u \times B_0]\,f_{s0} = 0 \tag{10.144}$$

angenommen wurde. Die Lösung von (10.143) erfolgt meist mit der *Charakteristikenmethode* („*Integration längs der Teilchenbahnen*"). Überträgt man die Gedankengänge von S. 84 ff. auf die Gleichung (10.143), dann ist diese mit (4.62) zu vergleichen. Anstelle von (4.65) erhält man für die Bewegungsgleichungen der Einzelteilchen mit $u = u_\parallel + u_\perp$, $u_\parallel \parallel B_0$.

$$\frac{\mathrm{d}u_\perp}{\mathrm{d}t} = \frac{e_s B_0}{m_s}\left[u_\perp \times \frac{B_0}{B_0}\right], \qquad \frac{\mathrm{d}u_\parallel}{\mathrm{d}t} = 0. \tag{10.145}$$

Einführung von Zylinderkoordinaten $u_x = u_\perp \cos\varphi$, $u_y = u_\perp \sin\varphi$ und der

Integrationskonstanten $u_\perp^0$, $u_\parallel^0$, x_0, y_0, z_0 liefert die Teilchenbahnen

$$x = x_0 - \frac{u_\perp^0}{\omega_{Ls}} \sin(\varphi - \omega_{Ls}t) + \frac{u_\perp^0}{\omega_{Ls}} \sin\varphi,$$

$$y = y_0 - \frac{u_\perp^0}{\omega_{Ls}} \cos(\varphi - \omega_{Ls}t) - \frac{u_\perp^0}{\omega_{Ls}} \cos\varphi, \tag{10.146}$$

$$z = z_0 + u_\parallel^0 t.$$

Die Lösung von (10.143), nämlich $f_{s1}(x(t), u(t), t)$, wobei $x(t)$ durch (10.146) gegeben ist, erhält man durch Bildung von df_{s1}/dt, Einsetzen in (10.143) und Integration über t

$$f_{s1} = -\frac{e_s}{m_s} \int_{-\infty}^{t} dt\{E_1(x, t) + [u \times B_1]\} \frac{\partial}{\partial u} f_{s0}. \tag{10.147}$$

Annahme einer Störung $\sim \exp(i\omega t - ikx)$ und Entwicklungen der Art

$$\exp\left(i\frac{k_x u_\perp^0}{\omega_{Ls}} \sin(\varphi - \omega_{Ls}t)\right) = \sum_{n=-\infty}^{\infty} J_n\left(\frac{k_x u_\perp^0}{\omega_{Ls}}\right) \exp(in\varphi - i\omega_{Ls}t) \tag{10.148}$$

führen zu längeren Ausdrücken, mit deren Hilfe f_{s1} dargestellt werden kann [10.11]. Aus der allgemeinen Dispersionsrelation (10.26), die wir wegen (3.50), (6.13) und $j = \Sigma_s n_s e_s \int u f_{s1} \, du$ in der Form

$$k \times [k \times E_1] = -\frac{\omega^2}{c^2} E_1 - \frac{i\omega}{c^2} \sum_s n_s e_s \int u f_{s1} \, du \tag{10.149}$$

schreiben können, folgt dann eine umfangreiche Dispersionsrelation [10.11]. Für die Spezialfälle einer Ausbreitung senkrecht bzw. parallel zu B_0 erhält man dann für *isotrope Verteilungsfunktionen*, also für

$$\frac{\partial f_0}{\partial u_\parallel^2} = \frac{\partial f_0}{\partial u_\perp^2} \tag{10.150}$$

als auch für anisotrope Verteilungen mehrere Dispersionsrelationen.
Für Ausbreitung senkrecht zu B_0 ($k_\perp = k_x$, $k_y = 0$, $k_\parallel = k_z = 0$) erhält man z. B. für die ordentliche Welle bei isotroper Verteilungsfunktion

$$1 - \frac{k^2 c^2}{\omega^2} - \frac{2\pi}{\omega} \sum_{s,n} \omega_{Ps}^2 \int_{-\infty}^{+\infty} du_\parallel \int_0^{\infty} \frac{J_n^2 f_{s0} u_\perp}{\omega - n\omega_{Ls}} \, du_\perp = 0. \tag{10.151}$$

Für lange Wellen $k \ll r_L$, $J(kr_L) \approx 1$ bleibt nur das Glied $n = 0$ und man kommt zu (10.2) zurück. Für die außerordentliche Welle $E_1 \perp B_0$, $E_1 k \ll E_1 \times k$ und $E_z = 0$, $k^2 c^2 \gg \omega_P^2$ erhält man eine ähnliche Dispersionsrelation. Die fast longitudinale BERNSTEIN-*Welle* ($E_1 k \gg E_1 \times k$, $\omega \approx n\omega_{\text{L}s}$) ergibt [10.11]

$$k^2 + \sum_{n,s} \frac{\omega_{\text{P}s}^2 4\pi n^2 \omega_{\text{L}s}^2}{\omega^2 - n^2 \omega_{\text{L}s}^2} \int J_n^2 \frac{\partial f_{s0}}{\partial u_\perp{}^2} \, \mathrm{d}u = 0. \tag{10.152}$$

Für eine MAXWELL-Verteilung f_{s0} erhält man daraus mit den *modifizierten* BESSEL-*Funktionen*

$$I_n = J_n(z \exp [i\pi/2]) \exp (-in\pi/2) \tag{10.153}$$

und $z = k^2 k_\text{B} T_s / m_s \omega_{\text{L}s}^2$ die Relation

$$k^2 = \sum_{n,s} \frac{2n^2 \omega_{\text{P}s}^2 \omega_{\text{L}s}^2 m_s}{(\omega^2 - n^2 \omega_{\text{L}s}^2) \, k_\text{B} T_s} I_n(z) \exp (-z). \tag{10.154}$$

Die BERNSTEIN-Wellen haben die Eigenschaft, daß zwischen den einzelnen Harmonischen Frequenzlücken bestehen, in denen keine Wellen auftreten. Ausbreitung parallel zu B_0 ($k_z = k_\parallel = k$, $k_x = k_\perp = k_y = 0$) führt zum Verschwinden der $J_n = 0$ für $n > 0$, so daß mit $J_n(0) = 0$, $J_0(0) = 1$ die longitudinale Welle $E_1 \perp B_0$ vom Magnetfeld nicht beeinflußt wird und

$$\omega^2 + \sum_s \frac{\omega^2 \omega_{\text{P}s}^2}{k^2} \int \frac{\partial f_{s0}}{\partial u_\parallel} \frac{1}{\omega/k - u_\parallel} \, \mathrm{d}u = 0 \tag{10.155}$$

erhalten wird, vgl. (10.129). Die longitudinale Welle wird somit vom Magnetfeld nicht beeinflußt, wenn sie sich parallel zu B_0 ausbreitet. Die elektromagnetischen Wellen $E_1 \perp k$, $k \parallel B_0$ sind zirkular polarisiert und entsprechen den Wellen der Flüssigkeitstheorie. Die Dispersionsrelation lautet

$$\omega^2 = k^2 c^2 + 2\pi\omega \sum_s \omega_{\text{P}s}^2 \int \frac{\dfrac{\partial f_{s0}}{\partial u_\perp^2}\left(1 - \dfrac{k_\parallel u_\parallel}{\omega}\right) + \dfrac{k_\parallel u_\parallel}{\omega} \dfrac{\partial f_{s0}}{\partial u_\parallel^2}}{k_\parallel u_\parallel - \omega \pm \omega_{\text{L}s}} u_\perp^3 \, \mathrm{d}u_\perp \, \mathrm{d}u_\parallel. \tag{10.156}$$

Meist wird die Relation für MAXWELL-Verteilungen unter Verwendung der Plasma-Dispersionsfunktion angeschrieben.

Will man *Stöße* berücksichtigen, so kann man alle bisher getätigten Überlegungen entweder auf der VLASOV-KROOK-*Gleichung* (4.82) oder für „streifende" Stöße (durch Kräfte großer Reichweite) auf der FOKKER-PLANCK-*Gleichung* aufbauen [10.10]. Leitfähigkeitstensor und Dispersionsrelation werden dann schon recht kompliziert. Bei thermischen Geschwindigkeiten, die mehr als 10% der Lichtgeschwindigkeit ausmachen, müssen noch *relativistische Effekte* berücksichtigt werden [6.4].

10.6 Wellen in begrenzten Plasmasystemen

Die Plasmasysteme, mit denen der Experimentalphysiker zu tun hat, sind endlich groß und die untersuchten Plasmen sind nicht nur bezüglich des Magnetfeldes $\boldsymbol{B}_0$, sondern auch bezüglich der Plasmadichte inhomogen. Begrenzende Ränder und Dichteinhomogenitäten haben einen großen Einfluß auf die Wellenausbreitung.

Wir betrachten zunächst den Einfluß von Plasmadichtegradienten in einer halb-unendlichen Schicht in der y,z-Ebene [10.11]. Das Magnetfeld $\boldsymbol{B}_0(x)$ möge in der positiven x-Richtung senkrecht zur Schicht anwachsen und nur eine z-Komponente haben; die Plasmadichte $n_0(x)$ möge sinken. Für schwache Gradienten $(\mathrm{d}n_{s0}/\mathrm{d}x) \ll n_{s0}$, $(\mathrm{d}B_0(x)/\mathrm{d}x) \ll (B_0(x)/r_{\mathrm{L}s})$ kann man in der Nähe der Oberfläche $x = 0$ der Schicht in TAYLOR-Reihen entwickeln:

$$B_0(x) = B_0(0) + \frac{\mathrm{d}B_0}{\mathrm{d}x}\, x = B_0(0) + B_0(0)\,\varepsilon x, \qquad n_s = n_{s0}(1 - \varepsilon' x)$$

$$
\begin{aligned}
f_{s0} &= f_{s0}(u_\perp^2, u_z, 0) + \left(u_y + \frac{e_s}{m_s c \omega_{\mathrm{L}s}} \right) \\
&\quad \cdot \int B_0(x)\, \frac{\mathrm{d}f_{s0}}{\mathrm{d}x}\, \mathrm{d}x \approx f_{s0}(u_\perp^2, u_z)\left[1 - \varepsilon_s'\left(x + \frac{u_y}{\omega_{\mathrm{L}s}} \right) \right],
\end{aligned}
\tag{10.157}
$$

wobei die mit Charakteristiken gewonnene Lösung für $f_{s0}\big(u_\perp^2, u_z, u_y + (e_s/m_s)\big)$ $\int B_0(x)\,\mathrm{d}x$ verwendet wurde. ε_s' ist hierbei die Abkürzung für

$$-\left(\frac{\partial f_{s0}}{\partial x} \right)_{x=0} \cdot \frac{1}{f_{s0}(0)} = -\left(\frac{\mathrm{d}n_0(x)}{n_0\,\mathrm{d}x} \right)_{x=0}.$$

Die weitere Rechnung [10.11] ist wieder sehr umfangreich. Unter Verwendung der Formeln für die Gradientendrift S. 38, der Formel (6.3) für $\boldsymbol{v}_s$ und der Stromdichte

$$\boldsymbol{j} = \frac{4\pi}{c} \sum_s e_s n_s \boldsymbol{v}_s = -\frac{\mathrm{d}B_0(x)}{\mathrm{d}x} \cdot \boldsymbol{e}_y \tag{10.158}$$

sowie der Lösung der Bewegungsgleichung

$$\frac{\mathrm{d}\boldsymbol{u}_s}{\mathrm{d}t} = \frac{e_s}{m_s} \frac{\boldsymbol{u}_s \times \boldsymbol{B}}{c}(1 + \varepsilon x), \qquad u_x = \mathrm{const} \tag{10.159}$$

erhält man schließlich durch Integration von $\boldsymbol{u}$ über die Zeit die gestörte Verteilungsfunktion f_{s1} als Funktion der Bewegungskonstante der ungestörten Teilchenbahn, vgl. die Ausführungen auf S. 85. Indem man dann wieder Entwicklungen der Art (10.148) vornimmt und als Gleichgewichtslösung der VLASOV-Gleichung in einem schwach inhomogenen Magnetfeld

$$f_{s0} = \left(\frac{m_s}{2\pi k_{\mathrm{B}} T_s} \right)^{3/2} \exp\left(-\frac{m_s u^2}{2k_{\mathrm{B}} T_s} \right) \cdot \left[1 - \varepsilon_s'\left(x + \frac{u_y}{\omega_{\mathrm{L}s}} \right) \right] \tag{10.160}$$

annimmt, erhält man eine Dispersionsrelation. Wertet man diese für niederfrequente ($\omega \ll \omega_{\mathrm{LI}}$) elektrostatische ($c \to \infty$, $\boldsymbol{B}_1 = 0$) Wellen aus, so erhält man die *Dispersionsrelation für elektrostatische Driftwellen*. Aus ihr ersieht man, daß ω komplex werden kann, Driftwellen können also bei der angenommenen Zeitabhängigkeit $\exp(i\omega t)$ der Störung $\boldsymbol{E}_1$ instabil werden. Da praktisch alle Plasmageräte einen Dichtegradienten besitzen, spricht man von einer *universellen Instabilität* (*Driftinstabilität*). Driftwellen treten auch in der Mehrflüssigkeitstheorie auf, wobei die schweren Ionen als kalt und ruhend angesehen werden können. Für $\omega/k_z \ll c_{\mathrm{A}}k^2a_{\mathrm{S}}^2 < \omega_{\mathrm{PI}}^2$ und $n_{\mathrm{E}} = n_0 \exp(e\phi/k_{\mathrm{B}}T)$ erhält man aus Bewegungsgleichung, Kontinuitätsgleichung und POISSON-Gleichung die Dispersionsrelation für elektrostatische niederfrequente Elektronen-Driftwellen nach der Flüssigkeitstheorie in der Form

$$\omega^2 = k_z^2 a_{\mathrm{S}}^2 + \omega u_{\mathrm{DE}} k_y. \tag{10.161}$$

Hier ist a_{S} die Ionenschallgeschwindigkeit (10.53) und u_{DE} ist die Elektronendriftgeschwindigkeit. Meist führt man durch $k_y u_{\mathrm{DE}} = \omega^*$ die *Driftfrequenz* ein. Geht u_{DE} oder k gegen Null, so erhält man aus (10.161) Ionenschallwellen (10.53), vgl. Abb. 43. Gilt die getroffene Annahme $\omega/k_z \ll c_{\mathrm{A}}$ nicht mehr, wird also k_z kleiner, so wird auch das Magnetfeld $\boldsymbol{B}_0$ gestört und $\boldsymbol{E}_1$ kann nicht mehr aus einem Potential berechnet werden. Aus Ionenbewegungsgleichung, Kontinuitätsgleichung und den MAXWELL-Gleichungen erhält man dann die *Dispersionsrelation für elektromagnetische Driftwellen*

$$(\omega - \omega^*)\left(\omega^2 + \omega^* \frac{T_{\mathrm{I}}}{T_{\mathrm{E}}} - k_z^2 c_{\mathrm{A}}^2\right) = 0, \tag{10.162}$$

wobei $m_{\mathrm{E}} \to 0$ angenommen wurde. Man erhält $\omega = \omega^*$ und für $k_z \to 0$ ergibt sich $\omega_1 = -\omega^* T_{\mathrm{I}}/T_{\mathrm{E}}$, vgl. Abb. 44.
Die räumliche Begrenzung eines Plasmagerätes bringt dessen geometrische Abmessungen in die Dispersionsrelation. Um dies zu sehen, betrachten wir als

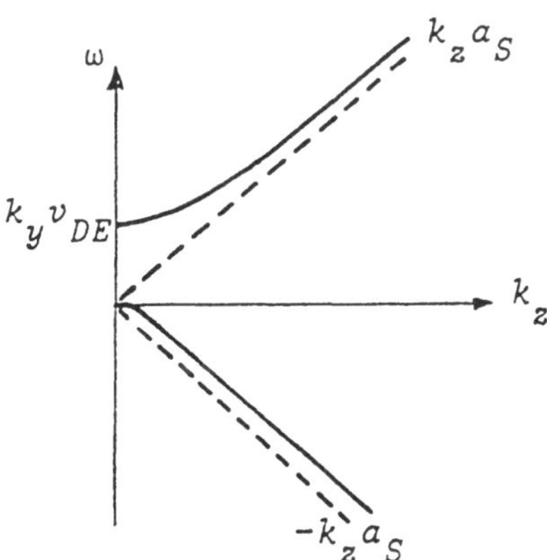

Abb. 43. Dispersionsrelation elektrostatischer Driftwellen

Modell einen Zylinder kalten Plasmas mit dem Radius r_0 in einem parallel zur Zylinderachse gerichteten starken magnetischen Feld B_z, das eine Teilchenbewegung nur in der z-Richtung erlaubt. Unter der Annahme einer Symmetrie $\partial/\partial\varphi = 0$ und einer Abhängigkeit $\exp(-i\omega t + ikz)$ des elektrischen Störfeldes erhält man mit $j_r = 0$, $j_\varphi = 0$, $j_z = i\varepsilon_0\omega_E^2 E_z/\omega$ aus (10.14) eine Wellengleichung für die longitudinale elektrische Welle E_z in der Form

$$\frac{\mathrm{d}^2 E_z(r)}{\mathrm{d}r^2} + \frac{1}{r}\frac{\mathrm{d}E_z(r)}{\mathrm{d}r} + \left(\frac{\omega^2}{c^2} - k^2\right)\left(1 - \frac{\omega_{\mathrm{PE}}^2}{\omega^2}\right)E_z = 0, \qquad (10.163)$$

deren Lösung im Plasma ($r \leqq r_0$)

$$E_z(r) = AJ_0(\alpha r) \qquad (10.164)$$

lautet, wenn wir den *Eigenwert*

$$\alpha^2 = \left(\frac{\omega^2}{c^2} - k^2\right)\left(1 - \frac{\omega_{\mathrm{PE}}^2}{\omega^2}\right) \qquad (10.165)$$

einführen. Im Vakuum ($r > r_0$) gilt $\alpha_0^2 = \omega^2/c^2 - k^2$ und

$$E_z(r) = BK_0(\alpha_0 r), \qquad (10.166)$$

wobei K_0 die modifizierte NEUMANN-Funktion ist. Da die tangentialen Komponenten $E_z(r)$ und $B_\varphi(r)$ längs der Zylinderoberfläche $r = r_0$ stetig sein müssen, ergeben sich die Randbedingungen

$$\begin{aligned} E_z(r_0) &= AJ_0(\alpha r_0) = BK_0(\alpha r_0) \\ B_\varphi(r_0) &= B\alpha_0 K_1(\alpha r_0) = A\alpha J_1(\alpha r_0), \end{aligned} \qquad (10.167)$$

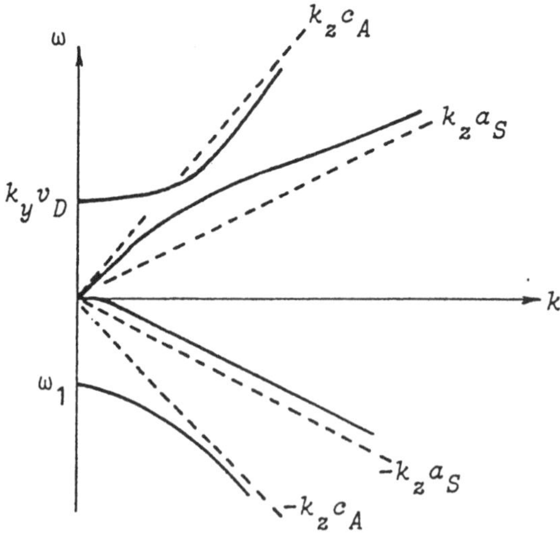

Abb. 44. Dispersionsrelation elektromagnetischer Driftwellen

da $J'_0(\alpha r_0) = -\alpha J_1(\alpha r_0)$. Um das System (10.167 nach den Amplituden A, B auflösen zu können, muß seine Koeffizientendeterminante verschwinden. Aus dieser Forderung erhält man die nun von der Abmessung r_0 abhängige Dispersionsrelation

$$J_0(\alpha r_0)\,\alpha_0 K_1(\alpha_0 r_0) - J_1(\alpha r_0)\,\alpha K_0(\alpha_0 r_0) = 0, \tag{10.168}$$

wodurch α bestimmt wird. Hier bedeutet J_0 eine stehende Welle im Plasma, und K_0 beschreibt eine in die Umgebung abstrahlende Oberflächenwelle. Wird der Plasmazylinder von einer metallischen Wand begrenzt, so daß die azimutale Komponente E_φ verschwindet, dann gilt $J_1(\alpha r_0) = 0$. Aus (10.165), (10.168) ersieht man, daß für Wellen $\omega > \omega_{\mathrm{PE}}$ der Eigenwert $\alpha^2 > 0$ und die Wellenzahl k reell sind: das Plasma strahlt Energie ins Vakuum ab. Für $\omega < \omega_{\mathrm{PE}}$ wird $\alpha^2 < 0$ und k wird komplex, die Plasmawellen im Vakuum werden (als Folge der umgebenden metallischen Wand) gedämpft [3.2]. Auf analoge Weise wurden auch Dispersionsrelationen für mit Plasma gefüllte Hohlleiter, bei denen das Plasma die Wand nicht berührt, abgeleitet [10.11]. Elektrostatische Elektronen-Schwingungen in einem kalten magnetisierten Plasma in einem Hohlleiter mit einem Vakuum zwischen Plasma und Wellenleiterwand erhielten die Bezeichnung TRIVELPIECE-GOULD-*Moden* [10.12]. Sie sind für Q-Maschinen von Interesse.
Da moderne Plasmageräte meist von toroidaler Form sind, ist auch die Ausbreitung von Wellen in toroidalen Gefäßen untersucht worden. Infolge der Nichtseparierbarkeit der Wellengleichungen für toroidale Geometrien muß man jedoch entweder mit Näherungsmethoden (WKB-Verfahren, § 10.7) oder mit numerischen Methoden (Computer-Codes) arbeiten, wobei sich im Falle toroidaler inhomogener Plasmen beliebiger Abmessungen sogar einfache *Randpunktkollokationsverfahren* [8.11, 10.13, 10.14, 10.15] bewährt haben.

10.7 Plasmaheizung

Infolge der nach (6.69) mit steigender Plasmatemperatur steigenden elektrischen Leitfähigkeit σ und damit sinkenden JOULEschen (OHMschen) Stromwärme $\sim j^2/\sigma$ ist es nicht möglich, mit dieser Methode höhere Ionentemperaturen als etwa 1 keV zu erreichen. Man hat daher die Plasmaheizung durch Injektionen beschleunigter Neutralteilchen, meist Deuteronen D oder auch Tritonen T mit z. B. 78 keV bei JET, untersucht [1.2]. Die Deuteriummoleküle werden bei dieser Methode zunächst ionisiert, dann beschleunigt, auf Neutralteilchen umgeladen und ins Plasma injiziert. Bei einer Injektionsleistung von 2,5 MW wurden in einem Tokamak-Plasma Ionentemperaturen von 7 keV erreicht. In Japan wurde 1993 bei einer Leistung von 19 MW eine Elektronentemperatur von 12 keV und eine Ionentemperatur von 38 keV erreicht [10.16].
Man hat auch am Plasmarand D$_2$-Gas injiziert und dabei flache Plasmadichteprofile erzeugt. Dabei zeigte sich in Experimenten, daß die MURAKAMI-

Grenze $n_E R q / B_\varphi < 12 \cdot 10^{19}$ m^{-2} T^{-1} nicht überschritten werden durfte, da es sonst zu einem Zusammenbruch der Plasmaentladung kam. Wenn jedoch Gas in der Plasmamitte eingeblasen wurde, wodurch ein Plasmadichteprofil mit einem deutlichen Maximum entstand, dann konnte die MURAKAMI-Grenze überschritten werden. Auch Brennstoffnachfüllung durch Einschießen von D-T-Eiskügelchen wird erwogen.

Weiters sind jedoch auch Wellen geeignet, um ein Plasma zu heizen. Man wird hierbei solche Wellen wählen, die im Plasma eine Resonanz ($c_{Ph} \to 0$, $c_G \to 0$) erleiden und daher absorbiert werden. Nach den Ausführungen in § 10.3 kommen daher Elektronenzyklotronwellen (ECRH — electron cyclotron resonance heating), untere (niedere) Hybridwellen (LHRH — lower hybrid resonance heating), Ionenzyklotronwellen (ICRF — ion cyclotron range frequency) und schließlich Niederfrequenzheizung durch ALFVÉN-Wellen in Frage [10.17, 10.4]. Niederfrequenzheizung erfolgt auch durch magnetisches Pumpen oder Transitzeitheizung, vgl. S. 59. Für ein typisches Tokamakplasma kann man größenordnungsmäßig etwa $\omega_{LI} \approx 10-100$ MHz, $\omega_{LE} \approx 30$ bis 200 GHz, $\omega_{UH} \approx 150$ GHz, $\omega_{LH} \approx 0{,}5-8$ GHz, $\omega_{PE} \approx 100$ GHz, ALFVÉN-Wellen $0{,}4-10$ MHz annehmen.

Um nun Heizung zu erreichen, muß bekannt sein, wo im inhomogenen Plasma Resonanz auftritt. Sind die betrachteten Wellenlängen klein gegenüber den Abmessungen und den Inhomogenitätsgradienten des Plasmas, so kann man mit der WKB (WENTZEL-KRAMER-BRILLOUIN)-Näherung [8.11] geometrische Optik betreiben und die Wellen durch ihre Strahlen beschreiben (*ray-tracing-Methode*). Für diese Strahlen kann man bei Vorhandensein einer Dispersionsrelation $D(\omega, \boldsymbol{k}, \boldsymbol{r}) = 0$ Bewegungsgleichungen

$$\frac{\mathrm{d}\boldsymbol{r}}{\mathrm{d}t} = -\frac{\partial D}{\partial \boldsymbol{k}} \bigg/ \frac{\partial D}{\partial \omega}, \quad \frac{\mathrm{d}\boldsymbol{k}}{\mathrm{d}t} = \frac{\partial D}{\partial \boldsymbol{r}} \bigg/ \frac{\partial D}{\partial \omega} \tag{10.169}$$

ableiten [10.17]. Allerdings bricht diese Näherung gerade in der Nähe der Resonanzschicht zusammen. Sie ist auch dann nicht verwendbar, wenn in einem Gebiet des Plasmas zwei Wellen mit gleicher Wellenzahl einander nahe kommen. Bei einem solchen Treffen schräg zum Magnetfeld kommt es zu einer *Modenkonversion*, d. h., es findet zwischen den Wellen ein Energieaustausch statt. In Abb. 41 erkennt man leicht die Modenkonversion zwischen den Ästen ⑦ und ⑧, wo die Phasengeschwindigkeiten von zwei Wellen gleich sind. So regen auch elektromagnetische Wellen mit Hybridfrequenzen elektrostatische Wellen wie Elektronenwellen und Ionen-BERNSTEIN-Wellen an, die durch LANDAU-Dämpfung oder harmonische Zyklotrondämpfung Wellenenergie auf das Plasma übertragen.

Bei ALFVÉN-*Wellenheizung* spielt die Resonanz $\omega^2 = k_z^2 c_A^2$ eine Rolle, doch haben die ALFVÉN-Wellen eine große Wellenlänge, so daß die Form des Plasmas, z. B. eine toroidale Geometrie, von entscheidender Bedeutung ist. Es tritt daher unterhalb eines kontinuierlichen Spektrums noch ein diskretes Spektrum auf [10.17, 10.4]. Toroidale Effekte wurden seit 1982 von einer Schweizer Gruppe intensiv untersucht [10.18].

Ionenzyklotronheizung bei $\omega = \omega_{\mathrm{LI}}$ kann in einem warmen Plasma nach der Theorie nach den Ausführungen von S. 225 nicht auftreten, da sich die Welle senkrecht zu $\boldsymbol{B}_0$ nicht ausbreiten kann (es sei denn, man berücksichtigt finite LARMOR radius (FLR) Korrekturen [10.17, 10.19, 10.20]. Man verwendet daher die zweite Harmonische $\omega \approx 2\omega_{\mathrm{LI}}$, die durch Zyklotrondämpfung (wobei durch Modenkonversion eine BERNSTEIN-Welle angeregt wird) die Ionen heizt. Im selben Frequenzbereich kommt auch die schnelle magnetoakustische Welle vor, die bei den Frequenzen $\omega = n\omega_{\mathrm{LI}}$, $n = 1, 2 \ldots$ durch Ionenzyklotrondämpfung und zum Teil durch Modenkonversion in elektrostatische Ionenwellen abgeschwächt wird. Auch in diesem Frequenzbereich kommt es zur Ausbildung von *toroidalen Eigenmoden* [10.21].

Heizung wird auch bei der niederen (unteren) Hybridfrequenz durchgeführt, die bei Ausbreitung senkrecht zu $\boldsymbol{B}_0$ besser durch $\omega_{\mathrm{R}1}$ nach (10.19) oder auch durch

$$\omega_{\mathrm{LH}}^2 = \frac{\omega_{\mathrm{LE}}^2\omega_{\mathrm{LI}}^2 + \omega_{\mathrm{PI}}^2\omega_{\mathrm{LE}}^2}{\omega_{\mathrm{PE}}^2 + \omega_{\mathrm{LE}}^2} \tag{10.170}$$

definiert wird [10.17]. Bei dieser Frequenz liegt ja eine Resonanz der außerordentlichen Welle. Eine genauere Analyse zeigt, daß die obere Hybridwelle die Resonanzschicht vom Plasmarand aus nicht erreichen kann. Die untere Hybridwelle trifft auch beim Eindringen in ein inhomogenes Plasma auf eine cut-off-Schicht, die sie jedoch nur zum Teil reflektiert. Für die untere Hybridwelle (die außerordentliche Welle) ist die cut-off-Frequenz nach (10.44) durch die von der Dichte abhängige ω_{PE} gegeben, so daß sie bei den niedrigen Randdichten eindringen kann. Die Welle bekommt dabei mehr und mehr ein elektrostatisches Verhalten und geht schließlich durch Modenkonversion in eine elektrostatische Ionen-BERNSTEIN-Welle über, die durch Elektronen-LANDAU-Dämpfung (oder durch nichtlineare stochastische Ionenheizung) das Plasma erwärmt.

Neben der Heizung ist interessant, daß untere Hybridwellen im Plasma einen Strom erregen können („*current drive*"). Dieser Strom könnte dazu dienen, einen Tokamak stationär zu betreiben, so daß auf den üblichen Impulsbetrieb verzichtet werden könnte. In Japan gelang es 1990 in einem kleinen Tokamak mit supraleitenden Spulen einen Strom von 22 kA während 70 Minuten allein durch current drive aufrecht zu erhalten [10.22].

Heizung bei den höchsten Frequenzen kann man mit der *Elektronenzyklotronresonanz* erzielen, wofür seit kurzem die zur Wellenerzeugung notwendigen *Gyrotrons* zur Verfügung stehen. Für die theoretische Behandlung ist streng genommen nur die relativistische VLASOV-Gleichung (10.131) zuständig, doch kann man die wichtigsten Schlüsse auch aus der nichtrelativistischen Theorie ziehen. Da die ordentliche (transversale elektromagnetische) Welle nur so weit in ein Plasma eindringen kann, bis $\omega = \omega_{\mathrm{P}}$ (ECCLES-*Bedingung*), muß man $\omega_{\mathrm{P}}^2 < \omega_{\mathrm{LE}}$ fordern, damit Heizung möglich wird. Für die in Richtung der Wellenausbreitung elliptisch polarisierte außerordentliche Welle ($\boldsymbol{k} \perp \boldsymbol{B}_0$,

$E \perp B_0$) gibt es eine Resonanz bei der oberen Hybridfequenz (wenn $\omega > \omega_{LE}$) und die Resonanzzone $\omega = \omega_{LE}$, die sie nur vom Inneren des Plasmas erreichen kann. Von der Außenseite wird ihr Eindringen durch den cut-off verhindert. Da die Energieabsorption durch die Elektronen in der Nähe des Zentrums erfolgt, kann durch ECRH auch das Temperaturprofil des Plasmas beeinflußt werden [1.2].

§ 11 Die Instabilitäten der Magnetohydrodynamik

11.1 Die Instabilitätskriterien von SCHLÜTER und BERNSTEIN

Will man untersuchen, ob eine gegebene MHD-Konfiguration, z. B. ein Einschlußsystem gegenüber *makroskopischen Instabilitäten* (vgl. S. 199) stabil ist, so stehen zwei Methoden zur Verfügung:

a) die *Methode der Normalschwingungen* (*normal modes method*) — man löst für das spezielle geometrische Problem die linearisierten Differentialgleichungen und sieht nach, ob exponentiell anwachsende[1] Instabilitäten $e^{+\gamma t}$ ($\gamma > 0$, rell) existieren; γ komplex würde der *Überstabilität*, d. h. exponentiell anwachsenden (oder gedämpften) Schwingungen entsprechen;

b) die *Methode des Energieprinzips* — diese gestattet es, allgemeine, von den speziellen geometrischen Verhältnissen unabhängige Aussagen (*Stabilitätskriterien*) anzugeben.

Ein solches allgemeines *Stabilitätskriterium* wurde erstmals von HAIN, LÜST und SCHLÜTER und nur wenig später in LAGRANGE-Koordinaten ξ von BERNSTEIN, FRIEMAN, KRUSKAL, KULSRUD angegeben (*Energieprinzip* von BERNSTEIN).

Zur Ableitung des *Stabilitätskriteriums* von SCHLÜTER gehen wir von den Grundgleichungen eines idealen MHD-Plasmas aus; vgl. § 5. Geht man mit dem Störungsansatz (10.93) in die Grundgleichungen ein und vernachlässigt man Produkte und höhere Potenzen der Störglieder, so erhält man (10.94), aus der *Bewegungsgleichung* (5.14) mit (8.5)

$$\varrho_0 \frac{\partial v_1}{\partial t} = -\nabla p - \frac{1}{4\pi} [B_1 \times \mathrm{rot}\, B_0] - \frac{1}{4\pi} [B_0 \times \mathrm{rot}\, B_1], \qquad (11.1)$$

aus der Adiabate (5.57), mit $\dfrac{\mathrm{d}}{\mathrm{d}t} \approx \dfrac{\partial}{\partial t}$

$$\frac{\partial p_1}{\partial t} + (v_1 \nabla p_0) = \varkappa \frac{p_0}{\varrho_0} \left(\frac{\partial \varrho_1}{\partial t} + v_1 \nabla \varrho_0 \right), \qquad (11.2)$$

---

[1] ROBERTS (Phys. Fluids **8**, 315 (1965)) hat jedoch gezeigt, daß Schwingungen, die nicht von der Form $e^{i\omega t}$ sind, existieren und auf den Plasmaeinschluß Einfluß haben.

wobei wir $\dfrac{c_p}{c_v} = \varkappa$ setzten (da hier eine Verwechslung mit der Wärmeleitfähigkeit unmöglich ist — im idealen Plasma verschwindet die Wärmeleitfähigkeit). Die Vernachlässigung der höheren Potenzen ist nur für niedrig-β-Systeme erlaubt, in denen das Gleichgewichtsmagnetfeld gleich dem durch äußere Leiter erzeugten Vakuumfeld ist. NORTHROP hat zwar gezeigt, daß bei kleinem β stabile Systeme auch noch bei größerem β stabil sein können, doch gilt dies nicht allgemein. Das diamagnetische Plasma biegt die zum Plasma konvex gekrümmten Magnetlinien (durch sein Eigenfeld) nach innen, so daß sich eine instabile Krümmung einstellt. Eine weitere Rolle spielen die Randbedingungen, die später in die Rechnungen eingehen: die lineare Näherung ($\beta \ll 1$) nimmt eine scharfe Grenzfläche zum Vakuum an, an der Dichte und Druck springen; in Wirklichkeit liegt ein stetiger Übergang innerhalb einer Randschicht vor. Bisher existieren allerdings erst wenige Ansätze für die *nichtlineare Behandlung* von Instabilitäten.

Beim Vergleich von (11.1) etwa mit (10.95) beachte man, daß bei der Ableitung von (10.95) $\eta \neq 0$, rot $\boldsymbol{B}_0 = 0$ gilt.

Aus der *Induktionsgleichung* (5.33) ergibt sich

$$\frac{\partial \boldsymbol{B}_1}{\partial t} = \operatorname{rot}\,[\boldsymbol{v}_1 \times \boldsymbol{B}_0]. \tag{11.3}$$

Die *zeitunabhängigen* Gleichgewichtsgrößen $\boldsymbol{B}_0$, ϱ_0, p_0 erfüllen natürlich die hier im § 5 abgeleiteten Gleichungen. Differenziert man (11.1) nach t und setzt man aus (11.3), (11.2) und (10.94) ein, so erhält man

$$\varrho_0 \frac{\partial^2 \boldsymbol{v}_1}{\partial t^2} = \nabla(\boldsymbol{v}_1 \nabla p_0 + \varkappa p_0 \operatorname{div}\boldsymbol{v}_1) - \frac{1}{4\pi}\,[\operatorname{rot}\,[\boldsymbol{v}_1 \times \boldsymbol{B}_0]$$

$$\times \operatorname{rot}\boldsymbol{B}_0] - \frac{1}{4\pi}\,[\boldsymbol{B}_0 \times \operatorname{rot}\operatorname{rot}\,[\boldsymbol{v}_1 \times \boldsymbol{B}_0]]. \tag{11.4}$$

Dies ist eine in $\boldsymbol{v}_1$ lineare partielle Differentialgleichung, deren Koeffizienten die bekannten Funktionen $\varrho_0(\boldsymbol{r})$, $p_0(\boldsymbol{r})$, $\boldsymbol{B}_0(\boldsymbol{r})$ darstellen. Da die Gleichgewichtsfunktionen von den speziellen geometrischen Verhältnissen abhängen, ist eine allgemeine Lösung nur schwer — z. B. mit Hilfe der GREEN*schen Funktion* möglich.

Macht man nun den Ansatz

$$\boldsymbol{v}_1(\boldsymbol{r}, t) = \boldsymbol{v}_1(\boldsymbol{r}) \exp\,(i\omega t), \tag{11.5}$$

so ist in (11.4) $\dfrac{\partial^2 \boldsymbol{v}_1}{\partial t^2}$, durch $-\omega^2 \boldsymbol{v}_1$ zu ersetzen; nach längeren Umformungen kann die so entstehende Gleichung auch in der Form

$$\omega^2 \varrho_0 v_\alpha = -\frac{\partial}{\partial x_l}\,Q_{\alpha\beta}^{lm}\,\frac{\partial}{\partial x_m}\,v^\beta \tag{11.6}$$

geschrieben werden (β ist ein kontravarianter Index). Der Tensor $Q_{\alpha\beta}^{lm}$ läßt sich durch B und p ausdrücken. (11.6) ist übrigens von der Form (9.4). Der Tensor $Q_{\alpha\beta}^{lm}$ tritt an die Stelle der zweiten Ableitung des Potentials. Eine Gleichgewichtsanordnung ist demnach dann *stabil, wenn* $\omega^2 > 0$, also ω *reell* ist. Um dies zu entscheiden, müssen die Eigenwerte des Operators (11.5) bekannt sein. Bei SCHLÜTER zeigt sich, daß bei Erfüllung der Bedingung $Q_{\alpha\beta}^{lm} = Q_{\beta\alpha}^{lm}$ der Operator *hermitesch* ist, daß er also *reelle Eigenwerte* ω^2 besitzt. Die Erfüllung dieser Symmetriebedingung ist jedoch nur für spezielle Magnetfelder gewährleistet. Um diese speziellen Magnetfelder zu finden, sind weitere komplizierte Umformungen notwendig, die wir aus Platzmangel und da wir nach einem anderen Verfahren weiterrechnen, hier nicht bringen. Wir wollen jedoch die Resultate (die wir zum Teil mit einem anderen Verfahren gewinnen werden) zusammenstellen.

$Q_{\alpha\beta}^{lm}$ ist symmetrisch und die Gleichgewichtskonfiguration ist *stabil*, wenn folgende Bedingungen *gemeinsam* gelten (*Stabilitätskriterium von* SCHLÜTER):

1. Der Strom j muß auf dem Magnetfeld B_0 senkrecht stehen, d. h.

$$B_0 \operatorname{rot} B_0 = B_0 j = 0. \tag{11.7}$$

Dies ist für alle zylindersymmetrischen Felder, die entweder rein meridional oder rein toroidal sind, erfüllt.

2. Es muß

$$\nabla B_0^2 \cdot [B_0 \times \nabla p_0] = 0 \tag{11.8}$$

gelten. Dies ist bei allen zylindersymmetrischen meridionalen Magnetfeldern erfüllt, da dann aus Symmetriegründen B_0, ∇p_0, ∇B_0^2 im Meridionalschnitt liegen, so daß das Spatprodukt (11.8) verschwindet.

3. Sind 1. und 2. erfüllt, dann liegt Stabilität vor, wenn

$$\nabla p_0 \cdot (B_0 \nabla) B_0 \leqq 0 \tag{11.9}$$

gilt. Dies bedeutet aber, daß der Winkel zwischen ∇p_0 und $(B_0 \nabla) B_0$ größer als $\dfrac{\pi}{2}$ ist, d. h., daß die *Magnetfeldlinien in Richtung geringeren Druckes gebogen sein müssen (Minimumfeld), das Feld B_0 ist vom Plasma gekrümmt*, der Cusp, vgl. Abb. 23, ist daher stabil. Außerdem ist das Feld $(B_0 \nabla) B_0 = 0$ stabil, so daß alle *rotationsfreien Störungen* (Potentialströmungen) *stabil* sind.

Unter LAGRANGE-*Koordinaten* ξ versteht man die Ortskoordinaten einzelner Flüssigkeitselemente. Die einzelnen Elemente werden durch ihre Anfangslage, die bei unseren Problemen mit der Gleichgewichtslage r_0 zusammenfällt, identifiziert. ξ ist daher einfach die Verschiebung eines Flüssigkeitselementes als Folge der Störung, und $\dfrac{d\xi}{dt}$ beschreibt bei festgehaltenem r_0 (Identität des Teilchens wird erhalten) die Teilchengeschwindigkeit $v(r_0, t)$. Eine TAYLOR-

Reihe gibt

$$v(r, t) = v(r_0, t) + (\xi \cdot \nabla) v + \cdots \approx v(r_0, t) = \frac{\mathrm{d}\xi}{\mathrm{d}t} = \dot{\xi}. \tag{11.10}$$

In unserer Näherung, in der $(\xi \cdot \nabla) v$ von höherer Ordnung ist, da $v = v_1$, kann daher einfach in allen Gleichungen v_1, durch $\dot{\xi}$ ersetzt werden. (Ist $v_0 \neq 0$, liegt ein stationäres Gleichgewicht vor). Die Erweiterung der Theorie von FRIEMAN und ROTENBERG für $v_0 \neq 0$ findet man in [10.23]. Erweiterungen des Energieprinzips für $v_0 \neq 0$ auf MHD-Plasmen endlicher elektrischer Leitfähigkeit wurden 1968 von FRIEDEL und UNTEREGGER [10.24] und in mehreren Arbeiten von TASSO, 1993 auch für nichtlineare Probleme, gebracht [10.2]. Integriert man mit der Anfangsbedingung $\xi(r_0, 0) = \dot{\xi}(r_0, 0)$ nach t, so gehen (10.94), (11.4), (11.2) in

$$\varrho_1 = -\mathrm{div}\,(\varrho_0 \xi),$$

$$\varrho_0 \ddot{\xi} = \nabla(\xi \nabla p_0 + \varkappa p_0\,\mathrm{div}\,\xi) + \frac{1}{4\pi}\left[\mathrm{rot}\,B_0 \times \mathrm{rot}\,[\xi \times B_0]\right]$$

$$+ \frac{1}{4\pi}\left[\mathrm{rot}\,\mathrm{rot}\,[\xi \times B_0] \times B_0\right] \equiv F(\xi), \tag{11.11}$$

$$p_1 = -\varkappa p_0\,\mathrm{div}\,\xi - (\xi \nabla p_0),$$

$$B_1 = \mathrm{rot}\,[\xi \times B_0]$$

über.

In der LAGRANGEschen *Bewegungsgleichung des Flüssigkeitselementes* hat $F(\xi)$ die Dimension einer Kraft. $F(\xi)$ ist nach (11.11) eine lineare Funktion von ξ. Integriert man über das Flüssigkeitsvolumen, so liefert der Energiesatz (keine Dissipation!)

$$\frac{\partial}{\partial t}\int\left(\frac{1}{2}\varrho_0 \dot{\xi}^2 - \frac{1}{2}\xi F(\xi)\right)\mathrm{d}\tau = 0 = \int \varrho_0 \dot{\xi}\ddot{\xi}\,\mathrm{d}\tau$$

$$- \frac{1}{2}\int \dot{\xi}F\,\mathrm{d}\tau - \frac{1}{2}\int \xi F(\dot{\xi})\,\mathrm{d}\tau \tag{11.12}$$

oder mit (11.11)

$$\int \dot{\xi}F(\xi)\,\mathrm{d}\tau = \int \xi F(\dot{\xi})\,\mathrm{d}\tau.$$

Da ξ und $\dot{\xi}$ willkürliche, voneinander unabhängig die gleichen Randbedingungen erfüllende Funktionen sind, muß $F(\xi)$ *hermitesch* (*selbstadjungiert*) sein. Wenn $v_0 \neq 0$, geht die Selbstadjungiertheit verloren. Da $F(\xi)$ hermitesch ist, kann die Bewegungsgleichung (11.11) auch mit Hilfe des *Variationsprinzips* $\delta \int L\,\mathrm{d}t = 0$ abgeleitet werden, wobei die LAGRANGE-*Funktion* L durch $\int\left(\frac{1}{2}\varrho_0 \dot{\xi}^2 - \frac{1}{2}\xi F(\xi)\right)\mathrm{d}\tau$ gegeben ist. Weiter folgt durch Multiplikation von

(11.11) mit $\xi = \xi_k \exp\left(\pm i\omega(k)\,t\right)$ nach Integration

$$\omega_k^2 = -\frac{\int \xi_k F(\xi_k)\,d\tau}{\int \varrho_0 \xi_k^2\,d\tau}.\tag{11.13}$$

Da eine Energie nicht komplex sein kann, sind *komplexe* ω_k^2, also *exponentiell anwachsende Schwingungen* („*Überstabilität*") *ausgeschlossen*.
Aus der Hermitizität von $F(\xi)$ folgt nun, daß die ω_k^2 *positiv*, also die ω_k^2 dann *reell* sind, also *keine Instabilitäten vorliegen*, wenn die *potentielle Energie* $\delta W = -\int \xi F(\xi)\,d\tau$ *positiv* ist.
Damit wir erkennen, wie das einschließende Magnetfeld die Stabilität des Plasmas bestimmt, trennen wir im Ausdruck $-\dfrac{1}{2}\displaystyle\int \xi F(\xi)\,d\tau$ für die potentielle Energie den Einfluß der Plasmaoberfläche und den Einfluß des Vakuummagnetfeldes ab. Durch Einsetzen von F aus (11.11) erhalten wir für die Änderung δW der potentiellen Energie

$$\delta W = -\frac{1}{2}\int \xi \cdot \left(\nabla(\xi\nabla p_0 + \varkappa p_0\,\mathrm{div}\,\xi) + \frac{1}{4\pi}\left[\mathrm{rot}\,\boldsymbol{B}_0 \times \boldsymbol{Q}\right]\right.$$
$$\left. + \frac{1}{4\pi}\left[\mathrm{rot}\,\boldsymbol{Q} \times \boldsymbol{B}_0\right]\right)d\tau.\tag{11.14}$$

Hierbei haben wir wie üblich die Abkürzung

$$\boldsymbol{B}_1 \equiv \boldsymbol{Q} = \mathrm{rot}\,[\xi \times \boldsymbol{B}_0] = (\boldsymbol{B}_0\nabla)\,\xi - \boldsymbol{B}_0\,\mathrm{div}\,\xi - (\xi\nabla)\,\boldsymbol{B}_0\tag{11.15}$$

verwendet, die die Änderung des lokalen Magnetfeldes im Plasma als Folge der Störung angibt.
Die weitere Umformung ist etwas mühsam:
Mit Hilfe der 3 Identitäten

$$\nabla \cdot \big(\xi(\xi \cdot \nabla p_0 + \varkappa p\,\mathrm{div}\,\xi)\big) = \xi \cdot \nabla(\xi \cdot \nabla p_0 + \varkappa p_0\,\mathrm{div}\,\xi)$$
$$+ \nabla \cdot \xi(\xi \cdot \nabla p_0 + \varkappa p_0\,\mathrm{div}\,\xi),$$

$$\nabla \cdot [[\xi \times \boldsymbol{B}_0] \times \boldsymbol{Q}] = \boldsymbol{Q} \cdot \mathrm{rot}\,[\xi \times \boldsymbol{B}_0] - [\xi \times \boldsymbol{B}_0] \cdot \mathrm{rot}\,\boldsymbol{Q}$$
$$= Q^2 + \xi \cdot [\mathrm{rot}\,\boldsymbol{Q} \times \boldsymbol{B}],$$

$$\xi\,[\mathrm{rot}\,\boldsymbol{B}_0 \times \boldsymbol{Q}] = -[\xi \times \boldsymbol{Q}]\,\mathrm{rot}\,\boldsymbol{B}_0$$

und des GAUSSschen Satzes leitet man aus (11.14)

$$\delta W = \delta W_{\mathrm{P}} - \frac{1}{2}\int \left(\frac{1}{4\pi}[\xi \times \boldsymbol{B}_0] \times \boldsymbol{Q} + \xi(\xi \cdot \nabla p_0 + \varkappa p_0\,\mathrm{div}\,\xi)\right)d\boldsymbol{F}\tag{11.16}$$

ab, wobei das Flächenintegral über die Plasma-Vakuum-Grenzfläche erstreckt wird und die Änderung δW_{P} der potentiellen Energie *im* Plasma durch

$$\delta W_\mathrm{P} = \frac{1}{2} \int \left(\frac{Q^2}{4\pi} + \frac{1}{4\pi} \operatorname{rot} \boldsymbol{B}_0 \cdot [\boldsymbol{\xi} \times \boldsymbol{Q}] + \nabla p_0 \cdot \boldsymbol{\xi} \operatorname{div} \boldsymbol{\xi} + \varkappa p_0 \, (\operatorname{div} \boldsymbol{\xi})^2 \right) \mathrm{d}\tau$$

$$(11.17)$$

gegeben ist. Wir müssen nun die Randbedingungen zwischen Plasma und Vakuum betrachten, da ja diese auch von den Störungen erfüllt werden müssen. Da infolge einer Verschiebung $\boldsymbol{\xi}$ eines Plasmateilchens an der Grenzfläche eine Änderung des Vakuum-Magnetfeldes bedingt wird, entsteht durch Induktion ein kleines zusätzliches elektrisches Feld $\delta \boldsymbol{E}_\mathrm{V}$. Da die Tangentialkomponente des gesamten elektrischen Feldes $\boldsymbol{E}^*$ nach (5.60) stetig sein muß, folgt aus der Randbedingung von Seite 108

$$[\boldsymbol{n} \times \delta \boldsymbol{E}_\mathrm{V}] = (\boldsymbol{n}\boldsymbol{v}) \, \boldsymbol{B}_\mathrm{V}. \tag{11.18}$$

Hierbei wurde berücksichtigt, daß wegen $\sigma = \infty$ im idealen Plasma $\boldsymbol{E} = -\dfrac{1}{c}$ $\cdot [\boldsymbol{v} \times \boldsymbol{B}]$ gilt, vgl. (5.26). $\boldsymbol{B}_\mathrm{V}$ ist das Vakuumfeld, $\boldsymbol{n}$ der Normaleinheitsvektor auf die Plasmaoberfläche; die Stetigkeit der Normalkomponente $\boldsymbol{n} \cdot \boldsymbol{B}$ wurde verwendet.

Aus

$$\frac{\mathrm{d}\boldsymbol{B}_0}{\mathrm{d}t} = \frac{\partial \boldsymbol{B}_0}{\partial t} + (\boldsymbol{\xi}\, \nabla) \, \boldsymbol{B}_0 \tag{11.19}$$

folgt nach Integration nach t von $t = 0$ bis t

$$\boldsymbol{B}_0(\boldsymbol{r}, t) - \boldsymbol{B}_0(\boldsymbol{r}_\mathrm{s}, 0) = \boldsymbol{Q}(\boldsymbol{r}_\mathrm{s}, t) + (\boldsymbol{\xi}\, \nabla) \, \boldsymbol{B}_0(\boldsymbol{r}_\mathrm{s}, t) \tag{11.20}$$

für das Plasma und

$$\boldsymbol{B}_\mathrm{V}(\boldsymbol{r}, t) - \boldsymbol{B}_\mathrm{V}(\boldsymbol{r}_\mathrm{s}, 0) = \delta \boldsymbol{B}_\mathrm{V} + (\boldsymbol{\xi}\, \nabla) \, \boldsymbol{B}_\mathrm{V}(\boldsymbol{r}, t) \tag{11.21}$$

für das Vakuum, wobei $\boldsymbol{r}_\mathrm{s}$ ein Ortsvektor der ungestörten und $\boldsymbol{r}$ ein Ortsvektor der gestörten *Plasma-Vakuum-Grenzfläche* ist; V bezeichnet das Vakuum. Aus (11.2) und (10.94) folgt analog

$$p_0(\boldsymbol{r}, t) - p_0(\boldsymbol{r}_\mathrm{s}, 0) = -\varkappa p_0(\boldsymbol{r}_\mathrm{s}, 0) \cdot \operatorname{div} \boldsymbol{\xi}. \tag{11.22}$$

Setzt man (11.20), (11.21) und (11.22) in (8.16) ein ($p_2 = p_\mathrm{V} = 0$), so erhält man

$$-\varkappa p_0 \operatorname{div} \boldsymbol{\xi} + \frac{\boldsymbol{B}_0}{4\pi} \left(\boldsymbol{Q} + (\boldsymbol{\xi}\, \nabla) \, \boldsymbol{B}_0 \right) = \frac{\boldsymbol{B}_\mathrm{V}}{4\pi} \left(\delta \boldsymbol{B}_\mathrm{V} + (\boldsymbol{\xi}\, \nabla) \, \boldsymbol{B}_\mathrm{V} \right). \tag{11.23}$$

Setzt man dies in (11.16) ein und berücksichtigt (8.14), d. h. $\boldsymbol{B} \, \mathrm{d}\boldsymbol{F} = 0$, so erhält man mit $\boldsymbol{B}_0(\boldsymbol{\xi}\, \nabla) \, \boldsymbol{B}_0 = (\boldsymbol{\xi}\, \nabla) \dfrac{B_0^2}{2}$ das Oberflächenintegral in der Form

$$-\int_G (\boldsymbol{\xi}\boldsymbol{n})^2 \left\{ \nabla \left(p_0 + \frac{B_0^2}{8\pi} \right) \right\} \mathrm{d}\boldsymbol{F} - \int \frac{\boldsymbol{B}_\mathrm{V} \delta \boldsymbol{B}_\mathrm{V}}{4\pi} \cdot \boldsymbol{\xi} \, \mathrm{d}\boldsymbol{F} = \delta W_\mathrm{G} + \delta W_\mathrm{V}.$$

$$(11.24)$$

Die Klammer { } bedeutet den Zuwachs beim Überschreiten der Grenzfläche. G bezeichnet die Grenzfläche. δW_G ist die Arbeit, die gegen den in der Grenzfläche fließenden Strom bei Verschiebung der Grenzfläche um ξ geleistet werden muß. δW_V ist die Änderung der magnetischen Energie im Vakuum, die durch die Störung ξ verursacht wird. Mit zeitlicher Integration von (11.18) und mit $\delta E_V = -\delta \dot{A}$, wo A das Vektorpotential ist (rot $\delta A = \delta B_V$), erhält man

$$\delta W_V = \int\limits_{\text{Vakuum}} \frac{\delta B_V^2}{8\pi}\, d\tau. \tag{11.25}$$

Die potentielle Energie des eingeschlossenen Plasmas besteht somit aus den drei Anteilen δW_P nach (11.17), δW_G und δW_V nach (11.24) resp. (11.25). Das System ist dann *stabil, wenn die auftretenden Störungen ein $\delta W > 0$ erzeugen* (*Energieprinzip* von BERNSTEIN).

Das Energieprinzip wurde auch auf die *anisotrope MHD* (CGL-*Theorie*) angewendet. Es ergibt sich hierbei $\delta W_{\text{MHD}} < \delta W_{\text{CGL}}$, d. h., daß eine Anordnung nach der CGL-Theorie stabil ist, wenn sie in der MHD-Theorie stabil ist.

11.2 Spezielle MHD-Instabilitäten eines idealen Plasmas

Wir wollen nun zunächst mit Hilfe der *Methode der Normalschwingungen* einige spezielle Instabilitäten untersuchen. Wenn eine schwere Flüssigkeit im Gravitationsfeld über eine leichte Flüssigkeit geschichtet ist, so wird jede kleine Störung das instabile Gleichgewicht zerstören, und es kommt zur Umschichtung der Flüssigkeiten (RAYLEIGH-TAYLOR-*Instabilität*). In Analogie zu dieser Instabilität betrachtet man in der Plasmaphysik die Stabilität eines im Gravitationsfeld durch ein Magnetfeld schwebend gehaltenen Plasmas, vgl. Abb. 45. Als Folge der Schwerkraft $-\varrho\,\nabla\Phi = -\varrho_1\,\nabla\Phi$ (Φ sei

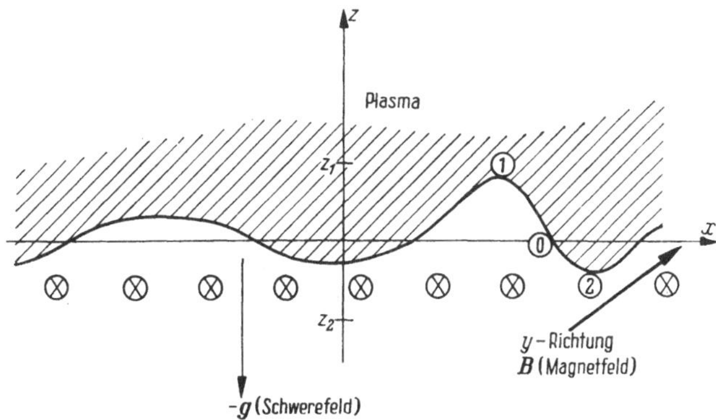

Abb. 45. KRUSKAL-SCHWARZSCHILD-Instabilität

$$p_1 < p_0,\, p_2 > p_0,\, p_1 < \frac{B_0^2}{8\pi},\, p_2 > \frac{B_0^2}{8\pi}$$

das Schwerepotential, $\nabla\Phi = g$) wird die Bewegungsgleichung (11.11) durch den Term $\nabla(\varrho_0\xi)\cdot\nabla\Phi$ erweitert und nimmt mit dem Störungsansatz $\xi \sim \exp(\omega t)$, mit (11.15) und mit der Annahme eines *inkompressiblen* Plasmas, d. h. div $\xi = 0$ die Form

$$\varrho_0\omega^2\xi = \nabla(\xi\cdot\nabla p_0) + \frac{1}{4\pi}[\operatorname{rot} \boldsymbol{B}_0 \times \boldsymbol{Q}] + \frac{1}{4\pi}[\operatorname{rot} \boldsymbol{Q} \times \boldsymbol{B}_0] + g\xi\,\nabla p_0$$

$$(11.26)$$

an. Man beachte, daß $\nabla\varrho_0 \neq 0$.

Mit Hilfe des Energieprinzips kann man übrigens zeigen, daß $\delta W = -\xi\,\nabla\Phi$ $\cdot$ div $\varrho_0\xi < 0$, so daß eine Instabilität zu erwarten ist. Wir wollen jedoch mit der Methode der Normalschwingungen weiterrechnen.

Gemäß Abb. 45 nehmen wir folgende speziellen Verhältnisse an:

$$g_x = g_y = 0, \qquad g_z = -g, \qquad B_x = B_z = 0, \qquad B_y = B_{0y} + B_{1y},$$

$$\xi_y = 0, \qquad \xi_x = \xi_x(x, z), \qquad \xi_z = \xi_z(x, z), \qquad \operatorname{div} \xi = 0, \qquad \frac{\partial}{\partial y} = 0.$$

Die Gleichgewichtsgrößen seien nur von z abhängig, ferner möge $\nabla\varrho_0 = 0$ gelten. Damit erhält man mit (11.15)

$$(\xi\,\nabla p_0) = \xi_z\cdot\frac{\partial p_0}{\partial z}, \qquad Q_x = Q_z = 0, \qquad Q_y = -\xi_z\frac{\partial B_{0y}}{\partial z}.$$

Durch Einsetzen in (11.26) erhält man für ξ_x, ξ_z

$$\varrho_0\omega^2\xi_x = \frac{\partial\xi_z}{\partial x}\frac{\partial}{\partial z}\left(p_0 + \frac{B_0^2}{8\pi}\right) = -\varrho_0 g\frac{\partial\xi_z}{\partial x},$$

$$\varrho_0\omega^2\xi_z = \frac{\partial\xi_z}{\partial z}\frac{\partial}{\partial z}\left(p_0 + \frac{B_0^2}{8\pi}\right) + \xi_z\frac{\partial}{\partial z}\left(\frac{\partial}{\partial z}\left(p_0 + \frac{B_0^2}{8\pi}\right)\right) = -\varrho_0 g\frac{\partial\xi_z}{\partial z},$$

$$(11.27)$$

da in unserem Spezialfall (8.28) die Form

$$\frac{\partial}{\partial z}\left(p_0 + \frac{B_0^2}{8\pi}\right) = -\varrho_0 g \tag{11.28}$$

annimmt. Die partiellen Differentialgleichungen (11.27) sind linear, homogen und besitzen konstante Koeffizienten. Sie können daher durch einen e-Potenzansatz gelöst werden, und die gesamte Lösung, die auch div $\xi = 0$ erfüllen muß, lautet dann

$$\xi_x = k\exp(\omega t)\exp(\pm ikx)\exp(-kz),$$

$$\xi_z = ik\exp(\omega t)\exp(\pm ikx)\exp(-kz),$$

und die Dispersionsrelation

$$\omega = \sqrt{gk} = \gamma, \tag{11.29}$$

die für eine Zeitabhängigkeit $\exp(\omega t) = \exp(\gamma t)$ reelle ω liefert, gibt die *Anwachsrate* γ *der* KRUSKAL-SCHWARZSCHILD-*Instabilität* eines Plasmas. Eine genauere Analyse der KURSKAL-SCHWARZSCHILD-*Instabilität* für ein inkompressibles Plasma der Schichtdicke h mit variabler Dichte $\sim \exp(y/s)$, mit $v_0 = 0$, $\boldsymbol{B}$ in der z-Richtung, $\boldsymbol{g}$ in der y-Richtung, ergibt aus der linearisierten Bewegungs- und Kontinuitätsgleichung die Anwachsrate γ für die Mode n in der Form

$$\gamma = \pm \sqrt{\frac{g}{s} \frac{h^2 k^2}{n^2\pi^2 + h^2 k^2 + h^2/4s^2}}.$$

Für $\gamma < 0$ erhält man Dämpfung der Mode. Für kurze Wellen ($k \to \infty$) erhält man $\gamma = \sqrt{g/s}$. Diese Moden sind durch FLR-*Stabilisierung* (*finite* LARMOR *radius effect*) stabilisierbar, wenn $k^2 r_{\mathrm{LI}}^2 > 4 g s m_\mathrm{i}/k_\mathrm{B} T$ gilt. Für eine diffuse Grenzfläche mit einer Dichteverteilung $n_0(z)$ erhält man $\gamma = \sqrt{g\,\mathrm{d}\ln n_0(z)/\mathrm{d}z}$. Für ein einfaches geschertes Magnetfeld $B_{0x} = B_0 = \text{const}$, $B_{0y}(z) = B_0 s z$, $B_{0z} = 0$, $B_{0y}/B_{0x} = sz$ erhält man aus $\gamma = \sqrt{g\,\mathrm{d}\ln n_0(z)/\mathrm{d}z - c_\mathrm{A}^2 s^2}$ für $c_\mathrm{A}^2 s^2 > g\,\mathrm{d}\ln n_0(z)/\mathrm{d}z$ Stabilisierung [9.3].

Der *Mechanismus* der Instabilität ist leicht zu verstehen: Der Druck $p_1 = p_0 - g\varrho_0 z_1$ an der Stelle ① ist nach (11.28) infolge der Schwerkraft kleiner als an der Stelle ⓪: $p_1 < p_0$, vgl. Abb. 45. Umgekehrt gilt $p_2 > p_0$. Das Gleichgewicht verlangt

$$p_0 = \frac{B_0^2}{8\pi}. \quad \text{Daher gilt} \quad p_1 < \frac{B_0^2}{8\pi}, \quad p_2 > \frac{B_0^2}{8\pi}, \tag{11.30}$$

und an der Stelle ① drückt das Magnetfeld das Plasma infolge des geringeren Gegendruckes noch weiter hinauf, und an der Stelle ② überwindet der Plasmadruck das Magnetfeld: an beiden Stellen vergrößert sich die Störung. Im Teilchenbild führt die Störung zunächst zu einer Ladungstrennung, die ihrerseits ein lokales elektrisches Feld erzeugt. Dieses führt im Magnetfeld $\boldsymbol{B}_0$ zu einer transversalen $[\boldsymbol{E} \times \boldsymbol{B}]$-Drift, die die anfängliche Störung durch Ladungstrennung vergrößert. Die Gravitationsenergie (oder auch die Arbeitsleistung bei der Gasexpansion, wenn ein kompressibles Plasma angenommen wird) stellt die Energiequelle der Störung dar. (Interessant ist, daß man zeigen konnte, daß in speziellen kraftfreien Magnetfeldern die KRUSKAL-SCHWARZSCHILD-*Instabilität* nicht auftritt.) Nach dem Energieprinzip ergibt sich die KRUSKAL-SCHWARZSCHILD-*Instabilität* für ein inkompressibles Plasma durch Einsetzen von $\Phi = gz$, (8.29), (8.33), $\mathrm{div}\,\boldsymbol{\xi} = 0$ in das durch das Schwereglied $-\nabla(\varrho_0 \boldsymbol{\xi})\,\nabla\Phi$ ergänzte Energieprinzip (11.14) in der Form [4.4]

$$\delta W = -\frac{g}{2}\int \xi_z^2 \frac{\mathrm{d}\varrho}{\mathrm{d}z}\,\mathrm{d}\tau < 0, \tag{11.31}$$

was für mit z wachsender Dichte eine Instabilität anzeigt.

Ebenfalls durch Gravitation (großer Plasmamassen) wird für $\sigma = \infty$ die *Gravitationsinstabilität* erzeugt. Ein Spezialfall ist die JEANS-*Instabilität*. Für $\sigma \neq \infty$ oder bei Berücksichtigung des HALL-*Effektes* (§ 11.3) oder bei Druckgradienten (§ 11.4) verläuft die Gravitationsinstabilität anders.

In der soeben besprochenen KRUSKAL-SCHWARZSCHILD-*Instabilität* kommt es gewissermaßen zu einer Drehung eines Plasmaelementes um eine magnetische Feldlinie, so daß das Element Gravitationsenergie gewinnt, die magnetische Energie aber (meistens) gleich bleibt.[2] Da die Feldlinien in einem idealen Plasma ($\sigma = \infty$, vgl. Seite 308) *eingefroren* sind, das Plasmaelement also seine Feldlinie „mitnimmt" und der Fluß durch eine Feldröhre konstant ist, kommt es zu einem *Austausch* magnetischer Feldlinien. Instabilitäten, die ihre Energie durch den Austausch von Plasmaelementen samt ihren Feldlinien gewinnen, nennt man *Austauschinstabilitäten*. Eine solche Austauschinstabilität kann nur dann auftreten, wenn benachbarte Feldlinien topologisch äquivalent, also z. B. *nicht verschert* sind. Die *Verscherung der Feldlinien* (vgl. Abb. 9, S. 39) ist daher eine der möglichen *Stabilisierungsmethoden* für Austauschinstabilitäten.

Die *Austauschinstabilität* tritt oft in Form einer *Rippe* (*Flöte*, *flute*) aber auch als *sausage-Instabilität* auf.

Wir berechnen nun die bei der Austauschinstabilität auftretenden Energieänderungen:

Magnetische Energie:

Sei dq der Querschnitt einer Feldröhre und $\Phi = |\boldsymbol{B}|\, q\, (= \text{const})$ der Fluß durch eine Feldröhre, dann gilt nach (11.25)

$$W_{\text{magnet}} = \frac{1}{8\pi} \iint B^2 \, \mathrm{d}q \, \mathrm{d}s = \frac{\Phi^2}{8\pi} \int \frac{\mathrm{d}s}{q}, \tag{11.32}$$

und

$$\delta W_{\text{magnet}} = \frac{1}{8\pi} \left\{ \Phi_1^2 \int\limits_2 \frac{\mathrm{d}s}{q} + \Phi_2^2 \int\limits_1 \frac{\mathrm{d}s}{q} - \Phi_1^2 \int\limits_1 \frac{\mathrm{d}s}{q} - \Phi_2^2 \int\limits_2 \frac{\mathrm{d}s}{q} \right\}$$

ist die Änderung der magnetischen Energie bei Austausch der Feldröhren 1 und 2. $\delta W_{\text{magnet}} = 0$, wenn $\Phi_1 = \Phi_2$. (Eine solche *Austauschinstabilität* wird gelegentlich *konvektiv* genannt.) Für große Werte des Einschlußparameters β gilt $\delta W_{\text{magnet}} \neq 0$. $\delta W_{\text{magnet}} < 0$, also Instabilität, tritt auf, wenn das Feld zum Plasma gekrümmt ist, vgl. (11.9).

Thermische Energie (ohne Druckenergie):

Nach (13.26) gilt

$$U = W_{\text{thermisch}} = \frac{p}{(\varkappa - 1)\,\varrho} = \frac{pV}{M(\varkappa - 1)}, \tag{11.33}$$

---

[2] Das ungestörte Magnetfeld hat ein Minimum an magnetischer Energie (*Theorem von* WOLTJER, S. 158).

so daß für adiabatischen Austausch das notwendige und hinreichende *Stabilitätskriterium* die Form

$$M\delta W_{\text{thermisch}} = \frac{1}{\varkappa - 1}\,\delta(pV) \approx \frac{\delta(pV^{\varkappa})}{V^{\varkappa}}\,\delta V$$

$$= \delta V(\delta p + \varkappa pV^{-1}\delta V) > 0 \tag{11.34}$$

hat. Nahe einer Plasmaoberfläche geht $p \to 0$, $\delta p < 0$ und $\dfrac{\delta p}{p} > \varkappa\dfrac{\delta V}{V}$. Für $\delta V > 0$ kann daher eine Instabilität auftreten. Da das Volumen V einer Feldröhre durch $\int q\,\mathrm{d}s$ gegeben ist, folgt aus $\delta V < 0$ mit $q = \Phi/|\boldsymbol{B}|$, $\delta\Phi = 0$, $V = -\Phi U$ das *Stabilitätskriterium*

$$\frac{\delta V}{\Phi} = \delta\int\frac{\mathrm{d}s}{B} < 0 \quad\text{oder}\quad \delta U > 0, \tag{11.35}$$

wenn man (8.77) verwendet ($\delta V = -\Phi\delta U$). Wegen der Annahme $p \to 0$ gilt (11.35) nur für kleine *Einschlußparameter* β. Setzt man U in (11.34) ein, so erhält man nach Ersatz der Variationen durch Gradienten das KADOMZEV-ROSENBLUTH-Kriterium

$$\nabla U \cdot \nabla p + \varkappa p\frac{(\nabla U)^2}{U} < 0. \tag{11.36}$$

An der Plasmaoberfläche ($p \to 0$) genügt

$$\nabla U \cdot \nabla p < 0. \tag{11.37}$$

Die Stabilitätskriterien (11.34)−(11.37) gelten für offene und für in sich schließende Feldlinien. Schließen sich die Feldlinien nicht in sich, sondern bilden sie eine magnetische Fläche, so muß das Integral $\int\dfrac{\mathrm{d}s}{B}$ durch $\lim\limits_{n\to\infty}\dfrac{1}{n}\int\dfrac{\mathrm{d}s}{B}$ ersetzt werden. n ist die Umlaufzahl, vgl. S. 171. Man erhält dann für dieses Integral $\dfrac{\mathrm{d}V}{\mathrm{d}\Psi}$, wobei V das Volumen und Ψ der Fluß der geschlossenen magnetischen Fläche ist. Das *Stabilitätskriterium* wird dann nach (11.37)

$$\frac{\mathrm{d}p}{\mathrm{d}\Psi}\frac{\mathrm{d}^2V}{\mathrm{d}\Psi^2} = p'V'' > 0. \tag{11.38}$$

Nicht geschlossene stabile Systeme heißen daher auch *negative V''-Systeme*, vgl. *mittleres Minimumfeld*, S. 179. Formal erhält man (11.38) aus (11.37) durch $U = \dfrac{\mathrm{d}V}{\mathrm{d}\Psi}$. Für die *Anwachsrate γ der Austauschinstabilität* erhält man

$$\gamma \approx -\left(\frac{pV''}{p'V'} + 1\right)\frac{p^2}{\varrho p'}\frac{V''}{V'}. \tag{11.39}$$

Durch Einführung des Krümmungsradius R der Magnetfeldlinien gelingt es, (11.35) in die Form (*Stabilitätskriterium von* LONGMIRE *und* ROSENBLUTH)

$$\int \frac{ds}{RrB^2} > 0 \tag{11.40}$$

zu überführen. r ist der Radius in Zylinderkoordinaten. Im Mittelteil einer *Spiegelmaschine* (vgl. Abb. 22) ist das Magnetfeld zum Plasma gekrümmt, $R > 0$, das Krümmungszentrum liegt im Plasma, so daß (11.40) nicht erfüllt ist und Instabilitäten auftreten. Solche *flute-Instabilitäten* sind in Spiegelmaschinen beobachtet worden und konnten durch ein zusätzliches *Multipolfeld* (IOFFE-*Stab*, vgl. Abb. 27), das ein Magnetfeld der richtigen Krümmung in der Querschnittsebene erzeugt, stabilisiert werden.
Ganz allgemein lassen sich Austauschinstabilitäten stabilisieren durch

1. die richtige Magnetfeldkrümmung (z. B. Multipolfelder, Cusp, IOFFE-*Stab*, *magnetische Töpfe, Minimumfeld* — wirkt besser bei hohem β,
2. Scherung der Magnetfeldlinien (z. B. *Rotationstransformation, negatives V''-System, mittleres Minimumfeld*).
Diese Methoden nennt man *harte Stabilisierungsmethoden*. Daneben gibt es *weiche Stabilisierungsmethoden*:
3. *Fixieren der magnetischen Feldlinien* an Leitern (*line-tying*),
4. *Stabilisierung durch Effekte endlich großen* r_L oder ω_L dadurch, daß die Differenz der $E_1 \times B$-Drift der Ionen und der Elektronen im gestörten elektrischen Feld E_1 stabilisierend wirkt, wenn $r_{Ly}^2 \omega_{Ly} > \gamma l^2$; ($\gamma$ ist die MHD-Anwachsrate, l die charakteristische Plasmaabmessung),
5. *dynamische Stabilisierung* durch Unterdrückung [10.26] der Raumladungen durch magnetische Hochfrequenzfelder.

Das Fixieren der magnetischen Feldlinien an metallischen Endplatten bewirkt, daß das Plasma von den Feldlinien „gehalten" wird (und daß Raumladungen sich durch den Leiter ausgleichen); es kann allerdings zu einer „Dehnung" der Feldlinien und damit zur *ballooning Instabilität* kommen (insbesondere in negativen V''-Systemen).
Diese ballooning-Instabilität ist eine von Druckgradienten getriebene Austauschinstabilität, die in Gebieten ungünstiger Magnetfeldkrümmung auftritt. Über sie gibt es sehr viel Literatur [8.26, 8.17, 10.27], und mehrere ballooning-Differentialgleichungen wurden insbesondere für Torusgeometrie abgeleitet. Es zeigte sich, daß es im Parameterraum mittlere Scherung $rq'(r)/q$ gegen Parameter des Druckprofils dieser MATHIEU-artigen Differentialgleichungen abwechselnd Gebiete stabilen und instabilen Verhaltens gibt, so daß oft von einem durch starke lokale Verscherung der Feldlinien verursachten *zweiten Stabilitätsgebiet* gesprochen wird. Bei der Innsbrucker Konferenz [10.28] wurden von COPPI u. a., insbesondere von MERCIER Kriterien abgeleitet, z. B. in der Form

$$\frac{dp}{dr}(1 - q^2(r)) + \frac{s^2}{8} > 0 \quad \text{oder} \quad \frac{dp}{dr}(1 - q^2) + \frac{rB_\varphi^2}{8\mu_0}\left(\frac{1}{q}\frac{dq}{dr}\right)^2 > 0 \tag{11.41}$$

(MERCIER-*Stabilitätskriterium* ($q^2 > 1$)). Das ursprüngliche MERCIER-Kriterium wurde in magnetischen Flußkoordinaten (vgl. S. 181) abgeleitet und verschiedentlich umgeformt.

Bei der Stabilisierung von Austauschinstabilitäten sind auch noch andere Effekte zu beachten. So kann die Stabilisierung durch *Scherung* durch *endliche elektrische Leitfähigkeit des Plasmas* (reale MHD) *zerstört* werden; in Torusgeräten und in Stellaratoren führt die Überschreitung einer *kritischen longitudinalen Heizstromstärke* (KRUSKAL-*Grenze*) zum Auftreten von Instabilitäten (KRUSKAL-SCHAFRANOV-*Instabilität*), die vom *kink-Typ* sind. In einem linearen ϑ-Pinch können *Rotationsinstabilitäten* (*rotational instability*) auftreten, die von schwachen Feldasymmetrien herrühren und die durch sorgfältige Konstruktion der Feldspulen vermieden werden können.

Die *Stabilisierung durch zeitabhängige elektromagnetische Felder* [10.26] der Frequenz Ω kann man einteilen in

a) *Feedback* (*Rückkopplungsstabilisierung*) durch innere Kontrolle (Feldelektrode oder Feldquelle im Plasma) oder durch äußere Kontrolle (an der Plasmaoberfläche); $\omega_{\text{Inst.}} = \Omega$ die stabilisierende Kraft ist zur instabilen Welle $\omega_{\text{Inst.}}$ phasenverschoben und wird von ihr gesteuert.

b) *Dynamische Stabilisierung* mit $\omega_{\text{Inst.}} < \Omega$, wobei durch $\Omega \gg \omega_{\text{Inst.}}$ MHD-Instabilitäten und elektrostatische Instabilitäten, durch $\Omega \gtrsim \omega_{\text{Inst.}}$ parametrische Instabilitäten erfaßt werden.

c) *Parametrische Stabilisierung* erreicht man durch die von einem äußeren Hochfrequenzfeld erzielbare Kopplung von niederfrequenten und hochfrequenten Moden im Plasma.

Der soeben behandelte Abschnitt sollte nur zur Einführung in die MHD-Stabilitätskriterien dienen. Einerseits gibt es schärfere Kriterien, und andererseits weiß man, daß in einem Einschlußsystem der Druck notwendig *anisotrop* ist (CGL-*Theorie*) und daß die MHD-Theorie die entstabilisierenden Faktoren überbewertet. Auch ist im *Hoch-β-Bereich* die Situation wieder anders.

Wenn in einem Pinch der das komprimierende Magnetfeld erzeugende Plasmastrom auf eine unendlich dünne Schicht konzentriert ist — eine für $\sigma = \infty$ vernünftige Annahme — spricht man von einem *scharfen* Pinch, dessen Druck konstant ist. Ist der Strom im Plasma verteilt, also j_z im Plasma von Null verschieden, so heißt der Pinch *diffus* und $p = p(r)$, vgl. (8.46). Beide Arten wurden auf Stabilität und Stabilisierung eingehend untersucht.

Für diesen Zweck wird die Bewegungsgleichung (11.11) in Zylinderkoordinaten geschrieben. Je nachdem, ob man annimmt, daß *im Inneren* des Plasmas *kein* Magnetfeld vorhanden ist (und nur eines im umgebenden Vakuum und in der Grenzfläche besteht [7.3]), ob man annimmt, daß im Plasma ein (stabilisierendes) Längsfeld B_z und außen kein Längsfeld, sondern nur ein vom Plasmastrom erzeugtes azimutales Feld B_ϑ besteht [10.1], oder ob man im Plasma ein *stabilisierendes Längsfeld*, außen ein B_ϑ und ein B_z und außerhalb des Pinch eine *stabilisierende metallische Wand* annimmt, erhält man verschiedene Dispersionsrelationen.

Bei der Annahme, daß *im* Plasma kein Magnetfeld vorhanden ist, erhält man die Aussage [7.3], daß in der Lösung

$$\xi_z = A_{mk} J_m(\alpha r) \exp\,(im\vartheta + ikz) \tag{11.42}$$

$$\alpha = \frac{\omega^2 \varrho_0}{\varkappa p_0} - k^2 \tag{11.43}$$

für $m = 0$ für jedes k und für $m \neq 0$ für einige k Instabilitäten auftreten (*sausage-*, *necking-off*, $m = 0$-, *varicose*, *bulge Instabilität* bzw. *kink-*, *wriggle-*, *sinuous*, $m = 1$-*Instabilität*, vgl. Abb. 46). Die *Dispersionsrelation* lautet

$$-\frac{\omega^2 r_0 \varrho_0}{2\alpha p_0}\,\frac{J_m(\alpha r_0)}{J_m'(\alpha r_0)} = 1 + \frac{m^2}{kr_0}\,\frac{K_m(kr_0)}{K_m'(kr_0)}; \tag{11.44}$$

r_0 ist der Radius der Plasmasäule, K_m ist die modifizierte Neumann-*Funktion*. Ein longitudinales Feld B_z kann die Würstchen-Instabilität ($m = 0$) stabilisieren, destabilisiert aber $m = 1$.

Für den ϑ-Pinch ergeben sich allerdings keine Instabilitäten. (Die *rotationale Instabilität* des ϑ-Pinch kann allerdings als $m = 2$ flute angesehen werden; im hoch-β ϑ-Pinch tritt für $m = 1$ die durch die Welligkeit des Feldes bedingte Haas-Wesson-*Instabilität* auf.)

Fragt man nach jenen Lösungen, die δW extremalisieren [7.3], so erkennt man, daß die $m = 0$-Instabilität durch ein Längsfeld, dessen magnetischer Druck Einschnürungen wieder „auftreibt", stabilisiert werden kann, während die $m = 1$-Instabilität durch die Kompression des Vakuummagnetfeldes zwischen dem sich verbiegenden Plasma und einem umhüllenden metallischen Leiter ausgebügelt werden kann, vgl. Abb. 46. Für spezielle Verhältnisse (< 5) des

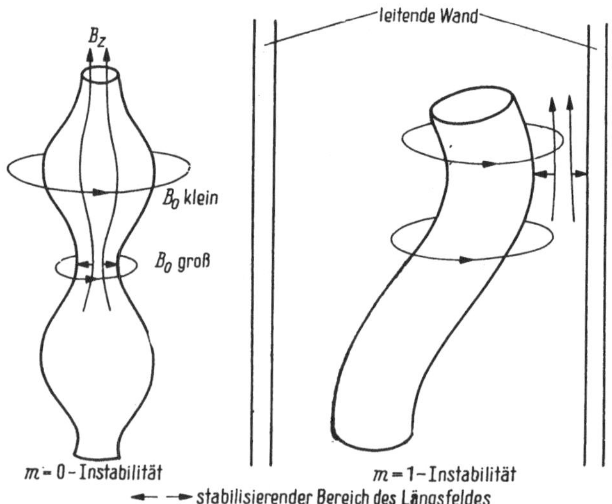

Abb. 46. Würstchen- und Knickinstabilität

Plasmaradius zum Leiterradius kann man dann für $m = 0$ und $m = 1$ *Stabilität* erreichen. Entstehung und Unterdrückung der Instabilitäten lassen sich wieder durch Vergleich von p mit $B^2/8\pi$ anschaulich verstehen.

Für den *diffusen* Pinch hat SUYDAM ein Stabilitätskriterium abgeleitet. Das Magnetfeld besteht nun aus B_r und B_ϑ. Man führt üblicherweise

$$\mu = \frac{B_\vartheta}{rB_z} \tag{11.45}$$

ein („*pitch*" des Feldes). $\dfrac{1}{\mu}\dfrac{\partial\mu}{\partial r}$ mißt die *Verscherung der Feldlinien*. Das (notwendige aber nicht hinreichende) SUYDAM*sche Stabilitätskriterium* lautet (gilt für hohes β)

$$\frac{r}{4}\left(\frac{1}{\mu}\frac{\partial\mu}{\partial r}\right)^2 + \frac{8\pi}{B_z^2}\left(\frac{\partial p}{\partial r}\right) > 0. \tag{11.46}$$

Es kann fallweise durch ein dem Feld im Plasma entgegengesetzt gerichtetes Vakuumlängsfeld bzw. (für große k) durch Verscherung erfüllt werden.

Kink- und *sausage-Instabilität* sind elektromagnetische Austauschinstabilitäten, die ihre Energie aus der magnetischen Feldenergie beziehen.

Die bisher angeführten Überlegungen beziehen sich auf zylindrische Geometrie. In toroidaler Geometrie beispielsweise für einen Tokamak gelten jedoch andere Resultate. Für einen Tokamak mit großem *Aspektverhältnis* $A = R/a$ können im Energieprinzip Reihenentwicklungen nach Potenzen des Kehrwerts A^{-1} vorgenommen werden. Für Moden $\sim \exp\left(im\vartheta - in\varphi\right)$, wo ϑ der poloidale und φ der toroidale Winkel ist, vgl. Abb. 16, erhält WESSON [10.29] aus dem Energieprinzip eine notwendige Bedingung für die Stabilität der durch die Modenzahlen m, n charakterisierten Störungen in der Form

$$q > \frac{m}{n}, \tag{11.47}$$

wobei der *Sicherheitsfaktor* q in dieser Näherung durch

$$q(r) = \frac{B_\varphi r}{RB_\vartheta} \tag{11.48}$$

gegeben ist, vgl. S. 171. Für einen Zylinder der Länge l gilt $q(r) = 2\pi r B_z(r)/lB_\vartheta$. Für die instabilen Knickmoden ($n = 1$) erhält man dann die KRUSKAL-SCHAFRANOV-Grenze $q(r = a) \leqq 1$, d. h. ein Stabilitätskriterium q (Rand) > 1 für den maximal erlaubten Strom $a^2B_r/2R$, der ja q bestimmt. Tritt die singuläre (resonante) Fläche $q = m/n$ innerhalb des Plasmas auf, so spricht man von *inneren Knickmoden* ($m = 1$). MHD-Störungen im Tokamak mit $n = 0$ werden *axialsymmetrische Moden* genannt. Wie viele MHD-Moden sind auch die axialsymmetrischen Moden durch die Form des Plasmatorusquerschnittes beeinflußbar. Durch das äußere Magnetfeld kann ja die Querschnittsform beeinflußt werden (*flux shaping*) [10.45, 10.46]. Einerseits führt ein nicht kreisförmiger Querschnitt zur Anregung axialsymmetrischer Moden, wobei die am stärksten instabile Mode bei vertikal verlängerter Querschnittsform eine praktisch starre Verschiebung des Plasmas hervorruft. Andererseits können starre Moden bei kleinem Aspektverhältnis durch D-förmige Querschnittsformen stabilisiert werden. Für innere Knickmoden wirken elliptische Querschnittsformen destabilisierend, aber dreiecksartige (*triangulare*) Formen stabilisierend. Für numerische Studien dieser Art wird u. a. der ERATO-*Computer-Code* [10.47] verwendet. Die bei Beginn einer Plasmaentladung auftretenden hohlen Stromprofile [8.26] können zu zwei singulären magnetischen Flächen mit gleichem $q = m/n$ führen, was zum Auftreten einer doppelten tearing-Instabilität (vgl. S. 269) führt.

Für $q(r = a) < 1$ liegt die singuläre Fläche außerhalb des Plasmas (*externe Knickmoden m = 1*). Für diese Moden wurde ein durch die Ballooningmoden bedingtes Kriterium (TROYON-*Grenze*) durch numerische Optimierung der Querschnittsprofilformen abgeleitet [8.26]. Man erhielt $\beta \approx 3I/aB$, wobei I der Gesamtstrom in MA, das Magnetfeld B in Tesla und der kleine Torusradius a in Metern angegeben wird. Oberhalb der TROYON-Grenze setzen Ballooning- und Knick-Instabilitäten ein. Knickmoden mit sehr großem m werden auch als *high-m surface kinks* bezeichnet. Die Form des Torusquerschnitts hat auf das Stabilitätsverhältnis der MHD-Moden einen Einfluß.

Beim diffusen Pinch können noch weitere Instabilitäten auftreten: *surface-* oder *fluttering-Instabilität* (die innerhalb der stromführenden Plasmaschicht entsteht); veränderliche Leitfähigkeit im Plasma führt zur *slip-Instabilität*. Im ϑ-Pinch mit eingefrorenem Magnetfeld ist das magnetische Moment des Plasmastromes dem äußeren Spulenfeld entgegengerichtet, so daß es zu einem Umklappen des Plasmas um die Mittelebene kommen kann (*flip-Instabilität*).

Als Folge dieser und anderer Überlegungen entstanden die verschiedenen Pinchformen, die wir in § 8 besprachen. Wenn z. B. $p(r)$ mit r wächst (*Hohlpinch*), so ist (11.46) erfüllt. Auch zeigte sich, daß der *hoch-β Screw Pinch* für $m = 1$ unterhalb eines β_{crit} stabil ist.

Für den ϑ-Pinch existiert übrigens neben der hier besprochenen MHD-Theorie eine andere interessante Theorie, das *Schneepflugmodell*, auf das wir hier jedoch nicht eingehen können.

Eine *Ladungstrennung* kann auch durch die Differenz zwischen der Reibung, die Ionen bzw. Elektronen bei ihrer Bewegung durch das neutrale Gas erleiden, auftreten. Es entsteht dadurch eine transversale Driftbewegung, die das Plasma ähnlich der Austauschinstabilität quer zum Magnetfeld treibt. Diese *neutral drag Instabilität* erhält ihre Energie aus der Gasexpansion.

In diesem Zusammenhang dürfte ein Hinweis von Interesse sein: das Verhältnis $\varkappa$ der spezifischen Wärmen steht im Ausdruck (11.17) für die Energie in einem positiv definiten Term, d. h., *je größer $\varkappa$ ist, um so stabiler* ist das Plasma. Grenzfälle sind das inkompressible Plasma ($\varkappa \to \infty$) mit maximaler Stabilität und das Plasma, dessen Druck volumenunabhängig ist ($\varkappa \to 0$) und das daher am instabilsten ist.

Die KELVIN-HELMHOLTZ-*Instabilität* spielt eine Rolle bei Plasmauntersuchungen im Weltraum. Sie rührt beim Plasma ebenso wie bei gewöhnlichen Flüssigkeiten von einem Geschwindigkeitssprung zwischen zwei strömenden Schichten her, vgl. Abb. 47. Ist die Grenzfläche scharf, so ist die Instabilität sehr ausgeprägt; bei allmählich verlaufendem Übergang ist die Instabilität stark gemildert. Die theoretische Behandlung der KELVIN-HELMHOLTZ-*Instabilität* (*shear instability*) geht von den linearisierten MHD-Gleichungen aus. Ein Ansatz $\exp(ik_x x + ik_y y + \omega t) f(z)$ führt für Magnetfelder in der y-Richtung, also *transversal* zur Strömung, zur rein hydrodynamischen Instabilität zurück. Für ein Magnetfeld *in* der Strömungsrichtung erhält man $f(z) = \exp(\pm kz)$ und die *Dispersionsrelation*

$$\omega = -\frac{\varrho_1 v_1 + \varrho_2 v_2}{\varrho_1 + \varrho_2} k_x \pm \sqrt{-\frac{\varrho_1 \varrho_2 (v_1 - v_2)^2 \, k_x^2}{(\varrho_1 + \varrho_2)^2} + \frac{B^2 k_x^2}{2\pi(\varrho_1 + \varrho_2)}}$$

$$(11.49)$$

sowie die *Stabilitätsbedingung*

$$\frac{B^2}{2\pi} > \frac{\varrho_1 \varrho_2}{(\varrho_1 + \varrho_2)} (v_1 - v_2)^2 . \tag{11.50}$$

Ein Magnetfeld parallel zur Strömungsrichtung stabilisiert demnach die KELVIN-HELMHOLTZ-Instabilität, wenn die Relativgeschwindigkeit $(v_1 - v_2)$ der Flüssigkeitsschichten die Wurzel aus dem mittleren Quadrat der ALFVÉN-Geschwindigkeiten beider Schichten nicht übersteigt.

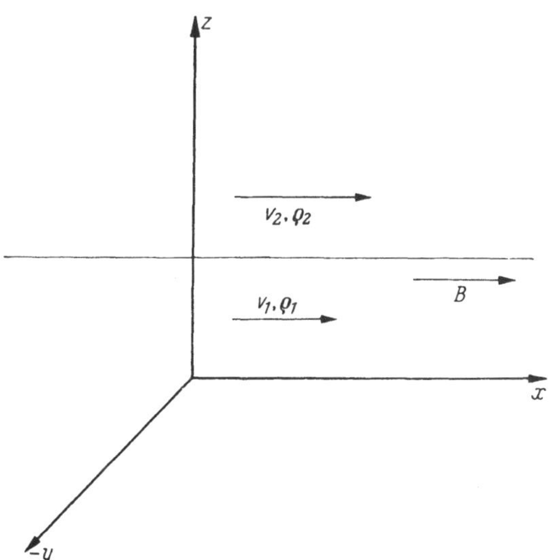

Abb. 47. KELVIN-HELMHOLTZ-Instabilität
$B = B_x = \text{const}, \; v = v_x = v_x(z), \; \varrho(z), \; \partial/\partial y = 0$

Die KELVIN-HELMHOLTZ-*Instabilität* ist eine bei kurzen Wellenlängen auftretende Erscheinung, die insbesondere in *Q-Maschinen* eine Rolle spielt. Vom Standpunkt der Einzelteilchentheorie gab NORTHROP eine Erklärung des Mechanismus. Der Stabilisierungseinfluß verscherter Magnetfelder wurde von HERRNEGGER [10.30] untersucht. Geht man nicht von der MHD, sondern von der VLASOV-Gleichung aus, so kommt man zur *stoßfreien* KELVIN-HELM-HOLTZ-*Instabilität*. Weitere Untersuchungen über Instabilitäten an Plasmaoberflächen findet man bei HUGHES [10.9]. Beachtenswert ist, daß der HALL-*Effekt* (der auch sonst entstabilisierend wirkt, da er die Teilchen von den Magnetfeldlinien „loslöst") zur *Entstabilisierung* der H.K.-Schwingung führt.

Die elektrohydrodynamische K.H.-Instabilität stark leitender Flüssigkeiten heißt *Electromechanical co- bzw. counterstreaming instability*.

11.3 MHD-Instabilitäten eines realen Plasmas

Wenn z. B. durch endliche elektrische Leitfähigkeit im Plasma *Dissipation*, also Umwandlung von z. B. mechanischer oder elektromagnetischer Energie in Wärme auftritt, dann würde man nach dem Beispiel der Dämpfung magnetohydrodynamischer Wellen vermuten, daß auch Instabilitäten gedämpft werden bzw., daß sie überhaupt nicht auftreten. Leider erwies sich diese Hoffnung als trügerisch: einerseits ist z. B. die Methode der Stabilisierung von Austauschinstabilitäten durch Verscherung der Magnetfeldlinien bei endlicher Leitfähigkeit nicht mehr voll wirksam, da die Magnetfeldlinien nicht mehr im Plasma voll eingefroren sind, und es zu einer Relativbewegung zwischen Plasma und Feldlinien kommt. (Die Stabilisierung durch negatives V'' behält bei $\sigma \neq \infty$ teilweise ihre Wirksamkeit.)

Andererseits kann jedoch schon allein das Auftreten endlicher Leitfähigkeit Ursache für *neue* Instabilitäten sein. Die Ursachen dieser Instabilitäten sind die bei endlicher Leitfähigkeit im verallgemeinerten OHM*schen Gesetz* (6.47) auftretenden Glieder:

$$\frac{m_\mathrm{I} m_\mathrm{E}}{(m_\mathrm{I} + m_\mathrm{E})\, e^2 n_\mathrm{E}^2}\, \frac{\partial \boldsymbol{j}}{\partial t} \qquad \text{Elektronenträgheitsterm} \qquad (11.51)$$

$$\frac{-m_\mathrm{E,I}}{e n_\mathrm{E}(m_\mathrm{I} + m_\mathrm{E})}\, \nabla p_\mathrm{E,I} \qquad \text{Druckterme} \qquad (11.52)$$

$$\frac{m_\mathrm{E} - m_\mathrm{I}}{e n_\mathrm{E}(m_\mathrm{I} + m_\mathrm{E})}\, [\boldsymbol{j} \times \boldsymbol{B}] \qquad \text{HALL-Term} \qquad (11.53)$$

$$\frac{1}{\sigma}\, \boldsymbol{j} = \eta \boldsymbol{j} \qquad \text{endliche Leitfähigkeit } \sigma. \qquad (11.54)$$

Je nach der Form, die die Magnetfeldlinien oder die Plasmaoberfläche durch die Instabilität erhalten, spricht man von *Gravitations*(KRUSKAL-SCHWARZ-

SCHILD, *Austausch)-Instabilität endlicher Leitfähigkeit*, von *tearing Instabilität* (elektromagnetisch) oder von *rippling Instabilität* (elektrostatisch), vgl. Abb. 48. Wir haben damit, nach Form und Ursache klassifiziert, bereits zwölf neue, nur durch endliches σ erzeugte Instabilitäten kennengelernt. Der ganze Problemkreis wurde von COPPI, FURTH u. a. [10.31], [10.24] eingehend untersucht, wobei wie üblich die linearisierte Näherung (mit konstantem σ) meist in LAGRANGEscher ξ-Schreibweise verwendet wurde. Aus Platzmangel können wir auf Einzelheiten der Rechnungen oder auf Dispersionsrelationen und Anwachsraten hier nicht eingehen [8.26], [10.27], [3.2], [8.17].

Über das OHMsche *Gesetz* bewirkt jede Störung von B oder v eine Stromstörung j_1, die ihrerseits eine zusätzliche LORENTZ-*Kraft* erzeugt, die gegen die vorhandene Plasmaströmung wirkt und das Plasma von den Feldlinien loslöst und sogar in einzelne Filamente verteilt. Andererseits ziehen sich die parallelen Ströme j_1 an und ziehen die durch sie erzeugten Magnetfeldlinien mit (Abb. 48). Die Stelle, an der sich die Magnetfeldlinien kreuzen, nennt man *neutral point*. Daher auch die Bezeichnung *neutral point Instabilität*. Die Dispersionsrelation $\omega(k)$ der *tearing Instabilität* hat bei einem bestimmten k, der *maximal instabilen Wellenlänge*, ein Maximum; die tearing Instabilität ist daher eine *langwellige* Instabilität.

Die Energie der *tearing Instabilität* stammt vom Gleichgewichtsmagnetfeld B_0; getrieben wird sie von der LORENTZ-Kraft auf elektrische Ströme parallel zu B_0.

Sind in dreidimensionalen magnetischen Anordnungen nicht schon von vornherein magnetische Inseln ausgebildet, so ist die tearing Instabilität in der Lage, solche auszubilden, vgl. Abb. 48. Durch „Abreißen" der magnetischen

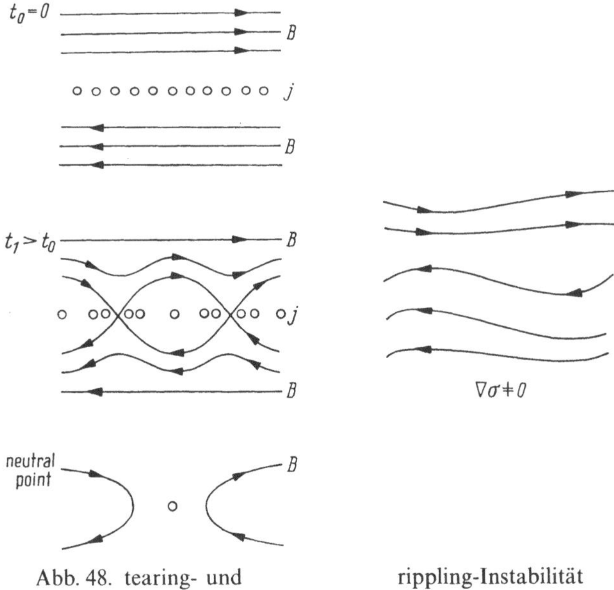

Abb. 48. tearing- und   rippling-Instabilität

Feldlinien beim Kreuzungspunkt und ihrer Wiedervereinigung (siehe das linke untere Bild in Abb. 48) entstehen kurzzeitig starke elektrische Felder, die geladene Teilchen beschleunigen. Die so erzeugten Geschwindigkeitsverteilungsfunktionen wurden von BULANOV und CAP berechnet [10.32].

Damit die *rippling Instabilität* auftritt, muß in einem elektrischen und hierzu parallelen magnetischen Feld ein *Gradient der elektrischen Leitfähigkeit* σ auftreten; bei hohen Temperaturen werden diese vorwiegend von Temperaturdifferenzen herrührenden elektrischen Leitfähigkeitsunterschiede durch Wärmeleitung ausgeglichen. Da die örtliche Temperatur und damit nach (6.69) auch die elektrische Leitfähigkeit vom örtlichen Plasma bestimmt wird, kann man annehmen, daß lokale Leitfähigkeitsunterschiede vom Plasma konvektiv mitgeführt werden (*konvektive Instabilität*), so daß man für den spezifischen Widerstand $\eta = \sigma^{-1}$ den Ansatz

$$\frac{\partial \eta}{\partial t} + (\boldsymbol{v} \cdot \nabla)\,\eta = 0 \tag{11.55}$$

macht. Mit diesem Ansatz kommt man zur Aussage, daß in einem *inkompressiblen* Plasma durch Einführung von $\sigma \neq \infty$ keine überstabilen Schwingungen hervorgerufen werden können und daß sich die folgenden *Anwachsraten γ* und *Instabilitätsgebiete* ergeben [3.2]:

	Instabilitätsgebiet	Anwachsrate	
rippling	$\nabla\eta \neq 0$	$\gamma \approx k^{2/5} a^{-6/5} \left(\dfrac{\bar\eta}{4\pi}\right)^{3/5} c_{\mathrm{A}}^{2/5}$	
tearing	$k^{-1} > a\ (\lambda > a)$	$\gamma \approx k^{-2/5} a^{-2} \left(\dfrac{\bar\eta}{4\pi}\right)^{3/5} c_{\mathrm{A}}^{2/5}$	(11.56)

Hierin ist a die charakteristische Schichtdicke, $^-$ bedeutet Schichtmittelwerte.

Genauere Untersuchungen zeigten, daß es verschiedene Normalschwingungen („*modes*") gibt:

a) sehr schnelle der KRUSKAL-SCHWARZSCHILD-*Instabilität* entsprechende Schwingungen (*resistive gravitational Instabilität*) mit einer u. U. von η unabhängigen Anwachsrate, die stark *lokalisiert* sind und daher eine Magnetfeldscherung „nicht bemerken". (Die tearing-Instabilität ist eine *konvektive Instabilität*)

b) *langsame resistive gravitational* modes (*Gravitationsinstabilität endlicher Leitfähigkeit*), die weniger stark lokalisiert sind. Diese Instabilität kann durch eine Magnetfeldscherung $\left(\dfrac{\mathrm{d}B_{\|0}}{\mathrm{d}z} \neq 0, > 0 \text{ bei } B_{0\perp} = 0,\ B_{0\perp} \text{ steht auf } \boldsymbol{k} \text{ senkrecht}\right)$ geschwächt, aber nicht stabilisiert werden, da für die Anwachsrate

($\sim e^{\gamma t}$) die Formel [10.27]

$$\gamma = \frac{k^{2/3}\eta^{1/3}g^{2/3}}{\varrho_0^{2/3}} \left(\frac{\mathrm{d}\varrho_0}{\mathrm{d}z}\right)^{2/3} \left(\frac{\mathrm{d}B_{0\parallel}}{\mathrm{d}z}\right)^{-2/3} \tag{11.57}$$

gilt.

Fehlt die Magnetfeldscherung, so gilt

$$\gamma \approx \varrho_0^{-1/2}g^{1/2} \left(\frac{\mathrm{d}\varrho_0}{\mathrm{d}z}\right)^{1/2}. \tag{11.58}$$

Unter bestimmten Bedingungen ($k_\parallel$ sehr klein) kann je nach der Theorie die rippling-Instabilität in die Gravitationsinstabilität übergehen.

Die *resistive ballooning Instabilität* ist ein in *mittleren Minimumfeldern* auftretender Spezialfall der *normalen ballooning Instabilität* [8.26]. Man kann sich ihr Zustandekommen so vorstellen, daß bei endlicher Leitfähigkeit das *Fixieren der Feldlinien an Leitern* nicht mehr funktioniert, so daß die *ballooning Instabilität* in die *resistive ballooning-Instabilität* übergeht.

c) *tearing Instabilitäten* mit einer Anwachsrate $\sim \eta^{3/5}$, die dann auftreten, wenn auf magnetischen Flächen der Druckgradient verschwindet.

d) schließlich gibt es resistive Austausch- und Knickinstabilitäten mit Anwachsraten [8.17]

$$\gamma \approx \left(\frac{\eta}{\varrho}\right)^{1/3} \left(\frac{\mathrm{d}\varrho}{\mathrm{d}r} \frac{gk}{B'(r)}\right)^{2/3}, \tag{11.59}$$

über die gute Übersichtsartikel existieren [10.35, 10.36], und resistive Knickmoden [8.26].

In Experimenten wurde festgestellt, daß gemeinsame Bewegungen des Plasmas und des Magnetfeldes auftreten; diese Instabilitäten werden *Quasischwingungen* (*quasimodes*) genannt. Es entstehen *konvektive Zellen*, die auf von der Schwerkraft getriebene Instabilitäten endlicher elektrischer Leitfähigkeit zurückgehen dürften. Die Quasischwingungen kann man mathematisch als Überlagerung der Normalschwingungen ansehen.

Weitere Untersuchungen über *strömende* Plasmen wurden von FRIEDEL, HERRNEGGER, UNTEREGGER und JAGER über Instabilitäten strömender Plasmen bei endlicher Leitfähigkeit [10.24], [10.33], [10.34] durchgeführt, wobei sich zeigte, daß schon allein durch das *Strömungsfeld* (ebenso wie durch *Kompressibilitätseffekte* bei $\sigma \neq \infty$, *Überstabilität*, also exponentiell anwachsende harmonische Schwingungen entstehen können, so daß nichthermitesche Operatoren in (11.6) auftreten. So erzeugt z. B. ein Nichtverschwinden der zweiten (örtlichen) Ableitung von η nach HERRNEGGER für $v_0 = 0$ im inkompressiblen Fall Überstabilität.

Rippling und *screw-Instabilität* werden durch Ströme erzeugt, sie werden daher manchmal auch als *stromkonvektive Instabilitäten* bezeichnet. Infolge der *Gyrations-*(LARMOR)-*Bewegung* der Ionen und Elektronen kommt es zu einer schraubenartigen Dichteverteilung der elektrischen Ladungen und durch den Strom damit zu einer Ladungstrennung, in deren Folge ein elektrisches Feld und damit eine Teilchendrift entsteht, die die schraubenartige Struktur verstärkt. Andererseits hat auch die auf *finite* LARMOR-*Effekte* zurückgehende *gyroviscosity* (*magnetische Viskosität*) (7.22) einen Einfluß auf z. B. die *Gravitationsinstabilität* [10.37]. Ist das Plasma stärker ionisiert (*Ionisierungsgrad* $> 10^{-4}$), so entstehen merkbare Leitfähigkeitsgradienten und dadurch die der rippling-Instabilität verwandte *screw-Instabilität des vollionisierten Plasmas*, die kleine Wellenzahlen hat und schwach lokalisiert ist. (Für verschwindende Stoßfrequenz geht diese Instabilität in die *Driftinstabilität* über, KADOMZEV [10.38].)

Die endliche Leitfähigkeit gibt noch zu einer anderen Instabilität Anlaß, der *superheating Instabilität*: Der elektrische Strom führt zu einer Erwärmung des Plasmas, die die Leitfähigkeit erhöht, so daß der Strom steigt etc. Die steigende Erwärmung führt allerdings wegen $\sigma \to \infty$ auch zur Stabilisierung der $\sigma \neq \infty$ Instabilitäten. Schwankungen der Elektronentemperatur führen aber auch zu Dichte- und Ionisierungsschwankungen (*Ionisierungs-* oder *elektrothermische Instabilität*). Auch die Ionen-Elektronenrekombination kann zu einer Instabilität führen (*Rekombinationsinstabilität*).

Die *current-Instabilität* wird ebenfalls durch die endliche Leitfähigkeit bestimmt; sie tritt in einem homogenen *Zweitemperaturplasma* ($T_E \gg T_I$) auf, wenn plötzlich ein starkes homogenes elektrisches Feld angelegt wird.

In MHD Kanälen, in denen ein Plasma sehr geringer Leitfähigkeit strömt, können die magnetischen Schallwellen instabil werden: VELIKHOV'S *magnetoacoustic wave instability*.

Wenn man zunächst den Einfluß der Viskosität auf das Stabilitätsverhalten eines statischen ($v_0 = 0$), sonst stabilen Plasmas *unendlicher* elektrischer Leitfähigkeit untersucht [10.40], so zeigt sich, daß die Viskosität $\tilde{\eta}$ immer einen *dämpfenden* Einfluß hat; die Viskosität allein erzeugt somit keine neuen Instabilitäten in einem sonst stabilen Plasma. Genau die gleiche Aussage gilt für die *Wärmeleitfähigkeit*, wenn große Temperaturgradienten ausgeschlossen werden. Man kann auch zeigen, daß Viskosität und Wärmeleitung auf die tearing Instabilität einen dämpfenden Einfluß haben. Allgemein ist es allerdings so, daß die Berücksichtigung von Viskosität $\tilde{\eta}$ oder (und) Wärmeleitung $\varkappa$ in einem Plasma endlicher Leitfähigkeit nicht immer zu einer Dämpfung führt: es treten neue Instabilitäten auf, die für $\tilde{\eta} = 0$ oder $\varkappa = 0$ nicht existieren. Für inkompressible Plasmen (div $\xi = 0$) werden Bewegungsgleichung und Energiesatz entkoppelt und Wärmeleitung $\varkappa$ und Viskosität $\tilde{\eta}$ werden einflußlos, es sei denn, beide Größen hängen von der Temperatur T ab. Für diese Abhängigkeit wird nach dem LORENTZ-*Gas* meist

$$\eta = aT^{-3/2}, \qquad \tilde{\eta} = bT^{5/2}, \qquad \varkappa = cT^{5/2}$$

angenommen [10.40].

Da nun verschiedene Annahmen gemacht werden können, sind viele Kombinationen möglich:

statisches inkompressibles Plasma $(v_0 = 0)$, $B_0 = $ const.

el Leitfähigkeit   andere Parameter
$\eta = 0$ d. h. $\sigma = \infty$,
$\eta = $ const $\tilde\eta \neq $ const bzw. const, $\varkappa = 0$ bzw. const
$\eta \neq $ const $\tilde\eta = $ const, $\varkappa = 0$

kompressibles Plasma, $B_0 = $ const
$v_0 = 0$: $\eta = $ const, $(\eta \neq $ const$)$, $\tilde\eta = $ const,
                    $\varkappa = 0$, $\varkappa = $ const, $\varkappa \neq $ const,
                    $\eta = $ const, $\tilde\eta \neq $ const,
                    $\varkappa = $ const [10.31]
$v_0 \neq 0$,   aber inkompressibel: $\eta = $ const, $\tilde\eta = $ const

variables Gleichgewichtsmagnetfeld $B_0 \neq $ const (*inhomogenes Plasma*)
$\eta = $ const, $\tilde\eta = $ const, $\varkappa = 0$ (const)
$v_0 = 0$ bzw. $\neq 0$, inkompressibel
(kompressibel bei [10.39])
$\eta \neq $ const, $\tilde\eta = $ const, $\varkappa = 0$ $v_0 \neq 0$, inkompressibel und kompressibel
$\eta \neq $ const, $\tilde\eta = $ const, $\varkappa = 0$ $v_0 \neq 0$, inkompressibel BOUSSINESQ-Näherung,
vgl. [10.34].

Die durch Linearisierung der Grundgleichungen entstehenden Gleichungen
sind für

a) $B_0 \neq $ const, inhomogenes Plasma,

b) $v_0 \neq 0$, also Strömung statt Statik, und insbesondere für $v_0 \neq $ const, also
Geschwindigkeitsprofile, vgl. FRIEDEL [10.24],

c) $\varrho \neq $ const, also Kompressibilität, recht schwierig zu lösen, da in diesen
Fällen die linearen Differentialgleichungen für die Störungen ortsabhängige
Koeffizienten besitzen; z. B. ist in [10.39] die Differentialgleichung für $B_1(x)$
von 6. Ordnung und besitzt sehr kompliziert gebaute Koeffizienten.

JAGER [10.34], dessen Arbeit sich nur durch $v_0 \neq 0$, $\eta \neq $ const von UNTEREG-
GER [10.39] unterscheidet, erhält für B_1 und v_1 lineare gewöhnliche Differentialgleichungen 6. Ordnung, deren Koeffizienten die Funktionen v_0 und
B_0 enthalten. Bei variabler Viskosität und endlicher Leitfähigkeit sind die
Differentialgleichungen von 8. Ordnung.
Die Lösung ist meist dann nur mit Reihenentwicklungen, z. B. der Art
$\xi = \sum_n \xi_n \eta^n$ (für alle Größen) möglich. Eine andere Möglichkeit sind Ansätze
der Art $B_{1x}(x) \sim \exp\left[\int g(x)\,\mathrm{d}x\right]$, die zu ORR-SOMMERFELD-artigen *Gleichungen*
vgl. § 16.1 führen.
Eine andere Methode ist die Untersuchung leitender viskoser Plasmen mittels
eines Energieprinzips.

11.4 Instabilitäten in inhomogenen und anisotropen Plasmen

Wir wir gesehen haben, entstehen durch *Inhomogenitäten*, z. B. durch Gradienten der Dichte, der Temperatur, des Magnetfeldes, Kräfte, die zu Driftbewegungen führen. Diese Driftbewegungen führen einerseits zu Modifikationen der Wellen, die auch im homogenen Plasma auftreten und erzeugen andererseits auch neue, durch die Gradienten verursachte Wellen, die sogenannten *Driftwellen*. Im engeren Sinn bezeichnet man auch Wellen, deren Phasengeschwindigkeit senkrecht zum Magnetfeld etwa gleich groß der *Driftgeschwindigkeit* ist, als Driftwellen. Werden Driftwellen instabil, so spricht man von *Driftinstabilität*.

Die Energiequelle der Driftinstabilität liegt in der kinetischen Energie der Driftbewegung oder (bei Ausbreitung in Richtung des Magnetfeldes) in der longitudinalen thermischen Energie $E_{\mathrm{kin}\parallel}$.

Driftinstabilitäten sind leicht anregbar und treten, da in allen Einschlußsystemen unabhängig von der geometrischen Form zwangsläufig Dichtegradienten etc. auftreten, *universell* auf. Man spricht daher auch von *universellen Instabilitäten*.

Es ist strittig, ob man die Driftinstabilität als eine *makroskopische* oder *mikroskopische* Instabilität bezeichnen soll. Von vielen Autoren wird sie als *niederfrequente mikroskopische* Instabilität angesprochen. Mikroskopische Instabilitäten sind jedoch meist lokale hochfrequente Störungen, die (meist) nur durch statistische Methoden beschrieben werden können. Im Gegensatz dazu sind Driftwellen (meist) niederfrequente (aber auch hochfrequente!) Schwingungen, die auch durch makroskopische Methoden [10.41], [3.2], z. B. *Zweiflüssigkeitstheorie*, beschrieben werden können (da die Geschwindigkeitsverteilungsfunktion der Plasmateilchen, insbesondere der Elektronen, praktisch eine MAXWELL-Verteilung ist) und die nicht immer lokal beschränkt sind.

Umgekehrt gibt es aber Driftwellen auch in einem *stoßfreien* Plasma [10.42], [3.2] (bei denen vor allem *Resonanzprozesse* mit Teilchen eine Rolle spielen).

Je nach den Parameterwerten des Plasmas gibt es Übergänge zwischen MHD-Wellen, elektromagnetischen Wellen und Driftwellen.

In einem *homogenen* magnetisierten (anisotropen) Plasma können bei tiefen Frequenzen $\omega \ll \omega_{\mathrm{LI}}$ drei Wellentypen mit charakteristischen Phasengeschwindigkeiten $\omega/k_\parallel$ unterschieden werden. ($k_\parallel$ und $k_\perp$ sind die Komponenten des Wellenausbreitungsvektors $\boldsymbol{k}$ relativ zum Magnetfeld $\boldsymbol{B}$.) Die 3 Wellentypen sind:

a) *langsame magnetische Schallwelle* (*elektroakustische Welle*),

$$\omega/k_\parallel = a_{\mathrm{I}} = \sqrt{\frac{m_{\mathrm{I}}}{T_{\mathrm{E}}}},$$

b) *transversale* ALFVÉN-*Welle*, $\omega/k_\parallel = c_{\mathrm{A}} = B_0/\sqrt{4\pi n_0 m_{\mathrm{I}}}$, ($\boldsymbol{B}_1, \boldsymbol{B}_0 = 0$, d. h. keine Kompression),

c) *schnelle magnetische Schallwelle* (*Kompressions*-ALFVÉN-*Welle*), $\omega/k_\parallel \gtrsim c_{\mathrm{A}}$.

Für kleinen Einschlußparameter β ist $c_A \gg a_I$, und die 3 Wellentypen können deutlich getrennt werden.

In einem *inhomogenen* Plasma werden diese Wellen aufgespalten, wobei sich je nach der verwendeten Theorie (Zweiflüssigkeitstheorie für isothermes oder adiabatisches Plasma; VLASOV-Gleichung etc.) kleine Unterschiede ergeben.

Für ein isothermes ($T_E = \text{const}$, $T_I = \text{const}$, $T_E \neq T_I$) nicht viskoses *Zweiflüssigkeitsplasma* erhält man für geringe Dichte (rot $\boldsymbol{B} = 0$) und kleine Frequenzen (rot $\boldsymbol{E} = 0$ und $\omega \ll \omega_{PI}$) und Vernachlässigung der (praktisch unwichtigen) ∇B-Driftwelle eine *Dispersionsrelation* dieser *magnetohydrodynamischen Driftwellen*. Die (*stabilisierende*) elektrische Leitfähigkeit η^{-1} wurde durch den Impulsübertragungsterm (6.41) berücksichtigt. Es zeigt sich, daß dieser Term für die Wellenausbreitung senkrecht zu $\boldsymbol{B}$ vernachlässigt werden kann. Es ergibt sich folgende *Klassifizierung der 5 bzw. 4 auftretenden Driftwellen* (n_0 Gleichgewichtsdichte).

Stoßbestimmte (collisional) Driftwellen (Driftwellen bei endlicher Leitfähigkeit, dissipative Driftwellen):

I. *Wellenausbreitung senkrecht zu $\boldsymbol{B}$*

$$k_{\parallel} = 0, \vartheta = 0 \quad (\vartheta \not\propto k_{\parallel}/k_{\perp})$$

1. *Ionendriftwelle*

$$\omega = k_{\perp} v_D, \tag{11.60}$$

(dreifache Wurzel, Äste 1, 2, 3 in Abb. 49), wobei die *diamagnetische Driftgeschwindigkeit* v_D durch

$$v_D = \frac{k_B T_I}{e B n_0} \frac{dn_0}{dx} \quad (= v_{\varphi I} = -v_{\varphi E}) \tag{11.61}$$

gegeben ist ($k_B = $ BOLTZMANN-Konstante).

Diese Welle entsteht durch die $\nabla n \times \boldsymbol{B}$- bzw. $\nabla p \times \boldsymbol{B}$-Drift, vgl. (3.11). Im homogenen Plasma entspricht ihr die *langsame magnetische Schallwelle* (10.75). Die Ionendriftwelle wird auch in stoßfreien-stoßbestimmten *gemischten Zweiflüssigkeitstheorien* (VLASOV-Gleichung für Ionen, MHD-Gleichung für Elektronen, $T_E = 0$, $m_E = 0$ oder $T_E = \text{const}$, $m_E \neq 0$) gefunden.

2. *Modifizierte Ionenzyklotronwelle* (Ast 4)

$$\omega = k_{\perp} v_D - \frac{k_{\perp} \omega_{LI} n_0}{\dfrac{dn_0}{dx}}. \tag{11.62}$$

Diese Welle ist bei tiefen Frequenzen im homogenen Plasma nicht vorhanden, da in ihr die Elektronen in der Richtung ∇n_0 strömen, wobei sie eine (im homogenen Plasma nicht verbotene) Ladungstrennung erzeugen. Diese Driftwelle hängt jedoch mit der bei höheren Frequenzen auftretenden *Ionenzyklotronwelle* zusammen ($\omega \sim \omega_{LI}$). Sie tritt auch im stoßfreien Plasma auf.

3. *Elektronendriftwelle*, vgl. Ast 5.

$$\omega = k_\perp v_{\mathrm{DE}} + i\eta\,\frac{e^2 n_0}{m_{\mathrm{E}}}, \tag{11.63}$$

wobei

$$v_{\mathrm{DE}} = -\frac{T_{\mathrm{E}}}{T_{\mathrm{I}}}\,v_{\mathrm{D}}. \tag{11.64}$$

Diese mit der ∇p_{E}-Drift wandernde Welle ist (wegen des elektrischen Widerstandes η) stark gedämpft; im homogenen Plasma entspricht ihr die *schnelle magnetische Schallwelle*.

II. *Wellenausbreitung parallel zu **B***

$\dfrac{B_\vartheta^2}{e n_0 \eta}$ groß, vgl. Abb. 49. Es muß nun der spezifische Widerstand η berücksichtigt werden, $k_\parallel \gg k_\perp$, also für große Wellenzahlen.

1. *Ionendriftwelle*

$$\omega = k_\perp v_{\mathrm{D}} + \frac{k_\parallel^2 a_{\mathrm{I}}^2}{k_\perp v_{\mathrm{D}}} \tag{11.65}$$

(einfache Wurzel), wobei für a_{I} der isotherme Wert aus (10.52) zu nehmen ist. Im homogenen Plasma entspricht diese Welle wieder der *langsamen magnetischen Schallwelle*, doch ist zu beachten, daß der Ionendriftwelle parallel zu ***B*** trotz fast gleicher Phasengeschwindigkeit (Ionendriftgeschwindigkeit) ein ganz anderer physikalischer Mechanismus zugrunde liegt als der Welle senkrecht zu ***B***.

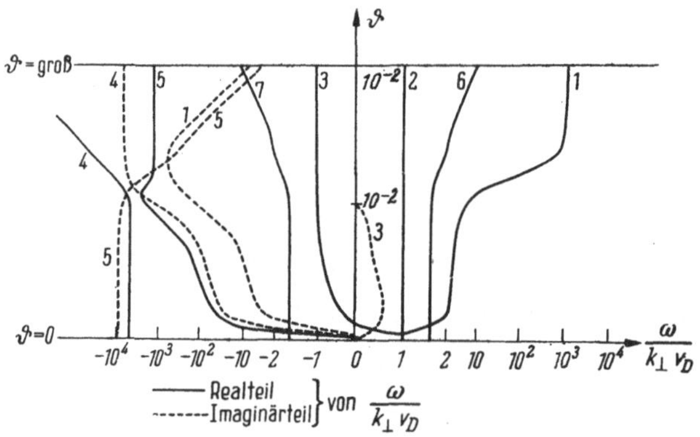

Abb. 49. Driftwellen
1, 2, 3 Ionendriftwellen, 4 modifizierte Ionenzyklotronwelle, 5 Elektronendriftwelle, 6, 7 adiabatische Driftwelle nach [10.41] [3.2]

$$n_0 = 3 \cdot 10^{-10}\ \mathrm{cm}^{-3}, \quad T_0 = 2 \cdot 10^3\ {}^\circ\mathrm{K}, \quad B_0 = 4\ \mathrm{kG}, \quad \frac{m_{\mathrm{E}}}{m_{\mathrm{I}}} \approx 1{,}4 \cdot 10^{-5}, \quad \eta = 7{,}4 \cdot 10^{-11}\ \mathrm{s},$$

$$\frac{1}{n_0}\frac{\mathrm{d}n_0}{\mathrm{d}x} = 2{,}3\ \mathrm{cm}^{-1}, \quad \text{Anwachsrate} \approx 10^{-3}$$

2. *Modifizierte Ionenzyklotronwelle*
(zweifache Wurzel)

$$(\omega - k_\perp v_D)^2 = \omega_{LI}^2 + \left(1 + \frac{T_E}{T_I}\right) k_\perp^2 (a_I^2 + v_D^2). \tag{11.66}$$

3. *Elektronendriftwelle*: es gilt (11.63).

Es wurden auch Untersuchungen mit Berücksichtigung der Viskosität und des Einflusses endlicher LARMOR-*Radien* durchgeführt.

Geht man vom *isothermen* Verhalten ab und nimmt man *adiabatisches* Verhalten an, so ergeben sich bei den besprochenen Wellentypen nur geringe Veränderungen, doch treten *zwei* neue, nur im nichtisothermen Plasma erscheinende, praktisch stabile Wellen $\omega = \pm \gamma k_\perp v_D$ hinzu, vgl. Abb. 49 (AUER [10.41], [3.2]). In diesen Wellen schwingen die Ionen senkrecht zu B und zu ∇n_0 bzw. in Richtung von ∇n_0.

Die besprochenen Driftwellen sind *niederfrequent* und stoßbestimmt. Die Stöße erzeugen eine Phasendifferenz zwischen den Störungen des elektrischen Feldes und den Dichtefluktuationen. Im mikroskopischen Bild führt dies zur Instabilität. Die Wellen führen verschiedene Bezeichnungen wie *hydrodynamische dissipative*) *Driftwelle* (mit Viskosität), *dissipative Driftwelle, universelle Driftwelle ohne Longitudinalstrom* (ebenfalls durch ∇n, ∇T erzeugt, nicht dissipativ), ∇B-*Driftwelle* (*magnetische Driftwelle* [3.2], instabil für $\frac{1}{n}\frac{dn}{dx}\frac{1}{B}\frac{dB}{dx} < 0$, aber auch im stoßfreien Plasma), *Ionendriftinstabilität, current driven Driftwelle* (mit longitudinaler Drift [3.2]), *Dichtegradientinstabilität, Temperaturgradientinstabilität, universelle* ALFVÉN-*Welle* und Driftwelle, getrieben durch ∇p, ∇n, ∇T, die die Dispersionsrelation der elektromagnetischen Wellen modifizieren), *Temperaturdriftinstabilität* (durch ∇T_I, $T_I \ll T_E$, [3.2], gibt es auch im *stoßfreien* Plasma), *ion impurity gradient drift* (hervorgerufen durch *Konzentrationsgradienten* der Verunreinigungen oder der thermonuklearen Reaktionsprodukte.

Diese Driftwellen entstehen in *stoßbestimmten Plasmen* („collisional plasma"). Alle diese Wellen und Instabilitäten können auch im Rahmen der statistischen Theorie (als „Mikroinstabilitäten") behandelt werden [3.2]. Daneben gibt es „echte" (*hochfrequente*, aber auch niederfrequente) *mikroskopische* Driftinstabilitäten im *stoßfreien Plasma* („collisionless plasma"), die *nur* in der statistischen Theorie behandelt werden können.

Niederfrequente Driftwellen können durch Hochfrequenzfelder, durch Fixieren der Feldlinien, durch Multipolfelder (Schließen der Feldlinien in sich), vor allem durch Scherung und mittlere Minimumfelder *stabilisiert* werden [3.2], [10.27].

Verwandt mit den dissipativen Driftwellen ist die *finite heat conductivity Instabilität*, die durch Wärmeleitung längs B entsteht und durch einen transversalen Druckgradienten getrieben wird [3.2], sowie die durch inhomogene *elektrische* Felder getriebenen Instabilitäten [10.43].

Von großem Interesse ist auch der Versuch, stoßbestimmte und stoßfreie Driftwellen und andere Instabilitäten bei endlicher Leitfähigkeit in einem gemeinsamen Schema zu untersuchen [10.43].

Die schon 1900 entdeckte KAUFMANN-*Instabilität* [10.44] ist eine durch die Strom-Spannungscharakteristik $U = U(I)$ einer Glimmentladung bestimmte Instabilität mit radialer Dichteverteilung.

Im Experiment treten Driftwellen mit jener Frequenz auf, bei der die Anwachsrate am größten ist.

Zieht man die *anisotrope (stoßfreie!)* MHD (CGL-*Theorie*, vgl. § 7) zur Beschreibung der Instabilitäten heran, dann kann man noch zwei weitere, oft als „*mikroskopisch*" klassifizierte elektromagnetische Instabilitäten beschreiben. Es sind dies die *fire-hose Instabilität* (*garden-hose*, ALFVÉN-*Wellen-Instabilität* und die *mirror-Instabilität* [3.2], vgl. Abb. 50.

Die ALFVÉN-*Wellen-Instabilität* entsteht aus sehr niederfrequenten transversalen magnetischen Wellen (ALFVÉN-*Wellen*), die längs des von außen eingeprägten Magnetfeldes in einem *homogenen* Plasma wandern, wenn der *Druck* genügend *anisotrop* ist ($p_\parallel > p_\perp$, d. h. $E_{\mathrm{kin}\parallel} > E_{\mathrm{kin}\perp}$). Ihre Dispersionsrelation erhält man aus den linearisierten CGL-Gleichungen

$$\frac{\omega^2}{k^2} = \frac{\dfrac{B^2}{\mu_0} + p_\perp - p_\parallel}{\varrho}. \tag{11.67}$$

Tritt die Instabilität auf, dann winden sich die magnetischen Feldlinien wie Gartenschläuche: infolge der Zentrifugalkraft des Wassers im gekrümmten Gartenschlauch schwingt dieser, hier das gesamte magnetische Feld, vor und zurück, vgl. Abb. 50. Eine *Stabilisierung* ist durch ein Magnetfeld senkrecht auf der Richtung der niedrigeren Temperatur möglich.

Die *mirror-Instabilität* ist nichts anderes als eine für $p_\perp > p_\parallel$ instabil gewordene (longitudinale, niederfrequente) magnetische Schallwelle. Ihre Dispersionsrelation ist durch

$$\omega^2 = \frac{3k_\parallel^2 p_\parallel^2}{\varrho} \frac{\dfrac{B^2}{2\mu_0} + p_\perp - \dfrac{p_\perp^2}{6p_\parallel}}{\dfrac{B^2}{2\mu_0} + p_\perp} \tag{11.68}$$

gegeben. (Die Behandlung nach der VLASOV-*Gleichung* zeigt, daß es infolge der nicht verschwindenden Wärmeleitfähigkeit besser ist, den Faktor 6 bei $p_\parallel$ weg-

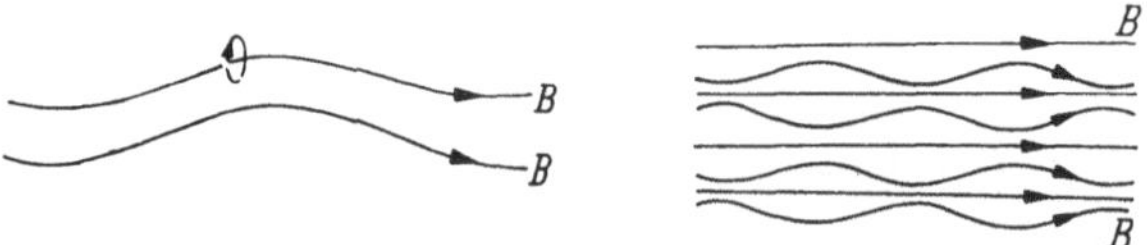

Abb. 50. ALFVÉN-Wellen-Instabilität   Mirror-Instabilität

zulassen.) Da die Instabilität Spiegelfelder erzeugt, konzentriert sie die Plasmateilchen dort, wo das Magnetfeld am schwächsten ist.

Die *Stabilisierung* ist durch endliches r_L möglich.

11.5 Die Abbruchinstabilität

In Tokamak-Systemen kommt es gelegentlich zur *Abbruchinstabilität* (*disruption instability*). Diese besteht darin, daß der Plasmaschlauch unter heftigen Schwingungen abreißt. Bevor es dazu kommt, treten magnetische Fluktuationen des Entladungsstroms auf (Mirnov-*Oszillationen*). Diese haben die toroidale Moden-Nr. $n = 1, 2, 3$ und $m = 4, 5, 6$ und Frequenzen von etwa $4-10$ kHz [8.26]. Auch im zentralen Teil des Plasmas treten magnetische Störungen auf, die mittels Röntgenstrahldiagnostik entdeckt wurden, sie haben die Form von *Sägezahnschwingungen* (*sawtooth oscillations*). Es gibt starke Hinweise dafür, daß die Mirnov-Oszillationen eine Folge von in nichtlinearer Weise gesättigter magnetischer Inseln sind, die durch resistive tearing-Instabilitäten erzeugt wurden [8.17]. So dürfte eine $m = 2$ Mirnov-Schwingung einer $m = 2$ tearing Mode an der Fläche $q = 2$ entsprechen [10.29]. Sägezahnschwingungen dürften ein nichtlinearer Effekt der inneren $m = 1$ Knickinstabilität und eine Folge einer Störung des Stromdichteprofils sein. Es wird auch vermutet, daß eine Verschärfung des Temperaturprofils Ursache von einer Verkleinerung des Sicherheitsfaktors q ist und daß dann die $m = 1$, $n = 1$ Knickmode instabil wird. Ein Ergebnis einer nichtlinearen Theorie der äußeren Knickinstabilität ist, daß im Plasma leere Blasen (*vacuum bubbles*) entstehen könnten, die sich bis zu dem das Plasma begrenzenden Limiter ausdehnen und eine Abbruchinstabilität hervorrufen könnten [8.26].

Über die Abbruchinstabilität gibt es verschiedene, bisher noch nicht in allen Details bewiesene Theorien. Interessant ist, daß die Sägezahnschwingungen einige msec vor dem Einsetzen der Abbruchinstabilität völlig verschwinden. Beobachtungen zeigten, daß diese abrupte Expansion der Temperatur und Stromdichteprofile mit einer raschen scharfen negativen Spannungsspitze, einem Verlust an runaway-Elektronen (vgl. S. 132) und anderen Effekten verbunden ist. Es zeigte sich jedoch, daß die Instabilität durch sorgfältige Wahl der Versuchsparameter vermieden werden kann. So können z. B. helikale Zusatzfelder die Abbruchinstabilität beeinflussen [8.17]. Auch andere Methoden, die es z. B. verhindern, daß $m = 2$ tearing-Mode Inseln zu groß werden, sind erfolgreich. Ziemlich sicher ist heute jedenfalls, daß die Abbruchinstabilität ein mehrstufiger, letzten Endes nichtlinearer resistiver Prozeß ist, der mit $m = 1$, $m = 2$ Störungen zusammenhängt [10.27]. Da der spezifische Widerstand nach $\eta \sim T^{-3/2}$ von der Temperatur abhängt, ist das Temperaturprofil (nach dreidimensionalen Simulationsrechnungen am Computer) sicherlich auch beteiligt. Der letzte Stand (Ende 1992) der experimentellen und theoretischen Forschungsarbeiten bestätigt [11.1], [11.2], daß eine schnell wachsende $m/n = 1/1$ Mode eine Rolle spielt und daß runaway-Elektronen auftreten, die nicht durch ein Dreicer-*Feld* (vgl. S. 132) verursacht werden.

§ 12 Mikroinstabilitäten

12.1 Das PENROSE-*Kriterium und Strahlinstabilitäten*

Wir sahen schon im § 4.8, daß bestimmte Geschwindigkeitsverteilungen dazu führen, daß die Plasmateilchen Energie an das elektromagnetische Feld abgeben, so daß es zu einer Mikroinstabilität kommt. Es wurde damals vermutet, daß die Dispersionsrelation (4.86) ein Stabilitätskriterium enthält. Unsere Überlegungen führten auch zu dem Schluß, daß eine Geschwindigkeitsverteilungsfunktion, die ein *Minimum* besitzt, eine *Instabilität* (*Zweistrominstabilität*) erzeugt. Wir wollen nun diese Verhältnisse für ein *magnetfeldfreies Plasma* näher untersuchen.

Für eine elektrostatische Instabilität bei $B = 0$ muß die Dispersionsrelation (10.123) in der unteren (negativen) imaginären Halbebene der komplexen $\xi = \dfrac{\omega}{k}$-Ebene erfüllt sein, d. h., $Z(\xi)$ ist reell und positiv für ein ξ in der unteren Halbebene. Für das Auftreten einer Instabilität muß nach S. 186 ω komplex sein, und für exp $[i\omega t]$, wie es in (10.115) auftritt, muß der Imaginärteil von ω für eine Instabilität negativ sein. Das zugehörige k ist nach S. 191 reell, so daß ξ komplex ist und Instabilitäten in der unteren Halbebene liegen. Die *notwendige und hinreichende Bedingung* dafür, daß eine Instabilität auftritt, ist daher nach PENROSE [12.1], daß $Z(\xi)$ einen positiven reellen Wert für ein oder mehrere in der negativen Halbebene liegende ξ besitzt. Das Bild eines Halbkreisbogens $\mathscr{C}$ in der ξ-Ebene (vgl. Abb. 51 und 36, wo jedoch die obere Halbebene auftritt, da die Instabilität durch Im $\omega > 0$ definiert ist) ist in der $Z(\xi)$-Ebene eine Kurve $\mathscr{C}'$, deren Form von der Verteilungsfunktion $f(c)$ abhängt, vgl. Abb. 51. An einer Stelle, an der der Imaginärteil von Z von negativen zu positiven Werten geht, schneidet $\mathscr{C}'$ die reelle Achse der Z-Ebene, so daß der Ursprung für einige Werte von k eingekreist wird. Damit jedoch die durch (10.122), (10.123) definierte komplexe Funktion (*Plasmadispersionsfunktion*) Z die reelle Achse kreuzt, muß für diese Stelle ξ_r gelten:

$$\frac{k^2}{\omega_{\mathrm{PE}}^2} = \frac{1}{n_E} \lim_{\varepsilon \to 0} \int \frac{\partial f}{\partial c}\, \frac{1}{c - \xi_r - i\varepsilon}\, \mathrm{d}c = \mathrm{P} \int \frac{f'}{c - \xi_r}\, \mathrm{d}c + i\pi f'(\xi_r). \quad (12.1)$$

(P ist der Hauptwert.) Damit $Z(\xi)$ reell wird, muß

$$f'(\xi_r) = 0 \tag{12.2}$$

gelten, d. h., da der Imaginärteil von negativ nach positiv geht, also sein Vorzeichen wechselt, muß

$$f''(\xi_r) > 0 \tag{12.3}$$

sein, es muß f ein *Minimum besitzen.*
Das PENROSE-*Kriterium* lautet daher: Die (notwendige und hinreichende) Bedingung für das Auftreten einer exponentiell anwachsenden elektrostatischen Instabilität ist, daß die Verteilungsfunktion $f(c)$ ein Minimum (an der Stelle ξ_r) besitzt und daß dort neben (12.2) und (12.3)

$$\int \frac{f(c) - f(\xi_r)}{(c - \xi_r)^2} \, dc > 0 \tag{12.4}$$

gilt. Für transversale Wellen (bei $B = 0$) ist eine zu (12.4) analoge Erweiterung möglich.
Geht man nicht von der VLASOV-*Gleichung*, sondern von der VLASOV-KROOK-*Gleichung* (4.84) aus ($v \neq 0$), so verschieben sich die $\mathscr{C}$-Kurven so, daß Instabilitäten eher weniger auftreten.
Ganz allgemein kann man aus dem PENROSE-Kriterium zeigen, daß jede *isotrope monotone* Verteilungsfunktion, die mit steigender Energie $\dfrac{mc^2}{2}$ fällt, in einem *homogenen* Magnetfeld *stabil* ist (ROSENBLUTH-*Kriterium*).

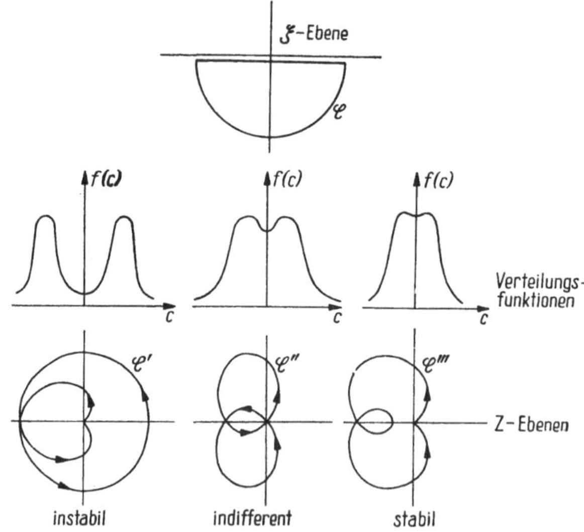

Abb. 51. Das PENROSE-NYQUIST-Kriterium

Abschließend sollte erwähnt werden, daß es für elektrostatische Stabilität der VLASOV-*Gleichung* auch ein *Energieprinzip* gibt. Es gibt auch von der Geometrie unabhängige Methoden zur Stabilitätsuntersuchung.

Die einfachste Mikroinstabilität ist die (elektrostatische) *Zweistrominstabilität* (*two stream instability, beam-plasma instability*). Sie wird von zwei sich gegenseitig durchdringenden Strahlen geladener Teilchen, z. B. Elektronen gegen Elektronen in einem ruhenden neutralisierenden Ionenhintergrund oder Elektronen gegen Ionen, erzeugt (*Elektronenstrahlinstabilität, electron-electron instability, electron runaway instability, electron (plasma) wave instability, electron beam instability, ion beam instability, ion-ion instability*). Nimmt man zur Vereinfachung an, daß alle Elektronen die gleiche Geschwindigkeit $u_x = u_0$, $u_y = 0$, $u_z = 0$ besitzen, so kann das Zweiflüssigkeitsmodell verwendet werden. Da die Störungen $\sim \exp{(ikx + i\omega t)}$ elektrostatisch ($\boldsymbol{B} = 0$) sind, sich also in der Strömungsrichtung ausbreiten, folgt durch Linearisierung für die gestörten Dichten $n_{r,l}$ der nach rechts ($x > 0$) bzw. nach links fliegenden Elektronen aus der Kontinuitätsgleichung (+ für r, n_0 ungestörte Dichte)

$$i\omega n_{r,l} \pm iku_0 n_{r,l} + ikn_0 u_{r,l} = 0 \tag{12.5}$$

und aus der Bewegungsgleichung

$$i\omega u_{r,l} \pm iku_0 u_{r,l} = \frac{e}{m_E} E, \tag{12.6}$$

$u_{r,l}$ sind die gestörten Elektronengeschwindigkeiten.
Löst man (12.5) und (12.6) auf, so erhält man

$$n_{r,l} = ikn_0 \frac{e}{m_E} \frac{E}{(\omega \pm ku_0)^2}. \tag{12.7}$$

Setzt man hierin für das elektrische Feld E aus der POISSON-Gleichung

$$\operatorname{div} \boldsymbol{E} = ikE = 4\pi e(n_r + n_l) \tag{12.8}$$

ein, so erhält man die *Dispersionsrelation der Zweistrominstabilität* — vgl. (4.88) —

$$1 = \frac{\omega_{PE}^2}{(\omega + ku_0)^2} + \frac{\omega_{PE}^2}{(\omega - ku_0)^2}. \tag{12.9}$$

$\pm ku_0$ entspricht einer DOPPLER-*Verschiebung* der Frequenzen. (12.9) kann man mit $f(c) = \frac{1}{2}\left[\delta(c - u_0) + \delta(c + u_0)\right]$ auch aus (4.86) gewinnen.

Aus (12.9) zeigt man, daß $\omega^2 < 0$ (Instabilität!), wenn

$$ku_0 < \sqrt{2}\,\omega_{PE}. \tag{12.10}$$

Sind die Elektronenstrahlen nicht streng monoenergetisch (Geschwindigkeitsverteilung $\neq$ Deltafunktion), so muß man von der VLASOV-*Gleichung* ausgehen und erhält eine Dispersionsrelation analog zu (4.86). In der Folge erhält man für $T_E \approx T_I$ für die *Elektronenschwingungen* mit $\omega \approx \omega_{PE}$ als Stabilitätsbedingung

$$u_D < u_{\text{therm.E}} \tag{12.11}$$

und für $T_E > 10\, T_I$ (*Ionenschall* mit $\omega \approx \omega_{PI}$)

$$u_{\text{therm.E}} < u_D < u_{\text{therm.I}} \approx \frac{\omega_{PI}}{\omega_{PE}} \sqrt{\frac{k_B T_E}{m_E}} = \sqrt{\frac{k_B T_E}{m_I}}. \tag{12.12}$$

Es treten dann *instabile Ionenschallwellen* auf, deren Dispersionsrelation durch $c_{Ph} \approx u_{\text{therm.I}}$ gegeben ist. (12.12) ist abzuändern, wenn zwischen den heißen Elektronen und den kalten Ionen eine relative Driftgeschwindigkeit vorhanden ist, so daß ein kleiner Strom fließt (*electron-ion instability, ion wave instability*, BUNEMAN-*Instabilität*).
Monoenergetische Ionenstrahlen im Plasma erzeugen ebenfalls *instabile Ionenschallwellen*, wenn $c_{Ph} \approx u_{\text{therm.Ion}}$ (*ion beam instability, ion (sound) wave instability*).
Neben der elektrostatischen longitudinalen hochfrequenten *Zweistrominstabilität* kann auch eine ganz oder teilweise transversale absolute elektromagnetische Instabilität auftreten (WEIBEL-*Instabilität, transverse wave instability, transverse instability*), deren Dispersionsrelation nach CLEMMOW [10.10]

$$\frac{c^2 k^2}{\omega^2} = 1 - \frac{\omega_P^2}{\omega^2}\left(1 + \frac{k^2 u_0^2}{\omega^2}\right) \tag{12.13}$$

lautet. KAHN gelang es, analog zum PENROSE-*Kriterium* eine hinreichende, aber nicht notwendige Instabilitätsbedingung abzuleiten. Die *Anwachsrate* ist durch

$$\gamma = u_0 \omega_P kc(\omega_P^2 + k^2 c^2)^{-1/2}, \qquad u_0{}^2 \approx \frac{k_B T_E}{m_E} \gg u_\parallel^2 \tag{12.14}$$

(Temperaturanisotropie!) gegeben. Wird eine Geschwindigkeitsverteilung berücksichtigt, so erhält man die Dispersionsrelation

$$\frac{c^2 k^2}{\omega^2} = 1 - \frac{\omega_P^2}{\omega^2}\left(1 + \int dc\, \frac{c_\perp^2}{2} \frac{k \dfrac{\partial f}{\partial c}}{kc - \omega}\right), \tag{12.15}$$

die für δ-Funktionen in (12.13) übergeht. Das Auftreten von $c_\perp$ zeigt, daß die Geschwindigkeitsverteilung $f(c)$ trotz Fehlen eines Magnetfeldes *nicht isotrop* ist.
Die *Zweistrominstabilität* kann auch dann auftreten, wenn sich das Plasma (bzw. die 2 Teilchenstrahlen) im Magnetfeld befinden (BUNEMANN-*Instabilität*) — allerdings ist für $B \neq 0$ das PENROSE-*Kriterium* nicht mehr gültig und für den Ionenschall muß $\omega_{PE} > \omega_{LE}$ gelten (*electrostatic electron-ion streaming*

instability, Kopplung von Ionenschwingungen mit Elektronzyklotronschwingungen). Man erhält für zwei Teilchenstrahlen entgegengesetzter Ladung und Geschwindigkeit (*transverse counter-streaming instability*) die Dispersionsrelation

$$\frac{c^2 k^2}{\omega^2} = 1 - \frac{\omega_\mathrm{P}^2}{\omega^2} \left(\frac{\omega + ku_0}{\omega + ku_0 - \omega_\mathrm{L}} + \frac{\omega - ku_0}{\omega - ku_0 + \omega_\mathrm{L}} \right), \qquad (12.16)$$

wobei $m_\mathrm{I} \approx m_\mathrm{E}$ gesetzt wurde [7.3]. Bei Vorhandensein eines Magnetfeldes kann man die elektrostatischen (longitudinalen) und die elektromagnetischen (transversalen) Wellen nicht mehr voneinander trennen [7.3]. Diese Kopplung wirkt destabilisierend.

(12.16) besitzt in der Nähe von ω_L zwei Pole, die jedoch nicht auf der reellen Achse liegen. Der Brechungsindex der entsprechenden elektromagnetischen Wellen kann daher komplex werden: es tritt eine Instabilität oder eine Dämpfung auf (*Elektronzyklotrondämpfung*, *Ionenzyklotrondämpfung*). Diese stoßfreie Dämpfung ist mit der LANDAU-*Dämpfung* verwandt.

Strahlinstabilitäten treten auf, sobald ein Strahl geladener Teilchen im Vakuum große Intensitäten erreicht oder in ein Plasma hineinläuft. Die verschiedenen Wechselwirkungen gehen auf 4 Prozesse zurück:

1. ČERENKOV-*Effekt* (ČERENKOV-*Instabilität*),
2. *normaler* und *anormaler* DOPPLER-*Effekt*,
3. *Plasmapolarisation*,
4. *parametrischer* ČERENKOV-*Effekt*.

Elektronen- bzw. Ionenstrahlen regen daher eine ganze Vielfalt von Schwingungen und Instabilitäten an: *longitudinale Elektronendichteschwingung*, *Ionenschallschwingungen* (mit und ohne *B*), ALFVÉN-*Wellen*, *Longitudinalschwingungen im Elektron-Ionen-Strahl*, *instabile transversale Wellen* im Elektronenstrahl, *Ionenzyklotronwellen*, etc., die zum Teil als Instabilität keine eigenen Namen führen. Stabilitätskriterien und Anwachsraten (ca. 10^{-9} sec für hochfrequente, $10^{-6} - 10^{-4}$ sec für niederfrequente Schwingungen) findet man im Übersichtsartikel von FAINBERG [12.2] s. auch [11.3].
Einige spezielle Instabilitäten sollen kurz besprochen werden:

Electromagnetic electron-ion streaming instability: Sie tritt auf, wenn ein Strahl kalter Ionen in einem Plasma Magnetfeldlinien kreuzt. Handelt es sich um einen monoenergetischen Elektronenstrahl mit der Geschwindigkeit u_0, so werden Wellen senkrecht zu *B* instabil (*cross-stream instability*), wenn

$$\frac{u_0^2}{c_\mathrm{A}^2} > \frac{m_\mathrm{I}}{m_\mathrm{E}} \qquad (12.17)$$

gilt. Eine spezielle Form der *electron-ion streaming instability* tritt auf, wenn der monoenergetische Elektronenstrahl durch einen ruhenden Ionenhintergrund auf Elektroden (Gitter) trifft. Die endliche Länge des Elektrodenabstandes (z. B. in einer Diode) ist dann die Ursache für das Instabilwerden der

Raumladungswellen im Elektronenstrahl (PIERCE-*Instabilität, space charge instability*). Diese Instabilität kann in Plasmadioden eine weitere Instabilität (*Plasmadiodeninstabilität*) hervorrufen, die sich in starken Amplitudenschwankungen des Diodenstromes äußert (Frequenzen $10^2 - 10^5$ Hz). Wenn diese Instabilität in Gasentladungen auftritt, heißt sie *current chopping instability*. Instabilitäten der besprochenen Typen können manchmal durch *Modulation des Elektronenstrahls* gedämpft werden.

In Teilchenstrahlen kann es zu einem Einfang geladener Teilchen kommen, wenn die Phasengeschwindigkeit ω_P/k der Plasmawelle gleich der Geschwindigkeit der parallel zur Welle laufenden Teilchen ist. Wenn die Anzahl der Teilchen, die etwas rascher als die Welle laufen, größer ist als die Anzahl der langsameren Teilchen, dann werden mehr Teilchen gebremst als beschleunigt werden: die Teilchen (*resonant particles*) geben an die Welle Energie ab, und es entstehen *Einfanginstabilitäten* (*trapping instabilities, resonant instability, resonant particle instability, trapped particle instability*), von denen es eine ganze Reihe gibt (z. B. im stoßfreien oder stoßbestimmten Plasma, im inhomogenen Plasma, bei inhomogenem B etc.). Ist ein zusätzliches Magnetfeld vorhanden, dann ist die Resonanzbedingung $ku_0 = \omega_P$ bzw. ω durch $\omega = ku_0 - n\omega_L$ zu ersetzen, und es entstehen *instabile Plasmawellen*, ALFVÉN-*Wellen* und *elektromagnetische Wellen* der Frequenz ω. Diese Einfangeffekte betreffen bestimmte Einzelteilchen, während die Zweistrominstabilität von einer *kollektiven* Wechselwirkung herrührt.

Ganz allgemein kann man die Mikroinstabilitäten in *Resonanztypen* und *resonanzfreie Typen* einteilen [12.3]. Die Resonanzinstabilitäten sind meist überstabil (exponentiell anwachsende periodische Schwingung); die resonanzfreien Typen werden weniger von dem „lokalen" Verhalten, sondern mehr vom integralen Verhalten der Geschwindigkeitsverteilungsfunktion beeinflußt (Mittelwerte!); sie nähern sich bereits den makroskopischen Instabilitäten (vgl. Spiegelinstabilität).

Teilchen können auch in lokalen Spiegelfeldern (wie sie im Stellarator auftreten) *lokal* eingefangen werden und erhöhen dann durch ihre große lokale Verweilzeit die Transportkoeffizienten, so daß z. B. elektrische Leitfähigkeit und Teilchendiffusion lokal erhöht werden.

Abweichungen von den MAXWELLschen Geschwindigkeitsverteilungen erzeugen Instabilitäten. Entweder liegen die Abweichungen im Kurven*verlauf* — dann kommt es nach (12.4) zu elektrostatischen Instabilitäten —, oder aber die Geschwindigkeitsverteilung ist *anisotrop*, d. h. daß $f_0(c) \neq f_0(c^2)$, sondern $f_0(c_\perp, c_\parallel)$. Anisotrope Verteilungen bei $B_0 = 0$ treten z. B. bei zwei einander durchdringenden Elektronenstrahlen auf (*Zweistrominstabilität*, vgl. (12.15)). Rührt die Anisotropie von einem Magnetfeld her, vgl. (10.142), so treten neue Instabilitäten auf. Diese Verteilungsfunktion führt z. B. direkt zur ALFVÉN-*Wellen-Instabilität* und zur *mirror-Instabilität*, die wir in (11.68) im Rahmen der CGL-Theorie untersuchten. Es gibt jedoch noch andere echte Mikroinstabilitäten, die *nur* mit der statistischen Theorie erfaßt werden können. In einem homogenen Plasma ist ein Ansatz $\exp(ikr - i\omega t)$ zulässig, so daß aus den

Maxwell-Gleichungen (3.79) (10.128) folgt. Mit der *quasielektrostatischen* (für $\beta \ll 1$) erlaubten Näherung $E = -\nabla\Phi$ (das Magnetfeld der Störung wird vernachlässigt, longitudinale und transversale Wellen seien nicht gekoppelt) erhält man [12.4] für ein äußeres Magnetfeld B_0 an Stelle des rein elektrostatischen Falles (10.120) den Dielektrizitätstensor (10.138), der mit (10.128) die Dispersionsrelation für die auftretenden Wellen und Instabilitäten liefert. Zerlegt man $\varepsilon(k, \omega) = \varepsilon_1(k, \omega) + i\varepsilon_2(k, \omega)$, $\omega = \omega_r + i\gamma$, so erhält man [12.4] unter den Annahmen $|\gamma| \ll \omega_r$, $|\varepsilon_2| \ll |\varepsilon_1|$ für die Anwachsrate

$$\gamma(k) = -\frac{\varepsilon_2\big(k, \omega_r(k)\big)}{\left(\dfrac{\partial\varepsilon_1}{\partial\omega}\right)_{\omega_r(k)}} = -\frac{\mathrm{Re}\,[E^* \cdot j]}{\dfrac{1}{4\pi}\,|E|^2 \left(\dfrac{\partial(\omega\varepsilon_1)}{\partial\omega}\right)_{\omega_r(k)}}, \tag{12.18}$$

γ stellt das Verhältnis der von der Welle dissipierten Energie zur zweifachen Wellenenergie dar. Die Energie der Welle ist durch $\dfrac{|E|^2}{8\pi} \cdot \dfrac{\partial(\omega\varepsilon_1)}{\partial\omega}$ gegeben, wobei der Korrekturfaktor ein Maß für die Energie der Teilchen ist, die mit der Welle mitlaufen (*Resonanzteilchen*, für die $\omega - k_z c_z = n\omega_L$). $\gamma > 0$, d. h., die Energie der Welle ist positiv, charakterisiert eine Instabilität. Ist die Energie der Welle negativ, d. h. $\dfrac{\partial\varepsilon_1}{\partial\omega} < 0$, dann verliert die Welle bei Dissipation Energie und ihre Amplitude wird daher negativer, es entsteht also auch eine Instabilität (*negative energy wave instability*).

Setzt man in die Dispersionsrelation die Verteilung (10.142) ein, so erhält man (für kalte Elektronen $T_{\perp E} \approx T_{\|E} \approx 0$, beliebige Ionentemperaturen) senkrecht oder schräg zu B_0 ($k_\| = 0$) für

$$\omega_{PE} > n \cdot \omega_{LI}, \quad 2nT_{\|I} < T_{\perp I} \quad \text{oder}$$

$$\frac{2}{T_{\perp I}} + \frac{5}{T_{\|E}} < \frac{1}{T_{\|I}} \quad (\text{Timofeev}) \tag{12.19}$$

($n = 1, 2, \ldots$) Instabilität (Harris-*Instabilität*, Timofeev-*Instabilität*, *anisotropic temperature instability*, *Ionenzyklotroninstabilität*). Diese konvektiven oder auch absoluten elektrostatischen Instabilitäten können nicht nur durch Temperaturanisotropien, sondern auch durch Ströme oder Teilchenstrahlen angeregt werden. Wächst die Elektronentemperatur, so erhält man für

$$\omega_{PI} > \omega_{LI}, \quad T_I < \frac{m_E}{m_I} \sqrt{\frac{T_{\|I}}{T_{\|E}}} \left(1 + \frac{m_E}{m_I} \sqrt{\frac{T_{\|I}}{T_{\|E}}}\right)^{-1} \tag{12.20}$$

instabile Ionenschallwellen (Soper-Harris-*Instabilität*). Gibt es neben heißen Teilchen auch noch kalte Teilchen derselben Art, so kommt es zur *double distribution instability*. Resonanz zwischen der Elektronenbewegung längs B und der Larmor-Bewegung der heißen Ionen führt zur (u. U. überstabilen) *Ionen-Elektronen-Instabilität*. In der *Elektronen-Elektronen-Instabilität*

kommt es zur *Selbstresonanz* der Elektronen. Werden mit Hilfe des KROOK-*Terms* Stöße berücksichtigt, so kommt es zur *collisional cyclotron instability*.
In Plasmen endlicher Abmessungen ändern sich die Verhältnisse; so z. B. in einer *Spiegelmaschine*. In Spiegelmaschinen kommt es infolge des Teilchenverlustes innerhalb des *Verlustkegels* $\cos^2 \vartheta > \dfrac{B(z_0)}{B_{\max}}$, Seite 43, zu einer gebuckelten Verteilungsfunktion, so daß (10.142) nicht mehr gültig ist und

$$f_0 = 0 \quad \text{innerhalb} \quad c_\perp < |c_\parallel| \operatorname{tg} \vartheta, \quad \frac{\partial f_0}{\partial c_\perp} > 0 \tag{12.21}$$

gilt. Es kommt dann zur *Verlustkegelinstabilität* (*loss cone instability*, (konvektive) *maser instability*), die sich meist in der Richtung der Feldlinien ausbreitet und zu erhöhtem Teilchenverlust führt. Es gibt auch eine *resonant loss cone instability* für $\omega \approx \omega_{\mathrm{LI}}$. Für enge Verlustkegel und $k_\parallel = 0$ ergeben sich niederfrequente Instabilitäten, die mit der Nichtinvarianz der adiabatischen Invarianten zusammenhängen. (Die Wellenlängen der Instabilität sind nämlich kleiner als r_L).
Geht man von der quasielektrostatischen Näherung ab und betrachtet die elektromagnetischen Instabilitäten, so erhält man für $k \parallel B_0$ eine *Entkopplung* der longitudinalen und der transversalen Wellen, es treten zirkular polarisierte Wellen als Lösung von (10.128) auf. Die Analyse der Dispersionsrelation liefert langsame (*Ionen-*)ALFVÉN-*Wellen*, *Whistler* und *Lichtwellen*, die für genügend anisotrope Verteilungen *instabil* werden (*Whistler-Instabilität*, *Helikon-Instabilität*). Manche dieser (elektromagnetischen) Instabilitäten (ALFVÉN-*Wellen-Instabilität*, *mirror-Instabilität*) können schon in der makroskopischen Theorie erfaßt werden, sind jedoch für $\beta \ll 1$ vernachlässigbar. Für die *Whistlerinstabilität* gilt

$$T_{\perp\mathrm{E}} > T_{\parallel\mathrm{E}} \quad \text{oder} \quad p_{\perp\mathrm{E}} > p_{\parallel\mathrm{E}}, \tag{12.22}$$

und die Dispersionsrelation für Fortpflanzung genau parallel zu B lautet

$$\omega^2 + \frac{\omega\omega_\mathrm{P}^2}{\omega - \omega_\mathrm{L}} = c^2 k^2. \tag{12.23}$$

Für $T_\perp > T_\parallel$ gibt es nach SUDAN [12.5] auch eine elektromagnetische transversale *Elektronenwelleninstabilität*. Alle elektromagnetischen Instabilitäten sind jedoch weniger „gefährlich" als die elektrostatischen.
Für $k \perp B$ treten transversale Wellen mit $E \parallel B$ und gemischt transversal-longitudinale Wellen (mit $E \perp B$) auf. Die schon etwas komplizierten Dispersionsrelationen findet man z. B. bei PFIRSCH [12.6]. Breiten sich die Wellen schräg zum Magnetfeld aus, so erhält man für $\omega \to 0$ die quasimakroskopischen Spiegel- und Gartenschlauchinstabilitäten, vgl. (11.68) und (11.67). Als elektrostatische Mikroinstabilitäten treten die (durch B modifizierte) Zweistrominstabilität und die HARRIS-Instabilität auf.

Ist das Plasma *inhomogen,* dann treten Drifteffekte auf. Ist z. B. die transversale Geschwindigkeitsverteilungsfunktion keine MAXWELL-Verteilung oder gilt (12.21), dann entstehen hochfrequente ($\omega \gg \omega_{LI}$) Instabilitäten (*drift velocity space instability*). Tritt ein räumlicher Gradient einer nichtmaxwellschen Verteilung auf, so entsteht die MICHAILOVSKY-*Instabilität.* Da in einer Spiegelmaschine durch das inhomogene Magnetfeld Inhomogenitäten auftreten, spricht man auch von *drift cone instability* (statt *Verlustkegelinstabilität*).

12.2 Mikroinstabilitäten im inhomogenen Plasma und im Tokamak

In einem *inhomogenen* Plasma gibt es mehrere Ursachen für Mikroinstabilitäten. Wenn z. B. das Magnetfeld inhomogen ist, so kommt es zu einer merkwürdigen, schon von Teilchenbeschleunigern bekannten Instabilität, der sogenannten *negative mass instability*: Werden nämlich in einem Zirkularbeschleuniger (oder in einem toroidalen Plasma) Teilchen durch elektrische Felder azimutal beschleunigt, so wächst der Radius ihrer Kreisbahn. Da das Magnetfeld inhomogen ist, läuft das Teilchen nach der Beschleunigung in einem anderen B, so daß sich die Umlaufperiode (bzw. ω_I) geändert hat. Ist die Umlaufperiode kleiner geworden, so bleibt das Teilchen gegenüber nicht beschleunigten Teilchen zurück: die beschleunigende Kraft hat scheinbar zu einer Verzögerung geführt, das Teilchen hat so reagiert, als ob es eine *negative Masse* hätte. Eine genauere Untersuchung zeigte, daß dieser zu einer Instabilität führende Effekt immer dann auftritt, wenn der *Mittelwert* von ω_L, genommen über einen Teilchenumlauf, *energieabhängig* ist. Es zeigte sich [12.3] [12.6], daß relativistische Effekte sowie eine Variation des radialen bzw. des axialen Magnetfeldes zu einer solchen Energieabhängigkeit führen.
Eine andere durch die Inhomogenität des Magnetfeldes hervorgerufene Instabilität ist die *finite orbit instability.* Die Magnetfeldinhomogenität kann eine Drift $R_\perp$ des Führungszentrums erzeugen, vgl. (3.23), die größer als r_L ist und zur Instabilität führt. Die periodische Bewegung des Führungszentrums um die Feldlinien führt zu einer stoßfreien Viskosität — genau so, wie die Gyrationsbewegung geladener Teilchen zu einer stoßfreien magnetischen Viskosität führt —, das Magnetfeld übernimmt in der Quasimagnetohydrodynamik die Rolle der Stöße; die *finite orbit instability* zeigt daher eine gewisse Verwandtschaft zur *dissipativen Driftinstabilität.*
Die wichtigsten durch Inhomogenitäten (Dichte- oder Druckgradienten) erzeugten Instabilitäten des (stoßfreien) VLASOV-Plasmas sind jedoch *Driftinstabilitäten.* Die stoßfreie Driftwelle beruht auf *Druck-* bzw. *Dichtegradienten* (im Teilchenbild: auf diamagnetischen Strömen, vgl. Abb. 11; diese wirken wie eine entstabilisierende Schwerebeschleunigung) und treten in *jedem* eingeschlossenen Plasma auf. Diese universelle elektrostatische konvektive durch Dichtegradienten hervorgerufene Instabilität ist auch bei homogener Temperatur ($T_I = T_E$) und bei homogenem B in der Form longitudinaler niederfre-

quenter Schwingungen (parallel zu B) nachweisbar [10.38]. Sie heißt auch *universal instability* oder *density gradient drift instability*. Treten Temperaturgradienten auf, so entsteht (im stoßfreien Plasma) die *Temperaturdriftinstabilität*. Ist $r_L \approx 0$ und $T_I \ll T_E$, so gilt als Instabilitätsbedingung

$$\frac{d \ln T}{d \ln n} > 2. \tag{12.24}$$

Diese Instabilität ist durch *magnetische Töpfe* nicht stabilisierbar.
Eine andere durch Dichtegradienten erzeugte Driftinstabilität im stoßfreien Plasma ist die *drift beam instability*. Sie entsteht durch transversale Dichtegradienten, wenn ein monochromatischer Elektronenstrahl auf ein Plasma trifft.
Durch Resonanz zwischen einer stabilen (Ionen-)Driftwelle mit einer Ionenzyklotronschwingung kann im stoßfreien Plasma mit $\nabla\varrho$ nach MICHAILOVSKY-TIMOFEEV bei Berücksichtigung von endlichem r_L eine kurzwellige hochfrequente Instabilität mit der Frequenz $\omega \approx \omega_L$ entstehen, die den Namen MICHAILOVSKY-TIMOFEEV- oder *(Ionen-)Driftzyklotroninstabilität* führt [12.3] [12.6].
In einem stoßfreien inhomogenen Plasma ($\nabla\varrho$ oder ∇T) könnte eine *collisionless tearing instability* und eine *collisionless gravitational instability* (beide noch nicht mit Sicherheit experimentell nachgewiesen) entstehen.
Durch Übergang von der VLASOV-*Gleichung* zur VLASOV-KROOK-*Gleichung* (4.84) kann man in der statistischen Theorie den Einfluß von Stößen studieren. So entstehen in einem inhomogenen schwach ionisierten Plasma mit homogenem Magnetfeld als Folge der Zusammenstöße geladener Teilchen mit neutralen Teilchen die zu den Driftinstabilitäten gehörenden *electron-neutral atom collision instability* und die *ion-neutral atom collision instability*. Auch Ionen-Ionen-Stöße führen zu einer Verstärkung des instabilen Verhaltens. Eine *collision-induced instability* schwach ionisierter Gase von transversalen Wellen längs eines äußeren Magnetfeldes, hervorgerufen durch die Geschwindigkeitsabhängigkeit der Stoßfrequenz, hat SUZUKI angegeben [12.7].
Eine durch inhomogene Ladungsverteilung entstehende Instabilität ist die *Diocotroninstabilität* (*slipping instability*, *slipping stream instability*, HARRISON-*Instabilität*). Sie entsteht in Schichten geladener Teilchen (z. B. Plasma mit großem Elektronenüberschuß), die sich in einem Magnetfeld befinden. Infolge der inhomogenen Ladungsverteilung kommt es im Magnetfeld zu einer $E \times B$-Drift, die ihrerseits die Inhomogenität der Ladungsverteilung erhöht. Für eine Störung $\exp(\gamma t - ikx)$ ergibt sich die Anwachsrate

$$\gamma = \frac{1}{2}\frac{\omega_P^{\,2}}{\omega_L^{\,2}}\sqrt{\exp(-2kt) - (kt - 1)^2}. \tag{12.25}$$

Für das System der MAXWELL-Gleichungen zusammen mit den VLASOV-Gleichungen der einzelnen Teilchensorten hat Low gezeigt [12.8], daß das System eine LAGRANGEsche Formulierung zuläßt und daß daher stabile Lösungen durch infinitesimale Abänderung eines Parameters nur dann in

instabile Lösungen übergehen, wenn der Mittelwert der Energie der Störung des Gleichgewichtes verschwindet (*Theorem von* Low).
Mit Hinblick auf den möglichen Einsatz von Tokamak-Apparaturen für die Gewinnung von Fusionsenergie wollen wir nun noch kurz die Mikroinstabilitäten in Tokamaks zusammenstellen [12.9, 8.26, 10.27]. Im wesentlichen handelt es sich um von freier Energie getriebene Drift- und Scherungs-Alfvén-Moden sowie um *trapped particles-Instabilitäten*. Die dissipativen Driftmoden werden durch Elektronenstöße angeregt, sobald die Elektronenstoßfrequenz $v_E > k_\parallel u_E$ ist. Im stoßfreien Bereich $v_E < k_\parallel u_E$ treten Landau-Instabilitäten auf. Wenn die Gradienten der Elektronentemperatur und der Elektronendichte die gleiche Richtung haben (d ln T_E/d ln $n_E > 0$), so können diese Instabilitäten stabilisiert werden. Für d ln T_E/d ln $n_E < 0$ tritt jedoch eine *Temperaturgradientinstabilität* auf. Es können auch Strom-getriebene Driftinstabilitäten auftreten. In einem Tokamak treten infolge seiner toroidalen Struktur Bananenbahnen auf, vgl. S. 174, Abb. 30, in denen Teilchen eingefangen sind. Ist die Anzahl der Stöße groß genug (Pfirsch-Schlüter-*Regime*), um diese Teilchen aus ihrem Gefängnis zu befreien, so kann der Einfluß der toroidalen Geometrie („*trapped electron effects*") vernachlässigt werden. Im umgekehrten Fall ist die Anzahl der Stöße gering, d. h. die sogenannte *collisionality* [9.3]

$$v^* = \frac{v_{EI} A}{\omega_{bE}} \quad \text{bzw.} \quad \frac{v_{EI} A}{\omega_{bI}} \tag{12.26}$$

ist $v_{I,E}^* < 1$, wobei

$$\omega_{bE} = \frac{u_E}{qR \sqrt{A}} \quad \text{bzw.} \quad \omega_{bI} = \frac{u_I}{qR \sqrt{A}} \tag{12.27}$$

die *bounce-Frequenz* ist. In diesem Fall ist der mit den gefangenen Teilchen verknüpfte destabilisierende Effekt sehr groß. Es treten die trapped-ion (electron-)Instabilitäten [12.10] sowie interne Knickmoden [8.26] auf, die durch die Feldlinienscherung stabilisiert werden können.
Während in zylindrischen Systemen die durch Druckgradienten getriebenen Scherungs-Alfvén-Moden $\omega \approx k_\parallel c_A$ kleine Anwachsraten haben und durch Feldlinienscherung stabilisiert werden können, können eine toroidale Krümmung und die Bananenbahnen die Situation gründlich ändern.
Schließlich führt Heizung durch Teilcheninjektion (meist tangential zu $\boldsymbol{B}_0$) zu Anisotropien in der Geschwindigkeitsverteilungsfunktion und damit zu hochfrequenten elektrostatischen und elektromagnetischen Moden sowie eventuell zur Kelvin-Helmholtz-*Instabilität*. Bei Injektion senkrecht zum Magnetfeld können andererseits hochfrequente *Ionenzyklotron-Verlustkegel-Instabilitäten* angeregt werden. In einem Experiment mit fast senkrechter Injektion eines Neutralteilchenstrahls trat eine neue periodische $n = 1$, 20 kHz Mode mit einigen *m*-Werten auf, die angesichts ihres Aussehens *fishbone-Mode* genannt wurde [8.26]. In ihr waren offensichtlich Mirnov-Schwingungen enthalten. Die Mode setzt am Rand des Instabilitätsbereichs

der inneren Knickinstabilität ein. Gefangene Teilchen scheinen diese Mode und die Sägezahnschwingungen zu stabilisieren.

Da bei D-T-Fusionsreaktion Alphateilchen entstehen, wurden auch die den schnellen Ionenmoden verwandten *thermonuklearen*, durch α-Teilchen angeregten *Instabilitäten* untersucht. Es können z. B. durch Dichtegradienten der α-Teilchen (oder von Verunreinigungen) getriebene Scherungs-ALFVÉN-Instabilitäten angeregt werden, wenn $u_\alpha > c_A$.

12.3 Nichtlineare Effekte

Bisher wurden alle Instabilitäten in linearer Näherung behandelt. Es zeigt sich jedoch, daß insbesondere für die Untersuchung einer *nichtlinearen Stabilisierung* (vgl. S. 198) und für Transportprobleme auch Nichtlinearitäten berücksichtigt werden müssen. Elektrostatische Plasmaschwingungen wurden schon relativ früh einer nichtlinearen Analyse unterzogen [7.7, 12.11]. Infolge der Nichtlinearität der Gleichungen kommt es zur Wechselwirkung zwischen Wellen — einem typisch nichtlinearen Effekt — und zu nichtlinearer Teilchen-Welle-Wechselwirkung, die dann auch eine nichtlineare Theorie, z. B. der Driftinstabilität etc., gestattet. Nichtlineare Terme können unter gewissen Voraussetzungen zu einer *Selbststabilisierung* führen: wird die Amplitude der Instabilität zu groß, so können die nichtlinearen Glieder stabilisierend wirken.

Nichtlinearitäten können aber auch zu neuen Instabilitäten führen. Der Zerfall einer Welle 1 in zwei Wellen 2 und 3 durch (nichtlineare) Wechselwirkung folgt den Erhaltungssätzen von Impuls und Energie

$$k_1 = k_2 + k_3, \qquad \omega_1 = \omega_2 + \omega_3. \tag{12.28}$$

Dieser Zerfallsmechanismus kann im Plasma die *Zerfallsinstabilität* (*decay instability*) auslösen. Ist ein elektrisches Wechselfeld der Auslösemechanismus dieser Instabilität, so spricht man auch von *parametrischer Instabilität*. Um ein Verständnis für diese Art von Instabilitäten zu gewinnen, betrachten wir ein Zweiflüssigkeitsplasma mit den Dichten n_{s0}, n_{s1}, das von einem äußeren Wechselfeld („*Pumpwelle*")

$$E = 2E_0 \cos \omega_0 t \exp (ikx) \tag{12.29}$$

der konstanten Amplitude E_0 und der Frequenz ω_0 angeregt wird. Die LANGEVIN-Bewegungsgleichung (3.46) nimmt nach Linearisierung und Ergänzung durch einen Druckterm $\gamma_s k_B T_s n_s$ für ein nicht magnetisiertes Plasma die Form

$$m_s n_0 \frac{dv_{s1}}{dt} = -\gamma_s k_B T_s ik n'_{s1} + e_s n_0 E_0 - v_s m_s n_s v_{s1} \tag{12.30}$$

an, während Kontinuitätsgleichung

$$\frac{dn_{s1}}{dt} + n_0 ik v_{s1} = 0 \tag{12.31}$$

und POISSON-Gleichung

$$ikE_0 = 4\pi e(n_{I1} - n_{E1}) \tag{12.32}$$

die vorstehenden Formen annehmen. Elimination von v_s und E_0 aus (12.30)–(12.32) und Multiplikation von (12.30) mit k geben nach einigen Zwischenrechnungen [9.3] die NISHIKAWA-*Gleichungen*

$$\frac{d^2 n_{I1}}{dt^2} + \omega_I n_I + v_I \frac{dn_{I1}}{dt} = \frac{ie}{m_I} n_{E1} 2E_0 \cos \omega_0 t, \tag{12.33}$$

$$\frac{d^2 n_{E1}}{dt^2} + \omega_E n_E + v_E \frac{dn_{E1}}{dt} = \frac{ie}{m_E} n_{I1} 2E_0 \cos \omega_0 t, \tag{12.34}$$

wobei ω_I die ionenakustische Frequenz

$$\omega_I = k_B k^2(\gamma_E T_E + \gamma_I T_I)/m_I \tag{12.35}$$

ist. γ_s ist der Adiabatenexponent, k_B die BOLTZMANN-Konstante. Für ω_E gilt $\omega_E = \omega_0 - \omega_I$. Da die Gleichungen von der Zeit abhängige Koeffizienten enthalten, heißen sie parametrisch, vgl. S. 195. Die zwei gewöhnlichen Differentialgleichungen (12.33), (12.34) sind durch die Terme der rechten Hand, die *Pumpterme*, gekoppelt. Die Kopplung der drei Moden n_{I1}, n_{E1}, E_0 ist nichtlinear. In der weiteren Diskussion verwendet man nun die folgenden Bezeichnungen

$\omega - \omega_I$:   Frequenzverschiebung,
$\omega_I - \omega_0$:   STOKES-Komponente,
$\omega_I + \omega_0$:   Anti-STOKES-Komponente,
$\Delta = \omega_0 - \omega_1 - \omega_E$:   Frequenzmischung,

wobei man öfters statt I auch 1 und statt E auch 2 schreibt und dann Impuls- und Energieerhaltungssätze von zwei Wellen in der Form der Gleichungen (12.28) anschreibt. Faßt man im Sinne einer quantentheoretischen Wechselwirkung der 3 Wellen [9.3] die Wellen als Quanten auf, so spricht man von Wellen der Frequenz ω_{PE} (oder ω_P) als *Plasmon*, von der ionen(-elektronen-) akustischen Welle als *Phonon* (ω_I, ω_E) und von der elektrischen Pumpwelle ω_0 als *Photon*. Die NISHIKAWA-Gleichungen können dann als quantentheoretische 3-Wellen-Wechselwirkung aufgefaßt und mit den Methoden der Quantentheorie, also auch mit FEYNMAN-*Graphen* untersucht werden. Es können dann u. a. die folgenden Zerfallsprozesse bzw. *Zerfallsinstabilitäten* behandelt werden:

Plasmon $\rightarrow$ Plasmon + Phonon: Elektronen-Zerfallsinstabilität
Photon $\rightarrow$ Plasmon + Phonon: parametrische Zerfallsinstabilität
Photon $\rightarrow$ Photon   + Phonon: BRILLOUIN-*Streuung* (durch Ionen)
Photon $\rightarrow$ Photon   + Plasmon: RAMAN-*Streuung* (durch Elektronen)
Photon $\rightarrow$ Photon   + Partikel: stimulierte COMPTON-*Streuung*.

Die etwas mühsam abzuleitenden nichtlinearen Dispersionsrelationen sind in Abb. 52 und 53 für einige dieser Prozesse dargestellt. Die Pumpwelle kann in der Praxis irgendeine elektrostatische oder elektromagnetische Welle sein. Für die Fusionsphysik eines D + T-Plasmas ist beispielsweise auch die BUCHSBAUM-HASEGAWA-*Zweiionen Hybridresonanzfrequenz*

$$\omega_B^2 = \frac{\omega_{LD}^2 \omega_{PD}^2 + \omega_{LT}^2 \omega_{PT}^2}{\omega_{PD}^2 + \omega_{PT}^2} \tag{12.36}$$

von Interesse. Manche parametrischen Instabilitäten sind *explosiv*, d. h. ihre Zeitabhängigkeit ist durch

$$n_E \sim \frac{1}{t_0 - t} \tag{12.37}$$

gegeben [15.47].

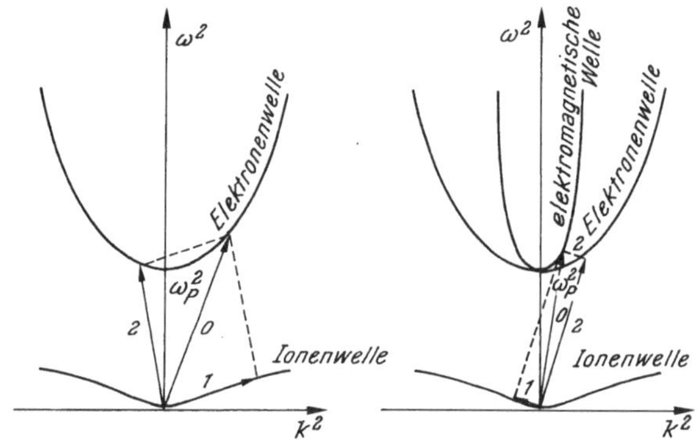

Abb. 52. Parametrische Zerfallsinstabilitäten

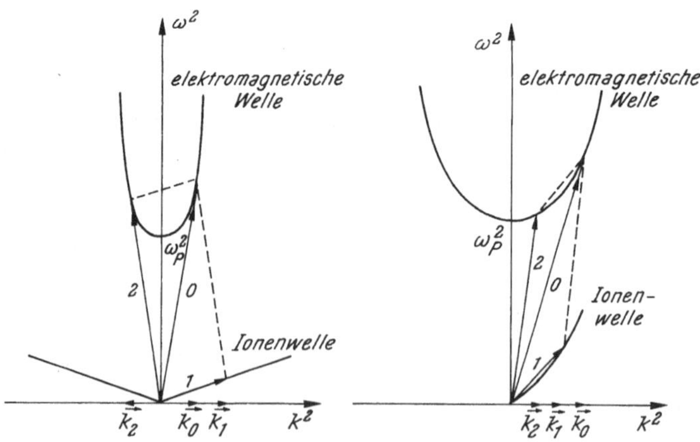

Abb. 53. BRILLOUIN-Streuung

Weitere nichtlineare Prozesse sind die *nichtlineare* LANDAU-*Dämpfung*, bei der sich als Folge der Wellendämpfung, die ja eine Teilchenbeschleunigung nach sich zieht, die Geschwindigkeitsverteilungsfunktion ändert: es entsteht ein *Plateau*, vgl. Abb. 54. Eine weitere Folge ist, daß sich die Wellenenergie bei langen Wellenlängen konzentriert (LANGMUIR-*Kondensation* [12.12]) und daß Solitonen, beschrieben durch eine nichtlineare SCHRÖDINGER-Gleichung der Art (9.58) auftreten. Die nichtlineare Lokalisation von dreidimensionalen Elektronenplasmawellen bezeichnet man auch als LANGMUIR-*Kollaps*. Ein ähnlicher Vorgang kommt auch bei hochfrequenten ($\omega \gg \omega_{\mathrm{PE}}$) elektromagnetischen Wellen vor. Als *Wellenfalle* oder *Caviton* wird ein Plasmahohlraum bezeichnet, der mit elektromagnetischer Wellenenergie gefüllt ist, deren Strahlungsdruck dem Gasdruck des umgebenden Plasmas das Gleichgewicht hält.

Von *sideband instability* spricht man, wenn die BERNSTEIN-*Wellen* durch den Zerfallsmechanismus instabil werden. Die *negative energy wave instability* (vgl. [12.13]) ist ebenfalls ein nichtlinearer Effekt — so können sogar in der linearen Analyse stabile Strahl-Plasma-Systeme nichtlinear instabil sein. Die *negative energy wave instability* ist eine *explosive Instabilität*, d. h., ihre Amplitude kann nach (12.37) in endlicher Zeit unendlich groß werden. LANDAU-Dämpfung oder dissipative Effekte können explosive Instabilitäten dämpfen. Andere nichtlineare Effekte sind das *mode-jumping* und *mode-locking*, die *Echos* und die *ballistischen Wellen*, die beide auch *nicht*-LANDAU-*artige Dämpfung* genannt werden.

Weitere nichtlineare Effekte sind auch die *konvektiven Zellen* und die mit ihnen zusammenhängenden *Quasischwingungen* (vgl. [3.3], Band 5), die möglicherweise für die *anormale Diffusion* bei Fehlen von Makroinstabilitäten und Mikroinstabilitäten (lokalen Fluktuationen [12.14]) verantwortlich sind. Eigentlich kann man praktisch mit jeder Instabilität einen eigenen anormalen Transportprozeß verbinden. So kann man eine elektrische BOHM-*Leitfähigkeit* $16em_{\mathrm{E}}/B$ oder von der BUNEMANN-*Instabilität* eine BUNEMAN-*Leitfähigkeit*

$$\sigma = \frac{1}{2}\,\sqrt[3]{\frac{m_{\mathrm{I}}}{m_{\mathrm{E}}}}\,\omega_{\mathrm{PE}} \approx 5\omega_{\mathrm{PE}} \quad [\mathrm{sec}] \tag{12.38}$$

ableiten [12.15]. Auch MHD-Turbulenz führt zu anormalen Transportkoeffizienten. Beispielsweise führt schwache Plasmaturbulenz zu einer SAGDEJEV-

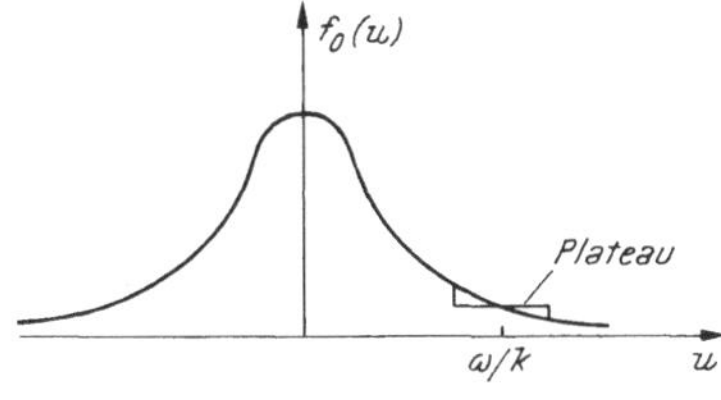

Abb. 54. Plateau-Bildung

Leitfähigkeit. Auch die Wärmeleitfähigkeit wird von der allgemeinen Turbulenz betroffen (SAGDEJEV- bzw. KADOMZEV-*Wärmeleitfähigkeit*).

Die VAN DER POL-Gleichung (9.33) wurde mehrfach zur Modellierung nichtlinearer Vorgänge herangezogen, so bei nichtlinearer Stabilisierung von Instabilitäten, beim Teilcheneinfang oder mit Fremderregungsterm bei der Feedback-Stabilisierung oder bei der Anregung von Ionenschallinstabilitäten.

12.4 Neoklassischer Transport und das H-Regime

In § 8.8 haben wir gesehen, daß die toroidale Geometrie Ursache für eine Modifikation des Diffusionskoeffizienten (und daher auch anderer Transportkoeffizienten) ist, wenn viele Stöße stattfinden, d. h. wenn $\lambda < R$ oder wenn nach (12.26) $v^* > 1$ gilt. Wenn hingegen sehr wenig Stöße stattfinden, dann bleiben die Teilchen auf ihren Bananenbahnen. Auch dieser Umstand führt zu einer Modifikation der Diffusionskoeffizienten (*neoklassische Theorie*). Wenn l_B die charakteristische Länge für den Magnetfeldgradienten ist, also maximal der Umfang des Torus, dann benötigen umlaufende Teilchen mit der thermischen Geschwindigkeit u_{th} die Zeit $\tau_c = l_B/u_{th}$ für einen Umlauf. Man nennt $v_c = 1/\tau_c$ die *Transitfrequenz*. Da nun in einem Tokamak $B_\vartheta \ll B_\varphi \approx B_z$ gilt, hat man

$$l_B = \frac{\sqrt{B_\vartheta{}^2 + B_z{}^2}}{\nabla B} \approx \frac{B_z r}{B_\vartheta} = qR, \tag{12.39}$$

vgl. (11.48), und für die Transitfrequenz gilt

$$v_c = \frac{u_{th}}{qR}. \tag{12.40}$$

Ist die Stoßfrequenz v eines Teilchens kleiner als v_c, dann wird ein Teilchen während eines Umlaufs τ_c nicht gestoßen und kann daher weder in einer Bananenbahn eingefangen werden noch aus ihr herausgestoßen werden: es gibt viele umlaufende und einige wenige gefangene (*resonante*) Teilchen. Gilt $v > v_c$, dann erleidet das Teilchen Stöße, und es ist das PFIRSCH-SCHLÜTER-*Regime* gültig, vgl. (8.94). Wenn jedoch weiters $v \ll v_c$, dann sind Stöße sehr selten. Die Teilchen sind in Bananenbahnen gefangen. Sei v_b die bounce frequency, mit der die Teilchen auf der Bananenbahn oszillieren, dann wird offenbar auch $v < v_b$ gelten müssen, damit die Teilchen auf der Bananenbahn verbleiben.

Wir haben also in toroidaler Geometrie drei Teilbereiche der Stoßfrequenzen zu unterscheiden:

1. PFIRSCH-SCHLÜTER-Regime (viele Stöße)

$$v > v_c, \quad v > v_b, \tag{12.41}$$

2. Resonante (nicht gestoßene) Teilchen und umlaufende gestoßene Teilchen

$$v < v_c, \quad v > v_b. \tag{12.42}$$

Als *Plateau-Regime* bezeichnet man das Intervall

$$v_p < v < v_c, \quad v > v_b, \tag{12.43}$$

bezüglich v_p s. später.

3. GALEJEV-SAGDEJEV-*Regime* (Bananengebiet, fast stoßfrei, *neoklassisches* Gebiet, [12.16])

$$v \ll v_c, \quad v < v_b, \quad v < v_p, \tag{12.44}$$

vgl. Abb. 55.

Der Wert v_p der Stoßfrequenz wird meist als jener Wert definiert, bei dem $D(v_c) = D(v_p)$, so daß sich im Plateauintervall $v_p \leqq v \leqq v_c$ ein von der Stoßfrequenz unabhängiger Diffusionskoeffizient ergibt. Ist das System nicht axialsymmetrisch, dann treten nach S. 174 Superbananenbahnen auf und das Verhalten von D weicht von den neoklassischen Werten ab, vgl. Abb. 55.

Je nach den verwendeten Näherungen (eine exakte Rechnung führt zu vollständigen elliptischen Integralen [2.1]) erhält man z. B. [3.2], $\varepsilon(r) = r/R$

$$v_b \approx \varepsilon^{1/2} v_c, \quad v_p \approx \varepsilon^{3/2} v_c, \quad (\varepsilon < 1) \tag{12.45}$$

und für den Diffusionskoeffizienten im Plateau-Regime

$$D_{pl} = \frac{q r_{\mathrm{L}\varphi}^2 u_{th}}{R} = \frac{\varepsilon^2 u_{th}^2}{a \omega_{\mathrm{L}\varphi}^2 \beta_\vartheta}, \tag{12.46}$$

wobei $r_{\mathrm{L}\varphi}$ der Gyrationsradius bezüglich B_φ, a der kleine Torusradius und β_ϑ das *poloidale* β

$$\beta_\vartheta = \frac{8\pi \bar{p}}{B_\vartheta^2(a)} \tag{12.47}$$

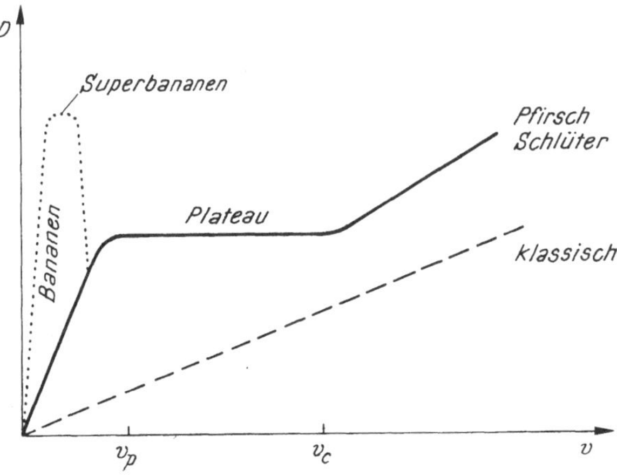

Abb. 55. Neoklassische Diffusion

ist. $\bar{p}$ ist Mittelwert des Drucks; wie man sieht, ist D_{pl} von der Stoßfrequenz unabhängig.

Für den neoklassischen Diffusionskoeffizienten erhält man [1.3, 3.2]

$$D_{nk} = \varepsilon^{-3/2} q^2 r_{\rm L}^2 v. \tag{12.48}$$

Fluktuationen, die durch dissipative Driftwellen hervorgerufen werden, sollen nach YOSHIKAWA [12.17, 9.3] einen *pseudoklassischen* Diffusionskoeffizienten

$$D_{ps} = 5 v_{\rm EI} r_{\rm LE\vartheta}^2 \cdot Z \quad \text{oder} \quad \sim v_{\rm EI} r_{\rm LE\vartheta}^2 \left(1 + \frac{T_{\rm I}}{T_{\rm E}} \right) \tag{12.49}$$

hervorrufen.

Für die Wärmeleitfähigkeit ergeben sich in den verschiedenen Gebieten analoge Ausdrücke, z. B. ergibt sich, daß $\varkappa$ im Plateaubereich mit $T_{\rm I}^{3/2}$ wächst, während sie im neoklassischen Bereich wie $T_{\rm I}^{-1/2}$ abnimmt [12.18].

Es hat sich allerdings bis in die jüngste Zeit (Dezember 1993) herausgestellt [12.19], daß trotz aller Theorien es noch nicht gelungen ist, gute Übereinstimmung der Werte der Transportkoeffizienten mit den verschiedenen Modellen zu erzielen. („No single transport model has emerged that will give an accurate extrapolation").

Durch Stöße werden im Plateau- und gelegentlich auch im Bananenbereich Teilchen von ihren Bahnen befreit, aber auch wieder eingefangen. Dadurch und durch lokale Druckgradienten entsteht eine radiale Diffusion, die einen toroidalen Strom induziert. Dieser Strom wird *bootstrap current* genannt. Seine Größe wurde in neoklassischer Behandlung zu

$$j_b = -0{,}33\varepsilon^{1/2} \, \frac{1}{B_\vartheta} \frac{\partial p}{\partial r}$$

abgeschätzt [2.1]. Dieser Strom könnte mithelfen, in einem Tokamak einen stationären Betrieb aufrecht zu erhalten [10.16]. Allerdings dürfte die TROYON-*Grenze* $\beta_{\rm T}$ für das erlaubte β

$$\beta_{\rm T} \approx 3I/aB, \tag{12.50}$$

vgl. S. 266, den notwendigen bootstrap Strom begrenzen, weil dieser das Stromdichteprofil ändert [12.20]. Auch der durch Teilchenstrahlheizung im Plasma erzeugte OHKAWA-*Strom* könnte einen stationären Betrieb unterstützen.

Durch die Entdeckung der H-*Mode* am ASDEX *Tokamak* in Garching haben sich die Vorstellungen über den anormalen Transport weiter modifiziert. Als man begann, Tokamakplasmen mit Teilchenstrahlen zu heizen, zeigte es sich, daß die *Energieeinschlußzeit* $\tau_{\rm E}$ mit steigender Heizleistung sank. Diese Situation wurde als low-mode (L-*Mode*) bezeichnet. In manchen Experimenten wurde jedoch eine zwei- bis dreimal so lange Energieeinschlußzeit gemessen, und zwar ohne daß es mit steigender Heizleistung zu einer Verringerung der Energieeinschlußzeit kam. Dieses Verhalten wurde als high-mode (H-Mode) bezeichnet. Um diese Mode zu erreichen, bedarf es an der Plasmaoberfläche einer gewissen Minimaltemperatur, was darauf hinwies, daß die H-Mode eine Bifurkationserscheinung sein dürfte. Unter *Bifurkation* versteht man die Erscheinung, daß sich an einem Verzweigungspunkt (Bifurkationspunkt) im Parameterraum einer Differentialgleichung eine Lösung in mehrere Lösungsäste aufspaltet. Die H-Mode ist sehr oft von *edge localized modes* (*ELMS*) begleitet, die durch einen plötzlichen Abfall der Randdichte oder der Randtemperatur und einem Plasmaverlust begleitet sind. Gleichzeitig ändern sich die Transporteigenschaften sprunghaft: Wärmeleitfähigkeit und Diffusionskoeffizienten werden überall außerhalb der $q = 1$ Fläche kleiner. Genaue Untersuchungen zeigten, daß es offenbar drei Arten von H-Moden gibt: ELM-freie, mit kleinen ELM und mit Riesen-ELM, die verschiedenes Verhalten zeigen. Je geringer die ELM-Aktivität ist, desto besser ist die Vergrößerung der Energieeinschlußzeit. Eine genaue Theorie des L-H-Überganges fehlt jedoch trotz mehrfacher Versuche [12.21] bis heute. Man vermutet, daß *ballooning-Instabilitäten*, starke radiale elektrische Felder und vielleicht Hysteresis-Effekte zwischen ∇n und dem Diffusionsfluß oder von ∇T und q eine Rolle spielen.

Die Verbesserung der Einschlußeigenschaften durch die H-Mode ist von großer praktischer Bedeutung, da dadurch zukünftige Fusionsreaktoren kleiner gebaut werden könnten. Das Problem des richtigen *scaling* von Plasmasystemen ist ja sehr wichtig: wie verändern sich Einschlußzeiten und andere Parameter, wenn man Abmessungen, Magnetfeld etc. variiert? Es wurde schon frühzeitig versucht, durch Transformation die VLASOV-Gleichung und die MAXWELL-Gleichungen dimensionslos zu machen [12.22] und die ersten scaling Gesetze für die *Energieeinschlußzeit* τ_E zu finden. Zu späterer Zeit wurden empirische *Skalierungsgesetze* auf Basis der experimentellen Daten aufgestellt, beispielsweise

$$\tau_E \approx naR^2 \tag{12.51}$$

(*Alcator-Skalierung*) oder die Gesetze von REBUT-LALLIA [12.23] oder von GOLDSTON [8.26]

$$\tau_E \,[\text{sec}] = 7{,}1 \cdot 10^{-22} n^{\alpha} \,[\text{cm}^{-3}] \, a^{\beta} \,[\text{cm}] \, R^{\gamma} \,[\text{cm}] \, q^{\delta} \tag{12.52}$$

mit $\alpha = 1$, $\beta = 1{,}04$, $\gamma = 2{,}04$ und $\delta = 0{,}5$. Je nach dem Anwachsen experimenteller Daten werden die Exponenten modifiziert [12.24]. Es wurden auch Skalierungsgesetze für den Zündparameter (1.10) aufgestellt [12.25].

Mit Hinblick auf die geplanten Fusionsreaktoren wie *ITER* (International Thermonuclear Experimental Reactor, der 2005 in Betrieb gehen soll [12.26]) oder *ARIES-STARLITE* oder *DEMO* (einem Demonstrationsfusionskraftwerk) [12.27] sind Forschungen über Skalierungsgesetze von Wichtigkeit.

§ 13 Allgemeine Theoreme der Magnetohydrodynamik

13.1 Das Theorem von CROCCO und die Potentialbedingung

So wie in der Strömungslehre nicht leitender Medien kann man auch in der MHD einige allgemeine Theoreme ableiten. In der Gasdynamik verknüpft das *Theorem von* CROCCO die örtliche *Wirbelstärke W* (lokale Wirbelung),

$$W = \frac{1}{2}\,\mathrm{rot}\,v \tag{13.1}$$

(v ist wieder die Strömungsgeschwindigkeit), mit der Entropie S. Ein analoges Theorem läßt sich in der MHD ableiten [15.5].
Wenn man die Bewegungsgleichung skalar mit v multipliziert, so erhält man bekanntlich den mechanischen Energiesatz. Um alle denkbaren Fälle zu erfassen, berücksichtigen wir auch die Schwerkraft $-\varrho\nabla V$ (*V Gravitationspotential*) und schreiben für die *Reibungskräfte R*. Nach skalarer Multiplikation mit v erhält man dann aus (5.19) den *mechanischen Energiesatz*

$$\varrho\,\frac{\mathrm{d}}{\mathrm{d}t}\,\frac{v^2}{2} = v[j \times B] - v\nabla p - v\varrho\nabla V + vR. \tag{13.2}$$

Zieht man diese mechanische Leistung von der gesamten Leistung, also von (5.50) ergänzt durch $-\varrho\nabla V$, ab, so ergibt sich unter mehrfacher Verwendung von (5.7) und wegen der LORENTZ-*Kraft*, d. h. wegen (5.61) und $v[j \times B] = -j[v \times B] = jE^* - jE$

$$\varrho\,\frac{\mathrm{d}U}{\mathrm{d}t} - p\,\frac{1}{\varrho}\,\frac{\mathrm{d}\varrho}{\mathrm{d}t} = \varkappa\varDelta T + jE^* + \varPhi \equiv \varrho\,\frac{\delta Q}{\mathrm{d}t}, \tag{13.3}$$

also der *erste Hauptsatz der Wärmelehre*. Definiert man nun durch

$$T\,\mathrm{d}S = \delta Q \tag{13.4}$$

die *Entropie S*, so kann man (13.3) auch in der Form

$$\mathrm{d}U + p\mathrm{d}\,\frac{1}{\varrho} = T\,\mathrm{d}S \tag{13.5}$$

oder

$$\nabla U + p\nabla \frac{1}{\varrho} = T\nabla S \tag{13.6}$$

schreiben. Mit Hilfe der bekannten Identität

$$(v\nabla)\, v = \nabla \frac{v^2}{2} - [v \times \mathrm{rot}\, v] \tag{13.7}$$

erhält man nun aus der mit der Schwerkraft ergänzten Strömungsgleichung (5.18) den Ausdruck

$$\frac{\partial v}{\partial t} + \nabla \frac{v^2}{2} - [v \times \mathrm{rot}\, v] = \frac{1}{\varrho}\, [j \times B] - \frac{\nabla p}{\varrho} - \nabla V + \frac{1}{\varrho}\, R. \tag{13.8}$$

Addiert man dies zu (13.6), so erhält man mit Hilfe der Definition der *erweiterten Enthalpie*

$$H = U + \frac{p}{\varrho} + V + \frac{v^2}{2} \tag{13.9}$$

den *Satz von* CROCCO *in der* MHD

$$\frac{\partial v}{\partial t} + \nabla H - [v \times \mathrm{rot}\, v] - \frac{1}{\varrho}\, [j \times B] - \frac{R}{\varrho} = T\nabla S. \tag{13.10}$$

So wie in der Gasdynamik verknüpft dieser Satz Entropiegradienten mit der lokalen Wirbelung $\frac{1}{2}\, \mathrm{rot}\, v$.

Wir untersuchen daher die Frage, durch welche Ursachen Wirbel in einem Plasma entstehen können.

Wenn wir die Operation $\frac{1}{2}\, \mathrm{rot}$ auf die Bewegungsgleichung (5.18) ausüben, erhalten wir wegen $\mathrm{rot}\, V = 0$ mit (13.1) die *Wirbelgleichung der MHD*

$$\frac{\mathrm{d}W}{\mathrm{d}t} = \mathrm{rot} \left(\frac{1}{\mu_0 \varrho}\, [\mathrm{rot}\, B \times B] \right) + \mathrm{rot}\, \frac{1}{\varrho}\, R - \mathrm{rot}\, \frac{\nabla p}{\varrho}. \tag{13.11}$$

Da die drei Terme auf der rechten Seite drei voneinander unabhängige physikalische Erscheinungen beschreiben, ist es sehr unwahrscheinlich, daß sie sich gegenseitig kompensieren. Damit $\frac{\mathrm{d}W}{\mathrm{d}t}$ Null bleibt, wenn W anfangs Null war, (*Potentialströmung*) müssen demnach drei Terme einzeln verschwinden.

$$\mathrm{rot}\, \frac{\nabla p}{\varrho} = 0, \quad \text{wenn} \quad p = f(\varrho). \tag{13.12}$$

Ganz allgemein folgt ja aus der allgemeinen Zustandsgleichung (5.36) und der Entropieformel für ein ideales Gas

$$S = MC_p \ln T - MR \ln p + S_0 \tag{13.13}$$

wegen $R = C_p - C_v$ die Form

$$p = \frac{e^{\frac{S-S_0}{MC_v}}}{M} \, \varrho^{\frac{R}{C_v}+1} \left(\frac{R}{M}\right)^{\frac{R}{C_v}+1} = f(\varrho, S). \tag{13.14}$$

Da nach dem Crocco-*Satz* für variable Entropie ein rot v auftritt, kann für rot $v = 0$ konstante Entropie und damit $p = f(\varrho)$ angenommen werden. Dann ist $\dfrac{1}{\varrho} = g(p)$, und

$$\text{rot}\,(\nabla p \cdot g(p)) = g(p)\,\text{rot}\,\nabla p + [\nabla g(p) \times \nabla p]$$

verschwindet, da rot $\nabla p = 0$ und da $\nabla g(p) = g' \cdot \nabla p$ zu ∇p parallel ist, also auch verschwindet. (Das Vektorprodukt zweier zueinander paralleler Vektoren ist Null.)
Isentropie, d. h. nach (13.3), (13.4)

verschwindender elektrischer Widerstand ($\sigma = \infty$),
verschwindende Wärmeleitfähigkeit ($\varkappa = 0$) und
verschwindende Viskosität ($R = 0$)

ist eine *notwendige* (aber noch *nicht* eine *hinreichende*!) Voraussetzung für das *Auftreten von Potentialströmungen* in der MHD. Da $R = 0$, brauchen wir den zweiten Term nicht mehr zu betrachten. Es ergibt sich somit die *Potentialbedingung von* Kaplan:

$$\text{rot}\left(\frac{1}{\mu_0\varrho}\,[\text{rot}\,\boldsymbol{B} \times \boldsymbol{B}]\right) = 0. \tag{13.15}$$

(Man beachte, daß diese Bedingung für ein inkompressibles Plasma, also für $\varrho = $ const, in die *Gleichung von* Ferraro (8.12) übergeht.)
Aus (13.15) folgt sofort der Ansatz

$$\frac{1}{\mu_0}\,[\text{rot}\,\boldsymbol{B} \times \boldsymbol{B}] = -\varrho\,\text{grad}\,\Omega. \tag{13.16}$$

Wendet man die Identität (13.7) auf $\boldsymbol{B}$ an, so erhält man aus (13.15) die folgende Bedingung:

$$\frac{1}{\varrho} \cdot \text{rot}\,(\boldsymbol{B}\nabla)\,\boldsymbol{B} + \left[\nabla\frac{1}{\varrho} \times (\boldsymbol{B}\nabla)\,\boldsymbol{B}\right] - \text{rot}\left(\frac{1}{\varrho}\nabla\frac{B^2}{2}\right) = 0. \tag{13.17}$$

Diese Bedingung ist u. a. sicher erfüllt, wenn die 3 Terme einzeln verschwinden, wenn also

$$(\boldsymbol{B}\nabla)\,\boldsymbol{B} = 0 \tag{13.18}$$

und

$$\text{rot}\left(\frac{1}{\varrho}\,\nabla\,\frac{B^2}{2\mu_0}\right) = 0. \tag{13.19}$$

Eine *isentrope* Strömung ist also *dann* sicher eine *Potentialströmung, wenn* die zwei letzten Gleichungen erfüllt sind.

Gleichung (13.18) bedeutet, daß die Änderung von B in der Richtung von B verschwindet, d. h., daß *die Feldlinien Geraden sind*. Die drei Komponenten von B sind auf Regelflächen konstant, die durch die Bewegung der Geraden $y = ax + b + \alpha$, $z = cx + d + \beta$ entstehen. Es gilt:

$$\begin{aligned}
B_x &= f(y - ax - b, z - cx - d),\\
B_y &= g(y - ax - b, z - cx - d),\\
B_z &= h(y - ax - b, z - cx - d).
\end{aligned} \tag{13.20}$$

Wenn man umgekehrt eine Potentialströmung vorgibt (rot $v = 0$), so erhält man durch Rotorbildung von (13.10)

$$\text{rot}\left(\frac{1}{\mu_0\varrho}\,[\text{rot }B \times B]\right) = [\nabla T \times \nabla S] \tag{13.21}$$

und damit die Aussage, daß eine Potentialströmung entweder isentrop ist ($\nabla S = 0$) oder daß sie isotherm ist ($\nabla T = 0$) bzw. daß $\nabla T \parallel \nabla S$.

Die Bedingung (13.19) ist dann erfüllt, wenn

    a) $\varrho = $ const: inkompressibles Plasma

oder b) $B^2 = $ const: kräftefreier Fall

oder c) $B^2 = f(\varrho)$, vgl. $\dfrac{B}{\varrho} = $ const.

Im Fall c) gilt $\nabla\,\dfrac{1}{\varrho} \times \nabla\,\dfrac{B^2}{2\mu_0} = -\dfrac{f'(\varrho)}{\varrho^2}\,\nabla\varrho \times \nabla\varrho = 0$. Für die Ableitung von $B^2 = f(\varrho)$ benötigt man lediglich die Erfüllung von (13.18), wie wir im nächsten Abschnitt zeigen werden.

13.2 Die BERNOULLI-*Gleichung und das* TRUESDELL-*Theorem*

Nimmt man *Potentialströmung* an, dann existiert ein Potential φ,

$$v = -\nabla\varphi, \tag{13.22}$$

und es gilt (13.16). Aus dem *Satz von* CROCCO (13.10) folgt dann mit rot $v = 0$, $R = 0$, $\nabla S = 0$ die Aussage

$$\nabla\left(-\frac{\partial\varphi}{\partial t} + H + \Omega\right) = 0.$$

Durch Integration, bei der man die Integrationskonstante $F(t)$ nennt, erhält man

$$-\frac{\partial \varphi}{\partial t} + U + \frac{p}{\varrho} + V + \frac{v^2}{2} + \Omega = F(t). \tag{13.23}$$

Diesen Satz nennt man das LAGRANGE-CAUCHY-*Integral der MHD* eines idealen Plasmas ($\sigma = \infty$). Für eine stationäre Strömung $\left(\frac{\partial}{\partial t} = 0\right)$ geht (13.23) in

$$U + \frac{p}{\varrho} + V + \frac{v^2}{2} + \Omega = \text{const} \tag{13.24}$$

über.
Da für eine Potentialströmung (13.18) gilt, kann man (13.16) mit (13.7) umformen; man erhält

$$\frac{1}{\varrho\mu_0} \nabla \frac{B^2}{2} = \nabla\Omega, \tag{13.25}$$

so daß (13.19) automatisch erfüllt ist.
Für die innere Energie U eines idealen Gases erhielten wir (5.40), was mit (5.36) in

$$U = \frac{1}{\gamma - 1} \frac{p}{\varrho} \tag{13.26}$$

umgerechnet werden kann. Damit folgt mit (5.57)

$$U + \frac{p}{\varrho} = \frac{\gamma p}{(\gamma - 1)\,\varrho} = \int \frac{\mathrm{d}p}{\varrho(p)_{\text{adiab.}}} = P. \tag{13.27}$$

Setzt man dies in (13.23) ein, so erhält man

$$-\frac{\partial \varphi}{\partial t} + \int \frac{\mathrm{d}p}{\varrho(p)} + V + \frac{v^2}{2} + \Omega = F(t) \tag{13.28}$$

(instationäre BERNOULLI-Gleichung), die für $\frac{\partial}{\partial t} = 0$ in

$$P + V + \frac{v^2}{2} + \Omega = \text{const} \tag{13.29}$$

übergeht. P ist hierbei die in (8.24) eingeführte *Druckfunktion*. Für die Statik ($v = 0$) geht (13.29) in die Druckgleichung der Magnetostatik, vgl. (8.28), über. Da Potentialströmungen adiabatisch sind und für Potentialströmungen (13.18) gilt, folgt mit (13.7), für B angeschrieben, aus (13.16) die Beziehung

$$\frac{1}{\mu_0} [\text{rot } \boldsymbol{B} \times \boldsymbol{B}] = -\varrho \text{ grad } \Omega = -\varrho \text{ grad } \frac{B^2}{2\mu_0}. \tag{13.30}$$

Die Energiedichte $U_m = \dfrac{B^2}{2\mu_0}$ des magnetischen Feldes hat die Dimension eines Druckes, so daß für $\dfrac{B^2}{2\mu_0}$ (internationales System) bzw. für $\dfrac{B^2}{8\pi}$ (cgs-System) die Bezeichnung *magnetischer Druck* p_m eingeführt wird. Führt man nun eine *magnetische Druckfunktion* $\displaystyle\int \dfrac{\mathrm{d}p_m}{\varrho}$ ein, so erhält man aus (13.25) und mit $B = \alpha\varrho$

$$P_m = \int \frac{\mathrm{d}p_m}{\varrho} = \Omega = \frac{B^2}{\mu_0\varrho} = \frac{2p_m}{\varrho}. \tag{13.31}$$

Ein Vergleich dieses Ergebnisses mit (13.27) läßt vermuten, daß der magnetische Adiabatenexponent $\gamma_m = 2$ ist, daß also

$$\frac{p_m}{\varrho^2} = \mathrm{const} = \frac{p_{m0}}{\varrho_0{}^2} \quad \text{oder} \quad B = \alpha\varrho \tag{13.32}$$

die *magnetische Adiabate* ist. Tatsächlich haben wir für Kompression senkrecht zum Magnetfeld schon in (3.77) eine solche Formel gefunden ($p_m = p_\perp$). Definiert man nun einen *Gesamtdruck*

$$p^* = p + p_m = p + \frac{B^2}{2\mu_0}, \tag{13.33}$$

so erhält man aus (13.29) mit (13.31) die BERNOULLI-*Gleichung (Druckgleichung)* in der Form

$$\int \frac{\mathrm{d}p^*}{\varrho} + \frac{v^2}{2} + V = \mathrm{const}. \tag{13.34}$$

Hier ist nun die *Gesamtdruckfunktion* P^* gegeben durch

$$P^* = P + \Omega = \int \frac{\mathrm{d}p}{\varrho} + \int \frac{\mathrm{d}p_m}{\varrho} = \int \frac{\mathrm{d}p^*}{\varrho} = \frac{\gamma p}{(\gamma - 1)\varrho} + \frac{2p_m}{\varrho}. \tag{13.35}$$

Für inkompressible Medien in einem schwerefreien Raum erhält man hieraus die Druckgleichung (3.70). (Für inkompressible Medien ist nämlich $\displaystyle\int \frac{\mathrm{d}p}{\varrho} = \frac{p}{\varrho}\Big)$.
Ein für die obigen Überlegungen sehr brauchbares Theorem wurde von TRUESDELL abgeleitet. Rechnet man div v aus der Kontinuitätsgleichung (5.7) aus und setzt dies unter Verwendung von (5.28) in die Induktionsgleichung (5.32) ein, so erhält man für $\sigma = \infty$ (wegen rot $[v \times B] = (B\nabla)\,v - B\,\mathrm{div}\,v - (v\nabla)\,B + v\,\mathrm{div}\,B$)

$$\frac{\mathrm{d}B}{\mathrm{d}t} \equiv \frac{\partial B}{\partial t} + (v\nabla)\,B = (B\nabla)\,v + B\,\frac{1}{\varrho}\,\frac{\mathrm{d}\varrho}{\mathrm{d}t}. \tag{13.36}$$

Die Identität

$$\frac{\mathrm{d}}{\mathrm{d}t}\left(\frac{\boldsymbol{B}}{\varrho}\right) = \frac{1}{\varrho}\frac{\mathrm{d}\boldsymbol{B}}{\mathrm{d}t} - \frac{1}{\varrho^2}\boldsymbol{B}\frac{\mathrm{d}\varrho}{\mathrm{d}t} \tag{13.37}$$

ergibt nun aus (13.36) das *Theorem von* TRUESDELL

$$\frac{\mathrm{d}}{\mathrm{d}t}\left(\frac{\boldsymbol{B}}{\varrho}\right) = \left(\frac{\boldsymbol{B}}{\varrho}\,\nabla\right)\boldsymbol{v}. \tag{13.38}$$

Für Potentialströmungen gilt nun nach (13.32)

$$\boldsymbol{B} = \boldsymbol{e}B = \alpha\varrho\boldsymbol{e},$$

wenn $\boldsymbol{e}$ der Einheitsvektor in Richtung von $\boldsymbol{B}$ ist. Aus dem Theorem von TRUESDELL folgt dann

$$\frac{\mathrm{d}\boldsymbol{e}}{\mathrm{d}t} = (\boldsymbol{e}\nabla)\,\boldsymbol{v}.$$

Da bei einer Potentialströmung (13.18) gilt, also $\dfrac{\mathrm{d}\boldsymbol{e}}{\mathrm{d}t} = 0$ (gerade Feldlinien), folgt $(\boldsymbol{e}\nabla)\,\boldsymbol{v} = 0$, d. h., $\boldsymbol{v}$ ändert sich nicht in der Richtung von $\boldsymbol{B}$. Der (durch $v_\| = $ const und $v_\perp$ bestimmte) Winkel $\operatorname{arctg}\dfrac{v_\perp}{v_\|}$ zwischen $\boldsymbol{v}$ und $\boldsymbol{B}$ wird nur durch $v_\perp$ bestimmt. Ist jedoch $v_\| = 0$, dann ist $\boldsymbol{v} \perp \boldsymbol{B}$, und dieser Winkel bleibt erhalten („*Transversalströmung*").
Wir wollen nun zeigen, daß $v_\| = 0$ eine Folge des Theorems von TRUESDELL ist. Sei ξ der Ort eines Plasmateilchens, dann läßt sich wegen $\boldsymbol{v} = \dfrac{\mathrm{d}\xi}{\mathrm{d}t}$, $\dfrac{\mathrm{d}}{\mathrm{d}t} = \dfrac{\partial}{\partial t} + \boldsymbol{v}\nabla$, das Theorem (13.38) in der Form

$$\left(\frac{\partial}{\partial t} + (\boldsymbol{v}\nabla)\right)\left(\frac{\boldsymbol{B}}{\varrho} - \left(\frac{\boldsymbol{B}}{\varrho}\,\nabla\right)\xi\right) = 0 \quad \text{oder} \quad \alpha\frac{\mathrm{d}\boldsymbol{e}}{\mathrm{d}t} = 0 = \alpha\frac{\mathrm{d}}{\mathrm{d}t}(\boldsymbol{e}\xi)$$

schreiben. Dies bedeutet aber, daß in einer Potentialströmung ξ in der Richtung parallel zu $\boldsymbol{B}$ konstant ist, d. h. $v_\| = 0$.
Potentialströmungen gibt es also nur im Fall $\boldsymbol{v} \perp \boldsymbol{B}$, z. B. bei ebenen Strömungen.
Für solche Strömungen, z. B. $\boldsymbol{v} = (v_x, v_y, 0)$, $\boldsymbol{B} = (0, 0, B_z)$, werden übrigens im stationären Fall $\left(\dfrac{\partial}{\partial t} = 0\right)$ die beiden Aussagen $B = \alpha\varrho$ und $\operatorname{rot}[\boldsymbol{v} \times \boldsymbol{B}] = 0$ die aus der Induktionsgleichung für $\sigma = \infty$, $\dfrac{\partial}{\partial t} = 0$ folgt äquivalent [10].

Bei der Kompression *senkrecht* zum Magnetfeld gilt (13.32), d. h., die Dichte der Feldlinien (der Betrag des Magnetfeldes) ändert sich proportional zur Plasmadichte: das Plasma nimmt bei $\sigma = \infty$ sein Magnetfeld mit, so als ob es an den Feldlinien angeklebt, als ob das Feld im Plasma eingefroren wäre. Die Länge der Magnetfeldlinie ändert sich bei diesem Vorgang nicht.

Umgekehrt steigt jedoch B durch jede Bewegung des Plasmas, die die Magnetfeldlinien zu dehnen sucht. (*Theorem von* WALÉN *und* COWLING).

Bei Kompression *parallel* zum Magnetfeld verkürzen sich die Feldlinien, ihre Dichte (der Betrag von B) bleibt jedoch konstant. (13.32) gilt dann nicht mehr, sondern $p_m = \text{const}$, $\gamma_m = 0$. Sei nämlich z die lokale Richtung der Feldlinien, dann liefert (13.38) $\dfrac{\mathrm{d}}{\mathrm{d}t}\left(\dfrac{B}{\varrho}\right) = \dfrac{B}{\varrho}\dfrac{\mathrm{d}v}{\mathrm{d}z}$, und die Kontinuitätsgleichung gibt $\dfrac{\mathrm{d}\varrho}{\mathrm{d}t} = -\varrho\,\dfrac{\mathrm{d}v}{\mathrm{d}z}$. Daraus folgt $\dfrac{B}{\varrho} = \text{const}\cdot\dfrac{1}{\varrho}$ oder $B = \text{const}$.

Um dieses *Einfrieren der Feldlinien* in einem idealen Plasma ($\sigma = \infty$) besser zu verstehen, betrachten wir den magnetischen Fluß

$$\Phi = \int B\,\mathrm{d}f \tag{13.39}$$

und bilden

$$\frac{\partial\Phi}{\partial t} = \int \frac{\partial B}{\partial t}\,\mathrm{d}f + \int B\,\frac{\partial\mathrm{d}f}{\partial t}.$$

Da nämlich die aus Plasmateilchen gebildeten flüssigen Linien sich durch den Strömungsvorgang bewegen, kann sich auch der Querschnitt $\mathrm{d}f$ einer Flußröhre ändern.

Sei $\mathrm{d}s$ das Linienelement einer um $\mathrm{d}r$ verschobenen flüssigen Linie, dann ist die Änderung $\dfrac{\partial\mathrm{d}f}{\partial t}$ der Querschnittsfläche einer Flußröhre durch

$$\frac{\partial\mathrm{d}f}{\partial t} = \frac{[\mathrm{d}r \times \mathrm{d}s]}{\mathrm{d}t} = [v \times \mathrm{d}s]$$

gegeben. Damit ergibt sich

$$\frac{\partial\Phi}{\partial t} = \int \frac{\partial B}{\partial t}\,\mathrm{d}f + \int B[v \times \mathrm{d}s].$$

Setzt man aus der Induktionsgleichung (5.32) für $\sigma = \infty$ ein und wendet den *Satz von* STOKES $\int [v \times B]\,\mathrm{d}s = \int \mathrm{rot}\,[v \times B]\,\mathrm{d}f$ an, so erhält man das *Theorem von* ALFVÉN

$$\frac{\partial}{\partial t}\int B\,\mathrm{d}f = \frac{\partial\Phi}{\partial t} = 0, \tag{13.40}$$

welches das *Einfrieren der Feldlinien* beschreibt.

Streng genommen gilt dieses Theorem nur für $\sigma = \infty$. Bei einer Rechengenauigkeit von 1% kann jede Zahl, die kleiner als 0,01 ist, als vernachlässigbar klein angesehen werden. Wie (5.82) zeigt, kann z. B. für ein Plasma

$\varrho = 10^{-3}\ \text{g/cm}^3$, $B = 10^4\ \text{Gauß}$, charakteristische Länge $l = 10^2\ \text{cm}$, für $\sigma > 10^4\ \Omega^{-1}\ \text{m}^{-1}$ die Leitfähigkeit σ als praktisch unendlich angesehen werden.

Für kleinere Leitfähigkeiten kann der *Diffusionsterm* von (5.32) nicht mehr vernachlässigt werden. (Für sehr kleine σ — etwa $\sigma < 10\ \Omega^{-1}\ \text{m}^{-1}$ — kann man hingegen $\mu_0 \varrho$ rot $[v \times B]$ vernachlässigen, wodurch die MHD-Gleichungen entkoppelt werden.) Setzt man $v = 0$ (Magnetohydrostatik), dann kann man das *Eindringen eines Magnetfeldes* in ein Plasma oder den *Zerfall von Magnetfeldern* untersuchen.

Setzt man in einem eindimensionalen Modell $\dfrac{\partial B}{\partial t} = \dfrac{c^2}{4\pi\sigma}\dfrac{\partial^2 B}{\partial x^2}$ (cgs-System!)

den Ansatz $B = B_0 \exp\left(-t/\tau_e - x/l\right)$ ein, so erhält man für eine Plasmaschicht der Dicke x die *Einfrierdauer* τ (*elektromagnetische Zerfallszeit*),

$$\tau = \frac{4\pi\sigma x^2}{c^2}\quad \text{oder}\quad = l^2 \mu_0 \sigma \tag{13.41}$$

und für die Zeit t die *Eindringtiefe* (Skin-Länge) l,

$$l = c\ \sqrt{\frac{t}{4\pi\sigma}} = \frac{c}{\sqrt{2\pi\sigma\omega}}, \tag{13.42}$$

wobei ω die Frequenz eines elektromagnetischen Feldes ist. Für $x = l$ erhält man aus (13.41) die ALFVÉN-Zeit $\mu_0 \sigma l^2$.

Für $T = 10^8\ ^\circ\text{K}$, $x = 10\ \text{cm}$ ergibt sich z. B. $\tau = 12\ \text{s}$. Für Hg ($x = 10\ \text{cm}$) erhält man 10^{-2} sec, für die Sonnenkorona ($x = 10^{11}$ cm) gilt 10^{18} sec, für den Erdkern ($x = 10^8$ cm) ist $\tau = 10^{12}$ sec.

Auch der HALL-*Effekt* führt zu einer Ablösung des Plasmas (der Einzelteilchen) von den Magnetfeldlinien.

13.3 Der MHD-Dynamo und die Abbremsung der Sternrotation

Die MHD liefert eine neue Möglichkeit, die Magnetfelder der Sterne und der Planeten zu erklären. Im Plasma fließende Ströme erzeugen Magnetfelder; diese können durch Induktion Spannungen und zusätzliche Ströme erzeugen. Das Problem, wann ein derartiger *selbsterregender Dynamomechanismus* in einem Plasma aufrecht erhalten werden kann, wurde von COWLING untersucht. Er zeigte schon 1934, daß es *keinen stationären axialsymmetrischen* MHD-*Dynamo* geben könne (COWLING-*Theorem*). In der Folge beschäftigten sich viele Autoren mit dem Problem. ELSASSER und BULLARD untersuchten die Frage, welche Geschwindigkeitsverteilungen den *Dynamoeffekt* zulassen [13.1]; andere Autoren beschäftigten sich mit instationären, insbes. die *Knickinstabilität* verwendenden Modellen.

In den letzten Jahren wurden insbesondere turbulente und kompressible Plasmaströmungen, auch unter Berücksichtigung des HALL-*Parameters*, untersucht [13.2]; es ist jedoch bisher nicht geglückt, eine befriedigende Theorie des MHD-*Dynamoproblems* zu finden. Man kennt jedoch die Bedingung $\dfrac{4\pi\sigma}{c^2} > \dfrac{\varrho}{\eta}$ (cgs-Einheiten) für das spontane Entstehen eines Magnetfeldes im turbulenten Plasma. Die Ungleichung bedeutet, daß die dissipativen Verluste an elektromagnetischer Energie nicht ausreichen, um das Anwachsen des Magnetfeldes infolge Dehnung der Kraftlinien zu kompensieren.

Ein anderes astrophysikalisches Plasmaproblem ist die *Isorotation*. Man versteht darunter die *für $\sigma = \infty$ auftretende Konstanz der Winkelgeschwindigkeit auf durch die Rotation von Magnetfeldlinien gebildeten Flächen*. Wählt man Zylinderkoordinaten r, φ, z, dann ist eine reine Rotationsbewegung durch das Geschwindigkeitsfeld

$$v = \omega r e_{\varphi} \tag{13.43}$$

gegeben. e_{φ} ist der Einheitsvektor in der φ-Richtung. Für stationäre Rotation erhält man für $\sigma = \infty$ aus der Induktionsgleichung (5.32) die Beziehung

$$\operatorname{rot} [v \times B] = 0. \tag{13.44}$$

Infolge der Rotationssymmetrie $\left(\dfrac{\partial}{\partial \varphi} = 0\right)$ kann dies in der Form $(\boldsymbol{\omega} = \omega e_{\varphi})$

$$\operatorname{rot} [v \times B] = 0 = e_{\varphi}\left(r\omega \operatorname{div} B + r(B\nabla)\, \omega\right)$$

geschrieben werden, woraus wegen $\operatorname{div} B = 0$

$$(B\nabla)\, \omega = 0 \tag{13.45}$$

folgt, d. h., daß bei der stationären Rotation eines idealen Plasmas die Winkelgeschwindigkeit ω längs der magnetischen Feldlinien konstant ist (*Theorem von* FERRARO).

LÜST und SCHLÜTER haben durch ähnliche Überlegungen für $\sigma \neq \infty$ gezeigt, daß das Plasma, das einen Stern umgibt, infolge des Magnetfeldes des Sterns dessen Rotation bremst.

Aus dem ZEEMAN-Effekt in den Spektrallinien der Sterne kann man messen, daß auf der Sonne ein Magnetfeld von einigen Gauß herrscht und daß magnetische Sterne 10^3, weiße Zwerge 10^4 und Neutronensterne etwa 10^{10} Gauß haben. Der Plasmastrom (*Sonnenwind*), der z. B. von der Sonne ins Weltall strömt, nimmt dieses Magnetfeld mit und versetzt das interstellare Plasma ebenfalls in Rotation. Dessen Drehimpuls verliert der Stern. Der Drehimpulsverlust $\dot{J}$ eines Sterns der Masse M und vom Radius R ist durch $\dot{J} = \mathrm{d}(MR^2\omega)/\mathrm{d}t$ gegeben, wobei ω z. B. durch die Rotationsgeschwindigkeit der Sonne gegeben ist: $\omega = 2{,}7 \cdot 10^{-6}\ \mathrm{sec}^{-1}$. Sei bis in die Entfernung L von der Sonne der Massenverlust der Sonne durch den Sonnenwind $\mathrm{d}M/\mathrm{d}t \approx 1{,}4 \cdot 10^{12}$ g/sec, was von Satellitenmessungen bekannt ist, dann erhält man für $L = 50$ Sonnenradien aus $\dot{J} = L^2\omega\, \mathrm{d}M/\mathrm{d}t = 4{,}5 \cdot 10^{31}\ \mathrm{g/cm^2\ sec^{-1}}$ und eine charakteristische Abbremszeit für die Sternrotation von $J/\dot{J} \approx 10^9 a$. Für Pulsare (Neutronensterne) ist diese Zeit wegen ihres starken Magnetfeldes sehr viel kürzer.

13.4 Das Ausflußtheorem

Genau so wie sich in der Gasdynamik aus der BERNOULLI-*Gleichung* das *Ausflußtheorem von* ST. VENANT-WANTZEL

$$v^2 = v_{\max}^2 - \frac{2}{\gamma - 1}\frac{\gamma p_0}{\varrho_0}\left(\frac{p}{p_0}\right)^{\frac{\gamma-1}{\gamma}} \tag{13.46}$$

ableiten läßt [13.3], kann man in der Magnetogasdynamik aus der BERNOULLI-*Gleichung* (13.34) ein Ausflußtheorem für die MHD ableiten. Wir vernachlässigen die Schwerkraft ($V = 0$) und nennen die Konstante in (13.34) $\frac{v_{\max}^2}{2}$; ihre Bedeutung wird später klar werden. Dann ergibt sich aus (13.34) mit $\gamma_m = 2$ und (13.32), (5.57)

$$v^2 = v_{\max}^2 - \frac{\gamma p_0}{2(\gamma - 1)\,\varrho_0}\left(\frac{p}{p_0}\right)^{\frac{\gamma-1}{\gamma}} - \frac{\gamma_m p_{m0}}{2(\gamma_m - 1)\,\varrho_0}\left(\frac{p_m}{p_{m0}}\right)^{\frac{\gamma_m-1}{\gamma_m}} \tag{13.47}$$

(*Ausflußtheorem der MHD*).
Wenn $p = p_0$, herrscht in der Strömung der gleiche Druck wie in dem durch p_0, ϱ_0, p_{m0}, $v = 0$ charakterisierten Ruhezustand. Aus (13.47) folgt dann

$$v_{\max}^2 = \frac{\gamma p_0}{2(\gamma - 1)\,\varrho_0} + \frac{\gamma_m p_{m0}}{2(\gamma_m - 1)\,\varrho_0} \tag{13.48}$$

oder mit (5.22) und (3.54) sowie (13.31)

$$v_{\max}^2 = \frac{a_0{}^2}{2(\gamma - 1)} + 2c_{A0}^2\,. \tag{13.49}$$

Aus (13.47) folgt für $p_0 = 0$, $p_{m0} = 0$ (Ausströmen ins Vakuum) $v = v_{\max}$. Dies ist demnach die beim Ausströmen eines Plasmas ins Vakuum erreichbare maximale Geschwindigkeit: die ganze thermische Energie (Enthalpie H) und die ganze magnetische Energie werden in kinetische Energie verwandelt. Für $B = 0$, d. h. $p_m = 0$, $c_A = 0$, erhält man die entsprechenden bekannten Formeln der Gasdynamik.
Die Abhängigkeit der Ausströmungsgeschwindigkeit v vom Druckverhältnis p/p_0 und vom Magnetfeld zeigt Abb. 56.

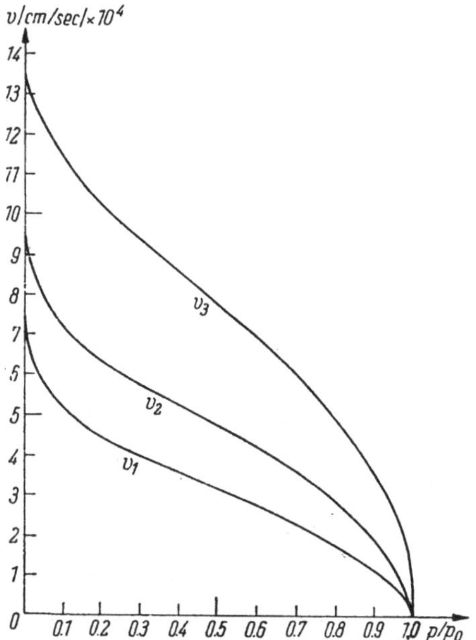

Abb. 56. Graphische Darstellung der Ausflußformel

$$\begin{aligned}
v &= v(p/p_0), & \gamma &= 1,4 \text{ für Luft,} \\
p_0 &= 1 \text{ Atm,} & v_1 &: B = 0 \text{ Gauß,} \\
\varrho_0 &= 1,291\,0^3 \text{ g/cm}^3, & v_2 &: B = 5000 \text{ Gauß,} \\
T &= 0\,°C, & v_3 &: B = 10000 \text{ Gauß.}
\end{aligned}$$

§ 14 MHD-Strömungen eines inkompressiblen Plasmas

14.1 Strömungstypen und die HARTMANN-*Strömung*

Je nachdem, welche Terme in den Grundgleichungen verschwinden oder vernachlässigt werden, unterscheidet man spezielle Arten der MHD-Strömungen. So wie in der gewöhnlichen Strömungslehre der Flüssigkeiten und Gase (*Hydro-* bzw. *Aerodynamik* bzw. *Gasdynamik*) unterscheidet man u. a.:

1. $\varrho = \mathrm{const}$ inkompressible Strömungen
   (*Hydro-* bzw. *Aerodynamik*, MHD)
2. $\varrho \neq \mathrm{const}$ kompressible Strömungen
   (*Gasdynamik, Magnetogasdynamik*)
3. $\dfrac{\partial}{\partial t} = 0$ *stationäre Strömung*
4. $\dfrac{\partial}{\partial t} \neq 0$ *instationäre Strömung − Stoßwellen*
5. $\sigma = \infty,\ \eta = 0,\ \varkappa = 0$ nicht dissipative Strömung
   (*ideales Plasma*)
6. $\mathrm{rot}\ \boldsymbol{v} = 0$ *Potentialströmung*

Weitere spezielle Fälle werden wir später kennenlernen. Bei welchen Umständen man z. B. *ideales Plasma* annehmen kann, hängt von der Rechengenauigkeit ab, vgl. S. 117. Bei einer Rechengenauigkeit von 1 % können Dichteänderungen $\dfrac{\Delta \varrho}{\varrho_0} = \dfrac{\varrho - \varrho_0}{\varrho_0} < 0,01$ vernachlässigt werden. Einem $\Delta \varrho \sim 0,01 \cdot \varrho_0$ entspricht nach (5.57) für $\gamma = 1,5$ eine Druckänderung $\dfrac{\Delta p}{p_0} = 0,051$. Der Druck darf sich demnach um maximal 5 % ändern, damit man in der gewöhnlichen Gasdynamik Inkompressibilität des Mediums annehmen darf. Nach (13.46) entspricht diese Annahme etwa $v < 50$ m/s.

In der Magnetogasdynamik sind die Verhältnisse komplizierter. Wegen (13.32) muß eine entsprechende Bedingung auch für das Magnetfeld gelten.

Für in diesem Sinne „inkompressible" Plasmaströmungen vereinfachen sich die Grundgleichungen bedeutend. Mit $\varrho = \mathrm{const}$ erhält man aus (5.7), (5.18), (5.32):

Kontinuitätsgleichung (Inkompressibilitätsbedingung)

$$\operatorname{div} v = 0, \quad (v \operatorname{grad}) \varrho = 0, \tag{14.1}$$

Strömungsgleichung

$$\frac{\mathrm{d}v}{\mathrm{d}t} = \frac{1}{\mu_0 \varrho} [\operatorname{rot} \boldsymbol{B} \times \boldsymbol{B}] - \frac{\nabla p}{\varrho} + \tilde{\eta}\, \Delta v = 0, \tag{14.2}$$

wo $\tilde{\eta} = \eta/\varrho$ die *kinematische Zähigkeit* ist,

Induktionsgleichung

$$\frac{\partial \boldsymbol{B}}{\partial t} = \operatorname{rot} [v \times \boldsymbol{B}] + \frac{1}{\mu_0 \sigma}\, \Delta \boldsymbol{B}. \tag{14.3}$$

Für einen speziellen stationären eindimensionalen Fall hat HARTMANN 1937 eine Lösung gegeben (HARTMANN-*Strömung*).
Die speziellen Annahmen von HARTMANN sind (vgl. Abb. 57)

$$\frac{\partial}{\partial t} = 0, \quad \frac{\partial}{\partial y} = 0, \quad \boldsymbol{B} = \boldsymbol{B}_0 + \boldsymbol{B}_1, \quad \boldsymbol{B}_0 = \text{const}$$

($\boldsymbol{B}_0$ äußeres, $\boldsymbol{B}_1$ vom Plasma erzeugtes Magnetfeld),

$$v_x = u, \quad v_y = v_z = 0, \quad B_y = 0 \ (B_{0y} = 0, B_{1y} = 0), \quad B_{0x} = 0,$$
$$B_{1z} = 0$$

(*eindimensionale stationäre Kanalströmung*).
Mit diesen Annahmen ergeben die Grundgleichungen

$$\frac{\partial u}{\partial x} = 0, \quad \text{d. h.} \quad u = u(z), \tag{14.4}$$

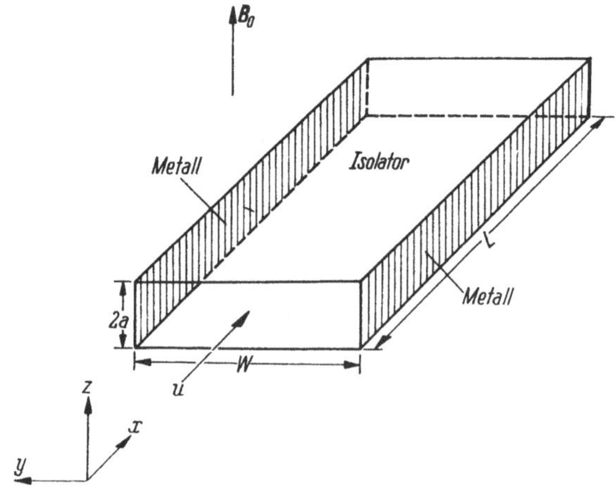

Abb. 57. HARTMANN-Strömung

$$0 = +\frac{1}{\mu_0}\frac{\partial B_{1x}}{\partial z}B_{0z} - \frac{\partial p}{\partial x} + \tilde{\eta}\frac{\mathrm{d}^2 u}{\mathrm{d}z^2}, \tag{14.5}$$

$$0 = -\frac{1}{\mu_0}\frac{\partial B_{1x}}{\partial z}B_{1x} - \frac{\partial p}{\partial z}. \tag{14.6}$$

(Die y-Komponente der Strömungsgleichung wird identisch erfüllt.) Die Induktionsgleichung liefert mit div $\boldsymbol{B} = 0$

$$0 = -B_{0z}\frac{\mathrm{d}u}{\mathrm{d}z} + \frac{1}{\mu_0\sigma}\frac{\partial^2 B_{1x}}{\partial z^2}. \tag{14.7}$$

Die y- und die z-Komponente werden mit (14.4) identisch erfüllt. Setzt man die Annahmen von HARTMANN in die MAXWELL-*Gleichungen* (5.27) bis (5.30) ein, so erhält man

$$\frac{\partial E_y}{\partial z} = 0, \tag{14.8}$$

$$\frac{\partial B_{1x}}{\partial x} = 0, \tag{14.9}$$

was bereits für die Ableitung von (14.7) verwendet wurde, sowie

$$j_x = 0, \quad j_y = \frac{1}{\mu_0}\frac{\partial B_{1x}}{\partial z}, \quad j_z = 0. \tag{14.10}$$

Aus (5.30) und (5.27) erhält man weiter Gleichungen für E_x, E_y, E_z, die wegen (14.10) mit Hinblick auf das OHMsche Gesetz (5.26) nur durch

$$E_x = 0, \quad E_y = \text{const}, \quad E_z = 0 \tag{14.11}$$

erfüllt werden können. Bei der HARTMANN-*Strömung* tritt also quer zum Kanal zwischen den Metallwänden ein *elektrisches Feld* auf. Die HARTMANN-*Strömung* kann daher als Modell für den *magnetohydrodynamischen Stromgenerator* oder für einen *magnetohydrodynamischen Motor* (*elektromagnetische Pumpe* oder *Plasmabeschleuniger*) angesehen werden. Es ist daher zweckmäßig, E_y als Variable einzuführen.

Da B_0 das „außen" vorgegebene Magnetfeld, also bekannt ist, könnten wir aus den 3 Gleichungen (14.5), (14.6), (14.7) die 3 Funktionen $u(z)$, $B_{1x}(x, z)$, $p(x, z)$ bestimmen.

Es ist aber physikalisch durchsichtiger, $\dfrac{\partial B_{1x}}{\partial z}$ nach (14.10) durch j_y und dieses durch das OHM*sche Gesetz* (5.26) auszudrücken:

$$j_x = 0, \quad j_z = 0, \quad \frac{1}{\mu_0}\frac{\partial B_{1x}}{\partial z} = \sigma E_y - \sigma u B_{0z} \equiv j_y. \tag{14.12}$$

Setzt man dies ein, so erhält man aus (14.5) bis (14.7)

$$\eta \frac{d^2 u}{dz^2} = \frac{\partial p}{\partial x} - B_{0z}\sigma E_y + \sigma u B_{0z}^2, \tag{14.13}$$

$$\frac{\partial p}{\partial z} = -B_{1x}\sigma(E_y - uB_{0z}), \tag{14.14}$$

während (14.7) wegen (14.11) identisch erfüllt wird. Man muß daher als dritte Gleichung (14.12) verwenden.

Wir definieren die *mittlere Geschwindigkeit*

$$u_0 = \frac{1}{2a} \int\limits_{-a}^{+a} u(z)\, dz \tag{14.15}$$

und führen durch

$$Z = \frac{z}{a}, \quad X = \frac{x}{a}, \quad U = \frac{u}{u_0}, \quad P = \frac{p}{\varrho u_0{}^2}, \quad K = \frac{E_y}{u_0 B_{0z}}, \quad \tilde{B} = \frac{B_{1x}}{B_{0z}} \tag{14.16}$$

dimensionslose Größen ein. Dann erhält man für (14.12) bis (14.14)

$$\frac{\partial \tilde{B}}{\partial Z} = KRm - URm, \tag{14.17}$$

$$\frac{d^2 U}{dZ^2} = \frac{\partial P}{\partial X} \cdot Re - KHa^2 + UHa^2, \tag{14.18}$$

$$Re\, \frac{\partial P}{\partial Z} = -\tilde{B}KHa^2 + \tilde{B}Ha^2, \tag{14.19}$$

wobei Re und Rm durch (5.25) und (5.35) gegeben sind und

$$Ha = \sqrt{\frac{\sigma B^2 a^2}{\eta}} \tag{14.20}$$

die HARTMANN-*Zahl* ist, die das Verhältnis der JOULE-*Wärme* zur durch *viskose Dissipation* erzeugten Wärme ausdrückt.

Da in (14.18) alle Glieder außer $\frac{\partial P}{\partial X}$ von X unabhängig sind, muß $P(X, Z)$ bezüglich X linear sein, d. h.

$$P(X, Z) = P_0 + P_1 X + P_2(Z); \quad \frac{\partial P}{\partial X} = P_1, \tag{14.21}$$

wobei P_0, P_1 Konstante sind. Damit entsteht aus (14.18) die inhomogene lineare Differentialgleichung

$$U'' - Ha^2 U = ReP_1 - KHa^2 \equiv \text{const}, \tag{14.22}$$

die mit der Randbedingung an der Wand ($z = \pm a$)

$$U(\pm 1) = 0, \quad \text{d. h.} \quad u(z = \pm a) = 0 \tag{14.23}$$

die Lösung

$$U(Z) = \left(K - \frac{ReP_1}{Ha^2} \right) \frac{\cosh Ha - \cosh HaZ}{\cosh Ha} \tag{14.24}$$

besitzt. (HARTMANN-*Lösung*). Da nach (14.15)

$$\int\limits_{-1}^{+1} U \, dZ = \int\limits_{-a}^{a} \frac{u}{u_0} \frac{dz}{a} = \frac{\displaystyle\int\limits_{-a}^{+a} u \, dz}{\displaystyle\frac{1}{2a} \int\limits_{-a}^{+a} u \, dz \cdot a} = 2 \tag{14.25}$$

gelten muß, kann man P_1 in (14.24) bestimmen und erhält

$$U(Z) = \frac{Ha(\cosh Ha - \cosh HaZ)}{Ha \cosh Ha - \sinh Ha}. \tag{14.26}$$

Für den dimensionslosen Gesamtstrom I erhält man aus (14.12) und (14.25)

$$I = \int\limits_{-1}^{+1} \frac{j_y}{\sigma u_0 B} \, dZ = \int\limits_{-1}^{+1} (K - U(Z)) \, dZ = 2(K - 1). \tag{14.27}$$

Für die vom Generator erzeugte elektrische Leistung $-\dfrac{1}{2a} \int\limits_{-a}^{+a} j_y E_y \, dz$ erhält
man nach Division durch $\sigma u_0^2 B^2$ den Ausdruck $K(1 - K)$.
Wenn der Gesamtstrom verschwindet ($I = 0$), der Stromkreis zwischen den
Metallwänden (*Elektroden*) also nicht geschlossen ist, dann ist $K = 1$. Der
Strömungskanal ist dann ein unbelasteter *Generator* oder ein *Plasmadurch-
flußmesser*. Ist $K = 0$, also $E_y = 0$ (Kurzschluß), dann ist der *Kurzschlußstrom*
$I = -2$. Ist $K < 1$, so ist $I < 0$, d. h., der Kanal verbraucht Strom, er ist eine
elektromagnetische Pumpe oder ein *Plasmabeschleuniger*. Das Magnetfeld
erhöht den Druck in der Strömung. Für $K > 1$ erniedrigt das Magnetfeld den
Druck, es wird elektrische Energie geliefert, der Kanal arbeitet als Generator.
Der Faktor K heißt manchmal *Belastungsfaktor* oder auch *elektrisch-
mechanischer Wirkungsgrad*, da

$$K = \frac{jE}{juB} = \frac{\text{elektrische Leistung}}{\text{mechanische Leistung des Magnetfeldes}}. \tag{14.28}$$

In der ausgedehnten Literatur über die HARTMANN-*Strömung* findet man
Erweiterungen der hier besprochenen Lösung für nicht verschwindenden

HALL-*Parameter* [3.5], für den *Wärmeübergang* und die *Temperaturverteilung* [3.5], für Kanäle mit *segmentierten Elektroden* [10.40], für das Auftreten von *Sekundärströmungen* [3.5], für echt zweidimensionale nicht viskose Strömungen in *linearisierter* [3.5] Behandlung, für das Auftreten von *Grenzschichten* [8.4], für *variablen Kanalquerschnitt* (*Fadenströmung, quasieindimensionale Strömung*) [3.5] sowie für den Einfluß der *Wandreibung* (z. B. die kompressible adiabatische FANNO-*Strömung*) [14.1] und in neuester Zeit finden sich Überlegungen von THYAGARAJA darüber, daß Tokamak-MHD-Instabilitäten von der HARTMANN-Zahl stark abhängen [14.1]. Auch der Einfluß der *elektrischen Leitfähigkeit der Wände* wurde betrachtet [10.40].

14.2 POISEUILLE- *und* COUETTE-*Strömung*

Eine eindimensionale stationäre Rohrströmung, bei der infolge großer Zähigkeit des Mediums die Strömung laminar-schleichend erfolgt und das Trägheitsglied vernachlässigt werden kann, nennt man POISEUILLE-*Strömung*. Derartige Strömungen gibt es auch in der MHD, wo sie allerdings eine viel kleinere Bedeutung besitzen als etwa die HARTMANN-*Strömung*.

In der MHD gibt es sowohl Untersuchungen für Röhren mit rechteckigem [14.1] als auch mit kreisförmigem Querschnitt. Man erhält [10.40] [10.9] wie in der gewöhnlichen Hydrodynamik ein *parabolisches Geschwindigkeitsprofil*

$$v_z(x) = v_0 \left(1 - \frac{x^2}{d^2} \right). \tag{14.29}$$

Für kreisförmigen Querschnitt ist x durch r (Rohrradius) zu ersetzen.
Verschiedene inkompressible viskose zweidimensionale und dreidimensionale schleichende Strömungen $\Big($ d. h. Strömungen, die so langsam sind, daß $\frac{dv}{dt} \approx 0 \Big)$ eines elektrisch leitenden Plasmas ($\sigma \neq 0$, $\sigma \neq \infty$) findet man in der Literatur [10.9] [10.40].
Bei manchen Problemen mit kleiner elektrischer Leitfähigkeit σ können die elektrodynamischen Vorgänge getrennt („*entkoppelt*") untersucht werden; man kann dann inkompressibel rechnen bzw. Geschwindigkeitsprofile vorgeben.
Über instationäre inkompressible ein- und mehrdimensionale Strömungen eines viskosen Plasmas findet man ausführliche Unterlagen bei HUGHES [10.9].
Eine stationäre Strömung zwischen einer ruhenden Platte (an der das Strömungsmedium haftet) und einer bewegten Platte (die das Medium mitnimmt), nennt man COUETTE-*Strömung* (Abb. 58). Derartige Strömungen kommen in der *Theorie der Schmiermittelreibung* vor und besitzen auch in den MHD-Anwendungen (Pumpen, *MHD-Schmiermittelströmung, magnetische Lager, MHD-Ölkupplung, MHD-Gleitlager, MHD-hydraulischer Verstärker*

etc.) eine gewisse Bedeutung [10.9]. COUETTE-*Strömungen* werden auch als Modell für die Grenzschicht verwendet.

Die Gleichungen für die COUETTE-*Strömung* sind die gleichen wie für die HARTMANN-*Strömung*; lediglich die Randbedingungen sind andere. An Stelle von (14.23) gilt $u(z = 0) = 0$ (Haften an der unteren Platte), $u(z = d) = V$ (Mitführen durch die obere Platte). Als Lösung erhält man [10.1] [10.7] [3.5]

$$u(z) = \frac{V \sinh \left(Ha \, \frac{z}{d} \right)}{\sinh Ha}, \tag{14.30}$$

$$B_{1x}(z) = \text{const} \left(1 - \cosh \left(Ha \, \frac{z}{d} \right) \right). \tag{14.31}$$

Je nach den Annahmen über P_0, P_1, P_2 erhält man auch andere Lösungen, vgl. [14.2]. Es wurden auch COUETTE-*Strömungen* mit veränderlichen Plasmaeigenschaften, also z. B. mit variabler Viskosität η, untersucht [3.5]. Auch instationäre COUETTE-*Strömungen* $\left(\frac{\partial}{\partial t} \neq 0 \right)$ fanden Interesse [3.5] [10.9].

Diese Untersuchungen über HARTMANN-, POISEUILLE- und COUETTE-*Strömungen* zeigen folgende Effekte [10.9]·

1. Der äußere Stromkreis, charakterisiert durch E_y, K, I etc., hat auf das Geschwindigkeitsprofil der Strömung einen großen Einfluß. Die Abänderung des Geschwindigkeitsprofils erfolgt so, daß die viskosen Schubspannungen verringert werden. Die sekundlichen Durchflußmengen werden daher größer (im Vergleich zur normalen POISEUILLE-*Strömung*).

2. Flüssige Metalle, die bei hohen Temperaturen als Schmiermittel verwendet werden, haben meist eine sehr geringe Viskosität. Diese wird effektiv durch Anlegen eines äußeren Magnetfeldes *erhöht:* Druck und Reibung im MHD-Lager steigen.

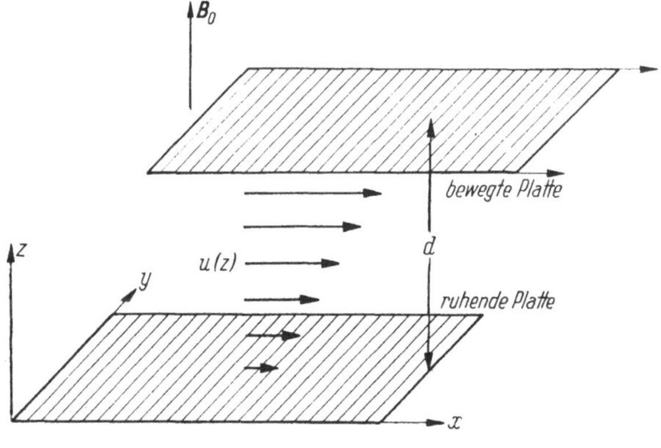

Abb. 58. COUETTE-Strömung

14.3 Parallelströmung

Sowohl für kompressible Strömungen als auch für inkompressible Strömungen gibt es eine spezielle Lösung, die *Parallelströmung* (*aligned flow*). Sie ist dadurch ausgezeichnet, daß $\boldsymbol{B}$ und $\boldsymbol{v}$ zueinander *parallel* sind und bleiben [14.3]. Setzt man den Ansatz

$$\boldsymbol{B} = \lambda \boldsymbol{v} \tag{14.32}$$

in div $\boldsymbol{B} = 0$ ein, so erhält man unter Berücksichtigung der *Inkompressibilitätsbedingung* (14.1) als Bedingung für die skalare Funktion λ

$$\boldsymbol{v} \cdot \operatorname{grad} \lambda = 0, \tag{14.33}$$

d. h., *λ ist längs der Stromlinien konstant.*
Setzt man (14.32) in die stationäre Induktionsgleichung ein, so liefert (5.32) für $\dfrac{\partial}{\partial t} = 0$ eine zweite Bedingung für $\boldsymbol{v}$ und λ

$$\Delta(\lambda \boldsymbol{v}) = 0. \tag{14.34}$$

Die Bewegungsgleichung (5.19) liefert mit (5.29), (13.33), (14.33) und (13.7), für $\boldsymbol{B}$ geschrieben, die Beziehung

$$\left(\varrho - \frac{\lambda^2}{\mu_0}\right)(\boldsymbol{v}\nabla)\,\boldsymbol{v} = -\nabla p^* + \eta \Delta \boldsymbol{v}. \tag{14.35}$$

Damit gilt das folgende *Äquivalenztheorem:*

Die stationäre Parallelströmung eines inkompressiblen viskosen MHD-Plasmas endlicher Leitfähigkeit kann durch die stationäre inkompressible Strömung eines gedachten Mediums mit der Dichte $\varrho^* = \varrho - \dfrac{\lambda^2}{\mu_0}$ und dem Druck p^* beschrieben werden (PEYERET-Transformation). In zylindrischen Röhren führt ein zu $\boldsymbol{v}$ paralleles Magnetfeld zu einer Rotation der Plasmasäule.
Kraftfreie Magnetfelder, für die [rot $\boldsymbol{B} \times \boldsymbol{B}$] $= 0$ gilt, aber auch allgemeine Magnetfelder, z. B. für die (13.16) gilt (*Potentialströmung!*), lassen *Parallelströmungen* als Lösungen zu. (Für $\Omega \neq 0$ folgt für p eine spezielle Ω und λ enthaltende Bedingung.) Für $\lambda = $ const folgt aus (14.32) für kraftfreie Magnetfelder die Bedingung [rot $\boldsymbol{v} \times \boldsymbol{v}$] $= 0$, d. h. bei Vorliegen der anderen notwendigen Voraussetzungen Potentialströmung oder eine Strömung, bei der rot $\boldsymbol{v}$ parallel zu $\boldsymbol{v}$ ist (BELTRAMI-Feld).
Nach der Theorie von TAYLOR (vgl. S. 159) strebt ein Plasma einem durch (8.35) beschriebenen kraftfreien Zustand mit $\alpha = $ const zu [14.4]. Aus (14.32) folgt dann mit $\lambda = $ const sofort die Gleichung rot $\boldsymbol{v} = \alpha \boldsymbol{v}$, die wir in Zylinderkoordinaten r, φ, z für Axialsymmetrie $\partial/\partial\varphi = 0$ in der Form

$$v_r = -\frac{1}{\alpha}\frac{\partial v_\varphi}{\partial z}, \qquad v_z = \frac{1}{\alpha}\frac{1}{r}\frac{\partial r v_\varphi}{\partial r} \tag{14.36}$$

oder

$$\frac{\partial^2 v_\varphi}{\partial z^2} + \frac{\partial^2 v_\varphi}{\partial r^2} + \frac{1}{r}\frac{\partial v_\varphi}{\partial r} - \frac{1}{r^2}v_\varphi + \alpha^2 v_\varphi = 0 \tag{14.37}$$

schreiben. Die allgemeine Lösung hiervon lautet

$$v_\varphi = \sum_l^N \left[A_l J_0\left(\sqrt{\alpha^2 - k_l^2}\, r\right) + B_l N_0\left(\sqrt{\alpha^2 - k_l^2}\, r\right)\right]\cos k_l^2 z, \tag{14.38}$$

wobei α, k_l sowie die Amplituden A_l, B_l aus einer geeigneten Randbedingung zu bestimmen sind. In einem Tokamak, in dem $B_\varphi \gg B_\vartheta$ ist, wird man für (14.32) $B_\varphi \approx \lambda v_\varphi$ schreiben können. Damit an der Toruswand oder an der Plasmaoberfläche die Randbedingung, daß die Normalkomponente v_n der Geschwindigkeit verschwindet, erfüllt wird, muß für einen Torusquerschnitt der Form $z = z^*(r)$ die Bedingung

$$v_n = -v_r \sin \gamma + v_z \cos \gamma = 0 \tag{14.39}$$

durch (14.36), (14.37) befriedigt werden, wobei $\tan \gamma = \mathrm{d}z^*/\mathrm{d}r$ ist. Setzt man (14.36) in (14.39) ein, so ergibt sich mit (14.38) als Randbedingung die Forderung, daß die $3N + 1$ Unbekannten k_l, A_l, B_l und α, $l = 1\ldots N$ für r_i, $z_i^* = z(r_i)$, $i = 1\ldots P$ Kollokationspunkte die N transzendenten Gleichungen (14.39) erfüllen müssen. Um dieses System lösen zu können, setzt man $3N + 1 = P$, was die Anzahl der Kollokationspunkte festlegt [8.11]. Man erhält so z. B. für einen sehr kompakten Torus mit $R = 2$, $a = 1$ den Eigenwert $\alpha = 5{,}263\,3$ und die k_l, A_l, B_l, so daß dann die Lösung bekannt ist.
Eine spezielle Parallelströmung tritt für $\eta = 0$, $\sigma = \infty$ auf (*ideales Plasma*). Es ist dann möglich, $\varrho^* = 0$, $\lambda = \text{const}$ zu setzen. Dann kann man λ berechnen, $\lambda = \sqrt{\mu_0 \varrho}$, und mit (14.32) folgt

$$v = \frac{B}{\sqrt{\mu_0 \varrho}} = c_\mathrm{A}, \tag{14.40}$$

d. h., das Medium strömt mit der ALFVÉN-*Geschwindigkeit*. Die Lösung (14.40) wird gelegentlich auch *Gleichverteilungslösung* genannt, weil für sie $\frac{1}{2}\varrho v^2 = \frac{B^2}{2\mu_0}$ gilt, d. h., die kinetische und die magnetische Energie sind gleich groß.
Die ALFVÉN-*Geschwindigkeit* ist die *Phasengeschwindigkeit von magnetischen Wellen* in einem inkompressiblen idealen MHD-Plasma.

§ 15 MHD-Strömungen eines kompressiblen Plasmas

15.1 Charakteristikentheorie

Für das Verständnis kompressibler Strömungen ist es notwendig, die Charakteristikentheorie partieller Differentialgleichungen zu wiederholen. Die Gleichung

$$c^2 u_{xx} = u_{tt} \tag{15.1}$$

besitzt bekanntlich die Lösung

$$u = f(x - ct) + g(x - ct) \tag{15.2}$$

(D'ALEMBERT-*Lösung*), wobei f und g *beliebige*, nur von den jeweiligen Rand- und Anfangsbedingungen abhängige Funktionen sind. Die zwei Kurvenscharen

$$x \pm ct = \text{const} \quad \text{bzw.} \quad kx \pm \omega t = \text{const} \tag{15.3}$$

nennt man *Charakteristiken*. Sie sind die *Weltlinien* $x(t)$, längs denen sich die Wellen gleicher Phase ausbreiten. Auch für kompliziertere partielle Differentialgleichungen und Differentialgleichungssysteme existieren derartige für den Physiker interessante Charakteristiken. Die allgemeine Theorie der Charakteristiken [13.3], [15.1], die wir hier aus Platzmangel nicht bringen können, liefert folgende Ergebnisse.

1. *Quasilineare Differentialgleichung erster Ordnung*
Die Differentialgleichung

$$P(x, y, u) \cdot u_x + Q(x, y, u) \cdot u_y = R(x, y, u)$$

heißt *quasilinear*, da ihre Koeffizienten P, Q, R nicht nur von den unabhängigen Variablen x, y, sondern auch von der abhängigen Variablen u abhängen. Würden Glieder wie u_x^2 auftreten, so würde man die Gleichung als *nichtlinear* bezeichnen. Kommt u in den Koeffizienten nicht vor, so heißt sie *linear*; kommen die Ableitungen u_x, u_y in P, Q, R vor, so ist sie nicht mehr quasilinear, sondern nichtlinear.
Die Differentialgleichung besitzt nun, wie LAGRANGE gezeigt hat, eine allgemeine Lösung von der Form $F\big(\varphi(x, y, u), \psi(x, y, u)\big) = 0$, wobei F eine

beliebige, nur von den Anfangsbedingungen abhängige Funktion ist und wo $\psi(x, y, u) = a$, $\varphi(x, y, u) = b$ zwei voneinander unabhängige Lösungen der *charakteristischen Gleichung von* LAGRANGE, vgl. (4.65)

$$\frac{dx}{P} = \frac{dy}{Q} = \frac{du}{R} \quad \text{oder} \quad \frac{dx}{ds} = P, \quad \frac{dy}{ds} = Q, \quad \frac{du}{ds} = R$$

sind. Für *drucklose Strömungen* gilt z. B. $u_t + uu_x = 0$, so daß $P = 1$, $Q = u$, $R = 0$ und $\varphi = x - ut = b$, $\Psi = u = a$ und $F(u, x - ut) = 0$. Bei physikalischen Problemen ist es oft möglich, die Lösung $F = 0$ in der Form $u = G(x - ut)$ zu schreiben. $x - ut = $ const sind die vom Physiker als *Charakteristiken*, von den Mathematikern als *charakteristische Grundkurven* bezeichneten ebenen Kurven. Vom Mathematiker werden die durch $\varphi = $ const, $\psi = $ const gegebenen Raumkurven als Charakteristiken bezeichnet. Wie man sieht, hängen bei quasilinearen Differentialgleichungen die Charakteristiken von der unbekannten Funktionen u ab; bei linearen Differentialgleichungen kommt die unbekannte Funktion in den Charakteristiken nicht vor, vgl. (15.3).

2. *Nichtlineare Differentialgleichung erster Ordnung*
Für die Differentialgleichung

$$F(x, y, \ u(x, y), u_x, u_y) = 0$$

lauten die *charakteristischen Gleichungen*

$$\frac{dx}{F_{u_x}} = \frac{dy}{F_{u_y}} = \frac{du}{u_x F_{u_z} + u_y F_{u_y}} = \frac{du_x}{-u_x F_u - F_x} = \frac{du_y}{-u_y F_u - F_y}. \tag{15.4}$$

3. *Quasilineare Differentialgleichung zweiter Ordnung*
Wir behandeln zunächst den in der Physik oft auftretenden mit der Wellengleichung (15.1) verwandten Typ

$$a(x, t, u, u_x, u_t) u_{xx} + bu_{xt} + cu_{tt} + du_x + eu_t + f = 0. \tag{15.5}$$

Die Koeffizienten a, b, c, d, e, f können alle, wie bei a angedeutet, nicht nur von den unabhängigen Variablen x, t, sondern auch von der abhängigen Variablen $u(x, t)$ und deren *ersten* Ableitungen abhängen. Würden die *zweiten* Differentialquotienten auftreten, so wäre (15.4) *nichtlinear*. (Nichtlineare Differentialgleichungen 2. Ordnung behandeln wir hier nicht, da sie sich in Systeme von quasilinearen Differentialgleichungen erster Ordnung aufspalten lassen.) Die von den Koeffizienten d, e, f unabhängige *charakteristische Gleichung* lautet

$$-\frac{\varphi_t}{\varphi_x} = \frac{dx}{dt} = +\frac{b}{2c} \pm \frac{1}{2c} \sqrt{b^2 - 4ac}. \tag{15.6}$$

Die zwei Kurvenscharen $\varphi(x, t)$ oder $x(t)$ stellen die (physikalischen) *Charakteristiken* dar. Offenbar gibt es drei verschiedene Unterfälle:

a) $b^2 - 4ac > 0$ („*hyperbolischer Typ*"), z. B. (15.1), die Charakteristiken (15.3) sind *reell*.

b) $b^2 - 4ac < 0$ („*elliptischer Typ*"), z. B. $u_{xx} + u_{yy} = 0$. Die Charakteristiken sind *komplex* und lauten $x \pm iy = \text{const}$, und $f(x + iy) + g(x - iy)$ ist eine allgemeine Lösung. (Man denke an die Methode der *konformen Abbildung*!)

c) $b^2 - 4ac = 0$ („*parabolischer Typ*"), z. B. $\alpha u_{xy} - u_{yy} = 0$ oder $u_t + \alpha u_{xx} = 0$ (*Wärmeleitungsgleichung*). Die Charakteristiken sind *reell* und lauten $x = \text{const}$, $x = -\alpha y + \text{const}$ bzw. $x = \text{const}$.

Sind a, b, c Konstante, so sind die Charakteristiken *Geraden*; sind a, b, c Funktionen von x, t (lineare Differentialgleichung), so sind die Charakteristiken *Kurven*. Bei quasilinearen Differentialgleichungen tritt wieder die unbekannte Funktion u in den Charakteristiken auf.

4. *Systeme von quasilinearen Differentialgleichungen erster Ordnung*
Man schreibt die Gleichungen meist in Matrixform,

$$A\boldsymbol{u}_x + B\boldsymbol{u}_y = H, \tag{15.7}$$

wobei $\boldsymbol{u} = \begin{pmatrix} u(x, y) \\ v(x, y) \end{pmatrix}$, A, B quadratische Matrizen, $u(x, y)$, $v(x, y)$ die gesuchten Funktionen sind, oder

$$\sum_{j=1}^{n} \sum_{k=1}^{m} A_{ij}^{(k)} \frac{\partial u_j}{\partial x_k} + H_i(x_k, u_j) = 0 \tag{15.8}$$

für m unabhängige Variable $x_k\,(k = 1 \cdots m)$ und n abhängige Variable $u_j(x_1 \cdots x_m)\,(j = 1 \cdots n)$. Der Gleichungsindex ist $i\,(i = 1 \cdots n)$.
Die Differentialgleichungen für die *charakteristischen Mannigfaltigkeiten* werden durch das Nullsetzen der Determinanten gegeben:

$$\left| A \frac{\mathrm{d}y}{\mathrm{d}x} - B \right| = 0 \tag{15.9}$$

(für zwei unabhängige Variable) bzw.

$$\left| \sum_k A_{ij}^{(k)} \lambda_k \right| = 0. \tag{15.10}$$

Dabei ist

$$\lambda_k = \frac{\partial \varphi}{\partial x_k}, \tag{15.11}$$

und $\varphi(x_1 \cdots x_m) = \text{const}$ stellt die charakteristische Mannigfaltigkeit dar: bei *mehr als zwei unabhängigen* Variablen $(m > 2)$ sind die Charakteristiken *räumliche* bzw. *flächenhafte* Gebilde. Bei *mehr als einer abhängigen* Variablen führt man die charakteristischen Kurven als neue Koordinaten ein. Die Transformation der ursprünglichen Gleichungen (15.7) auf diese Koordinaten liefert die sogenannten *Verträglichkeitsbedingungen*

$$C(u_x + y'u_y) - D = 0, \tag{15.12}$$

wobei $C = TA$, $D = TH$ und die Elemente der Matrix T aus der Bedingung $TB = y'TA$ bestimmt werden. y' folgt aus (15.9).

Für mehr als 2 unabhängige Variable ($m > 2$) stellt (15.10) eine partielle Differentialgleichung von erster Ordnung und dem Grad n dar, die selbst wieder mit der Charakteristikenmethode gelöst werden kann.

Die Verträglichkeitsbedingungen lauten in diesem Fall

$$\sum_{j,k} C_{lj}^{(k)} \frac{\partial u_j}{\partial x_k} + D_l = 0, \tag{15.13}$$

wobei $C_{lj}^{(k)} = \sum_i T_{li} A_{ij}^{(k)}$, $D_l = \sum_i T_{li} H_i$ und die T_{li} aus

$$\sum_{i,k} T_{li} A_{ij}^{(k)} \frac{\partial \varphi}{\partial x_k} = 0 \tag{15.14}$$

bestimmt werden. Wir können jedoch aus Platzmangel leider auf diese Methoden nicht ausführlicher eingehen. Wir werden jedoch gleich Anwendungsbeispiele behandeln.

Charakteristikenverfahren und numerische Computermethoden sind praktisch die einzigen Methoden, mit denen man allgemeinere MHD-Probleme lösen kann. Es wurden daher schon sehr frühzeitig die *Charakteristiken der MHD* aufgesucht [15.2]. Zur besseren Übersicht und um die Charakteristiken als Kurven $\varphi(x, t) = $ const zu erhalten, beschränken wir uns auf den Spezialfall $\frac{\partial}{\partial y} = \frac{\partial}{\partial z} = 0$. Der dreidimensionale instationäre Fall wird in [15.3] behandelt.

Es hängen damit die Lösungen der MHD-Gleichungen nur von $\varphi = \varphi(x, t)$ ab, vgl. (15.2). Solche Lösungen nennt man *einfache Wellen* („*simple waves*") oder RIEMANN-*Wellen*.

Wir betrachten nun die LUNDQUIST-*Gleichungen* (5.7), (5.14), (5.33), (5.57) für ein ideales Plasma. Mit $\frac{\partial}{\partial y} = \frac{\partial}{\partial z} = 0$, $x_1 = x$, $x_2 = t$ und

$$\varrho = u_1,\ v_x = u_2,\ v_y = u_3,\ v_z = u_4,\ B_x = u_5,\ B_y = u_6,\ B_z = u_7,$$
$$p = u_8 \tag{15.15}$$

lauten diese (die Kommas bezeichnen die Ableitung):

1. $u_{1,2} + u_2 u_{1,1} + u_1 u_{2,1} = 0$

2. $u_1 u_{2,2} + u_1 u_2 u_{2,1} + u_{8,1} + \dfrac{1}{\mu_0} u_6 u_{6,1} + \dfrac{1}{\mu_0} u_7 u_{7,1} = 0$

3. $u_1 u_{3,2} + u_1 u_2 u_{3,1} - \dfrac{1}{\mu_0} u_5 u_{6,1} = 0 \tag{15.16}$

4. $u_1 u_{4,2} + u_1 u_2 u_{4,1} - \dfrac{1}{\mu_0} u_5 u_{7,1} = 0$

5. $u_{5,2} = 0$

6. $u_{6,2} + u_2 u_{6,1} - u_5 u_{3,1} + u_6 u_{2,1} = 0$ $\qquad\qquad$ (15.16)

7. $u_{7,2} + u_2 u_{7,1} - u_5 u_{4,1} + u_7 u_{2,1} = 0$

8. $u_{8,2} + u_2 u_{8,1} - \gamma \dfrac{u_8}{u_1} u_{1,2} - \gamma \dfrac{u_8}{u_1} u_{1,1} = 0$

Die letzte Gleichung des Systems (15.16) ist die nach t differenzierte Adiabatengleichung (5.57), die wir durch die Operation $\dfrac{\mathrm{d}}{\mathrm{d}t} = \dfrac{\partial}{\partial t} + v_x \dfrac{\partial}{\partial x}$ in eine Differentialgleichung verwandelten. Vergleicht man nun (15.16) mit (15.8), so kann man die Matrixelemente $A_{ij}^{(k)}$ ablesen. Die sich ergebende Determinante 8. Grades ist recht kompliziert [15.2]. Zur Erleichterung der Rechnung geht man daher wie folgt vor. Die Gleichung 5 des Systems (15.16) liefert den vor die Determinante herausziehbaren Faktor λ_2, der $\lambda_2 = \dfrac{\partial \varphi}{\partial t} = 0$, also $\varphi - $ const liefert. Das System liefert aber Lösungen, die div $\boldsymbol{B} = 0$ nicht erfüllen. Nimmt man div $\boldsymbol{B} = 0$, also $\dfrac{\partial B_x}{\partial x} = 0$, zum System hinzu, so verliert man die Lösung $\lambda_2 = 0$, doch kann man dann wegen $\dfrac{\partial B_x}{\partial x} = 0$, $\dfrac{\partial B_x}{\partial t} = 0$ (laut Gleichung 5 des Systems) $B_x = $ const $= B_{x0}$ setzen. Man hat dann nur mehr sieben Differentialgleichungen. Kann man annehmen, daß an Stelle von Gl. 8 des Systems (15.16), die ja wegen (5.57) ausdrückt, daß die Entropie längs jeder Stromlinie konstant ist, also $\dfrac{\partial S}{\partial t} + (v\nabla) S = 0$ ist, die Konstanz von S im ganzen Bereich gilt, dann kann man Gleichung 8 des Systems (15.16) weglassen, d. h. durch $S = $ const ersetzen.

Man verliert dann die Lösung $\dfrac{\partial \varphi}{\partial t} + (v\nabla) \varphi = 0$ (d. h. in unserem Fall $\lambda_2 + \lambda_1 u_2 = 0$ oder $u_2 = -\dfrac{\lambda_2}{\lambda_1} = \dfrac{\mathrm{d}x}{\mathrm{d}t} = v_x$, d. h., die Charakteristiken fallen mit den *Stromlinien* zusammen), hat aber nur mehr 6 Gleichungen und 6 Unbekannte u_1 bis u_6 ($B_y = u_5$, $B_z = u_6$).

Diese Gleichungen erhalten wir aus (15.16) durch Weglassen von 5. und 8., durch Umnumerieren sowie nach Division durch $u_1 = \varrho$ und mit Verwendung von (5.72) und (10.114) sowie der aus (5.72) und (5.57) folgenden Beziehung

$$a^2 = \left(\dfrac{\mathrm{d}p}{\mathrm{d}\varrho}\right)_s, \qquad \nabla p = a^2 \nabla \varrho \qquad\qquad (15.17)$$

in der Form

$$1.\ \frac{1}{u_1}u_{1,2} + \frac{u_2}{u_1}u_{1,1} + u_{2,1} = 0,$$

$$2.\ u_{2,2} + u_2 u_{2,1} + \frac{a^2}{u_1}u_{1,1} + \frac{\sqrt{\mu_0 u_1}}{\mu_0 u_1}c_{Ay}u_{5,1} + \frac{\sqrt{\mu_0 u_1}}{\mu_0 u_1}c_{Az}u_{6,1} = 0,$$

$$3.\ u_{3,2} + u_2 u_{3,1} - \frac{\sqrt{\mu_0 u_1}}{\mu_0 u_1}c_{Ax}u_{5,1} = 0,$$

$$4.\ u_{4,2} + u_2 u_{4,1} - \frac{\sqrt{\mu_0 u_1}}{\mu_0 u_1}c_{Ax}u_{6,1} = 0,$$

$$5.\ u_{5,2} + u_2 u_{5,1} - \sqrt{\mu_0 u_1}\cdot c_{Ax}u_{3,1} + \sqrt{\mu_0 u_1}\cdot c_{Ay}u_{2,1} = 0,$$

$$6.\ u_{6,2} + u_2 u_{6,1} - \sqrt{\mu_0 u_1}\cdot c_{Ax}u_{4,1} + \sqrt{\mu_0 u_1}\cdot c_{Az}u_{2,1} = 0.$$

$$(15.18)$$

Wir lesen nun die Matrixelemente $A_{ij}^{(k)}$ ab und setzen in (15.10) ein. Dividiert man die Determinante durch λ_1^6 und führt man nach (15.11), (15.6) durch

$$c_{\text{Char}} = -\left(u_2 + \frac{\lambda_2}{\lambda_1}\right) = \frac{dx}{dt}\mp v_x \tag{15.19}$$

die *Relativgeschwindigkeit* zwischen Welle und dem mit v_x strömenden Plasma ein, so erhält man mit der Abkürzung

$$c_A^2 = c_{Ax}^2 + c_{Ay}^2 + c_{Az}^2 \tag{15.20}$$

durch das Nullsetzen der Determinante nach (15.10) die *charakteristische Gleichung*

$$(c_{\text{Char}}^2 - c_{Ax}^2)(c_{\text{Char}}^4 - a^2 c_{\text{Char}}^2 + a^2 c_{Ax}^2 - c_{\text{Char}}^2 c_A^2) = 0. \tag{15.21}$$

Berücksichtigt man die etwas anderen räumlichen Verhältnisse, (3.54) und $a_0^2 \to a^2$ (da wir jetzt exakt rechnen und nicht vom Ruhzustand ausgehen) sowie (10.107), so sieht man, daß im *dissipationsfreien Plasma die Dispersionsrelation für kleine Störungen und die charakteristische Gleichung übereinstimmen*. Die Charakteristiken beschreiben demnach die räumlich-zeitliche Ausbreitung von Störungen, c_{Char} nach (15.19) fällt mit der Phasengeschwindigkeit c einer Welle nach (10.107) zusammen.

Wir erhalten die *reellen* Charakteristiken mit den Steigungen

$$c_{\text{Char}} = \pm c_{Ax}, \quad \pm c_f, \quad \pm c_s \quad \text{bzw.}$$

$$\frac{\lambda_2}{\lambda_1} = u_2 \pm c_{Ax}, \quad u_2 \pm c_f, \quad u_2 \pm c_s. \tag{15.22}$$

Man kann übrigens rein formal die Charakteristiken auch dadurch gewinnen, daß man durch Einführung von $\dfrac{\partial x}{\partial t} = -\dfrac{\lambda_2}{\lambda_1}$, $c_{\text{Char}} = \dfrac{\partial x}{\partial t}\pm v_x$ die Grundgleichungen sofort in die *Verträglichkeitsbedingungen* umformt.

Aus $\dfrac{\partial \varrho}{\partial t} + v_x \dfrac{\partial \varrho}{\partial x} + \varrho \dfrac{\partial v_x}{\partial x} = 0$ wird dann durch formale Multiplikation:

$c_{\mathrm{Char}}\, \partial\varrho + \varrho\, \partial v_x = 0$. Man erhält dann 6 homogene Gleichungen für $\partial\varrho$, ∂v_x etc. Damit diese eine Lösung besitzen, muß die Koeffizientendeterminante (die genau mit (15.10) übereinstimmt) verschwinden. Aus der Gleichung $\dfrac{\partial S}{\partial t} + v_x \dfrac{\partial S}{\partial x} = 0$ folgt mit diesem Verfahren sofort $c_{\mathrm{Char}}\, \partial S = 0$, d. h., die Flächen $S = $ const, die sog. *Entropiewellen,* haben die *Phasengeschwindigkeit Null.*

Für dreidimensionale Probleme erhält man völlig analoge Formeln wie für die einfachen Wellen. Die *charakteristische Gleichung* lautet ($\Phi' = \Phi_t + v\, \nabla\Phi$,

$$c_{\mathrm{A}} = \frac{1}{\sqrt{\mu_0 \varrho}}\, B \Bigg)$$

$$\Phi_t \Phi'[(\Phi')^2 - (c_{\mathrm{A}}\, \nabla\Phi)^2]\,[(\Phi')^4 - (a^2 + c_{\mathrm{A}}{}^2)\,(\Phi')^2\,(\nabla\Phi)^2$$
$$+ a^2(c_{\mathrm{A}}\, \nabla\Phi)^2\,(\nabla\Phi)^2] = 0. \tag{15.23}$$

Auf den charakteristischen Gleichungen baut man für stationäre und instationäre, für räumlich mehr- und eindimensionale Probleme numerische und graphische Lösungsverfahren auf.

Versucht man, die Theorie der Charakteristiken auf ein Plasma endlicher Leitfähigkeit σ anzuwenden, so ergeben sich schon bei $\varkappa = 0, \eta = 0, \eta' = 0$ und isentropischem Verhalten (Vernachlässigung der JOULE-*Wärme* im Energiesatz) schwierige mathematische Probleme. Je nach dem gewählten Spezialfall werden die Charakteristiken:

a) *Im eindimensionalen instationären Fall* [10.7]:

Art 1: $\dfrac{\mathrm{d}x}{\mathrm{d}t} = -\dfrac{\varphi_t}{\varphi_x} = u$ \qquad (Stromlinien, treten immer auf), \hfill (15.24)

Art 2: $\varphi_x = 0,\ t = $ const \qquad (unendliche Ausbreitungsgeschwindigkeit).
\hfill (15.25)

Diese parabolische (entartete) Charakteristik tritt *immer* dann auf, wenn eine der drei Größen η, $\varkappa$, $\dfrac{1}{\sigma}$ von Null verschieden ist. Die 3. Art ist

$$\frac{\mathrm{d}x}{\mathrm{d}t} = -\frac{\varphi_t}{\varphi_x} = v_x \pm a \quad \text{oder} \quad v_x \pm a^* \quad \text{oder} \quad a_i, \tag{15.26}$$

wobei $a^{*2} = \dfrac{\mathrm{d}p^*}{\mathrm{d}\varrho}$, p^* s. (13.33), und $a_i = \sqrt{RT}$ ist die isotherme Schallgeschwindigkeit. Die entartete Charakteristik $\varphi_x = 0$ verhindert es, mit den Charakteristiken eines dissipativen instationären Plasmas zu arbeiten.

Tritt Dissipation auf, so fallen demnach charakteristische Gleichung und Dispersionsrelation *nicht* mehr zusammen. Die *charakteristische Geschwindigkeit* c_{Char}, die im dissipationsfreien Fall mit der Phasengeschwindigkeit c der linearen Wellen identisch war, wird im dissipativen Fall (bei $\eta = 0$) zur Gruppengeschwindigkeit c_{G} (10.112) der Wellen.

b) Im zweidimensionalen stationären Fall werden die Charakteristiken *komplex*.

15.2 Potentialströmung

Unsere vorangegangenen Überlegungen zeigten, daß mehrere Voraussetzungen gegeben sein müssen, damit in einem *idealen Plasma* ($\sigma = \infty, \eta = 0, \eta' = 0$, $\varkappa = 0$) eine *Potentialströmung* auftritt. Wir fassen diese Voraussetzungen und ihre Folgen zusammen:

1. *ideales Plasma*, d. h. *Isentropie*,
2. *Potentialbedingung* (13.15), d. h. $(\boldsymbol{B} \nabla) \boldsymbol{B} = 0$, vgl. (13.18)
3. $B/\varrho = \mathrm{const}$, (13.32)
4. *Transversalströmung* $\boldsymbol{v} \perp \boldsymbol{B}$, *ebene Strömung*, vgl. S. 307.

Um Platz und Wiederholungen zu sparen, leiten wir nun die *Potentialgleichung* (d. h. die das *Geschwindigkeitspotential* φ bestimmende partielle Differentialgleichung) in Vektorschreibweise ab. Wir müssen aber beachten, daß die Vektoren die Gestalt

$$\boldsymbol{B} = (0, 0, B_z), \quad \boldsymbol{v} = (v_x, v_y, 0) \tag{15.27}$$

haben und daß

$$p = p(x, y), \quad \varrho = p(x, y), \quad v_x = v_x(x, y), \quad v_y = v_y(x, y). \tag{15.28}$$

Wir gehen von der *instationären* BERNOULLI-*Gleichung* (13.28) aus und schreiben diese unter Verwendung von (13.31) und (13.33) in der Form

$$-\frac{\partial \varphi}{\partial t} + \int \frac{\mathrm{d}p^*}{\varrho} + V + \frac{v^2}{2} = \mathrm{const.} \tag{15.29}$$

Die Zeitfunktion $F(t)$ kann man, wie eingehendere Untersuchungen zeigen, ohne Verlust an Allgemeinheit gleich const setzen.

Wir definieren nun eine *Phasengeschwindigkeit magnetoakustischer Wellen* („*effektive*" *Schallgeschwindigkeit*) durch

$$a^{*2} = \frac{\mathrm{d}p^*}{\mathrm{d}\varrho} \tag{15.30}$$

und erhalten mit (13.33), (13.32) und (5.57)

$$a^{*2} = \frac{\gamma p}{\varrho} + \frac{2p_m}{\varrho} = a^2 + c_{\mathrm{A}}^2, \tag{15.31}$$

wobei schließlich noch (10.96) und (13.31), (14.30) benutzt wurden.

Man bemerkt, daß (15.31) mit (10.109) übereinstimmt. Mit (13.22) und (15.31) kann man nun (15.29) in der Form

$$-\frac{\partial \varphi}{\partial t} + \int \frac{a^{*2}\, d\varrho}{\varrho} + V + \frac{1}{2}(\nabla\varphi)^2 = \text{const}. \tag{15.32}$$

schreiben. Mit (15.31), (5.57) und (13.31) kann man das Integral leicht auswerten und erhält

$$-\frac{\partial \varphi}{\partial t} + \frac{a^2}{\gamma - 1} + c_{\mathrm{A}}^2 + V + \frac{1}{2}(\nabla\varphi)^2 = \text{const}. \tag{15.33}$$

Wenn man nun (15.32) einmal nach der Zeit und einmal räumlich differenziert, so erhält man $\left(\text{mit } \dfrac{\partial V}{\partial t} = 0\right)$

$$\frac{1}{\varrho}\frac{\partial \varrho}{\partial t} = \frac{1}{a^{*2}}\left(\frac{\partial^2 \varphi}{\partial t^2} - \frac{1}{2}\frac{\partial}{\partial t}(\nabla\varphi)^2\right)$$

und

$$\frac{\nabla\varrho}{\varrho} = \frac{1}{a^{*2}}\nabla\left(\frac{\partial \varphi}{\partial t} - \frac{1}{2}(\nabla\varphi)^2 - V\right).$$

Setzt man beide Ausdrücke und (13.22) in die Kontinuitätsgleichung (5.7) ein, so kann man in dieser alle Größen durch φ ausdrücken. Bei Spezialisierung auf den zwei- bzw. eindimensionalen Gradienten ∇ erhält man [15.4] die *Potentialgleichung für die stationäre zweidimensionale Plasmaströmung*

$$\varphi_{xx}(a^{*2} - \varphi_x^2) + \varphi_{yy}(a^{*2} - \varphi_y^2) - 2\varphi_{xy}\varphi_x\varphi_y = \varphi_x V_x + \varphi_y V_y \tag{15.34}$$

und die *Potentialgleichung für die instationäre eindimensionale Plasmaströmung*

$$\varphi_{xx}(a^{*2} - \varphi_x^2) + 2\varphi_x\varphi_{xt} - \varphi_{tt} = \varphi_x V_x. \tag{15.35}$$

Diese Gleichungen können auch als Potentialgleichungen eines speziellen Gases ohne Magnetfeld aufgefaßt und nach den Methoden der Gasdynamik behandelt werden.

Wendet man auf diese Potentialgleichungen das besprochene Charakteristikenverfahren an, so erhält man für die Charakteristiken von (15.34) und (15.35) Ausdrücke, die φ_x und φ_y bzw. φ_t enthalten. Um z. B. (15.34) mit Hilfe des Charakteristikenverfahrens zu lösen, müssen demnach zu Beginn der Rechnung schon Näherungswerte für φ bzw. φ_x zur Verfügung stehen. Es stehen heute solche Aufgaben lösende *Iterationsverfahren* für Computer zur Verfügung. Wir wollen jedoch einen anderen schon in der Gasdynamik bewährten Weg gehen.

Die Schwierigkeit rührt daher, daß die Potentialgleichungen (15.34) und (15.35) *quasilinear* sind. Wären sie linear, dann würden ihre Charakteristiken nicht vom Potential φ abhängen. Wenn nur *zwei* unabhängige Variable

betrachtet werden, dann ist es möglich, die Potentialgleichung durch eine LEGENDRE-*Transformation* zu *linearisieren* [15.6].
Wir wählen die alten abhängigen Variablen

$$v_x = -\frac{\partial \varphi}{\partial x} = u, \qquad v_y = -\frac{\partial \varphi}{\partial y} = v \tag{15.36}$$

als neue Variable und das neue Potential

$$\Phi = \Phi(u, v) \quad \text{mit} \quad \Phi_u = x, \quad \Phi_v = y \tag{15.37}$$

Potential in der Geschwindigkeitsebene (u, v). Wir erhalten dann

$$\varphi_x = -u, \qquad \varphi_y = -v, \qquad \varphi_{xx} = \frac{\Phi_{vv}}{D}, \qquad \varphi_{yy} = \frac{\Phi_{uu}}{D},$$

$$\varphi_{xy} = -\frac{\Phi_{uv}}{D}, \qquad D = \Phi_{uu}\Phi_{vv} - \Phi_{uv}^2$$

und statt (15.34) bei $V = 0$ (Vernachlässigung der Schwere) die *Potentialgleichung in der Geschwindigkeitsebene*

$$\Phi_{vv}\left(1 - \frac{u^2}{a^{*2}}\right) + \Phi_{uu}\left(1 - \frac{v^2}{a^{*2}}\right) + 2\Phi_{uv}\frac{uv}{a^{*2}} = 0. \tag{15.38}$$

Das ist eine *lineare* Differentialgleichung, deren Charakteristiken demnach *nicht* von Φ und seinen Ableitungen *abhängen*. Für $c_A = 0$ wird $a^* = a$, und man erhält die aus der Gasdynamik bekannten Charakteristiken [13.3]. Um diese Analogie zu wahren und ein dem PRANDTL-BUSEMANN-*Verfahren der Gasdynamik* entsprechendes Charakteristikenverfahren aufzubauen, führen wir in (15.38) in der Geschwindigkeitsebene (u, v) Polarkoordinaten ein: $u = w \cos \vartheta$, $v = w \sin \vartheta$. Damit ergibt sich als Differentialgleichung der Charakteristiken von (15.38)

$$\frac{d\vartheta}{dw} = \pm \frac{1}{w} \sqrt{\frac{w^2}{a^{*2}} - 1}. \tag{15.39}$$

Für $w > a^*$ (*magnetische Überschallströmung*) sind die Charakteristiken *reell*, und man kann auf ihnen ein graphisches Lösungsverfahren aufbauen [15.6]. Für $w < a^*$ (*magnetische Unterschallströmung*) sind die Charakteristiken *komplex*; ein graphisches Verfahren ist dann nicht möglich, man muß ein numerisches Verfahren der Art, wie sie in der Gasdynamik verwendet werden, heranziehen.
Die Charakteristiken nach (15.39) wurden für verschiedene Ruhezustände des Plasmas numerisch berechnet und graphisch dargestellt [15.6]. Der Einfluß des Magnetfeldes auf die Ausströmung eines Plasmas aus einer Düse wird dann deutlich sichtbar, vgl. Abb. 59.
Bei manchen Problemen (insbes. beim Übergang von der magnetischen Unterschall- zur Überschallströmung) erweisen sich auch *Variationsverfahren* als vorteilhaft [15.7].

Für zweidimensionale stationäre Strömungen eines idealen Plasmas, die *nicht*
Potentialströmungen sind, steht im wesentlichen nur die numerische Integration der LUNDQUIST-*Gleichungen* durch Computer sowie Näherungsverfahren
als Lösungsmethode zur Verfügung [15.7].
Auch bei der kompressiblen Strömung eines idealen Plasmas ($\sigma = \infty$) gibt es
den Spezialfall der *Parallelströmung*. In Analogie zu (14.32) setzen wir an

$$\boldsymbol{B} = \lambda \varrho \boldsymbol{v}. \tag{15.40}$$

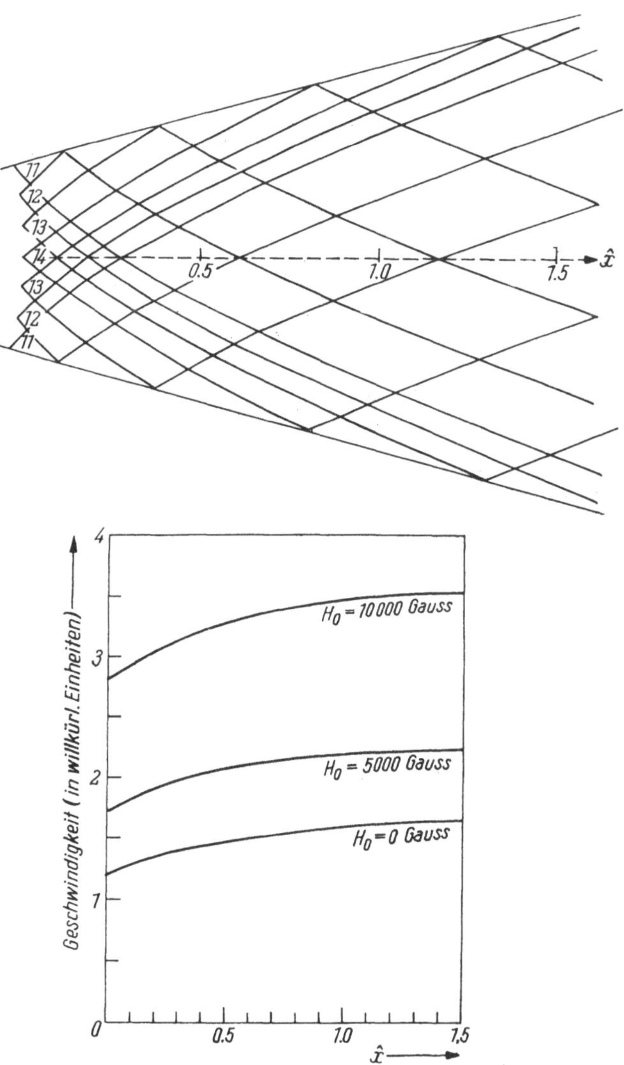

Abb. 59. Der Einfluß des Magnetfeldes auf die Düsenströmung

Geht man mit diesem Ansatz in div $\boldsymbol{B} = 0$ ein und beachtet (5.7), so erhält man (für stationäre Vorgänge)

$$\boldsymbol{v} \cdot \operatorname{grad} \lambda = 0, \tag{15.41}$$

also in Übereinstimmung mit (14.33) die *Konstanz von λ längs der Stromlinien.*
Geht man mit (15.40) in die Bewegungsgleichung (5.14) ein, so erhält man mit $\dfrac{\partial}{\partial t} = 0$ und mit (13.7), (10.96), (15.41)

$$\frac{\nabla v^2}{2} + [\operatorname{rot} \boldsymbol{v} \times \boldsymbol{v}] + \frac{a^2 \nabla \varrho}{\varrho} = \frac{\lambda^2}{\mu_0} [\operatorname{rot} (\varrho \boldsymbol{v}) \times \boldsymbol{v}]. \tag{15.42}$$

Multipliziert man dies skalar mit $\boldsymbol{v}$, so verschwinden die skalaren Produkte mit den Kreuzprodukten (da $\boldsymbol{v} \perp [\boldsymbol{v} \times \operatorname{rot} \boldsymbol{v}]$). Man erhält dann (obwohl keine Potentialströmung vorliegt!) die Gültigkeit der BERNOULLI-*Gleichung längs einer Stromlinie*

$$\boldsymbol{v} \left(\frac{\nabla v^2}{2} + \frac{a^2 \nabla \varrho}{\varrho} \right) = 0. \tag{15.43}$$

(Geht man von einem homogenen Anfangszustand aus, dann sagen (15.41) und (15.43) aus, daß λ im ganzen Bereich konstant ist und daß überall die BERNOULLI-*Gleichung* gilt.) Wir schreiben nun (15.42) in der Form

$$\boldsymbol{v} \cdot \left[\left(\operatorname{rot} \boldsymbol{v} - \frac{\lambda^2}{\mu_0} \operatorname{rot} (\varrho \boldsymbol{v}) \right) \times \boldsymbol{v} \right] = 0.$$

Da $\boldsymbol{v} = 0$ uninteressant ist, folgt mit (15.40) für einen homogenen Anfangszustand (λ überall konstant)

$$\operatorname{rot} \boldsymbol{v} \cdot \left(1 - \frac{\lambda^2 \varrho}{\mu_0} \right) - \frac{\lambda^2}{\mu_0} [\operatorname{grad} \varrho \times \boldsymbol{v}] + [\operatorname{grad} 1 \times \boldsymbol{v}] = 0.$$

Da $\operatorname{grad} 1 = 0$, konnte der letzte Term einfach hinzugefügt werden. Faßt man zusammen, so erhält man

$$\operatorname{rot} \boldsymbol{v} \cdot \left(1 - \frac{\lambda^2 \varrho}{\mu_0} \right) + \left[\operatorname{grad} \left(1 - \frac{\lambda^2 \varrho}{\mu_0} \times \boldsymbol{v} \right) \right] = 0$$

$$= \operatorname{rot} \left[\boldsymbol{v} \left(1 - \frac{\lambda^2 \varrho}{\mu_0} \right) \right]. \tag{15.44}$$

Da somit die Rotation des Vektors mit (15.40), d. h. $\boldsymbol{v} \left(1 - \dfrac{\lambda^2 \varrho}{\mu_0} \right)$ $= \boldsymbol{v} \left(1 - \dfrac{B^2}{\varrho \mu_0 v^2} \right)$, d. h. aber nach (14.40) $\boldsymbol{v} \left(1 - \dfrac{c_{\mathrm{A}}^2}{v^2} \right)$ verschwindet, läßt sich der Vektor u durch den Gradienten eines *Pseudopotentials* darstellen:

$$u = v\left(1 - \frac{c_A{}^2}{v^2}\right) = -\operatorname{grad} \Psi.$$

(15.45)

Definiert man nun eine neue Dichte

$$\varrho^* = \frac{\varrho}{1 - \dfrac{c_A{}^2}{v^2}} = \frac{\varrho}{1 - \dfrac{\lambda^2\varrho}{\mu_0}},$$

(15.46)

so erkennt man, daß die *stationäre Parallelströmung eines kompressiblen idealen Plasmas durch die stationäre kompressible Potentialströmung eines gedachten Mediums mit der Dichte ϱ^*, dem Druck p^* und der Geschwindigkeit u beschrieben werden kann*. Man erhält

$$\operatorname{div}(\varrho v) = 0 \rightarrow \operatorname{div}(\varrho^* u) = 0,$$

$$\operatorname{rot}\left[v \cdot \left(1 - \frac{c_A{}^2}{v^2}\right)\right] \rightarrow \operatorname{rot} u = 0,$$

(15.47)

$$\varrho(v\,\nabla)\,v + \nabla p - \frac{1}{\mu_0}[\operatorname{rot} B \times B] = 0 \rightarrow \varrho^*(u\,\nabla)\,u + \nabla p^* = 0.$$

(*Transformation von* PEYERET, WALKER *und* GRAD.)
Aus der Bewegungsgleichung (15.47) läßt sich wegen rot $u = 0$ und mit der Definition einer von (15.30) abweichenden *Phasengeschwindigkeit magneto-akustischer Wellen*

$$a^{+2} = \frac{\mathrm{d}p^*}{\mathrm{d}\varrho^*}$$

(15.48)

sofort eine (mit (15.43) äquivlente!) BERNOULLI-*Gleichung* ableiten:

$$\frac{\nabla\varrho^*}{\varrho^*} = -\frac{1}{2a^{+2}}\nabla(\nabla\Psi)^2.$$

(15.49)

Setzt man dies in die Kontinuitätsgleichung (15.47) ein, so erhält man die *Pseudopotentialgleichung der kompressiblen Parallelströmung*:

$$\Psi_{xx}(a^{+2} - \Psi_x^2) + \Psi_{yy}(a^{+2} - \Psi_y^2) - 2\Psi_x\Psi_y\Psi_{xy} = 0.$$

(15.50)

Für $V = 0$ stimmt dies formal mit (15.34) überein, so daß zur Lösung von (15.50) die gleichen Methoden wie für (15.34) verwendet werden können. Es bleibt uns nur noch, a^+ zu bestimmen ($a^+ \neq a^*$). a^+ kann man entweder aus der Definition (15.48) oder durch den Vergleich der beiden Formen (15.49) und (15.43) der BERNOULLI-*Gleichung* gewinnen.
Man erhält auf dem zweiten Weg (der es erspart, eine Zustandsgleichung $p^*(\varrho^*)$ abzuleiten — (13.32) gilt ja nicht!) den Ausdruck

$$a^{+2} = \left(1 - \frac{c_A^2}{v^2}\right)^2\left(a^2 + c_A^2 - \frac{a^2 c_A^2}{v^2}\right).$$

(15.51)

Je nachdem, welches Vorzeichen in (15.50) der Koeffizient $(a^{+2} - \Psi_x{}^2)$
$\equiv \left(a^{+2} - v_x^2 \left(1 - \dfrac{c_A^2}{v^2} \right)^2 \right)$ besitzt, unterscheiden wir 5 verschiedene Fälle, vgl.
Abb. 60:

Fall 1: $\dfrac{v}{c_A} > 1, \dfrac{v}{a} > 1, \left(\dfrac{v}{c_A} \right)^2 + \left(\dfrac{v}{a} \right)^2 > 1$, hyperbolischer Typ, reelle Charakteristiken, entspricht der Überschallströmung des gedachten Mediums; es entstehen MACH-*Wellen* stromabwärts von einem Profil.

Fall 2: $\dfrac{v}{c_A} > 1, \dfrac{v}{a} < 1$, elliptischer Typ, komplexe Charakteristiken, keine MACH-*Wellen*, Unterschallströmung.

Fall 3: $\dfrac{v}{c_A} < 1, \dfrac{v}{a} > 1$, elliptischer Typ, Unterschallströmung eines Gases mit $-\varrho^*, -\boldsymbol{u}$.

Fall 4: $\dfrac{v}{c_A} < 1, \dfrac{v}{a} < 1, \left(\dfrac{v}{c_A} \right)^2 + \left(\dfrac{v}{a} \right)^2 > 1$, hyperbolischer Typ, MACH-*Wellen*, entsprechend der langsamen magnetoakustischen Welle, erstrecken sich vom Profil *stromaufwärts*. Entspricht Überschallströmung in der Richtung $-\boldsymbol{u}$. Derartige *stromaufwärts* laufende Wellen gibt es in der Gasdynamik nicht; sie sind eine Spezialität der MHD.

Fall 5: $\left(\dfrac{v}{c_A} \right)^2 + \left(\dfrac{v}{a} \right)^2 < 1$, elliptischer Typ, ohne gasdynamisches Analogon.

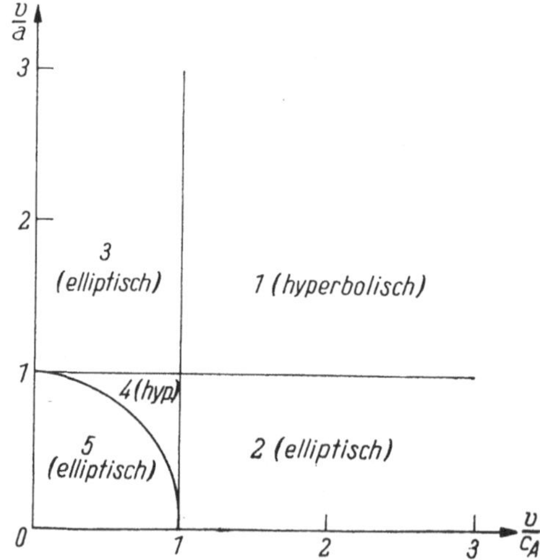

Abb. 60. Typen der kompressiblen Parallelströmung

Die praktische Lösung von Parallelströmungsproblemen erfolgt oft in linearisierter Näherung.

Infolge der mathematischen Kompliziertheit der MHD-Grundgleichungen untersuchte man schon frühzeitig die Möglichkeit einer Näherungslösung [15.8]. Wenn sich der Querschnitt des Strömungskanals oder des umströmten Körpers nur wenig ändert (vgl. Abb. 61), dann sind die *Querkomponenten* $\bar{v}$ der Geschwindigkeit klein, und ihre Quadrate können vernachlässigt werden. Ist der *Kanalquerschnitt A(x)* langsam veränderlich, dann kann man die Querkomponenten der Geschwindigkeit überhaupt vernachlässigen und praktisch eindimensional rechnen [15.9] (*quasieindimensionale Strömung, Fadenströmung*).

Zum Zwecke der *Linearisierung* machen wir den Ansatz

$$v = v_0 + \bar{v}, \qquad B = B_0 + \bar{B},$$

$$\Psi = \Psi_0 + \bar{\Psi}, \qquad (15.52)$$

$$\varrho = \varrho_0 + \bar{\varrho}, \qquad p = p_0 + \bar{p},$$

wobei die quergestrichenen Größen als klein gegenüber den konstanten Größen mit dem Index 0 angenommen werden. Abgesehen von $v_0 \neq 0$ stimmt der Ansatz (15.52) mit (10.93) überein. Da wir die sich aus dem Linearisierungsansatz ergebenden Gleichungen schon kennen, behandeln wir gleich den Spezialfall der *linearisierten Parallelströmung*.

Wir gehen dabei zweckmäßigerweise von (15.50) aus. Legen wir die x-Achse in die Strömungsrichtung, dann entspricht $\bar{v}$ dem $v_y = \dfrac{u_y}{\left(1 - \dfrac{c_A^2}{v^2}\right)}$, so daß nach

(15.45) Ψ_y^2 (und das Produkt $\Psi_y\Psi_{yx}$) vernachlässigt werden kann. Man erhält dann aus (15.50)

$$\bar{\Psi}_{xx}(1 - \bar{M}^2) + \bar{\Psi}_{yy} = 0, \qquad (15.53)$$

wobei

$$\bar{M}^2 = \frac{v_0{}^2}{a^{+2}}. \qquad (15.54)$$

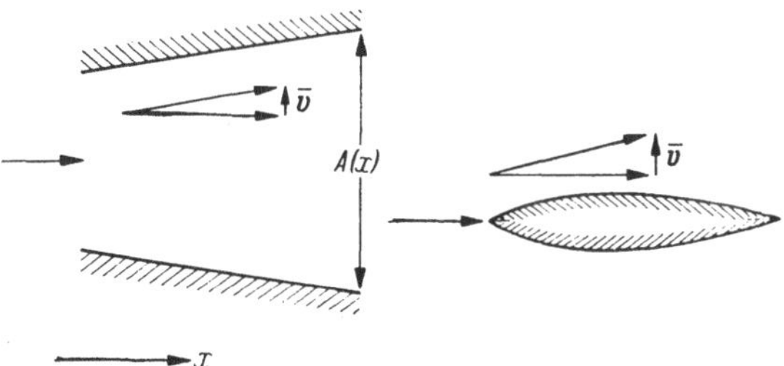

Abb. 61. Quasieindimensionale Kanalströmung und Linearisierung der Strömung an schlanken Profilen

Die Differentialgleichung (15.53) ist unter dem Namen PRANDTL-GLAUERT-*Gleichung* in der Gasdynamik gut bekannt. Da $\bar{M}$ konstant ist (v_0 ist die konstante Anströmgeschwindigkeit, und in a^+ gehen infolge der Näherung nur die konstanten Größen mit dem Index 0 ein), ist (15.53) eine leicht zu lösende lineare partielle Differentialgleichung mit konstanten Koeffizienten.
Im *elliptischen* Fall („*Unterschall*") ist $(1 - \bar{M}^2) > 0$, und die PRANDTL-GLAUERT-*Transformation*

$$x_i = x, \qquad y_i = y\sqrt{1 - \bar{M}^2} \tag{15.55}$$

führt (15.53) in die LAPLACE*sche Differentialgleichung*

$$\bar{\Psi}_{x_i x_i} + \bar{\Psi}_{y_i y_i} = 0 \tag{15.56}$$

für inkompressible Flüssigkeitsströmungen über, deren Lösungen aus der Elektrostatik, aus der Hydromechanik etc. bestens bekannt sind.
Im *hyperbolischen* Fall („*Überschall*") ist $(1 - \bar{M}^2) < 0$, und die PRANDTL-GLAUERT-*Lösung* von (15.53) lautet

$$\bar{\Psi}(x, y) = f(y - x\,\mathrm{tg}\,\alpha) + g(y + x\,\mathrm{tg}\,\alpha). \tag{15.57}$$

(Diese Lösung ist analog zu (15.2): f und g sind beliebige Funktionen.) α ist der *magnetoakustische* MACH*sche Winkel der Parallelströmung*:

$$\mathrm{tg}\,\alpha = \frac{1}{\sqrt{\bar{M}^2 - 1}}. \tag{15.58}$$

Die Gleichung der *magnetoakustischen* MACH*schen Linien* (Charakteristiken der Differentialgleichung (15.53)) ist durch

$$y \pm x\,\mathrm{tg}\,\alpha = \mathrm{const} \tag{15.59}$$

gegeben.
Hat man Ψ, so läßt sich daraus nach (15.45) das Geschwindigkeitsfeld $v = v_0 + \bar{v}$ berechnen.
Auch für die Potentialströmung ist das besprochene Verfahren brauchbar. Aus (15.34) entsteht (für $V = 0$) die *linearisierte Potentialgleichung*

$$\varphi_{xx}(1 - M^{*2}) + \varphi_{yy} = 0, \tag{15.60}$$

wobei

$$M^{*2} = \frac{v_0^2}{a_0^2 + c_{A0}^2}. \tag{15.61}$$

(15.60) ist so wie (15.53) zu lösen. Viele Probleme der *Flug*-MHD wurden mit (15.60) gelöst.
Für die *quasieindimensionale* Strömung nimmt man meist $\sigma \neq \infty$ an. Arbeiten, die sich mit der quasieindimensionalen Strömung eines idealen Plasmas ($\sigma = \infty$) beschäftigen, sind nicht sehr zahlreich [15.9].

15.3 Instationäre Strömungen

Der eindimensionale instationäre Spezialfall der LUNDQUIST-*Gleichungen* wurde u. a. in [15.10] untersucht. Die nach dem beschriebenen Verfahren gewonnenen vier Charakteristiken lauten

$$\frac{dx}{dt} = v, \quad v, \quad v + a^*, \quad v - a^*, \tag{15.62}$$

wobei a^* durch (15.31) gegeben ist. Wie man leicht zeigen kann, sind die eindimensionalen LUNDQUIST-*Gleichungen* mit der Potentialgleichung (15.35) äquivalent, wenn $\boldsymbol{B} = B_y \perp \boldsymbol{v} = v_x$. Sucht man mit den besprochenen Methoden die Charakteristiken von (15.35), so erhält man die MGD-RIEMANN-*Linien*

$$\frac{dx}{dt} = v + a^*, \quad v - a^*. \tag{15.63}$$

Da $v = -\varphi_x$, hängen diese Charakteristiken von der zu suchenden Funktion φ, also auch von den Anfangs- und Randbedingungen, ab. Es ist daher zweckmäßig, mittels einer LEGENDRE-*Transformation* zu linearisieren. Wir setzen an

$$\varphi_x = -v, \quad \varphi_t = -q, \quad d\varphi = \varphi_x\, dx + \varphi_t\, dt = -v\, dx - q\, dt,$$

$$\Phi(v, q) = vx + qt + \varphi;$$

Wir bilden nun wegen $v = v(x, t)$, $q = q(x, t)$

$$dv = \frac{\partial v}{\partial x}\, dx + \frac{\partial v}{\partial t}\, dt = -\varphi_{xx}\, dx - \varphi_{xt}\, dt;$$

$$v_x = -\varphi_{xx}, \quad v_t = -\varphi_{xt}$$

$$dq = \frac{\partial q}{\partial x}\, dx + \frac{\partial q}{\partial t}\, dt = -\varphi_{tx}\, dx - \varphi_{tt}\, dt;$$

$$q_x = -\varphi_{tx}, \quad q_t = -\varphi_{tt}.$$

Umgekehrt gilt $x = x(q, v)$, $t = t(q, v)$;

$$dx = \frac{\partial x}{\partial v}\, dv + \frac{\partial x}{\partial q}\, dq; \quad dt = \frac{\partial t}{\partial v}\, dv + \frac{\partial t}{\partial q}\, dq;$$

$$d\Phi = \frac{\partial \Phi}{\partial v}\, dv + \frac{\partial \Phi}{\partial q}\, dq = v\, dx + x\, dv + q\, dt + t\, dq + d\varphi.$$

Durch Koeffizientenvergleich ergibt sich

$$x = \Phi_v, \quad x_v = \Phi_{vv}, \quad x_q = \Phi_{vq}; \quad dx = \Phi_{vv}\, dv + \Phi_{vq}\, dq,$$

$$t = \Phi_q, \quad t_v = \Phi_{qv}, \quad t_q = \Phi_{qq}; \quad dt = \Phi_{qv}\, dv + \Phi_{qq}\, dq.$$

Damit erhält man

$$dv = \frac{\Phi_{qq}\,dx - \Phi_{vq}\,dt}{D} = -\varphi_{xx}\,dx - \varphi_{xt}\,dt,$$

$$dq = \frac{\Phi_{vv}\,dt - \Phi_{qv}\,dx}{D} = -\varphi_{tx}\,dx - \varphi_{tt}\,dt,$$

$$D = \begin{pmatrix} \Phi_{vv} & \Phi_{vq} \\ \Phi_{qv} & \Phi_{qq} \end{pmatrix}.$$

Koeffizientenvergleich liefert

$$\varphi_{xx} = -\frac{\Phi_{qq}}{D}, \qquad \varphi_{tx} = \frac{\Phi_{qv}}{D},$$

$$\varphi_{xt} = \frac{\Phi_{vq}}{D}, \qquad \varphi_{tt} = -\frac{\Phi_{vv}}{D},$$

woraus sofort die streng lineare Potentialgleichung in der q, t-Ebene folgt:

$$\Phi_{qq}(a^{*2} - v^2) + 2v\Phi_{vq} - \Phi_{vv} = 0. \tag{15.64}$$

Ihre Charakteristiken ergeben sich zu

$$\frac{dq}{dv} = -(v \mp a^*). \tag{15.65}$$

Ein Vergleich mit (15.63) zeigt, daß $\dfrac{dv}{dq} \cdot \dfrac{dx}{dt} = -1$, d. h., RIEMANN-*Linien*
und v, q-Kurven stehen aufeinander senkrecht.
Mit $\varphi_t = -q$ nimmt die BERNOULLI-*Gleichung* (13.28) für $V = 0$ mit (13.35)
die Form

$$-q - \frac{1}{2}v^2 = \int \frac{dp^*}{\varrho} \tag{15.66}$$

an. Mit der Definition einer *magnetischen Schallfunktion f*

$$\frac{df}{dp^*} = a^* \tag{15.67}$$

erhält man aus (15.66)

$$\mp a^*\,dv = a^*\,df.$$

Mit (15.65) ergibt sich dann für die Charakteristiken

$$\frac{d}{dt}(f \pm v) = 0 \quad \text{oder} \quad f + v = r = \text{const},$$

$$f - v = l = \text{const}. \tag{15.68}$$

Ähnliche Größen wie r, l treten schon in der instationären Gasdynamik auf; wir nennen daher r und l in Analogie *magnetische* RIEMANN*sche Invariante*. Die Funktion

$$f = \frac{2}{\gamma - 1} \int \sqrt{1 + a^{\gamma - 1}}\, da$$

wurde von HERRNEGGER und dem Verfasser tabelliert [15.10].
Die eben abgeleiteten Gleichungen lassen sich direkt anwenden. Man betrachtet z. B. ein in einem Rohr eingeschlossenes Plasma; öffnet man das Rohr zur Zeit $t = 0$, dann laufen von außen (niedrigerer Druck als im Rohrinneren) *Verdünnungswellen* in das Plasma hinein. Längs einer nach links laufenden Welle bleibt l konstant, d. h. $\Delta l = l_{\text{nachher}} - l_{\text{vorher}} = 0$, d. h. $\Delta f = \Delta v$. Überschreitet man die die Gebiete 1 und 2 (vgl. Abb. 62) trennende Verdünnungswelle, so steigt v von $v_1 = 0$ auf $v_2 = \Delta v$. Die Änderung des thermodynamischen Zustandes ist durch Δf gegeben. Durch (15.68), (15.67), (15.65) etc. sind somit alle *thermodynamischen-magnetischen* Größen im Gebiet 2 bekannt, wenn man diese Größen in 1 kennt. Die *kinematischen* Größen, also insbesondere die Steigung (Geschwindigkeit) der Welle, folgen aus (15.63). Zur Lösung ähnlicher Probleme wurde auch gelegentlich ein *Variationsverfahren* herangezogen [15.7].

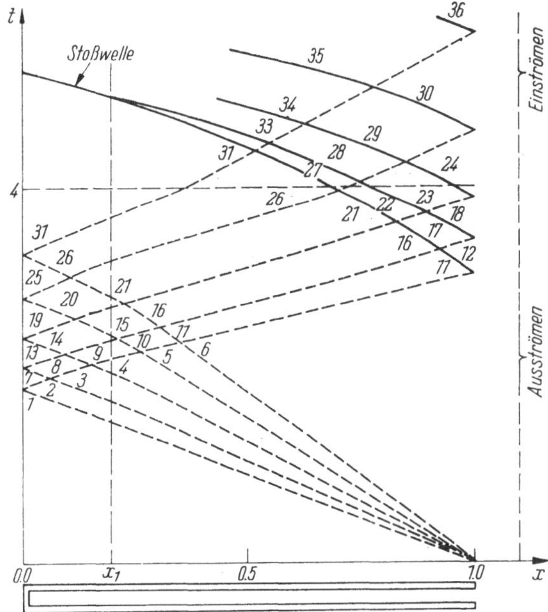

Abb. 62. Ausströmen eines Plasmas mit einem Magnetfeld von 5000 Gauß in einen Außenraum mit niedrigerem Druck. Schnitte $x = x_1$ oder $t = 4$ geben den zeitlichen bzw. räumlichen Verlauf der physikalischen Größen

Mit einem speziellen, von PAI angegebenen Ansatz $v = f(\varrho)$ [10.7] erhält man auch eine allgemeine Lösung $u = F(x - (u + a^*)\, t)$, wo F eine willkürliche Funktion ist.

Steht das Magnetfeld nicht senkrecht auf v, sondern schließt es mit v einen bestimmten Winkel ein, so sind die Ergebnisse nur leicht geändert.

15.4 Stoßwellen

Kleine Störungen, die zu Wellen mit kleiner Amplitude führen, kann man nach den linearen Methoden behandeln. Bei größeren Amplituden müssen die Charakteristikenverfahren verwendet werden.

Nach (15.19) und (15.22), (15.17) ist die *Relativgeschwindigkeit* zwischen Welle und Medium vom Druck abhängig. *Verdünnungswellen*, die in dem vor ihnen liegenden Medium den Druck *absenken*, werden daher immer langsamer laufen, d. h., nachfolgende *Elementarwellen* werden später eintreffen, da sie in ein Medium bereits abgesenkten Druckes hineinlaufen: die gesamte Welle wird flacher und flacher (Abb. 63). Bei *Verdichtungswellen* ist es gerade umgekehrt. Nachfolgende *Elementarwellen* sind rascher als die vor ihnen laufenden Wellen, da die nachfolgenden Wellen in ein bereits verdichtetes Medium (in welchem die Phasengeschwindigkeit der Wellen größer ist als im unverdichteten Medium) hineinlaufen (Abb. 64). Nachfolgende Elementarwellen holen die vorangehenden Wellen ein, die gesamte Verdichtungswelle wird steiler und steiler. Schließlich bildet sich eine dünne steile Front, ein *Drucksprung* aus, den man *Verdichtungsstoß* (*Stoßwelle*) nennt, da in ihm ruckartig („stoßartig") alle Zustandsgrößen von den Werten vor dem Stoß auf ihre Werte nach dem Stoß springen.

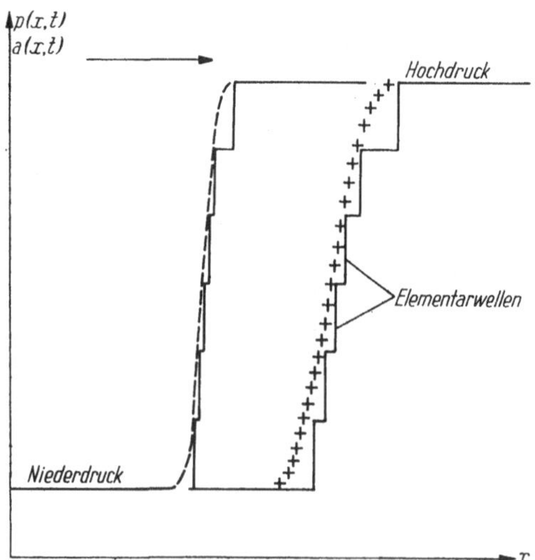

Abb. 63. Verdünnungswelle (nach rechts laufend)
$t_0 ---,\ t_1 + + +,\ t_1 > t_0$

Solche Stoßwellen wurden für ideale Gase schon von RIEMANN gefunden, sie stellen einen typisch *nichtlinearen Effekt* dar. Liegt keine Dissipation vor, so ist der Verdichtungsstoß ein unstetiger Vorgang; bei Berücksichtigung von Wärmeleitung und Reibung entsteht eine stetige, sehr steile, eine sehr kleine Dicke besitzende Übergangszone.

Auch in der Magnetohydrodynamik kommt es zu derartigen Verdichtungsstößen, die für ein ideales Plasma unstetig, für ein reales Plasma stetig verlaufen.

Zu Stoßwellen kommt es z. B. bei der beschleunigten Bewegung einer festen Wand, eines Magnetfeldes oder anderer gasförmiger Materie gegen ein Plasma; dieses *Kolbenproblem* ist daher für die Entstehung (den Aufbau) eines Verdichtungsstoßes wesentlich.

Stoßwellen gibt es nicht nur in instationären Strömungen. Auch in stationären Strömungen können Verdichtungsstöße auftreten. Da sich diese räumlich nicht ausbreiten, sondern in der stationären Strömung am Ort ihrer Entstehung verharren, spricht man dann nicht von einer Stoßwelle, sondern von einem *Stoß* (*stationärer Verdichtungsstoß*). Zu einem solchen Stoß kann es z. B. an einer Erweiterung des Strömungskanals kommen. Die Kontinuitätsgleichung für ein in einem Kanal mit dem Querschnitt $A(x)$ stationär strömendes kompressibles Medium lautet

$$\mathrm{div}\,(\varrho v A) = 0, \qquad \varrho v A = \mathrm{const}, \tag{15.70}$$

wobei ϱ, v, A Funktionen nur von x sind. Differenziert man logarithmisch, so erhält man

$$\frac{\mathrm{d}\varrho}{\varrho} + \frac{\mathrm{d}v}{v} = -\frac{\mathrm{d}A}{A}. \tag{15.71}$$

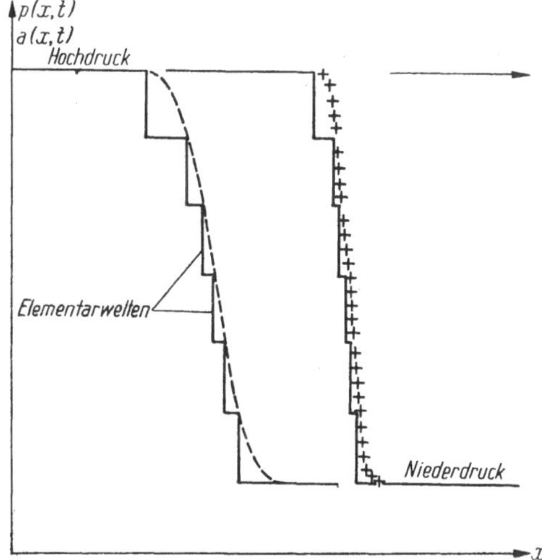

Abb. 64. Verdichtungswelle (nach rechts laufend)
$t_0 \,-\,-\,-,\; t_1 + + +,\; t_1 > t_0$

Schreibt man unter Benutzung von (15.30) die BERNOULLI-*Gleichung* in der Form

$$\frac{d\varrho}{\varrho} = -\frac{1}{a^{*2}} \, v \, dv \tag{15.72}$$

und setzt dies in (15.71) ein, so erhält man die *magnetohydrodynamische* HUGONIOT-*Gleichung*

$$\frac{dv}{v}\left(\frac{v^2}{a^{*2}} - 1\right) = \frac{dA}{A}. \tag{15.73}$$

Querschnittserweiterungen (d$A > 0$) erzeugen demnach im *magnetischen Unterschallbereich* $\left(\dfrac{v^2}{a^{*2}} < 1\right)$ Verzögerungen (d$v < 0$) des Mediums und damit *Drucksteigerungen*, im *magnetischen Überschallbereich* $\left(\dfrac{v^2}{a^{*2}} > 1\right)$ Beschleunigungen (d$v > 0$) des Mediums und damit *Drucksenkungen*; *Querschnittsverengungen* (d$A < 0$) entsprechen im *magnetischen Unterschallbereich* $\left(\dfrac{v^2}{a^{*2}} < 1\right)$

Beschleunigungen (d$v > 0$), im *magnetischen Überschallbereich* $\left(\dfrac{v^2}{a^{*2}} > 1\right)$ *Verzögerungen*.

In einer LAVAL-*Düse* verengt sich der Querschnitt zunächst und erweitert sich dann wieder. Bläst man die Düse mit hohem Druck und Unterschallgeschwindigkeit an, so wird die Strömung beschleunigt und erreicht an der engsten Stelle die *kritische Geschwindigkeit* $v = a^*$; in der Erweiterung wird Überschallgeschwindigkeit und kleiner Druck erreicht. Ist der Druck am anderen Ende der Düse höher als der Druck in der Überschallströmung, so kommt es zu einem *Verdichtungsstoß*.

Wichtig ist, daß man in der MHD *Querschnittsveränderungen* durch Veränderungen des Magnetfeldes ersetzen kann, also Beschleunigung in einem Kanal konstanten Querschnittes durch variables Magnetfeld erzielen kann.

Neben Stößen treten schon in der gewöhnlichen Gasdynamik als Lösungen der Grundgleichungen *Diskontinuitätsflächen* (*Sprungflächen, Trennflächen*) auf, an denen sich physikalische Größen sprunghaft ändern. (Entropiewellen, vgl. S. 329 sind z. B. derartige Sprungflächen!) In der MHD gibt es drei Arten von Diskontinuitätsflächen und drei Arten von Stößen (vgl. Tabelle 9), entsprechend den drei Arten von MHD-Wellen.

Diskontinuität und Stoß unterscheiden sich dadurch, daß durch eine Diskontinuitätsfläche kein Medium fließt, während eine Stoßfront vom Medium durchflossen wird.

Einen MHD-Stoß nennt man *normal, senkrecht* oder *gerade* (Abb. 65), wenn das *Magnetfeld* vor und nach der Sprungfläche an diese tangential liegt; B steht senkrecht auf der Stoßfortpflanzungsrichtung. Die *Strömungsgeschwindigkeit* kann normal auf der Sprungfläche stehen ($v_n \neq 0$) (Definition des *normalen* Stoßes in der Gasdynamik), muß dies aber in der MHD nicht

($v_t = 0$) oder ($v_t \neq 0$). Im *schiefen* Stoß steht v auf der Stoßfläche nicht senkrecht; v_t ist unstetig, so daß im schiefen MHD-Stoß v und B beim Durchtritt durch die Unstetigkeitsfläche Größe und Richtung ändern können; ferner ist der schiefe Stoß immer durch $\varrho_1 \neq \varrho_2$, $j_1 \neq j_2$ charakterisiert.

Steht B senkrecht auf der Stoßfront (parallel zur Fortpflanzungsrichtung), so ist es ohne Einfluß, und man erhält die Gesetzmäßigkeiten des gewöhnlichen gasdynamischen Stoßes. Solche MHD-Stöße ($B_t = 0$, $B_n \neq 0$) heißen *parallel*.

Tabelle 9. Diskontinuitäten und Stöße
1 = vor der Sprungfläche, 2 = nach der Sprungfläche, n = normale Komponente, t = tangentiale Komponente, $\{\varrho\} = (\varrho_2 - \varrho_1)$ etc.

Diskontinuität		*Stoß*
($v_{n1} = v_{n2}$ oder $v_n = 0$, s. aber 3.)		($v_{n1} \neq v_{n2}$), $\{p\} \neq 0$, $\{\varrho\} \neq 0$
1. *Kontaktdiskontinuität* (Trennfläche zweier Medien)	$\{\varrho\} \neq 0$, $\{T\} \neq 0$, $\{v_t\} = 0$ $\{B_n\} \neq 0$, $\{B_t\} = 0$, $\{p\} = 0$	1. schneller Stoß $\{B_t\} < 0$, Drehung von B von der Stoßnormalen weg Spezialfall: *switch-on shock* $B_{t1} = 0$
2. *Tangentialdiskontinuität* (meist instabile Fläche)	$\{\varrho\} \neq 0$, $\{T\} \neq 0$, $\{v_t\} \neq 0$ $\{B_n\} = 0$, $\{B_t\} \neq 0$, $\{p\} \neq 0$	2. langsamer Stoß $\{B_t\} > 0$, Drehung von B zur Stoßnormalen Spezialfall: *switch-off shock* $B_{t2} = 0$
3. *Rotationsdiskontinuität* (sprunghafte Drehung von B, v; $|B|$ bleibt konstant.) (ALFVÉN-*Stoß*)	$\{\varrho\} = 0$, $\{T\} = 0$, $\{v_t\} \neq 0$ $\{B_n\} \neq 0$, $\{p\} = 0$, $\{v_n\} \neq 0$	3. intermediärer Stoß $|B|$ unverändert (Drehung von B) ALFVÉN-*Stoß* (ϱ = const), s. bei Diskontinuitäten

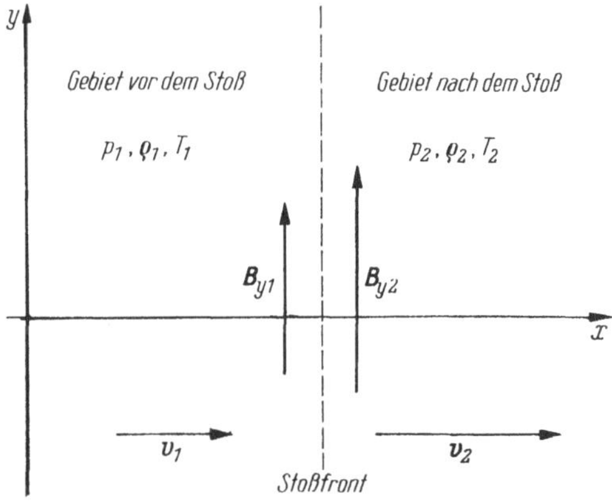

Abb. 65. Normaler MHD-Stoß

Auch für eine unstetige Zustandsänderung müssen die allgemeinen Erhaltungssätze gelten. Wie üblich bezeichnen wir mit geschlungenen Klammern { } die Differenz einer Größe nach und vor dem Stoß, also $\{\varrho\} = (\varrho_2 - \varrho_1)$. Wenn wir alle Vektoren in Komponenten tangential (t) und normal (n) zur Sprungfläche zerlegen, dann lauten die Erhaltungssätze (die man durch Integration der LUNDQUIST-*Gleichungen* über die Sprungflächen erhält):

Massenerhaltung $\varrho_1 v_{x1} = \varrho_2 v_{x2}$ oder symbolisch

$$\{\varrho v\} = 0; \tag{15.74}$$

Impulserhaltung, normal

$$\left\{\varrho v_x^2 + p + \frac{B_y^2 + B_z^2}{2\mu_0}\right\} = 0; \tag{15.75}$$

Impulserhaltung, tangential

$$\left\{\varrho v_x v_y - \frac{B_x B_y}{\mu_0}\right\} = 0,$$

$$\left\{\varrho v_x v_z - \frac{B_x B_z}{\mu_0}\right\} = 0; \tag{15.76}$$

Energieerhaltung

$$\left\{\varrho v_x\left(\frac{v_x^2}{2} + H\right) + v_x\left(\frac{B_y^2 + B_z^2}{\mu_0}\right) - B_x \frac{B_y v_y + B_z v_z}{\mu_0}\right\} = 0; \tag{15.77}$$

Erhaltung des elektrischen und magnetischen Feldes

$$\{B_x\} = 0, \quad \text{d. h.} \quad B_{x1} = B_{x2}, \quad \text{also} \quad B_{n1} = B_{n2} \tag{15.78}$$

(Folge von div $\boldsymbol{B} = 0$),

$$\{E_{tz}\} = \{v_x B_y - v_y B_x\} = 0, \quad \{E_{ty}\} = \{v_x B_z - v_z B_x\} = 0.$$

Eliminiert man nun v_x, v_y und v_z und schreibt für die Enthalpie $H = U + \dfrac{p}{\varrho}$, dann erhält man die *magnetohydrodynamische Zustandsgleichung von* RANKINE *und* HUGONIOT

$$U_2 - U_1 + \frac{1}{2}(p_2 + p_1)\left(\frac{1}{\varrho_2} - \frac{1}{\varrho_1}\right) + \frac{1}{4\mu_0}\{(B_{z2} - B_{z1})^2$$

$$+ (B_{y2} - B_{y1})^2\} \cdot \left(\frac{1}{\varrho_2} - \frac{1}{\varrho_1}\right) = 0. \tag{15.79}$$

Sie heißt auch manchmal MHD-*Stoßadiabate*, da ja adiabatisches Verhalten (Wärmeleitung vernachlässigt) vorliegt.

Für ein *inkompressibles Plasma*, $\{\varrho\} = 0$, folgt $\{U\} = 0$, der thermodynamische Zustand bleibt ungeändert; es gilt auch $\{S\} = 0$ (isentropisches Verhalten). In einem solchen Stoß ändern sich $\boldsymbol{v}_t$ und $\boldsymbol{B}_t$, er heißt ALFVÉN-*Stoß*.

Wenn $\{\varrho\} > 0$, kommt es zu einer *Verdichtung*, $\{U\} > 0$, $\{p\} > 0$, $\{S\} > 0$ (*Satz von* ZEMPLEN). Ist $\{\varrho\} < 0$, so läge ein *Verdünnungsstoß* vor, den es aber wegen $\{S\} < 0$ *nicht gibt*.

Für sehr schwache Stöße ($\{\varrho\}$, $\{p\}$ sehr klein, $\varrho_2 \to \varrho_1$) erhält man die MHD-Wellen, und aus (15.79) folgt die Adiabatengleichung für p^*.

Die *Stoßgleichungen* (15.74) bis (15.78) sind 6 homogene Gleichungen für die Sprunggrößen $\{\boldsymbol{v}\}$, $\{\boldsymbol{B}\}$, $\{\varrho\}$, wenn man $\{p\}$ durch $\dfrac{\{p\}}{\{\varrho\}} \cdot \{\varrho\}$ ersetzt; $B_{x1} = B_{x2}$ ist bekannt. Damit die Stoßgleichungen eine nichttriviale Lösung geben, muß ihre Koeffizientendeterminante verschwinden.

Nach einigen Umformungen erhält man einen komplizierten Ausdruck, den man als Bestimmungsgleichung für $\{\varrho\}$ als Funktion des Drucksprunges $\{p\}$ und des Magnetfeldsprunges auffassen kann. Zweckmäßig ist es aber, eine den Stoß besser charakterisierende Größe auszurechnen.

Da in einem Stoß physikalische Größen sich unstetig verändern, ist es notwendig, für den Wert dieser Größen *im Stoß* geeignete Mittelwerte $\sim$ zu definieren, z. B.

$$\tilde{\tau} - \left(\frac{\widetilde{1}}{\varrho}\right) - \frac{1}{2}\left(\frac{1}{\varrho_1} + \frac{1}{\varrho_2}\right) \tag{15.80}$$

und analog $\tilde{B}_y$ und $\tilde{B}_z$ sowie $\tilde{B}^2 = B_x^2 + (\widetilde{B_y})^2 + (\widetilde{B_z})^2$. Meist definiert man für Stoßwellen noch eine *Stoßgeschwindigkeit* c_{St} als mittlere Relativgeschwindigkeit zum Medium:

$$c_{\mathrm{St}} = \tilde{v}_{\mathrm{n}} - \varrho_1 v_{\mathrm{n}1}\tilde{\tau}, \tag{15.81}$$

wobei

$$\tilde{v}_{\mathrm{n}} = \frac{1}{2}(v_{\mathrm{n}1} + v_{\mathrm{n}2}). \tag{15.82}$$

Löst man die so umgeformte Gleichung 6. Grades für c_{St} auf, so erhält man 6 Wurzeln:

$$c_{\mathrm{St}} = \pm \frac{1}{\varrho_2} B_x \sqrt{\frac{1}{\mu_0\tilde{\tau}}} \qquad \text{(transversaler oder intermediärer Stoß)},$$

$$c_{\mathrm{St}f} = \pm \frac{1}{\sqrt{2}\,\varrho_1} \cdot \sqrt{\frac{\tilde{B}^2}{\mu_0\tilde{\tau}} - \frac{\{p\}}{\{\tau\}} + \sqrt{\frac{\{p\}^2}{\{\tau\}^2} + \frac{\tilde{B}^2}{\mu_0^2\tilde{\tau}^2} - \frac{2\{p\}}{\{\tau\}\,\tilde{\tau}}\frac{(\tilde{B}_y^2 + \tilde{B}_z^2 - \tilde{B}_x^2)}{\mu_0}}},$$

$$\text{(schneller Stoß)} \tag{15.83}$$

$$c_{\mathrm{St}s} = \pm \frac{1}{\sqrt{2}\,\varrho_1} \cdot \sqrt{\frac{\tilde{B}^2}{\mu_0\tilde{\tau}} - \frac{\{p\}}{\{\tau\}} - \sqrt{\frac{\{p\}^2}{\{\tau\}^2} + \frac{\tilde{B}^2}{\mu_0^2\tilde{\tau}^2} - \frac{2\{p\}}{\{\tau\}\,\tilde{\tau}}\frac{(\tilde{B}_y^2 + \tilde{B}_z^2 - \tilde{B}_x^2)}{\mu_0}}}.$$

$$\text{(langsamer Stoß)}$$

Löst man die Stoßgleichungen selbst, so erhält man für die Sprünge der physikalischen Größen 6 verschiedene Lösungen, die in der Tabelle 9 zusammengefaßt sind. Für kleine Amplituden, d. h. $\frac{\varrho_1}{\varrho_2} \to 1$, gehen diese Formeln (15.83) in (15.22) über.

Die Ergebnisse der Auflösung der Stoßgleichungen sind ($m = \varrho_1 c_{St}$, je nach dem Wert von c_{St})

$$\left\{\begin{matrix} 1 \\ \dfrac{1}{\varrho} \end{matrix}\right\} = -Cm\left(m^2\tilde{\tau} - \frac{B_x^2}{\mu_0}\right)\left(m^2\tilde{\tau} - \frac{\tilde{B}^2}{\mu_0}\right),$$

$$\{v_n\} = \{v_x\} = -Cm^2\left(m^2\tilde{\tau} - \frac{B_x^2}{\mu_0}\right)\left(m^2\tilde{\tau} - \frac{\tilde{B}^2}{\mu_0}\right),$$

$$\{v_y\} = Cm^2\left(\frac{1}{\mu_0}B_x\tilde{B}_y\right)\left(m^2\tilde{\tau} - \frac{\tilde{B}^2}{\mu_0}\right), \qquad (15.84)$$

$$\{v_z\} = Cm^2\left(\frac{1}{\mu_0}B_x\tilde{B}_z\right)\left(m^2\tilde{\tau} - \frac{\tilde{B}^2}{\mu_0}\right),$$

$$\{B_y\} = Cm^3\tilde{B}_y\left(m^2\tilde{\tau} - \frac{\tilde{B}^2}{\mu_0}\right),$$

$$\{B_z\} = Cm^3\tilde{B}_z\left(m^2\tilde{\tau} - \frac{\tilde{B}^2}{\mu_0}\right).$$

Da die Stoßgleichungen homogen sind, tritt eine willkürliche Konstante C auf.

Die eingehende Diskussion der Gl. (15.84) ergibt folgende Gesetzmäßigkeiten:

1. $c_{Stf} > c_{Stt} > c_{Sts}$.

2. Für $\dfrac{B_x^2}{\mu_0\tilde{\tau}} < m^2 < \dfrac{\tilde{B}^2}{\mu_0\tilde{\tau}}$ tritt kein Stoß auf. Damit ein Stoß auftritt, muß vor ihm magnetische Überschallströmungen herrschen ($v_1^2 > a^{*2}$).

3. Der Betrag $|B_t|$ *steigt* in einem *schnellen* und *fällt* in einem *langsamen* Stoß. Im *intermediären* Stoß bleibt $|B|$ unverändert, doch dreht sich der Vektor B. Für einen langsamen Stoß gilt also $|B_{t2}| < |B_{t1}|$, für einen schnellen Stoß $|B_{t2}| > |B_{t1}|$. Die Richtung von B_t bleibt gleich (schneller und langsamer Stoß) oder dreht sich um 180° (langsamer Stoß).

4. Es gibt schnelle Stöße, bei denen $B_{t1} = 0$, $B_{t2} \neq 0$; sie schalten ein Magnetfeld ein (*switch-on shock*). Damit ein switch-on shock auftreten kann, muß $c_{Stt1} > a_1$ sein, und der Stoß muß unterhalb eines bestimmten kritischen Wertes bleiben. (a_1 ist die Schallgeschwindigkeit vor dem Stoß).

5. Es gibt langsame Stöße, bei denen $B_{t2} = 0$ ist, auch wenn $B_{t1} \neq 0$ (*switch-off shock*). Damit sie auftreten, muß $c_{Stt2} < a_2$ oder $c_{ASt2} > a_2$ und die Stoß-stärke größer als ein kritischer Wert sein.

6. Für den schnellen Stoß gilt für ein ideales Plasma

$$c_{Stf} > c_{f1}, \qquad c_{f2} > v_{x2} > c_{Ax2},$$

für einen langsamen

$$c_{Ax1} > c_{Sts} > c_{s1}, \qquad c_{s2} > v_{x2}.$$

Im intermediären Stoß gilt

$$v_{x1} > c_{Ax1}, \qquad v_{x2} < c_{Ax2}.$$

7. Im schnellen Stoß dreht sich B von der Normalen auf die Stoßfront *weg*, im langsamen Stoß dreht sich B zur Normalen *hin*.

8. Trägt man die tangentiale Komponente B_{t1} in einem Polardiagramm auf, so erhält man das FRIEDRICHS-*Diagramm* für den ALFVÉN-*Stoß* (Abb. 66). In diesem entspricht die Papierebene der Ebene der Stoßfront. Für schnelle und langsame Stöße bleibt B_t in der Stoßebene; für intermediäre Stöße verläßt B_{t2} diese Ebene, ohne jedoch seine Länge zu ändern.

Bisher haben wir die Natur des Plasmas nicht berücksichtigt. Nimmt man jedoch an, daß die ideale Zustandsgleichung gilt, dann können noch weitere Beziehungen abgeleitet werden. Es gilt beispielsweise

$$\{\varrho\} = \varrho_1 f \, \frac{-\dfrac{1}{2}\gamma f \sin \vartheta - 1 + q \pm \sqrt{r}}{2q \sin \vartheta - (\gamma - 1)\, f};$$

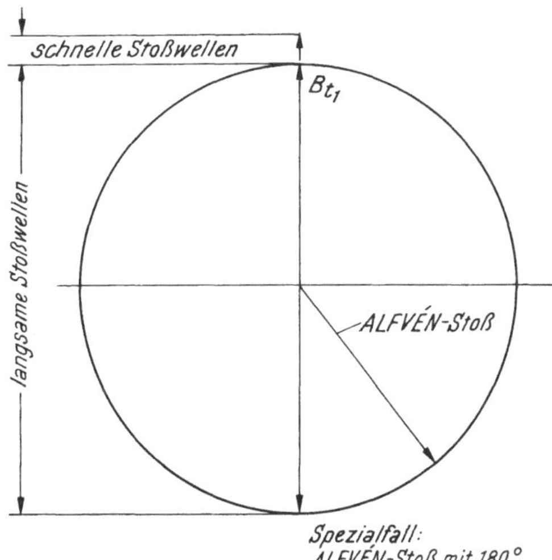

Abb. 66. FRIEDRICHS-Diagramm für den ALFVÉN-Stoß

ϑ ist der Winkel zwischen $\boldsymbol{B}_1$ und der Normalen auf die Stoßfläche,

$$f = \{B_y\}/|\boldsymbol{B}_1|, \qquad q = \frac{\gamma p_1 \mu_0}{B_1^2}, \qquad \gamma = \frac{c_p}{c_v}, \qquad r = f^2 \left(\frac{1}{2}\gamma^2 \sin^2 \vartheta - \gamma + 1\right)$$
$$+ f \sin \vartheta (2 - \gamma)(1 + q) + 4q \sin^2 \vartheta + (1 - q)^2.$$

Geht man zu sehr starken Stößen über ($c_{St} \to \infty$, $\{p\} \to \infty$), so erhält man für die *maximale Verdichtung* $\dfrac{\varrho_2}{\varrho_1}$ den Wert $\dfrac{\gamma + 1}{\gamma - 1}$, das ist derselbe Wert wie in der Gasdynamik.

Für das Verständnis des thermodynamischen Verhaltens eines Stoßes sind auch die sogenannten RAYLEIGH-*Kurven* nützlich. Eine RAYLEIGH-*Kurve* ist im $p, \dfrac{1}{\varrho}$-Diagramm der geometrische Ort aller Punkte mit gleichem Massenfluß ϱv.

Oft ist es notwendig, für *schiefe Stöße* für vorgegebene v_1, $\boldsymbol{B}_1$ die Größen v_2, $\boldsymbol{B}_2$ nach dem Stoß rasch, z. B. graphisch oder mittels eines Nommogrammes zu bestimmen (*Stoßpolare**).

Wenn ein Stoß in ein ruhendes Medium hineinläuft (*Stoßwelle*), dann kann man durch eine GALILEI-*Transformation* (die die LUNDQUIST-*Gleichungen* unverändert läßt) die Stoßwelle auf Ruhe transformieren. Die Stoßgeschwindigkeit ist in einem sich mit der Geschwindigkeit $-c_{St}$ relativ zum Laborsystem bewegenden mit der Stoßwelle verbundenen Koordinatensystem Null, doch strömt in diesem System das Medium mit der Geschwindigkeit $v_1 = -c_{St}$ auf den Stoß zu. In den Stoßgleichungen (15.74) bis (15.78) hat man daher einfach v_1 durch c_{St} und v_2 durch $v_2 - c_{St}$ zu ersetzen, also z. B. für die Massenerhaltung $-\varrho_1 c_{St} = \varrho_2(v_2 - c_{St})$ zu setzen. Alle weiteren Rechnungen verlaufen dann mit den transformierten Gleichungen genau nach dem bisherigen Schema. Die Stoßgeschwindigkeit, die in (15.81) eingeführt wurde, hat eigentlich erst bei Stoßwellen einen physikalischen Sinn.

Selbstverständlich muß die besprochene GALILEI-*Transformation* in allen Gleichungen (15.74) bis (15.84) durchgeführt werden. Man erhält dann die entsprechenden Aussagen für Stoßwellen und Diskontinuitäten (nun definiert durch $v_{n1} = c_{St}$).

In einigen wenigen Arbeiten wurde auch der Einfluß der hier vernachlässigten Gravitation auf Stoßwellen behandelt — vgl. [10.7].

Sehr eingehend wurde die Frage untersucht, ob die MHD-Stöße stabil sind oder ob sie — etwa in einzelne Wellen — zerfallen, sobald eine Störung auftritt. *Evolutionär* heißt ein Stoß, bei dem eine kleine Änderung der magnetohydrodynamischen Ausgangsgrößen eine kleine Veränderung der Stoßlösung hervorruft: die Lösung der Stoßgleichungen ist von den Anfangs- und Randbedingungen stetig abhängig. Bei *nichtevolutionären* Stößen ruft eine unendlich kleine Änderung eine endliche Veränderung der Stoßlösung und eine Aufspaltung des Stoßes in einige Stöße hervor. Nichtevolutionäre Stöße sind deshalb gegen Aufspaltung instabil und existieren nicht oder nur kurzzeitig.

---

* J. BAZER, W. ERICSON, Astrophys. J. **129**, 758 (1959).

Aus der Forderung, daß ein Stoß evolutionär sein muß, um auftreten zu können, ergeben sich nach komplizierten Überlegungen z. B. die Gesetzmäßigkeit 1 und 2 von S. 348.

Interessant ist, daß in der *Magnetohydrostatik* ($v = 0$, zwar nicht Stöße, aber *Diskontinuitäten* auftreten können. Es zeigt sich, daß die *magnetische Fläche* eine Diskontinuitätsfläche ist. Eine magnetische Fläche kann daher eine *Grenzfläche* zwischen zwei Medien, z. B. Plasma und Vakuum, sein. Da Diskontinuitätsflächen oft instabil sind und zum Zerfall neigen, eröffnet sich hier ein neuer Weg zum Verständnis der RAYLEIGH-TAYLOR-*Instabilität*, oder der *Instabilität des Pinch*.

Stoßwellen, in denen durch chemische, elektrische oder nukleare Reaktionen energieliefernde Prozesse stattfinden, heißen *Detonationswellen*. Gehen sie von einer punktförmigen oder linienförmigen Explosionsladung aus, so sind sie sphärisch oder zylindrisch *divergierend*. Auch in der MHD gibt es solche *Explosionswellen*. Bei *Hohlladungen* läuft die Explosionswelle zum Zentrum bzw. zur Zylinderachse, sie ist *konvergierend* und erzeugt im Konvergenzpunkt hohe Drucke und Temperaturen: MONROE-NEUMANN-*Effekt*. Selbstverständlich gibt es auch in der MHD derartige Vorgänge [15.11].

Überhaupt gibt es viele Wechselwirkungen zwischen Stößen und Magnetfeld: Stöße können von Magnetfeldern angetrieben werden (*„magnetischer Kolben"*), und Stoßwellen können in Magnetfelder hineinlaufen.

Auch der Einfluß des *Strahlungsdruckes* auf die Ausbreitung und Dämpfung von Stoßwellen war Gegenstand von Untersuchungen. Andere Autoren wieder untersuchten *Ionisierungsstöße* (*ionisierende Stoßwellen*), das sind Stöße, die aus neutralem Gas ein Plasma erzeugen. Mit Hilfe der elektrischen Leitfähigkeit vor bzw. nach dem Stoß kann man wie folgt leicht klassifizieren:

$\sigma_1 = \sigma_2 = 0$ *gasdynamischer Stoß*

$\sigma_1 \neq 0,\ \sigma_2 > \sigma_1$ MHD-*Stoß*

$\sigma_1 = 0,\ \sigma_2 > 0$ *ionisierender Stoß*

Andere Untersuchungen betreffen *Stöße bei relativistischen Geschwindigkeiten* [15.12], *Stöße in der Mehrflüssigkeitstheorie* [15.12] sowie *stoßfreie Stöße* [15.38], das sind Stöße in einem Plasma, in dem die Zusammenstöße zwischen den Molekülen vernachlässigt werden können (VLASOV-*Plasma*).

Stoßwellen sind ein typisch nichtlineares Phänomen — sie treten immer dann auf, wenn ein Gebiet durch nichtlineare partielle Differentialgleichungen beschrieben wird — sind z. B. die MAXWELL-*Gleichungen* nichtlinear (*Ferromagnetika, Seignetteelektrika*), dann treten *elektromagnetische Stoßwellen* auf [15.5].

Es ist auch durchaus denkbar, daß der *elektromagnetische Impuls* (*EMP*), der bei nuklearen Explosionen in der Atmosphäre auftritt, eine elektromagnetische Stoßwelle ist. Ionisierte Luft stellt ja ein Plasma dar, und in diesem ist die Dielektrizitätskonstante eine Funktion des Magnetfelds, also z. B.

$$\varepsilon(B) = 1 - \frac{\omega_P^2}{\omega^2 - e^2 B^2/m^2}. \tag{15.85}$$

Aus den jetzt nichtlinearen MAXWELL-Gleichungen kann man eine eindimensionale Lösung $E(z, t)$

$$\frac{\partial E}{\partial z} = \frac{\Phi'\left(z - t\sqrt{\mu_0 \varepsilon(B)}\right)}{1 - \left(\mu_0 \varepsilon(B)\right)^{-3/2} \dfrac{t}{2}\left(\varepsilon'(B)\,\mu_0\right)\Phi'} \tag{15.86}$$

ableiten [15.13]. Damit sich eine solche Welle zur Stoßwelle aufsteilt, d. h. daß $\partial E/\partial z \to \infty$, muß bei $\varepsilon' < 0$ (Plasma)

$$\varepsilon'\mu_0 \Phi' > 0 \tag{15.87}$$

gelten, was beobachtet wurde $\left(\Phi'(z, t = 0) < 0\right)$.

15.5 Strömungsprobleme eines realen kompressiblen Plasmas

Solange eindimensional oder quasieindimensional gerechnet werden kann, also nur gewöhnliche Differentialgleichungen zu lösen sind, ist der Rechenaufwand zur Lösung von Strömungsproblemen eines nichtviskosen Plasmas endlicher elektrischer Leitfähigkeit noch erträglich. Da die Grundgleichungen der quasieindimensionalen Strömung für konstanten *Kanalquerschnitt A* in die Gleichungen der eindimensionalen Strömung übergehen, schreiben wir nur die Gleichungen der quasieindimensionalen Strömung an. Wir nehmen an, daß der Kanalquerschnitt langsam veränderlich sei, daß also

$$\frac{\mathrm{d}A}{\mathrm{d}x} \ll A \quad \text{und daß} \quad \frac{\partial}{\partial y} = \frac{\partial}{\partial z} = \frac{\partial}{\partial t} = 0. \tag{15.88}$$

Als weitere Annahmen sind notwendig:

1. Inhomogenitäten am Einlauf, an den Elektroden oder Wänden und am Ende des Kanals (*Anlaufeffekte, Endeffekte*) sind vernachlässigbar.
2. Der Kanalquerschnitt ändert sich nach (15.88) und

$$v = (v, 0, 0), \quad B = (0, 0, B). \tag{15.89}$$

3. Druck (sowie Dichte und Temperatur) ändern sich über den Kanalquerschnitt nur wenig.
4. Das vom Plasma erzeugte (induzierte) (innere) Magnetfeld ist vernachlässigbar klein. (*Entkopplung* des Magnetfeldes. Die Induktionsgleichung wird dann nicht verwendet.)

Leider sind diese 4 Voraussetzungen sehr selten erfüllt und alle eindimensionalen und quasieindimensionalen Rechnungen müssen als sehr ungenau angesehen werden. Wir geben daher nur eine kurze Übersicht.
Für ein nichtviskoses kompressibles Plasma endlicher elektrischer und verschwindender Wärmeleitfähigkeit lauten die Grundgleichungen unter Be-

rücksichtigung des HALL-*Effektes*:

Massenerhaltung $\qquad \dfrac{\mathrm{d}}{\mathrm{d}x}(\varrho v A) = 0,$ $\qquad\qquad\qquad\qquad$ (15.90)

Impulserhaltung $\qquad \varrho v \dfrac{\mathrm{d}v}{\mathrm{d}x} = -\dfrac{\mathrm{d}p}{\mathrm{d}x} + j_y B,$ $\qquad\qquad\qquad$ (15.91)

Energieerhaltung $\qquad \varrho v \dfrac{\mathrm{d}H}{\mathrm{d}x} = j_y E_y + j_x E_x,$ $\qquad\qquad\qquad$ (15.92)

wobei H nach (13.9) definiert ist. Für das OHM*sche Gesetz* folgt aus (5.26) mit den früher besprochenen Umformungen

$$j_x = \frac{\sigma}{1 + \omega^2 \tau^2}\big(E_x - \omega\tau(E_y - vB)\big) \qquad (\text{HALL}),$$

$$j_y = \frac{\sigma}{1 + \omega^2 \tau^2}(E - vB + \omega\tau E_x) \qquad (\text{FARADAY}).$$

(15.93)

Es stehen uns somit für 8 Unbekannte (ϱ, v, p, j_x, j_y, B, E_x, E_y) nur 5 Gleichungen zur Verfügung. (Die Induktionsgleichung ist entkoppelt und wird weggelassen.) Es sind daher weitere einschränkende Annahmen nötig. Entweder

a) man gibt E_x, E_y, B vor, oder
b) man gibt vier beliebige Unbekannte vor und bestimmt dann jenes $A(x)$, mit dem alle Größen Lösungen der Gleichungen sind.
c) Eine weitere Vereinfachung tritt durch einen besonderen Bau der Elektroden ein.

Den Strom j_y quer zur Plasmaströmung, der durch Induktion entsteht, nennt man FARADAY-*Strom*, den Strom j_x in der Strömungsrichtung, der vom HALL-*Effekt* herrührt, nennt man HALL-*Strom*. Wenn nun die Kanalwände (senkrecht auf der y-Richtung meist metallische *Elektroden*) durchgehend aus Metall bestehen, so bricht in ihnen das elektrische Feld E_x zusammen. $E_x = 0$ liefert aber nach (15.93) $j_x \neq 0$, d. h., der (meist für nützliche Zwecke herangezogene) FARADAY-*Strom* wird geschwächt. Werden jedoch die *Elektroden* durch Isolationsschichten *segmentiert*, so kann in der x-Richtung kein Strom fließen, d. h. $j_x = 0$, $E_x = \omega\tau(E_y - vB)$. Andererseits kann man für $\omega\tau \ll 1$ auch den HALL-*Term* $\omega\tau$ überhaupt vernachlässigen. Jedenfalls wird mit j_x oder $E_x = 0$ der Energiesatz vereinfacht, und man hat weniger Unbekannte. Damit ($j_x = 0$, $\omega\tau = 0$ oder $E_x = 0$) erhält man unter Verwendung der Definitionen (5.23), (5.22) für die MACH-*Zahl* und die Schallgeschwindigkeit und mit der allgemeinen Zustandsgleichung des idealen Gases aus (15.90) bis (15.93) die MHD-*Kanalgleichungen*

$$v' \equiv \frac{\mathrm{d}v}{\mathrm{d}x} = \frac{1}{M^2 - 1}\left[\frac{v}{A}A' - \frac{\bar{\sigma}B^2}{p}(v - v_3)(v - v_1)\right],$$

$$p' \equiv \frac{dp}{dx} = -\frac{1}{M^2 - 1} \left\{ \frac{\varrho v^2}{A} A' - (v - v_3) \left[\frac{\gamma \bar{\sigma} B^2 M}{a} (v - v_1) - \bar{\sigma} B^2 (M^2 - 1) \right] \right\},$$

$$M' = \frac{dM}{dx} = \frac{1 + \dfrac{\gamma - 1}{2} M^2}{M^2 - 1} \left[\frac{M}{A} A' - \frac{\bar{\sigma} B^2}{ap} (v - v_3)(v - v_2) \right]. \tag{15.94}$$

Hierbei wurden folgende Abkürzungen verwendet:

$$v_1 = \frac{\gamma - 1}{\gamma} \frac{E_y}{B}, \qquad v_2 = \frac{1 + \gamma M^2}{2 + (\gamma - 1) M^2} v_1,$$

$$v_3 = \frac{E_y}{B}, \qquad \gamma = \frac{c_p}{c_v},$$

$$\bar{\sigma} = \sigma, \qquad \text{wenn} \quad \omega \tau > 0,\, j_x = 0 \quad \text{oder} \quad \omega \tau = 0,$$

$$\bar{\sigma} = \frac{\sigma}{1 + \omega^2 \tau^2}, \qquad \text{wenn} \quad \omega \tau > 0,\, E_x = 0. \tag{15.95}$$

Je nach den weiteren getroffenen Annahmen ergeben sich verschiedene Lösungstypen:

Fall 1: konstante Geschwindigkeit ($v' = 0$)

Der Faktor $(M^2 - 1)^{-1}$ verschwindet aus den so vereinfachten Gleichungen. Dies bedeutet, daß es zu *keiner Drosselung* der Strömung kommt. (Dies gilt auch für alle Strömungen mit konstantem p, T oder ϱ.)

Fall 2: konstanter Querschnitt ($A' = 0$)

Für $M \to 1$ geht $v_2 \to v_1$. Daher geht $v \to v_1$ oder v_3, und die Ableitungen in den Gln. (15.94) bleiben endlich: es kommt zu keiner Drosselung. Wenn jedoch (14.16) erfüllt ist, also $E_y = KvB$, wo $K = $ const, dann ist $v_3 = Kv$, $v_1 = \dfrac{\gamma - 1}{\gamma} Kv$, und irgendwo im Kanal kann es zu einer *Drosselung* kommen. Diese Fragen wurden eingehend untersucht. Man erhält eine graphische Darstellung der durch numerische Integration der Kanalgleichungen gewonnenen Funktion $v = v(M)$, vgl. Abb. 67 und Tabelle 10.

Die verschiedenen Gebiete $0 - XIV$ von Abb. 67 zeigen folgendes Verhalten [15.14]:

Längs der Linie $M = 1$ ist wegen des Übergangs vom Unterschall zum Überschall eine *Drosselung* der Strömung *möglich*. An den Stellen $v = v_1$, $M = 1$ und $v = v_3$, $M = 1$ ist jedoch ein *drosselungsfreier Kanal* (*Tunnel*) vom Unterschall in den Überschall bzw. umgekehrt vorhanden.

Fall 3: Geschwindigkeit eine Potenzfunktion von A.

Fall 4: konstanter Querschnitt mit $\boldsymbol{E} \perp \boldsymbol{B}$.

Fall 5: Wir nahmen kleine magnetische REYNOLDS-Zahlen, d. h. sehr kleine elektrische Leitfähigkeit an. Für $Rm \ll 1$ können die elektromagnetischen

Gleichungen und die Gleichungen der Strömungslehre entkoppelt werden. Kann man dies nicht annehmen, so tritt die Induktionsgleichung in der Form
$$\frac{\mathrm{d}}{\mathrm{d}x}(Bv) = \frac{1}{\mu_0\sigma}\frac{\mathrm{d}^2B}{\mathrm{d}x^2}$$ zu den behandelten Gleichungen noch hinzu.
Weitere analytische und numerische Lösungen, auch für Isentropie und reale Gase, gibt SUTTON [3.5].
Auch Strömungen nicht verschwindender Viskosität wurden behandelt, vgl. auch Abschnitt 15.7 oder die FANNO-*Strömung* [14.1].
Wir wir gesehen haben, werden die Charakteristiken für Strömungsprobleme eines Plasmas endlicher elektrischer Leitfähigkeit im

eindimensionalen instationären Fall: *entartet*,

zweidimensionalen stationären Fall: *komplex*.

Mit beiden Arten von Charakteristiken kann man kein graphisch-numerisches Verfahren aufbauen.
Bisher sind fünf Methoden bekannt geworden, um bei Strömungsproblemen dieser Art zu Lösungen zu gelangen:

a) näherungsweise *Entkopplung* der MHD-Gleichungen bei kleiner Leitfähigkeit σ,

b) *Reihenentwicklungen* bei kleinem und bei großem σ,

c) *Linearisierung*,

d) *numerische Integration* mittels Computer,

e) *Ähnlichkeitstransformation*.

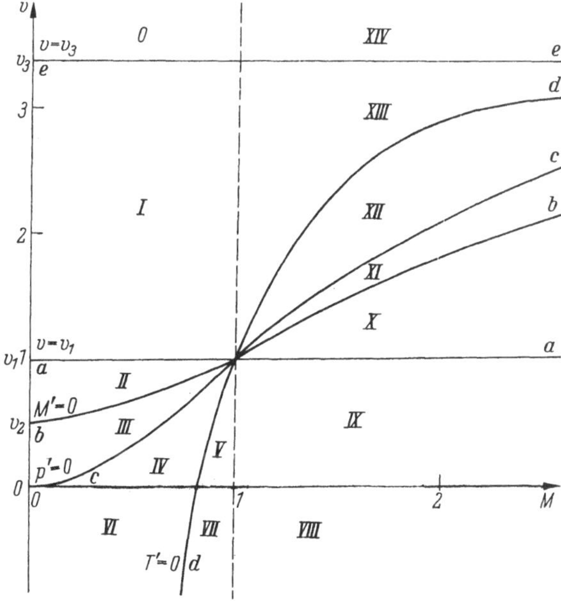

Abb. 67. Die verschiedenen Bereiche der Kanalströmung

Tabelle 10. Gebiete der Kanalströmung

Ge-biet	0	I	II	III	IV	V	VI	VII	VIII	IX	X	XI	XII	XIII	XIV
v'	$v'>0$	$v'<0$	$v'>0$	$v'>0$	$v'>0$	$v'>0$	$v'>0$	$v'>0$	$v'<0$	$v'<0$	$v'>0$	$v'>0$	$v'>0$	$v'>0$	$v'<0$
	$v>v_3$	$v_3>v>v_1$	$v_2<v<v_1$	$v<v_2$	$v<v_2$	$v<v_2$	$v<0$	$v<0$	$v<0$	$v<v_1$	$v_1<v<v_2$	$v>v_2$	$v>v_2$	$v>v_2$	$v>v_3$
M'	$M'>0$	$M'<0$	$M'<0$	$M'>0$	$M'>0$	$M'>0$	$M'>0$	$M'>0$	$M'<0$	$M'<0$	$M'<0$	$M'>0$	$M'>0$	$M'>0$	$M'<0$
	$M<1$	$M<1$	$M<1$	$M<1$	$M<1$	$M<1$	$M<1$	$M<1$	$M>1$	$M>1$	$M>1$	$M>1$	$M>1$	$M>1$	$M>1$
p'	$p'<0$	$p'>0$	$p'>0$	$p'>0$	$p'<0$	$p'<0$	$p'<0$	$p'<0$	$p'>0$	$p'>0$	$p'>0$	$p'>0$	$p'<0$	$p'<0$	$p'>0$
T'	$T'<0$	$T'>0$	$T'>0$	$T'>0$	$T'>0$	$T'<0$	$T'>0$	$T'<0$	$T'>0$	$T'>0$	$T'>0$	$T'>0$	$T'>0$	$T'<0$	$T'>0$

Die Linie a ist der geometrische Ort aller Punkte, für die $v' = 0$, $v = v_1$.

Die Linie b ist der geometrische Ort aller Punkte, für die $M' = 0$.

Die Linie c ist der geometrische Ort aller Punkte, für die $p' = 0$.

Die Linie d ist der geometrische Ort aller Punkte, für die $T' = 0$.

Die Linie e ist der geometrische Ort aller Punkte, für die $v = v_3$.

(Die Linien $a-e$ finden sich in Abb. 67).

Wir wollen diese Verfahren kurz besprechen.

Verfahren der Entkopplung

Bei einer Rechengenauigkeit, die selten besser als 1% oder 1‰ ist, ist es natürlich sinnvoll, die Größe der einzelnen Terme in den MHD-Gleichungen zu untersuchen. Wir haben für diesen Zweck bereits in § 5.4 Kennziffern eingeführt. Es ergab sich dort, daß die elektrische Leitfähigkeit

a) ∞ gesetzt werden kann, wenn

$$L = \frac{\mu_0 \sigma l B_0}{\sqrt{\mu_0 \varrho_0}} \gg 1, \quad \text{d. h. } > 10^2; \tag{15.96}$$

es liegt ein ideales Plasma vor (z. B. $\sigma > 10^4\,\Omega^{-1}\,\mathrm{m}^{-1}$ für $\varrho_0 = 10^{-3}\,\mathrm{g/cm^3}$, $l = 10^2$ cm, $B_0 = 10^4$ Gauß).

b) 0 gesetzt werden kann, wenn in der Induktionsgleichung der Term rot $[\boldsymbol{v} \times \boldsymbol{B}]$ vernachlässigt werden kann. Dies führt dann zu einer *Entkopplung zwischen Strömungsvorgang und Feldausbreitung.*

Aus (15.96) folgt als Bedingung

$$L = \frac{\mu_0 \sigma l B_0}{\sqrt{\mu_0 \varrho_0}} = \frac{Rm B_0}{v_0 \sqrt{\mu_0 \varrho_0}} \ll 1, \quad \text{d. h. } < 10^{-2}, \tag{15.97}$$

also *kleine magnetische* REYNOLDS-*Zahl Rm*, (etwa $\sigma < 10\,\Omega^{-1}\,\mathrm{m}^{-1}$). Infolge der *Entkopplung* ist es nun möglich, das Magnetfeld unabhängig von der Strömung aus der *entkoppelten Induktionsgleichung*

$$\frac{\partial \boldsymbol{B}}{\partial t} = \frac{1}{\mu_0 \sigma}\,\Delta \boldsymbol{B} \tag{15.98}$$

auszurechnen. Die die Strömung beschreibenden Gleichungen sind hyperbolisch und unterscheiden sich nur durch den Zusatzterm der LORENTZ-*Kraft* von den Grundgleichungen der Gasdynamik. Infolge der Entkopplung erzeugt die Strömung kein inneres (induziertes) Magnetfeld im Plasma; (15.98) beschreibt lediglich die *Diffusion des äußeren Magnetfeldes ins Plasma* und kann somit einfach weggelassen werden.

Wir behandeln ein *zweidimensionales stationäres* Beispiel $\left(\dfrac{\partial}{\partial t} = 0,\ \dfrac{\partial}{\partial z} = 0,\right.$ $\left. v_x = u,\ v_y = v\right)$, vgl. [15.15].

Die *Kontinuitätsgleichung* lautet

$$\varrho\,\frac{\partial u}{\partial x} + \varrho\,\frac{\partial v}{\partial y} + u\,\frac{\partial \varrho}{\partial x} + v\,\frac{\partial \varrho}{\partial y} = 0. \tag{15.99}$$

In der Strömungsgleichung ersetzen wir $\boldsymbol{j}$ aus dem OHMschen *Gesetz* für $\omega\tau = 0$ (skalares MHD-Plasma!) und formen ∇p um. Da wegen $\sigma \neq \infty$ die Adiabatengleichung nicht, wohl aber die allgemeine Zustandsgleichung und

(13.14) gelten, schreiben wir

$$\nabla p = \left(\frac{\partial p}{\partial \varrho}\right)_S \nabla \varrho + \left(\frac{\partial p}{\partial S}\right)_\varrho \nabla S = a^2 \nabla \varrho + \frac{p}{M c_v} \nabla S, \tag{15.100}$$

wobei wir $p = p(\varrho, S)$ nach (13.14) und die *Definition* $a^2 = \left(\frac{\partial p}{\partial \varrho}\right)_S = \gamma R T = \frac{\gamma p}{\varrho}$ verwendeten. Drückt man nun in der Formel (13.13) für S die Variablen p und T mit Hilfe der Zustandsgleichung durch a^2 und ϱ aus, so erhält man

$$\varrho u \frac{\partial u}{\partial x} + \varrho v \frac{\partial u}{\partial y} + \frac{a^2}{\gamma} \frac{\partial \varrho}{\partial x} + \frac{2 \varrho a}{\gamma} \frac{\partial a}{\partial x} = \sigma(-E_z - uB_y + vB_x) \cdot B_y,$$

$$\varrho u \frac{\partial v}{\partial x} + \varrho v \frac{\partial v}{\partial y} + \frac{a^2}{\gamma} \frac{\partial \varrho}{\partial y} + \frac{2 \varrho a}{\gamma} \frac{\partial a}{\partial y} = \sigma(E_z + uB_y - vB_x) \cdot B_x. \tag{15.101}$$

Der Energiesatz kann auf ähnlichem Weg aus (5.43) gewonnen werden: Man ersetzt div v aus der Kontinuitätsgleichung, p aus der Zustandsgleichung, T durch $\dfrac{a^2}{\gamma R}$, j_z aus dem *OHMschen Gesetz* in $j_z \cdot E_z$. Das Ergebnis ist

$$\varrho u^2 \frac{\partial u}{\partial x} + \varrho u v \frac{\partial v}{\partial x} + \varrho u v \frac{\partial u}{\partial y} + \varrho v^2 \frac{\partial v}{\partial y} + \frac{2 \varrho u a}{\gamma - 1} \frac{\partial a}{\partial x}$$

$$+ \frac{2 \varrho v a}{\gamma - 1} \frac{\partial a}{\partial y} = \sigma(E_z + uB_y - vB_x) \cdot E_z. \tag{15.102}$$

Wendet man auf das hyperbolische System (15.99), (15.101), (15.102) das *Charakteristikenverfahren* an, so erhält man für die 4 reellen charakteristischen Richtungen

$$\lambda_{1,2} = \frac{v}{u},$$

$$\lambda_{3,4} = \frac{uv}{u^2 - a^2} \pm \frac{a \sqrt{u^2 + v^2 - a^2}}{u^2 - a^2}, \tag{15.103}$$

auf denen man ein graphisch-numerisches Integrationsverfahren aufbauen kann.

Im *eindimensionalen instationären* (entkoppelten) Fall findet man die 3 reellen Charakteristiken

$$\lambda_1 = u_1, \quad \lambda_{2,3} = u \pm a. \tag{15.104}$$

Wir erhalten also infolge der Entkopplung die *Charakteristiken der Gasdynamik*. Infolge der LORENTZ-*Kraft* und der JOULEschen *Wärme*, die beide die Charakteristiken nicht beeinflussen, da sie nicht als Koeffizient einer Ableitung auftreten, lauten allerdings die Verträglichkeitsbedingungen anders als in der Gasdynamik.

Reihenentwicklungen

Bei kleinen elektrischen Leitfähigkeiten liegt es nahe, die Lösungen der MHD-Grundgleichungen nach Potenzen von σ oder der magnetischen REYNOLDS-Zahl Rm zu entwickeln. Umgekehrt liegt es auch nahe, bei sehr großer Leitfähigkeit $\sigma(\sigma \neq \infty)$ nach $\dfrac{1}{\sigma}$ zu entwickeln [15.16]. In der Entwicklung der Lösungsfunktionen, z. B. $v = \varepsilon v_0 + v_1$ und analog für p, ϱ etc., kann demgemäß der Entwicklungsparameter ε (dessen Potenzen ε^2, ε^3, ... vernachlässigt werden) entweder durch $\varepsilon \sim \sigma$ oder $\varepsilon \sim \dfrac{1}{\sigma}$ bzw. $\varepsilon \sim Rm$ oder $\varepsilon \sim \dfrac{1}{Rm}$ gegeben sein. Die Ansätze der Art (10.93) führen für die Störgrößen mit dem Index 1 zu linearen partiellen Differentialgleichungen der Art (10.94) etc. Es zeigt sich allerdings, daß eine Entwicklung nach $\dfrac{1}{\sigma}$ nicht zweckmäßig ist: für große Leitfähigkeiten als auch für kleine Leitfähigkeiten sind die Charakteristiken vom Typ der Gasdynamik $u \pm a$, während *nur* für $\sigma = \infty$ die Charakteristiken $u \pm a^*$ der idealen MGD auftreten. Das heißt symbolisch

$$\lim_{\sigma \to \infty} \lambda(\sigma) \neq \lambda(\sigma = \infty), \quad \text{aber} \quad \lim_{\sigma \to 0} \lambda(\sigma) = \lambda(\sigma = 0).$$

Etwas günstiger ist die Situation bei der Parallelströmung mit großem σ, vgl. [15.16].

Linearisierung

Wie wir schon von der Theorie der MHD-Wellen wissen, kann unabhängig von der Größe von σ durch Ansätze der Art (10.93) eine näherungsweise Linearisierung erzwungen werden. Die sich ergebenden linearen partiellen Differentialgleichungen sind nach bekannten Methoden zu lösen — meist numerisch mittels Computer. Wenn man allerdings schon Computer heranziehen muß, dann werden meistens gleich die nicht linearisierten Gleichungen integriert.

Numerische Integration

Ist σ weder ganz klein noch ganz groß, dann kann man weder linearisieren noch in eine Reihe entwickeln. Es bleibt dann nur mehr die Methode der numerischen Integration, die man zweckmäßiger Weise auf einem Charakteristikenverfahren aufbaut. Da die Charakteristiken für $\sigma = \infty$ (ideale MHD) von ganz anderer Art als für jedes andere $\sigma (\sigma \neq \infty)$ sind, legt man den Verfahren als Grundlösung ein Problem mit $\sigma \neq \infty$ zugrunde.

H. FRIEDEL hat sowohl für zweidimensionale stationäre als auch für eindimensionale instationäre Strömungen eines nicht viskosen nicht wärmeleitenden Plasmas endlicher elektrischer Leitfähigkeit Lösungsverfahren angegeben und Beispiele gerechnet [15.17].

Der Grundgedanke geht davon aus, daß die Lösungen bei endlichem σ mehr den gasdynamischen Lösungen ($\sigma = 0$) als den Lösungen für $\sigma = \infty$ gleichen.

Die gasdynamische Lösung hat hyperbolische Charakteristiken, längs der die numerische Integration ein Stück fortgeführt werden kann. Hat man so in einem gewissen Bereich erste Näherungen für die unbekannten Größen gewonnen, dann kann man die zuerst vernachlässigten, von $\sigma \neq 0$ abhängigen Terme berechnen. Als Bereich kann man am besten nach HARTREE Streifen wählen, oder man verwendet die Methode der *sukzessiven Koeffizientenapproximation* [15.18]. Stabilität und Konvergenz dieser für den eindimensionalen instationären und zweidimensionalen stationären Fall konzipierten Computermethoden wurden überprüft. Insbesondere das Verfahren für eindimensionale und instationäre Probleme wurde für die Berechnung von *Wanderwellenplasmabeschleunigern* und für die Untersuchung der *Struktur von Stößen* bei endlicher Leitfähigkeit des Plasmas angewandt [15.20].

Die Methoden der *Ähnlichkeitstransformationen* werden meist bei nicht verschwindender Viskosität und/oder bei nicht verschwindender Wärmeleitung verwendet; wir werden sie daher später besprechen (§ 15.6).

BECHERT hat schon 1940 in mehreren Arbeiten gezeigt, daß die Stoßwellen der Gasdynamik bei Berücksichtigung von Reibung und Wärmeleitung nicht unstetige, sondern sehr steile stetige Lösungen sind. Damit hat der Stoß auch eine gewisse Dicke und Struktur [15.19]. Ähnlich sind die Verhältnisse in der MGD. Wenn auch bisher zu BECHERT analoge Lösungen in der MGD nicht geglückt sind, so konnte doch von FRIEDEL gezeigt werden [15.20], daß schon allein eine Berücksichtigung endlicher elektrischer Leitfähigkeit den Stoß stetig macht. Es zeigt sich, daß die neuen Lösungen *nicht evolutionär* sind und daß das bei dissipationsfreien Stößen bestehende Problem der *Nichteindeutigkeit „schwacher" Lösungen* [15.21] sich für endliches σ nicht stellt. Auf diese mehr mathematischen, bei der Frage der Stabilität numerischer Integrationsverfahren allerdings wichtigen Probleme, können wir hier nicht eingehen; sie rühren daher, daß die Lösungsmannigfaltigkeit quasilinearer partieller Differentialgleichungen unendlich groß ist und daß man nur mit gewissen Schwierigkeiten eindeutige Lösungen erhält. Eine *„schwache Lösung"* ist nämlich durch ihre Anfangswerte nicht eindeutig bestimmt; ein zusätzliches Auswahlprinzip, eben die *Bedingung der Evolution*, ist nötig. Schwache Lösungen, die irreversibel sind (t darf nicht durch $-t$ ersetzt werden, Entropie wächst, bei $\sigma \neq 0$, $\eta \neq 0$ sicher der Fall), werden in der Natur eher zu finden sein. Dissipation, z. B. die von LAX eingeführte *„künstliche"* (d. h. mathematisch zweckentsprechend angesetzte) *Viskosität*, garantiert einen stückweise stetigen Lösungsverlauf und kleinste Abrundungsfehler.

Diese Methoden lassen nun für $\sigma \neq 0$, $\eta \neq 0$, $\varkappa \neq 0$ eine Untersuchung der *Struktur der Stoßfront* zu. Wir verweisen diesbezüglich auf die Literatur [15.22]. Nach FRIEDEL erhält man z. B. für $\sigma \neq 0$, $\eta = 0$, $\varkappa = 0$ für $\beta \ll 1$, d. h. $p \approx 0$ für die *Dicke der Stoßfront* die Abschätzung

$$d \approx \frac{2}{\mu_0 \sigma l c_{\mathrm{A}}} \frac{(B_1 + B_2)}{\{B\} \left\{\dfrac{v}{c_{\mathrm{A}}}\right\}} \quad \text{(praktisches Maßsystem)}, \qquad (15.105)$$

während SCHLÜTER

$$d = \frac{c^2}{4\pi\sigma c_A} \; \frac{\dfrac{v}{c_A}}{\left(\dfrac{v}{c_A}\right)^2 - 1} \tag{15.106}$$

angibt.

Bei höherer Leitfähigkeit wird die Stoßfront dünner (bis einige freie Weglängen). Bei kleiner Leitfähigkeit und starkem Magnetfeld wird die Stoßfront breit und weniger steil.

Bei endlicher elektrischer Leitfähigkeit hat natürlich auch das *magnetische Kolbenproblem* einen anderen Charakter [1.17]. Auch läßt die größere Dissipation die Möglichkeit einer *Stoßwellenheizung* zu [15.23].

15.6 Plasmaströmung und Wärmeleitung

Obwohl die *Wärmeleitung* innerhalb des Plasmas meist vernachlässigt werden kann, muß doch der *Wärmeübergang* vom heißen Plasma an eine kalte Kanalwand, z. B. bei Problemen der MHD-Stromgeneratoren, berücksichtigt werden.

Die Berücksichtigung endlicher elektrischer Leitfähigkeit führte dazu, daß die *Induktionsgleichung* (5.32) von *zweiter Ordnung* ist — verwendet man allerdings die MAXWELL-*Gleichungen*, so hat man wieder ein System erster Ordnung. Allerdings ist es so, daß bei den meisten praktisch interessanten Strömungen infolge der kleinen elektrischen Leitfähigkeit das induzierte *B*-Feld keine Rolle spielt und man entkoppeln kann. Das bedeutet, daß die Induktionsgleichung die Form

$$\frac{\partial B}{\partial t} = \frac{1}{\mu_0 \sigma} \Delta B \tag{15.107}$$

annimmt.

Wenn allerdings die *Viskosität* nicht mehr vernachlässigt werden kann, dann läßt sich eine Differentialgleichung 2. Ordnung (STOKES-NAVIER-*Gleichung*) nur vermeiden, wenn man auf den *Spannungstensor Π_{ik}* zurückgeht, also in (5.17) $\nabla \Pi_{ik}$ setzt und daneben als weitere Gleichung erster Ordnung (5.16) verwendet. Meist wird man allerdings sich mit

$$\Pi_{ik} = p\delta_{ik} - \eta\left(\frac{\partial v_i}{\partial x_k} + \frac{\partial v_k}{\partial x_i}\right) \tag{15.108}$$

begnügen.

Die Berücksichtigung der *Wärmeleitung* bewirkt, daß nun der Energiesatz eine Differentialgleichung von zweiter Ordnung wird (es sei denn, man führt den Wärmefluß (5.45) als eigene Variable ein). Die Berücksichtigung dissipativer Glieder *erhöht* also ganz allgemein die Ordnung der Differentialgleichungen gegenüber den Grundgleichungen der idealen MHD.

Das Auftauchen von Differentialquotienten zweiter Ordnung bzw. die Vermehrung der Anzahl der partiellen Differentialgleichungen führt zu komplexen oder zu entarteten Charakteristiken. Für den eindimensionalen instationären Fall gibt z. B. PAI [10.7] folgende Differentialgleichungen für die $\varphi(x, t) = $ const-Charakteristiken des Systems von Differentialgleichungen erster Ordnung an:

1. $\eta \neq 0,\ \varkappa \neq 0,\ \dfrac{1}{\sigma} \neq 0,$

$$\frac{4}{3}\,\eta\varkappa\,\frac{1}{\mu_0\sigma}\left(\frac{\partial T}{\partial S}\right)_{\!\varrho} \cdot \varphi_x^6(\varphi_t + v\varphi_x) = 0, \tag{15.109}$$

$\left(\dfrac{\partial T}{\partial S}\right)_{\!\varrho}$ folgt aus $T(\varrho, S)$, T aus der Zustandsgleichung, p aus (13.14).

2. $\eta = 0,\ \varkappa \neq 0,\ \dfrac{1}{\sigma} \neq 0,$

$$\frac{\varkappa\varrho}{\sigma\mu_0}\left(\frac{\partial T}{\partial S}\right)_{\!\varrho} \varphi_x^4(\varphi_t + (v + a_i)\,\varphi_x)(\varphi_t + (v - a_i)\,\varphi_x) = 0, \tag{15.110}$$

wobei $a_i = \sqrt{RT}$ die *isotherme Schallgeschwindigkeit* ist, vgl. (15.26).

$$\tag{15.111}$$

3. $\eta \neq 0,\ \varkappa = 0,\ \dfrac{1}{\sigma} \neq 0,$

$$\frac{4}{3}\,\frac{\eta\varrho}{\mu_0\sigma}\left(\frac{\partial T}{\partial S}\right)_{\!\varrho} \varphi_x^4(\varphi_t + u\varphi_x)^2 = 0. \tag{15.112}$$

4. $\eta \neq 0,\ \varkappa \neq 0,\ \sigma = \infty,$

$$\frac{4}{3}\,\varkappa\eta\left(\frac{\partial T}{\partial S}\right)_{\!\varrho} \varphi_x^4(\varphi_t + u\varphi_x)^2 = 0, \tag{15.113}$$

5. $\eta = 0,\ \varkappa = 0,\ \dfrac{1}{\sigma} \neq 0,$

$$\varrho^2\left(\frac{\partial T}{\partial S}\right)_{\!\varrho}\frac{1}{\mu_0\sigma}\,\varphi_x^2(\varphi_t + u\varphi_x)(\varphi_t + (u + a)\,\varphi_x)(\varphi_t + (u - a)\,\varphi_x) = 0, \tag{15.114}$$

a folgt aus (15.17).

6. $\eta = 0,\ \dfrac{1}{\sigma} = 0,\ \varkappa \neq 0,$

$$\varkappa\left(\frac{\partial T}{\partial S}\right)_{\!\varrho} \varrho\varphi_x^2(\varphi_t + u\varphi_x)(\varphi_t + (u + a^*)\,\varphi_x)(\varphi_t + (u - a^*)\,\varphi_x) = 0, \tag{15.115}$$

wo a^* nach (15.31) die *effektive Schallgeschwindigkeit* (*magnetoakustische Phasengeschwindigkeit*) ist.

7. $\eta \neq 0,\ \varkappa = 0,\ \dfrac{1}{\sigma} = 0,$

$$\frac{4}{3}\,\eta\varrho \left(\frac{\partial T}{\partial S}\right)_{\varrho} \varphi_x^2(\varphi_t + u\varphi_x)^3 = 0. \qquad (15.116)$$

8. $\eta = 0,\ \varkappa = 0,\ \dfrac{1}{\sigma} = 0\ (\sigma = \infty),$

$$\varrho^2 \left(\frac{\partial T}{\partial S}\right)_{\varrho} (\varphi_t + u\varphi_x)^2\,(\varphi_t + (u + a^*)\,\varphi_x)\,(\varphi_t - (u - a^*)\,\varphi_x) = 0, \qquad (15.117)$$

vgl. (15.63).

Die Lösung dieser 8 Differentialgleichungen ergibt die zum Teil schon auf S. 326 besprochenen Charakteristiken.

Da die entarteten parabolischen Charakteristiken $\varphi_x = 0$ (d. h. $t = $ const) in allen nicht idealen Fällen, also in den Fällen 1.–7. auftreten, werden die schon durch $\sigma \neq \infty$ erschwerten Verhältnisse durch $\varkappa \neq 0$ oder $\eta \neq 0$ noch mehr kompliziert. Nur die Kombination von *Ähnlichkeitstransformationen* und *Computerberechnung* oder die direkte *numerische Integration* verhelfen dann zu Lösungen. Es ist dann aber zweckmäßig, gleich $\eta \neq 0$ anzunehmen.

In Kanalströmungen, in denen heißes Plasma die Wände berührt, kann der *Wärmeübergang* an die Wand und die *Wärmeleitung* im Plasma nicht mehr vernachlässigt werden. Nimmt man beliebig große, aber konstante Viskosität η, elektrische Leitfähigkeit σ, Wärmeleitfähigkeit $\varkappa$ und eine stationäre $\left(\dfrac{\partial}{\partial t} = 0\right)$ zweidimensionale Strömung $v_x(x, y),\ v_y(x, y)$ mit $\boldsymbol{B} \perp \boldsymbol{v}$, also $\boldsymbol{B}(0, 0, B)$, an, so erhält man aus Kontinuitätsgleichung, STOKES-NAVIER-Gleichung mit $\eta' = 0$, Induktionsgleichung und Energiesatz ein System von komplizierten nichtlinearen partiellen Differentialgleichungen. Diese können nun mit Hilfe der *Grenzschichtnäherung* vereinfacht werden [15.24], doch gelingt es mit Hilfe von *Ähnlichkeitstransformationen*, auch eine exakte Lösung zu finden [15.25]. Allerdings haben *Ähnlichkeitslösungen* den Nachteil, daß sie nur gewisse spezielle Randbedingungen zulassen.

Das Gleichungssystem lautet (exakt):

Massenerhaltung

$$\frac{\partial(\varrho v_x)}{\partial x} + \frac{\partial(\varrho v_y)}{\partial y} = 0, \qquad (15.118)$$

Impulserhaltung

$$\varrho\left(v_x \frac{\partial v_x}{\partial x} + v_y \frac{\partial v_y}{\partial y}\right) = -\frac{\partial p^*}{\partial x} + \eta \Delta v_x,$$

$$\varrho\left(v_x \frac{\partial v_y}{\partial x} + v_y \frac{\partial v_y}{\partial y}\right) = -\frac{\partial p^*}{\partial y} + \eta \Delta v_y, \qquad (15.119)$$

Induktionsgleichung

$$\frac{\partial}{\partial x}(Bv_x) + \frac{\partial}{\partial y}(Bv_y) = \frac{1}{\mu_0 \sigma}\,\Delta B,$$
(15.120)

Energiesatz

$$c_v \varrho \left(v_x \frac{\partial T}{\partial x} + v_y \frac{\partial T}{\partial y} \right) + p \left(\frac{\partial v_x}{\partial x} + \frac{\partial v_y}{\partial y} \right) = \frac{1}{\mu_0^2 \sigma} \left(\left(\frac{\partial B}{\partial x} \right)^2 \right.$$
$$\left. + \left(\frac{\partial B}{\partial y} \right)^2 \right) + \varkappa \Delta T + \eta \left\{ 2 \left[\left(\frac{\partial v_x}{\partial x} \right)^2 + \left(\frac{\partial v_y}{\partial y} \right)^2 \right] \right.$$
$$\left. + \left(\frac{\partial v_x}{\partial y} + \frac{\partial v_y}{\partial x} \right)^2 - \left(\frac{\partial v_x}{\partial x} + \frac{\partial v_y}{\partial y} \right)^2 \right\},$$
(15.121)

Zustandsgleichung

$$p = \frac{\varrho R}{M}\,T.$$
(15.122)

Dazu kommen noch die Randbedingungen von Seite 108. Diese Differentialgleichungen lassen sich mit Hilfe einer Ähnlichkeitstransformation der Art (15.138) in gewöhnliche Differentialgleichungen überführen, die dann z. B. mittels der LIE-*Reihenmethode* [15.26] analytisch oder mit Hilfe eines Computers integriert werden.

Andere Autoren verwenden eine *Stromfunktion, Analogrechenanlagen*, numerische Computerverfahren zur direkten Integration der partiellen Differentialgleichungen, die VON MISES-*Transformation* für die Gleichungen in Grenzschichtnäherung, die KARMAN-POHLHAUSEN-*Integralmethode, Integralmethoden nach* GALERKIN-KANTOROWITSCH-DORODNITSYN etc., [15.27].

Im allgemeinen ergeben sich folgende Schlüsse:

1. Mit wachsendem Magnetfeld und steigender elektrischer Leitfähigkeit gehen der Reibungswiderstand an der Wand und der Wärmeübergang an die Wand zurück.

2. Die Temperaturabhängigkeit der elektrischen Leitfähigkeit darf nicht vernachlässigt werden.

3. Bei inkompressibler Betrachtungsweise kann man v_x, v_y, p und B aus (15.118) bis (15.120) ausrechnen und erst nachher $T(x, y)$ aus (15.121) bestimmen. (Man beachte, daß (15.122) für inkompressible Medien nicht gilt!)

4. Neben der viskosen und der magnetischen Grenzschicht (vgl. Abb. 69, S. 370) kommt es zur Ausbildung einer meist relativ dicken *thermischen Grenzschicht*.

5. Bei Berücksichtigung der Kompressibilität besteht eine Wechselwirkung zwischen thermischer und *dynamischer Grenzschicht* (= viskose + magne-

tische Grenzschicht), so daß das gesamte Gleichungssystem simultan gelöst werden muß.

6. Der HALL-*Parameter* hat einen gewissen, allerdings nicht sehr großen Einfluß auf die Temperaturverteilung.

7. Die Temperaturabhängigkeit der elektrischen Leitfähigkeit kann zu *Hysteresiserscheinungen der Wandreibung* führen.

8. Wird die Strömung *turbulent*, so werden die Wärmeleitungs- und Wärmeübergangseffekte vergrößert.

9. Die experimentelle Erfahrung lehrt, daß an stromführenden Wänden besonders hohe Wärmeflüsse auftreten. Die freien Elektronen erhöhen durch verschiedene Prozesse den Energietransport.

In der Nähe von Elektroden existiert kein thermodynamisches Gleichgewicht, so daß besser ein Zweiflüssigkeitsmodell (*Zweitemperaturmodell*) verwendet wird.

Der Wärmeübergang wird auch in der Plasmaphysik durch die NUSSELT-*Zahl*

$$Nu = \frac{\alpha}{\varkappa} d \tag{15.123}$$

beschrieben. d ist eine charakteristische Abmessung, $\varkappa$ ist die Wärmeleitfähigkeit und α ist die *Wärmeübergangszahl des* NEWTON*schen Gesetzes* des Wärmestroms an der Wand

$$q = \alpha(T_{\text{Plasma}} - T_{\text{Wand}}). \tag{15.124}$$

Bei vielen Problemen läßt sich die NUSSELT-*Zahl* als Funktion der REYNOLDS-*Zahl Re* darstellen.

15.7 Das Grenzschichtproblem

Infolge der *Haftbedingung* (S. 108), d. h. infolge der *Adhäsion* zwischen Strömungsmedium und Kanalwand, ruht das Medium direkt an der Wand. Da es aber in einer gewissen Entfernung von der Wand strömt, bildet sich in der Richtung senkrecht zur Wand ein in erster Näherung lineares Geschwindigkeitsprofil $\dfrac{\partial v}{\partial n}$ aus, das zu *Schubspannungen* Anlaß gibt. Weiter in der Strömungsmitte wird die Geschwindigkeitsverteilung gleichförmiger, so daß die Viskosität vorwiegend in der relativ dünnen *Grenzschicht* (Dicke δ) eine Rolle spielt.

Wir betrachten eine zweidimensionale stationäre Strömung eines leitenden viskosen Plasmas mit der folgenden Geometrie [15.28]:

$$v = (u, v, 0), \quad \boldsymbol{B} = (0, 0, B), \quad \frac{\partial}{\partial t} = \frac{\partial}{\partial z} = 0. \tag{15.125}$$

l sei die Länge des Strömungskanals in der x-Richtung, δ sei die *Grenzschichtdicke* oder eine andere den Kanal in der y-Richtung *charakterisierender Länge*, z. B. die lichte Weite an einer bestimmten Stelle — die Kanalwände können ja divergent sein, vgl. Abb. 68. Führt man nun unter Verwendung von $\dfrac{p}{p_0}, \dfrac{B}{B_0}, \dfrac{\varrho}{\varrho_0}, \dfrac{u}{u_0}, \dfrac{v}{v_0}, \dfrac{x}{l}, \dfrac{y}{d}$ dimensionslose Größen ein, die wir mit p, B etc. bezeichnen, so erhält man unter Verwendung der dimensionslosen Kennziffern

$$N = \frac{p_0}{\varrho_0 u_0} \qquad (\textit{Druckkoeffizient}), \tag{15.126}$$

$$Co = \frac{B_0^2}{2u_0^2 \varrho_0} \qquad (\textsc{Cowling}\text{-}Zahl), \tag{15.127}$$

$$\alpha = \frac{\delta}{l}, \ \beta = \frac{v_0}{u_0} \qquad (\textit{Seitenverhältnis, Geschwindigkeitsverhältnis}) \tag{}$$

sowie von Rm nach (5.77) die folgenden Gleichungen:
Massenerhaltung

$$\alpha u \frac{\partial \varrho}{\partial x} + \beta v \frac{\partial \varrho}{\partial y} + \alpha \varrho \frac{\partial u}{\partial x} + \beta \varrho \frac{\partial v}{\partial y} = 0, \tag{15.128}$$

Impulserhaltung

$$\alpha u \frac{\partial u}{\partial x} + \beta v \frac{\partial u}{\partial y} + N \frac{\alpha}{\varrho} \frac{\partial p}{\partial x} + Co \frac{\alpha B}{\varrho} \frac{\partial B}{\partial x} = 0, \tag{15.129}$$

$$\alpha \beta u \frac{\partial v}{\partial x} + \beta^2 v \frac{\partial v}{\partial y} + N \frac{\alpha}{\varrho} \frac{\partial p}{\partial y} + Co \frac{\alpha B}{\varrho} \frac{\partial B}{\partial y} = 0, \tag{15.130}$$

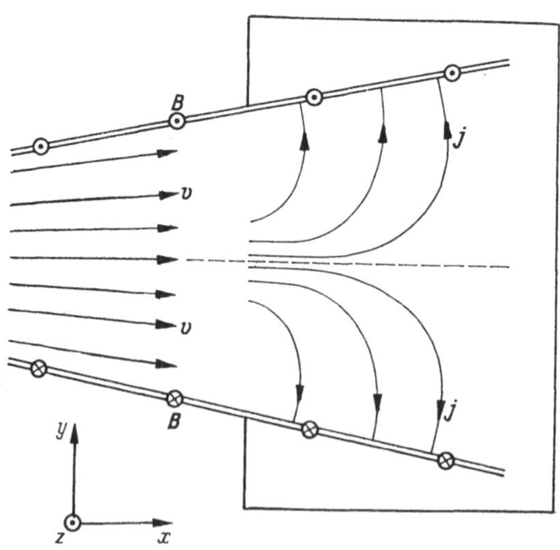

Abb. 68. Divergenter Kanal

Energieerhaltung

$$\alpha u \frac{\partial p}{\partial x} + \beta v \frac{\partial p}{\partial y} - \frac{\gamma p}{\varrho}\left(\alpha u \frac{\partial \varrho}{\partial x} + \beta v \frac{\partial \varrho}{\partial y}\right)$$

$$- \frac{(\gamma - 1)\,Co}{RmN}\left[\left(\frac{\partial B}{\partial y}\right)^2 + \alpha^2 \left(\frac{\partial B}{\partial x}\right)^2\right] = 0, \tag{15.131}$$

Induktionsgleichung

$$\alpha u \frac{\partial B}{\partial x} + \beta v \frac{\partial B}{\partial y} + \alpha B \frac{\partial u}{\partial x} + \beta B \frac{\partial v}{\partial y}$$

$$- \frac{1}{Rm}\left(\frac{\partial^2 B}{\partial y^2} + \alpha^2 \frac{\partial^2 B}{\partial x^2}\right) = 0. \tag{15.132}$$

Die sogenannte *Grenzschichtnäherung* besteht nun in der Annahme, daß die Grenzschicht sehr dünn ist, d. h., daß quadratische Terme von $\dfrac{\delta}{l} \ll 1$ vernachlässigt werden können und daß die Quergeschwindigkeit $v_0 \ll u_0$, d. h. $\beta^2 \approx 0$. Mit $\alpha^2 \approx \beta^2 \approx \alpha\beta \simeq 0$ bleiben (15.128) und (15.129) ungeändert, während (15.130), (15.131) und (15.132) übergehen in

$$N \frac{\partial p}{\partial y} + \frac{Co}{2}\frac{\partial B^2}{\partial y} = 0 = \frac{\partial p^*}{\partial y}, \tag{15.133}$$

$$\alpha u \frac{\partial p}{\partial x} + \beta v \frac{\partial p}{\partial y} - \frac{\gamma p}{\varrho}\left(\alpha u \frac{\partial \varrho}{\partial x} + \beta v \frac{\partial \varrho}{\partial y}\right) = \frac{(\gamma-1)\,Co}{RmN}\left(\frac{\partial B}{\partial y}\right)^2, \tag{15.134}$$

$$\alpha u \frac{\partial B}{\partial x} + \beta v \frac{\partial B}{\partial y} + \alpha B \frac{\partial u}{\partial x} + \beta B \frac{\partial v}{\partial y} = \frac{1}{Rm}\frac{\partial^2 B}{\partial y^2}. \tag{15.135}$$

Die 5 partiellen Differentialgleichungen (15.128), (15.129), (15.133) bis (15.135) können durch eine *Ähnlichkeitstransformation* in gewöhnliche Differentialgleichungen überführt werden. Um zu prüfen, ob eine Ähnlichkeitstransformation überhaupt möglich ist, führen wir zunächst eine *Hilfstransformation* [15.1]

$$\begin{aligned} x \to a^m x, \quad y \to a^n y, \quad u \to a^c u, \quad v \to a^d v, \\ \varrho \to a^e \varrho, \quad p \to a^f p, \quad B \to a^g B, \quad p^* \to a^h p^*, \end{aligned} \tag{15.136}$$

durch ($a \neq 0$). Setzt man in die partiellen Differentialgleichungen ein, so werden diese nur erfüllt, wenn zwischen den in (15.136) enthaltenen Konstanten gewisse sich ergebende lineare Gleichungen bestehen. Dies bedeutet, daß eine Ähnlichkeitstransformation existiert. Die Auflösung dieser 5 Gleichungen liefert für die 7 Unbekannten $\dfrac{n}{m}, \dfrac{c}{m}, \dfrac{d}{m}, \dfrac{e}{m}, \dfrac{f}{m}, \dfrac{g}{m}, \dfrac{h}{m}$, lineare

Kombinationen, die naturgemäß die Unbekannten nur bis auf 2 freie Parameter bestimmen. Nennt man diese 2 Parameter s und t und setzt willkürlich $\frac{n}{m} = s$, $\frac{f}{m} = t$ (was der Bau der Gleichungen nahelegt), dann erhält man

$$\frac{n}{m} = s, \quad \frac{c}{m} = 1 - 2s, \quad \frac{d}{m} = -s, \quad \frac{e}{m} = 4s + t - 2,$$

$$\frac{f}{m} = t, \quad \frac{g}{m} = \frac{t}{2}, \quad \frac{h}{m} = t. \tag{15.137}$$

Nun machen wir für die eigentliche Ähnlichkeitstransformation den (die Variable x eliminierenden) Ansatz

$$\eta = \frac{v}{x^s}, \quad u(\eta) = \frac{u(x, y)}{x^{1 - 2s}}, \quad v(\eta) = \frac{v(x, y)}{x^{-s}},$$

$$\varrho(\eta) = \frac{\varrho(x, y)}{x^{4s + t - 2}}, \tag{15.138}$$

$$p(\eta) = \frac{p(x, y)}{x^t}, \quad p^*(\eta) = p^*(x)\, x^t, \quad B(\eta) = \frac{B(x, y)}{x^{s/2}}.$$

Setzt man dies ein, so erhält man 5 nichtlineare gewöhnliche Differentialgleichungen, die sich unter vereinfachenden Annahmen (z. B. gewisse Symmetrieeigenschaften) sogar geschlossen integrieren lassen [15.28].

In anderen Fällen (z. B. $Rm \to \infty$) läßt sich eine Stromfunktion Ψ einführen, die einer partiellen Differentialgleichung genügt. Auch für $Rm = 0$ und inkompressibles Medium läßt sich eine der PRANDTL*schen Grenzschichtgleichung* ähnliche nichtlineare partielle Differentialgleichung dritter Ordnung finden [3.5]. Auch das (inkompressible) RAYLEIGH-*Problem* (in der Strömungsrichtung unendlich ausgedehnte, zur Zeit $t = 0$ ruckartig in Bewegung gesetzte Platte) und die COUETTE-*Strömung* als Modell für *laminare Grenzschichten* wurden mit verschiedenen Methoden ($Rm \ll Re$, Linearisierung, LAPLACE-*Transformation*) untersucht [14.1].

Da das RAYLEIGH-Problem ein einfaches Modell für die Grenzschicht liefert, wollen wir es kurz behandeln. Eine in der x, y-Ebene unendlich große Platte, oberhalb der in der x-Richtung eine eindimensionale inkompressible stationäre viskose Plasmaströmung $\boldsymbol{u} = u_x = u$ in einem auf der x, z-Ebene senkrecht stehenden konstanten Magnetfeld B_0 verläuft, wird zur Zeit $t = 0$ ruckartig von außen auf die Geschwindigkeit u_0 in der x-Richtung beschleunigt. Mit der Annahme $Rm \ll Re$, also $\mu_0 \sigma_0 ul \ll \rho_0 ul_0/\eta$, $Pm \ll 1$ wird sich die Störung durch die Plattenbeschleunigung nur in einer dünnen Grenzschicht nahe der Platte und einem induzierten Magnetfeld B_1 auswirken. Mit $B_0 = \text{const}$, $\rho = \text{const}$, $p = \text{const}$ verbleiben in der Bewegungsgleichung in der x-Richtung nur 2 Terme: $\partial B_{1x}/\partial y$ und $\eta \partial^2 u/\partial y^2$. Da $1/\sigma$ groß ist (Rm und Pm

sind klein), kann der Term rot$[v \times B]$ in der Induktionsgleichung vernachlässigt werden und es kommt zur *Entkopplung* von Magnetfeld und Strömung. Für die zwei gesuchten Funktionen $u(y, t)$, $B_{1x}(y, t)$ lauten nun die Anfangsbedingungen $u(y, 0) = 0$, $B_{1x}(y, 0) = 0$, d. h. Ruhe vor dem Beschleunigungsprozeß, während für $t \geq 0$ die Randbedingungen an der bewegten Wand $u(0, t) = u_0$, $B_{1x}(0, t) = 0$ gelten. Ein Separationsansatz oder eine LAPLACE-Transformation [3.5] führt für die Strömungsgeschwindigkeit zur Lösung

$$u(y, t) = \frac{u_0}{2} \left[\exp\left(-y\sqrt{\sigma B_0^2/\mu_0}\right) \text{erfc}\left(\frac{y}{2\sqrt{(\eta/\varrho)\, t}} - \sqrt{(\sigma B_0^2/\varrho)\, t}\right) \right.$$
$$\left. + \exp\left(y\sqrt{\sigma B_0^2/\mu_0}\right) \text{erfc}\left(\frac{y}{2\sqrt{(\eta/\varrho)\, t}} + \sqrt{(\sigma B_0^2/\varrho)\, t}\right) \right],$$

wobei die GAUSS'sche Fehlerfunktion

$$\text{erf}(z) = \frac{2}{\sqrt{\pi}} \int\limits_0^z \exp\left(-t^2\right) \mathrm{d}t, \quad \text{erfc}(z) = 1 - \text{erf}(z)$$

verwendet wurde. Für $B \to 0$ geht die Lösung in das klassische RAYLEIGH-Problem $u = u_0 - u_0\, \text{erf}\left(y/(2\sqrt{\eta t/\varrho})\right)$ über, welche Lösung meist mit Hilfe einer Ähnlichkeitstransformation gewonnen wird [8.11]. Für $B_0 \neq 0$ hat offensichtlich das Magnetfeld wesentlichen Einfluß auf das Geschwindigkeitsprofil, das „voller" wird, und damit auf die Grenzschichtablösung und die Turbulenz in der Plasmaströmung.
Eingehendere Untersuchungen zeigten, daß insbesondere bei großen *Rm* und kleinen *magnetischen* PRANDTL-*Zahlen*

$$Pm = \frac{Rm}{Re} \tag{15.139}$$

(also auch großen *Re*) zwei mehr oder minder deutlich getrennte Grenzschichten auftreten: eine innere (der Wand näher liegende) durch die *Viskosität bedingte*, und eine äußere, *magnetische Grenzschicht* (ALFVÉN-*Schicht*), an die sich erst die freie Strömung anschließt. Diese ist oft eine *Potentialströmung*, da die Wirbel mit wachsendem Abstand von der Wand immer stärker gedämpft werden. Innerhalb der magnetischen Grenzschicht ändert sich das Geschwindigkeitsprofil nicht mehr sehr stark — ja die Geschwindigkeit in ihr kann sogar größer sein als in der Potentialströmung, vgl. Abb. 69. In der magnetischen Grenzschicht ist nicht nur die Strömungsgeschwindigkeit, sondern auch die elektrische Stromdichte und die Wirbelstärke W (13.1) groß. Die magnetische REYNOLDS-*Zahl Rm* bestimmt die Dicke der magnetischen Grenzschicht, die gewöhnliche REYNOLDS-*Zahl Re* legt die Dicke der viskosen Grenzschicht fest. Je größer *Re*, um so dünner ist die viskose Schicht (HARTMANN-*Schicht*) und je größer *Rm*, desto dünner ist die magnetische

Schicht. Im Grenzfall $Rm \to \infty$ geht die magnetische Grenzschicht in eine dünne Stromschicht (*Wirbelschicht*) über. Da $Pm = \dfrac{Rm}{Re}$ meist klein ist (flüssige Metalle $\sim 10^{-6}$, ionisierte Luft $\sim 10^{-7}$), ist die viskose Schicht meistens dünner als die magnetische.

Steht $\boldsymbol{B}$ senkrecht auf der Wand (Platte), dann erhält man [10.9]

$$\delta_{\text{viskos}} \approx \left(\frac{\eta}{\sigma}\right)^{1/2} B_0 = \frac{\varrho v^2 l^2 \mu_0}{Re\, Rm}, \tag{15.140}$$

$$\delta_{\text{magnet}} \approx \left(\frac{\eta x}{v_0}\right)^{1/2} = \frac{\varrho v l^2 \sigma x}{Re\, Rm} \tag{15.141}$$

(x ist die Koordinate in der Strömungsrichtung).

In diesem Fall $(\boldsymbol{B} \perp \boldsymbol{v})$ löst sich die ALFÉN-*Schicht* nach einer Strecke $\approx \dfrac{\mu_0 \varrho v_0 \eta}{B_0} = \dfrac{Re\, Rm\, \eta^2}{l^2 B_0 \eta v}$ von der HARTMANN-*Schicht* ab. Für $Rm \to \infty$ verschwindet in diesem Fall auch die viskose Schicht.

Liegt $\boldsymbol{B}$ parallel zu $\boldsymbol{v}$, also auch parallel zur Wand, dann kann die Grenzschicht nicht nur, wie im Fall der Hydrodynamik, in der Strömungsrichtung von vorn nach hinten wachsen, sondern auch in der entgegengesetzten Richtung (also *stromaufwärts!*) und auch in beiden Richtungen gleichzeitig. Stromaufwärts wächst die Grenzschicht bei sehr kleinem Pm oder wenn $Rm \to \infty$, $Pm \to \infty$. (Im Falle $\boldsymbol{B} \perp \boldsymbol{v}$ gibt es *kein* stromaufwärts Wachsen.) Da die ALFVÉN-*Schicht* große Stromdichten enthält, wird $\boldsymbol{B}$ in der freien Strömung vermindert. Dies führt u. a. dazu, daß durch das Magnetfeld der Widerstand eines sich im

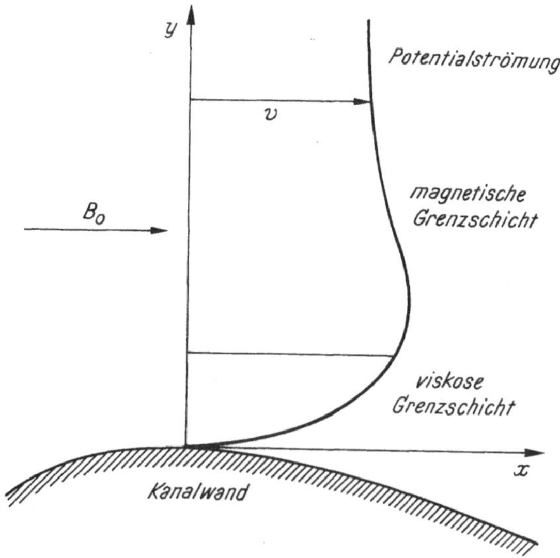

Abb. 69. Die zwei Grenzschichten eines Plasmas

Plasma bewegenden Körpers erhöht (und der Wärmeübergang erniedrigt) wird. Bei magnetischen Überschallgeschwindigkeiten kann durch ionisierende Stöße das Strömungsmedium vom umströmten Körper stark weggedrängt werden, so daß die Wandreibung verringert wird. An *Elektroden*, z. B. in MHD-*Stromgeneratoren*, treten spezielle *Grenzschichtprobleme* auf [15.23], [10.40], die wir hier aus Platzmangel nicht behandeln können. Bei diesen *Elektrodengrenzschichten* spielen elektrische Effekte eine größere Rolle als die Viskosität.

15.8 Technische Anwendungen der Magnetohydrodynamik

Eine interessante Anwendung der Magnetohydrodynamik ist die MHD-Stromerzeugung. Bei der Besprechung der Kanalströmungen sahen wir, daß es für einen MHD-Generator zweckmäßig ist, die Elektroden zu segmentieren. Will man den *Effekt der Segmentierung* sowie den *Endeffekt* am letzten (ersten) Elektrodenpaar behandeln, dann kann man nicht mehr eindimensional rechnen. Da analytische Lösungen immer ein besseres Verständnis des physikalischen Geschehens als numerische Lösungen vermitteln, wird entkoppelt, da die sich so ergebenden Gleichungen analytische Lösungen zulassen.

Im stationären Zustand $\left(\dfrac{\partial}{\partial t} = 0\right)$ gilt rot $\boldsymbol{E} = 0$ und daher

$$\boldsymbol{E} = -\nabla V, \qquad E_x = -\frac{\partial V}{\partial x}, \qquad E_y = -\frac{\partial V}{\partial y}, \tag{15.142}$$

wobei V das elektrostatische Potential ist, das bei verschwindender Ladungsdichte, also div $\boldsymbol{E} = 0$, der LAPLACE-*Differentialgleichung*

$$\Delta V = 0 \tag{15.143}$$

genügt. Damit können wir hoffen, das zweidimensionale Randwertproblem mit z. B. den Methoden der *konformen Abbildung* zu lösen.
Die Vermutung, daß (15.143) gilt, ist allerdings nur für $v = \text{const}$ richtig. Differenziert man nämlich j_x nach x und j_y nach y und addiert, so erhält man wegen div $\boldsymbol{j} = 0$ aus (15.93), (15.142) für $v = v(y)$

$$\Delta V = -\frac{\partial v}{\partial y} B. \tag{15.144}$$

Hierbei wurden σ_{eff}, $\omega\tau$, B als konstant angenommen. Für ein vorgegebenes Geschwindigkeitsprofil hat (15.144) die Form der POISSON-*Differentialgleichung*, deren Lösung auch keine Schwierigkeiten bietet.
An einer Elektrode mit der Spannung $V_0 = \text{const}$ gilt dann (Abb. 70)

$$V\left(x, y = \frac{d}{2}\right) = V_0, \tag{15.145}$$

während am Isolator kein Strom fließt, so daß

$$j_y\left(x, y = \frac{d}{2}\right) = 0 \tag{15.146}$$

oder mit (15.93), (15.142)

$$vB = \omega\tau\,\frac{\partial V}{\partial x} + \frac{\partial V}{\partial y} \tag{15.147}$$

gilt $\left(v = v_x = v(y)\right)$. Definiert man nun $\Phi = V + vBy$, so folgt daraus

$$\omega\tau\,\frac{\partial \Phi}{\partial x} + \frac{\partial \Phi}{\partial y} = 0 \quad \text{(Isolator).} \tag{15.148}$$

Dies bedeutet, daß die Linien konstanten Potentials, die auf der Elektroden-oberfläche parallel zur Oberfläche sind, die Isolatoroberfläche unter dem Winkel arctan $\omega\tau$ schneiden. Für Φ ergibt sich die LAPLACE-*Differentialglei-chung,* wenn $v = v(y)$.
Man kann nun für verschiedene vorgegebene Strömungsprofile $v(y)$ die Differentialgleichung (15.144) zusammen mit den Randbedingungen (15.145) und (15.147) analytisch oder numerisch lösen.
Der Einfluß des *Ionenschlupfs* und des HALL-Effekts wurde von BRESGEN u. a. behandelt [15.29]. Durch die segmentierten Elektroden wird natürlich die HARTMANN-*Strömung* abgeändert, vgl. [3.5], doch ändert sich (14.28) nicht. Basierend auf diesen Arbeiten wurden auch *Wirkungsgradberechnungen* vor-genommen [15.30]. Um eine Abschätzung für den Wirkungsgrad zu bekom-men, kann man auch, statt vom *lokalen elektrisch-mechanischen Wirkungs-grad* (14.28) auszugehen, einen mittleren *elektrisch-hydrodynamischen Wir-*

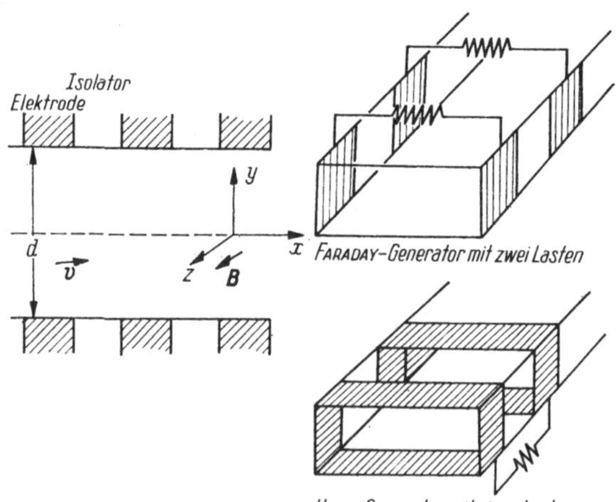

Abb. 70. Randbedingungen des segmentierten MHD-Kanals

kungsgrad

$$\eta = \frac{\text{mittlere elektrische Leistung}}{\text{mittlere Leistung des Druckes}}$$

$$= \frac{-\dfrac{1}{2a} \displaystyle\int\limits_{-a}^{+a} j_y E_y \, \mathrm{d}z}{\dfrac{1}{2a} \displaystyle\int\limits_{-a}^{+a} \dfrac{\partial p}{\partial x} v_x \, \mathrm{d}z} \tag{15.149}$$

definieren. Für die mittlere elektrische Leistung N erhält man nach (14.27) für kontinuierliche oder segmentierte Elektroden (ohne HALL-*Effekt*)

$$N = \sigma u_0^2 B^2 K (1 - K). \tag{15.150}$$

Bei Berücksichtigung des HALL-*Effektes* ist für kontinuierliche Elektroden σ durch $\dfrac{\sigma}{1 + \omega^2 \tau^2}$ zu ersetzen, während für den HALL-*Generator* $\sigma \to \dfrac{\omega^2 \tau^2 \sigma}{1 + \omega^2 \tau^2}$ gilt.

Mit (15.150) und (14.16) folgt aus (15.149)

$$\eta = \frac{K(1 - K)\, Ha^2}{Re\,\overline{P}_2}, \tag{15.151}$$

wobei (5.25) und (14.20) verwendet wurden. Für $K = \dfrac{1}{2}$ erreicht also der Wirkungsgrad ein Extremum. Bezüglich P_2 vgl. (14.21).

Wichtiger für die technische Durchführung sind natürlich Experimente. Diese können im *geschlossenen Kreislauf* (das durch den Kanal geblasene *Arbeitsgas* wird wieder erhitzt) oder im *offenen System* geführt werden.

Beim *geschlossenen* System wird ein Arbeitsgas (meist He, Ar) in einem Wärmeaustauscher erhitzt. Der Wärmeaustauscher wird in konventioneller Weise durch chemische oder nukleare Energie (*Hochtemperaturreaktor*) erhitzt.

Beim *offenen* System wird das Arbeitsgas durch Verbrennung von z. B. Petroleum, Kohlenstaub, ja sogar Explosivstoffen gewonnen. Die den MHD-Kanal verlassenden Verbrennungsgase werden in die Atmosphäre abgeleitet oder regeneriert.

Bei beiden Systemen ist die durch thermische Ionisation entstehende elektrische Leitfähigkeit für einen wirkungsvollen Betrieb zu gering; man fügt daher das leicht ionisierbare Kalium oder Cäsium als *Saatmaterial* für bessere Ionisierung des Arbeitsgases hinzu. Andere Ionisierungsverfahren, wie elektrischer Bogen, Radiowellen, Ultraviolett, Photoionisierung, radioaktive Substanzen, Elektronenstrahlen, verbrauchen entweder zu viel Energie oder sind aus anderen Gründen unzweckmäßig. In der Praxis scheint sich lediglich der KERREBROCK-*Effekt* [3.5], s. auch S. 131, zu bewähren.

HALL- und FARADAY-*Generator* haben charakteristische Betriebsweisen: Der HALL-*Generator* liefert *niedrigen* Strom bei *hoher* Spannung, sein Wirkungsgrad *wächst* mit der Leistung; bei ganz hohen Strömen wird jedoch der Wirkungsgrad schnell geringer. HALL-*Generatoren* tendieren dazu, den abgegebenen *Strom konstant* zu halten. FARADAY-*Generatoren* hingegen tendieren ebenso wie die üblichen Dynamos dazu, die *Spannung konstant* zu halten; ihr Wirkungsgrad sinkt mit steigender Leistung und fällt linear mit steigender Stromstärke.

In MHD-Generatoren treten eigenartige Instabilitäten auf, so die durch den HALL-*Effekt* bedingte *Ionisierungsinstabilität* oder *elektrothermische Welle*. Diese tritt auf, wenn eine Veränderung $\Delta\sigma$ der elektrischen Leitfähigkeit der Bedingung

$$\Delta\sigma > \frac{4\sigma}{\omega^2\tau^2 - 2} \tag{15.152}$$

genügt. σ liegt in der Praxis zwischen 0,1 bis 100 Siemens/m.
Neben den MHD-Generatoren mit Elektroden wurden auch *elektrodenlose* MHD-*Generatoren* (*Induktionsgeneratoren*) untersucht, in denen ein wanderndes periodisch alternierendes Magnetfeld Ströme im Gas induziert. Es ist dies die „Umkehrung" des *Wanderwellenbeschleunigers*.
Einige gebaute MHD-Generatoren findet man in der folgenden Tabelle 11.
Bezüglich verschiedener technischer Ausführungsformen, wie *Wirbelgeneratoren* (Drehströmung des Plasmas), MHD-*Generator-Motor-Umformer*, durch *Exploxivstoffe* im Impulsbetrieb arbeitende MHD-Generatoren, *elektromagnetohydrodynamische Generatoren*, *Flüssigmetall*-MHD-*Generatoren*, und technologischer Fragen (z. B. Magnete mit supraleitenden Spulen, Werkstoffprobleme, Wirkungsgradberechnungen[1] etc.) müssen wir auf die Spezialliteratur verweisen [15.30].
Abschließend soll noch darauf hingewiesen werden, daß manche Autoren die Erzeugung von Spannungen in FARADAY-MHD-*Generatoren* durch die LORENTZ-*Kraft* erklären; da diese bei relativistisch sauberer Betrachtungsweise eine *Folge* der Induktion ist, liefert diese Art der Erklärung keine weitere physikalische Einsicht.
Während bei der MHD-Stromerzeugung Wärme in elektrische Energie umgewandelt wird, wird bei der Plasmabeschleunigung elektrische Energie in mechanische Energie umgewandelt, vgl. Abb. 71.
Es gibt mehrere Typen von Plasmabeschleunigern [15.31] — elektrothermische, magnetothermische, elektrostatische, elektromagnetische:

1. LORENTZ- oder [*j* × *B*]-*Beschleuniger* (auch [*E* × *B*]-Beschleuniger genannt), bei dem die Beschleunigung durch die LORENTZ-*Kraft* erfolgt; auch FARADAY-*Beschleuniger* genannt, da er den gleichen Kanal wie ein FARADAY-MHD-*Generator* besitzt;

---

[1] Die Wirkungsgrade bis heute gebauter Anlagen liegen bei 5%.

Tabelle 11. Realisierte MHD-Generatoren

	AVCO-USA MARK II	ENGLAND IRD	ARGAS	LORHO	MARK V
	H- und F-Betrieb			H-Raketen-antrieb	F-Raketen-antrieb
	Kerosen-verbrennung	Helium	Argon	Toluol-verbrennung	C_2H_5OH
T	3 000 °K	2 400 °K	2 000 °K	2 200 °K	3 000 °K
Geschwindigkeit oder MACH-Zahl	1 200 m/sec	4 000 m/sec	M = 0,9	M = 2,5	M = 1,2
Saatmaterial	KOH	Cs	Cs	?	K_2CO_3
Magnetfeld	32 kGauß	22 kGauß	einige kGauß	?	36 kGauß
Erzeugte elektrische Leistung	600 kW	? ($\omega\tau \approx 20$)	1 MW therm.	10 000 V, 20 MW	24 MW

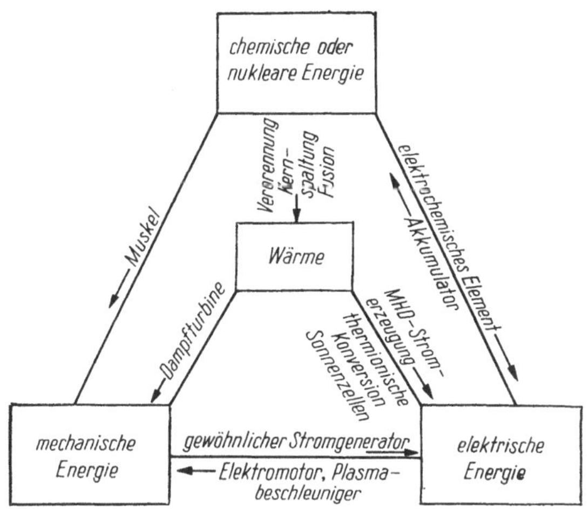

Abb. 71. Stromerzeugung und Plasmabeschleunigung im Rahmen der Energieumwandlungs-methoden

2. HALL-*Beschleuniger*, in denen die Beschleunigung durch den HALL-*Effekt*, also durch die Wechselwirkung zwischen HALL-*Strom* und Magnetfeld erfolgt;

3. *Wanderwellenbeschleuniger* oder *elektrodenloser Beschleuniger* sowie MHD-*Induktionspumpen*, bei denen die Beschleunigung durch ein indu-ziertes elektrisches Feld, erzeugt durch ein wanderndes Magnetfeld, erfolgt;

4. *magnetothermische Beschleuniger*, bei denen Druckgradienten des ther-misch oder durch einen Heizdraht oder einen Lichtbogen elektrisch auf-geheizten Plasmas bei der Beschleunigung durch magnetische Wirkungen mithelfen (*magnetische Düse*, vgl. Abb. 72).

In diese Gruppe gehören auch die *elektrothermischen* Beschleuniger, bei denen elektrische Kräfte bei der Beschleunigung eines nicht mehr quasineutralen

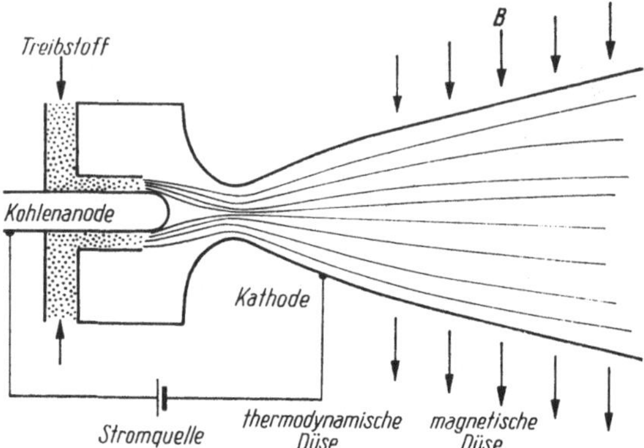

Abb. 72. Magnetothermischer Plasmabeschleuniger
(Ohne Magnetfeld liegt ein rein elektrothermischer Beschleuniger vor. Sind Elektroden in der magnetischen Düse vorhanden, so liegt ein $j \times B$-Beschleuniger vor.)

Mediums mithelfen. Da somit nicht mehr ein Plasma vorliegt, besprechen wir diese Beschleuniger, so wie die rein *elektrischen* (*elektrostatischen*) *Beschleuniger* wie *Duoplasmatron* von VON ARDENNE, *Ionentriebwerke*, PENNING-*Entladungsbeschleuniger*, *Hohlkathodenbeschleuniger* oder *Kolloidalbeschleuniger,* hier nicht [15.31], [15.42].

Neben den *kontinuierlich arbeitenden Beschleunigern* 1.−4. gibt es noch *Beschleuniger im Impulsbetrieb.* Während bei den kontinuierlich arbeitenden Beschleunigern Ströme und Magnetfeld unabhängig voneinander erzeugt werden, ist dies bei den Impulsgeräten meist nicht der Fall. Viele dieser Geräte, von denen es zahlreiche Ausführungsformen gibt, werden von einer *Kondensatorbank* mit Energie versorgt; auch *explosionsgetriebene* MHD-*Generatoren* kommen in Frage. Die wichtigsten Typen sind:

5. Wanderwellenbeschleuniger im Impulsbetrieb,
6. Beschleuniger mit stehenden Wellen im Impulsbetrieb.

Je nach der technischen Ausführung spricht man von *T-Röhren-Beschleunigern, Plasmaringbeschleunigern, Koaxialbeschleunigern* (z. B. *koaxiale Plasmakanone*), *Mehrstufengeräten* etc. Schließlich wurde noch der *Pinch-Effekt* zur Beschleunigung verwendet — sowohl im Impulsbetrieb mit Elektroden als auch als *elektrodenloser Thetapinch*[2].

Einige Daten von gebauten Beschleunigern findet man in der folgenden Tabelle 12.

Die Theorie der Plasmabeschleuniger läßt je nach Plasmadichte, Stromdichte und Magnetfeld verschiedene Betriebsweisen zu. Nicht jede Energiezufuhr von außen führt zur Beschleunigung! Man unterscheidet beim $[j \times B]$-Beschleuniger

---

[2] Wenn wir hier von Elektroden sprechen, meinen wir nur Elektroden, die in direktem Kontakt mit dem Plasma stehen.

Tabelle 12. Daten über Plasmabeschleuniger

Type des Beschleunigers	Dichte [g cm^{-3}] oder [Teilchen cm^{-3}]	Temperatur [10^3 °K]	Geschwindigkeit [km/sec]	Magnetfeld [kGauß]	Leitfähigkeit [Siemens m^{-1}]
FARADAY	$(2-100) \cdot 10^{-6}$	$1-8$	$2-6$	$4-15$	$1-300$ (mit Cs)
HALL	$3 \cdot 10^{14}$		$5-30$	$1-2$	10
Wanderwellen	10^{14}		$5-30$	$3-10$	100
Pinch	$5 \cdot 10^{-4}$	300	10	30	2

Die Wirkungsgrade liegen zwischen $10-50\%$.

1. $[j \times B] > 0$, d. h. *Beschleunigung* bei $v_x = u > 0$; es ist $j_z < 0$, $E_z < -uB_0$, und zur Beschleunigung muß Energie von außen zugeführt werden (wird auch als MHD-*Pumpe* verwendet, z. B. für flüssige Metalle).

2. $[j \times B] < 0$, d. h. *Verzögerung*,

a) $j_z > 0$ (es wird Strom erzeugt), $0 > E_z > -uB_0$, *Generator*.

$E_z = 0$ entspricht dem Kurzschlußstrom,

$E_z = -uB_0$ ist die Klemmenspannung (bei offenem Stromkreis, d. h. $K = 1$, vgl. (14.16),

b) $j_z > 0$, $E_z > 0$. Es muß Energie *zugeführt* werden, und das Plasma wird *gebremst*. Kein Generator, keine Energie wird nach außen abgegeben.

Die Verhältnisse werden noch komplizierter, wenn man den Einfluß der MACH-*Zahl* berücksichtigt, vgl. [10.9]. Bei Wanderwellenbeschleunigern (u. a.) existiert ein *Plasmaschlupf* $u_s - u$, d. h., das Plasma bleibt hinter dem mit der *Synchrongeschwindigkeit* $u_s = \dfrac{E}{B}$ laufenden Feld zurück. Der Wirkungsgrad ist dann nach (14.28) durch K^{-1} gegeben. Obwohl heute Plasmabeschleuniger bereits verwendet werden (z. B. zur *Lagestabilisierung von Nachrichtensatelliten*), ist ihre Theorie noch keineswegs völlig klar. Man kennt lediglich die allgemeine Theorie und einige Grundtatsachen — Feinheiten sind noch weitgehend unsicher. Man weiß, daß es ein Gebiet geringer Plasmadichte bei hoher Temperatur (stoßfreies Plasma!) gibt, in dem FARADAY- und HALL-*Beschleuniger* eine gute Wirkung erzielen, und daß es ein Gebiet mittlerer Dichte ($\sim 10^{15}$ cm^{-3}) gibt, bei denen das durch Teilchenstöße physikalisch bestimmte Plasma am besten durch magnetothermische oder elektrothermische Beschleuniger beschleunigt wird. Die Wirkungsgrade sind durch Verluste in der Grenzschicht, durch Instabilitäten etc. noch zu gering. Bei Wanderwellenbeschleunigern spielt die elektrische Leitfähigkeit und das *Druckverhältnis* β eine wesentliche Rolle.

Bei großer Leitfähigkeit diffundiert das Magnetfeld kaum ins Plasma, und das Plasma wird nur dann beschleunigt, wenn $\beta < 1$. Das Feld wirkt als *magnetischer Kolben*. Dies gilt aber nur für etwa $n < 10^{13}$ cm^{-3}. Ist die Dichte zu groß, dann wird $\beta > 1$, und das Plasma wird nicht beschleunigt, sondern geheizt. Ist die Leitfähigkeit klein, so diffundiert das Feld ins Plasma, und bei $\beta > 1$ erfolgt eine Beschleunigung, die vor dem Wellenberg größer ist als die Verzögerung dahinter. Nach dem Vorbeigleiten einer Welle ist das Plasma rascher geworden, erreicht aber nie die Phasengeschwindigkeit der Wanderwelle; es tritt ein *Plasmaschlupf* auf ($u < u_s$).

Plasmabeschleuniger werden auch dazu verwendet, um *Windkanäle hoher* MACH-*Zahl* ($M > 10$) zu konstruieren, vgl. [10.40]. Es wurden auch recht exotische Mittel, mittels Plasma einen Schub zu erzeugen, diskutiert, so *Weltraumsegler* (in dem aus Plasma bestehenden *Sonnenwind*) [7.4], mit *Uranhohlreaktoren*, in deren Höhlung heißes Deuteriumplasma erzeugt wird, um dann durch eine Düse ausgestoßen zu werden [15.30], oder MHD-*Detonationswellenbeschleuniger*, bei denen anstelle der Energiequelle der chemischen Detonation oder Deflagration eines Sprengstoffes — zwei verschiedene Arten der Explosion — die JOULE-*Wärme* des in einem Verdichtungsstoß komprimierten Plasmas tritt. Nach der *Schneepflugtheorie der* MHD-*Detonationswellen* gibt es auch hier zwei Lösungstypen: „MHD-*Detonation*" und „MHD-*Deflagration*" [15.32].

Weitere MHD-Anwendungen sind mit Plasmen gefüllte Kondensatoren, in denen bei Resonanz der Spannung mit der Plasmafrequenz (AZBEL'KANER-*Resonanz*) wegen $\varepsilon < 0$ die Kapazität negativ wird. Wenn l der Elektrodenabstand und a die Dicke der Plasmaschicht ist, dann lautet die Resonanzbedingung $\omega^2 = \omega_{PE}^2(l - a)/l$ MHD-Konvektion, durch ein elektrisches und ein magnetisches Feld erzeugt, wird für Rührapparate für flüssige Metalle verwendet. Auch an die Verwendung des MHD-Induktionseffektes zur Aufladung von *Herzschrittmachern* durch eigenes Blut, das in Adern zwischen Permanentmagneten hindurchfließt, hat man gedacht.

§ 16 Instabilität und Turbulenz

16.1 Instabilwerden von Strömungen

Wir haben bisher noch nicht davon gesprochen, daß Strömungsvorgänge nur für einen gewissen Bereich der sie charakterisierenden Parameter (z. B. der REYNOLDS-*Zahl*) *stabil* verlaufen. Außerhalb dieses Bereiches reagieren Strömungen auf kleine Störungen, sie werden *instabil*, d. h., die physikalischen Größen werden stark anwachsende Funktionen der Zeit.

Um zu untersuchen, ob eine gegebene Strömung stabil ist, müssen wir prüfen, wie sie sich gegenüber einer kleinen Störung verhält — wächst die Störung an (*instabiles Verhalten*) oder wird sie gedämpft (*stabiles Verhalten*)? Der geometrische Ort aller Punkte, die im Parameterraum das *Stabilitätsgebiet* umgrenzen, heißt in der englischen Literatur Zustand der *marginalen* (oder *neutralen*) *Stabilität*.

Wenn der Zustand der Stabilität verlassen wird, so kann dies prinzipiell auf drei Arten geschehen.

1. Die auftretende Störung wird *aperiodisch* gedämpft (oder wächst aperiodisch an): $\sim \exp(i\omega t)$, $\omega = \omega_r + i\omega_i$, $\omega_r = 0$, $\omega_i > 0$ bedeutet Stabilität, $\omega_i < 0$ bedeutet Anwachsen der Störung, also Instabilität.

Derartige Störungen gehen von Strömungen mit stationären Verteilungen (Profilen) aus; es bilden sich *Sekundärströmungen* oder *Zellenstrukturen* aus.

2. Die Störung wird *oszillierend* gedämpft oder wächst oszillierend an: oszillierende Instabilität, d. h. $\omega_r \neq 0$, $\omega_1 > 0$ Stabilität, $\omega_i < 0$ Instabilität.

Derartige Störungen gehen von Strömungszuständen aus, die durch eine charakteristische Frequenz gekennzeichnet werden können. EDDINGTON nannte das Einsetzen einer *oszillierenden Instabilität* „*overstable* („*überstabil*"), da die rücktreibenden (stabilisierenden) Kräfte gewissermaßen *über* das Ziel (die stabile Ruhelage) hinausschießen, so daß es zu einer aufschaukelnden Schwingung kommt.

3. In nicht dissipativen (ungedämpften) Medien führen die stabilen Zustände *ungedämpfte,* aber auch nicht anwachsende Schwingungen mit einer charakteristischen Frequenz ω_r durch. Instabile Störungen hingegen wachsen mit der Zeit *exponentiell* an, d. h. $\exp(-i\omega t)$, $\omega_i < 0$.

Da bei der Stabilitätsuntersuchung nur interessiert, ob eine kleine Störung anwächst oder nicht, genügt es, von den linearisierten Gleichungen auszugehen. Es kann allerdings sein, daß in einer exakten nichtlinearen Stabilitätstheorie (die man noch nicht hat) in der linearen Theorie als instabil klassifizierte Zustände sich als stabil erweisen. Andererseits scheinen Versuche zu zeigen, daß echte nichtlineare Instabilitäten mit großer Amplitude existieren, die durch die lineare Analyse nicht erfaßt werden. Da es die lineare Theorie nicht gestattet, das weitere Anwachsen einer eben entstandenen Instabilität zu beschreiben, kann auch über *Turbulenz* der Strömung nichts ausgesagt werden.

Physikalische *Ursachen* für die Entstehung von *Strömungsinstabilitäten* sind alle Faktoren, die zu Plasmainstabilitäten nach der MHD-Theorie führen. Im Rahmen der MHD sind jedoch von größerem Interesse

1. der Umschlag einer *laminaren* Strömung (z. B. HARTMANN-*Strömung*) in eine *turbulente* Strömung, der bei Überschreitung gewisser *kritischer Werte der* REYNOLDS-*Zahl* auftritt,

2. *thermische Instabilität* und *Konvektion*, erzeugt durch Heizung vom Rand,

3. Instabilitäten durch *Geschwindigkeitssprünge* zwischen zwei Schichten des strömenden Mediums (KELVIN-HELMHOLTZ-*Instabilität*).

Einige dieser Probleme wollen wir nun behandeln.

Wir wollen nun mit den oben besprochenen Methoden die Stabilität der (inkompressiblen) HARTMANN-*Strömung* untersuchen [15.34]. Natürlich können wir dabei nicht von den stark spezialisierten Gleichungen (14.4) bis (14.10) ausgehen, sondern müssen die vollen Gleichungen verwenden, da nur diese die für uns interessanten Sekundärströmungen und Störungen enthalten. Die geometrische Situation sei dieselbe wie in Abb. 57, d. h. $\dfrac{\partial}{\partial y} = 0$, $B_y = 0$; $v_x = u$, $v_y = 0$, jedoch $v_z = v \neq 0$, $B_{0x} = 0$, $B_{1x} \neq 0$, $B_{0z} = B_0$ (äußeres Feld). Damit lauten die Grundgleichungen (14.1) bis (14.3)

$$\frac{\partial u}{\partial x} + \frac{\partial v}{\partial z} = 0, \tag{16.1}$$

$$\frac{\partial u}{\partial t} + u \frac{\partial u}{\partial x} + v \frac{\partial u}{\partial z} = -\frac{1}{\varrho} \frac{\partial p^*}{\partial x} + \frac{1}{\mu \varrho} \left(B_x \frac{\partial B_x}{\partial x} + B_z \frac{\partial B_x}{\partial z} \right)$$
$$+ \frac{\eta}{\varrho} \left(\frac{\partial^2 u}{\partial x^2} + \frac{\partial^2 u}{\partial z^2} \right), \tag{16.2}$$

$$\frac{\partial v}{\partial t} + u \frac{\partial v}{\partial x} + v \frac{\partial v}{\partial z} = -\frac{1}{\varrho} \frac{\partial p^*}{\partial z} + \frac{1}{\mu \varrho} \left(B_x \frac{\partial B_z}{\partial x} + B_z \frac{\partial B_z}{\partial z} \right)$$
$$+ \frac{\eta}{\varrho} \left(\frac{\partial^2 v}{\partial x^2} + \frac{\partial^2 v}{\partial z^2} \right), \tag{16.3}$$

$$\frac{\partial B_x}{\partial t} + u\frac{\partial B_x}{\partial x} + v\frac{\partial B_x}{\partial z} - B_x\frac{\partial u}{\partial x} - B_z\frac{\partial u}{\partial x} = \frac{1}{\mu\sigma}\left(\frac{\partial^2 B_x}{\partial x^2} + \frac{\partial^2 B_x}{\partial z^2}\right), \quad (16.4)$$

$$\frac{\partial B_z}{\partial t} + u\frac{\partial B_z}{\partial x} + v\frac{\partial B_z}{\partial z} - B_x\frac{\partial v}{\partial x} - B_z\frac{\partial v}{\partial z} = \frac{1}{\mu\sigma}\left(\frac{\partial^2 B_z}{\partial x^2} + \frac{\partial^2 B_z}{\partial z^2}\right). \quad (16.5)$$

Um den Gesamtdruck p^* zu eliminieren, differenzieren wir (16.2) nach z, (16.3) nach x und subtrahieren voneinander:

$$\frac{\partial}{\partial t}\left(\frac{\partial v}{\partial x} - \frac{\partial u}{\partial z}\right) + u\frac{\partial}{\partial x}\left(\frac{\partial v}{\partial x} - \frac{\partial u}{\partial z}\right) + v\frac{\partial}{\partial z}\left(\frac{\partial v}{\partial x} - \frac{\partial u}{\partial z}\right)$$

$$= \frac{1}{\mu\varrho}\left[B_x\frac{\partial}{\partial x}\left(\frac{\partial B_z}{\partial x} - \frac{\partial B_x}{\partial z}\right) + B_z\frac{\partial}{\partial z}\left(\frac{\partial B_z}{\partial x} - \frac{\partial B_x}{\partial z}\right)\right] + \frac{\eta}{\varrho}\Delta\left(\frac{\partial v}{\partial x} - \frac{\partial u}{\partial z}\right).$$

$$(16.6)$$

Bei der Ableitung von (16.6) haben wir (16.1) und div $\boldsymbol{B} = 0$, d. h. $\dfrac{\partial B_x}{\partial x} + \dfrac{\partial B_z}{\partial z} = 0$ verwendet.

Wir führen nun *Stromfunktionen* ein durch

$$u = \frac{\partial \Psi}{\partial z}, \quad v = -\frac{\partial \Psi}{\partial x}, \quad B_x = \frac{\partial \varphi}{\partial z}, \quad B_z = -\frac{\partial \varphi}{\partial x} \qquad (16.7)$$

und erhalten aus (16.6)

$$\frac{\partial \Delta\Psi}{\partial t} + u\frac{\partial \Delta\Psi}{\partial x} + v\frac{\partial \Delta\Psi}{\partial z} - \frac{1}{\mu\varrho}\left(B_x\frac{\partial \Delta\varphi}{\partial x} + B_z\frac{\partial \Delta\Phi}{\partial z}\right) = \frac{\eta}{\varrho}\Delta\Delta\Psi. \qquad (16.8)$$

Macht man nun den *Störungsansatz* (Ansatz nach *Eigenschwingungen* oder „normal modes")

$$\Psi(x, z, t) = \Psi_0(z) + \Psi_1(z)\exp(ikx - i\omega t),$$

$$\varphi(x, z, t) = \varphi_0(x, z) + \varphi_1(z)\exp(ikx - i\omega t), \qquad (16.9)$$

wobei die Grundgrößen nach der HARTMANN-Lösung nach (14.24) durch

$$\frac{\partial \Psi_0}{\partial x} = -v_{0z} = 0, \quad \frac{\partial \Psi_0}{\partial z} = v_x \to U(Z), \quad \frac{\partial \varphi_0}{\partial x} = -B_{0z}, \quad \frac{\partial \varphi_0}{\partial z} = B_{1x} \qquad (16.10)$$

bestimmt sind.

(B_{1x} ist das von der ungestörten Strömung induzierte Magnetfeld und **nicht** das in Ψ_1 steckende Magnetfeld der Störung.)

Setzt man (16.7) und (16.9) in (16.8) sowie in (16.4) und (16.5) ein, wobei quadratische und höhere Terme von Ψ_1 und φ_1 vernachlässigt werden (*lineare Theorie*), so erhält man nach Einführung dimensionsloser Größen nach

(14.16), (5.77), (5.75), (5.76) sowie von

$$\tilde{\Psi} = \frac{\Psi_1}{u_0 a}, \qquad \tilde{\varphi} = \frac{\varphi_1}{B_0 a}, \qquad \tilde{k} = ka, \qquad \tilde{c} = \frac{\omega}{ku_0}, \qquad Z = \frac{z}{a} \qquad (16.11)$$

aus (16.8)

$$(U - \tilde{c})\left(\frac{d^2\tilde{\Psi}}{dZ^2} - \tilde{k}^2\tilde{\Psi}\right) - \frac{d^2 U}{dZ^2}\,\tilde{\Psi} + \frac{i}{\tilde{k}\,Re}\left(\frac{d^4\Psi}{dZ^4} - 2\tilde{k}^2\frac{d^2\tilde{\Psi}}{dZ^2} + \tilde{k}^4\tilde{\Psi}\right)$$

$$= A_0^2\left[\tilde{B}\left(\frac{d^2\tilde{\varphi}}{dZ^2} - \tilde{k}^2\tilde{\varphi}\right) - \frac{1}{\tilde{k}}\left(\frac{d^3\tilde{\varphi}}{dZ^3} - \tilde{k}^2\frac{d\tilde{\Phi}}{dZ}\right) - \frac{d^2\tilde{B}}{dZ^2}\,\tilde{\varphi}\right], \qquad (16.12)$$

während sich aus (16.4) und (16.5)

$$\tilde{B}\tilde{\Psi} - \frac{i}{\tilde{k}} = (U - \tilde{c})\,\tilde{\varphi} + \frac{i}{\tilde{k}\,Rm}\left(\frac{d^2\tilde{\varphi}}{dZ^2} - \tilde{k}^2\tilde{\varphi}\right) \qquad (16.13)$$

ergibt.
Für viele Gase ist die *magnetische* PRANDTL-*Zahl*

$$Pm = \mu_0\sigma_0\eta/\varrho_0 = Rm/Re \qquad (16.14)$$

sehr klein. Vernachlässigt man sie daher und führt man eine weitere Kennziffer

$$S = \frac{\sigma B_0^2 a}{\varrho u_0} = \frac{\text{LORENTZ-Kraft}}{\text{Trägheitskraft}} = \frac{H_a^2}{Re} = \frac{A_0^2}{Rm} \qquad (16.15)$$

ein (*magnetischer Wechselwirkungsparameter*), so kann man $\tilde{\varphi}$ aus (16.13) und (16.12) eliminieren und die sich ergebende Gleichung wie folgt schreiben

$$(U - \tilde{c})\left(\frac{d^2\tilde{\Psi}}{dZ^2} - \tilde{k}^2\tilde{\Psi}\right) - \frac{d^2 U}{dZ^2}\,\tilde{\Psi} + \frac{i}{\tilde{k}\,Re}\left(\frac{d^4\tilde{\Psi}}{dZ^4} - 2\tilde{k}^2\frac{d^2\tilde{\Psi}}{dZ^2} + \tilde{k}^4\tilde{\Psi}\right)$$

$$= \frac{i}{\tilde{k}}\,S\,\frac{d^2\tilde{\Psi}}{dZ^2}. \qquad (16.16)$$

Das ist die *magnetohydrodynamische* ORR-SOMMERFELD-*Gleichung*, die für $S = 0$ in die *hydrodynamische* ORR-SOMMERFELD-*Gleichung* [15.3], [15.34] übergeht. (Eine ähnliche, etwas einfacher gebaute Gleichung $\dfrac{d^4\Psi}{dZ^4} - Re\,\dfrac{d^3\Psi}{dZ^3} = 0$ wurde von OSEEN abgeleitet [15.33], [15.34].)
In (16.16) ist U durch (14.24) gegeben. Das *Instabilitätsproblem* der HARTMANN-*Strömung* besteht nun in der Lösung von (16.16) mit der Randbedingung (14.23), d. h.

$$\Psi_0(z = \pm a) = 0, \qquad \frac{d\Psi}{dz}\bigg|_{z=\pm a} = 0. \qquad (16.17)$$

Der komplexe *Eigenwert* $\tilde{c}$ hängt von den 3 in (16.16) enthaltenen Parametern Re, $\tilde{k}$ und Ha ab. Die Eigenwertgleichung stellt damit einen Zusammenhang zwischen ω und k her, ist also eine *Dispersionsrelation*. Zu jedem Wertepaar $\tilde{k}$, Re gibt es bei konstantem Ha einen komplexen Wert $\tilde{c} = \tilde{c}_r + i\tilde{c}_i$. Der geometrische Ort aller Punkte in der $\tilde{k}$, Re-Ebene, für die $\tilde{c}_i = 0$, ist die *Kurve der neutralen Stabilität*, vgl. Abb. 73.

Wie man aus der Abb. 73 ersieht, wird mit wachsender HARTMANN-*Zahl*, also nach (16.15) mit wachsendem Magnetfeld, die REYNOLDS-*Zahl*, bei der Instabilitäten auftreten, größer: *das Magnetfeld übt auf die Entstehung der Instabilitäten eine dämpfende Wirkung aus (,,magnetische Viskosität")*. Auch die aus der gewöhnlichen Hydrodynamik bekannte Tatsache, daß große Viskosität η (*kleine* REYNOLDS-*Zahl*) dämpfend wirkt, bleibt erhalten.

Hätten wir ein zweidimensionales Problem gerechnet und statt (16.9) den Ansatz $\exp(i\alpha x + i\beta y + i\omega t)$ gemacht, so hätten wir — genau so wie in der Hydromechanik — die Aussage bekommen, daß dann, wenn α_1, β_1, die zu Re_1 gehören, instabil sind, auch α_2 bei einer kleineren REYNOLDS-*Zahl* $Re_2 < Re_1$ instabil ist (SQUIRE-*Theorem*).

Mit ähnlichen Methoden wurde auch die Instabilität der COUETTE-*Strömung* (ebenes Problem oder zwischen zwei rotierenden Zylindern) sowie die Erzeugung von Instabilitäten durch variable Viskosität in der POISEUILLE-*Strömung* untersucht.

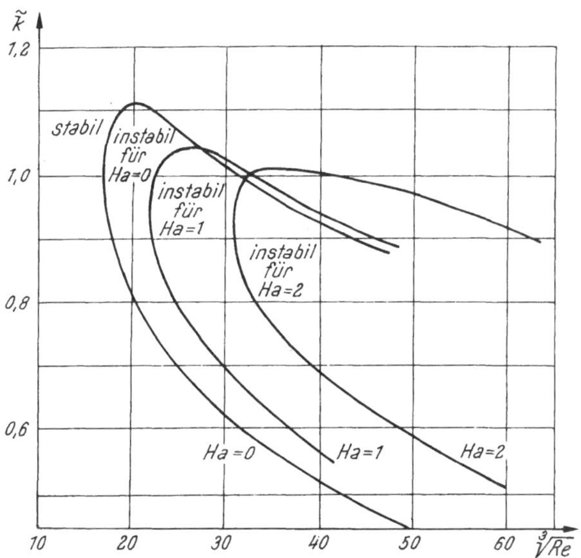

Abb. 73. Kurve der neutralen Stabilität

16.2 Das BÉNARD-*Problem*

Wir wollen nun den Einfluß des Magnetfeldes auf die *thermische Konvektion* und auf *thermische Instabilitäten* eines Plasmas untersuchen. Es sind für diesen Zweck mehrere Modelle untersucht worden, so das MGD-RAYLEIGH-*Problem* [14.1], die MHD *thermischer Konvektion in Strömungskanälen* und das BÉNARD-*Problem* [14.1].

Unter einer RAYLEIGH-*Strömung* [14.1] versteht man in der Gasdynamik die eindimensionale stationäre Strömung eines viskosen kompressiblen Mediums, dem Wärme durch die zur Zeit $t = 0$ ruckartig beschleunigte Wand des Strömungskanals zugeführt wird, vgl. S. 368.

Etwas leichter als die Probleme, bei denen das Plasma *strömt*, ist das BÉNARD-*Problem* zu behandeln, da bei diesem angenommen wird, daß das Medium vor dem Einsetzen der thermischen Konvektion *ruht* ($v_0 = 0$).

Wenn eine im Schwerefeld horizontal ruhende Plasmaschicht von unten auf die örtliche Temperatur T^* erwärmt wird (Abb. 74), dann sinkt die Plasmadichte infolge der Wärmeausdehnung an der Schichtunterseite, während die Dichte in den oberen Schichten infolge der langsamen Wärmeleitung größer bleibt. Die Schichtung eines schweren Mediums über einem leichten Medium ist *instabil* (RAYLEIGH-TAYLOR-*Instabilität*, die sich sofort aus der *Kontaktdiskontinuität*, s. S. 345 entwickelt). Die einsetzende, der stabileren Lage (schweres Medium unten, leichteres oben) zustrebende *thermische Konvektion* wird durch die *innere Reibung* und durch das *Magnetfeld gedämpft*. Bei derartigen Rechnungen bewährte sich die BOUSSINESQ-*Näherung*: die *Dichte* ϱ wird als *konstant* angenommen, ausgenommen im *Schwerekraftterm* und in der *Ausdehnungsgleichung*

$$\varrho = \varrho^0[1 - \alpha(T - T^0)], \tag{16.18}$$

wobei ϱ^0 die Dichte und T^0 die Temperatur des ungestörten (und nicht erwärmten) idealen Plasmas und α sein Volumenausdehnungskoeffizient

$$\alpha = \left(\frac{\partial \frac{1}{\varrho}}{\partial T}\right)_p \cdot \varrho = \frac{R}{p} \cdot \varrho = \frac{1}{T} \text{ ist.}$$

Diese Näherung ist kein Widerspruch in sich, da die Inkompressibilität eines Mediums *nicht* durch $\varrho = $ const, sondern durch $a \to \infty$ definiert ist. Dies hat nach $\frac{1}{a^2} = \left(\frac{\partial \varrho}{\partial p}\right)_S$ zur Folge, daß alle durch Druckänderungen verursachten Zustandsänderungen verschwinden:

$$0 = \left(\frac{\partial \varrho}{\partial p}\right)_T = \left(\frac{\partial \varrho}{\partial p}\right)_S = \left(\frac{\partial S}{\partial p}\right)_T = \left(\frac{\partial U}{\partial p}\right)_T \text{ etc.} \tag{16.19}$$

Aus (13.13) und der Zustandsgleichung folgt für $M = 1$

$$\frac{\partial S}{\partial t} = \frac{c_p}{T} \frac{dT}{dt} - \frac{\alpha}{\varrho} \frac{dp}{dt}, \tag{16.20}$$

aus (15.100) folgt ($M = 1$)

$$\frac{\mathrm{d}\varrho}{\mathrm{d}t} = \frac{1}{a^2}\frac{\mathrm{d}p}{\mathrm{d}t} - \frac{1}{a^2}\frac{p}{c_v}\frac{\mathrm{d}S}{\mathrm{d}t} = \frac{1}{a^2}\frac{\mathrm{d}p}{\mathrm{d}t} - \frac{\alpha\varrho T}{c_p}\frac{\mathrm{d}S}{\mathrm{d}t}, \tag{16.21}$$

und daraus für $a \to \infty$

$$T\frac{\mathrm{d}S}{\mathrm{d}t} = -\frac{c_p}{\alpha\varrho}\frac{\mathrm{d}\varrho}{\mathrm{d}t} = c_p\frac{\mathrm{d}T}{\mathrm{d}t}. \tag{16.22}$$

Daraus ersieht man, daß sich auch *in einem inkompressiblen Medium* $\left(a \to \infty, \dfrac{\partial}{\partial p} = 0\right)$ *durch Ausdehnung infolge von Wärmezufuhr die Dichte ändern kann.*

Die Grundgleichungen des BÉNARD-*Problems* lauten (16.18) und

$$\operatorname{div} \boldsymbol{v} = 0, \tag{16.23}$$

$$\varrho\frac{\partial \boldsymbol{v}}{\partial t} + \varrho(\boldsymbol{v}\nabla)\,\boldsymbol{v} - \eta\Delta\boldsymbol{v} = -\nabla\left(p + \frac{B^2}{2\mu_0}\right) + \frac{1}{\mu_0}(\boldsymbol{B}\nabla)\,\boldsymbol{B} + \varrho\boldsymbol{g}, \tag{16.24}$$

$$\frac{\partial \boldsymbol{B}}{\partial t} + (\boldsymbol{v}\nabla)\,\boldsymbol{B} - (\boldsymbol{B}\nabla)\,\boldsymbol{v} = \frac{1}{\mu_0\sigma}\Delta\boldsymbol{B} \tag{16.25}$$

(eine mit (16.19) aus der Induktionsgleichung folgende Form),

$$\frac{\partial T}{\partial t} + (\boldsymbol{v}\nabla)\,T = \lambda\Delta T\,\frac{\boldsymbol{jE}}{\varrho c_v} + \frac{\Phi}{\varrho c_v}, \tag{16.26}$$

was für ein inkompressibles Medium aus (13.3) folgt ($\boldsymbol{g}$ ist die konstante *Schwerebeschleunigung*). Die *Temperaturleitfähigkeit* λ ist durch

$$\lambda = \frac{\varkappa}{\varrho c_v} \tag{16.27}$$

gegeben, vgl. (5.54).

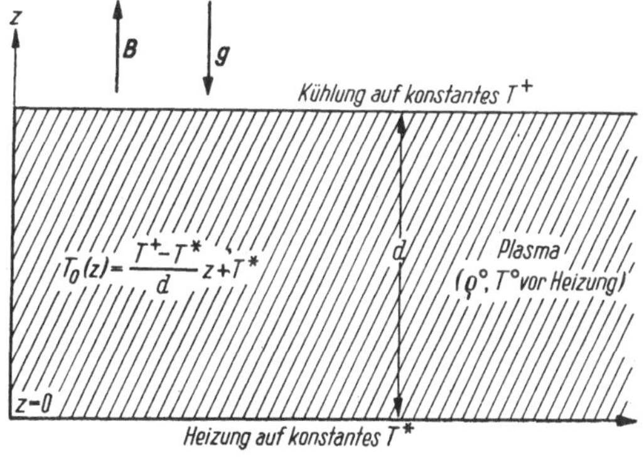

Abb. 74. Das BÉNARD-Problem

Wir linearisieren nun mit Hilfe von (15.52) und erhalten für die Störungen
wegen $v_0 = 0$

$$\varrho_1 = -\varrho_0 \alpha T_1, \qquad \varrho_0 = \varrho^0 \frac{|1 - \alpha(T_0 - T^0) - \alpha T_1|}{1 - \alpha T_1} \approx \varrho^0, \qquad (16.28)$$

$$\operatorname{div} v_1 = 0, \qquad (16.29)$$

$$\varrho_0 \left(\frac{\partial}{\partial t} - \frac{\eta}{\varrho_0} \Delta \right) v_1 = -\nabla \left(p_1 + \frac{B_0 B_1}{\mu_0} \right) + \frac{(B_0 \nabla) B_1}{\mu_0} - \varrho_0 \alpha T_1 g,$$
$$(16.30)$$

$$\left(\frac{\partial}{\partial t} - \frac{1}{\mu_0 \sigma} \Delta \right) B_1 = (B_0 \nabla) v_1, \qquad (16.31)$$

$$\left(\frac{\partial}{\partial t} - \lambda \Delta \right) T_1 = v_{1z} \frac{T^+ - T^*}{d} = v_{1z} \frac{dT_0}{dz}. \qquad (16.32)$$

Übt man zwecks Elimination von p auf (16.30) die Operation
rot rot = grad div $-\Delta$ aus und beachtet (16.29), div $B = 0$, rot $\nabla() = 0$,
$\varrho_0, B_0, \eta, \alpha = \text{const}$, dann erhält man wegen rot $g = \operatorname{div} g = (\nabla T_1 \cdot \nabla) g = 0$

$$\left(\frac{\partial}{\partial t} - \frac{\eta}{\varrho_0} \Delta \right) \Delta v_1 = \frac{(B_0 \nabla)}{\mu_0 \varrho_0} \Delta B_1 - \alpha g \Delta T_1 + \alpha(g \nabla) \nabla T_1. \qquad (16.33)$$

Es stehen uns nun für die 7 Variablen v_1, T_1, B_1 die 7 Gleichungen (16.33),
(16.31) und (16.32) zur Verfügung. In diesen Gleichungen sind $\eta, \mu, \varrho_0, \alpha, g, B_0, \lambda$
bekannte Konstante, und T_0 ist eine gegebene Funktion, vgl. Abb. 74. Hat
man T_1, dann kann man ϱ_1 aus (16.28) berechnen. Wir eliminieren nun B_1
(die Differentialgleichung für B_1 liefert einfach ALFVÉN-*Wellen*), indem wir
$\left(\dfrac{\partial}{\partial t} - \dfrac{1}{\mu_0 \sigma} \Delta \right)$ auf (16.33) ausüben. Damit erscheint in (16.33) der Term
$\left(\dfrac{\partial}{\partial t} - \dfrac{1}{\mu_0 \sigma} \Delta \right) B_1$, für den aus (16.31) eingesetzt werden kann:

$$\left(\frac{\partial}{\partial t} - \frac{1}{\mu_0 \sigma} \Delta \right) \left(\frac{\partial}{\partial t} - \frac{\eta}{\varrho_0} \Delta \right) \Delta v_1 = \frac{(B_0 \nabla)^2}{\mu_0 \varrho_0} \Delta v_1 - \alpha g$$
$$\cdot \left(\frac{\partial}{\partial t} - \frac{1}{\mu_0 \sigma} \Delta \right) \Delta T_1 + \alpha(g \nabla) \left(\frac{\partial}{\partial t} - \frac{1}{\mu_0 \sigma} \Delta \right) \nabla T_1. \qquad (16.34)$$

Mit Hilfe von (16.32) kann man nun entweder für T_1 oder für v_1 eine lineare
partielle Differentialgleichung 8. Ordnung ableiten und mit ihren Randbedingungen lösen. Für v_1 gelten $v_n = 0$, $v_t = 0$, vgl. S. 108, für T gilt nach Abb. 74

$$T_0(x, y, z = 0) = T^*, \qquad T_0(x, y, z = d) = T^+,$$

$$T_1(x, y, z = 0) = 0, \qquad T_1(x, y, z = d) = 0. \qquad (16.35)$$

Wir setzen v_{1z} aus (16.32) in (16.34) ein und schreiben $\dfrac{T^+ - T^*}{d} = \beta$:

$$\left(\frac{\partial}{\partial t} - \frac{\eta}{\varrho_0}\Delta\right)\left(\frac{\partial}{\partial t} - \frac{1}{\mu_0\sigma}\Delta\right)\left(\frac{\partial}{\partial t} - \lambda\Delta\right)\Delta T_1 - \frac{(\boldsymbol{B}_0\nabla)^2}{\mu_0\varrho_0}$$

$$\cdot\left(\frac{\partial}{\partial t} - \lambda\Delta\right)\Delta T_1 - \alpha\beta g\left(\frac{\partial}{\partial t} - \frac{1}{\mu_0\sigma}\Delta\right)\left(\Delta T_1 - \frac{\partial^2 T_1}{\partial z^2}\right) = 0. \quad (16.36)$$

Da diese Gleichung konstante Koeffizienten hat, können wir einen e-Potenzansatz machen, den wir mit Hinblick auf (16.35)

$$T_1(x, y, z, t) = A\,\exp(\omega t)\,\exp(i\boldsymbol{k}\boldsymbol{x})\sin\frac{\pi z}{d}, \quad \boldsymbol{x} = (x, y) \quad (16.37)$$

ansetzen. Wir wählen ω statt $i\omega$, da dann die weitere Rechnung bequemer wird, $\omega = 0$ oder $\dfrac{\partial}{\partial t} = 0$ liefert uns sofort die Kurve der *neutralen Stabilität*. Für diese gilt nach (16.36)

$$-\frac{\eta\lambda}{\varrho_0\mu_0\sigma}\Delta^4 T_1 + \frac{(\boldsymbol{B}_0\nabla)^2}{\mu_0\varrho_0}\lambda\Delta^2 T_1 + \frac{\alpha\beta g}{\mu_0\sigma}\left(\Delta T_1 - \frac{\partial^2 T_1}{\partial z^2}\right) = 0. \quad (16.38)$$

Setzen wir nun (16.37) mit $\omega = 0$ ein, so erhalten wir

$$R = \frac{1}{d^2 k^2}(d^2 k^2 + \pi^2)\,[(d^2 k^2 + \pi^2)^2 + Ha^2\cos^2\vartheta]. \quad (16.39)$$

Hier ist Ha die HARTMANN-*Zahl* nach (14.20), und

$$R = \frac{g d^4 \alpha \varrho_0 \beta}{\lambda\eta} \quad (16.40)$$

ist die RAYLEIGH-*Zahl*. Man sieht, daß ein horizontales Magnetfeld ($\cos\vartheta = 0$) keinen Einfluß hat und auf die Ergebnisse der gewöhnlichen Strömungslehre zurückführt. Trägt man $R(k)$ auf, so erhält man Abb. 75.
Für den *kritischen Temperaturgradienten* β_c erhält man aus (16.39) und (16.40) für $\cos\vartheta = 1$ mit (14.20)

$$\beta_c = \frac{\lambda}{\alpha g k^2 d^6}(d^2 k^2 + \pi^2)\left[(d^2 k^2 + \pi^2)^2\frac{\eta}{\varrho_0} + \frac{\sigma}{\varrho_0}B^2 d^2\right]. \quad (16.41)$$

Die elektrische Leitfähigkeit σ wirkt demnach so wie die Viskosität: *das Magnetfeld* erhöht (ebenso wie die Viskosität) den kritischen Temperaturgradienten, es *wirkt* also *dämpfend* auf *thermische Instabilitäten*.
Wir betrachten nun den Fall $\omega \neq 0$ (Instabilität). Aus (16.36) und (16.37) kann man die Bedingung

$$\lambda > \frac{1}{\mu_0\sigma} \quad (16.42)$$

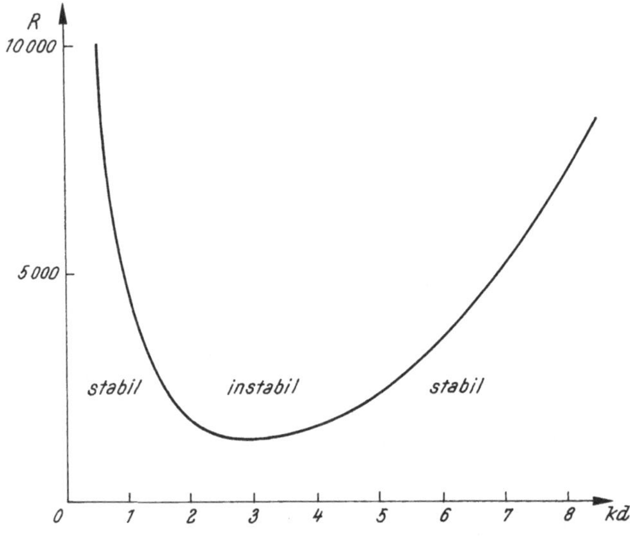

Abb. 75. Stabilitätskurve des BÉNARD-Problems für cos $\vartheta = 1$

für das Auftreten von anwachsenden Oszillationen ableiten; die Bedingung wird bei großen Magnetfeldern und geringen Dichten (reduziertes λ) nicht erfüllt. Bei hohen Dichten und Temperaturen, z. B. im Inneren von Sternen, könnten jedoch anwachsende oszillierende Konvektionsbewegungen auftreten.

Vor einiger Zeit wurde das BÉNARD-*Problem* von HERRNEGGER auch mittels eines *Variationsverfahrens* untersucht [15.48]. Von CHANDRASEKHAR wurden auch das Problem der *thermischen Instabilität rotierender Plasmen* sowie andere Probleme untersucht [15.49]. Er fand hierbei auch eine MHD-Erweiterung des *Theorems von* TAYLOR-PROUDMAN: *Alle stationären Strömungen eines Plasmas im Magnetfeld sind nach der linearisierten Theorie unbedingt zweidimensional.* Ein weiteres Ergebnis ist, daß auch *die Rotation das Einsetzen von Instabilitäten dämpft.*

16.3 Turbulenz

Die regelmäßige, stationäre oder instationäre Strömung, bei der sich das Medium in sich nicht mischenden Schichten verschiedener Geschwindigkeiten bewegt, nennt man *laminar*, vgl. die HARTMANN-*Strömung.* Wenn in einer solchen Strömung eine Instabilität auftritt, also der Grundströmung eine mit der Zeit anwachsende Störung überlagert wird, dann muß die entstehende neue Gesamtströmung wieder auf Stabilität untersucht werden. Bei REYNOLDS-*Zahlen*, die viel größer sind als der kritische Wert, treten in der Gesamtströmung weitere Instabilitäten auf: Bei Vergrößerung der REYNOLDS-*Zahl* tritt so nacheinander ein ganzes *Frequenzspektrum von Instabilitäten* auf. Da diese Strömungsvorgänge große Amplituden besitzen, dürfen die linearisierten Gleichungen nicht mehr verwendet werden. Die *nichtlinearen Glieder*, insbesondere der *Konvektionsterm* $(v\nabla)\,v$ in der Strömungsgleichung bewirken nun eine Kopplung der einzelnen Instabilitäten. Nach dem *Superpositionsprinzip* ist ja die Summe zweier Lösungen u_1 und u_2 einer Differentialgleichung *nur* dann wieder eine Lösung, wenn die Differentialgleichung *linear* ist. Wenn die Differentialgleichung nichtlinear ist, dann ist $u_1 + u_2$ keine Lösung, sondern

$$u = u_2 + u_1 + gf(u_1, u_2); \tag{16.43}$$

g heißt der *Kopplungskoeffizient*, und $f(u_1, u_2)$ enthält Lösungen mit neuen Frequenzen, z. B. den HELMHOLTZ*schen Kombinationsfrequenzen* $\omega_1 \pm \omega_2$ oder den *Oberschwingungen*, z. B. $3\omega_1$, $5\omega_1$ etc. [15.46].
Die Strömung wird dann sehr kompliziert und unregelmäßig. Die allgemeine Gestalt der Lösungsfunktionen, z. B. der Geschwindigkeit, ist dann

$$v(x, y, z, t) = v_0 + \sum_n v_n(x, y, z)\, \exp\left[-i \sum_{l=1}^{n} p_l(\omega_l t + \beta_l)\right]; \tag{16.44}$$

v_0 ist die ursprünglich laminare Grundströmung. Die Wahl der Grundfrequenzen ω_l ist nicht eindeutig — es treten Linearkombinationen auf. Die Strömung (16.44) hat n Freiheitsgrade und n willkürliche Anfangsphasen β_l. Im Grenzfall $Re \to \infty$ wird auch n beliebig groß.
Bei genügend großen Werten von Re spricht man von *ausgebildeter Turbulenz*; infolge der zahlreichen Frequenzen ist die Änderung der Geschwindigkeit sehr unregelmäßig und zeitlich ungeordnet; die Geschwindigkeit schwankt jedoch dauernd um einen gewissen Mittelwert. Diese Schwankungen sind jedoch durchaus nicht klein. Die der gemittelten Strömung überlagerte Bewegung kann man formal durch die Bewegung von *Turbulenzelementen* (*Turbulenzballen*) verschiedener Abmessungen beschreiben [15.35]. Zu den größeren (bei Beginn der Turbulenz zuerst auftretenden) Elementen, die die größere kinetische Energie besitzen und deren Bewegungen vorwiegend durch das Trägheitsglied beschrieben werden, gehören die kleinen Frequenzen. Die lokale Bewegung der kleineren Elemente wird wesentlich durch die Reibung bestimmt; zu ihnen gehören die großen Frequenzen. In kleinsten Dimensionen wird dann kinetische Energie durch die Reibung in Wärme verwandelt.
Aus derartigen, durch Dimensionsbetrachtungen ergänzten Überlegungen leiteten KOLMOGOROV, OBUCHOV und HEISENBERG ein *Turbulenzspektrum* für *lokale Turbulenz* ab, d. h. für das Geschehen in Gebieten, deren Abmessungen l_1 ($\approx 10^4$ freie Stoßweglängen der Moleküle) klein sind gegenüber der charakteristischen nach (5.25) in die REYNOLDS-*Zahl* eingehenden Länge l:

$$E(l_1) = \text{const } \varepsilon^{2/3} l_1^{5/3}, \qquad E(k) \sim k^{-5/3} \tag{16.45}$$

ε ist die *Energiedissipation* pro Masseneinheit des Mediums und pro Zeiteinheit und ist etwa

$$\varepsilon \approx \frac{\eta \overline{v_l}}{\varrho l_1^2}, \tag{16.46}$$

wobei $\overline{v_l}$ die Geschwindigkeitsschwankung im Bereich der Größe l_1 ist. $E(l_1)$ ist das *Turbulenzspektrum*, d. h., wenn $\overline{v^2}$ die mittlere quadratische Geschwindigkeitsschwankung ist, dann gilt ($l_1 \approx \lambda = 2\pi/k = 2\pi c/\omega = c/\nu$, ν ist die zugeordnete Frequenz)

$$\frac{1}{2}\,\overline{v^2} = \int E(l_1)\,\mathrm{d}l_1\,. \tag{16.47}$$

Alle diese Überlegungen wurden jedoch für inkompressible nicht leitende Medien angestellt und sind daher für ein Plasma nur beschränkt gültig [15.49].

Die Turbulenz eines Plasmas unterscheidet sich von der hydrodynamischen Turbulenz zunächst durch die Wirkungen des Magnetfeldes. Einerseits können (insbes. für $1/\mu_0\sigma < \eta/\varrho$) durch turbulente Strömungen eines Plasmas hoher Leitfähigkeit Magnetfelder erzeugt werden, wobei die Energie zwischen lokaler Plasmabewegung und Feld gleich verteilt ist, und andererseits kann ein bereits vorhandenes Magnetfeld die Turbulenz dämpfen, insbesondere wenn $\mu B^2 \gg \varrho\overline{v^2}$.

Ein viel weiter gehender Unterschied rührt jedoch daher, daß neben der durch den Term $(v\nabla)\,v$ hervorgerufenen hydrodynamischen Wechselwirkung zwischen den Plasmateilchen untereinander und mit dem elektromagnetischen Feld sowie zwischen einzelnen elektromagnetischen Wellen Wechselwirkungen bestehen, die die Ursache der *elektromagnetischen Plasmaturbulenz* sind. Diese tritt natürlich auch in *stoßfreien Plasmen* auf.

So wie in der hydrodynamischen Turbulenztheorie [15.35] arbeitet man auch in der *magnetohydrodynamischen Turbulenztheorie* eines Stößen unterworfenen dichten Plasmas mit FOURIER-*Transformationen* und Korrelationen, vgl. [15.35]. Da wir aus Platzmangel auf diese schon recht komplizierten Theorien hier nicht eingehen können, begnügen wir uns mit der Definition einiger Grundbegriffe.

Man geht z. B. von der STOKES-NAVIER-*Gleichung* und der *Induktionsgleichung* aus, die einer FOURIER-*Transformation* unterworfen werden. Definiert man dann eine *räumliche Geschwindigkeitskorrelation* (i, j bedeuten die Komponenten des Geschwindigkeitsvektors v)

$$\overline{v_i(x_A, y_A, z_A, t)\, v_j(x_B, y_B, z_B, t)} = \int\limits_0^\tau v_i v_j\,\mathrm{d}t = q_{ij}, \tag{16.48}$$

wobei τ eine für das lokale Geschehen charakteristische Zeit ist ($\tau \approx 10^5$ · Stoßzeit der Moleküle), so erhält man für q_{ij} (für v und B) Gleichungen, die formal als BOLTZMANN*sche Stoßgleichungen* angesehen und gelöst werden können.

Die Ergebnisse derartiger Rechnungen können etwa wie folgt zusammengefaßt werden:

1. Für ein unendlich großes äußeres Magnetfeld B_0 erhält man eine nur zweidimensionale, mit den ALFVÉN-*Wellen* zusammenhängende Turbulenz.

Dies steht in Übereinstimmung mit dem Theorem von TAYLOR-PROUDMAN, S. 388.

2. Damit ein KOLMOGOROV-*Spektrum* im Plasma auftritt, muß eine etwas unphysikalische, vielleicht aber in der Natur erfüllbare Bedingung für die Wirbelstärke rot v gelten. So hat CHEN [15.36] gezeigt, daß für ein vollionisiertes Plasma eher $E(\omega) = C\omega^{-5}$ zu erwarten ist.

3. Turbulenz im Plasma erniedrigt die elektrische Leitfähigkeit (da die Elektronen Energie an die elektromagnetischen Schwingungen abgeben).

4. Von der mechanischen Turbulenz fließt Energie in die Magnetfeldturbulenz.

5. Die JOULE-*Wärme* verstärkt die mechanische Turbulenz.

6. Im lokalen Bereich erfolgt Energiedissipation durch die Viskosität und durch die *magnetische Viskosität* $\dfrac{1}{\mu_0 \sigma}$ (durch lokale *Wirbelströme*).

7. In der hydrodynamischen Turbulenz entstehen lokale Wirbel, die sich nicht fortpflanzen; in Experimenten über Plasmaturbulenz, insbesondere für stoßfreie Plasmen, ist das lokale Element eher eine Schwingung, die sich ausbreitet.

8. In einem turbulenten Plasma werden durch die FERMI-*Beschleunigung* durch elektromagnetische Schwingungen viele schnelle Ionen erzeugt, so daß das Plasma *aufgeheizt* wird. Auch turbulente MHD-Stöße tragen zu dieser Aufheizung (*Turbulenzheizung*) bei.

9. Turbulenz erzeugt [8.4] ein spontanes Magnetfeld von der Größenordnung $H^2 \sim 4\pi \sqrt{\varepsilon\varrho}$.

10. Da das COWLING-Theorem über die Nichtexistenz von MHD-Dynamowirkung nur für *nicht* turbulente Strömungen gilt, kann man für turbulente Strömungen im OHMschen Gesetz einen Term ableiten, der zu einem MHD-Dynamo führen kann. Geht man mit dem Störungsansatz $v = v_1$, $B = B_0 + B_1$, wobei der Index $_0$ die stationäre Strömung und $_1$ die Fluktuationen bezeichnet, in die Induktionsgleichung ein und behält Glieder 2. Ordnung wie rot $[v_1 \times B_1]$, die man als $\alpha B - \beta \nabla \times B_1$ ansetzt, so erhält man eine *turbulente elektrische Leitfähigkeit* $1/\sigma_t = 1/\sigma + \beta/\mu_0$ und ein OHMsches Gesetz in der Form $j = \sigma_t(E + [v \times B] + \alpha B)$, dessen letzter Term das COWLING-Theorem ungültig macht.

Grundlage der Theorie der *elektromagnetischen Plasmaturbulenz* ist meist die VLASOV-*Gleichung*, da in dieser die durch Teilchenzusammenstöße bedingten typischen MHD-Effekte vernachlässigt werden. Die zeitliche Entwicklung einer Instabilität bis zur Ausbildung der vollen elektromagnetischen Turbulenz [15.39] kann, ausgehend von verschiedenen Methoden zur Lösung der VLASOV-*Gleichung* wie folgt eingeteilt werden:

1. *linearisierte Theorie* der Instabilitäten: zeitlich exponentielles Anwachsen der Welle,

2. *quasilineare Theorie*: diese enthält die einfachste nichtlineare Korrektur, nämlich die Verkleinerung der *Anwachsrate* mit wachsender Wellenamplitude

als Folge der Veränderung der Teilchenverteilungsfunktion durch die Instabilität. Es entsteht zeitweilig ein quasi-stationäres Wellenspektrum.

3. *Wechselwirkungstheorie* (*schwache Turbulenz*): durch die nichtlinearen Terme der VLASOV-*Gleichung* kommt es nun zu einer Wechselwirkung zwischen den Wellen [15.47] des quasi-stationären Spektrums, so daß dieses verändert wird.

4. *nichtlineare* LANDAU-*Dämpfung* (*starke Turbulenz* [15.40]): die Wechselwirkung führt schließlich zur Erzeugung *virtueller Wellen*, die ihre Energie wie $\sim \dfrac{1}{t}$ durch nichtlineare LANDAU-*Dämpfung* an die Teilchen abgeben: das Plasma wird aufgeheizt (*Turbulenzheizung*), und zwar rascher als dies durch Teilchenzusammenstöße möglich wäre.

Wenn das Amplitudenquadrat $I \sim \exp(2\gamma t)$ einer mit $\exp(i\omega t)$ variablen Größe von der *Anwachsrate* $\gamma = -\omega_1$ unabhängig ist, dann ist $\gamma = \text{const}$, und es gilt $\dfrac{\mathrm{d}I}{\mathrm{d}t} = 2\gamma I$. Ist jedoch γ von der Amplitude I abhängig, z. B. $\gamma_\mathrm{q} = \gamma + aI + bI^2 + \ldots$, dann erhält man $\dfrac{\mathrm{d}I}{\mathrm{d}t} = 2\gamma I + 2aI^2 + 2bI^3$ als Differentialgleichung für die zeitliche Veränderung der Amplitude. Wellen mit $a < 0$ nennt man *weiche Wellen*, $I = -\dfrac{\gamma}{a} + \ldots$, die langsam monoton anwachsen, und Wellen mit $a > 0$, die rasch („springend") anwachsen, heißen *hart*.

Die einfachste nichtlineare Verbesserung von linearisierten Lösungen der VLASOV-Gleichung besteht in der quasilinearen Theorie. So ist die Formel $\dot{I} = 2\gamma I$ eine Folge dieser Theorie. Um dies zu zeigen, gehen wir von einem nicht magnetisierten homogenen VLASOV-Plasma aus, das sich im Gleichgewicht befindet, $\boldsymbol{B}_0 = 0$, $\boldsymbol{E}_0 = 0$, $\partial f_0/\partial t = 0$. Der Störungsansatz sei

$$f(\boldsymbol{r}, \boldsymbol{u}, t) = f_0 + f_1 = f_0 + \sum_k f_k(\boldsymbol{u}) \exp(i\boldsymbol{k}\boldsymbol{r} - i\omega_k t), \tag{16.49}$$

$$\boldsymbol{E} = \boldsymbol{E}_1 = \sum_k \boldsymbol{E}_k(t) \exp(i\boldsymbol{k}\boldsymbol{r} - i\omega_k t), \tag{16.50}$$

wobei wir zunächst $\omega_k = \omega_\mathrm{PE}(1 + 3k^2\lambda_\mathrm{D}{}^2/2) + i\gamma_k$ setzen, wobei γ durch die LANDAU-*Anwachsrate*

$$\gamma_k = \frac{\pi\omega_\mathrm{PE}^3}{2k^2} \int \frac{\partial f_0}{\partial \boldsymbol{u}} \, \boldsymbol{k}\delta(\omega_k - \boldsymbol{k}\boldsymbol{u}) \, \mathrm{d}\boldsymbol{u} = \frac{\pi}{2} \frac{\omega_\mathrm{PE}^2}{k^2} \frac{\partial f_0}{\partial \boldsymbol{u}}\bigg|_{\boldsymbol{u}=\omega/k} \tag{16.51}$$

gegeben ist. Einsetzen von (16.49) in die VLASOV-Gleichung liefert mit $\partial f_0/\partial t \approx 0$, $\boldsymbol{E}_k \cdot \partial f_1/\partial \boldsymbol{u} \approx 0$

$$f_k(\boldsymbol{u}) = \frac{ei}{m(\omega_k - \boldsymbol{u} \cdot \boldsymbol{k})} \boldsymbol{E}_k \frac{\partial f_0}{\partial \boldsymbol{u}}. \tag{16.52}$$

Die Größen ω_k, γk werden nun aber auch durch die POISSON-Gleichung ($s = E, I$)

$$\nabla E_k = \varepsilon \sum_s e_s \int f_{1s}\, \mathrm{d}u \tag{16.53}$$

festgelegt. Um nun die von der quasilinearen Theorie angenommene Modifikation $\partial f_0/\partial t$ der Gleichgewichtsfunktion f_0 zu finden, nehmen wir an, daß diese relativ langsam erfolgt, d. h. die über die schnellen Oszillationen gemittelten Störungswerte werden vernachlässigt.

$$\langle f_1 \rangle = 0, \quad \langle E \rangle = 0. \tag{16.54}$$

Sei nun $f(r, u, t)$ die aktuelle gesamte Verteilungsfunktion, dann definieren wir einen räumlichen Mittelwert

$$f_0(u, t) = \int f(r, u, t)\, \mathrm{d}r = \langle f \rangle. \tag{16.55}$$

Einsetzen in die VLASOV-Gleichung und zeitliche Mittelung gibt

$$\frac{\partial f_0}{\partial t} = \left\langle \frac{e}{m} E_1 \frac{\partial f_1}{\partial u} \right\rangle = \frac{e}{m} \frac{\partial}{\partial u} \sum_k (E_k f_k{}^* + E_k^* f_k) = \frac{\partial \langle f \rangle}{\partial t}, \tag{16.56}$$

wobei

$$\left\langle E_1 \frac{\partial}{\partial u} f_1 \right\rangle = \frac{\partial}{\partial u} \langle E_1 f_1 \rangle \tag{16.57}$$

verwendet wurde [9.3]. Wie man sieht, ist die zeitliche Änderung von f_0 von 2. Ordnung, denn der Term $E_1 f_1$ ist von dieser Ordnung und würde in der linearen Theorie verschwinden. Einsetzen von f_k aus (16.52) in (16.56) gibt

$$\langle E_1 f_1 \rangle = \int E_1 f_1\, \mathrm{d}r = \int \mathrm{d}r \sum_{k,k'} f_k(u) \exp(ikr)\, E_{k'} \exp(ik'r)$$
$$= \sum_k f_k E_{-k}. \tag{16.58}$$

Setzt man f nach (16.49), (16.52) in die VLASOV-Gleichung ein und führt die zeitliche Mittelung über die raschen Oszillationen durch, so erhält man für die langsame zeitliche Veränderung von f_0 den Ausdruck

$$\frac{\partial f_0}{\partial t} = \left\langle \frac{e}{m} E \frac{\partial f_1}{\partial u} \right\rangle = \frac{e}{m} \frac{\partial}{\partial u} \sum_k (E_k f_k{}^* + E_k^* f_k). \tag{16.59}$$

Einsetzen von f_k aus (16.52) liefert

$$\frac{\partial f_0}{\partial t} = \frac{e^2}{m^2} \sum_k E_{-k} \frac{\partial}{\partial u} \left[\frac{1}{\omega_k - uk} E_k \frac{\partial}{\partial u} f_0 \right]. \tag{16.60}$$

Verwendet man nun nach LANDAU

$$\lim_{\varepsilon \to 0} \frac{1}{\omega_k - \boldsymbol{u} \cdot \boldsymbol{k} \pm i\varepsilon} = P \frac{1}{\omega_k - \boldsymbol{u} \cdot \boldsymbol{k}} + i\pi\delta(\omega_k - \boldsymbol{u} \cdot \boldsymbol{k}), \tag{16.61}$$

so erhält man aus (16.60)

$$\frac{\partial f_0}{\partial t} + \frac{\partial}{\partial \boldsymbol{u}}\left(-\frac{e^2}{m^2} \sum_k |E_k^2| \, \pi\delta(\omega_k - \boldsymbol{u} \cdot \boldsymbol{k}) \frac{\partial f_0}{\partial \boldsymbol{u}} \right) = 0, \tag{16.62}$$

was für resonante Teilchen $\boldsymbol{u} \cdot \boldsymbol{k} = \omega_k \approx \omega_{\mathrm{PE}}$, $\gamma_k \ll w_k$ gilt. E_k^2 entspricht der Wellenenergie, die wir oben mit I bezeichnet haben.

Führt man nun die Abkürzung

$$D = \frac{\pi e^2}{m^2} \sum_k |E_k^2| \, \delta(\omega_k - \boldsymbol{u} \cdot \boldsymbol{k}) \tag{16.63}$$

oder für ein kontinuierliches Spektrum

$$D = \frac{\pi e^2}{m^2} \int |E(k)^2| \, \delta(\omega(k) - \boldsymbol{u} \cdot \boldsymbol{k}) \, \mathrm{d}\boldsymbol{k} \tag{16.64}$$

ein, so kann man (16.62) in der Form

$$\frac{\partial f_0}{\partial t} = \frac{\partial}{\partial \boldsymbol{u}} D \frac{\partial f_0}{\partial \boldsymbol{u}} \tag{16.65}$$

schreiben. Dies erinnert nun an die FOKKER-PLANCK-Gleichung (4.28), (4.50). Da die einzelnen Wellen E_k sich nach (16.50) wie $\exp(-i\omega_k t)$ verhalten, verändert sich die Wellenenergie I, die proportional dem Amplitudenquadrat E_k^2 ist, wie $\exp(-2i\omega_k t)$, wobei ω_k komplex ist, so daß auch $\mathrm{d}I/\mathrm{d} = 2\gamma I$ gilt. Für resonante Teilchen und im eindimensionalen Fall lassen sich die Gleichungen weiter vereinfachen und führen dann [9.3] zur *Plateau*-Bildung der Abb. 54. Weitere Wechselwirkung zwischen den Moden führt dann [15.40] zur starken elektromagnetischen Turbulenz und zu verschiedenen Turbulenzspektren $\sim k^\nu$ oder $k^2 \exp(1 - k_0{}^2)$ etc.

Zur Berechnung der Wechselwirkung von Wellen („*Plasmonen*") erwies es sich als zweckmäßig, den Formalismus der Quantentheorie heranzuziehen [15.37]. Insbesondere die Verwendung von FEYMAN-*Graphen* (Abb. 76) für die Wechselwirkung von zwei Wellen („*Streuung von zwei Plasmonen*") ist gebräuchlich geworden. Für drei Plasmonen gibt es auf Grund der Erhaltungssätze für Energie und Impuls nur die beiden Prozesse

a) Zerfall eines Plasmons in zwei Plasmonen,

$$k_1 = k_2 + k_3, \quad \omega_1 = \omega_2 + \omega_3, \tag{16.66}$$

b) Verschmelzung von zwei Plasmonen in ein Plasmon („Streuung"),

$$k_1 + k_2 = k_3, \quad \omega_1 + \omega_2 = \omega_3. \tag{16.67}$$

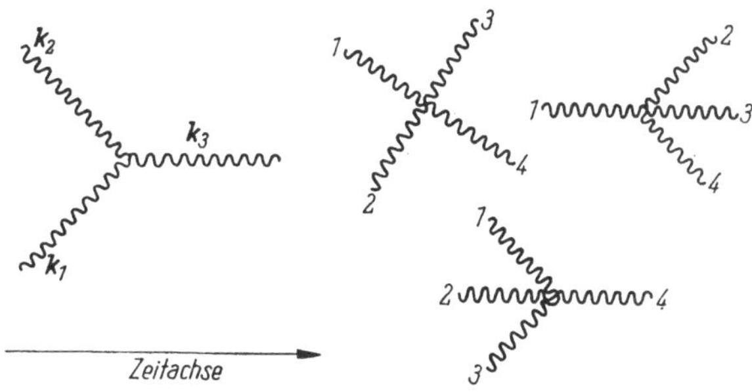

Abb. 76. Vier-Plasmonen-Wechselwirkung
Feynman-Graph für die Streuung von zwei Plasmonen (Streuung der Welle mit der Energie E_{k_1}
an der Welle E_{k_2}, wobei die Welle E_{k_3} entsteht)

Nach Kadomzev führt die Drei-Plasmonen-Wechselwirkung zu einem Turbulenzspektrum $E(k) \sim k^{-3} \ln k^{-1}$.

Weitere Einschränkungen für die Plasmonen-Wechselwirkung folgen aus ihrer Natur. So können z. B. hochfrequente longitudinale Plasmonen (Langmuir-*Wellen*), die ja nur eine Frequenz, nämlich ω_P haben können, nicht in 2 Plasmonen zerfallen etc.

Bei vier Plasmonen treten auch *Selbstenergieterme* auf (Abb. 76). Die Vier-Plasmonen-Wechselwirkung führt zur *nichtlinearen* Landau-*Dämpfung*, bei der von den Wellen Energie an Elektronen und Ionen übertragen wird, wobei die langsameren Teilchen bevorzugt werden, so daß es zu einer Aufheizung des Plasmas kommt.

Bei der ausgebildeten starken Turbulenz kommt es natürlich auch zu einer anomalen Diffusion.

Literaturverzeichnis

[1.1] Cap, F.: Physik und Technik der Atomreaktoren. Springer, Wien, 1957.

[1.2] Raeder, J. et al.: Kontrollierte Kernfusion. Teubner, Stuttgart, 1981.

[1.3] Nishikawa, K., Wakatani, M.: Plasma Physics, Basic Theory with Fusion Applications. Springer, Berlin, 1990.

[1.4] JT60 Team: 14th IAEA Conf. on Plasma Phys. and Contr. Nucl. Fusion Research, Würzburg 1992, Bericht CN-56/A-1-3, IAEA Wien 1993.

[1.5] JET-Team: 13th IAEA Conf. on Plasma Phys. and Contr. Nucl. Fusion Research, Washington 1990, Proceed. I, p 27, IAEA Wien 1991.

[1.6] Jassby, D.: Neutral-Driven Tokamak Fusion Reactors. Nucl. Fusion 17/2, 309–365 (1977).

[1.7] Kristiansen, M., Hagler, M.: Laser Heating of Magnetized Plasmas. Nucl. Fusion 16/6, 999–1034 (1976).

[1.8] vgl. Kapitel 20, Laser Plasmas. In: Cap, F.: Handbook on Plasma Instabilities, vol. 3. Academic Press, New York, 1982.

[1.9] Vgl. Abschnitt 13.5, in: Cap, F.: Energieversorgung, Probleme und Ressourcen. Teubner, Stuttgart, 1981.

[1.10] Lidsky, L.: Fission-Fusion Systems: Hybrid, Symbiotic and Augean. Nucl. Fusion 15, 151–173 (1975).

[1.11] Duderstadt, J., Moser, G.: Inertial Confinement Fusion. J. Wiley, New York, 1982.

[1.12] Motz, H.: The Physics of Laser Fusion. Academic Press, New York, 1979.

[1.13] Proceed. European Research Conference in Physics. Prospects for Heavy Ion Inertial Fusion. Aghia Pelaghia, Kreta, 27. 9.–1. 10. 1992.

[1.14] Parker, E., Kennel, C., Lanzerotti, L.: Solar System Plasma Physics, 3 Bände. North Holland, Amsterdam, 1979.

[1.15] Melrose, D.: Plasma Astrophysics, 2 Bände. Gordon and Breach, New York, 1980.

[1.16] Kaplan, S., Tsytovich, V.: Plasma Astrophysics. Pergamon Press, Oxford, 1973.

[1.17] Kunkel, W. (ed.): Plasma Physics in Theory and Application. McGraw-Hill, New York, 1966.

[1.18] Janzen, G.: Plasmatechnik, Grundlagen, Anwendungen, Diagnostik. Hüthig, Heidelberg, 1992.

[1.19] Ramberger, R.: Optimization of the Current Profile in MHD Generators. AIAA Journal 16/7, 740–646 (1978).

[1.20] Lackner, K.: Zweidimensionale magnetogasdynamische Strömungen kleiner magnetischer Reynoldszahlen. J. Appl. Math. Phys. (ZAMP) 19/6, 844–850 (1968).

[2.1] Miyamoto, K.: Plasma Physics for Nuclear Fusion. MIT Press, Cambridge, 1976.

[2.2] Cap, F., Leubner, M.: Rutherford-Streuung im homogenen Magnetfeld. Acta Phys. Austr. 49, 11–19 (1978).

[3.1] Northrop, T.: The guiding center approximation. Annals of Physics 15, 79–101 (1961).

[3.2] Cap, F.: Handbook on Plasma Instabilities, vol. 1. Academic Press, New York, 1976.

[3.3] Leontovich, M., Lazhinsky, H.: Reviews of Plasma Physics, vol. 1. Consultants Bureau, New York, 1965.
[3.4] Stacey, W.: Fusion Plasma Analysis. J. Wiley, New York, 1981.
[3.5] Sutton, G., Sherman, A.: Engineering Magnetohydrodynamics. McGraw-Hill, New York, 1968.
[3.6] Glasstone, S., Lovberg, R.: Kontrollierte termonukleare Reaktionen. Thiemig, München, 1964.

[4.1] Klimontovich, Yu.: The statistical Theory of Non-equilibrium Processes in a Plasma. Pergamon Press, Oxford, 1967.
[4.2] Balescu, R.: Statistical Mechanics of Charged Particles. Interscience, New York, 1963.
[4.3] Chandrasekhar, S.: Plasma Physics. University of Chicago Press, 1960 und Rev. Mod. Phys. **15**, 1 (1943).
[4.4] Kampen, N. Van, Felderhof, B.: Theoretical Methods in Plasma Physics. North Holland, Amsterdam, 1967.
[4.5] Rosenbluth, M., Sagdeev, R.: Handbook of Plasma Physics. North Holland, Amsterdam, 1983.
[4.6] Landau, L., Lifschitz, E.: Hydrodynamik. Akademie Verlag, Berlin, 1966.

[5.1] Chapman, S., Cowling, T.: The Mathematical Theory of Non-Uniform Gases. Cambridge University Press, Cambridge, 1964.

[6.1] Alfvén, H., Faelthammar, C.: Cosmical Electrodynamics. Clarendon Press, Oxford, 1963.
[6.2] Lehnert, Bo: Dynamics of Charged Particles. North Holland, Amsterdam, 1964.
[6.3] Weizel, W.: Lehrbuch der theoretischen Physik. Springer, Berlin, 1955.
[6.4] Frank-Kamenezki, D.: Vorlesungen über Plasmaphysik. Deutscher Verlag der Wissenschaften, Berlin, 1967.
[6.5] Spitzer, L., Härm, R.: Transport Phenomena in a Completely Ionized Gas. Phys. Rev. **89**, 977−981 (1953).
[6.6] Braginskii, S.: Transport Processes in Plasmas. In: Leontovich, M. (ed.) Reviews of Plasma Physics. Consultants Bureau, New York, 1965, vol. 1, 205−311.
[6.7] Chen, F.: Introduction to Plasma Physics. Plenum Press, New York, 1974.

[7.1] Porcelli, F., Stankiewicz, R., Kerner, W., Berk, H.: Solution of the Drift-Kinetic Equation for Global Plasma Modes and Finite Particle Orbit Widths, Report JET-P(93)60 JET Joint Undertaking, Abingdon, Oxon, July 1993 (erscheint in Physics of Fluids).
[7.2] Proceed. Second. Intern. Conference Peaceful Uses Atomic Energy, Genf 1958, p. 475. Pergamon Press, Oxford, 1959.
[7.3] Schmidt, G.: Physics of High Temperature Plasma. Academic Press, New York, 1966.
[7.4] Thompson, W.: An Introduction to Plasma Physics. Pergamon Press, Oxford, 1962.
[7.5] Band 4, pp. 1−21 von [3.3].
[7.6] Reports on Progress in Physics, **24** (1961), **30** (1967), **31** (1968), The Physical Society, London.
[7.7] Drummond, J.: Plasma Physics. McGraw-Hill, New York, 1961.

[8.1] Motz, H., Watson, C.: The Radio-Frequency Confinement and Acceleration of Plasmas, Adv. Electronics Electron Physics **23**. Academic Press, New York, 1967.
[8.2] Alexandroff, P., Hopf, H.: Topologie. Springer, Berlin, 1935 (Seite 552).
[8.3] Lundquist, S.: Magnetohydrostatic Fields. Ark. f. Fys. **2**, 361 (1950).
[8.4] Roberts, P.: Introduction to Magnetohydrodynamics. Longmanns, London, 1967.
[8.5] Lüst, R., Schlüter, A.: Kraftfreie Magnetfelder. Z. Astrophys. **34**, 263 (1954).
[8.6] Taylor, J. B.: In. Rev. Mod. Phys. **58**, 741 (1986).
[8.7] Cap, F., Khalil, S.: Eigenvalues of Relaxed Axisymmetric Toroidal Plasmas of Arbitrary Aspect Ratio and Arbitrary Cross Section. Nucl. Fusion **29**, 1166−1170 (1989).
[8.8] Artsimovich, L.: Configurations de plasmas fermées. Presses Universitaires de France, Paris, 1968.

[8.9] Moon, P., Spencer, D.: Field Theory Handbook. Springer, Berlin, 1971.

[8.10] Cap. F.: Some Remarks on Toroidal Problems. Beitr. Plasma Phys. **18**/4, 207−215 (1978).

[8.11] Cap, F.: Wie löst man Randwertprobleme in Physik und Technik? de Gruyter, Berlin, 1993.

[8.12] Cap, F.: Axisymmetric toroidal MHD equilibria of arbitrary cross section asan eigenvalue problem. Sov. J. Plasma Phys, **10**/2, 255−256 (1984).

[8.13] Cap, F.: Two-dimensional toroidal MHD equilibria of arbitrarys cross-section. J. Plasma Phys. **29**/1, 173−175 (1983).

[8.14] Cap, F.: Analytical Threedimensional Force-free Toroidal MHD-Equilibria, Proc. Intern. Confer. on Plasma Physics, 7−11 April 1980, Nagoya, **1**, 7a-I-01 (Fusion Research Association of Japan).

[8.15] Lortz, D., Lotz, W., Nührenberg, J., Cap, F.: Three-dimensional Analytical Force-free MHD Equilibria. Z. Naturforsch. **36a**, 144−149 (1981).

[8.16] Cap, F., Zagrodzinski, J.: Perturbational Approach to Force-Free Toroidal Equilibria, Beitr. Plasma Physik **22**/1, 7−14 (1982).

[8.17] Bateman, G.: MHD Instabilities. MIT Press, Cambridge Massachusetts, 1978.

[8.18] Miyamoto, K.: Recent Stellarator Research. Nucl. Fusion **18**/2, 243−284 (1978).

[8.19] Jukes, D.: Plasma Stability in Magnetic Traps. Reports on Progress in Physics **30**/1, 333 (1967).

[8.20] Schlüter, A., Lüst, R.: Axialsymmetrische magnetohydrodynamische Gleichgewichtskonfigurationen. Z. f. Naturforsch. **12a**, 850−854 (1957).

[8.21] Grad, H.: Toroidal high β Plasma, paper CN-28/J7, IAEA-Madison Conference 1971.

[8.22] Neuhauser, H. et al.: Verhandlungen der deutschen physikalischen Gesellschaft Nr. 7, 440 (1971).

[8.23] Fünfer, E. et al.: paper CN-28/Y3, IAEA-Madison Conference 1971.

[8.24] Killeen, J. et al.: Computer Models of Magnetically Confined Plasmas. Nucl. Fusion **16**/5, 841 (1976).

[8.25] Lortz, D.: Über die Existenz toroidaler magnetohydrodynamischer Gleichgewichte ohne Rotationstransformation. ZAMP **21**, 196−210 (1970).

[8.26] White, R.: Theory of Tokamak Plasmas. North Holland, Amsterdam, 1989.

[8.27] Solovev, L.: Hydromagnetic Stability of Closed Plasma Configurations. In: Leontovich, M. (ed.) Reviews of Plasma Physics. Consultants Bureau, New York, 1972, Bd. 6, 239−331.

[8.28] Kerner, W.: MHD-Modelling of Plasma Equilibrium and Stability. Proceed. IAEA Techn. Meeting on Simulation, Montreal, 15.−17. 6. 1992.

[8.29] Nakajima, N. et al.: On Relation between Hamada und Boozer Magnetic Coordinate Systems. Research Report NIFS-173, National Institute for Fusion Research, Nagoya, September 1992.

[9.1] Cap, F., Lashinsky, H.: On an Equation Related to Nonlinear Saturation of Convection Phenomena, Proc. 6th Intern. Conf. on Nonlinear Oscillations, 29. 8.−4. 9. 1972, Poznan, PWN Publishers, Warszawa, 1973, Zagadnenia Drgan Nieliniowyd − Nonlin. Vibration Problems **14** (1974), 519−528 oder 5-th Europ. Conf. Contr. Thermonucl. Fusion and Plasma Physics, Grenoble, 21.−25. 8. 1872, Proceed. **1**, 130.

[9.2] Cap, F.: Amplitude Dispersion and Stability of Dissipative Weakly Nonlinear Waves. J. Mathem. Physics **13**/8, 1126−1130 (1972).

[9.3] Cap, F.: Handbook on Plasma Instabilities, vol. 2. Academic Press, New York, 1978.

[9.4] Cap, F.: Travelling Large Amplitude Electron-Ion Plasma Waves. Beitr. Plasma-Physik **18**, 217−223 (1978).

[10.1] Boyd, T., Sanderson, J.: Plasma Dynamics. Nelson, London, 1969.

[10.2] Lüst, R.: Über die Ausbreitung von Wellen in einem Plasma. Fortschr. d. Physik **7**, 503−558 (1959).

[10.3] Allis, W., Buchsbaum, S., Bers, A.: Waves in Anisotropic Plasmas. MIT Press, Cambridge, 1963.

[10.4] Cross, R.: An Introduction to Alfvén Waves. Adam Hilger, Bristol, 1988.

[10.5] Stix, T.: The Theory of Plasma Waves. McGraw-Hill, New York, 1962.

[10.6] Vedenov, A.: Theory of Turbulent Plasma. Israel Programme for scientific Translations, Jerusalem, 1966.

[10.7] Pai, S.: Magnetogasdynamics and Plasma Dynamics. Springer, Wien, 1962.

[10.8] Kautzleben, H.: Betrachtungen zur hydromagnetischen Theorie des Plasmas, Hydromagnetische Wellen. Akademie Verlag, Berlin, 1958.

[10.9] Huges, W., Young, F.: The Electromagnetodynamics of Fluids. Wiley, New York, 1966.

[10.10] Clemmow, P., Dougherty, J.: Electrodynamics of Particles and Plasmas. Addison Wesley, London, 1969.

[10.11] Krall, N., Trivelpiece, A.: Principles of Plasma Physics. McGraw-Hill, New York, 1973.

[10.12] Motley, R.: Q-Machines. Academic Press, New York, 1975.

[10.13] Cap, F., Dum, R.: Threedimensional MHD modes in a toroidal warm inhomogeneous plasma of arbitrary cross section and arbitrary aspect ratio, Intern. Congress on Plasma Physics, 22—28 November 1989, New Delhi, Proceed. 2, 353.

[10.14] Cap, F., Schupfer, N.: Threedimensional electromagnetic modes in magnetized toroidal plasmas. Pl. Phys. Contr. Fusion 31/1, 11—19 (1989).

[10.15] Cap, F.: Electromagnetic eigenfrequency of anisotropic inhomogeneous axisymmetric toroidal plasmas of arbitrary meridional cross section. Phys. Fluids 28/6, 1766—1771 (1985).

[10.16] Okamoto, M., Murakami, S.: Heating in Toroidal Systems, research Report NIFS-208, Februar 1993 des National Institute for Fusion Science, Nagoya.

[10.17] Cairns, R.: Radiofrequency Heating of Plasmas. Adam Hilger, Bristol, 1991.

[10.18] Appert, K. et al.: In zahlreichen Arbeiten in Nucl. Fusion 22 (1962) 903, Phys. Fluids 27 (1984), 432 etc.

[10.19] Brambilla, M.: Linear Propagation and Absorption of the Fast Wave Near the First Ion Cyclotron Harmonic, Report IPP5/52, August 1993, Max Planck Institut für Plasmaphysik Garching, s. auch [10.20].

[10.20] Rosenbluth, M., Sagdeev, R.: Handbook of Plasma Physics. North Holland, Amsterdam, 1983, 1984, 1991 (bisher 3 Bände).

[10.21] Weynants, R. et al.: Magnetoacoustic resonance heating in the ion cyclotron frequency domain in T. Stringer, Plasma Transport, heating and MHD-theory. Oxford, 1979.

[10.22] Itoh, S. et al.: Conf. on Plasma Phys. Contr. Nucl. Fusion Research, Washington 1990, IAEA Wien 1991, Proceed 1, 733.

[10.23] Rev. Mode Phys. 32 (1960), 598.

[10.24] Friedel, H., Unteregger, P.: The influence of electrical resistivity on the MHD stability of stationary equilibria, IAEA Conference on Plasma Physics and Controlled Fusion Research. Novosibirsk, 1.—7. 8. 1968, IAEA Proceed. 1, 811—817 IAEA, Wien, 1969.

[10.25] Tasso, H.: Linear and Nonlinear Stability in Resistive Magnetohydrodynamics. Lecture Spring College on Plasma Physics, Triest 17. 5.—11. 6. 1993 und Report IPP 6/314 des MPI f. Plasmaphysik Garching, März 1993.

[10.26] Chu, T., Hendel, H.: Feedback and Dynamic Control of Plasmas, AIP Conference Proceed. Nr 1 Amer. Inst. Phys., New York, 1970.

[10.27] Manheimer, W., Lashmore-Davies, C.: MHD and Microinstabilities in Confined Plasma. Adam Hilger, Bristol, 1989.

[10.28] Coppi, B. et al., Sykes, A. et al., Mercier, C.: mehrere Arbeiten, Seiten 793, 625, 701 in Proceed. 1978 IAEA Conf. Plasma Contr. Nucl. Fusion, Innsbuck 23.—30. 8. 1978, vol. 1, IAEA, Wien, 1979.

[10.29] Gill, R. (ed.): Plasma Physics and Nuclear Fusion Research. Academic Press, New York, 1981.

[10.30] Plasma Physics 10, 454 (1968).

[10.31] Coppi, B. In: Futtermann, W. (ed.) Propagation and Instabilities in Plasmas. Stanford University Press, Stanford, 1963.

[10.32] Bulanov, S., Cap, F.: Acceleration of charged particles near zero points of magnetic fields. Astron. Zhurn. 65/4, 837—851 (1988), auch in Sov. Phys. Astron. Journal auf Englisch.

[10.33] Herrnegger, F.: Overstable Modes Due to Resistivity Gradients. Proceed. Utrecht Konferenz 1969, p. 52.

[10.34] Jager, E.: Stabilitätsverhalten dissipativer Plasmaströmungen. Dissertation Universität Innsbruck, 1970.

[10.35] Jeffrey, A., Taniuti, T. (eds.) MHD Stability and Thermonuclear Cotainment. Academic Press, New York, 1966; oder Phys. Fluids **6**, 459−484 (1963).

[10.36] Glasser, A., Greene, J., Johnson: Phys. Fluids **19**, 567−574 (1976).

[10.37] Herrnegger, F.: Effects of collisions and gyroviscosity on gravitational instability in a two-component plasma. J. Plasma Phys. **8**/3, 393−400 (1972).

[10.38] Kadomtsev, B.: Plasma Turbulence. Academic Press, New York, 1965.

[10.39] Unteregger, P.: Resistive Instabilities of a Viscous Magnetofluid. Scientific Report Nr 60, Inst. f. theor. Physik, Universität Innsbruck, November 1968.

[10.40] Kalikhman, L.: Elements of Magnetogasdynamics. Saunders, Philadelphia, 1967.

[10.41] Auer, G.: Driftwellen in einem Plasma mit Dichtegradienten, Dissertation Universität Innsbruck 1970 und Proc. Paris Conference Quiescent Plasmas 1969.

[10.42] Lashinsky, L.: Proceed. IAEA Plasma Physics Contr. Nucl. Fus. Research Conf. Culham, 6.−10. 9. 1965, IAEA Wien, 1966, vol. 1, p. 499.

[10.43] Yoshikawa, S.: Low Frequency Instabilities (Übersicht). In: Griem, H., Lovberg, R. (eds.) Methods in Experimental Physics **9** A, p. 305. Academic Press, New York, 1970.

[10.44] Ann. Physik vol. 3, 158 (1900).

[10.45] Cap, F.: Handbook on Plasma Instabilities, Bd. 3. Academic Press, New York, 1982.

[10.46] Wesson, J.: Hydromagnetic Stability of Tokamaks. Nucl. Fusion **18**/1, 87−132 (1978).

[10.47] Bernart, L. et al.: Proc. IAEA Conf. on Plasma Physics Contr. Nucl. Fusion Research Berchtesgaden 1976, IAEA, Wien, 1977; Nucl. Fusion **20**, 1199 (1980).

[10.48] Wesson, J.: Tokamaks. Oxford Science Publications, Oxford, 1987.

[11.1] Janos, A. et al.: TFTR Grup, Disruptions in the TFTR Tokamak, 14th IAEA Intern Conf. Plasma Phys. Contr. Nucl. Fusion, 30. 9.−7. 10. 1992, Würzburg, Proceed., IAEA, Wien, 1993.

[11.2] Anderson, D. et al.: Sawtooth Oscillations with q Below Unity, Proceed. 1992 Intern. Conf. Plasma Phys., 29. 6.−3. 7. 1992, Innsbruck, Band **1**, I−391.

[12.1] Phys. Fluids **3**, 258 (1960).

[12.2] Plasma Physics **4**, 203 (1962).

[12.3] Perkins, W.: High Frequency Instabilities in Griem. Lovberg [10.43].

[12.4] Bekefi, G.: Radiation Processes in Plasmas. Wiley, New York, 1966.

[12.5] Phys. Rev. **138** A, 78, (1965), Phys. Fluids **8**, 153 (1965).

[12.6] Pfirsch, D.: Mikroinstabilitäten in Plasmen. MPI f. Plasmaphysik Garching, Report MPI-PA-8/64, April 1964.

[12.7] J. Phys. Soc. Jap. **22**, 1454 (1967).

[12.8] Phys. Fluids **4**, 842 (1961).

[12.9] Tang, W.: Microinstability Theory in Tokamaks. Nucl. Fusion **18**/8, 1089−1160 (1978).

[12.10] Kadomtsev, B., Pogutse, D.: In: Leontovich, M. (ed.) Reviews of Plasma Physics. Consultants Bureau, New York, 1970, Bd. 5, 249.

[12.11] Montgomery, D., Tidman, D.: Plasma Kinetic Theory. McGraw-Hill, New York, 1964.

[12.12] Nishikawa, K. et al.: Condensation and Collapse. Comm. Plasma Phys. Contr. Fusion **2**, 63 (1975).

[12.13] Sagde'ev, R., Gale'ev, A.: Nonlinear Plasma Theory. Benjamin, New York, 1969.

[12.14] Sitenko, A.: Electromgnetic Fluctuations in Plasma. Academic Press, New York, 1967.

[12.15] Hofmann, F.: Anomalous Resistivity. Proceed. IAEA Madison Conference 1971, Papier CN-28/38.

[12.16] Gale'ev, A., Sagde'ev, R.: Theory of neoclassical Diffusion. In: Leontovich, M. (ed.) Reviews of Plasma Physics. Consultants Bureau, New York, 1973, Bd. 7, pp. 257−343.

[12.17] Yoshikawa, S.: Bericht S. 140 in 7th European Conf. Contr. Fus. Plasma Phys., Lausanne, 1.−5. 9. 1975.

[12.18] Artsimowitsch, L., Sagdejew, S.: Plasmaphysik für Physiker. Teubner, Stuttgart, 1983.

[12.19] Connor, J., Wilson, H.: Survey of Anomalous Transport, Bericht AEA FUS 258 des AEA Fusion Technology LAB, Culham, Oxfordshire, Dezember 1993; Christiansen, J. et al.: The Testing of Transport Models against Data, JET-Bericht JET-P(93)29 April 1993; Ward, D.: Sawteeth and Transport in Tokamaks, JET-Bericht JET-P(93)73, September 1993; Itoh, K. et al.: Modelling Transport Phenomena, National Institute for Fusion Science, Nagoya Bericht NIFS-243, September 1993.

[12.20] Bondeson, A.: Beta Limits for Tokamaks with a Large Bootstrap Fraction, 20th EPS Conference on Controlled Fusion and Plasma Physics, Lissabon, 26.−30. Juli 1993, Proceed. Band IV, Papier 8−17, p IV-1339-1342.

[12.21] Itoh, K. et al. ibidem [12.19], V. Parail et al.: A Numerical Simulation of the L−H Transition in JET with Local and Global Models of Anomalous Transport, JET-Bericht JET-P(93)87, Oktober 1993; S. Itoh et al., Theory of L-Mode, L/H Transition and H-mode, 20th EPS Conference on Controlled Fusion and Plasma Physics, Lissabon, 26.−30. 7. 1993, Proceed. Band IV, Bericht 8-39, S. IV-1427-1430; H. Zohm et al., ELM-Studies on DIII-D and a Comparison to ASDEX-Results, International Conference on Plasma Physics Innsbruck, 29. 6.−3. 7. 1992, Band 1, Bericht 1−71, S. 243−246.

[12.22] Connor, J., Taylor, J.: Scaling Laws for Plasma Confinement. Nucl. Fusion **17**/5, 1047−1055.

[12.23] Alladio, F. et al.: Energy Confinement of FTU Ohmic Plasma, ibidem Innsbruck 1992, Band 1, Bericht 1−6, S. 23−26.

[12.24] Stotler, D. et al.: An Advanced Specified Profile Evaluation Code for Tokamaks. Princeton Plasma Phys. Lab. Bericht PPPL-2886, März 1993.

[12.25] Christiansen, J et al.: Scaling of Transport with normalised LARMOR-Radius in JET, Report JET-P(93)16, März 1993.

[12.26] Keilhacker, M. et al.: Energy for the 21st Century, A Perspective on Nuclear Fusion, JET Bericht Jet-P(93)56, Juli 1993; Status Report on Controlled Thermonuclear Fusion, IAEA, Wien, 1990; Bickerton, R.: The purpose, status and future of fusion research, Plasma Phys. Contr. Fusion, **35**, Suppl Nr 12B, Dezember 1993, B3−B21.

[12.27] Conn, R. et al.: The Requirements of a Fusion Demonstration Reactor and the STARLITE Study, Report UCLA-PPG-1394, Februar 1992 der University of California, Los Angeles, sowie ibidem Report UCLA-PPG-1323 (2 Bände), The ARIES-I Tokamak, 1991.

[13.1] siehe [4.4].

[13.2] Landau, L., Lischitz, E.: Elektrodynamik der Kontinua. Akademie Verlag, Berlin, 1967.

[13.3] Sauer, R.: Theoretische Einführung in die Gasdynamik. Springer, Berlin, 1943.

[14.1] Cambell, A.: Plasma Physics and Magnetofluidmechanics. McGraw-Hill, New York, 1963.

[14.2] Kulikovskii, A., Lyubimow, G.: Magnetohydrodynamics. Addison Wesley, Reading, 1965.

[14.3] Jeffrey, A.: Magnetohydrodynamics. Oliver and Boyd, Edinburgh, 1966.

[14.4] Ortolani, S., Schnack, D.: Magnetohydrodynamics of Plasma Relaxation. World Scientific, Singapore, 1993.

[15.1] Ames, W.: Nonlinear Partial Differential Equations in Engineering. Academic Press, New York, 1965.

[15.2] Jeffrey, A., Taniuti, T.: Non-linear Wave Propagation with Applications to Physics and Magnetohydrodynamics. Academic Press, New York, 1964.

[15.3] Sauerwein, H.: The Method of Characteristics for the Three-Dimensional Unsteady Magnetofluid Dynamics of a Multi-Component Medium. J. Fluid Mech. **25**, 17−41 (1966).

[15.4] Cap, F.: Potential Flow in Magnetogasdynamics. Annalen d. Physik (7) **11**, 197−200 (1963).

[15.5] Cap, F., Hommel, R.: Der Satz von Crocco in der Magnetogasdynamik. Annalen d. Physik (7) **11**, 132−137 (1963).

[15.6] Cap, F.: Legendre-Transformation and Characteristics of the MGD Potential Equation. Plasma Physics **7**, 69−77 (1965).

[15.7] Cap, F., Müller, G.: On the Use of Variational Methods in Steady Magneto-Gas Dynamics. J. Appl. Math. Phys. ZAMP **18**/5, 672−682 (1967).

[15.8] Resler, E., McCune, Y.: In: Bershader, D. (ed.) The Magnetodynamics of Conducting Fluids. Stanford University Press, Stanford, 1959.

[15.9] Gundersen, R.: Linearized Analysis of One-Dimensional Magnetohydrodynamics Flows. Springer, Berlin, 1964.

[15.10] Cap, F., Herrnegger, F.: One-Dimensional Unsteady MGD Potential Flow. Acta Phys. Austr. **21**, 298−304 (1966).

[15.11] Sakurai, A.: Blast Wave Theory. In: Basic Developments in Fluid Dynamics, Band 1. Academic Press, New York, 1965.

[15.12] Chu, C., Gross, R.: Shock Waves in Plasma Physics. Advances in Plasma Physics Band 2. Interscience, New York, 1969.

[15.13] Cap, F.: Ist der EMP eine elektromagnetische Stoßwelle? Elektrotechnik und Maschinenbau (EuM) **101**/7, 332−336 (1984).

[15.14] Harris, L.: Hydromagnetic Channel Flows. Wiley, New York, 1960.

[15.15] Lackner, K.: Vgl. [1.20], Computer-Programme in Dissertation Innsbruck 1966.

[15.16] Cap, F., Falser, H.: Effect of High Electrical Conductivity in Two-Dimensional Plasma Flows. J. Appl. Math. Phys. (ZAMP) **20**, 947 956 (1969).

[15.17] Friedel, H.: Lösung der MGD-Gleichungen für beliebige magnetische Reynoldszahlen, Dissertation, Universität Innsbruck, 1966.

[15.18] Fox, F.: Numerical Solution of Ordinary and Partial Differential Equations. Pergamon Press, New York, 1963.

[15.19] Bechert, K.: Annalen d. Phys. **37**, 89 (1940); **38**, 1 (1940); **39**, 357 (1941); **39**, 169 (1941); **40** 207 (1941); Steinacker, H.: Eindimensionale instationäre MGD Lösung mit Reibung, Wärmeleitung und elektrischer Leitfähigkeit nach der Methode der Ähnlichkeitstransformationen von Bechert, Dissertation, Universität Innsbruck, 1963.

[15.20] Friedel, H.: Diskontinuities in Non-Ideal MHD. J. Math. Phys. **8**, 2234 (1967).

[15.21] Friedrichs, K.: General Theory of High Speed Aerodynamics. Oxford University Press, London, 1955.

[15.22] Friedel, H.: The Influence of Finite Electrical Conductivity on the Development of a Magnetically Driven Shock in MGD $\beta \ll 1$ Approximation. J. Appl. Math. Phys. (ZAMP) **18**, 85−92 (1967); Schlüter, A. et al.: Z. f. Naturforschung **13a**, 916 (1958).

[15.23] Schultz-Grunow, H.: Elektro- und Magnetohydrodynamik. Bibliographisches Institut, Mannheim, 1968.

[15.24] Cap, F., Floriani, D.: Viscous MGD-Channel Flow in Boundary Layer Approximation with Heat Conduction. Nucl. Fusion **8**, 360−362 (1968).

[15.25] Cap, F., Floriani, D., Kaps, P.: Anwendung von Ähnlichkeitstransformationen auf MGD-Kanalströmungen und Berücksichtigung von Viskosität und Wärmeleitung, Elektrotechnik und Maschinenbau. EuM **86**, 512−516 (1969).

[15.26] Gröbner, W.: Die Lie-Reihen und ihre Anwendungen. Verlag der Wissenschaften, Berlin, 1960: Cap, F., Weil, J.: Lie Series in Atomic Physics, Atomic Energy Review **8**, 621−692 (1970).

[15.27] Fortier, A.: Transfer Problems in Turbulent Flows. Ann. New York Acad. Sci **154**, 704 (1968).

[15.28] Friedel, H.: Nonideal Magnetogasdynamic Flows in Boundary Layer Approximation. J. Appl. Math. Phys. (ZAMP) **20**, 329−342 (1969).

[15.29] Cap, F., Bresgen, H.: Zweidimensionale Untersuchungen von MHD-Generatoren unter Berücksichtigung des Halleffektes. Acta Phys. Austriaca **28**, 65−84 (1968); **27**, 248−254 (1968).

[15.30] Rosa, R.: Magnetohydrodynamic Energy Conversion. McGraw-Hill, New York, 1968; Coombe, S. et al.: Magnetohydrodynamic Generation of Electrical Power. Chapman-Hall, London, 1960.

[15.31] Au, G.: Elektrische Antriebe von Raumfahrzeugen. Braun, Karlsruhe, 1968; Lok, H.: Jet Rocket Nuclear, Ion and Electric Propulsion. Springer, Berlin, 1968; Kash, S.: Plasma Acceleration. Stanford University Press, Stanford, 1960.

[15.32] Cheng, D.: Plasma Deflagration. Nucl. Fusion **10**, 305 (1970) und Phys. Fluids **3**, 134 (1960); **8**, 366 (1965); **2**, 599 (1959); **12**, 9 (1969) (Schneepflugtheorie).

[15.33] Dyck, M. van: Perturbation Methods in Fluid Mechanics. Academic Press, New York, 1964.

[15.34] Criminale, W.: Stability of Parallel Flows. Academic Press, New York, 1967.

[15.35] Hinze, J.: Turbulence. McGraw-Hill, New York, 1959; Batchelor, G.: The Theory of Homogeneous Turbulence. Cambridge University Press, Cambridge, 1967; Lumley, J.: Stochastic Tools in Turbulence. Academic Press, New York, 1970.

[15.36] Chen, F.: Phys. Rev. Letters **15**, 381 (1965).

[15.37] Harris, E.: Quantenfeldtheorie. Oldenbourg, München, 1975.

[15.38] Tidman, D., Krall, N.: Shock Waves in Collisionless Plasmas. Wiley, New York, 1971.

[15.39] Swinney, H., Gollub, G. (eds.) Hydrodynamic Instabilities and the Transition to Turbulence. Springer, Berlin, 1981.

[15.40] Tsytovich, V.: Theory of Turbulent Plasma. Consultants Bureau, New York, 1977.

[15.41] Krause, F., Rädler, K.: Mean-Field Magnetohydrodynamics and Dynamo Theory. Pergamon Press, Oxford, 1980.

[15.42] Peschka, W.: Spaceflight. An Energy Problem. Proc. 21, Internat. Astronaut. Kongreß, Konstanz, 1970.

[15.43] Rieder, W.: Plasma und Lichtbogen. Vieweg, Braunschweig, 1967; Gross, B. et al.: Plasma Technology. Iliffe, London, 1968.

[15.44] Linhart, J.: Proc. High Energy Conf. CERN, Genf, 1959, S. 139.

[15.45] Cap, F.: Possible Production Mechanism of Lunar Magnetic Fields. J. Geophys. Res. **77**/19, 3328 − 3333 (1972).

[15.46] Forbat, N.: Analytische Mechanik der Schwingungen. Deutscher Verlag der Wissenschaften, Berlin, 1966.

[15.47] Weilandt, J., Wilhelmson, H.: Coherent Non-Linear Interaction of Waves in Plasmas. Pergamon Press, Oxford, 1977.

[15.48] Herrnegger, F.: Local Potential and Nonlinear Stability in Magnetohydrodynamics. Proceed. IV. Europ. Conf. Contr. Fusion, Frascati, 1973.

[15.49] Chandrasekhar, S.: Hydrodynamic and Hydromagnetic Stability. Clarendon Press, Oxford, 1961.

Eine neueste Übersicht über Formeln und numerische Werte findet man im Bericht IPP 2/323, The FORMEX Plasma Formulary, Junker, J.: Max-Planck-Institut für Plasmaphysik, D-85748 Garching, 1994.

R. Sexl, H. K. Urbantke

Relativität, Gruppen, Teilchen

Spezielle Relativitätstheorie als Grundlage der Feld- und Teilchenphysik

Dritte, neubearbeitete Auflage.
1992. 57 Abbildungen. X, 374 Seiten.
Broschiert DM 88,–, öS 616,–
ISBN 3-211-82355-7

Das Thema des Buches ist die spezielle Relativitätstheorie und die Beschreibung der relativistischen Symmetrie in der klassischen und Elementarteilchenphysik. Es werden weniger die Experimente zur Relativitätstheorie diskutiert, als vielmehr deren formale Struktur durchleuchtet, entwickelt und physikalisch gedeutet. Der besondere Reiz dieses Buches besteht in der Balance zwischen physikalischer Diskussion und formaler Struktur. Die Autoren gehen von einer elementaren Präsentation schrittweise zu einer abstrakteren, moderneren Darstellung über. Kleinere und auch ausgedehntere historische Noten sowie weiterführende mathematische Bemerkungen sind im Text verstreut.
Die Neuauflage geht - bei leicht geänderter Stoffanordnung und Einschub zweier Zusatzabschnitte - stärker als bisher ein auf die Rolle der Thomas-Rotation in der Struktur der Lorentzgruppe, auf mehrwertige Darstellungen und Spiegelungen.

Preisänderungen vorbehalten

Sachsenplatz 4–6, P.O.Box 89, A-1201 Wien · 175 Fifth Avenue, New York, NY 10010, USA
Heidelberger Platz 3, D-14197 Berlin · 3-13, Hongo 3-chome, Bunkyo-ku, Tokyo 113, Japan

Ph. Blanchard, E. Brüning

Distributionen und Hilbertraumoperatoren

Mathematische Methoden der Physik

1993. XIV, 374 Seiten.
Broschiert DM 59,–, öS 415,–
ISBN 3-211-82507-X

Das Buch bietet eine Einführung in die zum Studium der Theoretischen Physik notwendigen mathematischen Grundlagen. Der erste Teil des Buches beschäftigt sich mit der Theorie der Distributionen und vermittelt daneben einige Grundbegriffe der linearen Funktionalanalysis. Der zweite Teil baut darauf auf und gibt eine auf das Wesentliche beschränkte Einführung in die Theorie der linearen Operatoren in Hilbert-Räumen. Beide Teile werden von je einer Übersicht begleitet, die die zentralen Ideen und Begriffe knapp erläutert und den Inhalt kurz beschreibt. In den Anhängen werden einige grundlegende Konstruktionen und Konzepte der Funktionalanalysis dargestellt und wichtige Konsequenzen entwickelt.

Preisänderungen vorbehalten

Sachsenplatz 4–6, P.O.Box 89, A-1201 Wien · 175 Fifth Avenue, New York, NY 10010, USA
Heidelberger Platz 3, D-14197 Berlin · 3-13, Hongo 3-chome, Bunkyo-ku, Tokyo 113, Japan